Medical Nutrition Management & Practice

개정3판

이해하기 쉬운

임상영양관리 및 실습

머리말

최근 경제발달과 함께 의료기술과 의약의 발달로 수명이 연장되면서 건강과 질병에 대한 관심이 높아지고 있다. 그러나 서구화된 식생활, 스트레스의 증가 및 운동부족 등의 환경요인으로 인해 비만, 당뇨병, 심혈관계질환 등 만성 퇴행성질환이 증가하고 있다. 이러한 만성 질환의 상당수는 영양치료를 통해 완화 또는 치료될 수 있으며, 영양치료는 의료적 약물치료에 비해 경제적이면서 합병증의 우려도 적어서 그 역할에 관심이 증가되고 있다. 특히 질병의 치료뿐만 아니라 예방차원에서 이루어지는 임상영양관리의 중요성이 강조되고 있다. 또한 그동안 임상영양관리가 주로 중·대형병원 위주로 이루어져 왔으나, 최근에는 개인병원, 보건소, 요양원 등을 포함하는 다양한 기관에서 질병에 대한 영양관리가 이루어지고 있어 그 범위가 확대되고 있다. 임상영양관리는 영양소의 조절 및 적절한 식품처방을 통해 질병을 치료하고 합병증을 예방하며, 이를 통하여 건강을 유지함으로써 궁극적으로는 환자의 삶의 질을 향상시키는 데 그 목적이 있다.

이 책은 식품영양학을 전공하는 학생, 보건소나 병원에서 영양치료를 하고 있는 임상영양사, 이들과 협력하여 질병치료에 종사하는 의사, 간호사, 운동처방사, 그 외에 식사요법이나 임상영양학을 공부하는 모든 분에게 실제적인 도움을 주기 위하여 각 질병의 원인과 증상을 구체적으로 설명하였고, 식사요법과 치료식의 실제를 제시하였으며, 질환에 따라서는 운동요법과 약물요법도 제시하였다. 또한 실습부분을 추가하여 치료식 처방 및 영양관리과정(nutrition care process, NCP)의 예를 제시하였다. 따라서 이 책을 통하여 각 질환별 생리적 변화를 이해하고, 이에 적절한 영양관리를 시행함으로써 질병의 치료와 예방 및 건강유지에 도움이 될 것으로 여겨진다.

이 책이 나오기까지 수고를 아끼지 않은 주위의 여러분들께 감사드리며, 아울러 이 책을 출판하는 데 도움을 주신 파워북의 임직원들께 감사드린다.

저자 일동

차례

CHAPTER 3

영양지원

CHAPTER 4

소화기계질환

CHAPTER 5

간, 담낭, 췌장질환

CHAPTER 6

심혈관질환

CHAPTER 7

체중 조절

CHAPTER

8 당뇨병

CHAPTER

9 비뇨기계질환

CHAPTER 13

암

CHAPTER 1

임상영양관리의 개요

1. 임상영양관리의 의의와 목적
2. 환자의 영양관리
3. 환자의 영양필요량 산정
4. 환자의 식단작성

학습개요

임상영양관리란 질병이나 상해의 치료를 목적으로 임상영양사 혹은 영양 전문인에 의해 제공되는 총체적 영양치료 서비스로서 일련의 체계적인 영양치료 활동을 의미한다. 최근 체계적인 임상영양관리를 위해 표준화된 영양관리과정(nutrition care process, NCP) 모델을 개발하여, 일원화된 의사소통과 의무기록을 위해 노력하고 있다.

1. 임상영양관리의 의의와 목적

식생활의 서구화와 함께 스트레스 증가 및 운동 부족 등의 환경요인으로 인하여 비만, 당뇨병, 심혈관계질환 등 만성 퇴행성질환이 증가하고 있다. 이러한 만성 퇴행성질환의 상당수는 영양치료를 통해 치료될 수 있으며, 영양치료는 약물치료에 비해 경제적이면서 합병증의 우려도 적어서 관심이 증가하고 있다. 이와 같이 최근에 증가하고 있는 질환들은 영양관리에 의해 완화되거나 치료될 수 있기 때문에 영양치료의 중요성은 커가고 있다. 또한 그동안 임상영양관리가 주로 중·대형 병원에서만 이루어졌으나, 최근 개인병원, 보건소, 요양원 등 다양한 기관에서 질병에 대한 영양관리가 이루어지고 있어 그 범위가 점점 확대되고 있다.

임상영양관리의 목적은 질병 치료와 예방을 통하여 환자의 삶의 질을 향상시키는 데 있다. 이를 위하여 환자에 대한 영양판정이 이루어져야 하고 영양상태를 개선하기 위한 영양관리, 영양교육 및 상담, 식사회진 등의 활동이 필요하다. 식사요법은 임상영양관리의 한 부분으로서 질병 회복에 필요한 치료식을 처방하는 실천적 학문이다. 따라서 질병에 따른 생리적 변화와 환자 개개인의 영양소 대사능력을 고려하여 영양소 필요량을 조절하고, 이에 따른 치료식 처방을 통해 질병으로 손상된 신체의 기관 및 조직을 회복하여 또 다른 합병증을 예방하는 데 그 중요성이 강조된다.

2. 환자의 영양관리

환자의 영양관리는 환자로부터 영양과 관련된 지표를 수집하고 기준치와 비교하여 영양지표를 평가하며, 각각의 지표평가를 바탕으로 영양적 문제를 진단하고 개인 문제에 근거한 해결방안을 모색하는 실천을 통해 문제를 해결하는 일련의 과정이다. 이전에는 임상영양에서 영양판정을 중점적으로 다루었으나 최근에 미국을 중심으로 영양문제 해결에 적극적으로 관여하는 영양관리과정nutrition care process, NCP이 확산되고 있으며 국내에도 도입되었다. 절차를 어떻게 나누고 어떤 명칭으로 부르는지는 시대에 따라 달라질 수 있으나 영양관리를 위한 판단과 실천의 흐름은 동일하다. 그림 1-1 은 영양

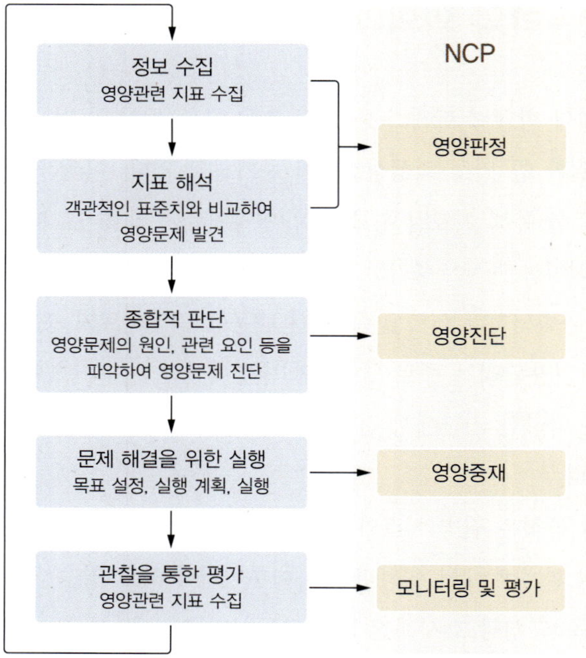

그림 1-1 영양관리의 논리적 흐름

관리를 위한 논리적인 흐름을 제시하고 NCP를 접목해 놓은 것이다.

1) 영양판정

영양판정이란 영양관련 문제와 그 원인을 알기 위해 관련 자료를 수집하고 분석하는 과정이다. 이를 위해 영양과 관련이 있는 지표를 수집하고 이를 객관적인 표준치와 비교하여 분석한다. 영양과 관련 있는 지표에는 식사/영양소와 관련된 식사력, 일반 신체계측 및 영양관련 신체검사 자료, 생화학적 자료 및 의학적 검사와 처치, 일반사항 및 과거력 등이 있다 표 1-1 . 일반적으로 의료기관에서는 입원 초기 영양문제 가능성이 높은 환자를 선별하는 영양검색(영양스크리닝, 영양초기평가)을 거쳐 영양불량 판정을 하게 된다.

① 영양검색(영양스크리닝)

병원에 입원한 모든 환자를 대상으로 전반적인 영양평가를 실시하는 것은 시간과 자

표 1-1 환자의 영양판정에 필요한 영양지표 영역과 관련 정보

<table>
<tr><th>영역</th><th colspan="2">관련 정보</th></tr>
<tr><td>식품/영양소와
관련된 식사력</td><td colspan="2">• 과거와 현재의 식사 섭취 및 영양분석 자료
• 영양제/약/약용식물 섭취
• 식욕, 최근 입맛의 변화
• 식품 기호, 평소 식사패턴, 식습관
• 영양지식/신념/태도
• 아동의 식행동/부모의 식행동</td></tr>
<tr><td rowspan="2">신체계측</td><td>일반 신체계측</td><td>• 신장, 현재 체중, 평소 체중, 이상체중, 체중 변화
• 성장률/백분위(아동의 경우)
• 이상체중에 대한 비율, 평소 체중에 대한 비율, 체중 변화의 비율</td></tr>
<tr><td>영양 관련
신체검사 자료</td><td>• 활력 증후(혈압, 체온)
• 신체 관찰 시의 소견
• 근육과 지방 소모 : 피부 두겹 두께(삼두근, 견갑골 하부), 표준과 비교한 피부 두겹 두께, 상완위/상완근육 면적, 표준에 대한 상완근육 면적의 비율
• 삼킴기능, 식욕부진
• 부종</td></tr>
<tr><td>생화학적 검사/
의학적 검사와 처치</td><td colspan="2">• 내장단백 상태 : 혈청알부민, 혈청트랜스페린, 프리알부민
• 체단백 상태 : 혈청크레아티닌, 크레아티닌-신장지수(CHI)
• 면역기능 : 총림프구 수(TLC)
• 단백질 섭취 평가 : 24시간 요소 질소(UUN)
• 기타 의학적 검사 : 위배출 속도, 안정 시 대사율</td></tr>
<tr><td>일반사항 및 과거력</td><td colspan="2">• 환자의 인적사항
• 출생(아동의 경우)
• 질병력, 가족력 : 식품알레르기 등
• 합병증, 약물복용, 치료계획
• 환자가 호소하는 증상(피부, 눈, 머리카락, 점막 등 상피조직이나 기관에 나타나는 변화)
• 사회력 등</td></tr>
</table>

원이 많이 필요하므로 영양 문제가 있을 수 있는 환자를 우선 선별하기 위해서 영양검색을 실시한다. 영양검색의 목적은 영양불량이거나 영양불량의 위험이 있는 환자를 빠르게 규명하여 심도 있는 영양평가가 필요한지를 결정하는 것이다. 영양검색은 간단하고, 빨리 수행할 수 있으면서도 영양적 위험이 있는 환자를 잘 선별할 수 있도록 민감도와 특이도가 높은 지표 또는 도구를 사용하게 된다. 대상 환자의 특성과 기관의 정책, 병원 환경 등에 따라 적합한 영양검색을 위해서 다양한 영양검색 도구들이 개발되어 있으며 그림 1-2 우리나라 의료기관에서는 이미 개발된 영양검색 도구들을 사용하는 경우도

알아두기

영양검색 도구(성인)의 예

- MST(Malnutrition Screening Tool)
- MUST(Malnutrition Universal Screening Tool)
- MNA-SF(Mini Nutrition Assessment-Short Form)
- SNAQ(Short Nutritional Assessment Questionnaire)
- NRS-2002(Nutrition Risk Screening 2002)

Mini Nutritional Assessment

MNA®

Nestlé Nutrition Institute

이름: ☐ 성별: ☐ 나이: ☐ 키: ☐cm 체중: ☐kg 일자: ☐

※ 해당 사항에 체크하시고, 오른쪽 빈 칸에 점수를 적으십시오.

Screening

A **지난 3개월 동안 밥맛이 없거나, 소화가 잘 안 되거나, 씹고 삼키는 것이 어려워서 식사량이 줄었습니까?**
0 = 많이 줄었다
1 = 조금 줄었다
2 = 변화 없다 ☐

B **지난 3개월 동안 몸무게가 줄었습니까?**
0 = 3kg 이상 감소
1 = 모르겠다
2 = 1~3kg 감소
3 = 변화 없다 ☐

C **거동 능력**
0 = 외출 불가, 침대나 의자에서만 생활 가능
1 = 외출 불가, 집에서만 활동 가능
2 = 외출 가능, 활동 제약 없음 ☐

D **지난 3개월 동안 정신적 스트레스를 경험했거나 급성 질환을 앓았던 적이 있습니까?**
0 = 예 2 = 아니오 ☐

E **신경정신과적 문제**
0 = 중증 치매나 우울증
1 = 경증 치매
2 = 없음 ☐

B **지난 3개월 동안 몸무게가 줄었습니까?**
0 = 3kg 이상 감소
1 = 모르겠다
2 = 1~3kg 감소
3 = 변화 없다 ☐

F1 **체질량지수 = kg 체중/ (m 신장)^2**
0 = BMI < 19
1 = $19 \leq$ BMI < 21
2 = $21 \leq$ BMI < 23
3 = BMI ≥ 23 ☐

체질량지수를 모를 경우 F2로 가십시오. F1 응답을 하신 분은 F2를 하실 필요가 없습니다.

F2 **종아리둘레(Calf circumference, cm)**
0 = CC < 31
3 = CC ≥ 31 ☐

Screening score (총 14점)

12~14점 ☐ 정상
8~11점 ☐ 영양불량 위험 있음
0~7점 ☐ 영양불량

그림 1-2 영양검색 도구의 예: MNA-SF(Mini Nutrition Assessment-Short Form)

자료 : mna-elderly.com

있지만, 해당 의료기관의 환자 특성, 환경 등에 적합하도록 자체적으로 개발한 영양검색 도구를 사용하는 경우도 많아지고 있다 표 1-2. 비용효율적인 검색을 위해서 전산시스템으로 구현을 하고 영양검색상 영양적 위험이 높다고 선별된 환자에게는 추가적으로 심도 있는 영양평가를 실시한다.

표 1-2 **국립암센터 영양검색 도구의 예**(MSTC, Malnutrition screening tool for cancer patients)

Model	Model = −0.116 + (1.777 × 섭취량 변화) + (1.568 × 체중 감소) + (1.304 × ECOG) − (0.187 × BMI)
	섭취량 변화: 변화 없음 또는 증가 = 0, 약간 감소 = 1, 상당히 감소 = 2
	체중감소: 체중감소 없음 또는 증가 = 0, 체중 감소 = 1
	ECOG[1] 활동 상태: 증상 없이 정상 활동 = 0, 증상은 있지만 스스로 활동 가능 = 1, 증상이 있고 하루의 절반 이하 누워 지냄 = 2, 증상이 있고 하루의 절반 이상 누워 지냄 = 3, 하루의 대부분을 누워서 지냄 = 4
	BMI: 체중(kg)/신장(m^2)
영양검색	P = exp(model)/{1+exp(model)}
	영양불량 고위험군; P > 0.13194, 영양불량 저위험군; P≤0.13194

[1] ECOG; Eastern Cooperative Oncology Group

자료 : Kim JY 등, 2011

② 영양불량 판정

영양불량은 기아, 질병, 또는 노화의 진행 등에 의해 단독 또는 복합적으로 발생할 수 있고 따라서 영양불량을 판정하기 위해서는 영양불량의 원인에 대한 평가가 필요하다. 영양불량은 섭취의 부족이나 대사변화 등에 의해 발생할 수 있지만 질병과 관련된 염증 등도 원인이 될 수 있다. 섭취 부족, 대사변화와 함께 급성 또는 만성적인 염증은 체성분을 변화시키며 생리학적 기능 감소를 유발하여 결국 영양불량 상태를 유발한다.

사망률, 비용 등과 관련이 있어 영양불량에 대해서 세계적인 관심이 많지만 임상적으로 사용할 수 있는 단순하고 명확한 기준이 없었는데 최근 국제 학회 등에서 전문가 논의와 합의를 거쳐 영양불량의 임상적 진단기준을 제시하고 있다.

대표적인 영양불량 판정도구는 SGASubjective Global Assessment, AND/ASPENthe Academy of Nutrition and Dietetics/American Society for Parenteral and Enteral Nutrition의 영양불량 판정 기준 표 1-3 등이 있다. 그러나 각각 도구들 마다 진단 기준이 다르다 보니 국제적으로 표준화된 기준 마련에 대한 필요성이 대두되어 주요 영양 관련 국제 학회 4개에서 주요 위원들이 논의와 합의를 거쳐 GLIM 영양불량 판정 기준을 2019년에 제시하였다.

GLIMglobal leadership initiative on malnutrition에서는 영양불량 판정을 위한 기준을 표현형phenotype과 병인론적etiologic으로 나누고 표 1-4 에서의 표현형과 병인론적 기준이 각

표 1-3 성인 영양불량 판정 기준(AND/ASPEN)

임상적 특징	급성질환 또는 외상관련 영양불량				만성질환 관련 영양불량				사회적 또는 환경적 상황 관련 영양불량			
	중등도 영양불량		심각한 영양불량		중등도 영양불량		심각한 영양불량		중등도 영양불량		심각한 영양불량	
에너지 섭취량	요구량의 <75%, >7일		요구량의 ≤50%, ≥5일		요구량의 <75%, ≥1개월		요구량의 ≤75%, ≥1개월		요구량의 <75%, ≥3개월		요구량의 ≤50%, ≥1개월	
체중 감소	%	기간	%	기간	%	기간	%	기간	%	기간	%	기간
	1~2	1주	>2	1주	5	1개월	>5	1개월	5	1개월	>5	1개월
	5	1개월	>5	1개월	7.5	3개월	>7.5	3개월	7.5	3개월	>7.5	3개월
	7.5	3개월	>7.5	3개월	10	6개월	>10	6개월	10	6개월	>10	6개월
					20	1년	>20	1년	20	1년	>20	1년
체지방 감소	경한(mild)		중등도(moderate)		경한(mild)		심한(severe)		경한(mild)		심한(severe)	
근육량 감소	경한(mild)		중등도(moderate)		경한(mild)		심한(severe)		경한(mild)		심한(severe)	
수분 축적	경한(mild)		중등도(moderate)~심한(severe)		경한(mild)		심한(severe)		경한(mild)		심한(severe)	
악력 감소	해당없음		측정치 감소		해당없음		측정치 감소		해당없음		측정치 감소	

자료 : White JV 등, 2012

표 1-4 영양불량 판정을 위한 표현형과 병인론적 기준(GLIM)

표현형 기준[1]			병인 기준[1]	
체중 감소(%)	낮은 체질량지수(kg/m^2)	근육량 감소[2]	음식섭취량 또는 흡수 감소	염증
>5%/6개월 미만 또는 >10%/6개월 이상	<20(70세 미만) 또는 <22(70세 이상) 아시아: <18.5(70세 미만) 또는 <20(70세 이상)	감소	에너지 요구량의 ≤50%/1주 이상 또는 음식섭취량 감소/2주 이상 또는 소화흡수 장애를 초래하는 만성 위장관 문제[3]	급성질환/외상[4] 또는 만성질환 관련[5]

1) 영양불량 판정을 위해서 적어도 1개의 표현형 기준과 1개의 병인 기준이 각각 필요함
2) 이중에너지 흡수 측정법(DXA), 생체전기임피던스 분석(BIA), CT, MRI 결과 및 상완위 또는 종아리 둘레
3) 위장관증상(삼킴곤란, 메스꺼움, 구토, 설사, 변비, 복통 등), 단장 증후군, 흡수 장애(만성 설사, 지방변), 식도협착, 위마비, 장 폐색 등
4) 감염, 화상, 외상, 두부 손상, 기타 급성 질병과 손상 관련 상태 등
5) 악성 종양, 만성 폐쇄성 폐질환, 울혈성 심부전, 만성 신장 질환, 기타 만성 또는 재발성 염증이 있는 모든 질환 관련

자료 : Cederholm T 등, 2019

각 1개 이상 동시에 있을 때 영양불량이라고 판정한다. 영양불량 단계(심한 정도)는 표현형 기준에 의해서 결정된다 표 1-5.

표 1-5 영양불량 단계 판정을 위한 표현형 기준(GLIM)

단계	표현형 기준		
	체중감소(%)	낮은 체질량지수(kg/m²)[2]	근육량 감소
1단계: 중등도 영양불량[1]	5~10%/6개월 미만 또는 10~20%/6개월 이상	<20(70 세 미만) 또는 <22(70세 이상)	약간~중등도 감소
2단계: 심한 영양불량[1]	>10%/6개월 미만 또는 >20%/6개월 이상	<18.5(70세 미만) 또는 <20(70세 이상)	심한 감소

1) 영양불량 각 단계는 이 등급을 충족하는 표현형 기준 1개 필요

2) 임상에서는 아시아 인구에 대한 BMI 데이터 확보를 위한 추가 연구가 필요함

자료 : Cederholm T 등, 2019

2) 영양진단

영양지표를 객관적인 기준치와 비교하여 해석하는 영양판정은 요인들을 개별적으로 평가하기 때문에 무엇이 원인이고 무엇이 결과인지 알 수 없는 경우가 있다. 그러나 영양진단은 영양판정에서 나타난 개별적인 문제를 종합적으로 판단하여 주요 영양문제가 무엇이고, 문제를 일으키는 주요 원인이 무엇이며, 판단의 주요 근거가 무엇인지를 명확히 하여 영양중재 목표를 설정하기 위한 과정이다.

병원에서 영양상담이 모든 사람에게 이루어지는 경우는 드물다. 대부분 임상 문제가 있는 경우 이 문제가 영양문제에 의한 것인지, 영양문제를 일으킬 우려가 있는지를 알아보기 위해 영양상담이 이루어진다. 예를 들어, 혈중콜레스테롤이 높은 이상지질혈증으로 영양상담을 하러 온 2명의 환자가 있다고 가정해 보자. 한 환자를 조사해 보니 패스트푸드 섭취가 많고 체중도 높은 환자였다. 이 환자는 지방과다 섭취가 문제 되는 이상지질혈증으로 진단할 수 있으며, 식사조절을 위한 영양처방이 내려져 영양관리과정을 거치게 된다. 다른 환자는 채식 위주로 섭취를 하고 체중도 정상이었고 콜레스테롤만 높았다. 이 환자는 식품 섭취에 의한 문제와 상관없는 가족력에 의한 이상지질혈증이라고 판단되며, 영양적으로는 조절할 부분이 없기 때문에 이 과정으로 마무리하게 된다. 임상의

사들은 이와 같은 영양진단을 통해 영양사와 협진을 하게 된다.

영양진단은 섭취 영역, 임상 영역, 식행동-환경 영역을 포함한다 표 1-6. 영양문제가 단순 섭취문제인 경우도 있지만, 많은 부분이 의학적 혹은 신체적 문제로 인하여 영양문제가 발생하게 된다. 또한 식품에 대한 지식이나 신념, 기호도 문제 등으로 인해 영양문제가 발생하는 경우가 많기 때문에 식행동이나 환경에 대한 평가와 진단이 함께 이루어져야 한다.

표 1-6 영양진단 영역

영역	세부사항
섭취 영역	식품이나 영양소 섭취와 관련된 문제
임상 영역	의학적/신체적 상태와 관련된 영양 문제
식행동-환경 영역	지식, 태도, 기질, 식행동, 신념, 식품의 접근성, 식품안전 등

3) 영양중재

영양중재란 영양진단 과정에서 발견된 영양문제를 해결하기 위해 목표와 구체적인 실행계획을 세우고 실천해 가는 과정을 말한다. 영양중재의 핵심은 영양진단에서 나타난 원인을 해결하는 것으로 원인 제거를 통해 문제를 해결하게 된다.

영양중재는 식품/영양소 제공, 영양교육, 영양상담, 영양관리를 위한 다분야 협의 등 4개의 영역으로 나뉜다 표 1-7.

표 1-7 영양중재 영역

영양중재 영역		세부 내용
식품/영양소 제공	식품, 영양소를 제공하는 개별적 접근	• 식사와 간식 제공 • 장관 및 정맥영양 제공 • 보충제 제공
영양교육	스스로 식품을 선택하고 식생활을 관리할 수 있는 지식과 기술을 환자에게 일방적으로 전달	• 초기/기본 영양교육 • 포괄적인 영양교육
영양상담	환자와의 상호 관계를 통해 문제를 해결하는 맞춤 관리	• 개인 영양문제의 원인에 대한 개선 • 전략적 접근
영양관리를 위한 다분야 협의	영양관련 문제의 개선을 도울 수 있는 다른 분야의 전문가나 기관 등과 협조	• 의사와의 협조 • 아동발달전문가와 협조 • 심리전문가와 협조

4) 영양모니터링 및 평가

영양모니터링 및 평가란 현재의 영양중재가 영양진단의 문제를 해결하는 방향으로 진행되는가에 대해 평가하는 과정이다. 영양사는 모니터링을 통해 영양판정에서 시행되었던 영양지표 수집 및 표준치에 대한 판정을 시행하고 이전에 평가하였던 자료와 비교 분석하여 영양중재의 효과를 평가한다. 영양모니터링 및 평가 영역은 영양판정의 첫 단계에서 과거력을 제외한 영역을 포함한다 표 1-1 참조.

3. 환자의 영양필요량 산정

환자의 질병상태는 복잡하고 다양하지만 영양소의 양과 질을 조절하거나 식사 형태를 변화시키는 등의 영양치료를 통해 개선할 수 있다. 일반적으로 한국인 영양소 섭취기준에 따른 정상인의 영양요구량을 기준으로 하여 질환의 종류, 환자의 영양소 대사능력, 약물과 영양소 간의 상호작용 등을 고려하여 환자의 영양섭취기준을 설정한다.

1) 에너지필요량

에너지는 섭취와 소비 사이에 균형을 이루면 성장, 발달, 체내 생리활성 및 건강 유지, 질병 회복 등의 효과를 보이지만, 필요량을 초과하여 에너지를 섭취하면 에너지 출납의 균형이 깨져 비만을 초래할 수 있으며, 필요량보다 에너지를 적게 섭취하면 신체의 성장, 건강을 유지하는 데 필요한 에너지가 부족하여 질병 치료와 회복에 부정적 영향을 미친다.

(1) 에너지소비량의 구성

1일 총에너지소비량total daily energy expenditure, TEE은 기초대사량, 활동대사량, 식사성 발열효과로 구성된다.

① 기초대사량(휴식대사량)

기초대사량basal energy expenditure, BEE은 인체의 생리적인 기능을 유지하는 데 소비되는 최소한의 에너지이다. 총에너지소비량의 60~75%를 차지하므로 1일 에너지필요량을 결정짓는 중요한 요인이 된다. 그러나 기초대사량은 12~14시간 동안 식사 및 활동이 거의 이루어지지 않은 후 이른 아침의 각성상태에서의 대사량이므로 기상 직후 바로 측정해야 하는 어려움이 있기에 임상 현장에서의 이용은 거의 불가능하다. 그래서 식후 4~6시간이 경과된 후 휴식을 취하고 있는 상태에서 측정한 휴식대사량resting energy expenditure, REE이 기초대사량을 대신하여 이용되고 있다.

기초대사량은 성별과 연령, 신체 크기(신장 및 체중)에 따라 차이를 보이며, 기초대사량 산출공식은 다음과 같다.

성인의 기초대사량을 구하는 간단한 방법

성인 남자 기초대사량 = 1.0 kcal/시간(h)/체중(kg) × 체중(kg) × 24시간

성인 여자 기초대사량 = 0.9 kcal/시간(h)/체중(kg) × 체중(kg) × 24시간

한국인 영양소 섭취기준에서 제시하는 공식

아동 및 청소년(3~18세)	남자(kcal/일) = 68 − 43.3 × 연령(세) + 712 × 신장(m) + 19.2 × 체중(kg) 여자(kcal/일) = 189 − 17.6 × 연령(세) + 625 × 신장(m) + 7.9 × 체중(kg)
성인(19세 이상)	남자(kcal/일) = 204 − 4.00 × 연령(세) + 450.5 × 신장(m) + 11.69 × 체중(kg) 여자(kcal/일) = 255 − 2.35 × 연령(세) + 361.6 × 신장(m) + 9.39 × 체중(kg)

해리슨-베네딕트방법

남자 : 기초소비에너지(BEE) = 664 + 13.7 × 체중(kg) + 5.0 × 신장(m) − 6.8 × 연령(세)

여자 : 기초소비에너지(BEE) = 655 + 9.6 × 체중(kg) + 1.8 × 신장(m) − 4.7 × 연령(세)

② 활동대사량

성별과 연령, 신체 크기가 유사한 경우에는 에너지소비량의 차이는 주로 활동대사량physical activity energy expenditure, PAEE에 기인한다. 활동대사량은 운동에 의한 활동대사량exercise activity thermogenesis, EAT 및 운동 이외의 활동대사량non-exercise activity thermogenesis, NEAT으로 나눈다. 운동 이외의 활동대사량NEAT은 자세의 유지, 가사활동, 통근 및 일터에서의 신체활동 등과 같은 여러 가지의 신체활동을 포함하며 1일 총에너지소비량의 20~30%를 차지한다.

③ 식사성 발열효과

식사성 발열효과thermic effect of food, TEF는 식품 섭취에 따른 영양소의 소화와 흡수, 이동, 대사, 저장 및 이 과정에서의 자율신경계 활동 증진 등에 따른 에너지소비량이다. 식사성 발열효과는 지방 0~5%, 탄수화물은 5~10%, 단백질은 20~30%이다. 지방은 흡수, 분해 및 저장과정이 비교적 쉽게 이루어지기 때문에 식사성 발열효과가 가장 적은 반면, 단백질은 다른 영양소에 비하여 소화, 흡수, 대사 등의 복잡한 대사과정으로 인하여 가장 높은 식사성 발열효과를 보인다.

(2) 환자의 에너지필요량 산정

① 한국인 영양소 섭취기준에서 제시한 에너지 필요추정량 이용

에너지 필요추정량 산출공식 표 1-8 을 이용하여 환자의 연령, 체중, 신장 및 활동수준(비활동적)을 고려한 1일 에너지소비량을 산출하고, 여기에 부상 정도에 따른 상해계수 표 1-9 를 곱하여 환자의 1일 에너지필요량을 산정한다. 체중은 현재체중을 적용하되 비만자인 경우에는 과다한 필요량이 산출되므로 조정체중〔표준체중+(현재체중−표준체중)×0.25〕을 이용한다.

1일 에너지필요량=에너지 필요추정량×상해계수

표 1-8 연령에 따른 에너지 필요추정량 산출공식

<table>
<tr><th colspan="2" rowspan="2">구분</th><th>에너지 필요추정량(EER)</th><th colspan="2" rowspan="2"></th></tr>
<tr><th>총에너지 소비량(TEE)</th></tr>
<tr><td rowspan="2">영아</td><td>0~5(개월)</td><td rowspan="2">89 kcal/kg/일 × 체중(kg) − 100 kcal/일</td><td colspan="2">+115.5</td></tr>
<tr><td>6~11</td><td colspan="2">+22</td></tr>
<tr><td rowspan="2">유아</td><td>1~2(세)</td><td rowspan="6">남자: 88.5 − 61.9 × 연령(세) + PA〔26.7 × 체중(kg) + 903 × 신장(m)〕
PA = 1.0(비활동적), 1.13(저활동적), 1.26(활동적), 1.42(매우 활동적)
여자: 135.3 − 30.8 × 연령(세) + PA〔10 × 체중(kg) + 934 × 신장(m)〕
PA = 1.0(비활동적), 1.16(저활동적), 1.31(활동적), 1.56(매우 활동적)</td><td colspan="2">+20</td></tr>
<tr><td>3~5</td><td colspan="2">+20</td></tr>
<tr><td rowspan="2">아동</td><td>6~8</td><td colspan="2">+20</td></tr>
<tr><td>9~11</td><td colspan="2">+25</td></tr>
<tr><td rowspan="2">청소년</td><td>12~14</td><td colspan="2">+25</td></tr>
<tr><td>15~18</td><td colspan="2">+5</td></tr>
<tr><td rowspan="4">성인</td><td rowspan="4">19세 이상</td><td rowspan="4">남자: 662 − 9.53 × 연령(세) + PA〔15.91 × 체중(kg) + 539.6 × 신장(m)〕
PA = 1.0(비활동적), 1.11(저활동적), 1.25(활동적), 1.48(매우 활동적)
여자: 354 − 6.91 × 연령(세) + PA〔9.36 × 체중(kg) + 726 × 신장(m)〕
PA = 1.0(비활동적), 1.12(저활동적), 1.27(활동적), 1.45(매우 활동적)</td><td rowspan="3">임신부</td><td>1분기 : +0</td></tr>
<tr><td>2분기 : +340</td></tr>
<tr><td>3분기 : +450</td></tr>
<tr><td>수유부</td><td>+320</td></tr>
</table>

표 1-9 환자의 부상 정도에 따른 상해계수

부상 정도	상해계수	부상 정도	상해계수
심하지 않은 수술	1.2	패혈증	1.6~1.9
골격 외상	1.35	외상 스테로이드	1.88
수술	1.44	심한 화상	2.1~2.5

② 기초대사량 이용

기초대사량에 신체활동계수 표 1-10 와 상해계수 표 1-11 를 곱하여 1일 에너지필요량을 산정한다. 기초대사량 산출 시 체중은 현재 체중을 적용하되, 비만자인 경우에는 과다한 필요량이 산출되므로 조정체중을 이용한다.

표 1-10 신체활동 수준별 활동계수

신체활동 수준	누워 있는 환자	움직일 수 있는 환자	보통 활동	매우 활동적
신체활동계수	1.2	1.3	1.5	1.75

③ 현재 체중, 활동별 수준 이용

현재 체중에 활동별 에너지 표 1-11 를 곱하여 1일 에너지필요량을 산정한다. 보통은 성인 환자의 경우 30~35 kcal/kg으로 산출하는데 환자의 상태에 따라 에너지필요량은 가감된다.

$$1일\ 에너지필요량(kcal) = 현재\ 체중(kg) \times 활동별\ 에너지(kcal/kg)$$

표 1-11 비만도에 따른 활동별 에너지

비만도	활동별 에너지(kcal/kg)		
	가벼운 활동	중등 활동	심한 활동
과체중	20~25	30	35
정상	30	35	40
저체중	35	40	45

2) 단백질필요량

단백질필요량은 '정상적인 신체활동을 하면서 에너지 균형을 유지하는 상태에서, 식사로 섭취된 질소량과 질소 손실량 사이에 균형을 유지할 수 있는 최소 수준의 단백질량'으로 정의한다(FAO/WHO, 1985). 단백질필요량은 질병으로 인한 대사적 스트레스와 환자의 상태에 따라 달라진다. 위장관의 단백질 흡수기능이 저하됐을 경우 그리고 질병상태일 경우 체내 단백질 결핍이 발생할 수 있다. 대표적 질병상태로는 신부전, 암, 감염 등과 같은 질병을 들 수 있으며, 이외에도 화상이나 수술에 의해 근육단백질의 이화작용이 촉진될 경우 체내 단백질 결핍현상이 발생할 수 있다.

(1) 체중당 단백질필요량 이용

한국인 영양소 섭취기준(2020)에 따르면 건강한 성인의 경우, 1일 단백질 권장섭취량은 0.91 g/kg이다. 그러나 발열, 패혈증, 수술, 외상 및 화상 등 스트레스가 있는 환자의 경우에는 단백질 이화율이 증가하므로 질소평형을 위해서 다량의 필수아미노산과 단백질을 공급해야 한다.

대사적 스트레스 정도 이용

- 스트레스가 없는 환자의 1일 단백질 필요량 = 1.0~1.2 g/kg
- 스트레스가 많은 환자의 1일 단백질 필요량 = 1.5~2.0 g/kg

(2) 질소평형 이용

질소평형을 이용하는 방법으로서 24시간 소변 중 질소량을 측정하여 단백질필요량을 산정하는 가장 직접적인 방법이다. 질소평형이 유지되는 상태에서의 1일 단백질필요량은 (24시간 소변 중 질소량 + 3~4 g) × 6.25이다.

(3) 에너지에 대한 질소량의 비율 이용

1일 에너지필요량에 대한 적절한 질소량의 비율을 이용하여 다음과 같이 단백질필요량을 산정할 수 있다.

에너지필요량에 대한 적절한 질소량의 비율

- 동화작용을 위한 1일 에너지필요량 : 질소량의 비율은 100~150 : 1
- 체중 유지를 위한 1일 에너지필요량 : 질소량의 비율은 250~300 : 1
- 1일 단백질필요량(g) = 1일 에너지필요량(kcal)/에너지와 질소의 비율(kcal : N) × 6.25

3) 탄수화물필요량

탄수화물 섭취권장량은 케토시스를 방지하고, 체내에 필요한 최소한의 포도당을 공급하는 것을 기초로 하고 있으며, 탄수화물의 섭취는 비만, 대사증후군, 심혈관계질환, 고혈압, 당뇨병과 같은 질환의 발생 위험과 높은 관련성이 있다. 우리나라에서 탄수화물의 영양섭취기준은 '총섭취에너지 중 탄수화물로부터의 적절한 에너지 섭취를 의미하는 에너지 적정비율acceptable macronutrient distribution range, AMDR'을 사용한다. 2020 한국인 영양소 섭취기준에서 우리나라 국민의 섭취량과 섭취비율, 생화학적 지표와 만성질환의 위험성 등을 고려하여 1세 이후의 탄수화물 섭취비율을 55~65%로 설정하였다. 노인, 유아, 아동, 청소년, 임신부, 수유부의 경우 그 연령층에 따른 기준을 달리할 근거가 부족하여 성인과 같은 수치를 사용한다.

4) 비타민·무기질 필요량

건강한 사람의 비타민과 무기질의 영양기준치는 설정되어 있으나 특정 질환에 따른 영양기준치는 아직 설정되어 있지 않다. 따라서 환자를 대상으로 하는 비타민 및 무기질 필요량은 한국인 영양소 섭취기준의 권장섭취량이나 충분섭취량을 따르되 질환에 따라 특정 영양소 필요량에 수정을 요하므로 보다 자세한 것은 해당 질환편에서 설명하기로 한다.

4. 환자의 식단작성

1) 식사 섭취상태 평가

생화학적 검사는 영양불량이 진행되어 항상성이 깨진 뒤에야 확인되기 때문에 식사 섭취조사는 영양평가에서 가장 우선시되어야 한다. 식사평가는 식사 섭취의 적절성을 평가하는 것으로, 평가에 사용한 영양섭취기준의 종류와 영양섭취기준 설정에 사용한 지표의 특성에 따라 다르게 해석될 수 있다.

개인의 일상섭취량이 평균필요량 이하이면 섭취량이 부족할 확률이 50% 이상으로 일상섭취량이 평균필요량보다 적을수록 섭취 부족 확률은 높아진다. 집단의 경우에는 일상섭취량이 평균필요량 이하인 사람들의 비율로 집단 내에서의 섭취 부족 확률을 추정한다. 반면, 상한섭취량은 과잉 섭취 가능성 조사에 사용될 수 있다. 개인의 일상섭취량이 상한섭취량보다 많을수록 건강장애의 위험도는 높아지고, 집단 내에서는 상한섭취량 이상을 섭취하는 사람들의 비율로 과잉 섭취에 따른 건강장애 위험률을 추정한다 표 1-12.

표 1-12 개인의 식사계획과 식사 섭취평가에서의 영양소 섭취기준의 사용

영양소 섭취기준	식사계획	식사 섭취상태 평가
평균필요량	개인의 영양섭취의 목표로 사용하지 않음	평소섭취량이 부적절할 확률을 조사하는 데 사용함
권장섭취량	평소섭취량이 평균필요량 이하인 사람은 권장섭취량을 목표로 함	평소섭취량이 권장섭취량을 넘거나 그 정도이면 부적절할 확률은 낮음
충분섭취량	평소섭취량을 충분섭취량에 가깝게 하는 것을 목표로 함	평소섭취량이 충분섭취량을 넘거나 그 정도이면 부적절할 확률은 낮음
상한섭취량	평소섭취량을 상한섭취량 미만으로 함	평소섭취량이 상한섭취량보다 높으면 과잉섭취로 인한 건강위해 증상이 일어날 수 있음

2) 식사계획

개인의 식사계획에 있어 다음 사항에 대한 조정이 필요하다 그림 1-3.

- 1일 한국인 영양소 섭취기준에 맞도록 조정
  - 환자의 질환이 영양상태에 영향을 미치지 않는 경우 적용

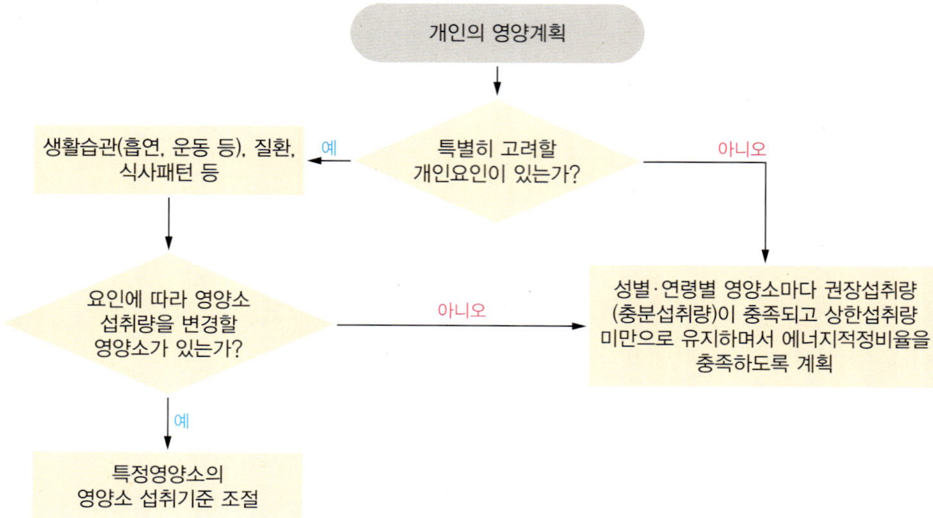

그림 1-3 개인의 식사계획을 위한 의사결정 과정

- 질환 치료에 적합하도록 조정
  - 영양소 조정 : 당질, 단백질, 지방, 무기질 및 비타민 등
  - 에너지 조정
  - 기타 : 수분, 식이섬유 등의 조정
- 환자의 기호도 및 수용도에 따른 조정
- 식사의 공급형태 조정
  - 환자의 상태에 따라 경구, 경관 및 정맥영양 등의 가능한 방법 선택
  - 영양보충제 필요 여부 결정

3) 식품교환법을 이용한 식단작성

식품교환법은 원래 체중조절 환자나 당뇨병 환자의 식단에 이용하기 위해 1950년대 미국영양사협회가 처음 고안한 것으로, 식품성분표를 이용하지 않고서도 환자가 요구하는 에너지와 3대 영양소를 쉽고 간단하게 계산할 수 있는 편의를 모색한 것이다. 우리나라에는 1954년에 처음으로 소개되었고, 그동안 대한당뇨병학회, 한국영양학회, 대한영양사

협회에서 공동으로 연구 검토하여 우리나라의 식습관과 식품수급 및 식품성분의 차이 등 우리 실정에 맞는 식품교환표로 개정되어 발표하였다. 현재 대부분의 병원에서 치료식과 일반식 등 거의 모든 식단작성에 이용되고 있다.

(1) 식품교환표

식품교환표는 식품들을 영양소 조성이 비슷한 것끼리 묶어서 곡류군, 어육류군, 채소군, 지방군, 우유군, 과일군의 6가지 식품군으로 나누어 같은 군 내에서 자유롭게 교환, 선택할 수 있도록 한 것이다. 각 식품군 내의 모든 식품은 1교환당 중량은 다를지라도 비슷한 양의 에너지, 당질, 지방, 단백질 함량을 가지고 있으므로 서로 대치되거나 교환할 수 있어서 영양소 함량에는 차이 없이 다양하게 식품을 선택할 수 있다. 예를 들어, 곡류군의 1교환은 쌀밥으로는 1/3공기이고 식빵으로는 1쪽이 되는데, 이것은 같은 교환군 내에 있기 때문에 영양소 함량이 비슷해서 당질(23 g), 단백질(2 g), 에너지(100 kcal)를 함유하는 것으로 생각되며, 따라서 서로 교환하여 섭취할 수 있다. 각 식품군 1교환단위당 영양가는 표 1-13 에 제시하였다.

표 1-13 각 식품군의 1교환단위당 영양가

식품군		식품교환 수	당질(g)	단백질(g)	지방(g)	에너지(kcal)
곡류군		1	23	2	–	100
어육류군	저지방	1	–	8	2	50
	중지방	1	–	8	5	75
	고지방	1	–	8	8	100
채소군		1	3	2	–	20
지방군		1	–	–	5	45
우유군	일반우유	1	10	6	7	125
	저지방우유	1	10	6	2	80
과일군		1	12	–	–	50

① 곡류군

곡류군은 곡류 및 가공식품과 감자류 등 당질이 주로 들어 있는 식품군으로서 1교환

단위당 당질 23 g, 단백질 2 g, 에너지 100 kcal가 함유된다. 가장 흔히 섭취하는 밥을 중심으로 1공기(210 g)는 300 kcal이므로 100 kcal인 1/3공기를 1교환단위로 하였다. 곡류에 포함된 식품의 종류와 1교환단위당 중량은 표 1-14 와 같다. 1교환단위당 조리하기 전의 곡류는 대개 30 g으로 조리 후 그 중량은 늘어나는데, 쌀의 경우 1교환단위는 30 g이지만 밥이 되었을 때는 그 2.3배인 70 g이다.

표 1-14 곡류군 1교환단위 양(당질 : 23 g, 단백질 : 2 g, 에너지 : 100 kcal)

식품명		무게(g)	목측량
밥류	쌀밥, 보리밥, 현미밥	70	1/3공기(소)
죽류	쌀죽	140	2/3공기(소)
알곡류 및 가루제품	기장, 백미(1/5쌀컵), 보리(쌀보리), 율무, 차수수, 차조, 찹쌀, 팥(붉은 것), 현미, 녹말가루(5큰술), 미숫가루(1/3컵 소), 밀가루(5큰술)	30	3큰술
	녹두, 완두콩	70	완두콩(1/2컵 소)
국수류	건조한 국수류 : 냉면, 당면, 국수, 메밀국수, 스파게티, 쌀국수, 쫄면, 칼국수류	30	삶은 것 1/2공기(소)
	메밀국수(생)	40	
	우동(생)	70	
	삶은 국수류 : 국수, 스파게티, 쌀국수	90	
감자 및 전분류	고구마, 찰옥수수(생)	70	고구마(중 1/2개), 찰옥수수(생 1/2개)
	감자, 돼지감자, 토란(1컵)	140	감자(중 1개)
떡류	가래떡, 백설기, 송편(깨), 인절미, 절편, 증편, 시루떡(3쪽, 1쪽 : 3×2.5×1.5 cm)	50	가래떡(썬 것, 11~12개), 인절미 3개, 절편(1개, 5.5×5×1.5 cm)
빵류	식빵	35	1쪽(11×10×1.5 cm)
	모닝빵, 머핀		중 1개(머핀, 중 1/2개)
	바게트빵		중 2쪽
묵류	도토리묵, 녹두묵, 메밀묵	200	1/2모(6×7×4.5 cm)
기타	크래커	20	5개
	강냉이(옥수수), 누룽지(건), 콘플레이크, 오트밀(1/3컵)	30	강냉이(1.5공기 소), 누룽지(지름 11.5 cm), 콘플레이크(3/4컵 소)
	밤, 은행	60	밤(대 3개), 은행(1/3컵 소)
	마	100	

② 어육류군

어육류군은 단백질이 주로 들어 있는 식품군으로서 어류, 육류, 알류 및 콩류 등이 포함된다. 식품의 종류에 따라 지방 함량의 차이가 크며, 같은 육류일지라도 부위에 따라 지방 함량이 다르므로 다시 저지방군, 중지방군, 고지방군으로 나누었다. 각 군에 속하는 식품들과 1교환단위당 중량은 표 1-15, 표 1-16, 표 1-17과 같다. 1교환단위당 대개 육류는 40 g, 어류는 50 g 정도가 된다.

표 1-15 저지방 어육류군 1교환단위 양(단백질 : 8 g, 지방 : 2 g, 에너지 : 50 kcal)

식품명		무게(g)	목측량
고기류	육포	15	1장(9×6 cm)
	닭고기, 오리고기, 칠면조고기(껍질, 기름 제거한 살코기), 닭부산물(모래주머니), 쇠고기(사태, 홍두깨 등), 소간*, 돼지고기(기름기 전혀 없는 살코기)	40	닭고기(소 1토막, 탁구공 크기), 쇠고기(12×10×0.3 cm), 돼지고기(12×10×0.3 cm)
생선류	가자미, 광어, 대구, 동태, 미꾸라지(생), 병어, 복어, 아귀, 연어, 옥돔(반건), 적어, 조기, 참도미, 참치, 코다리, 한치, 홍어	50	소 1토막
건어물 및 가공품	굴비	15	1/2토막
	건오징어채*, 멸치, 뱅어포, 북어, 쥐치포	15	잔멸치(1/4컵 소), 뱅어포(1장), 북어(1/2토막), 쥐치포(1/2개, 1.2×7 cm)
	게맛살, 어묵(찐 것)	50	어묵(찐 것, 1/3개, 5.5 cm)
젓갈류	명란젓*, 어리굴젓, 창란젓*	40	
기타 해산물	날치알, 대하(생), 물오징어*, 깐새우*, 새우(중하)*	50	물오징어(몸통 1/3등분), 깐 새우(1/4컵), 새우(중하, 3마리)
	개불, 굴, 꼬막조개, 꽃게, 멍게, 문어*, 전복*, 조갯살, 홍합	70	굴(1/3컵 소), 꽃게(소 1마리), 전복(소 2개), 멍게, 문어, 조갯살, 홍합(1/3컵, 소)
	낙지, 미더덕	100	낙지(1/2컵 소), 미더덕(3/4컵 소)
	해삼	200	1⅓컵 소

*콜레스테롤이 많이 함유된 식품

표 1-16 중지방 어육류군 1교환단위당 양(단백질 : 8 g, 지방 : 5 g, 에너지 : 75 kcal)

식품명		무게(g)	목측량
고기류	돼지고기(안심), 샐러드햄, 소곱창* 쇠고기(등심, 안심, 양지), 햄(로스)	40	쇠고기(등심, 안심, 로스용 1장, 12×10×0.3 cm), 햄(로스, 2장, 8×6×0.8 cm)
생선류	갈치, 고등어, 과메기(꽁치), 꽁치, 도루묵, 메로, 민어, 삼치, 임연수어, 장어*, 전갱이, 준치, 청어, 훈제연어	50	소 1토막
가공류	어묵(튀긴 것)	50	1장(15.5×10 cm)
알류	달걀*	55	중 1개
	메추라기알*	40	5개
콩류 및 가공품	검정콩, 대두(노란콩)	20	검정콩(2큰술)
	낫또	40	작은 포장 1개 단위
	두부	80	1/5모(420 g 포장두부)
	연두부, 콩비지	150	연두부(1/2개), 콩비지(1/2봉, 2/3공기 소)
	순두부	200	1/2봉지(지름 5×10 cm)

*콜레스테롤이 많이 함유된 식품

표 1-17 고지방 어육류군 1교환단위 양(단백질 : 8 g, 지방 : 8 g, 에너지 : 100 kcal)

식품명		무게(g)	목측량
고기류 및 가공품	개고기, 닭고기(껍질 포함)#, 돼지갈비, 돼지머리(편육)#, 돼지족#, 런천미트#, 베이컨#, 비엔나소시지#, 삼겹살#, 소갈비#, 소꼬리#, 프랑크소시지#	40	닭다리 1개, 런천미트(5.5×4×1.8 cm), 베이컨(1¼장), 비엔나소시지(5개), 소갈비(소 1토막), 프랑크소시지 1⅓개
생선류 및 가공품	유부, 치즈	30	유부(5장, 초밥용), 치즈(1.5장)
	고등어(꽁치, 참치) 통조림, 뱀장어#*	50	고등어(꽁치, 참치) 통조림(1/3컵 소), 뱀장어(소 1토막)

*콜레스테롤이 많이 함유된 식품

#포화지방산이 많이 함유된 식품

③ 채소군

채소군은 비타민과 무기질이 주로 들어 있는 식품군으로서 에너지가 적은 것이 특징이다. 1교환단위당 당질 3 g, 단백질 2 g, 에너지 20 kcal를 함유하며 교환단위당 대개 70 g으로 생채소는 약 1/2컵, 익힌 채소는 약 1/3컵에 해당한다. 채소군에 속하는 식품의 종류와 1교환단위당 중량은 표 1-18과 같다.

표 1-18 채소군 1교환단위 양(당질: 3 g, 단백질: 2 g, 에너지: 20 kcal)

식품명		무게(g)	목측량
채소류	늙은호박(호박고지), 마늘, 무말랭이, 취나물(건)	7	무말랭이(불려서 1/3컵)
	깻잎, 단호박¤, 대파, 더덕, 도라지, 마늘종, 쑥¤, 연근¤, 우엉¤	40	깻잎 20장, 단호박(1/10개, 지름 10 cm), 마늘종 3개(6.5~7 cm)
	곰취, 가지, 고구마줄기, 고비, 고사리(삶은 것), 고춧잎¤, 근대, 냉이, 늙은호박(생), 단무지, 달래, 당근¤, 돌나물, 두릅, (돌)미나리, 머위, 무, 무청(삶은 것), 배추, 부추, (붉은)양배추, 브로콜리, (양)상추, 셀러리, 숙주, 시금치, 쑥갓, 아욱, 애호박, 양파, 열무, 오이, 원추리, 자운영(싹), 죽순(생 통조림), 참나물, 청경채, 치커리, 케일, 콜리플라워(꽃양배추), 콩나물, 파프리카(녹색, 적색, 주황색), 풋고추, 풋마늘¤, 피망	70	대부분(익혀서 1/3컵), 가지(지름 3 cm, 길이 10 cm), 늙은호박(생, 4×4×6 cm), 당근(4×5 cm 또는 대 1/3개), 무(지름 8 cm, 길이 1.5 cm), 배추(중 3잎), 양배추(1/5개, 9×4×6 cm), 상추(소 12장), 셀러리(길이 6 cm 6개), 아욱(잎넓이 20 cm 5장), 애호박(지름 6.5 cm×두께 2.5 cm), 오이(중 1/3개), 케일(잎넓이 30 cm 1½개), 콩나물(익혀서 2/5컵), 파프리카(대 1개), 풋고추(중 7~8개), 피망(중 2개)
해조류	김	2	1장
	곤약, 매생이, 미역(생 : 70, 건: 6), 우뭇가사리(우무), 톳(생), 파래(생)	70	
버섯류	표고버섯(건조)	7	
	느타리(생), 만가닥(건), 송이(생), 양송이(생), 팽이(생), 표고(생)	50	느타리(생 7개, 8 cm), 송이(생, 소 2개), 양송이(생 3개, 지름 4.5 cm) 표고(생, 대 3개)
김치류	갓김치, 깍두기, 배추김치, 총각김치	50	깍두기 10개(1.5 cm 크기), 배추김치(6~7개, 4.5 cm), 총각김치(2개)
	나박김치, 동치미	70	
채소주스	당근주스	50	1/4컵(소)

¤당질을 6 g 이상 함유하고 있으므로 섭취 시 주의

④ 지방군

지방군은 지방을 공급하는 유지류로서 참기름, 콩기름 등의 식물성 기름과 버터, 돼지기름 등의 동물성 지방 및 잣, 호두, 땅콩 등의 종실류가 포함된다. 지방군 1교환단위당 5 g의 지방과 45 kcal의 에너지를 함유하고 있으며, 대개 식물성 기름 1작은술이 5 g으로 1교환단위이다. 표 1-19 에는 지방군에 속하는 식품과 1교환단위당 중량을 제시하였다.

표 1-19 지방군 1교환단위 양(지방 : 5 g, 에너지 : 45 kcal)

식품명		무게(g)	목측량
견과류	검정깨(건), 참깨(건), 땅콩†, 아몬드†, 잣, 캐슈넛(조미)†, 피스타치오†, 해바라기씨, 호두, 호박씨(건), 호박씨(조미), 흰깨(건), 흰깨(볶은 것)	8	깨(1큰술), 땅콩(8개, 1큰술), 아몬드(7가), 잣(50알, 1큰술), 피스타치오(10개), 해바라기씨(1큰술) 호두(중 1.5개)
고체기름	마가린, 버터#, 쇼트닝#	5	1작은술
	땅콩버터	8	
드레싱	라이트 마요네즈, 마요네즈	5	1작은술
	사우전드 드레싱, 이탈리안 드레싱, 프렌치 드레싱	10	2작은술
식용유	들기름, 미강유, 옥수수기름, 올리브유†, 홍화씨기름†, 참기름, 카놀라유†, 콩기름, 포도씨유, 해바라기유	5	1작은술

†단일불포화지방산이 많은 식품
#포화지방산이 많이 함유된 식품

⑤ 우유군

우유군은 단백질과 무기질, 특히 칼슘을 함유하는 식품군으로 우유 1컵인 200 mL가 1교환단위이다. 일반우유의 1교환단위에는 당질 10 g, 단백질 6 g, 지방 7 g, 에너지 125 kcal가 함유되어 있다. 우유군에 속하는 식품과 1교환단위당 중량은 표 1-20 과 같다.

표 1-20 우유군 1교환단위 양(일반우유 : 당질 10 g, 단백질 6 g, 지방 7 g, 에너지 125 kcal)
(저지방우유 : 당질 10 g, 단백질 6 g, 지방 2 g, 에너지 80 kcal)

식품명		무게(g)	목측량
일반우유군	전지분유, 조제분유	25	5큰술
	두유(무가당), 락토우유, 일반우유	200	1컵(1팩)
저지방우유군	저지방 우유(1%)	200	1컵(1팩)

⑥ 과일군

과일군은 비타민, 무기질이 들어 있는 식품으로 1교환단위당 당질 12 g, 에너지 50 kcal를 함유한다. 과일군에 속하는 식품과 1교환단위당 중량은 표 1-21 과 같다.

표 1-21 과일군 1교환단위 양(당질 : 12 g, 에너지 : 50 kcal)

식품명		무게(g)	목측량
감	곶감	15	소 1/2개
	단감	50	중 1/3개
	연시, 홍시	80	소 1개, 대 1/2개
감귤류	금귤	60	7개
	귤(통조림)	70	
	오렌지, 유자, 한라봉	100	오렌지(대 1/2개)
	귤	120	중 1개
	자몽	150	중 1/2개
대추	대추(건)	15	5개
	대추(생)	50	7개
무화과	무화과(건)	15	
	무화과(생)	80	
바나나	바나나(건)	10	
	바나나(생)	50	중 1/2개
복숭아	백도(통조림), 황도(통조림)	60	반절 1쪽
	백도, 청도, 황도	150	백도(소 1개), 천도(소 2개), 황도(중 1/2개)
블루베리	블루베리(통조림)	50	
	블루베리	80	
올리브	올리브(건)	15	
	올리브	60	
토마토	방울토마토	300	
	토마토	350	소 2개
파인애플	파인애플(통조림)	70	
	파인애플	200	
포도	포도(건)	15	
	청포도, 포도, 거봉	80	포도(소 19알), 거봉(11개)
주스	배주스, 포도주스	80	
	사과주스, 오렌지주스(무가당), 토마토주스, 파인애플주스	100	1/2컵(소)

(계속)

식품명		무게(g)	목측량
기타	두리안	40	
	프루츠칵테일(통조림)	60	
	망고, 리치	70	
	사과(후지), 석류, 체리, 키위	80	사과(후지, 중 1/3개)
	배	110	대 1/4개
	멜론(머스크)	120	중 1/4개
	(산)딸기, 매실, 살구, 수박, 앵두, 자두, 참외	150	(산)딸기(중 7개), 수박(중 1쪽), 키위(중 1개), 자두(특대 1개), 참외(중 1/2개)
	파파야	200	

(2) 식단작성

식품교환표를 이용한 식단작성은 4단계로 구성된다.

(1) 대상자의 에너지, 당질, 단백질, 지방의 1일 필요량을 산정한다.
(2) 각 식품군별 1일 교환단위 수를 결정한다.
(3) 1일 교환단위 수를 세 끼 및 간식으로 배분한다.
(4) 식품교환군 목록에서 식품을 선택하여 식단을 작성한다.

식단을 작성하는 각 단계별 과정을 예를 들어 설명하면 다음과 같다.

(1) 대상자의 에너지, 당질, 단백질, 지방의 1일 필요량을 산정한다.

1일 필요에너지는 대상자의 연령, 성별, 활동량, 질병의 종류와 상태에 따라 결정된다. 건강한 성인의 경우, 에너지의 적정 구성비는 당질 55~65%, 단백질 7~20%, 지방 15~30%이다.

예) 1일 필요에너지 : 1,800 kcal
당질(60%) : 1,800 × 0.6 ÷ 4 = 270 g
단백질(17%) : 1,800 × 0.17 ÷ 4 = 77 g
지방(23%) : 1,800 × 0.23 ÷ 9 = 45 g

(2) 각 식품군별 1일 교환단위 수를 결정한다.

① 환자의 상태와 기호에 따라 우유군, 채소군, 과일군의 교환단위 수를 결정한다.

> 예) 우유군 1교환, 채소군 8교환, 과일군 2교환

② 곡류군의 교환단위 수를 결정한다.

우유군, 채소군, 과일군의 당질 함량을 합한 다음, 당질필요량을 뺀 당질량을 곡류 1교환단위의 당질 함량인 23 g으로 나누어 곡류의 교환단위 수를 결정한다.

> 예) 우유, 채소, 과일의 당질 함량 : 10 g(우유 1교환) + 24 g(채소 8교환) + 24 g(과일 2교환) = 58 g
> 곡류군에서 제공될 당질 함량 : 270 − 58 = 212 g
> 곡류군의 교환단위 수 : 212 ÷ 23 = 9교환단위

③ 어육류군의 교환단위 수를 결정한다.

우유군, 채소군, 곡류군의 단백질 함량을 합한 다음, 이 양을 단백질 필요량에서 뺀다. 그 값을 육류 1교환단위의 단백질 함량인 8 g으로 나누어 어육류 교환단위 수를 결정하고 저지방, 중지방으로 배분한다(환자 식단에서는 고지방은 가능한 제외함).

> 예) 우유, 채소, 곡류의 단백질 함량 : 6 g(우유 1교환) + 16 g(채소 8교환) + 18 g(곡류 9교환) = 40 g
> 어육류군에서 제공될 단백질 함량 : 77 − 40 = 37 g
> 어육류군의 교환단위 수 : 37 ÷ 8 = 5교환단위(저지방 2, 중지방 3교환단위)

④ 지방의 교환단위 수를 결정한다.

지방필요량에서 우유군과 육류군의 지방 함량을 뺀 뒤 육류 1교환단위의 지방 함량 5 g으로 나누어 교환단위 수를 결정한다.

> 예) 우유, 육류의 지방 함량 : 7 g(우유 1교환) + 4 g(저지방 2교환) + 15 g(중지방 3교환) = 26 g
> 지방군에서 제공될 지방 함량 : 45 − 26 = 19 g
> 지방군의 교환단위 수 : 19 ÷ 5 = 4교환단위

다음은 식품교환표를 이용한 계산의 예이다.

식품군		교환 단위수	당질(g)	단백질(g)	지방(g)	에너지(kcal)
우유군	일반우유	**1**	10×**1**=10	6×**1**=6	7×**1**=7	125×**1**=125
채소군		**8**	3×**8**=24	2×**8**=16		20×**8**=160
과일군		**2**	12×**2**=24 10+24+24=58 270−58=212 212÷23=9(곡류군)			50×**2**=100
곡류군		**9**	23×**9**=207	2×**9**=18 6+16+18=40 77−40=37 37÷8=5(저지방2, 중지방3)		100×**9**=900
어육류군	저지방	**2**		8×**2**=16	2×**2**=4	50×**2**=100
	중지방	**3**		8×**3**=24	5×**3**=15 7+4+15=26 45−26=19 19÷5=4(지방군)	75×**3**=225
지방군		**4**			5×**4**=20	45×**4**=180
계			58+207=**265**	40+16+24=**80**	26+20=**46**	**1,790**

(3) 1일 교환단위 수를 세 끼니 및 간식으로 배분한다.

끼니	곡류군	어육류군		채소군	지방군	우유군	과일군
		저지방	중지방				
아침	2		1	2.5	1		
점심	3	1	1	3	1.5		
저녁	3	1	1	2.5	1		1
간식	1				0.5	1	1
계	9	2	3	8	4	1	2

(4) 식품교환군 목록에서 식품을 선택하여 식단을 작성한다.

식품군		교환 단위 수	아침	점심	저녁	간식
곡류군		9	2×쌀 30 g =60 g(쌀밥)	3×쌀 30 g =90 g(쌀밥)	3×쌀 30 g =90 g(쌀밥)	1×식빵 35 g =35 g(토스트)
어육류군	저지방	2		1×쇠고기40 g =40 g(육개장용)	1×닭고기 40 g =40 g(닭고기구이)	
	중지방	3	1×쇠고기 40 g =40 g(불고기)	1×두부 80 g =80 g(두부전)	1×갈치 50 g =50g(갈치조림)	
채소군		8	0.5×콩나물 70 g =35 g(콩나물국) 1×시금치 70 g =70 g(시금치무침) 1×김치 50 g =50 g(배추김치)	0.5×숙주 70 g =35 g(육개장용) 0.5×고사리 70 g =35 g(육개장용) 1×애호박 70 g =70 g(애호박무침) 1×깍두기 50 g =50 g(깍두기)	0.5×무 70 g =35 g(뭇국) 1×오이 70 g =70 g(오이생채용) 1×양파 70 g =70 g(갈치조림용)	
지방군		4	1×식용유(참기름) 5 g =5 g(조리용)	1.5×식용유(참기름) 5 g =7.5 g(조리용)	1×식용유(참기름) 5 g =5 g(조리용)	0.5×버터 5 g =2.5 g(조리용)
우유군		1				1×우유 200 mL
과일군		2			1×자두 150 g	1×토마토 350 g
식단			쌀밥 콩나물국 소불고기 시금치무침 배추김치	쌀밥 육개장 두부전 애호박무침 깍두기	쌀밥 뭇국 닭고기구이 갈치조림 오이생채 자두(후식)	토스트 우유 토마토

CHAPTER

2

병원식

1. 일반식
2. 치료식

학습개요

병원식이란 병원에 입원한 환자에게 주는 식사로 일반식과 치료식으로 나눈다. 일반식은 한국인 영양소 섭취기준을 기초로 한 식사이고, 치료식은 질병의 치료와 개선을 목적으로 영양소 구성 등을 조정하여 제공하는 식사이다. 그 외에 질병의 검사과 진단을 위한 검사식이 있다.

1. 일반식

일반식은 특정한 영양소의 조절 없이 환자의 영양상태를 양호하게 유지하여 간접적으로 질병 개선에 도움이 되도록 하는 것에 목적이 있다. 전반적으로 일상식에 가깝고 영양소의 가감 없이 주식의 연도(질감)에 따라 상식(밥식), 연식(죽식), 유동식(미음식)으로 구분할 수 있다. 환자의 소화능력과 병의 증세에 따라 식사의 종류와 섭취기간이 결정된다. 일반식의 주요 영양소 기준량은 표 2-1 과 같다.

표 2-1 일반식의 주요 영양소 기준량

영양소	상식	연식	전유동식	맑은 유동식
에너지(kcal)	1,900~2,300	1,600~1,800	1,200~1,400	600~800
당질(g)	310~360	250~270	190~200	150~180
단백질(g)	65~90	70~100	40~50	5~6
지방(g)	40~50	30~45	30~4[illegible]	0~2

1) 상식

상식general diet은 특정 영양소나 질감상의 조절이 필요 없는 일반 입원환자들에게 제공되는 식사로서 보통식common diet, 정상식normal diet, 표준식standard diet, 전식full diet 등 여러 가지 명칭으로 불리며 속칭으로는 밥식이라고도 한다.

한국인 영양소 섭취기준을 기초로 하여 일반 환자에게 적용하는 균형식으로서 당질 55~60%, 단백질 15~20%, 지방 20~25%로 구성된다. 소화가 잘 되며 자극이 적은 식품을 공급하여 환자가 좋은 영양상태를 유지하도록 한다. 대상으로는 외상 환자, 산과 환자, 정신질환자 등에게 적용된다. 일반 가정식과 비교할 때 식품의 종류, 내용, 양에 있어서 거의 차이가 없으나 병원에 입원하거나 가정에서 요양하는 등 환자의 활동량이 감소되어 소화능력과 식욕이 저하되므로 주의가 필요하다. 환자의 실제 섭취량이나 편식 정도에 따라 영양 충족도는 달라지므로, 영양사는 매일의 식사회진을 통해 섭취량이 불충분한 환자를 파악하여 이들에게 보충식을 제공함으로써 입원기간 중 영양불량이 발생하지 않도록 해야 한다. 상식의 1일 영양소구성, 식품구성 및 식단의 예는 표 2-2 와 같다.

표 2-2a 상식의 1일 영양소구성 예(C : P : F = 60 : 19 : 21)

에너지(kcal)	당질(g)	단백질(g)	지방(g)
2,150	320	100	50

표 2-2b 상식의 1일 식품구성 예

식품군	곡류군	어육류군		채소군	지방군	우유군	과일군
		저지방	중지방				
교환단위 수	12	3	4	7	4	1	1

표 2-2c 상식의 1일 식단 예

식품군		교환 단위 수	아침	간식	점심	간식	저녁
곡류군		12	4×쌀 30 g =120 g(쌀밥)		4×쌀 30 g =120 g(쌀밥)		4×쌀 30 g =120 g(쌀밥)
어육류군	저지방	3	1×가자미 50 g =50 g(가자미구이)		1×닭 40 g =40 g(닭볶음)		1×쇠고기 40 g =40 g(불고기)
	중지방	4	1×달걀 1개 =55 g(달걀부침)		2×삼치 50 g =100 g(삼치구이)		1×두부 80 g =80 g(두부찜)
채소군		7	1×콩나물 70 g =70 g(콩나물국) 1×오이 70 g =70 g(오이생채) 0.5×김치 50 g =25 g(배추김치)		0.5×건미역 6 g =3 g(미역국) 1×브로콜리 70 g =70 g(브로콜리초회) 0.5×깍두기 50 g =25 g(깍두기)		1×아욱 70 g =70 g(아욱국) 1×유채나물 70 g =70 g(유채나물) 0.5×김치 50 g =25 g(배추김치)
지방군		4	1×식용유(참기름) 5 g =5 g(조리용)		2×식용유(참기름) 5 g =10 g(조리용)		1×식용유(참기름) 5 g =5 g(조리용)
우유군		1		1×우유 200 mL			
과일군		1				1×사과 80 g	
식단			쌀밥 콩나물국 가자미구이 달걀부침 오이생채 배추김치	우유	쌀밥 미역국 닭볶음 삼치구이 브로콜리초회 깍두기	사과	쌀밥 아욱국 소불고기 두부찜 유채나물 배추김치

2) 연식

연식soft diet은 주식이 반고형식 형태의 죽인 식사로 유동식에서 상식으로 옮겨가는 중간단계에 사용된다. 연식은 무자극성 식품을 소화하기 쉽고 부드럽게 조리한 식사로서 흔히 소화기계질환자, 구강이나 식도장애로 삼키기 힘든 환자, 치과계질환자, 수술 후 회복기 환자, 급성 감염 등의 고열환자, 식욕부진자, 그 이외에 음식을 씹을 수 없을 만큼 심하게 쇠약한 환자 등에 적용된다.

연식은 미음과 죽의 농도에 따라서 그 연도에 차이가 나므로 표 2-3 과 같이 1부죽, 3부죽, 5부죽, 7부죽, 전죽으로 분류하며 병의 증세가 회복됨에 따라 1부죽에서 점차 전죽으로 옮겨간다. 주로 많이 이용되는 죽의 배합비는 표 2-4 와 같으며, 쌀의 용량비가 클수록 에너지와 단백질량도 증가한다.

표 2-3 미음과 죽의 영양가

종류		용량비	100 g 중의 영양가				
		전죽 : 미음	수분(g)	에너지(kcal)	단백질(g)	지방(g)	당질(g)
유동식	미음	0:10	93.5	27	0.4	0	6.0
연식	1부죽	1:9	92.7	30	0.5	0	6.8
	3부죽	3:7	90.0	38	0.7	0	9.3
	5부죽	5:5	89.3	45	0.8	0	9.8
	7부죽	7:3	87.6	51	0.9	0	11.3
	전죽	10:0	85.0	62	1.2	0.1	13.5

표 2-4 죽의 종류별 배합비와 영양가

죽의 종류	배합비		쌀의 양(g)	죽의 양(g)	에너지(kcal)	단백질(g)
	쌀	물				
3부죽	1	15	35	420	125	2.4
5부죽	1	10	50	500	180	3.5
전죽	1	5	70	350	252	4.9

표 2-5 연식의 허용식품과 제한식품

식품류	허용식품	제한식품
국물	맑은 국물, 크림수프, 가볍게 양념한 된장국	
음료	커피, 콜라, 사이다, 차	알코올 음료, 보리미숫가루
죽	흰죽, 우유죽, 호박죽, 잣죽, 껍질 제거한 옥수수죽, 녹두죽 등	종피, 섬유가 많은 잡곡죽
어육류	부드러운 흰살 생선, 지방과 결체조직이 적은 저지방 육류나 가금류 다진 것	지방과 결체조직이 많은 육류, 돼지고기, 튀긴 고기요리, 훈제육(햄, 소시지, 베이컨), 새우, 조개류
달걀	반숙, 수란, 찜	달걀부침
유지류	버터, 마가린, 크림, 소량의 식용유	견과류, 올리브유, 이들을 사용한 샐러드 드레싱
우유 및 유제품	우유, 우유 음료, 연유, 부드러운 치즈, 요구르트(과육, 견과류가 없는 것), 순 아이스크림	경질 치즈, 피자치즈, 혼합 아이스크림(호두나 딸기 등 다른 것들이 섞인 것)
곡류 및 전분류	정제된 곡류, 흰빵, 카스텔라 등, 삶아서 으깬 감자, 삶은 국수	된밥, 잡곡밥, 감자튀김, 옥수수, 고구마, 정제되지 않은 곡류나 통밀로 만든 비스킷 등의 제품, 라면, 자장면
콩류	두부, 순두부, 두유	유부, 거르지 않은 콩국, 비지
채소류	저식이섬유 채소(당근, 풋콩, 시금치, 애호박, 아스파라거스 등)를 익혀서 거른 부드러운 채소즙, 모든 익힌 채소	모든 생채소(양상추 제외), 건조채소, 강한 맛의 채소 (셀러리, 파, 마늘, 양파, 고추 등), 고식이섬유 채소 (콩나물, 고사리, 고비, 도라지, 숙주 등), 상추
과일류	익히거나 통조림한 과일, 익은 바나나, 거친 껍질이나 씨가 없는 것, 섬유질을 제거한 감귤류, 과즙, 과일주스	생과일(바나나 제외). 건조과일(건포도, 대추, 곶감), 덜 익은 과일, 고식이섬유 과일(파인애플, 수박, 참외, 배, 감 등), 토마토
후식류	젤라틴, 셔벗, 푸딩, 커스타드, 과일 아이스	도넛, 파이 등 기름기가 많은 과자, 케이크, 허용되지 않는 과일로 만든 것
당류	설탕, 꿀, 젤리, 시럽, 물엿	잼, 마멀레이드, 캔디, 코코넛
기타	약한 양념류, 조미료, 약간의 후추, 계핏가루	맛이 강한 향신료, 겨자, 카레, 김치, 고춧가루, 고추냉이(와사비)

연식은 표 2-5 와 같이 결체조직과 식이섬유가 적은 부드러운 식품을 선택하며, 자극적인 식품이나 맛이 강한 향신료 등의 사용은 제한한다. 소화가 잘 되도록 하기 위해 주로 삶거나 쪄서 익힌 음식을 으깨거나 체에 걸러서 부드럽게 조리하고, 튀김이나 부침과 같이 기름을 많이 사용하는 조리법은 피한다.

연식은 주식의 형태가 죽이기 때문에 수분 함량이 많아 한 끼에 필요한 에너지와 영양소를 충분히 공급하기 어려우므로 하루 식사횟수를 3회보다는 5~6회로 나누어 섭취하는 것이 좋다. 연식을 장기간 섭취하게 되면 필수영양소가 결핍되므로 빠른 기간 내에 상식으로 이행하도록 한다.

알아두기 **기계적 연식(mechanical soft diet)**

소화기관에는 아무런 장애가 없고 단지 음식을 씹는 데만 곤란한 환자(예 : 치과계질환자)에게, 씹지 않고도 쉽게 삼킬 수 있도록 식품을 다지고 걸러서 촉촉하고 부드러운 형태로 제공하는 식사를 말한다. 소화기능이 유지되므로 일반적인 연식보다는 상식을 기계적으로 분쇄하여 씹기 쉽게 만든 기계적 연식이 바람직하다. 환자 개개인의 수용도에 따라 식품의 질감이나 종류를 조정하여 쉽게 씹고 삼킬 수 있는 촉촉한 상태의 음식을 제공하며 너무 뜨겁거나 찬 음식은 피하도록 한다.

연식의 영양소 기준량은 에너지 1,600~1,800 kcal, 당질 250~270 g, 단백질 65~90 g, 지방 30~45 g이지만 환자의 질병 종류나 상태, 환자 개인의 활동량, 체위, 연령에 따라 조절될 수 있다 표 2-1 . 연식의 1일 영양소구성, 식품구성 및 식단의 예는 표 2-6 과 같다.

표 2-6a 연식의 1일 영양소구성 예(C : P : F = 60 : 20 : 20)

에너지(kcal)	당질(g)	단백질(g)	지방(g)
1,800	270	90	40

표 2-6b 연식의 1일 식품구성 예

식품군	곡류군	어육류군		채소군	지방군	우유군	과일군
		저지방	중지방				
교환단위 수	9	5	2	6	3	1	2

표 2-6c 연식의 1일 식단 예

식품군		교환 단위 수	아침	간식	점심	간식	저녁
곡류군		9	2×쌀 30 g =60 g(흰죽)	1×쌀 30 g =30 g(잣죽)	2×쌀 30 g =60 g(흰죽)	2×식빵 35 g =70 g(프렌치토스트)	2×쌀 30 g =60 g(흰죽)
어육류군	저지방	5	1×조기 50 g =50 g(조기지짐)		2×닭 40 g =80 g(닭살지짐)		2×쇠고기 40 g =80 g(불고기)
	중지방	2	1×달걀 1개 =55 g(달걀찜)			0.5×달걀 1개 55 g =27.5 g(프렌치토스트용)	0.5×연두부 150 g =75 g(연두부찜)
채소군		6	0.5×콩나물 70 g =35 g(콩나물국) 1×오이 70 g =70 g(오이나물) 0.5×무 70 g =35 g(나박김치)		0.5×미역 6 g =3 g(미역국) 1×애호박 70 g =70 g(애호박나물) 0.5×무 70 g =35 g(나박김치)		0.5×아욱 70 g =35 g(아욱국) 1×상추 70 g =70 g(상추겉절이) 0.5×무 70 g =35 g(나박김치)
지방군		3	1×식용유(참기름) 5 g =5 g(조리용)	0.5×잣 8 g =4 g(잣죽용)	0.5×식용유(참기름) 5 g =2.5 g(조리용)	0.5×버터 5 g =2.5 g(프렌치토스트용)	0.5×식용유(참기름) 5 g =2.5 g(조리용)
우유군		1		1×우유 200 mL			
과일군		2		1×황도통조림 60g		1×오렌지주스 100g	
식단			흰죽 콩나물국 조기지짐 달걀찜 오이나물 나박김치	잣죽 황도통조림 우유	흰죽 미역국 닭살지짐 애호박나물 나박김치	프렌치토스트 오렌지주스	흰죽 아욱국 소불고기 연두부찜 상추겉절이 나박김치

3) 유동식

유동식liquid diet은 액체음식으로 수술 후 회복기에 있는 환자, 음식을 씹어 삼키기 곤란한 환자, 급성 고열환자 등에 사용된다. 유동식은 주로 경구섭취가 보통이지만 환자의 상태에 따라서는 비경구적 방법인 경관급식으로 제공할 때도 있다. 주로 당질과 물로만 구성되어 영양소가 결핍되기 쉬우므로 단기간에 연식으로 옮겨야 한다.

과거에는 식품을 체에 거르거나 믹서 또는 블렌더에 갈아 제공하였으나, 최근에는 상업용 조제식commercial formula을 이용하여 손쉽게 환자의 영양 요구량에 맞는 유동식을 제공할 수 있다. 유동식에는 전유동식(일반 유동식)과 맑은 유동식의 두 종류가 있다.

(1) 전유동식

전유동식full liquid diet은 액체상태인 식품으로 구성되며 병의 회복에 따라 맑은 유동식에서 연식으로 옮겨가는 중간단계의 식사이다. 전유동식은 음식을 씹거나 삼키는 데 장애가 있을 때, 얼굴이나 목 부위의 성형수술 및 구강수술 후, 중 정도의 소화기 염증, 식도 및 소화기계 협착이 있는 경우 등에 이용된다.

전유동식은 일종의 미음식으로 수분 보충이 주된 목적이지만 칼슘, 비타민 C의 함량만 영양소 섭취기준을 만족시키는 정도이고, 단백질, 비타민, 철 등은 부족해서 2~3일 이상 계속될 때에는 영양결핍을 초래하기 쉽다. 전유동식에서 허용되는 식품은 표 2-7 과 같다.

표 2-7 유동식의 종류별 허용식품

식품류	맑은 유동식	전유동식
국물	기름기가 없는 맑은 국물	건더기가 없거나 분쇄한 국, 크림수프
음료	끓여서 식힌 물이나 얼음, 보리차, 옥수수차, 커피, 홍차, 인삼차, 녹차, 대추차, 영지차	커피, 홍차, 인삼차, 대추차, 영지차, 과즙 음료, **탄산음료**
어육류	–	–
달걀	–	–
콩류	–	두유 및 두유 음료
유지류	–	버터, 마가린, 크림
우유 및 유제품	–	우유, 우유 음료, 요구르트(과육, 견과류가 없는 것)
곡류 및 전분류	–	미음
채소류	–	거르거나 삶아 으깬 것, 주스
과일류	주스(넥타, 토마토, 푸룬 주스는 제외)	**거르거나 삶아 으깬 것**, 주스
후식류	젤라틴, 과일 아이스(과일주스 얼린 것)	젤라틴, **셔벗, 커스타드, 푸딩,** 과일아이스, **아이스크림**
당류	설탕, 꿀, 캔디	설탕, 꿀, 캔디
기타	소금 약간	소금, **후추, 맛이 연한 조미료**(적응도에 따라)

전유동식의 식사관리

- 영양소가 부족되기 쉬우므로 단기간 공급한다.
- 장기적으로 공급할 때는 영양보충용 제품으로 부족한 영양을 보충한다.
- 한 번에 많은 양을 줄 수 없으므로 1일 6회로 나누어서 공급한다.
- 주로 경구로 섭취하지만 환자가 음식을 삼키기 어려울 때는 경관급식으로 공급한다.

전유동식의 영양기준량은 에너지 1,200~1,400 kcal, 당질 190~200 g, 단백질 40~50 g, 지방 30~40 g이다. 전유동식의 1일 영양소구성과 식단 예는 표 2-8 과 같다.

표 2-8a 전유동식의 1일 영양소구성 예(C : P : F = 65 : 13 : 22)

에너지(kcal)	당질(g)	단백질(g)	지방(g)	수분(mL)
1,200	200	40	30	2,000

표 2-8b 전유동식의 1일 식단 예

아침		간식		점심		간식		저녁	
조미음	250 mL	깨(잣)미음	250 mL	조미음	250 mL	조제미음	200 mL	조미음	300 mL
물김치국물	60 mL			국국물	100 mL			국국물	100 mL
묽은 달걀찜	80 mL			요플레	110 mL			영양액	200 mL
우유	200 mL			오렌지주스	180 mL				

(2) 맑은 유동식

맑은 유동식clear liquid diet은 수술 전후나 장 검사 전, 급성 위장질환, 구강 내 찰과상 또는 심하게 쇠약한 환자가 처음으로 경구급식을 시작하는 경우, 혹은 오랫동안 정맥영양 후 구강급식을 처음 시작하는 환자에게 이용된다.

맑은 유동식은 주로 수분, 일부 나트륨과 칼륨, 소량의 당질로 구성된 맑은 액체상태인 음식물과 음료로서 최소한의 잔사를 남기고 가스를 발생시키지 않는 식품으로 구성된다 표 2-7 . 즉 식이섬유가 많은 식품, 우유와 유제품류, 지방류는 제외시킨 무자극성 저잔사식이므로 에너지와 영양소가 부족하기 쉽다. 그러나 맑은 유동식의 목적은 수분을 보충하여 탈수를 방지하고 갈증을 예방하는 데 있으므로 1~3일의 단기간에 짧은 간격을 두고 공급한다. 맑은 유동식을 통한 1일 에너지 공급량은 약 600~800 kcal에 불과하므로 3일 내에 속히 전유동식으로 이양해야 한다. 우리나라 병원에서는 이 과정에서 정맥주사에 의존하는 경우가 많다.

맑은 유동식의 식사관리

- 수분 보급이 주된 목적이다.
- 체온과 동일한 온도로 공급한다.
- 위장의 자극을 적게 하며 최소한의 잔사를 남기는 맑은 액상으로 제공한다.
- 대부분 당질과 물로 되어 있어 에너지 및 필수영양소가 부족하므로 가능한 3일 이상 지속하지 않도록 한다.

맑은 유동식의 영양기준량은 표 2-1 과 같이 에너지 600~800 kcal, 당질 150~180 g, 단백질 5~6 g, 지방은 2 g 미만이다. 맑은 유동식의 1일 영양소구성 및 식단 예는 표 2-9 와 같다.

표 2-9a 맑은 유동식의 1일 영양소구성 예(C : P : F = 95 : 3 : 2)

에너지(kcal)	당질(g)	단백질(g)	지방(g)	수분(mL)
750	180	6	2	1,750

표 2-9b 맑은 유동식의 1일 식단 예

아침		점심		간식		저녁	
조미음	250 mL	조미음	250 mL	젤라틴	100 mL	조미음	250 mL
물김치국물	60 mL	국국물	100 mL			국국물	100 mL
포도주스	180 mL	물김치국물	60 mL			유자차	130 mL
		꿀차	200 mL			사과주스	190 mL

알아두기 찬 유동식(posttonsillectomy diet, cold full liquid diet)

차고 부드러운 음식으로 수술 부위의 출혈을 막기 위해 적용되는 식사이다. 편도선 절제 수술을 받은 환자에게 부드럽고 차거나 미지근한 음식을 공급하다가 점점 따뜻한 음식으로 이행하며, 자극성이 없는 식품으로 구성한다.

2. 치료식

의사와 영양사가 환자 개개인을 대상으로 작성한 식사처방에 따라 특정 영양소의 양을 제한하거나 증가시킴으로써 질환으로 인한 대사장애를 개선하는 식사를 치료식이라 한다. 즉 치료식은 질병으로 손상된 환자의 장기기능 회복, 남은 정상 장기의 보호, 증상 및 영양상태의 개선, 정상 영양상태의 유지를 목적으로 한다.

환자 개인별 상태에 따라 영양소의 양과 질, 에너지의 양 등 식사내용이 다양하게 변하므로 병명에 따라 치료식을 획일적으로 구분하기는 어려운 일이다. 그러므로 각 질병에 따라 제공될 수 있는 치료식에 대해서는 이후 각 질병 편에서 다루기로 하고, 여기서는 영양소의 조절에 따라 치료식을 분류 표 2-10 하여 간단히 기술하였다.

표 2-10 치료식의 분류

	증가	감소	제한
1. 에너지 조절식	• 외상, 감염, 화상으로 인한 대사항진 등	• 비만, 고혈압, 당뇨병, 이상지질혈증 등	–
2. 당질 조절식	–	• 위절제후 덤핑증후군	• 유당 : 유당불내증 • 갈락토오스 : 갈락토오스혈증
3. 식이섬유 또는 잔사량 조절식	• 이완성변비, 다발성게실증, 과민성장증후군	• 경련성변비, 급성 설사, 장누공, 게실염, 장출혈 등	• 잔사량 : 장수술 직후, 급성 염증성장질환, 게실염 등
4. 지방 조절식	–	• 지방 : 담낭질환, 췌장질환, 비열대성스프루 등 • 콜레스테롤 : 이상지질혈증 등	–
5. 단백질 조절식	• 만성 소모성질환, 만성 간질환, 알코올성 간경변증 등	• 간성뇌질환, 신부전, 요독증 등	–
6. 무기질 조절식	• 칼슘 : 골다공증	• 나트륨 : 고혈압, 심장병, 신장질환 등 • 요오드 : 갑상선기능항진증 • 칼륨 : 고칼륨혈증, 신부전 등 • 칼슘 : 신결석 등	–
7. 기타			• 퓨린 : 통풍, 요산결석 등 • 글루텐 : 셀리악병

1) 에너지 조절식

(1) 고에너지식

고에너지식high calorie diet은 질병으로 손실된 부분을 보충하기 위하여 개인의 1일 에너지 필요량에 500~1,000 kcal를 더하여 보통 2,800~4,000 kcal를 공급한다. 만일 환자가 필요한 에너지를 고형식으로 섭취할 수 없는 경우에는 유동식을 식사 사이에 보충해도 된다. 그러나 갑작스런 에너지 섭취량의 증가는 위장관장애나 심리적 스트레스 등을 유발할 수 있으므로 에너지 섭취량을 점차 증가시키는 것이 좋고, 식사량은 적으면서도 에너지 밀도가 높은 고지방식품을 활용한다. 외상, 감염, 그리고 화상으로 인한 대사항진 상태에 있는 환자에게 처방된다.

(2) 저에너지식

저에너지식low calorie diet은 체중을 감소시키기 위하여 정상체중 유지에 필요한 에너지의 40~60%를 줄인 식사로서, 보통 남자는 1,000~1,500 kcal, 여자는 800~1,200 kcal가 처방된다. 에너지를 심하게 제한하면 여러 가지 영양소가 기준치에 미달되므로 주의하고, 특히 비타민과 무기질은 따로 보충해야 한다.

2) 당질 조절식

(1) 저당질식

일반식사의 총당질량이 전체 에너지의 55~65%인 것에 비해, 저당질식low carbohydrate diet은 당질을 20~30%(100~150 g)로 줄인 치료식이다. 하루에 당질을 전체 에너지의 20% 이하로 섭취하면 케톤증을 유발할 수 있으므로 지나치게 제한하지 않도록 한다.

(2) 유당 제한식

유당 제한식lactose restricted diet은 우유 및 유제품에 들어 있는 유당을 제한하는 식사로서, 유당 가수분해효소인 락타아제의 활성이 저하되거나 결핍된 유당불내증 환자에게 제공된다. 유당불내증은 우유를 마시면 복통, 설사, 가스를 호소하는 경우가 많으므로 환자의 상태에 따라 유당을 제한한 식사를 처방한다. 우유는 칼슘의 공급원이 되므로 우유 섭취를 장기간 제한할 때는 칼슘을 보충해야 한다.

(3) 갈락토오스 제한식

갈락토오스 제한식galactose restricted diet은 갈락토오스가 전혀 또는 거의 함유되지 않은 식사로서, 선천성 대사장애 질환인 갈락토오스혈증에서와 같이 갈락토오스 대사장애가 있는 환자에게 처방된다. 갈락토오스는 유당의 구성성분이므로 유당이 많은 식품인 우유 및 유제품을 제한한다.

3) 식이섬유 및 잔사량 조절식

(1) 고식이섬유식

다양한 식품으로 구성된 일반 성인식의 경우 대략 1일 15~25 g의 식이섬유가 함유되며, 고식이섬유식high dietary fiber diet은 전곡, 채소와 과일, 콩류, 견과류 등을 포함하여 식이섬유 섭취량을 1일 25~50 g(14 g/1,000 kcal)으로 증가시킨 식사이다. 이 식사는 만성 변비, 다발성게실증 또는 과민성장증후군 환자에게 효과가 있고, 당뇨병 환자에서는 혈당상승 억제와 인슐린 절약의 효과가 있다.

(2) 저식이섬유식

저식이섬유식low dietary fiber diet은 식이섬유를 1일 10~15 g(5.5 g/1,000 kcal)으로 제한하는 식사로서, 그 제한 정도는 저잔사식에 비해 엄격하지 않다. 적절한 식사량과 영양소를 공급하면서 장의 팽창과 질병의 악화를 막을 정도로만 대변량을 줄이는 것을 목표로 한다. 장 수술 전, 급성 설사, 장누공, 게실염이나 장출혈 환자에게 처방된다.

(3) 저잔사식

음식이 소화·흡수된 후 대장에 남아 있는 찌꺼기를 잔사라고 하며, 소화·흡수되지 못한 식이섬유, 지방, 장의 탈락세포 및 장내세균 등을 포함한다. 저잔사식low residue diet은 식이섬유 함량을 1일 8 g 이하로 제한하여 대변량을 최소화함으로써 장에 휴식을 주기 위한 식사로서 장수술 전후, 급성 염증성장질환(크론병, 궤양성대장염), 게실염, 부분적 장폐색 등에 적용될 수 있다. 따라서 식이섬유 함량이 많거나 중 정도인 식품뿐만 아니라 식이섬유 함량이 적더라도 대변량을 늘리는 식품은 제외한다. 결체조직을 함유한 육류나 우유는 식이섬유 함량은 적지만 대변량을 증가시키는 것으로 알려져 있어서 이 식사에서 제한한다.

4) 지방 조절식

(1) 저지방식

일반 성인식에는 지방이 1일 40~50 g 포함된다. 저지방식low fat diet은 보통 1일 20 g 이내의 지방을 함유하며, 특히 포화지방을 제한하는 치료식으로서 담낭질환, 췌장질환, 간질환, 비열대성스프루 또는 지방변증 등에 처방된다. 필요에 따라서는 10 g 이하로 지방을 제한하는 무지방식을 제공할 수도 있다. 고지방 어육류, 우유 및 유지류의 사용을 제한하고, 저지방 및 중지방 어육류와 탈지우유의 사용이 권장된다.

(2) 저콜레스테롤식

혈중 콜레스테롤 수준이 240 mg/dL 이상이면 고콜레스테롤혈증으로서 동맥경화, 고혈압, 심장병 등 심혈관계질환을 유발할 가능성이 높다. 따라서 혈중 콜레스테롤 수준을 200 mg/dL 미만으로 낮추기 위해 섭취에너지 1,000 kcal당 콜레스테롤 섭취량을 100 mg 미만으로 하여 1일 200~300 mg 미만의 저콜레스테롤식low cholesterol diet을 처방한다. 콜레스테롤 함량이 높은 달걀노른자, 내장, 새우, 오징어뿐만 아니라 체내에서 콜레스테롤을 합성하는 포화지방이 많은 동물성 고지방식품들도 제한한다.

5) 단백질 조절식

(1) 고단백질식

고단백질식high protein diet은 1일 100~150 g의 단백질을 함유한 식사로서 에너지 소모가 많고 체조직 손실이 큰 소모성질환, 만성 간질환, 특히 알코올성 간경변증, 수술이나 화상 등 저알부민혈증을 초래하는 경우에 처방된다. 특히 간질환의 경우에는 환자의 상태에 따라 단백질필요량이 정해지는데, 간세포의 재생을 위해서는 다량의 단백질이 요구된다.

(2) 저단백질식

저단백질식low protein diet은 단백질을 1일 25~40 g으로 제한하는 식사이다. 간성뇌질환, 신부전, 요독증의 경우와 같이 질소의 체내 이상축적으로 인한 증상이 있을 때 단백질 섭취를 제한한다.

단백질 섭취를 제한할 때의 주의할 점은 양질의 동물성 단백질을 사용하여 질소평형이 음으로 되는 것을 최소화하는 것이다. 그러나 단백질을 심하게 제한하는 식사를 장기간 공급하는 경우 단백질 결핍증이나 기타의 영양결핍증이 초래될 수 있으므로 주의한다.

(3) 아미노산 조절식

아미노산 조절식altered amino acid diet은 질소의 합성과 축적에 이상이 있을 때 치료식으로 사용된다. 간성뇌질환과 외상으로 인한 이화대사의 경우에 곁가지아미노산branched-chain amino acid과 방향족 아미노산aromatic amino acid의 섭취비율을 조정한다. 또한 어떤 특정 아미노산이 정상적으로 대사될 수 없는 경우에는 해당 아미노산을 제한하기도 한다. 예를 들어, 페닐알라닌이 티로신으로 대사되지 못하는 페닐케톤뇨증에서는 페닐알라닌을 제한하고 티로신 공급을 증가하는 식사를 처방한다.

6) 무기질 조절식

(1) 저나트륨식

저나트륨식low sodium diet은 고혈압, 심장질환, 신장질환, 임신중독증 그리고 부종 등에 처방되는 저염식으로, 나트륨을 보통 1일 500~2,000 mg(1.25~5 g 소금)으로 제한한다.

(2) 저칼륨식

저칼륨식low potassium diet은 고칼륨혈증 및 신부전 환자에게 처방되며, 1일 약 40 mEq (1,600 mg)의 칼륨을 제공하도록 제한하나 환자의 질병상태에 따라 다르다. 칼륨은 모든 식품에 광범위하게 분포되어 있기 때문에 칼륨을 엄격하게 제한할 때에는 적절한 에너지 섭취에 주의해야 한다.

(3) 고칼슘식

고칼슘식high calcium diet은 보통 1,000~1,500 mg의 칼슘을 공급하는 식사로서, 골다공증 환자나 골다공증으로의 진행 위험이 있는 경우 또는 폐경 후 여성의 골다공증 치료식으로 사용된다.

(4) 저칼슘식

저칼슘식low calcium diet은 고칼슘혈증 환자에게 발생하는 신결석을 방지하기 위해 처방된다. 1일 400~600 mg의 칼슘을 공급하는 식사로서 칼슘을 제한하기 위해 우유와 우유음료, 치즈, 요구르트, 아이스크림 등의 유제품을 제한한다.

(7) 저요오드식

갑상선기능항진증과 같은 경우에 요오드 섭취량을 제한하는 저요오드식low iodine diet은 요오드가 다량 함유된 김, 미역, 다시마 등의 해조류를 제한한다.

7) 기타

(1) 퓨린 제한식

퓨린 제한식purin restricted diet은 통풍이나 요산결석과 같은 퓨린대사이상 환자에게 처방되는 식사로서 약물치료의 보조적인 방법으로 사용된다. 퓨린 함량이 높은 식품은 퓨린의 대사산물인 요산으로 인하여 소변을 산성화하므로, 퓨린 섭취를 제한하여 소변의 산성을 줄여 알칼리화함으로써 약물치료의 효과를 증대시킬 수 있다.

(2) 글루텐 제한식

글루텐 제한식gluten restricted diet은 셀리악병(글루텐과민장질환)에 처방되는 치료식이다. 글루텐은 밀, 호밀, 보리 등의 곡류에 주로 함유되어 있고, 시판되는 제품 중에도 글루텐을 함유하는 식품을 사용하는 경우가 많아서 엄격하게 제한하는 데 어려움이 있다. 글루텐 제한식을 하면 증상이 급격히 완화되기는 하지만, 다시 섭취하면 재발되므로 일생 동안 식사 제한을 계속해야 한다.

CHAPTER

3

영양지원

1. 경장영양
2. 정맥영양

학습개요

질병이나 수술 등으로 인해 일반식사로는 적절한 영양소를 충분히 공급할 수 없거나 구강으로의 섭취가 불가능한 환자들을 대상으로, 체단백 손실을 완화하고 체중과 체지방의 감소를 최소화하기 위해 에너지 및 각종 영양소를 공급하는 것을 영양지원이라고 한다.

영양지원nutrition support은 크게 환자의 위장관을 이용하는 경장영양과 정맥을 이용하는 정맥영양으로 나뉜다 그림 3-1. 환자의 상태와 질환의 종류 및 정도에 따라 영양지원 방법에 차이가 있으며, 구강을 통한 경구섭취가 가장 일반적이지만 이것이 불가능할 때에는 경관급식이나 정맥영양에 의존하게 되는데, 병세가 회복됨에 따라 가능하다면 경구섭취로 이행한다. 환자에 대한 영양지원 방법의 결정과정은 그림 3-1과 같으며, 생리적 문제에 따른 영양지원의 종류를 요약하면 표 3-1과 같다.

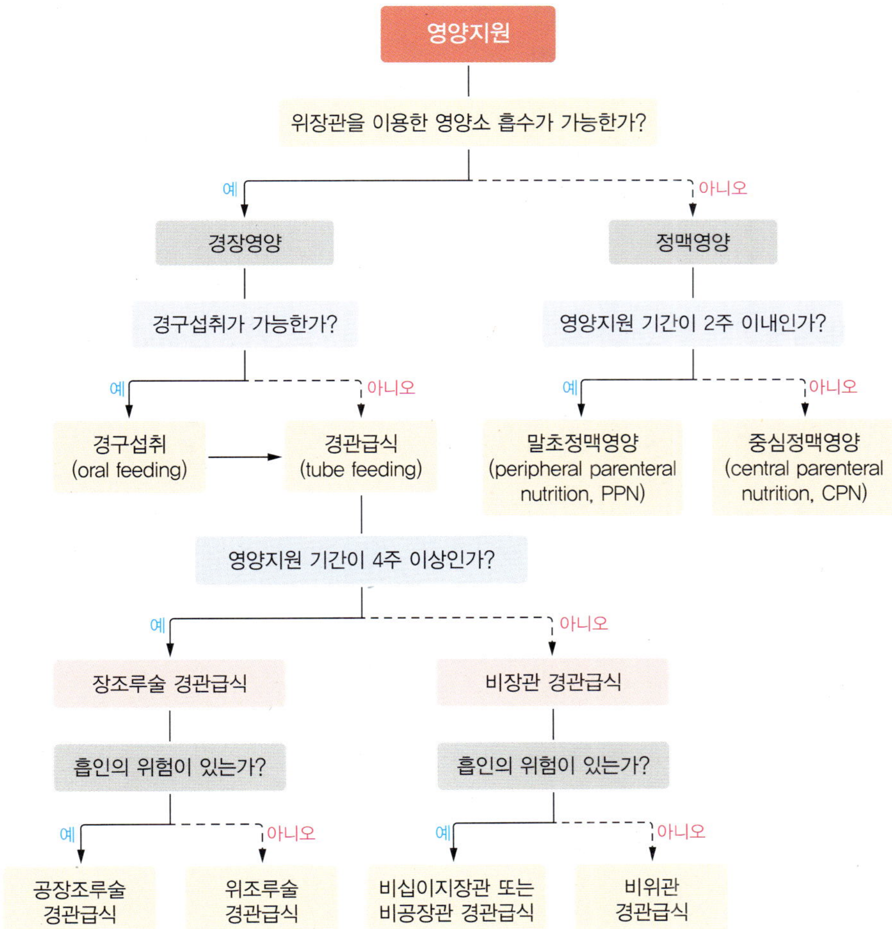

그림 3-1 영양지원 방법의 선택

표 3-1 **생리적 문제에 따른 영양지원의 종류**

생리적 문제	영양지원의 종류	임상상태 또는 장애
식품섭취 불능	• 경구나 경관(비위관, 위조루술, 공장조루술)에 의한 유동식 급식	식도암 또는 위암, 치아나 구강 수술, 식도염, 혼수
식품소화 불능	• 경구나 경관에 의한 성분영양 급식	췌장염, 담낭 및 담관질환
영양소 흡수능력 저하 또는 불능	• 경구나 경관에 의한 성분영양 급식과 말초정맥영양 보충 • 중심정맥영양	방사선 치료, 흡수불량증, 장염, 장 절제
결장 잔유물 조절 불능		장염, 수술 전 준비, 회장조루술, 결장조루술, 장누공
일반식 섭취로 영양요구량을 충족시킬 수 없을 때	• 경구나 경관에 의한 유동식 급식과 말초정맥영양, 또는 중심정맥영양 보충	대수술, 화상, 외상, 발열, 만성 질환에 의한 식욕부진, 신경성 식욕부진

영양사, 약사, 의사 및 간호사로 구성된 영양지원팀nutrition support team, NST은 영양지원 시 나타날 수 있는 합병증을 최소화하고 환자에게 더욱 안전하고 효과적인 영양지원을 제공하기 위해 영양지원과 관련된 여러 과정 및 방법을 함께 토의하고 결정하는 역할을 한다.

영양지원팀 구성원의 역할은 표 3-2 와 같다.

표 3-2 **영양지원팀 구성원의 역할**

영양사	• 대상 환자의 영양상태 평가 및 요구량 산정(예 : 에너지 및 단백질 요구량 등) • 경장영양 공급의 주된 역할(예 : 공급계획 수립, 영양액 선택, 이행급식의 진행 확인 등) • 질환 및 특수 영양소의 관계에 대한 정보 제공
약사	• 정맥영양 공급의 주된 역할(예 : 수액제 조제 및 조제액의 안전성에 대한 정보 제공 등) • 약물의 상호작용 정보 제공(예 : 약물 vs. 영양소/약물/질환의 상호작용에 대한 평가 등)
의사	• 영양지원이 필요한 환자 선별 및 평가(예 : 임상검사 결과의 검토 등) • 영양공급경로 확보(예 : 카테터 또는 관 삽입)
간호사	• 경장/정맥영양 공급 시행(예 : 주입 시 등속 여부 지속적인 확인, 카테터 관리 등) • 환자, 영양집중지원팀(NST), 담당의사 간의 가교 역할

1. 경장영양

경장영양enteral nutrition에는 구강을 통해 음식을 섭취하는 경구섭취oral intake와 위장관에 관tube을 삽입하여 영양액을 공급하는 경관급식tube feeding이 있으며, 임상적 상황에서는 경관급식만을 의미하기도 한다.

경관급식은 구강으로 음식을 섭취할 수 없는 상태, 예를 들어 구강 수술, 위장관 수술, 연하곤란, 의식불명, 식욕부진, 식도장애 등이 있는 환자에게 관을 통해 유동식을 공급하는 것을 말한다. 또한 여러 이유로 인해서 구강 섭취만으로는 충분한 영양을 얻을 수 없는 경우에도 경관급식을 이용해 부가적으로 영양을 공급할 수 있다.

경장영양은 다음과 같은 장점이 있어서 영양지원 시 위장관 기능이 가능한 경우 정맥영양보다 우선적으로 이용되고 있다.

알아두기 정맥영양과 비교한 경장영양의 장점

- 보다 생리적이다.
- 합병증(패혈증 등)이 적다.
- 면역체계 유지가 가능하다.
- 장관의 구조와 기능 유지가 가능하다.
- 위산 완충이 가능하다.
- 보다 경제적이고 안전하다.

경장영양의 적용 대상 및 금기 대상은 표 3-3 과 같다.

표 3-3 경장영양의 적용 대상 및 금기 대상

적용 대상	금기 대상
위장관 기능은 정상이지만 경구섭취가 불충분하거나 불가능한 경우 • 대사항진 : 수술, 패혈증, 장기이식, AIDS, 심한 외상이나 화상 등 • 신경계질환 : 뇌졸중, 연하곤란 등 • 위장관질환 – 단장증후군(남은 장의 흡수력이 충분한 경우) – 염증성장질환, 췌장염, 식도폐색 – 장 누공(fistula)(배출량이 적을 때: ≤500mL/day) • 종양성질환 : 항암화학요법이나 방사선치료를 받는 암환자(단, 말기 암환자는 제외) • 신경성질환 : 신경성 식욕부진, 심한 우울증 등에 의한 섭취부족 • 기관계부전 : 폐, 간, 신장, 심장 등의 부전(failure)	**위장관 기능이 충분치 않거나 상당기간 장의 휴식이 필요한 경우:** 정맥영양을 통한 영양공급 가능 • 단장증후군(남은 장의 흡수력이 불충분한 경우) • 장폐색(기계적 · 마비성), 장 누공(배출량이 많을 때: ≥500mL/day) • 심한 위장관 출혈, 난치성 설사나 구토 • 심한 급성췌장염, 심한 염증성장질환 등 **경장영양의 장점보다 단점이 더 많은 경우** • 말기 질환 환자, 의식이 거의 없는 환자, • 예후향상을 기대하기 어려운 경우, 경장영양의 효과가 불확실한 경우

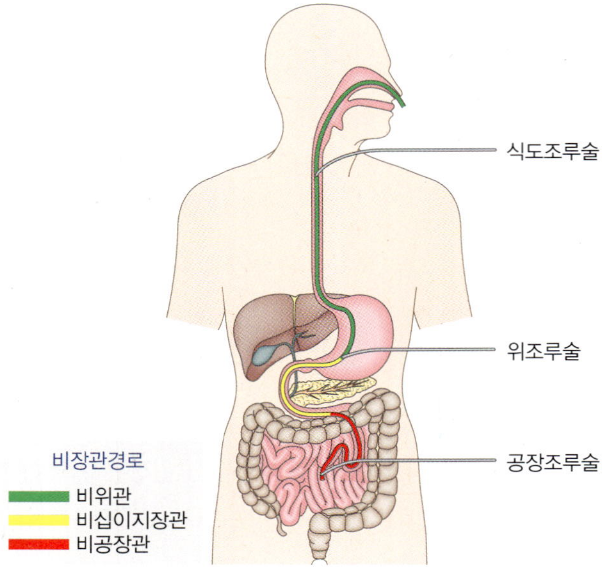

그림 3-2 경장영양 시의 튜브 삽입 위치

1) 경장영양의 공급경로

경장영양의 공급경로를 결정할 때에는 공급 예상기간을 우선적으로 고려하며, 환자의 임상적 상태, 예를 들어 위장관 상태, 흡인aspiration 위험 여부 등에 따라 공급관의 위치가 달라진다.

공급 예상기간이 단기간(4주 이내)인 경우에는 코에서 식도를 거쳐 위 또는 장을 통한 공급인 비위관nasogastric tube 혹은 비장관nasoenteric tube 공급방법을 이용하며, 장기간(4주 이상)의 공급이 예상될 경우에는 비수술적 방법인 경피 내시경하 위조루술percutaneous endoscopic gastrostomy, PEG, 경피 내시경하 공장조루술percutaneous endoscopic jejunostomy, PEJ과 수술적 방법인 위조루술gastrostomy, 공장조루술jejunostomy 등 위장관으로 바로 관을 삽입하여 공급하는 방법을 이용한다 그림 3-2.

각각의 경장영양 공급경로에 따른 적용대상과 장단점은 표 3-4 와 같다.

표 3-4 경장영양의 공급경로에 따른 적용대상 및 장단점

투여경로	적용	장점	단점
비위관	• 위장기능이 정상인 환자 • 식도역류 위험이 없는 환자	• 투입 용이 • 위의 저장용량이 커서 볼루스 주입* 가능	• 흡인 위험 • 환자가 관을 의식
비십이지장 또는 비공장관	• 흡인 위험이 높은 환자 • 위무력증 환자 • 식도역류 환자	• 흡인 위험 감소 • 수술 후나 외상 후의 조기 영양공급 가능(비공장관)	• 주입속도에 따른 위장관의 부적응 우려 • 관의 위치를 확인하기 위해 X-ray 촬영 필요 • 환자가 관을 의식 • 관 위치가 변할 경우 흡인 위험
위조루술	• 위장관기능이 정상인 환자 • 장기 경관급식 환자 • 코로 관 삽입이 어려운 환자 • 개구반사가 정상이고 식도역류가 없는 환자	• 위장관 수술 시 병행 가능 • PEG의 경우 수술이 불필요하므로 저렴 • 관 지름이 커서 관 막힐 우려 적음 • 위를 사용하므로 저장용량이 큼 • 환자가 관을 덜 의식	• 수술 필요 • 흡인 위험 • 관 부위의 감염 방지를 위한 관리 필요 • 소화액의 유출로 인한 피부의 찰창 • 관 제거 후 누공 우려
공장조루술	• 장기 경관급식 환자 • 흡인 위험이 높은 환자 • 식도역류 환자 • 상부 위장관으로 관 삽입이 어려운 환자 • 위무력증 환자	• 위장관 수술 시 병행 가능 • PEJ의 경우 수술이 불필요하므로 저렴 • 수술 후나 외상 후의 조기 영양공급 가능 • 환자가 관을 덜 의식	• 주입속도에 따른 위장관의 부적응 우려 • 관 부위의 감염 방지를 위한 관리 필요 • 소화액의 유출로 인한 피부의 찰창 • 관 제거 이후 누공 우려 • 관 지름이 작아서 관 막힐 우려 큼

* 볼루스 주입 : 경장영양의 주입방법 참조(p.74)

알아두기 **경피 내시경하 위조루술과 경피 내시경하 공장조루술**

환자의 위(또는 공장)에 관을 삽입하는 방법으로, 복부에 작은 절개를 실시하고 내시경을 이용하여 체외에서 체내까지 피하를 통과하여 관을 삽입하는 시술

위조루술과 공장조루술

개복술 등 수술적 방법을 통하여 위(또는 공장)에 관을 삽입하는 방법으로 위식도역류나 흡인, 위배출 지연 등의 문제가 있을 경우 위저부주름술, 유문성형술 등을 같이 시행할 수 있음

(1) 비장관 경로(nasoenteric route)

코를 통한 관 삽입방법은 장조루술에 의한 관 삽입보다 쉽고 경제적인 방법으로 코에서 위(비위관), 코에서 십이지장(비십이지장관), 코에서 공장(비공장관)으로 관을 삽입하는 세 가지 종류가 있다. 비위관 경관급식은 3~4주 정도의 단기간의 영양지원 시 이용되며, 위장관 기능이 정상인 환자에게 적용된다. 주입 영양액이 위, 식도에서 쉽게 역류하거나 심한 구토와 혼수가 있을 경우에는 흡인의 위험이 있으므로 위를 통과하여 십이지장이나 공장으로 관을 삽입한다.

(2) 장조루술(enterostomy)

한 달 이상의 영양지원이 필요하거나 식도가 막혔을 때에는 식도, 위, 공장을 수술enterostomy 또는 비수술적(경피 내시경하 장조루술percutaneous endoscopic enterostomy)으로 절개하여 외부에서 직접 관을 삽입해야 한다. 식도협착이나 식도암 환자는 해당 부위의 아랫 부분을 절개하고, 식도 사용이 불가능할 때에는 위조루술을, 흡인의 위험이 있거나 위·췌장·담낭 질환 시에는 공장조루술을 실시한다.

2) 경장영양액의 성분

경장영양액에는 병원이나 집에서 직접 식품을 혼합, 분쇄하여 액상으로 만든 혼합액화 영양액blenderized formula과 경장영양을 위해 상품화되어 시판되고 있는 상업용 영양액commercial formula이 있다.

혼합액화영양액은 조제 및 보관 과정에서 감염 가능성이 높고, 식품 이용의 제한에 따른 영양 불균형과 균질화되지 않는 문제가 있어 보편적으로 사용하지는 않는다. 상업용 경장영양액은 다시 영양소의 급원 및 농도에 따라 표준영양액standard formula(일반영양액, 중합체영양액), 가수분해영양액hydrolyzed formula(정제영양액, 성분영양액), 질환별 영양액disease-specific formula, 영양보충급원modular formula 등으로 나눌 수 있다 표 3-5.

경장영양액을 선택할 때에는 환자의 소화·흡수능력, 질병상태, 수분제한의 필요 유무, 관의 위치 및 종류와 함께 영양액의 성분, 영양밀도, 삼투압 등 여러 사항을 고려한다. 현재 시판되는 경장영양액의 종류와 경장영양액의 영양성분은 [부록 II]와 같다.

표 3-5 경장영양액의 분류

분류	적용	삼투압	조성	특징	영양액 예
표준 영양액	•소화·흡수기능이 정상인 환자	•비교적 등장성 (300~700 mOsm/kg H_2O)	•1~1.2 kcal/mL; 카제인염, 대두단백, 달걀알부민; 말토덱스트린; 식물성유(옥수수유, 대두유), 중간사슬중성지방; 유당 제외	•환자의 에너지 및 영양소 필요량 공급 가능 •대부분의 경장영양액에 해당	•메디푸드엘디 •그린비아TF •뉴케어300 •케어웰 어드밴스
가수분해 영양액	•소화·흡수기능이 손상된 환자(염증성 장질환, 췌장염)	•높음	•1~1.2 kcal/mL; 올리고펩티드, 트리펩티드, 디펩티드, 아미노산; 포도당, 말토덱스트린; 중간사슬중성지방, 소량의 필수지방산; 유당 제외	•단백질과 당질의 부분 또는 완전가수분해물로 구성 •쉽게 소화 흡수됨 •설사, 복부팽만감, 구토 등 초래 위험	•에너젠 •네오케이트 •모노웰
질환별 영양액	•영양성분 조정이 필요한 환자	•대부분 높음	•당뇨병용, 호흡기질환용, 신장질환용, 간질환용, 면역기능증진용, 소아영양액 등	•영양적으로 충분하지 못할 수 있음	•메디푸드글루트롤 •그린비아RD •뉴케어 KD+ •케어웰 DM
영양보충 급원	•암, 에이즈, 패혈증, 외상, 화상, 수술 후 등	•높음	•당질, 단백질, 지방 보충제	•에너지나 영양소의 농도 조절을 위해 위에 소개된 영양액에 추가하여 사용	•폴리코즈(당질) •프로틴퍼펙트(단백질) •멀티칼(당질+단백질) •MCT oil(지질)

(1) 삼투압

삼투압osmolarity이란 용매단위당 용질의 농도로서 반투막을 통과해 나가거나 수분을 보유할 수 있는 용액의 능력을 수치로 표현한 것이며, mOsm/kg H_2O로 표시한다.

일반적으로 주입되는 경장영양액의 삼투압은 300~500 mOsm/kg H_2O로서 체액의 삼투압인 300 mOsm/kg H_2O과 유사하다. 영양소의 가수분해 정도가 클수록 삼투압은 높아져서 유리아미노산, 단당류, 이당류, 전해질 등은 삼투압을 증가시키고 지방이나 단백질, 전분 등은 삼투농도에 영향을 덜 미친다. 특히 가수분해영양액과 같이 삼투압이 높은 경장영양액을 급히 주입할 경우에는 세포외액이 소화관으로 이동하여 설사, 탈수 등을 유발할 수 있으며, 이외에도 복통, 복부팽만, 메스꺼움, 구토 등의 부작용이 일어날 수 있으므로 공급방법 및 속도에 주의해야 한다.

(2) 에너지

일반적으로 표준영양액은 1~1.2 kcal/mL를 공급하며, 일부 고농축영양액은 1.5~2 kcal/mL까지 제공할 수 있다. 고농축영양액은 수분제한 환자(심부전, 신부전 등)나 다량의 수분을 조절할 능력이 감소된 환자들에게 이용되는데 주입속도가 빠르면 설사, 복통, 갈증, 탈수를 초래하므로 주입하는 양과 속도를 천천히 늘려가도록 한다.

(3) 단백질

경장영양액의 단백질 함량은 대부분 총에너지의 14~16%이며, 단백질 요구량이 증가한 상태(화상, 패혈증, 외상 등)에서는 총에너지의 20% 이상을 차지하는 고단백영양액을 제공한다. 경관영양액에 사용되는 단백질은 그 가수분해 정도에 따라 원래의 원형단백질 intact protein, 가수분해단백질hydrolyzed protein, 유리아미노산의 세 가지로 분류된다.

(4) 지방

지방은 총에너지의 10~50%로 다양하며, 가수분해영양액에는 일반적으로 최소한의 지방이 함유되어 있다. 또한 지방은 대사 시 당질에 비해 이산화탄소(CO_2) 생성량이 적어서 폐에 덜 부담스러우므로 특히 호흡기질환 환자에게는 좋은 에너지 급원이 된다.

지방 급원으로는 옥수수유, 대두유, 잇꽃유, 해바라기씨유 등이 주로 사용되며, 이들은 주로 긴사슬중성지방으로 되어 있고 필수지방산을 함유하고 있다. 특히 리놀레산은 필수지방산의 결핍증 예방을 위해 총에너지의 2~4%를 섭취하는 것이 필요하다. 지방의 흡수가 불량한 환자들의 경우에는 중간사슬중성지방medium chain triglyceride, MCT(탄소 수 8~12개의 지방산 함유)을 제공한다.

(5) 당질

당질은 총에너지의 40~90%를 차지하며, 급원으로는 말토덱스트린, 콘시럽 등이 있고, 이당류(설탕, 맥아당)와 단당류(포도당, 과당)도 이용된다. 단백질과 같이 당질도 공급원 및 가수분해 정도에 따라 삼투압이 영향을 받는다. 설사 방지를 위해 유당은 대부분의 경장영양액에서 제외된다.

(6) 식이섬유

경장영양액을 통해 영양소를 공급받는 환자 가운데 다수가 장기간 침상생활을 하거나 활동량 저하, 위장관기능 저하 등의 이유로 배변장애가 발생하므로 이를 해결하기 위해 대부분의 경장영양액에는 식이섬유가 함유되어 있다. 그러나 일부 환자의 경우에는 수분 제한이 필요하거나 위장관운동 지연이 발생하여 오히려 식이섬유가 합병증을 유발하는 요인이 될 수 있다. 따라서 식이섬유를 함유한 경장영양액 사용 시에는 위장관 이상증상(예 : 복부팽만, 가스, 복통, 매복, 위석 형성)에 대한 모니터링이 필요하다. 특히 장운동장애나 장허혈의 위험이 있는 중환자의 경우에는 저잔사fiber-free 경장영양액을 사용하는 것이 안전하다.

(7) 비타민과 무기질

대부분의 상품화된 경장영양액에는 1,000~1,500 mL 정도에 건강인의 권장섭취량을 만족시킬 수 있는 수준의 비타민과 무기질이 함유되어 있다. 따라서 1일 섭취량이 이보다 부족하거나 체내 손실이 있는 경우는 보충이 필요하다.

(8) 수분

경관급식에서는 탈수나 과잉공급에 민감하므로 수분공급이 매우 중요하다. 정상 성인의 수분필요량은 1 mL/kcal 또는 30~35 mL/kg이지만 환자의 상태에 따라 수분요구량에 차이가 많으므로 개인별로 조정하도록 한다. 1 kcal/mL로 조제된 영양액은 보통 80~85%의 수분을 함유하고 있으며, 경관급식 전후의 관 세척flushing water을 통해서도 수분이 보충된다.

알아두기 **경장영양액 선택 시 고려사항**

- 환자의 위장관기능
- 영양액의 당질, 지방, 단백질 및 식이섬유 급원
- 영양액의 에너지 및 단백질 함량
- 영양액의 Na, K, Mg, P 함량(심폐질환, 신장질환, 간질환)
- 영양액의 점도(관의 크기 및 주입방법과 관계)

3) 경장영양의 주입방법

경장영양의 주입방법은 환자의 상태 및 영양요구량에 따라 다르며 주사기를 이용하는 볼루스 주입bolus infusion, 펌프나 중력을 이용하는 간헐적 주입intermittent infusion과 지속적 주입continuous infusion, 그리고 밤 시간 동안에만 정기적으로 시행하는 주기적 주입cyclic infusion으로 나눌 수 있다. 경장영양의 주입방법에 따른 적용대상과 장단점은 표 3-6 과 같다.

표 3-6 경장영양의 주입방법에 따른 적용대상과 장단점

구분	볼루스 주입	간헐적 주입	지속적 주입
적용대상	• 위로 주입 • 일반환자, 재택환자	• 위로 주입 • 경관급식의 초기 • 볼루스 주입과 지속적 주입의 중간 형태	• 소장으로 주입 • 중환자 • 장기간 금식 후의 경관급식 초기 • 간헐적 또는 볼루스 주입에 부적응 시
공급형태	• 주사기를 이용하여 짧은 시간에 주입	• 주입 펌프나 중력(주입 용기)을 이용하여 일정 간격으로 주입(1일 4~6회 실시)	• 주입 펌프나 중력을 이용하여 일정 속도로 연속 주입
주입량	• 첫째날 100cc×6회; 둘째날 200cc×6회; 셋째날 300cc×6회 등으로 환자의 적응도에 따라서 점진적으로 횟수와 양을 늘려 목표량까지 이행하고 부적응 시 처음부터 다시 시작	• 볼루스 주입과 동일	• 첫째날은 시간당 20~40 cc로 시작 후 12~24시간마다 20~40 cc씩 증가시켜 목표량까지 이행하고, 부적응 시 처음부터 다시 시작
투여간격	• 2~4시간	• 2~4시간	• 없음
투여속도	• 20~30cc/분	• 5~10 cc/분	• 0.5~2 cc/분
투여시간	• 5~10분/회	• 30~40분/회	• 16~24시간 연속
장점	• 주입이 간편하며 시간이 짧게 걸림 • 저비용	• 볼루스 주입에 비해 합병증 발생 적음 • 급식시간 전후의 자유로운 활동 가능	• 합병증 발생 적음 – 위내 잔여물 적고 흡인 위험 적음
단점	• 합병증 위험 매우 높음(구토, 설사, 흡인, 복부팽창, 경련 등) • 유문후(postpyloric) 경관급식 시에는 부적당	• 합병증 위험 다소 높음 • 유문후 경관급식 시에는 부적당	• 행동의 제약 • 장비 사용으로 인한 고비용

자료 : 양웅석 외, 2004

알아두기 **RTH(ready-to-hang) system이란?**

캔이나 팩 등에 포장된 영양액을 개봉하여 급식용기에 옮겨 담은 후 급식용기를 다시 관에 연결하여 환자에게 주입하는 기존의 제공방법(open system)과 달리, 영양액을 포장상태 그대로 주입기구(catheter)와 연결하여 바로 제공하는 밀폐형 영양액 주입체계(closed system)를 뜻한다. 멸균된 영양액을 외부 접촉없이 주입할 수 있고, 기존의 작업과정에서 발생할 수 있는 오염(contamination)의 우려가 적다.

4) 경관급식의 시행

적절한 경관급식의 시행을 통해 단시간 내 환자의 영양요구량을 충족시키고, 치료기간을 단축시키는 등 치료적 결과의 향상을 기대할 수 있다.

(1) 초기 시작과 증량

경관급식 초기에는 일반적으로 표준농도(1 kcal/mL)로 천천히 주입하기 시작하여 24~72시간 이내에 목표에 도달하도록 하며, 이에 지속적 주입방법을 권장한다.

급식 전후로는 관의 위치와 위내 잔류량residue을 확인하며, 주입하기 시작하여 주입 완료 후 20~30분 정도는 상체를 30° 올리는 것이 흡인 예방에 도움이 된다.

(2) 이행급식(transitional feeding)

① 정맥영양에서 경관급식으로의 이행

경관급식의 공급량 증가에 환자의 순응도가 양호할 경우, 서서히 정맥영양 공급량을 감소시켜 총에너지가 적절히 공급될 수 있도록 한다. 경관급식의 공급량이 환자의 영양요구량의 75% 이상 충족할 경우, 정맥영양을 중단하고 경관급식 공급량을 증가시켜 목표에너지까지 공급한다.

② 경관영양에서 경구섭취로의 이행

처음 경구섭취를 시작할 때에는 경구·경관급식을 병행하며, 식사 1시간 전부터 경관급식을 중단하여 식욕을 유발시킨다. 경구섭취 시작 후 섭취에너지를 지속적으로 계산하며,

경구섭취량이 환자 영양요구량의 75% 이상을 충족할 경우에는 경관영양의 중단이 고려된다.

5) 합병증 및 관찰

(1) 합병증

경장영양의 합병증은 크게 위장관, 기계적, 대사적 합병증으로 나눌 수 있다. 이러한 합병증은 정기적인 모니터링monitoring을 통해 주입방법의 적절성, 영양액에 대한 순응도 등의 판단 및 조정으로 최소화할 수 있다 표 3-7.

(2) 관찰

경장영양을 실시하는 과정에서 영양적 목표를 달성하고 합병증을 예방하기 위해서는 환자의 실제 섭취량과 순응도 정도(예 : 위장관 적응, 흡인 여부, 수분 상태 등)를 지속적으로 모니터링하는 것이 필요하다. 모니터링 항목에는 크게 위장관 적응도와 생화학적 검사 항목이 있다 표 3-8, 표 3-9.

표 3-7 **경장영양의 주요 합병증에 대한 관리**

종류		원인	대책
위장관 합병증	오심/구토	위배출 지연, 빠른 주입속도, 고삼투성 영양액 공급, 약물 사용 등	• 가능한 등장성 영양액을 공급하며, 초기에는 주입속도를 늦추고 환자의 순응도에 따라 속도를 점차 증가시킴 • 주입속도에 따라 공급 횟수, 1회 공급량 등을 조정함
	위마비	위배출 지연에 영향을 미치는 약물 사용, 신경 및 근육기능 이상 등	• 매 급식 전 위잔류량을 확인하여 위잔류량이 지속적으로 과다하게 관찰되거나 위장관 운동이 저하된 환자의 경우 위장운동 촉진제 사용을 고려함
	설사	하제남용, 항생제, 제산제 등의 약물 사용, 빠른 주입속도, 고삼투성 영양액 공급, 세균의 과잉증식, 위장관 운동이상 등	• 관련 약제 조정, 영양액 공급속도 및 농도 조절, 관련 질환에 대한 의학적 처치를 실시함
	변비	탈수, 위장관운동 저하, 식이섬유 및 수분 섭취 부족, 활동량 부족 등	• 충분한 수분 섭취와 함께 식이섬유가 함유된 영양액을 공급하거나 변 완화제와 같은 약물 사용, 필요 시 관장 실시함

종류		원인	대책
기계적 합병증	관 막힘	불충분한 관 세척, 점성이 높은 영양액 공급, 부적절한 약물 투여 등	• 영양액이나 약물 주입 전후로 관에 30~50 mL의 수분을 주입해 관 막힘 방지 가능함 • 가능한 액상 약물을 사용하며, 알약의 경우 곱게 갈아 충분한 물을 이용하여 공급함
	흡인	호흡기계 이상, 뇌 · 신경계질환, 위 배출 지연 등 위마비, 위식도 역류 등	• 관의 위치와 위잔류량 확인함. 하부식도 괄약근의 기능저하를 막기 위해 소구경 관을 사용함 • 급식 시작과 함께 완료 후 20~30분은 상체를 30° 이상 올림
대사적 합병증	고혈당	당뇨병이나 인슐린저항성(glucose intolerance), 패혈증, 외상 등 대사적 스트레스, 영양불량환자의 영양재개증후군(refeeding syndrome) 등	• 인슐린이나 경구혈당강하제, 저당질용 제제 사용 • 영양액의 주입속도를 감소시킴
	영양재개증후군	장기간 공복 후 급속한 영양공급	• 영양공급 시작 시 소량으로 시작하여 서서히 목표량까지 도달하도록 함
	탈수	체액 과다손실, 농축영양액이나 고단백영양액의 공급, 발열 등	• 매일 체중변화, 혈청 전해질, BUN/Cr 등을 관찰하여 수분 손실 여부를 평가하고, 경관이나 정맥으로 충분한 수분을 공급함

표 3-8 경장영양의 위장관 적응도 모니터링 항목

구분	모니터링 상세내역
소화관 적응도	• 불편감, 오심, 구토, 팽만, 장음, 대변 상태를 점검함
흡인 예방	• 대용량의 주사기로 위잔여량을 점검하고, 검사 후에는 다시 재주입함 • 잔여량이 위급식관 200 mL, 위조루술 100 mL 이상이면 상세 검사가 필요함. 복부 불편감이나 팽만이 있으면 공급을 늦춤. 침대는 약 30° 정도 높여 주는 것이 좋음
흡인 검사	• 임상 증상(호흡곤란, 잦은 호흡, 폐잡음, 빈맥, 청색증 등)을 확인함 • 흡인이 자주 발생하는 경우에는 착색제(푸른색이나 녹색의 염색제를 영양액에 첨가)를 이용하여 확인함
관 관리	• 관 세척 : 지속적 주입 시에는 4시간마다, 간헐적 또는 볼루스 주입 시에는 급식 전후에(30~50 mL씩) 관 세척을 함 • 투약은 약 종류마다 따로 하며 투약 사이에 5~10 mL씩 물을 주입함
과수화	• 임상적인 상태를 확인함 1) 수분 과다 : 부종, 소변량 과다, 혈압, 호흡곤란, 울혈성 심부전 2) 탈수 : 소변량 감소, 피부긴장 감소, 저혈압, 빈맥, BUN 수치 증가
체중	• 최소한 주 1~2회 측정 : 오전, 식사 전, 배뇨 후 ; 동일 체중계 사용, 최소한의 의복 착용함

표 3-9 생화학적 검사항목

지표	초기	안정된 이후
알부민	주 1회	주 1회
프리알부민	주 1회	주 1회
전해질, BUN/Cr	매일 → 주 3회	주 3회
칼슘, 인, 마그네슘	매일 → 주 3회	주 1회
간기능검사	주 1~2회	주 1회
질소평형	주 1~2회	주 1회
체중	매일	주 1~2회
주입, 배출량	매일	매일
장기능	매일	매일
요당, 혈당	1일 2~4회	월 1회(당뇨병 환자는 매일)

자료 : American Society for Parenteral and Enteral Nutrition, 2002

알아두기 수술 후 조기회복 프로그램(enhanced recovery after surgey, ERAS)

수술 후 빠른 회복을 위한 다각적·과학적 근거 기반의 지침

- 수술 전(preoperative) : 금연, 금주, 운동, 영양관리를 통한 컨디션 최적화
- 수술 중(intraoperative) : 체액, 체온, 당 관리
- 수술 후(postperative) : 조기 경구영양, 운동
- 영양과 관련된 핵심사항 : 금식 최소화, 즉 수술 2시간 전까지 최소한의 탄수화물 음료 공급, 수술 후 최대한 빨리 정상식을 시작할 경우, 환자의 불편함(갈증, 배고픔, 불안감, 스트레스)과 대사적 문제(인슐린 저항성, 체단백 손실)가 개선되고, 빠른 회복으로 재원기간이 감소됨

2. 정맥영양

정맥영양은 구강이나 위장관의 이용이 어려운 경우에 정맥을 통해 영양요구량의 일부 또는 전체를 공급하는 방법으로서, 공급경로에 따라 중심정맥영양central parenteral nutrition, CPN과 말초정맥영양peripheral parenteral nutrition, PPN으로 나눈다.

정맥영양은 영양소가 소화관에서 소화·흡수되는 생리적인 상태가 아니므로 소화관 손상 및 면역기능 저하 등의 부작용을 초래할 수 있으며, 따라서 가능한 한 위장관을 통해 영양을 공급하는 경관급식을 하도록 하고 이것이 불가능한 경우에만 정맥영양을 실시

하도록 한다. 이때 환자의 상태, 에너지 및 수분 요구량, 예상 치료기간 등을 고려하여 중심정맥영양과 말초정맥영양 중 어느 방법을 이용할 것인지를 결정한다. 정맥영양의 적용 대상 및 금기대상은 표 3-10 과 같다.

표 3-10 정맥영양의 적용 대상 및 금기 대상

적용 대상	금기 대상
위장관기능 감소 등으로 경구섭취가 불충분하거나 경장영양이 불가능한 경우 • 단장증후군, 장폐색, 장누공 • 심한 위장관 출혈, 난치성 설사나 구토 • 심한 급성췌장염, 심한 염증성장질환(크론병) • 급성신부전, 급성간부전, 급성 화상 • 암환자에서 항암화학요법, 방사선치료 시 • 심한 영양결핍, 대수술 전 체중감소	• 위장관 기능이 정상이고 영양소의 충분한 흡수가 가능한 경우 • 정맥영양 사용 예상기간이 5~7일 이내인 경우 • 정맥영양 시행으로 환자의 긴급한 치료(응급 수술)가 지연될 경우 • 환자나 법적 대리인이 적극적인 영양치료를 거부하는 경우 • 정맥영양의 장점보다 단점이 더 많은 경우 - 예후향상을 기대하기 어려운 경우, 말기 환자로 사망이 예견될 경우 등

알아두기 완전정맥영양(total parenteral nutririon, TPN)

완전정맥영양은 투여경로를 표시하는 것이 아니고, 비경구적으로 충분한 영양소(당질, 지방, 단백질, 비타민, 무기질 등의 종합적 영양급원)를 함유한 고에너지 영양수액을 투여하는 것을 말한다. 완전정맥영양에는 중심정맥영양과 말초정맥영양이 있다.

1) 정맥영양액의 투여경로

중심정맥영양에서는 카테터catheter(체강, 또는 장기 내에 삽입하는 구멍이 있는 관모양의 기구)를 쇄골하정맥subclavian vein이나 내경정맥internal jugular vein을 통해 상대정맥superior vena cava으로 국소마취하에 수술로 삽입한다 그림 3-3.

말초정맥영양에서는 중심정맥영양보다 작은 소정맥인 팔의 상부정맥cephalic vein으로 카테터를 이용해 튜브를 삽입한다 그림 3-4.

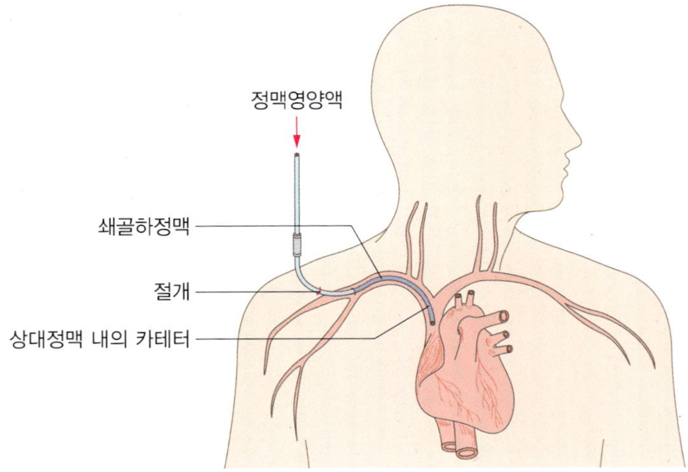

그림 3-3 중심정맥영양(CPN) 시의 튜브 삽입 위치

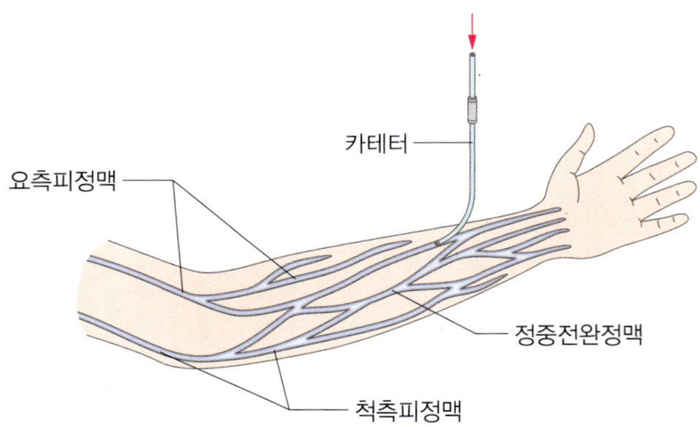

그림 3-4 말초정맥영양(PPN) 시의 튜브 삽입 위치

(1) 중심정맥영양

중심정맥은 이를 통과하는 혈류의 속도가 빨라서 영양소의 농도가 높아도 희석이 쉬워 필요한 모든 영양소를 공급할 수 있다. 일반적으로 에너지공급량이 2,000 kcal 이상이고 2주 이상 실시기간이 필요할 때 중심정맥영양을 이용하며, 주로 삼투압 900 mOsm/L 이상, 포도당 10% 이상의 고농도 정맥영양 용액을 공급한다.

중심정맥영양central parenteral nutrition, CPN은 위와 장의 기능이 불가능하고 장, 또는 말초정맥으로의 영양공급이 불충분할 때 이용되며, 활력 징후vital sign가 안정적이고,

수분, 전해질, 산-염기 균형이 적절한 상태에서 공급이 가능하다.

알아두기 중심정맥영양의 공급

- 단백질(아미노산)은 대사적 문제 발생이 적으므로 60~70 g/일로 투여를 시작해도 된다.
- 탄수화물(포도당)은 15~20% 농도의 용액으로 시작하며(최대 150~200 g/일), 혈당이 높은 경우에는 10~15% 농도(100~150 g/일)의 용액으로 투여를 시작한다. 공급량을 차츰 증가시켜 제 2~3일부터는 대부분 목표량 공급이 가능하지만 말초 혈당이 180 mg/dL 이하일 경우에만 증량이 가능하다.
- 지방의 공급량은 혈청 지질이 400 mg/dL 이하일 경우에만 증량이 가능하다.

(2) 말초정맥영양

말초정맥영양peripheral parenteral nutrition, PPN은 위장관의 소화·흡수기능 저하로 구강이나 장으로 충분히 영양섭취를 할 수 없는 환자들에게 경구영양의 보충법으로 이용된다.

2주 이내의 단기간 정맥영양공급이 예상되거나 카테터 패혈증, 중심정맥 사용이 불가능할 때 손이나 팔에 있는 말초정맥을 통해 영양소를 공급한다. 삼투압은 900 mOsm/L 이하의 농도만 공급이 가능하며, 영양농도에 제한이 있어 전해질 부족의 우려가 있다. 추가 사용이 고려될 때는 다른 경로를 통해 보충해야 하며, 중심정맥영양에 비해 말초정맥염의 발생 가능성이 높기 때문에 카테터 삽입 부위에 대한 지속적인 관찰이 필요하다.

2) 정맥영양액의 성분

(1) 단백질

표준정맥영양액은 필수아미노산과 비필수아미노산을 적절히 함유하고 있으며, 농도는 3~15%로 다양하다. 환자의 상태에 따라 이들 아미노산의 종류와 양이 달라지는데, 예를 들어, 필수아미노산만을 함유한 용액은 신부전 환자에서 쓰이고, 곁가지아미노산의 함량이 높은 용액은 외상이나 스트레스 상태에 있는 환자 또는 간성혼수 환자에게 사용된다.

(2) 당질

당질은 덱스트로오스 모노하이드레이트dextrose monohydrate의 형태로서 5~70%까지 다양하게 제공된다. 덱스트로오스 모노하이드레이트는 구조적으로 물을 함유하고 있으므로 정맥영양을 실시하는 데 있어 덱스트로오스보다 적합하며 1 g당 3.4 kcal (덱스트로오스는 4 kcal/g)를 제공한다.

(3) 지방

지방은 유화액lipid emulsion의 형태로 제공되며 농축 에너지원 및 필수지방산의 공급원으로 작용한다. 사용되는 지방에는 대두유, 잇꽃유 등이 있으며, 이들 지방이 달걀노른자의 인지질과 유화된 상태로 제공되고 그 농도는 10~20% 정도이다. 단위체중당 지방의 최대 공급량은 2 g을 초과해서는 안 되며, 빌리루빈 수준이 현저하게 증가된 신생아나 이상지질혈증, 심한 간질환 등에서는 사용이 금지된다.

(4) 전해질, 미량원소 및 비타민

정맥영양을 통해 공급되는 비타민과 미량원소는 소화·흡수과정을 거치지 않으므로 영양액 내 이들의 요구량은 권장섭취량보다 낮다.

전해질과 무기질은 아미노산 용액 내에 포함되거나 개별적인 염의 형태로 첨가된다. 비타민도 적정량 함유되어 있으며 환자의 상태에 따라서 첨가량을 변화시킬 수 있다.

(5) 수분

정맥영양을 통해 하루에 공급되는 수분은 일반적으로 1.5~3 L이며, 3 L를 초과하는 경우는 거의 없다. 심폐질환, 신장 및 간질환 환자에서는 특히 수분의 섭취에 유의해야 한다.

3) 정맥영양액의 종류

정맥영양액은 상품화된 용액으로 포도당, 아미노산, 전해질 등 정맥영양에 포함될 영양성분을 하나의 용기 안에서 작은 부분으로 나누어 담아둔 형태이다. 최종 영양소 농도에 따라 중심정맥 또는 말초정맥용으로 사용할 수 있으며, 제품에 따라 전해질과 비타민 함량 및 포함 여부가 다르므로 확인이 필요하다(부록 II).

(1) 3-in-1 정맥영양액(total nutrition admixcture, TNA)

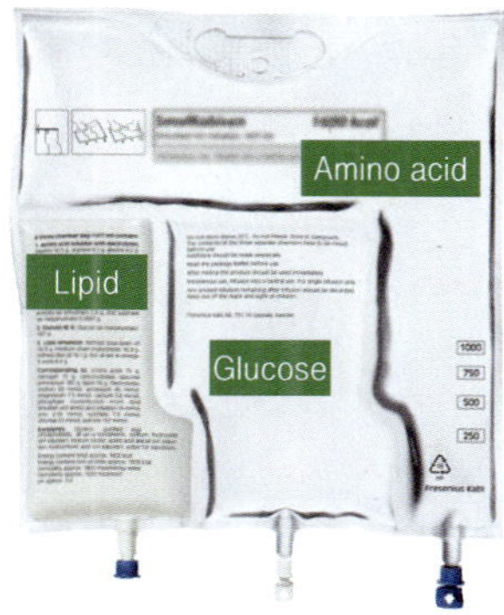

포도당, 단백질, 지방유화액이 하나의 용기 안에 혼합된 형태의 정맥영양용액으로, 관 교체가 편리하고 감염 위험이 적은 장점이 있다. 그러나 용액의 산도가 낮아 영양성분이 불안정하고, 지방유화액이므로 용액이 불투명하여 침전물 확인이 어렵다. 또한 지방 통과가 가능한 필터(기존의 정맥영양액은 0.22 μm 필터를 사용하나 TNA는 1.2 μm 필터 사용)를 사용하므로 미생물 유입의 우려가 있다.

(2) 2-in-1 정맥영양액

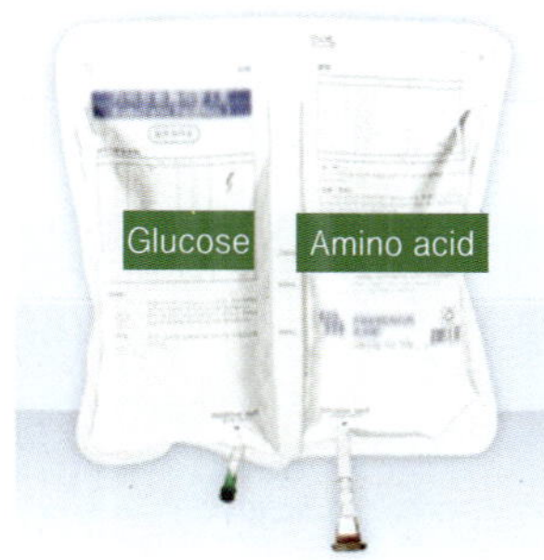

영양성분 중 수용성인 당질과 단백질로 이루어져 있고, 지용성인 지방유화액은 별도로 공급하는 형태이다. 미세 필터(0.22 μm 필터)를 사용하므로 미생물 유입 가능성이 적고, 용액이 투명하여 침전물 확인이 가능하지만, 지방유화액 공급 시 별도의 라인이 필요하므로 접촉에 의한 감염 위험은 높다.

4) 합병증 및 관찰

(1) 합병증

정맥영양 실행 시 나타날 수 있는 합병증에는 감염(특히 카테터 관련), 위장관 및 대사적 합병증 등이 있다 표 3-11. 정맥영양을 시작하거나 중단할 때에는 그 부작용을 최소화하기 위해 단계적으로 절차를 거쳐 실시하고, 지속적인 환자 관찰과 관리가 필요하다.

표 3-11 **정맥영양 시의 합병증**

기계적 합병증	감염과 패혈증	대사적 합병증	위장관 합병증
• 기흉(폐에 공기가 찬 상태) • 혈흉, 수흉 • 피하기종 • 상완신경 장애 • 쇄골하동맥 손상 • 쇄골하혈종 • 중심정맥 혈전성 정맥염 • 동·정맥 누관 • 공기색전증, 카테터색전증 • 심장 천공, 심내막염	• 카테터 삽입 부위의 감염 • 다른 부위(호흡기, 요도) 감염 • 수액 감염	• 고혈당증, 삼투성 이뇨 • 저마그네슘혈증 • 저/고칼슘혈증, 저/고인혈증 • 고염소혈증에 의한 대사성 산독증 • 요독증 • 고암모니아혈증 • 전해질 불균형 • 미량 무기질 결핍증 • 필수지방산 결핍증 • 이상지질혈증	• 담즙울체 • 간기능 이상 • 위장관 점막 위축

(2) 관찰

정맥영양으로 인한 합병증과 그로 인해 발생되는 비용을 최소화하기 위해서는 지속적인 모니터링이 필요하다. 정맥영양을 공급하는 환자는 반드시 혈중 포도당 수치를 관찰해야 하며, 수분-전해질 상태, 산-염기 평형 상태 등에 대해 모니터링이 이루어져야 한다. 정맥영양 시 일반적인 모니터링 지표는 표 3-12 와 같다.

표 3-12 **정맥영양 시 일반적인 모니터링 지표**

지표	중환자	안정적인 환자
칼슘, 인, 마그네슘, 간기능 검사	주 2~3회	주 1회
전해질, BUN/Cr	매일	주 1~2회
혈중 중성지방	주 1회	주 1회
혈액응고검사	주 1회	주 1회
혈당검사	1일 3회(until < 200 mg/dL)	매일(until < 200 mg/dL)
체중	매일	주 2~3회
주입 및 배출량	매일	매일
질소평형	필요시	필요시

CHAPTER

4

소화기계질환

1. 소화기계의 구조와 기능
2. 식도질환
3. 위질환
4. 장질환

학 습 개 요

소화기계는 체내에 에너지 및 영양소를 공급하기 위한 가장 주요한 경로다. 일반적인 영양공급은 경구적으로 진행되며 소화기계를 통과하는 동안 소화 · 흡수되어 간으로 간 후, 다시 혈액을 따라 각 조직세포로 이동한다. 따라서 만약 소화기계가 기능을 제대로 하지 못하면 영양소의 소화 및 흡수에 장애가 오며, 이는 곧 영양상태에 영향을 미치게 된다.

맵고 짠 음식을 자주 섭취하는 고유의 식습관으로 인해 우리나라 사람들에서 위장질환이 흔히 나타나고 있는데, 최근 들어 식생활이 서구화되면서 과거에는 드물게 발생했던 종류의 위장질환이 점차 증가하는 추세에 있다.

1. 소화기계의 구조와 기능

1) 소화기계의 구조

소화기계는 음식물을 섭취한 후 배설할 때까지 일련의 관tube인 소화기관과, 음식물 내의 영양소를 소화·흡수하는 데 필요한 물질을 분비하는 부속소화기관으로 이루어져 있다. 소화기관은 구강, 인두, 식도, 위, 소장, 대장 및 항문으로 구성되고, 부속소화기관은 타액선, 간, 담낭, 췌장으로 되어 있다 그림 4-1.

소화기관의 총길이는 구강에서부터 항문에 이르기까지 약 9m 정도 되며, 개별적으로는 각기 특별한 형태를 이루고 있다. 소장은 십이지장·공장·회장으로 이루어지고, 대장은 맹장·상행결장·횡행결장·하행결장·S상결장·직장으로 나뉜다. 소화관의 막은 일반적으로 안으로부터 점막mucosa, 점막하층submucosa, 근육층muscularis, 장막층serosa의 네 층으로 구성된 구조를 가지고 있으며, 각 부위마다 약간씩 다른 형태를 보인다.

2) 소화기계의 기능

(1) 구강

음식물 덩어리가 입 안으로 들어오면 저작에 의해 입안에서 잘게 부수어지면서 타액과 잘 혼합된다. 타액에는 프티알린ptyalin, 뮤신mucin(점성물질) 등이 함유되어 있는데, 프티알린은 전분을 덱스트린, 맥아당으로 가수분해하고, 뮤신은 음식을 삼키기 쉽도록 매끄럽게 해주는 역할을 한다.

입안에서 잘게 부수어진 음식물이 식도를 따라 위까지 이동하는 연하과정은 3단계로 구분할 수 있다. 1단계 구강기oral stage는 혀의 상하운동으로 발생된 압력에 의해 구강 내 음식물 덩어리가 인두쪽으로 이동하는 과정이고, 2단계 인두기pharyngeal stage는 불수의적인 반사운동으로 인두 후면에서 식도쪽으로 이동하는 과정이며, 3단계 식도기esophageal stage는 식도의 자발적인 연동운동에 의해 위로 이동하는 과정이다.

음식물이 식도 하부로 내려오면 위와 식도의 경계 부위에 있는 하부식도괄약근이 열려 음식물이 위로 들어가며, 이어서 하부식도괄약근이 닫혀 위내용물이 식도로 역류하는

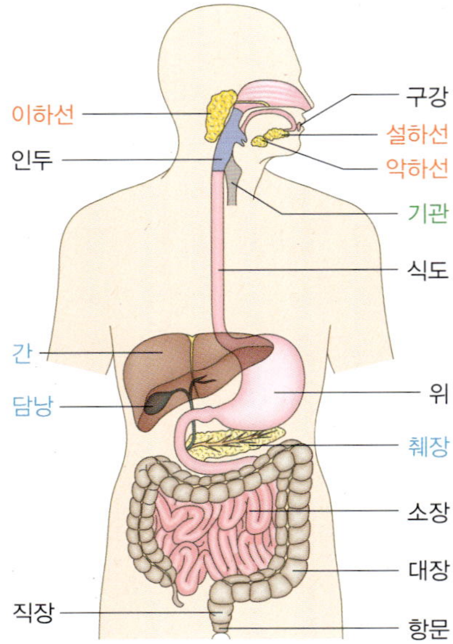

그림 4-1 소화기계의 일반구조

것을 막는다. 근육마비나 연하곤란의 경우에는 음식물이 잘못 넘어가서 기도로 들어가거나 식도에 걸리게 되어 사래, 구토를 일으키기도 한다.

(2) 위

위는 횡경막 바로 왼쪽 아래에 위치하는데 위저부fundus, 위체부body 및 전정부antrum로 구성되어 있으며, 식도와 연결된 위의 입구 부분을 분문, 십이지장과 연결된 부분은 유문이라고 한다. 유문부pylorus에 있는 유문괄약근은 위 내용물의 십이지장 배출속도를 조절하고 십이지장 내용물이 위로 역류하는 것을 막는다.

위점막에는 다수의 위선gastric gland이 있어서 이곳에서 세포들이 위액을 분비한다 그림 4-2. 위액은 염산(HCl), 펩신pepsin, 점액mucus, 리파아제lipase, 내적 인자intrinsic factor, 가스트린gastrin 등으로 구성되어 있다. 염산은 벽세포에서 생산되며 강한 산성(pH 1.5~2)으로 살균력이 있고, 주세포에서 분비되는 불활성형의 펩시노겐을 펩신으로 활성화시켜 단백질의 소화를 도우며, 철을 Fe^{3+}에서 Fe^{2+}로 환원시켜서 흡수를 촉진한다.

점액은 점액세포에서 분비되며 기계적, 화학적 자극으로부터 위점막을 보호하는 역할을

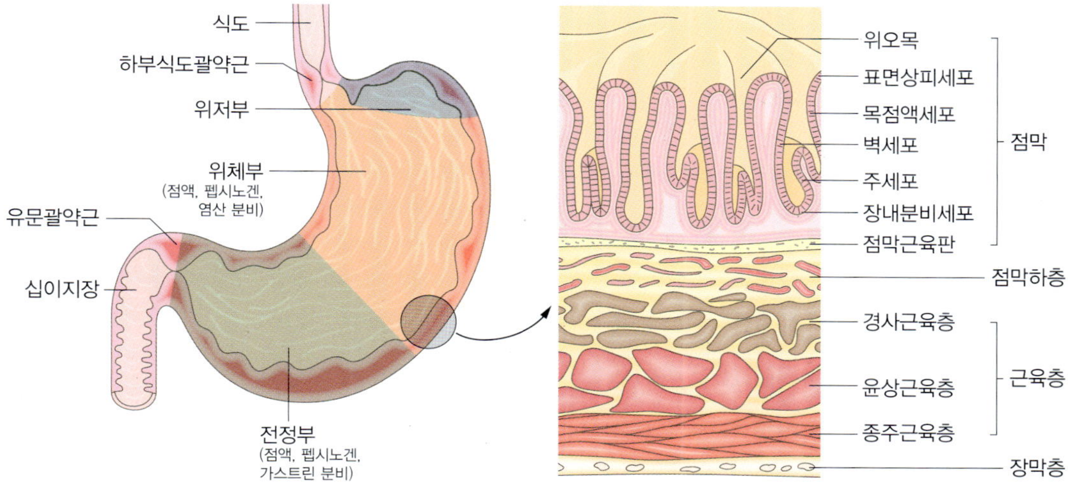

그림 4-2 위의 구조

한다. 내적 인자는 벽세포에서 생산되어 비타민 B_{12}와 결합하여 회장으로 이동함으로써 비타민 B_{12}의 흡수를 돕는다. 또한 호르몬인 가스트린은 위내 음식물의 자극에 의해 전정부의 G세포(장내분비세포)에서 분비되어 위산 및 펩시노겐의 분비를 촉진한다.

이와 같이 위 내로 들어간 음식물은 소화액의 작용 및 연동운동에 의해 반유동체인 유미즙chyme이 되어 십이지장으로 이동한다.

(3) 소장

소장은 6~7 m의 긴 관상장기로서 십이지장duodenum, 공장jejunum, 회장ileum의 세 부분으로 되어 있다. 십이지장의 길이는 약 25 cm 정도이며, C자형으로 췌장의 머리 부위를 싸고 있다. 담관과 췌관은 유문부에서 약 8~10 cm 되는 곳에서 십이지장으로 통하여 담즙과 췌장액을 십이지장에 분비한다. 공장의 길이는 약 2.2 m이고, 회장은 3~4 m이다.

음식물이 위에서 십이지장으로 들어오면 세크레틴secretin이라는 호르몬이 분비되어 췌장에서의 췌장액(pH 7~8, 중탄산염 함유) 분비를 촉진한다. 또한 음식물 중 단백질과 지방 성분은 호르몬인 콜레시스토키닌cholecystokinin의 분비를 촉진하여 간에서의 담즙 생성과 담낭에서의 담즙 분비를 촉진하고, 췌장액 효소를 분비하여 소장에서 소화를 진행시킨다.

췌장액에는 단백질, 당질, 지방의 모든 분해효소가 함유되어 있다. 단백질분해효소인 트립신trypsin, 키모트립신chymotrypsin 및 카복시펩티다아제carboxypeptidase는 단백질과 폴리펩티드polypeptide를 각각 디펩티드dipeptide 및 아미노산으로 분해한다. 당질분해효소인 아밀라아제amylase는 전분을 덱스트린과 맥아당으로 분해하고, 지방분해효소인 리파아제lipase는 중성지방을 글리세롤, 모노글리세리드, 디글리세리드, 지방산의 형태로 분해한다.

담즙은 간에서 만들어져 담낭에 일시 저장, 농축되었다가 음식물이 십이지장으로 들어오면 분비되어 지방을 유화시킴으로써 지방분해효소의 작용을 쉽게 받도록 한다.

소장액에는 이당류 분해효소인 말타아제maltase, 슈크라아제sucrase, 락타아제lactase와 단백질 분해효소인 아미노펩티다아제aminopeptidase, 디펩티다아제dipeptidase가 있어서 이당류는 단당류로, 폴리펩티드나 디펩티드는 아미노산으로 분해한다. 또한 소장액에도 리파아제가 있으나 췌장 리파아제보다 그 역할이 떨어진다 표 4-1.

소화된 영양소는 확산과 능동수송에 의해 주로 소장에서 흡수된 후, 단당류와 아미노산은 혈관을 통해, 지방성분은 림프관을 통해 간으로 운반된다.

표 4-1 소화기관에서 분비 및 합성되는 주요 물질과 기능

물질	합성장소	기능
타액		전분 소화, 윤활, 연하작용
점액(mucus)	입, 위, 소장, 대장	세포 보호 및 윤활
효소(아밀라아제, 리파아제, 프로테아제)	입, 위, 췌장, 소장	음식물 성분을 흡수되기 쉽게 작은 조각으로 분해
염산	위	단백질 소화 촉진, 살균작용, 철 흡수 촉진
담즙	간	지방 유화
중탄산염(bicarbonate)	췌장, 소장	소장에 도달한 위 내용물의 중화
호르몬(가스트린, 세크레틴, 콜레시스토키닌)	위, 소장	산, 효소, 담즙, 중탄산염의 합성 및(또는) 분비 촉진 연동작용 및 음식물의 이동 조절

(4) 대장

대장의 길이는 약 1.5m로 맹장cecum, 결장colon, 직장rectum의 세 부분으로 이루어진다. 맹장은 소장의 회장에 연결되며, 결장은 상행·횡행·하행·S상 결장으로 되어 있다. 직장은 대장의 최종부위로서 항문에 연결된다 그림 4-3.

대장에서는 소장에서 흡수되고 남은 각종 영양소 중 대부분의 수분과 약간의 염류가

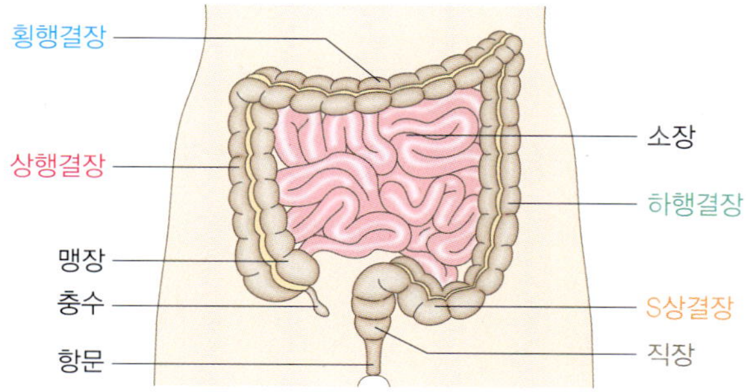

그림 4-3 대장의 구조

상행결장에서 흡수되고 소화·흡수되지 않은 찌꺼기, 장점막에서 탈락된 세포, 장내세균 등이 혼합되어 대변을 형성하여 항문으로 배설된다. 장내세균은 소화되지 않은 물질들을 분해하여 가스, 산, 아민류 등으로 변화시키기도 하고 비타민 K를 합성하기도 한다.

대장액은 분변 내의 세균이나 자극성 물질로부터 대장점막을 보호하고, 분변이 장벽을 지날 때 원활하게 이동시키는 작용을 한다. 분절운동이나 연동운동에 의해서도 내용물이 이동되는데, 만약 대장의 연동운동이 약해서 내용물이 오래 머물게 되면 수분이 지나치게 흡수되어 변비를 일으키며, 반면 연동운동이 지나치게 높아지면 설사가 발생한다.

2. 식도질환

1) 연하곤란

(1) 원인

연하곤란dysphagia(삼킴장애)이란 음식물을 삼키는 것에 대한 장애로 식도수술, 종양(양성, 악성), 식도염, 식도무이완증, 협착 등으로 인해 식도가 좁아지거나 신경계질환(뇌졸중, 파킨슨병), 근육질환(중증근무력증 등), 머리손상, 뇌종양 등으로 인해 연하운동에 어려움이 나타난 경우에 발생한다.

(2) 분류

연하곤란에는 음식물을 삼키기 어려운 구강인두성 연하곤란과 음식을 삼킨 후 식도에서 위로의 이동이 어려운 식도성 연하곤란이 있다. 구강인두성 연하곤란에서는 음식물을 식도로 보내지 못하므로 음식물이 기도로 들어가 기침을 하거나 코로 역류되며, 부드러운 고형식보다 액체음식을 삼키기가 더 힘들다. 식도성 연하곤란에서는 기계적인 폐쇄가 있는 경우에는 고형음식에 대해, 식도운동에 장애가 있는 경우에는 고체와 액체 모두에 대해 연하곤란을 느낀다.

(3) 증상

연하곤란의 증상으로는 음식을 먹거나 마시는 능력이 저하될 뿐만 아니라, 식사에 대한 두려움이나 식욕부진에 따른 불충분한 식사로 인해 체중감소와 영양결핍 등의 문제가 발생할 수 있다. 흡인성 폐렴이나 탈수 및 질식 등의 합병증도 초래될 수 있다.

(4) 식사요법

연하곤란의 식사요법 목표는 음식물을 안전하게 삼킬 수 있도록 음식의 점도와 질감을 조절하면서 적절한 영양상태를 유지하는 데 있다. 연하곤란의 원인이 되는 질환에 따라 연하곤란의 정도 및 증상이 각각 다르게 나타나므로 환자의 상태를 고려하여 개별적으로 적절히 조절한다.

음식을 부드럽게

음식을 부드럽고 촉촉하고 매끄럽게 조리하며 알맹이 형태로는 가급적 제공하지 않는다. 건조하거나 바삭거리는 음식, 거칠거나 질긴 음식, 끈적거리는 음식은 제한한다.

액체는 걸쭉하게

흡인의 위험 때문에 액체(수분 포함) 공급이 어려운 경우에는 탈수를 예방하기 위해 액체에 점도증진제(젤라틴, 채소(과일)퓨레, 시판 농후제 등)를 사용하여 걸쭉하게 해서 공급한다. 또한 흡인의 위험이 있거나 경구로의 식품섭취가 불충분한 경우에는 경관급식을 고려한다.

연하반응 촉진

음식을 다양한 색과 맛, 냄새로 구성하여 식욕을 돋운다. 저작과 연하반응을 촉진하기 위해 필요한 경우 찬 음식, 향이 강한 음식 및 양념(마늘, 후추, 양파, 계피 등)을 이용한다. 조금씩 자주 섭취하며, 식사 시에는 곧은 자세로 앉아 목을 약간 숙이는 자세를 취하고, 식후에는 15~30분 정도 앉아 있는다.

식사는 일반적으로 환자의 연하능력에 따라 3단계로 진행하며 표 4-2 , 연하보조식의 1일 영양소구성, 식품구성 및 식단 예는 표 4-3 과 같다.

표 4-2 연하곤란의 단계별 식사

식사		연하보조식 1단계(연식 1단계)	연하보조식 2단계(연식 2단계)	연하보조식 3단계(상식 단계)
식사 원칙	주식	• 죽을 갈아서 제공	• 죽을 갈지 않고 제공	• 된죽 또는 진밥 제공
	반찬	• 갈아서 걸쭉하고 부드러운 상태로 제공	• 곱게 다져서 제공	• 부드러운 음식으로 제공
	유제품	• 요구르트(호상) 제공	• 요구르트(호상) 제공	• 요구르트(호상) 제공
	과일	• 생과일 갈아서 제공	• 생과일 다져서 제공	• 황도통조림, 바나나 등 부드러운 과일 제공
	국물	• 국물(국, 물김치 등) 제한 • 묽은 액체 대신 되직한 액체 제공	• 식사 적응 정도에 따라 국물 약간 제공 가능(세심한 주의, 관찰 필요)	• 식사 적응 정도에 따라 국물 제공 가능(세심한 주의, 관찰 필요) • 밥은 국물섭취가 가능할 때 제공

표 4-3a 연하보조식의 1일 영양소구성 예

식사명	에너지(kcal)	당질(g)	단백질(g)	지방(g)	C:P:F
연하보조식 연식	2,000	275	85	65	54:17:29
연하보조식 상식	2,400	365	90	65	61:15:24

표 4-3b 연하보조식의 1일 식품구성 예

식품군 / 식사명	곡류군	어육류군		채소군	지방군	우유군	과일군
		저지방군	중지방군				
연하보조식 연식	9	3	3	7	3	2	3
연하보조식 상식	13	3	3	7	3	2	3

표 4-3c 연하보조식 연식 1단계의 1일 식단 예(2,000 kcal)

식품군		교환 단위 수	아침	간식	점심	간식	저녁
곡류군		9	2×쌀 30 g =60 g(흰죽)	1×쌀 30 g =30 g(죽)	2.5×쌀 30 g =75 g(흰죽)	1×쌀 30 g =30 g(흰죽)	2.5×쌀 30 g =75 g(흰죽)
어육류군	저지방	3	1×새우 50 g =50 g(새우살볶음)		1×쇠고기 40 g =40 g(불고기)		1×조기 50 g =50 g(조기구이)
	중지방	3	1×연두부 150 g =150 g(연두부찜)		1×갈치 50 g =50 g(갈치지짐)		1×달걀 1개 =55 g(달걀찜)
채소군		7	1×콩나물 70 g =70 g(콩나물국) 1×오이 70 g =70 g(오이나물, 껍질 제거) 0.5×무(배추) 70 g =35 g(나박김치)		0.5×건미역 6 g =3 g(미역국) 1×가지 70 g =70 g(가지나물) 0.5×무 70 g =35 g(나박김치)		1×아욱 70 g =70 g(아욱국) 1×호박 70 g =70 g(호박나물) 0.5×무(배추) 70 g =35 g(나박김치)
지방군		3	1×참기름 5 g		1×식용유 5 g		1×참기름 5 g
우유군		2		1×호상요구르트 1개(100 g)		1×호상요구르트 1개(100 g)	
과일군		3		1×사과 80 g		1×파인애플통조림 70 g	1×바나나 50 g
식 단			흰죽 콩나물국 새우살볶음 연두부찜 오이나물 나박김치	죽 호상요구르트 사과	흰죽 미역국 불고기 갈치지짐 가지나물 나박김치	죽 호상요구르트 파인애플통조림	흰죽 아욱국 조기구이 달걀찜 호박나물 나박김치 바나나(저녁식사 후 간식)

* 죽, 어육류, 채소, 우유, 과일, 김치 등은 갈아서 점증제를 섞어서 농도를 조정하여 제공함
* 곡류군 중 1교환은 미음의 형태로 어육류와 채소류의 농도 조정용으로 사용함
* 국은 국물을 제한하므로 150 mL 정도로 다소 적게 제공하고, 점증제를 섞어서 농도 조절함

2) 위식도역류질환

(1) 원인

위식도역류질환gastroesophageal reflux disease, GERD이란 위 내용물이 식도로 거꾸로 올라와 불편한 증상을 일으키거나 이로 인해 합병증을 유발하는 경우를 말한다.

위식도역류를 일으키는 원인 중 가장 중요한 것이 하부식도괄약근lower esophageal sphincter, LES이다. 하부식도괄약근은 일정한 압력을 유지하고 있으며, 따라서 정상적인

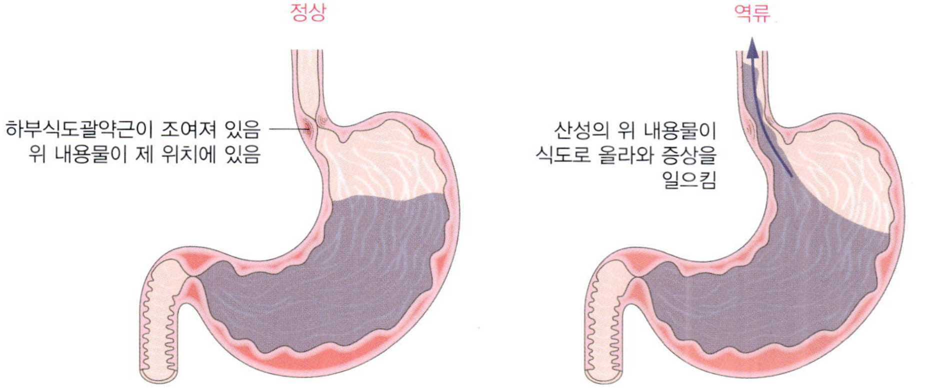

그림 4-4 **식도역류 과정**

식도는 하부식도괄약근의 수축으로 위 내용물이 식도로 역류되는 것을 방지한다. 그러나 어떤 이유로 하부식도괄약근의 기능에 장애가 발생하여 그 압력이 감소하면 하부식도괄약근의 수축이 잘 되지 않아 역류의 위험이 증가한다 그림 4-4. 하부식도괄약근의 압력은 흡연, 음주, 식사(고지방식, 초콜릿, 민트류, 커피, 마늘, 양파), 약물복용(도파민, 모르핀, 테오필린 등), 호르몬(가스트린, 에스트로겐, 프로게스테론) 분비 증가 등에 의해 감소한다.

또한 복부비만, 과식, 지나치게 조이는 옷, 허리띠 조여 매기, 복수, 임신 등으로 인해 복압이 상승하면 하부식도괄약근의 수축력을 넘어서게 되어 역류현상이 나타난다.

위 배출기능 저하로 음식물이 위에 오래 머무는 경우나 식후 바로 눕기, 취침 전 음식 섭취, 식후의 구부리는 동작, 계속되는 구토, 탈식도증hiatal hernia(식도열공헤르니아 : 식도가 횡경막을 통과하는 구멍인 식도열공이 어떤 원인에 의해 느슨해지거나 커져서 그 틈을 통하여 위의 일부가 흉강 안으로 미끄러져 들어간 상태) 등도 식도역류를 초래할 수 있다.

(2) 증상

위식도역류질환의 증상으로는 가슴 중앙에서 목을 따라 올라오는, 타는 듯한 느낌인 가슴쓰림heartburn이나 산 역류(구강 내 신물 또는 쓴물)가 전형적으로 나타나며, 그 외 흉통, 연하곤란, 만성기침, 쉰 목소리, 천식, 목 이물감 등의 증상을 나타내기도 한다. 위식도역류가 계속되면 산성의 위액이 식도점막(주로 식도 아래 부분)에 염증을 일으켜 식도염이 발생하며, 일부에서는 식도협착, 바렛식도, 흡인성 폐렴, 후두염 등이 나타난다.

알아두기 **바렛(Barrett) 식도**

식도역류가 오래 지속되면 위와 연결되는 식도 끝 부분의 점막이 위산에 노출되면서 정상 식도점막을 이루는 편평상피세포가 위에서 관찰되는 장상피화생이 동반된 원주상피세포로 변하게 된다. 이를 1950년 처음 발견한 의사의 이름을 따서 바렛 식도라고 부른다. 바렛 식도는 식도선암(선세포에서 발생되는 암)으로 진행될 가능성이 있다.

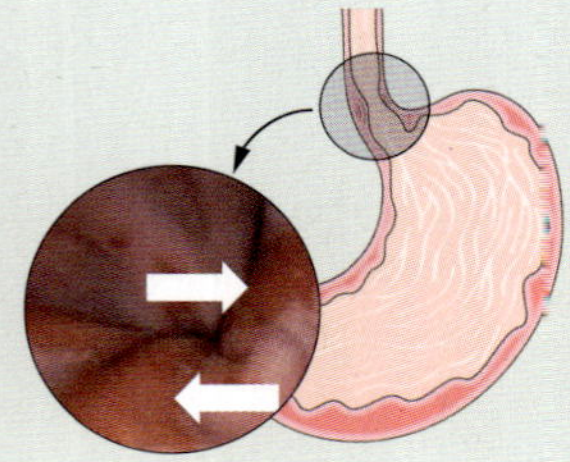

(3) 식사요법

위식도역류질환의 식사요법 목표는 식도역류를 막고, 염증이 있는 식도점막의 자극을 방지하며, 위액의 산도를 감소시켜 자극을 줄이는 데 있다. 따라서 하부식도괄약근의 압력을 낮추지 않는 무자극성 식사로서 단백질을 충분히 공급하는 부드러운 식사가 권장된다. 위식도역류질환의 영양관리지침은 표 4-4 와 같다.

표 4-4 **위식도역류질환의 영양관리지침**

목적	식사지침
하부식도괄약근의 압력 증가	• 단백질 섭취 증가 : 살코기, 생선, 두부, 콩 등을 담백하게 조리하여 섭취 • 지방 섭취 제한 : 45g/일 또는 그 이하; 탈지우유 섭취 • 카페인을 함유하는 차, 커피, 초콜릿 섭취 제한 • 알코올(맥주, 포도주 등의 발효주) 섭취 제한 • 위장 내에서 가스를 배출하는 박하유(페퍼민트, 스피아민트), 마늘, 양파 등 제한 • 금연
식도역류 감소	• 표준체중 유지 • 변비(긴장으로 인한 복압 증가) 예방 • 몸에 꼭 끼는 옷 입지 않기 • 소량씩 자주 섭취 • 식후 바로 눕지 않으며, 취침 전(2~3시간)의 음식섭취 자제 • 식사 시 바른 자세 유지, 식후 구부리는 동작 자제 • 상체를 살짝 높인 상태로 수면
식도자극 감소	• 커피, 알코올, 탄산음료 섭취 제한 • 토마토 및 토마토 제품 섭취 제한 • 감귤류 및 감귤주스 섭취 제한 : 오렌지, 귤, 금귤, 유자, 탱자, 레몬, 자몽 등 • 강한 향신료, 매운 음식 섭취 제한
위산분비 감소	• 커피, 알코올 섭취 제한

3. 위질환

1) 급성 위염

(1) 원인

급성 위염acute gastritis은 갑작스럽게 발생하는 위점막의 염증으로서 원인으로는 폭음, 폭식, 부패 또는 오염된 음식의 섭취, 술, 담배, 커피, 지나치게 차거나 뜨거운 음식섭취 등이 있다. 또한 양념이 강한 음식섭취, 빨리 먹기, 너무 피곤하거나 감정이 격한 상황에서의 식사도 원인이 될 수 있다. 그 밖에 아스피린을 포함한 비스테로이드성 항염증제nonsteroidal anti-inflammatory drugs, NSAIDs와 같은 약물복용, 방사선 치료, 화상, 수술, 황달, 신부전, 발열, 저산소증, 외상, 스트레스 및 세균(헬리코박터 파일로리 등) 감염에 의해서도 발생할 수 있다 그림 4-5.

(2) 증상

급성 위염의 증상으로는 상복부통증, 위팽만감, 구역질, 구토, 식욕부진, 속쓰림, 피로감, 설사, 발열 등이 나타나고 심하게 되면 구토물에 혈액이나 담즙이 섞이는 경우가 있다. 토혈이 심하면 빈맥, 안면창백, 발한, 혈압강하, 쇼크 등의 증세가 나타난다.

알아두기 헬리코박터 파일로리(*Helicobacter pylori*)

*H. pylori*는 1982년 호주의 워런(Warren JR)과 마셜(Marshall BJ) 박사에 의해 보고되었으며, 그람 음성 세균으로 한쪽 끝에 편모를 가지고 있어 운동성이 있다. 위산 속에서도 죽지 않고 위벽을 덮고 있는 점액층과 상피세포 사이에 콜로니(colony)를 형성하여 서식한다. 또한 요소분해효소(urease)를 생성하여 위내의 요소(urea)로부터 암모니아를 형성함으로써 주변을 알칼리화하고 위산을 중화시킨다.

*H. pylori*가 위점막을 손상시키는 기전에 대해서는 많은 연구가 진행중에 있으며, 주로 *H. pylori*가 분비하는 여러 독성물질과 *H. pylori*로부터 생성된 암모니아가 위점막을 손상시키는 것으로 알려져 있다.

우리나라 성인의 60~70%가 이 균에 감염되어 있으며, 감염된 사람의 약 10~15%에서 만성 위염과 위·십이지장 궤양이 발생하고, 1% 미만에서 위암이 나타난다. 이 균의 감염으로 인해 증상이 나타난 경우 항생제와 위산억제제를 이용해 제균하여 치료한다.

그림 4-5 헬리코박터 파일로리
http://www.cancer.go.kr/mbs/cancer/subview.jsp?id=cancer_010107050000

(3) 식사요법

급성 위염의 식사요법 목표는 위점막의 염증을 자극하지 않고 통증을 완화하며 염증 조직을 재생시키는 데 있다.

1~2일간 금식, 수분 섭취

구토와 통증이 심한 경우에는 위를 안정시키기 위해 1~2일 정도 금식을 하는 것이 좋으며, 금식할 때에도 수분은 섭취해야 하므로 보리차나 끓여서 식힌 물 등을 섭취한다. 증상이 심하여 경구섭취가 불가능할 때에는 비경구적인 방법으로 수분을 공급한다.

증상 호전에 따라 식사 조정

1~2일 후 증상이 가라앉고 식욕이 생기면 급성 위염의 영양소구성 기준에 따라 유동식을 시작한다 표 4-5. 유동식의 형태로는 당질을 주로 한 미음이나 육수, 우유 등이 있으며 여기에 잘 적응하면 연식으로 이행하여 그 농도를 점차 높여가고, 증상의 호전에 따라 상식으로 진행한다.

표 4-5 급성 위염의 영양소구성 기준

	에너지(kcal)	당질(g)	단백질(g)	지방(g)
발병 1일째				
2일째	150~250	30~ 40	6~10	0~7
3일째	500~800	90~140	20~30	10~15
4일 이후	1,000~1,500	170~250	50~60	15~30

무자극성식

위의 산도를 증가시키는 식품 및 양념이 강한 음식은 피한다.

단백질 적당히

위점막 염증조직을 보수하기 위해서는 양질의 단백질이 필요한데, 단백질은 또한 위에 자극적이므로 적당량 공급한다. 콜라겐 합성에 관여하는 비타민 C의 공급을 위해 신맛이 적은 과일이나 저식이섬유 채소를 많이 이용한다.

급성 위염에서 권장 및 제한하는 식품은 표 4-6과 같다.

알아두기 **무자극성식**

위점막의 보호와 재생을 도우며, 통증 등의 증상을 완화시키는 것을 목표로 위에 자극이 되는 음식을 제한하는 식사이다. 다음의 식사내용을 실천한다.

성분	• 고춧가루, 후추, 겨자 등 자극성이 있는 조미료를 제한한다. • 술, 커피, 탄산음료(콜라 등)를 제한한다. • 식이섬유가 많은 채소와 과일을 제한한다.
맛	• 신맛이 강한 귤, 레몬, 자몽 등의 과일이나 주스를 제한한다. • 맵고 짠 음식을 피한다.
향	• 향이 강한 채소(부추, 파, 양파, 마늘, 생강 등)를 제한한다.
질감	• 연하고 부드러우며 소화되기 쉬운 음식을 섭취한다. • 거친 음식, 딱딱한 음식, 말린 음식을 피한다. 섭취 시에는 가급적 잘 씹어서 먹는다.
온도	• 너무 뜨겁거나 차가운 음식을 제한한다.
조리법	• 익혀서 섭취한다. 튀긴 음식을 피한다.
식행동	• 과식하지 않는다. • 규칙적으로 식사한다.
기타	• 개인에 따라 섭취 후 불편하거나 통증을 유발하는 식품은 피한다.

표 4-6 급성 위염의 식품선택 요령

식사 종류	권장식품	제한식품
유동식	미음, 신맛이 적은 과즙이나 젤리, 육수(기름 제거), 우유, 저자극 채소즙, 거른 채소수프, 증상에 따라 달걀 첨가	
연식	우유, 달걀, 두부, 흰살생선, 빵, 면류, 저지방 육류, 감자, 푸딩, 저식이섬유 채소류(호박, 당근, 연근, 시금치 등), 죽, 프렌치토스트, 마요네즈, 밀크셰이크, 요구르트, 저지방 연질치즈	라면, 자장면, 유부, 견과류, 튀김요리, 고지방 치즈, 구운 고기 등
상식	신선한 천연식품	인스턴트 식품, 가공식품, 커피, 고당도 과자류, 탄산음료, 알코올 등

2) 만성 위염

(1) 원인

만성 위염chronic gastritis은 급성 위염에서 이행되는 경우도 있고 처음부터 만성형으로 진행되는 경우도 있다. 원인은 잘 알려져 있지 않지만 헬리코박터 파일로리균에 의한 감염이 가장 많으며 불규칙적인 생활습관(식사, 수면), 폭음과 폭식의 반복, 저작불량, 자극성 식품의 장기섭취, 흡연, 약물남용, 노령화, 자율신경 실조, 위산분비이상, 자가면역 및 결핵, 심부전, 신장염 등의 질환에 의해서도 간접적으로 발생할 수 있다.

(2) 분류

만성 위염의 분류방법에는 여러 가지가 있으나 일반적으로는 2가지로 분류한다.

① 발생경과에 따른 분류

만성 위염의 초기에는 염증성 변화가 위점막의 표면층인 고유판lamina propria에 국한되는 표재성위염superficial gastritis(과산성위염)이 나타난다. 이러한 염증이 지속되어 점막층의 더 깊은 부위까지 침범하면 위선의 구조가 점차적으로 변형 및 파괴되는 위축성위염atropic gastritis(저산성위염)이 된다. 위축성위염에서는 위선 구조의 소실로 인해 위점막이 위축되고 얇아져 위산 분비가 감소한다. 이런 상태가 지속되면 위점막 상피세포가 소장 점막 상피세포의 형태로 변하는 장상피화생이 유발된다. 장상피화생은 중요한 위암의 전구 병변으로 알려져 있다. 감염기간이 오래되고 나이를 먹을수록 점차 위점막 위축이 진행되므로 위축성위염은 40대 이후에 주로 나타난다.

② 발생기전에 따른 분류

만성 위염은 염증 부위와 발생기전에 따라 A형과 B형의 두 가지로 나뉜다. A형 만성 위염은 주로 위체부에 생기고 위점막세포에 대한 항체를 생성하는 자가면역반응에 의해 발생한다. 흔히 벽세포에 대한 항체가 존재하여 염산과 내적 인자의 분비가 감소하며, 비타민 B_{12} 흡수장애 및 악성빈혈을 수반한다.

B형 만성 위염은 주로 전정부에 나타나며, 헬리코박터 파일로리균 감염에 의해 발생

알아두기 **위산분비 감소로 인한 영향**

- 살균작용 저하로 인한 음식물의 부패 및 발효
- 위에서의 유미즙 형성 미흡으로 인한 영양소의 소화·흡수 저하
- 위액 내 펩신의 활성화 감소로 인한 단백질 소화장애
- Fe^{3+}에서 Fe^{2+}로의 전환 감소로 인한 철 흡수 저하

한다. 실제 우리나라 만성 위염의 대부분은 B형이다. 염증이 진행됨에 따라 염증 부위가 전정부에서 위체부 및 위저부로 서서히 확대되며, 이는 연령이 증가할수록 뚜렷하여 70세 이상의 환자에서는 거의 대부분 위 전체에서 위염이 나타난다.

(3) 증상

표재성위염의 증상은 식사 직후의 상복부 통증 및 압박감, 메스꺼움 등으로 소화성 궤양과 비슷하게 나타난다.

위축성위염은 특이한 증상을 유발하지는 않으나, 위액분비 감소 및 영양소의 소화·흡수 장애로 인한 식욕부진, 메스꺼움, 구토, 설사, 전신권태감, 체력저하 등이 나타날 수 있다.

(4) 식사요법

① 표재성위염

표재성위염의 식사요법은 소화성궤양과 비슷하며, 위점막을 자극해서 위액분비를 촉진하는 음식을 제한한다. 너무 뜨겁거나 찬 음식, 알코올, 탄산음료, 향신료, 커피, 담배 등을 피하도록 한다.

알아두기 위하수증(gastroptosis)

위하수증이란 위의 구조변화로 위가 배꼽 아래 골반부위까지 길게 내려와 있는 경우를 말한다. 마른 체형의 사람에서 흔히 나타나며, 이는 복강 내 지지구조로서의 복부지방의 양이 적기 때문에 위가 밑으로 처지는 것으로 생각된다.

위하수증에서는 위의 긴장과 운동이 약해져서 소화능력이 감소하며, 위내용물을 장으로 밀어내는 힘이 약하다. 따라서 음식을 조금만 섭취해도 위가 더부룩해지고 거북해진다. 혈액순환이 좋지 못해 얼굴이 창백하고 손발이 차가우며 허약한 증상을 나타낸다. 또한 식욕이 없고 변비가 심한 경우가 많다. 따라서 위하수증의 식사요법에서는 소화가 잘되며, 위 안에 장시간 머물지 않는 것을 선택한다. 위하수증의 식사지침은 다음과 같다.

- 주식은 수분이 많은 죽 종류를 피하고 진밥이나 토스트 등으로 섭취한다.
- 수분이 많은 주스 또는 우유는 식사 시에 마시는 것보다 간식으로 섭취한다.
- 지방은 튀긴 음식에서 섭취하지 말고 양념기름, 버터, 크림 등으로 섭취한다.
- 단백질은 부드러운 고기나 생선, 두부 등으로 충분히 섭취한다.
- 향신료를 적당히 사용하여 식욕을 촉진시키되 과용하지 않는다.
- 식이섬유가 많은 채소는 피한다.
- 소량씩 자주 섭취하며, 천천히 잘 씹어 먹는다.

② 위축성위염

위축성위염의 식사요법 목표는 위점막의 보호와 위선의 위축억제 및 위액분비 촉진, 그리고 위점막의 정상 회복에 있다.

식품선택 시 특별히 금지하거나 제한할 식품은 없고 식욕향상 및 위액분비 촉진을 위하여 육즙, 향기 좋은 과일, 과즙, 향신료 등을 적당히 사용하며, 영양공급과 체력증진을 위하여 달걀, 우유 및 유제품, 흰살생선, 지방을 제거한 육류 등을 섭취한다.

단백질은 위액분비를 촉진하는 한편, 위액분비가 적은 위축성위염에서는 단백질 소화에 장애가 있으므로 적당량 섭취한다. 또한 위산과 내적 인자의 분비 감소로 인해, 각각 철과 비타민 B_{12}의 흡수장애가 발생하므로 결핍되지 않도록 주의해서 섭취한다. 식사는 매끼 소량씩 소화가 잘 되도록 조리하여 자주 섭취하도록 한다. 영양소 구성 기준은 에너지 2,000~2,300 kcal, 단백질 85 g, 지방 40~50 g, 당질 350 g 정도이다.

3) 소화성궤양

소화성궤양peptic ulcer은 위액과의 접촉에 의하여 소화기점막이 침식·손상된 상태를 말하며 그 발생부위에 따라 위궤양 또는 십이지장궤양이라고 한다. 위염과는 달리 손상부위가 점막층을 통과하여 점막하층이나 그 이하에까지 침식되며, 점막 손상의 크기가 5 mm 이상인 특징을 보인다. 여자보다 남자에서 많이 나타난다.

위궤양은 위의 어느 부위에도 생길 수 있으나 소만, 특히 위체부와 유문부의 경계인

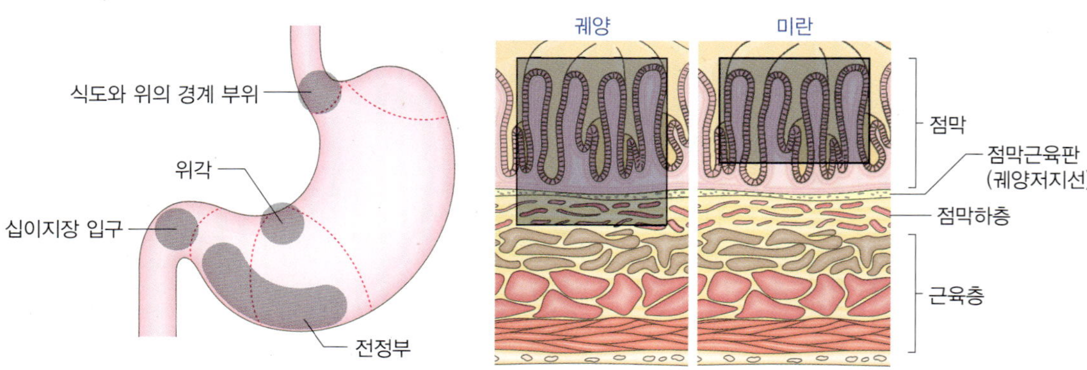

그림 4-6 소화성궤양의 주요 발생 위치 및 궤양과 미란의 차이점

위각 근처, 위식도 경계 부위, 전정부 등에서 많이 발생하고, 십이지장궤양은 유문으로부터 3cm 이내의 십이지장 입구에 주로 나타난다 그림 4-6.

(1) 원인

① 공격인자와 방어인자

위액은 위산과 펩신 등으로 구성되어 있으며, 이들 물질은 강력한 단백질 분해작용이 있으므로 소화기점막에도 작용하여 위점막을 손상시킨다. 이러한 공격인자에 대응하여 위·십이지장 점막에서는 방어 및 재생작용을 통해 점막을 보호한다 그림 4-6. 위·십이지장 점막의 방어기전에는 점액, 중탄산염, 프로스타글란딘, 점막혈류 등이 작용한다. 점막의 상피세포에서 분비되는 점액mucus과 중탄산염bicarbonate은 위점막의 전면에 얇은 막을 형성하여, 분비된 위산의 역확산을 막고 위산을 중화시킴으로써 점막을 방어한다. 위점막에서 분비되는 프로스타글란딘은 점액과 중탄산염의 분비를 촉진하고, 위산분비를 억제하며, 위점막의 혈류를 증가시키고, 손상된 점막상피세포의 증식과 복구를 촉진하여 점막의 방어시스템에서 중요한 역할을 한다. 점막하층의 혈류는 점막에 중탄산염, 영양소 및 산소를 공급하며, 대사결과 생성된 독성물질을 제거한다.

정상적인 상황에서는 이러한 공격인자와 방어인자 사이에 균형이 잘 이루어져 위점막의 손상이 발생하지 않지만, 공격인자와 방어인자 간의 균형이 깨어지고 어떠한 원인으로 인해 위점막의 저항력이 약화되면 위점막은 손상을 받는다. 즉, 공격인자가 우세하게 되거나(대부분) 방어인자가 약해지면 궤양이 발생하게 된다 그림 4-7.

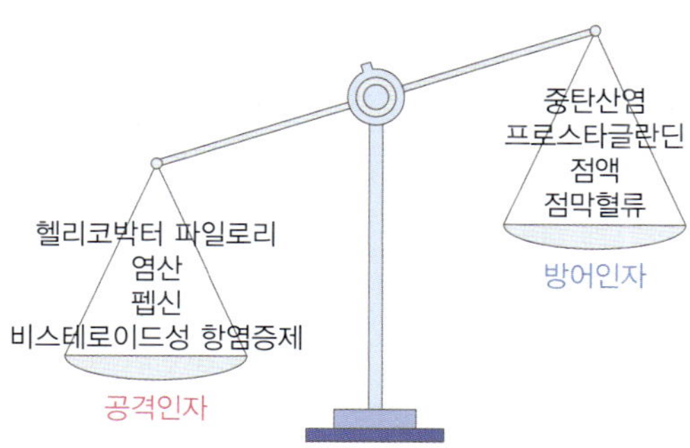

그림 4-7 소화성궤양의 공격인자와 방어인자

② 원인

소화성궤양의 원인은 주로 헬리코박터 파일로리균 감염과 아스피린을 포함한 비스테로이드성 항염증제NSAIDs에 의한 경우가 가장 많으며, 흡연, 음주, 스트레스, 자극적인 음식 섭취, 위염, 유전 등도 원인으로 작용한다. 최근 들어, 고령인구의 증가 및 근골격계질환과 심뇌혈관계질환의 증가에 따른 비스테로이드성 소염제의 사용이 늘어나면서 이로 인한 위궤양이 증가하고 있다.

(2) 증상

위궤양과 십이지장궤양 모두에서 상복부의 통증과 불편감이 나타나며, 위궤양은 식후 30~60분에, 십이지장궤양은 식후 2~3시간 후 증상이 나타난다. 자각증상이 없는 경우도 있으며 식욕부진, 체중감소, 메스꺼움, 구토 및 속쓰림 등은 위궤양에서 더 자주 일어나고, 십이지장궤양에서는 명치 부위의 예리하고 타는 듯한 심한 통증이 느껴진다.

전형적으로 위궤양은 음식물 섭취에 의해 증상이 유발되거나 악화되며, 반대로 십이지장궤양은 공복 시, 특히 야간에는 위가 비어 있어서 높은 산도의 염산을 희석시키지 못하므로 증상이 심해지고, 음식물 섭취는 위산을 일시적으로 중화시켜 증상이 완화된다. 궤양이 심해지면 합병증으로 출혈(검은색 혈변, 토혈), 천공 및 위출구 폐쇄가 나타날 수 있다 표 4-7 . 또한 음식섭취 부족으로 인해 영양결핍이 나타나고 체중이 감소되며, 특히 철 흡수불량으로 인한 빈혈 증상이 올 수 있다.

표 4-7 위궤양과 십이지장궤양의 특징 비교

상태	위궤양	십이지장궤양
통증 부위	명치를 중심으로 넓은 부위	명치의 약간 오른쪽 국소 부위
통증 발생시간	식후 30~60분	식후 2~3시간, 야간(자정~새벽 3시)
증상	식후 복부팽만감, 오심, 구토, 쓰린 통증	공복감이 있으면서 쓰리고 찌르는 통증 음식 섭취 후 증상 완화
식욕	저하	증가
출혈 양상	토혈	혈변

(3) 치료

헬리코박터 파일로리균을 발견하기 이전에는 위산억제가 소화성궤양의 주요 치료방향이 되어 왔으나, 현재는 헬리코박터균의 제균과 비스테로이드성 항염증제 사용관련 궤양의 방지에 초점을 두고 있다. 헬리코박터균 제균요법은 궤양의 치료뿐만 아니라 이 균으로 인해 나타나는 재발도 줄일 수 있다. 대표적인 약물치료제로는 제산제, 위산분비억제제, 위점막 방어기능증강제 등이 사용되고 있다.

(4) 식사요법

소화성궤양의 식사요법 목표는 영양적으로 균형 잡힌 식사를 통한 적절한 영양지원과 함께 과도한 산분비 및 이로 인한 위점막의 자극을 피하도록 하는 데 있다.

과거의 소화성궤양 식사에서는 우유와 크림을 중심으로 한 부드러운 연식이 이용되었으나, 이러한 식사는 철 부족으로 인한 빈혈을 초래할 수 있고 비타민 C 등 여러 가지 영양소가 결핍되기 쉽다. 또한 일반식사와 비교해 볼 때, 치료속도나 위산분비 감소면에서 효과적이지는 않다는 사실이 밝혀져, 현재는 적절한 약물사용과 함께 평소 식사에서 약간 수정하여 소화되기 쉬운 자유로운 식사를 권하고 있다. 그러나 단기간의 환자라면 심리적인 측면에서 도움을 줄 수 있는 부드러운 연식이나 전통적인 궤양식도 무방하다.

소화성궤양의 단계적 식사지침

- 1단계식 : 급성이나 수술 후 2~3일 동안은 유동식을 공급한다.
- 2단계식 : 통증완화에 따라 연식(달걀, 죽, 토스트, 으깬 감자, 크림수프 등)을 소량 첨가한다.
- 3단계식 : 회복기의 식사로 어육류(생선, 살코기, 달걀, 두부 등), 과일 등이 일부 허용되고, 채소는 식이섬유가 적은 것으로 익혀서 섭취한다.
- 4단계식 : 정상적인 모든 식품이 다 포함되나 자극적인 양념이나 위액 분비를 촉진하는 식품, 너무 짜거나 매우 음식은 피한다.

우유 적당히

우유를 이용한 식사요법인 시피식Sippy diet(우유와 크림 혼합물을 매시간 공급하고, 그 사이에 위산중화제를 제공하는 방법)은 위산의 완충효과로 궤양치료에서 중요하다고 생각되었으나,

우유 내 다량의 칼슘과 단백질로 인해 섭취 2~3시간 후에는 오히려 위산분비를 증가시킨다. 따라서 최근에는 너무 잦은 우유 섭취를 권장하지 않으며, 또한 유당불내증이 있는 사람에서는 복통, 가스 및 설사를 초래하므로 주의한다.

커피, 음료 및 술 제한

커피(카페인이 없는 커피 포함)나 다른 카페인 함유음료(차, 코코아, 콜라 등) 및 알코올(맥주, 포도주 등)은 위산분비를 자극하므로 제한한다. 궤양 증상이 있는 경우에는 절대 금하는 것이 필요하나, 증상이 없는 경우라면 커피를 하루 한두 잔 정도 식사 직후 또는 다른 식품과 함께 마심으로써 자극을 줄일 수 있다.

향신료 제한

환자의 적응 정도에 따라 다르지만 고추, 후추, 카레와 같은 강한 자극적인 조미료는 위점막을 자극하므로 피한다.

식이섬유 적당히

과거에는 궤양치료에 저식이섬유식을 권장하였지만 최근에는 식이섬유를 제한하지 않고 자유롭게 먹을 수 있도록 하고 있으며, 오히려 수용성 식이섬유는 궤양치료에 도움이 될 수 있다. 다만 환자에 따라 섭취 시 소화에 불편이나 자극이 되는 식품은 피하도록 한다.

지방 적당히

적당량의 지방은 위산분비를 억제하며, 특히 유화지방은 궤양 상처를 보호하고 통증을 완화시키므로 섭취하는 것이 좋다. 또한 다가불포화지방산인 리놀레산과 아라키돈산은 위에서 프로스타글란딘을 생성하여 점액분비를 촉진하고 위산분비를 억제하는 역할을 하며, EPA와 DHA 등의 n-3 지방산은 헬리코박터 파일로리균의 성장을 억제하므로 궤양 치료에 효과적이다.

단백질과 비타민 C 적당히

단백질이 위산분비를 촉진하지만 궤양 상처를 치유, 재생하기 위해서는 양질의 단백질과 비타민 C가 필요하다. 따라서 적당량의 우유, 살코기, 흰살생선, 달걀, 두부, 저식이섬유 채소 및 시지 않은 과일 등을 환자의 소화능력에 알맞게 섭취한다.

규칙적인 식사

잦은 간식은 위산분비를 증가시킬 수 있으며, 또한 환자의 생활을 번거롭게 하므로 과거처럼 권하지는 않지만 급성기에는 소량씩 자주 먹는 것이 도움이 될 수 있다. 그러나 가능한 1일 세 끼 식사를 규칙적으로 하고 과식하지 않으며, 취침 전의 음식섭취는 피한다.

금연, 약물제한

위점막을 손상시킬 수 있는 담배나 약물 등을 제한하며, 특히 담배는 치유를 연장시키고 궤양을 재발시키므로 반드시 금연이 필요하다. 또한 아스피린 및 기타 비스테로이드성 항염증제NSAIDs의 복용을 중지하거나 감량하도록 한다.

소화성궤양식의 영양소구성 및 식품선택 요령은 각각 표 4-8, 표 4-9와 같다.

표 4-8 소화성궤양식의 영양소구성 예

영양소 \ 식사 구분	1단계		2단계		3단계		4단계	
	영양소구성	비율(%)	영양소구성	비율(%)	영양소구성	비율(%)	영양소구성	비율(%)
에너지(kcal)	1,100		1,600		2,000		2,400	
당질(g)	185	67	245	61	310	62	370	62
단백질(g)	35	13	65	16	80	16	95	16
지방(g)	25	20	40	23	50	22	60	22

표 4-9 소화성궤양 환자를 위한 식품선택

식품 종류	권장식품	주의식품
국류	맑은 국물, 가볍게 양념한 된장국, 크림수프	진한 고깃국물, 멸치국물, 매운 국, 토마토수프
곡류	도정한 곡류, 쌀밥, 죽, 흰빵, 카스텔라, 토스트, 국수, 오트밀, 감자	통밀, 현미, 잡곡밥, 팝콘, 튀긴감자, 고구마, 라면, 자장면
어육류	기름기가 적고 연한 육류, 가금류, 흰살생선, 굴	기름기 많고 질긴 육류, 훈제육(햄, 소세지, 베이컨), 절인 생선, 새우, 조개류, 젓갈류
달걀	반숙, 수란, 찜, 스크램블드 에그	달걀부침
콩류	두부, 순두부, 두유	유부, 비지, 거르지 않은 콩국
우유 및 유제품	흰우유, 요구르트, 연유, 순아이스크림, 연질치즈	초콜릿우유, 호두 및 딸기 아이스크림, 경질치즈, 피자치즈
채소류	저식이섬유 채소(당근, 숙주, 시금치, 근대, 가지, 애호박, 오이 등)	강한 맛의 채소(셀러리, 파, 마늘, 양파, 고추 등), 고식이섬유 채소(콩나물, 고사리, 고비, 도라지, 냉이, 더덕, 곰취 등)
과일류	익히거나 통조림한 과일, 거친 껍질이 없는 과일, 과일 주스	건조과일, 덜 익은 과일, 고식이섬유 과일(파인애플, 토마토, 참외, 키위, 자두 등)

(계속)

식품 종류	권장식품	주의식품
유지 및 견과류	버터, 마가린, 마요네즈, 크림, 식물성기름	땅콩, 호두, 아몬드
후식	젤라틴, 푸딩, 커스타드	도넛, 파이 등 기름기가 많은 과자나 케이크
당류	소량의 설탕	잼, 젤리, 시럽, 마멀레이드, 캔디, 초콜릿
음료	곡류음료, 카페인 제거 커피	탄산음료, 커피, 홍차, 수정과, 식혜
기타	약한 양념이나 조미료	맛이 강한 향신료, 겨자, 카레, 생강, 고춧가루, 후추, 고추냉이

4) 덤핑증후군

덤핑증후군dumping syndrome은 위를 부분적 또는 전체적으로 절제한 환자가 음식을 섭취한 후에 유발되는 복합적인 증상으로 위절제후증후군postgastrectomy syndrome이라고도 한다. 위절제수술 후 발생하는 합병증 중 가장 흔하며, 위수술의 범위에 따라 발생 정도는 다르게 나타나서 수술환자의 5~40%에서 증상을 보인다. 대부분은 시간이 지남에 따라 증상이 개선된다. 위절제수술의 대표적인 예는 그림 4-8과 같다.

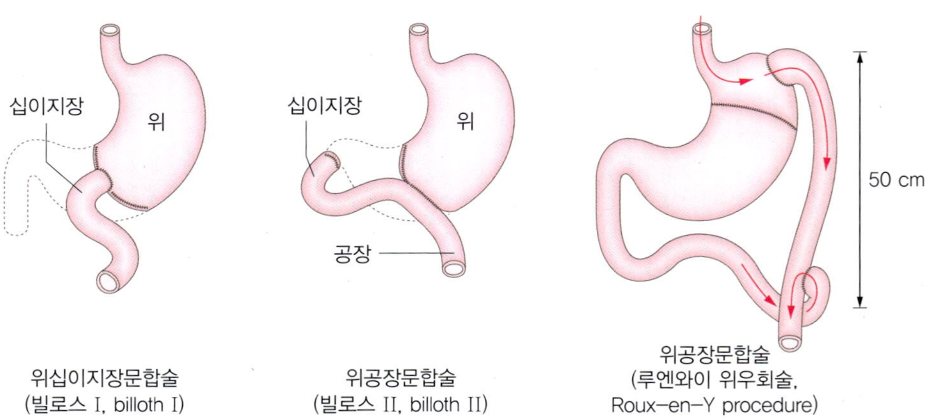

그림 4-8 위절제수술의 예

(1) 원인

일반적으로 섭취한 음식은 위에서 소화되어 유미즙이 된 후 소량씩 천천히 십이지장으로 이동하여 더욱 왕성한 소화작용을 받는다. 그러나 위절제로 인하여 위의 크기가 작아지거나 유문이 제거되면 위액 분비량이 감소되고 기계적인 운동도 저하되며, 유문괄약근의 조절기능이 상실된다. 따라서 위로 넘어온 음식물이 유미즙이 되지 못하고 식후 10~15분에 덩어리째 급속히 십이지장이나 공장으로 넘어가게 되는데 이를 덤핑이라고 한다.

덤핑증후군은 증상이 나타나는 식후 경과시간에 따라 조기 덤핑증후군과 후기 덤핑증후군으로 구분한다.

(2) 증상

① 조기 덤핑증후군

조기 덤핑증후군은 식후 10~30분에 나타난다. 덩어리진 음식이 십이지장이나 공장으로 급속히 들어오면 가수분해되어 삼투압이 상승하고 소장은 수축한다. 증가한 삼투압을 정상으로 낮추기 위해 장벽에 분포되어 있는 혈중 수분이 장내로 이동하고, 이로 인해 장은 팽만해져서 설사와 복통을 나타내며, 혈중 수분 감소는 혈액량의 감소를 초래하여 심박항진, 현기증, 발한, 기립성 저혈압 등을 일으킨다.

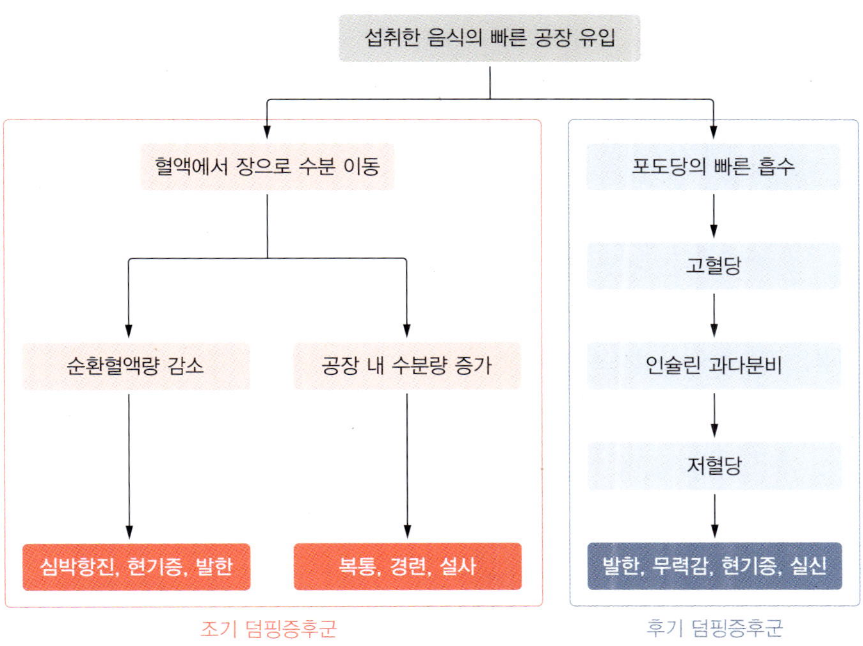

그림 4-9 덤핑증후군의 증상

② 후기 덤핑증후군

후기 덤핑증후군은 식후 2~3시간에, 특히 단순당을 섭취한 후에 나타난다. 소장에서 당질이 빠르게 흡수되어 고혈당 상태가 되면 혈당을 낮추기 위해 인슐린이 과다분비되고, 이로 인해 저혈당증과 그에 따른 발한, 손발떨림, 무력감, 불안, 허기, 현기증, 실신 등의 증상이 나타난다. 후기 증상은 조기 증상만큼 자주 나타나지는 않는다 그림 4-9.

(3) 식사요법

위절제수술 후에는 음식물을 충분히 섭취하지 못하고, 영양소의 소화·흡수도 저하되어 체중감소 및 영양불량(특히 비타민 B_{12}, 철 흡수장애로 인한 빈혈)이 나타나기 쉽다. 따라서 덤핑증후군의 식사요법 목표는 적절한 영양섭취와 함께 덤핑증상을 완화 또는 최소화하는 데 있다.

위절제수술 후 1~2일 동안에는 수분을 포함한 모든 음식의 섭취를 금하고 말초정맥영양으로 영양소를 공급하다가, 장운동이 회복됨에 따라 소량의 물을 마시는 것부터 시작하여 유동식, 연식, 상식으로 서서히 이행한다.

당질 제한

당질은 위에서 공장으로 빨리 유입되고 소화·흡수되어 혈당을 올리므로 섭취량을 하루 100~200 g으로 줄인다. 점차 회복됨에 따라 주의깊게 당질의 양을 늘리되 하루 총에너지섭취량의 60% 이내로 제한한다. 흡수가 빠른 단당류나 농축당(설탕, 꿀, 사탕, 젤리, 청량음료, 파이, 쿠키, 케이크 등)은 피하고 흰밥, 정제빵, 국수, 감자 등의 복합당질을 섭취한다. 반면에 저혈당 증상이 나타난 경우에는 혈당을 올리기 위해 농축당을 섭취한다.

단백질 충분히

단백질은 체조직을 구성하고 위점막을 강화시키므로 전체 에너지의 20% 정도를 기름기가 적은 살코기, 생선, 달걀 등 양질의 단백질로 공급한다.

지방 충분히

지방은 위를 통과하는 시간이 비교적 길고 소량으로도 고에너지를 얻을 수 있으므로 하루 총에너지섭취량의 30~40%를 지방으로 구성한다. 그러나 회복되면 우리나라에서는 식습관상 20~25% 정도를 지방으로 이용한다. 튀김이나 볶은 음식, 기름기 많은 음식은 위에 부담을 주므로 소화가 되는 범위 내에서 적절히 섭취한다. 지방흡수장애로 지방변이 있는 경우 중간사슬중성지방MCT을 사용한다.

수분은 식간에

액체는 빠르게 장으로 유입되므로 식사 시에는 물이나 다른 액체를 마시지 말고 식사하기 1시간 전후로 물이나 저당질 음료를 섭취하되, 찬 음료는 위를 빨리 통과하므로 피한다.

우유 및 유제품은 초기에 제한

일시적인 유당불내증이 일어나므로 유당이 포함된 우유와 유제품은 피하고 소화할 수 있을 때 섭취한다. 우유보다는 치즈나 요구르트를 이용하는 것이 도움이 된다.

식이섬유 적당히

채소나 과일에 함유되어 있는 펙틴이나 검 등의 수용성 식이섬유는 위배출 시간을 느리게 하고 혈당상승을 억제하므로 적당량 섭취한다.

소량씩 자주 섭취

부드럽고 자극이 적은 음식을 소량씩 자주(5~6회/일) 섭취하여 위에 부담을 줄이고 장으로의 다량 유입을 막는다. 천천히 꼭꼭 씹으며 식사하고, 식후에는 바로 비스듬히 누워서 20~30분간 휴식을 취함으로써 음식물이 장으로 내려가는 속도를 늦춘다. 환자 개인마다 음식의 수용능력에 차이가 있으므로 상태에 맞게 적절히 식사를 조정한다.

위절제후식의 1일 영양소구성, 식품구성, 식단의 예 및 식사진행방법은 표 4-10과 같다.

표 4-10a 위절제후식의 1일 영양소구성 예

식사명	에너지(kcal)	당질(g)	단백질(g)	지방(g)	C:P:F	수분(mL)
위절제후 연식 1	1,200	130	70	45	43:23:34	1,850
위절제후 연식 2	1,500	185	75	50	50:20:30	2,050
위절제후 상식	2,000	300	90	50	60:18:22	1,950

표 4-10b 위절제후식의 1일 식품구성 예

식사명 \ 식품군	곡류군	어육류군		채소군	지방군	우유군	과일군
		저지방군	중지방군				
위절제후 연식 1	4	2	3	3	3	2	0
위절제후 연식 2	6	3	3	4	4	2	1
위절제후 상식	11	2	4	4	4	2	1

표 4-10c 위절제후 연식 1의 1일 식단 예(1,200 kcal)

식품군		교환 단위 수	아침	간식	점심	간식	저녁
곡류군		4	1×쌀 30 g =30 g(흰죽)	0.5×쌀 30 g =15 g(흰죽)	1×쌀 30 g =30 g(흰죽)	0.5×쌀 30 g =15 g(흰죽)	1×쌀 30 g =30 g(흰죽)
어육류군	저지방	2			1×쇠고기 40 g =40 g(장조림)		1×가자미 50 g =50 g(가자미조림)
	중지방	3	1×연두부 150 g =150 g(연두부찜)		1×갈치 50 g =50 g(갈치지짐)		1×달걀 1개 =55 g(달걀찜)
채소군		3	1×오이 70 g =70 g(오이나물, 껍질 제거)		1×호박 70 g =70 g(호박나물)		1×가지 70 g =70 g(가지나물, 껍질 제거)
지방군		3	1×참기름 5 g =5 g(조리용)		1×식용유 5 g =5 g(조리용)		1×참기름 5 g =5 g(조리용)
우유군		2		1×호상요구르트 200 mL		1×두유 200 mL	
과일군		0					
식단			흰죽 연두부찜 오이나물	흰죽 호상요구르트	흰죽 장조림 갈치지짐 호박나물	흰죽 두유	흰죽 가자미조림 달걀찜 가지나물

표 4-10d 위절제후 식사진행

		연식 1	연식 2	상식
곡류군		흰죽 100 mL×3회 간식 죽 100 mL×2회	흰죽 200 mL×3회 간식 죽 100 mL×2회	밥 210 g×3회 간식 죽 200 mL×2회
어육류군	저지방	생선구이 또는 쇠고기 살코기 다짐전, 볶음 등		
	중지방	달걀찜, 연두부찜, 생선구이 또는 지짐		
채소군		식이섬유가 많지 않은 채소를 짧게 잘라 부드럽게 익힘		
지방군		구이나 지짐, 전-식용유, 버터, 크림, 마요네즈		
우유군		우유 및 두유		
과일군		제공하지 않음	과일 저며서 제공	과일 제공

4. 장질환

1) 흡수불량증

(1) 원인

장은 영양소의 소화·흡수에서 중요한 역할을 하므로 장질환은 여러 영양소의 결핍을 초래한다. 주로 소장점막의 염증성질환 또는 생화학적 이상 및 췌장·간·담낭질환 등에 의해 흡수불량이 발생한다. 각 영양소의 흡수 부위 및 흡수불량의 원인은 그림 4-10, 표 4-11과 같다.

표 4-11 흡수불량의 원인이 되는 질환 및 상태

소화장애	담즙분비 저하	흡수장애	소장 림프 및 혈관계 장애
• 췌장질환 • 위절제	• 간담관계 질환 • 담즙의 장간순환 장애 • 세균의 과잉 증식 • 담즙산염을 침전시키는 약물	• 생화학적 또는 유전적 이상 - 이당류 분해효소 결핍 - 단당류, 아미노산 흡수불량 - 비타민 B_{12} 흡수불량 - 셀리악병 • 염증성 장애 - 크론병, 궤양성대장염 - 열대성스프루 - 위장관 알레르기 - 장림프종 - 방사선 장염, 약물성 장염 • 내분비 및 대사 장애 • 단장증후군*	• 소장림프관확장증 • 장간막 혈관장애 • 만성 울혈성심부전

*단장증후군(short bowel syndrome): 외과적 수술로 소장을 본래 길이의 절반 이상 제거했을 경우 발생하는 소화흡수 불량증

(2) 증상

흡수불량증malabsorption에서는 체중이 감소하고 설사, 특히 지방변이 흔히 나타나며 무기력해진다. 니아신, 비타민 B_{12}, 엽산 및 철 결핍으로 인한 설염, 니아신과 리보플라빈의 결핍으로 인한 구순구각염이 나타난다. 단백질 결핍 시에는 부종이 나타나고, 칼슘과 비타민 D 흡수불량 시에는 골다공증과 골연화증이 발생한다. 또한 철이 결핍되면 소적

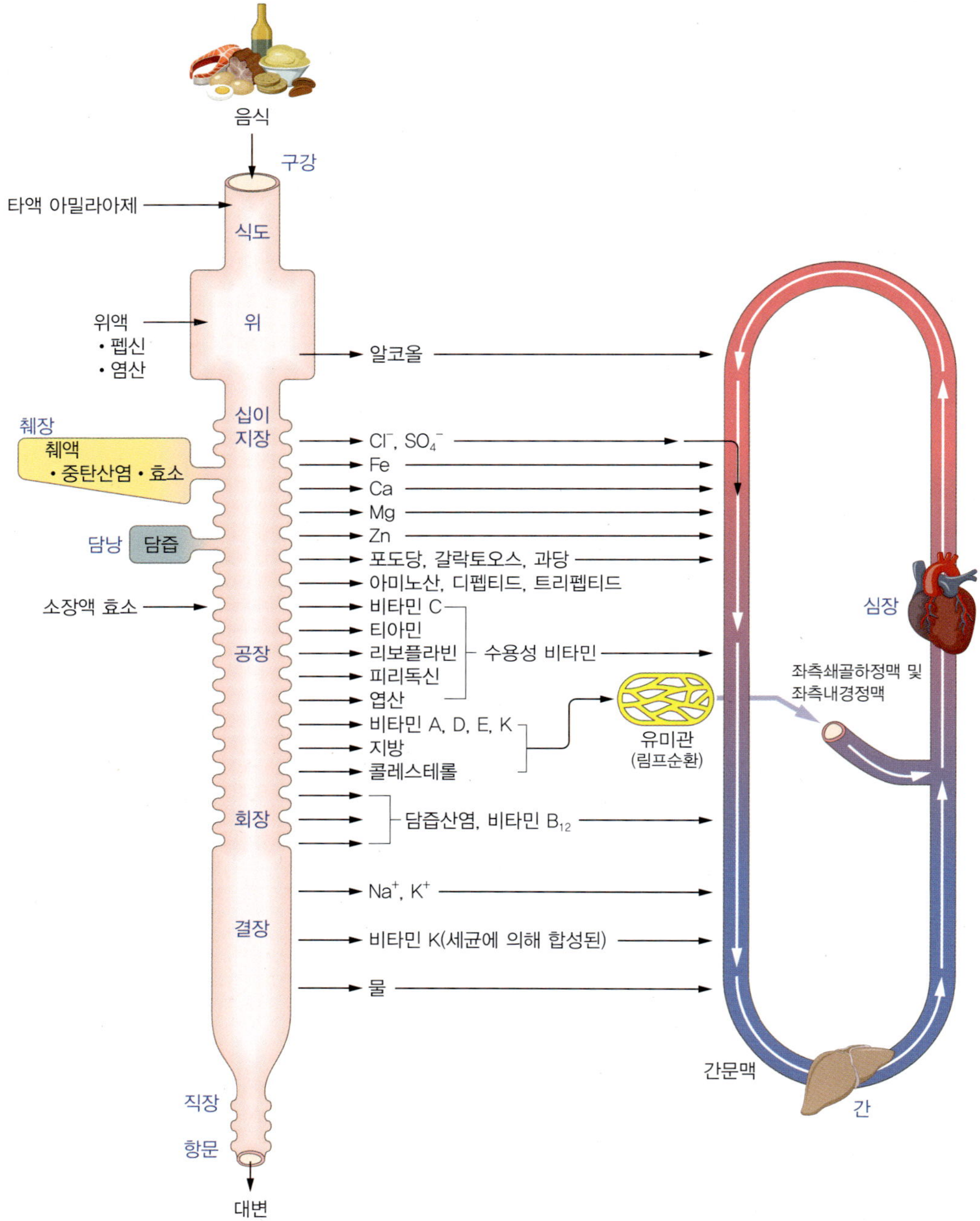

그림 4-10 영양소 흡수 부위

혈구성 빈혈, 엽산과 비타민 B_{12} 결핍 시에는 거대적아구성 빈혈이 나타나며, 비타민 K가 결핍되면 출혈이 발생한다.

(3) 식사요법

설사를 동반하므로 우선 수분과 전해질을 정맥영양으로 보충하고, 또한 특별히 결핍되는 영양소를 정맥 내 공급하도록 한다. 일반적으로 고에너지, 고단백질, 고비타민, 고무기질의 유동식 급식이 필요하며 경우에 따라서는 경관급식이나 정맥영양의 사용을 고려한다. 지방은 흡수불량이 가장 흔하므로 전체 에너지의 10% 이하(하루에 약 20g 이하)로 제한하며, 주로 유화지방이나 중간사슬중성지방MCT으로 공급한다.

2) 설사

성인의 정상 대변 배설량은 하루 200 g 이하이고, 대변 내 수분은 무게의 60~85%를 차지한다. 설사diarrhea는 수분이 많은 변을 잦은 횟수로 배설하는 증상으로 하루에 대변량이 200 g을 넘고 대변횟수가 3회를 초과하는 경우로 정의된다.

장운동의 항진으로 장 내용물이 신속히 통과되어 수분흡수가 불충분할 때, 장의 수분 및 영양소 흡수기전에 장애가 있을 때, 장점막의 염증 등으로 수분분비가 항진될 때, 또한 흡수되기 어려운 고삼투성 물질이 장내에 많이 있을 때 설사가 초래된다.

설사는 기간에 따라 급성 및 만성으로 구분한다. 보통 설사가 1~2주 이하인 경우를 급성 설사라고 하며, 설사가 수주~수개월 동안 지속적 또는 간헐적으로 반복되는 경우를 만성 설사라고 한다.

(1) 급성 설사

① 원인

급성 설사는 갑자기 발병하여 수일(3~10일) 이내에 호전된다. 원인에 따라 감염성설사와 비감염성설사로 나눌 수 있다.

감염성설사

감염성설사는 급성 설사의 가장 흔한 원인이며 세균성(대장균, 살모넬라균, 포도상구균,

장염 비브리오균, 캠필로박터균 등), 바이러스성(노로, 로타, 아스트로, 장아데노 등) 및 원충성(이질아메바 등)설사가 이에 속한다. 그 외 기생충(분선충, 주혈흡충)이나 진균(칸디다균, 방선균) 감염에서도 발생할 수 있다.

비감염성설사

비감염성설사는 중금속, 약물중독, 과식, 방사선 조사, 한냉으로 인한 물리적 자극, 알레르기 및 심리적 원인 등에 의해 발생한다.

② 증상

세균이나 바이러스성 감염에 의한 심한 설사 시에는 메스꺼움, 구토, 복통, 발열 등의 증상이 나타나고, 간혹 대변에 피나 점액이 묻어나기도 한다.

③ 식사요법

급성 설사의 식사요법 목표는 설사로 인한 수분과 전해질의 손실을 보충하고, 영양 공급을 통해 장세포가 빨리 회복하는 데 있다.

수분과 전해질 보충

설사로 인해 수분과 전해질, 특히 나트륨과 칼륨의 손실이 크므로 이를 경구 또는 말초정맥 내로 보충한다. 먼저 탈수 정도가 가볍고 물을 마시는 것이 가능하면 경구로 수분과 전해질을 공급한다. WHO(2002)에서 제시한 경구 수분전해질 수액oral rehydration salts, ORS의 기본조성은 포도당 75 mmol/L, 나트륨 75 mmol/L, 염소 65 mmol/L, 칼륨 20 mmol/L, 구연산염 10 mmol/L, 삼투압 245 mOsm/L이다. 간단하게 물 1 L에 소금 1작은술, 설탕 8작은술, 오렌지주스 1컵을 섞으면 비슷한 조성을 만들 수 있으며, 상업용 전해질 수액보충제도 시판되고 있다.

반면에 탈수 증세가 매우 심하거나 의식이 저하된 경우에는 말초정맥 내로 수분과 전해질을 보충한다.

가급적 빨리 영양소 공급

수액 공급 후 가급적 빨리(4시간 이내, 적어도 24시간 이내) 구강급식을 시작하여 위장관 운동을 자극함으로써 손상된 세포가 빨리 회복할 수 있도록 한다. 초기에는 미음, 육즙, 채소즙, 과즙 등의 유동식으로 시작하고 연식을 거쳐서 약 2주 후에는 상식으로 이행한다.

설사가 심한 경우 저잔사식

설사가 심할 때에는 일반적으로 저잔사식을 공급한다. 저잔사식은 수술 전후나 장질환(크론병, 궤양성대장염, 게실염, 부분적 장폐색 등) 시 장관 내 자극과 운동을 감소시키고 대변량을 줄일 필요가 있을 때 제공되는 식사이다 표 4-12. 보통 식이섬유(1일 8 g 이하), 지방, 우유, 육류의 결체조직 등을 제한하는데, 수용성 식이섬유인 펙틴, 만난 등은 대변 중 수분을 흡수하여 대변을 고형화하고 담즙산을 흡착하여 지방의 소화에 도움을 주므로 섭취를 권장한다.

표 4-12 저잔사식에 허용되는 식품

식품	저잔사식	최소 잔사식
우유	우유, 요구르트, 크림, 버터밀크	1/2컵 이하의 우유
치즈	코티지치즈, 크림치즈, 체다치즈	코티지치즈, 크림치즈
유지류	버터, 마가린, 마요네즈	동일
달걀	반숙, 찜, 스크램블드 에그	동일
어육류	연한 닭고기, 생선, 육류 간 것	육류(지방과 힘줄 부분이 적은 부위) 간 것, 흰살생선, 다진 닭고기(껍질 제거)
수프	맑게 거른 육즙, 수프	맑은 육즙
채소류	채소주스, 시금치, 아스파라거스, 당근, 호박, 가지, 무, 오이, 양상추	연한 향의 채소주스
과일	과일주스, 통조림(껍질, 씨 제거), 바나나	소량의 과일주스
곡류	흰밥, 찰밥, 국수, 흰식빵, 감자	동일
후식류	아이스크림, 푸딩, 젤리, 셔벗, 과일과 견과류가 없는 쿠키와 케이크	동일
음료	커피, 홍차, 탄산음료	커피, 홍차
조미료	소금, 설탕, 적량의 후추	소금, 설탕

지방 제한

지방은 그 양을 줄이되 버터, 크림 등의 유화지방은 소화가 잘 되며 에너지 공급에도 좋으므로 적당량 이용하고, 우유는 유당불내증이 없는 한 이용할 수 있다.

에너지와 단백질 충분히

회복됨에 따라 음식의 양을 점차로 증가하며 고에너지(45 kcal/kg), 고단백(1.5~2 g/kg)

식사를 소량씩 자주 섭취한다. 이때 탈지분유나 단백질 분말을 우유나 음료, 후식에 첨가할 수 있다.

(2) 만성 설사

① 원인

만성 설사는 다음과 같은 장애로 인해 발생하며, 대부분은 과민성장증후군에 의해 나타난다.

- 만성 위축성위염, 위절제, 위암 등 저산증에서 오는 위장성 설사
- 크론병, 장결핵, 소장절제, 장암 등으로 인한 소장성 설사
- 궤양성대장염, 크론병, 장결핵, 악성종양, 과민성장증후군 등으로 인한 대장성 설사
- 만성 췌장염, 췌장암, 간 및 담낭질환으로 인한 설사
- 기타 만성 감염증, 기생충, 전신성 질환(내분비질환, 요독증, 신부전)으로 인한 설사 등

② 증상

설사가 장기간 계속되면 영양소의 만성 흡수불량을 초래하여 전해질, 비타민, 무기질, 단백질의 심각한 손실이 발생한다. 칼륨의 손실은 장운동 변화와 식욕부진을 일으키고, 장출혈로 인한 철 손실은 빈혈을 초래한다.

③ 식사요법

만성 설사는 주로 소화기관 장애에 따른 것이므로 우선 그 원인을 치료하도록 한다. 초기에는 급성 설사의 식사요법에 준하며, 만성 설사로 인한 체중과 체단백질의 급격한 감소를 막기 위해 고에너지, 고단백식을 공급한다. 구강으로의 섭취가 어려울 때에는

설사의 식사지침

- 충분한 수분을 섭취한다.
- 수용성 식이섬유를 섭취하고, 불용성 식이섬유의 섭취를 제한한다.
- 카페인, 유당, 과당, 당알코올(솔비톨 등), 강한 향신료, 고지방식, 가스생성식품 등의 섭취를 제한한다.
- 소량씩 자주 식사한다.

정맥영양으로 보충하는데, 이때 비타민과 전해질도 충분히 첨가하여 손실을 막아준다. 수분은 하루에 2~3 L를 섭취하여 체내 수분손실을 보충하고 탈수를 막도록 한다. 회복됨에 따라 식이섬유를 충분섭취량 수준으로 증가시킨다.

3) 지방변증

(1) 원인과 증상

지방변증steatorrhea은 지방 흡수불량으로 흡수되지 않은 과량의 지방이 대변에 배출되는 것으로 소화기관의 장애에 기인한다. 지방의 소화·흡수와 관련이 있는 췌장·간·담낭질환에 수반되는 증상이며 스프루sprue(만성흡수불량증), 회장절제, 장염으로 인한 흡수불량과도 관련된다.

정상상태에서는 보통 섭취한 지방의 90~98%가 흡수되는데 지방변에서는 대변 중의 지방 비율이 20% 또는 그 이상을 차지한다. 기름기 많은 밝은 노란색의 대변이 다량으로 나오며 냄새가 많이 난다.

(2) 식사요법

지방은 소화 가능한 만큼

지방은 환자가 소화시킬 수 있는 범위 내에서 섭취하도록 하며, 에너지를 보충하기 위해 필요 이상으로 제한하지 않는다. 지방 제한식에서는 1일 25~50 g 정도의 지방섭취를 권장하는데, 이러한 경우 지방의 급원으로 중간사슬중성지방MCT을 사용할 수 있다. MCT는 지용성인 긴사슬중성지방과는 달리 수용성으로 담즙산의 도움이 필요없고, 소장벽에서의 중성지방 재합성 없이 문맥을 통해 바로 간으로 들어가므로 지방변 환자에게 좋은 에너지 급원이 된다. 그러나 MCT는 필수지방산을 함유하고 있지 않기 때문에 필수지방산이 함유된 긴사슬중성지방의 섭취도 필요하다. 식사는 조금씩 자주 섭취하여 지방의 흡수를 돕도록 한다.

단백질과 복합당질 충분히

흔히 만성적인 체중감소가 나타나므로 에너지 섭취를 늘리기 위해 단백질과 복합당질의 양을 증가시킨다. 또한 비타민(특히 지용성 비타민)과 무기질의 흡수도 함께 저하되므로 보충이 필요하다.

수산 제한

지방변에서는 수산(옥살산) 제한이 필요하다. 수산은 보통 음식물 중에서 칼슘과 결합하여 배설되는데, 흡수되지 않은 지방이 장에서 칼슘과 결합하면 수산은 유리상태로 존재하다가 흡수되며, 흡수된 수산은 체내에서 대사되지 않고 소변을 통해 배설된다. 이때 소변으로의 수산 배설량이 많아지면 신장결석의 발생위험이 높아지므로 이를 예방하기 위해서는 수산을 제한해야 한다. 수산은 시금치, 근대, 무청 등의 푸른잎채소에 많이 함유되어 있다.

4) 유당불내증

(1) 원인

유당불내증lactose intolerance은 장점막에 있는 유당 가수분해효소인 락타아제lactase의 결핍으로 인해 나타나며, 백인보다는 동양인, 흑인, 남미의 성인들에서 주로 발생한다. 락타아제 결핍의 원인에는 유전, 후천적 퇴화, 이차적인 결핍 등이 있다. 즉 출생 시부터 락타아제가 결핍되어 있거나, 출생 시에는 락타아제가 정상이었지만 이유 후 우유섭취량의 감소로 인하여 락타아제가 퇴화되거나, 장절제나 점막손상 등으로 인해 이차적인 락타아제 결핍이 나타날 수 있다. 성인의 경우는 대부분이 후천적이다.

(2) 증상

락타아제 결핍으로 유당이 포도당과 갈락토오스로 가수분해되지 않으면 유당이 흡수되지 않고 소장 내에 남아 있게 된다. 이로 인해 삼투압에 의해 소장 내로 수분이 들어오고, 또한 소화되지 않은 유당은 대장으로 내려와 장내세균에 의해 발효되어 젖산, 저급지방산(아세트산, 프로피온산, 뷰티르산), 이산화탄소, 수소 등을 생성한다. 그 결과, 우유나 유제품을 섭취한 후 즉시 또는 몇 시간 내에 복부팽만, 헛배부름, 복통, 설사가 발생한다. 섭취를 중단하면 이들 증상은 없어진다.

(3) 식사요법

유당 함유식품 제한

유당의 소화능력에 따라 우유나 유당 함유식품을 제한 또는 감소하는데, 하루에 보통 유당 섭취량이 0~10 g 정도가 되도록 한다. 유제품 중 치즈와 요구르트는 발효과정에서 유당 함량이 낮아져서 유당불내증인 환자도 무난히 소화하므로 많이 섭취할 수 있다 표 4-13.

표 4-13 식품 중의 유당 함량

식품	목측량	유당(g)	식품	목측량	유당(g)
우유	1컵	11	크림	1큰술	0.6
저지방우유	1컵	9~13	아이스크림	1컵	9
탈지유	1컵	11~14	셔벗	1컵	4
분유	6큰술	15.5	버터	1큰술	0.1
초콜릿우유	1컵	10~12	치즈	1.5장	0.6~0.8
연유	1컵	35	요구르트	1컵	1.1~1.5
양유	1컵	8			

우유 서서히 증가

환자가 10~25 g의 유당을 섭취할 수 있을 때에는 허용범위 이내의 우유, 유당 함유식품을 소량씩 몇 번에 나누어 섭취한다. 찬 우유보다는 따뜻한 우유를 조금씩 자주 섭취하여 내성이 생기면 그 양을 점차 늘린다. 우유를 단독으로 마시는 것보다 식사 시 다른 식품과 함께 섭취하면 소화속도가 느려져 보다 수월하게 소화될 수 있다. 또한 유당불내증인 어린이의 경우 우유 대용품으로 두유를 섭취할 수 있는데, 이때에는 칼슘, 비타민 D, 리보플라빈 등의 보충이 필요하다. 유당불내증이 심한 경우에는 우유 내 유당을 인위적으로 분해한 유당제거 우유를 섭취할 수도 있다.

5) 셀리악병

(1) 원인

셀리악병celiac disease은 글루텐과민장질환gluten-sensitive enteropathy 또는 비열대성스프루 nontropical sprue라고도 하며, 식품 중 글루텐(글리아딘과 글루테닌으로 구성) 단백질 내에 있는 글리아딘 부분이 독성물질로 작용하여, 소장(특히 십이지장과 공장근위부) 점막을 손상시켜 영양소의 흡수불량을 초래하는 질환이다.

글리아딘이 장점막을 손상시키는 기전은 잘 밝혀져 있지는 않지만 아마도 유전, 면역학적, 환경적 요인들이 관여하고 있는 것으로 보고 있다.

알아두기 **열대성스프루**

열대성스프루(tropical sprue)는 대부분의 열대지방에서 발생되는 원인모를 증후군으로 세균 감염, 기생충 감염, 비타민 결핍, 식중독 등이 원인으로 추정된다. 영양결핍은 감염성 물질에 대한 장점막의 민감성을 증가시킬 수 있다.

비열대성스프루와 같이 소장 융모가 짧아지지만 점막세포의 변화는 그다지 심하지 않다. 위점막은 위축되고 염증이 있어서 염산과 내적 인자의 분비가 감소되어 비타민 B_{12} 흡수가 저하되고 엽산 결핍증이 나타난다. 야맹증, 설염, 구내염, 구각증, 안색창백, 부종, 빈혈과 같은 영양결핍 증상뿐만 아니라 설사, 식욕감퇴, 복부팽만 등이 나타난다.

식사요법에서는 우선 설사로 인한 수분과 전해질 손실을 비경구영양으로 보충하고 고에너지, 고단백식사와 함께 철, 엽산, 비타민 B_{12} 등을 보충한다.

(2) 증상

글리아딘은 주로 소장점막에 영향을 미쳐서 소장점막의 융모가 위축되고 편평하게 된다. 따라서 영양소를 흡수하는 면적이 제한되며 그림 4-11, 융모세포의 소화효소(이당류 분해효소, 디펩티다아제)가 감소하고 영양소를 운반할 운반체도 부족해진다. 그 결과 지방, 당질, 단백질, 무기질 그리고 비타민, 특히 지용성 비타민의 흡수불량이 초래되어 설사나 지방변증이

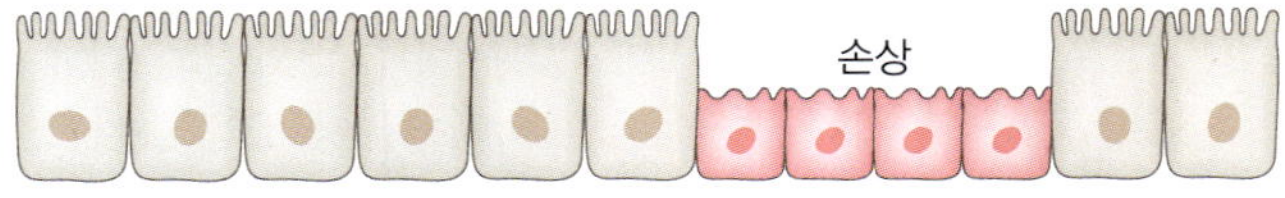

그림 4-11 셀리악병의 소장점막 변화

발생하며 이로 인해 체중감소, 빈혈, 골연화증, 골다공증 등이 나타날 수 있다.

발생시기는 유아들이 글리아딘을 함유한 곡류를 먹기 시작할 때 나타날 수 있지만 위장관 수술, 스트레스, 임신 또는 바이러스 감염 등에 의해서 감춰져 있다가 중년이 된 후에 발생할 수도 있다. 6개월~3세 유아의 가장 일반적인 증상은 설사, 성장부진, 구토, 복부팽만, 잦은 배변(10회 이상/일), 탈수, 전해질 고갈, 산독증 등이며, 성인의 경우는 식욕부진, 체중감소, 피로, 허약, 변비나 설사, 복부팽만, 헛배부름 등이 일어난다.

(3) 식사요법

글루텐 제한

식사에서 글루텐을 완전히 제거하면 증상이 개선된다. 글루텐 제한식gluten-free diet에는 글루텐을 함유하는 밀, 보리, 호밀 등이 제거되며, 대체식품으로 쌀, 옥수수, 감자, 콩, 전분 등을 사용한다. 주식으로 이용되는 국수나 빵 이외에도 여러 가공식품 중에는 글루텐을 함유하는 것들이 많으므로 이용 시 포장의 성분표시를 자세히 살펴보는 것이 필요하다 표 4-14.

표 4-14 글루텐 제한식의 제한식품

식품군	글루텐 함유식품
육류	햄버거, 돈가스, 비프커틀릿, 크로켓, 탕수육, 고기튀김, 소시지, 핫도그
어류	어묵, 전유어
곡류	빵, 크래커, 쿠키, 비스킷, 보리빵, 호밀빵, 피자, 빵가루를 이용한 음식, 밀, 호밀, 밀눈, 보리, 국수, 마카로니, 수제비, 라면, 만두
채소류	밀가루반죽을 씌운 채소요리
과자류	케이크, 파이, 푸딩, 약과
음료	맥주, 보리음료

증상에 따라 영양소 보충

만약 증상이 계속되면 비타민과 무기질의 보충이 필요하다. 지방변증이 있는 경우에는 중간사슬중성지방을 공급하고, 2차적으로 유당불내증이 발생하면 유당을 제한한다. 또한 빈혈이 있는 경우에는 철, 엽산, 비타민 B_{12}를 공급한다. 출혈이나 자반병purpura이 있을 때는 비타민 K를, 골다공증과 골연화증이 있으면 칼슘과 비타민 D를 보충한다. 전해질과 수분 보충은 심한 설사로 인한 탈수현상이 있는 환자에게 필요하다.

6) 염증성장질환

염증성장질환inflammatory bowel disease, IBD이란 소화관, 특히 대장 및 소장에 발생하는 염증을 동반한 질환을 통틀어 지칭하는 광의적 의미도 있으나, 일반적으로는 소화관에 발생하는 원인미상의 만성 염증성질환을 일컫는 협의의 의미로 사용된다. 이러한 염증성장질환에는 크게 궤양성대장염과 크론병의 두 가지가 있다.

성별에 따른 차이는 없고, 비교적 어려서 나타나 15~30세에서 가장 많이 발생하며 그 이후에 나타나는 경우도 있다. 서구에서 흔한 질병이나, 최근에는 우리나라에서도 발병률이 빠르게 증가하고 있다.

(1) 원인

염증성장질환의 원인은 명확하게 밝혀져 있지는 않지만 일반적으로 유전, 장내미생물 감염, 면역학적 요인 및 정신적 요인이 관여하는 것으로 생각되고 있다.

(2) 증상

① 궤양성대장염

궤양성대장염ulcerative colitis은 대장의 점막 및 점막하층에 국한된 궤양성염증질환으로 직장에서 시작되어 직장상부로 연속적인 염증반응을 일으키는 것이 특징이다. 가장 흔한 증상은 혈성 설사와 복통이다. 그 밖에 대변절박증, 잔변감, 점액변 등이 나타나며, 증상이 심한 경우에는 식욕부진, 구역, 구토, 부종, 발열, 체중감소 등을 동반한다. 궤양성대장염이 장기간 계속되면 대장암으로 발전할 위험이 높아진다.

② 크론병

크론병Crohn's disease은 회장 말단에서 발생하는 것으로 크론Crohn 등에 의해 최초로 보고되었으나, 그 후 소화기관의 어디(대장, 구강, 식도, 위 등)에도 발생 가능한 것이

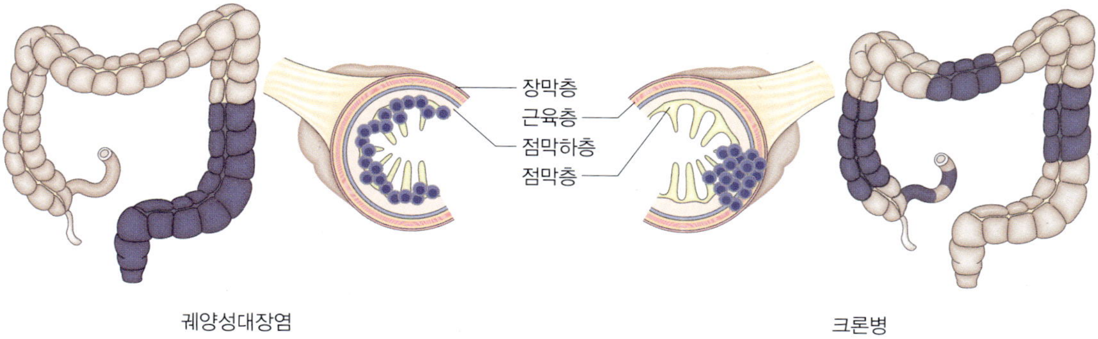

그림 4-12 궤양성대장염과 크론병의 발생

밝혀졌다. 소화기관의 점막에서부터 장막층까지 침범하여 염증, 궤양, 농양, 누공fistula을 잘 형성함으로써 주로 점막층을 침범하는 궤양성대장염과는 구별된다. 또한 궤양성대장염의 병변이 연속적인 것에 반해 크론병의 병변들은 비연속적, 국소적으로 나타난다 그림 4-12. 크론병의 증상도 궤양성대장염과 비슷하나 장관이 좁아지고 장의 협착 및 폐색 등이 나타날 수 있다.

(3) 식사요법

염증성장질환의 식사요법은 환자 개인의 영양상태나 질환의 정도 등에 따라 다르게 진행한다. 일반적으로 식사 후 수반되는 복통과 설사, 식욕부진에 따른 음식 섭취량 감소, 흡수불량, 출혈, 약물사용 등으로 인해 영양불량 상태가 되기 쉬우며, 체중감소, 성장장애(청소년), 빈혈 등을 동반하므로 영양상태를 회복하는 것이 매우 중요하다.

에너지와 단백질 충분히

급성기에는 경장영양(성분영양액 또는 중합체영양액)이나 정맥영양을 통해 영양소를 공급하며, 식욕이 회복되고 증상이 완화되면 유동식으로 시작하여 연식, 상식으로 이행한다. 체중유지 및 영양상태 회복을 위해 고에너지(40~50 kcal/kg), 고단백질(1.5~2 g/kg) 식사를 한다. 단, 체중감소가 없으면 에너지 필요량은 크게 증가하지 않는다.

지방 흡수불량이 있는 경우에는 지방섭취를 줄이고 중간사슬중성지방을 제공한다. n-3 지방산과 짧은사슬지방산은 각각 항염증작용과 대장상피세포의 주된 에너지원으로 작용하여 염증성장질환 치료에 효과적일 수 있다.

급성기에는 저잔사식, 저식이섬유식

염증성장질환의 급성기 및 장관이 좁아지거나 협착된 경우에는 저잔사식이나 저식이섬유식(1일 10~15 g)이 필요하다. 증상이 호전되면 환자의 수용범위 내에서 펙틴, 만난, 한천 등의 형태로 식이섬유 섭취량을 늘려간다.

유당불내증 시 우유섭취 제한

유당불내증의 우려가 있는 경우에는 우유를 섭취하지 말고, 그 후 적응 정도에 따라 소량씩 섭취량을 늘려 간다.

비타민과 무기질 보충

영양불량 상태가 되기 쉬우므로 비타민(비타민 A, 비타민 D), 무기질(칼슘, 아연, 셀레늄, 그리, 몰리브덴 등)과 같은 미량 영양소의 보충이 필요하다. 지사제의 사용, 출혈, 흡수불량 등으로 빈혈이 있을 때에는 엽산, 철, 비타민 B_{12}를 보충한다.

가스형성 식품, 자극성 식품, 튀긴 음식, 술, 커피 등은 장을 자극하여 증상을 악화시킬 수 있으므로 섭취를 제한한다. 식사 시에는 소량씩 자주 섭취하도록 한다.

7) 변비

배변의 양상은 음식의 내용 및 개인에 따라 다르게 나타나며, 보통 음식을 섭취하고 18~48시간 후에 배설된다. 정상적인 배변횟수는 주 3회 이상, 하루 3회 이하이며, 배설되는 대변량은 하루에 100~200 g 정도이다. 변비constipation는 일반적으로 배변횟수가 적고(주 3회 미만), 배변 시 과도한 힘이 들어가거나 변이 과도하게 단단한 경우, 잔변감이 있는 경우, 그리고 항문직장폐쇄감이 있는 경우로 정의된다.

(1) 원인

변비는 대장벽의 민감도 저하로 인해 연동운동이 약해져서 변이 천천히 이동하여 나타나며 노인, 비만자, 임신부, 수술 후 환자에서 주로 발생한다. 변비의 주요 원인에는 부적당한 음식의 섭취(식이섬유의 부족), 불규칙적인 식사시간과 배변습관, 운동부족,

알아두기 변비의 원인

- 소화기계 이상 : 과민성장증후군, 대장종양(양성, 악성), 위·식도질환, 장폐색, 항문질환(치질, 치열)
- 전신질환 : 내분비질환(갑상선기능저하증, 뇌하수체기능저하증), 대사질환(요독증, 고칼슘혈증, 저칼륨혈증), 신경 및 근육질환(파킨슨병, 근위축증)
- 약물부작용 : 항히스타민제, 진정제, 항우울제, 항경련제
- 식습관 및 기타 : 저식이섬유식, 수분섭취 부족, 운동부족, 변의 억제, 변비약 남용, 고령, 임신

약물복용으로 인한 부작용 등이 있다.

(2) 증상

변비의 증상으로는 배변 후에도 잔변감이 느껴지며, 아랫배가 묵직하고 불쾌하며, 변이 굳어 있어 배변 시 항문 부위의 통증이 나타난다. 만성화되면 게실증 및 치질 등이 발생할 수 있다.

(3) 식사요법

변비의 식사요법 목표는 대변의 굳기와 양, 배변횟수 등을 정상으로 회복함으로써 배변을 원활히 하는 데 있다. 일정한 대변용적을 만들고 장벽을 자극하여 연동운동을 촉진하는 음식을 섭취한다.

식이섬유 충분히

식이섬유는 장내용물의 부피와 무게, 배변횟수 및 배변속도를 증가시킨다. 바람직한 식이섬유의 충분섭취량은 12 g/1,000 kcal으로, 성인 여성은 하루 20 g, 남성은 30 g이며, 고식이섬유식에서는 1일 25~50 g을 섭취하도록 권장한다. 그러나 식이섬유 섭취량이 갑자기 증가하면 헛배부름, 복부통증 및 설사 등의 부작용이 나타날 수 있으므로 고식이섬유식을 시작할 때에는 그 양을 서서히 늘려가도록 한다. 식이섬유는 전곡, 채소 및 과일류, 콩류, 종자류, 견과류 등에 함유되어 있다 표 4-15. 고식이섬유식의 1일 영양소 구성, 식품구성 및 식단의 예는 표 4-16과 같다.

수분 충분히

식이섬유는 장을 통과할 때 물을 끌어들여 흡수하는 보수성이 있으므로 적어도 매일

약 8~10컵의 수분을 함께 섭취할 것을 권장한다.

장운동 충분히

공복 시 차가운 우유나 요구르트를 마시면 장벽을 자극하여 장운동을 촉진하므로 변비에 효과적이다. 또한 향신료, 탄산음료(사이다, 콜라), 신맛이 강한 과즙 및 장내에서 발효되기 쉬운 농축당으로서 설탕, 꿀차 등도 장을 자극하므로 변비에 좋다. 반면에 떫은맛을 내는 탄닌(차, 감, 덜익은 바나나 등)은 대변 중의 수분을 흡수하여 대변을 굳게 하므로 섭취를 제한한다.

규칙적인 생활습관과 배변습관을 갖도록 노력하며, 적당한 운동 또한 변비를 예방하는 데 중요하다.

식이섬유 섭취량 증가방법

- 소량씩, 서서히 식이섬유의 양을 늘린다.
- 하루 8컵 이상의 충분한 수분과 함께 섭취한다.
- 여러 고식이섬유식품을 섭취해 본 후 내게 가장 맞는 것을 선택한다.
- 고식이섬유식품과 다른 식품을 섞어 먹는다.
- 식이섬유 보충제보다는 고식이섬유식품을 직접 섭취한다.
  - 도정하지 않은 전곡류(현미, 통밀 등)와 잡곡(조, 수수 등)을 섭취한다.
  - 주스 대신 생과일과 생채소를 섭취한다.
  - 과일과 채소는 껍질이나 씨도 함께 섭취한다.
  - 콩이나 콩제품을 많이 섭취한다.

표 4-15 식품 중의 식이섬유 함량(g/교환단위)

구분	1 g 이하	1.01~2.0 g	2.01~3.0 g	3.01~4.0 g	4.01~5.0 g	5.01 g 이상
곡류 및 감자류	감자, 기장, 백미, 백설기, 소면, 수수, 절편, 차조, 크래커	고구마, 녹두묵, 찰보리, 식빵, 통밀가루, 팥빵, 현미	밤, 시루떡, 완두콩, 율무	팥(적)	토란	강낭콩, 오트밀, 찰옥수수
콩류	순두부		두유	두부		대두(검은콩, 노란콩), 비지

(계속)

구분	1 g 이하	1.01~2.0 g	2.01~3.0 g	3.01~4.0 g	4.01~5.0 g	5.01 g 이상
채소류	근대, 무, 셀러리, 아스파라거스, 오이(개량종), 애호박, 양파, 연근, 청경채	가지, 고구마줄기, 깻잎, 달래, 단호박, 당근, 도라지, 마늘종, 머위, 무순, 미나리, 배추, 부추, 브로콜리, 비름, 숙주나물, 결구상추(청상추), 시금치, 쑥, 쑥갓, 양상추, 오이(취청), 열무, 우엉, 파프리카, 피망, 참취나물, 깍두기, 배추김치	고비, 더덕, 무청, 아욱, 적상추, 적양배추, 죽순, 참나물, 호박잎	고사리, 곰취, 송이버섯, 콩나물, 풋고추	씀바귀, 파슬리	냉이, 양배추
버섯류	느타리버섯	양송이버섯, 팽이버섯		송이버섯	표고버섯	
해조류	김		매생이	다시마, 파래		미역
과일류	귤, 단감, 망고, 수박(적), 포도	대추, 딸기, 멜론(머스크), 무화과, 바나나, 배, 복숭아(황도), 사과, 오렌지	금귤, 블루베리, 살구, 참외, 키위	자두, 토마토, 파인애플	매실	
견과류 및 유지류	아몬드, 땅콩, 파스타치오, 땅콩버터, 참기름	참깨, 호두	들깨			

자료 : 농촌진흥청 국립농업과학원, 2016

표 4-16a 고식이섬유식의 1일 영양소구성 예(C : P : F = 60 : 18 : 22)

식사명	에너지(kcal)	당질(g)	단백질(g)	지방(g)	식이섬유(g)
고식이섬유식	2,400	360	110	60	50

표 4-16b 고식이섬유식의 1일 식품구성 예

식품군	곡류군	어육류군		채소군	지방군	우유군	과일군
		저지방군	중지방군				
교환단위 수	12	3	4	9	4	2	3

표 4-16c 고식이섬유식의 1일 식단 예(2,400 kcal)

식품군	교환 단위 수	아침	간식	점심	간식	저녁
곡류군	12	4×현미 30 g = 120 g(현미밥)		4×잡곡 30 g = 120 g(잡곡밥)		4× 보리 30 g = 120 g(보리밥)

(계속)

식품군		교환 단위 수	아침	간식	점심	간식	저녁
어육류군	저지방	3	1×동태 50 g =50 g(동태전)		1×닭 40 g =40 g(닭살지짐)		1×쇠고기 40 g =40 g(불고기)
	중지방	4	1×달걀 1개 =55 g(달걀찜)		2×꽁치 50 g =100 g(꽁치구이)		1×두부 80 g =80 g(두부지짐)
채소군		9	1×무 70 g =70 g(뭇국) 1×도라지 40 g =40 g(도라지생채) 0.5×김치 50 g =25 g(배추김치)		0.5×미역 6 g =3 g(미역국) 1×콩나물 70 g =70 g(콩나물무침) 1×부추 70 g =70 g(부추무침) 0.5×김치 50 g =25 g(배추김치)		1×아욱 70 g =70 g(아욱된장국) 1×취나물 70 g =70 g(취나물) 1×열무 70 g =70 g(열무된장무침) 0.5×김치 50 g =25 g(배추김치)
지방군		4	1×식용유(참기름) 5 g =5 g(조리용)		2×식용유(참기름) 5 g =10 g(조리용)		1×식용유(참기름) 5 g =5 g(조리용)
우유군		2		1×우유 200 mL		1×우유 200 mL	
과일군		3	1×사과 80 g	1×귤 120 g			1×파인애플 200 g
식단			현미밥 뭇국 동태전 달걀찜 도라지생채 배추김치 사과	우유 귤	잡곡밥 미역국 닭살지짐 꽁치구이 콩나물무침 부추무침 배추김치	우유	보리밥 아욱된장국 소불고기 두부지짐 취나물 열무된장무침 배추김치 파인애플

8) 과민성장증후군

과민성장증후군irritable bowel syndrome, IBS은 기질적 원인없이 복통과 배변양상의 변화가 만성적 혹은 반복적으로 나타나는 기능성 질환이다. 매우 흔한 소화기질환의 하나로 주로 30~40대에 나타나며, 남자보다 여자에게 더 많다.

(1) 원인

과민성장증후군의 원인에 대해서는 아직 확실히 밝혀지지 않았으나 소장이나 대장의 운동이 비정상적으로 증가하거나 장의 민감성이 증가하여 발생한다. 장관감염 및 염증,

정신적 스트레스, 식사(찬 음식, 카페인, 자극성 음식, 고지방식 등), 과음, 위장관질환, 식품 알레르기, 약물(항생제, 변비약 남용) 등이 원인으로 작용한다.

(2) 증상

과민성장증후군의 증상으로는 복통과 더불어 배변양상의 변화(설사, 변비, 설사와 변비의 반복적 교대)가 나타난다. 이외에도 복부팽만, 메스꺼움, 구토, 가슴쓰림, 흉통, 연하곤란, 식도 이물감 등이 나타날 수 있으며 피로, 우울증, 두통, 요통, 구취, 비뇨기 증상(빈뇨, 절박뇨, 야뇨, 잔뇨감) 및 산부인과적 증상(월경통, 성교통, 월경전긴장) 등 다양한 비소화기적 증상이 동반되기도 한다.

(3) 식사요법

원인식품 제한

우선 과민성장증후군의 증상을 초래하는 식품을 알아내어 제한한다. 일반적으로 고지방식, 카페인, 알코올, 우유, 가스발생 식품 등이 이에 속하나 개인에 따라 차이가 크게 나타나므로 이를 고려하여 적용한다. 또한 개인별로 주로 나타나는 증상에 맞게 변비 또는 설사에 따른 식사요법을 한다.

수용성 식이섬유 충분히

수용성 식이섬유의 충분한 섭취(25 g/일)는 모든 형태의 과민성장증후군 환자의 배변 습관을 정상화시키는 데 효과가 있다.

과식은 경련과 설사를 동반할 수 있으므로 소량씩 자주 먹도록 하며, 수분도 하루 8컵 이상 충분히 섭취한다. 규칙적인 운동과 함께 스트레스를 피하는 것이 중요하다.

알아두기 **장내 가스발생 식품**

- 가스성분 : 질소, 수소, 산소, 이산화탄소, 그 외 메탄가스, 황화수소 등
- 가스생성 원인 : 입으로 들이마신 공기(대부분), 혈액으로부터의 확산, 음식(대장내세균에 의한 발효)
- 가스의 양과 냄새 : 섭취한 음식의 종류와 양에 의해 결정
- 정상적인 방귀횟수 : 하루 약 13~15회
- 가스발생 물질 : 식이섬유, 올리고당, 과당, 당알코올(솔비톨 등) 등

식품군	식품
콩류	각종 콩류(대두, 완두콩, 동부, 녹두 등)
채소류	브로콜리, 양배추, 콜리플라워, 부추, 순무, 양파, 당근, 오이, 마늘, 고추 등
곡류	현미, 보리, 밀, 호밀, 귀리, 옥수수, 고구마, 감자 등
과일류	사과, 배, 수박, 참외 등
우유류	우유, 아이스크림, 치즈 등(유당불내증이 있는 경우)
기타 식품	가당음료, 감미료(과당, 올리고당, 당알코올) 함유식품
공기를 품고 있는 식품	탄산음료, 맥주, 밀크셰이크, 휘핑크림 등
다량의 공기를 마시는 경우	껌이나 사탕 자주 먹기, 빨리 먹기, 흡연 등

알아두기 저포드맵식사(low FODMAP diet)

- 포드맵(fermentable, oligosaccharides, disaccharides, monosaccharides, and polyols, FODMAP) : 당질의 일종으로 소장에서 잘 흡수되지 않고 대장으로 이동하여 빠르게 발효되는 올리고당(프럭탄, 갈락탄), 이당류(유당), 단당류(과당), 폴리올(당알코올 : 솔비톨, 자일리톨 등)을 말한다. 그 결과 다량의 가스를 생성하고, 삼투압 작용으로 장관내 수분함량을 증가시킴으로써 설사, 복통, 복부팽만감 등의 증상을 초래한다.
- 포드맵 함유식품
  - 프럭탄(fructan) : 밀, 호밀, 양파, 마늘
  - 갈락탄(galactan) : 콩류
  - 유당 : 우유 및 유제품
  - 과당 : 일부 과일(사과, 배 등), 꿀, 탄산음료
  - 폴리올 : 인공감미료, 일부 과일과 채소
- 저포드맵식사 : 과민성장증후군 환자에서 증상을 개선시키기 위해 포드맵이 많이 함유된 식품은 피하고, 포드맵이 적게 함유된 식품들을 섭취하도록 개발된 식사이다. 일반인에게는 적용되지 않는다.

9) 게실증

(1) 원인

게실증diverticulosis은 대장벽에 작은 외형 점막 주머니, 즉 게실diverticula을 형성한 상태를 말하며 장기간의 변비와 대장의 압력증가로 인해 발생한다. 즉, 대변량이 적고 딱딱하면 이 대변을 밀어내기 위해 대장 내의 압력이 증가하며, 증가한 압력은 장벽의 약한 부분을 밀어내어 풍선 모양의 게실을 형성한다 그림 4-13. 게실은 주로 S상 결장에서 발견되는데

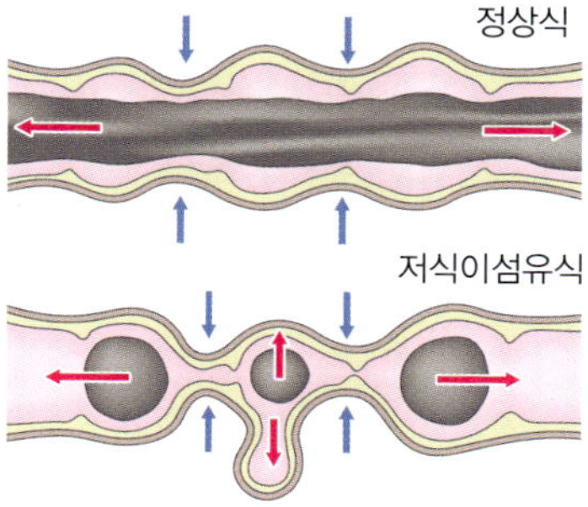

그림 4-13 게실 발생 기전

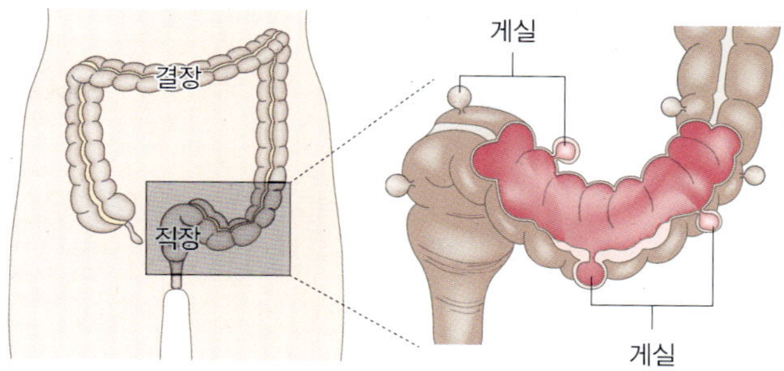

그림 4-14 다발성게실증

많은 게실이 존재하는 경우를 다발성게실증이라고 한다 그림 4-14. 게실 내에 변이 축적되면 세균이 번식하여 염증을 일으켜 게실염diverticulitis이 발생하며, 게실증 환자의 10~25%가 게실염으로 진단된다. 게실증은 연령이 증가함에 따라 발생률이 높은데, 이는 결장점막의 탄력성이 저하되는 것과 관련이 있는 것으로 생각된다.

(2) 증상

게실증의 증상으로는 복부팽만, 복통, 설사, 변비, 식욕부진, 메스꺼움 등이 나타난다. 게실염이 진전되면 농양, 천공, 출혈, 폐색 등이 나타날 수 있으며 이 경우에는 수술이 필요하다.

(3) 식사요법

식이섬유 충분히

한때 고식이섬유식이 게실증을 더 악화시킨다는 이유로 저식이섬유식을 권장한 적이 있었으나, 저식이섬유식은 대변량을 줄이고 결장 내 압력을 증가시켜 오히려 증세가 나빠짐이 알려지면서 최근에는 고식이섬유식을 권장한다. 고식이섬유식은 부드럽고 부피가 있는 대변을 형성하여 대장을 보다 빠르고 쉽게 통과하므로 결장 내의 압력을 낮출 수 있다. 급성인 경우에는 초기에 저잔사식으로 시작하여 점차적으로 수주에 걸쳐 고식이섬유식으로 진행한다.

또한 충분한 수분(2~3 L/일)을 섭취하고, 스트레스를 피하며 규칙적인 운동을 한다.

알아두기 대변의 모양과 색으로 내 몸속 건강 체크법

건강한 변	• 황금색 또는 황갈색의 굵은 바나나 모양 • 굵기는 2 cm 정도, 길이는 약 12~15 cm이며 냄새가 나지 않음
검은색 변	• 식도·위·십이지장 출혈 • 소화성궤양, 위염, 위암 등에 의한 출혈
붉은색 변(혈변)	• 항문과 대장 근처의 출혈 • 특히 피와 점액이 함께 섞여 있는 경우 직장암 또는 궤양성대장염, 크론병의 위험
녹색 변	• 음식이 너무 빨리 장을 통과할 경우 담즙 내 빌리루빈이 완전히 분해되지 않아 발생 • 식중독, 급성 장염
노란색 변	• 지방 흡수불량으로 인한 지방변 : 담낭염, 췌장염 • 대변이 물 위에 뜨고 기름져 있으며 악취가 심함
회색 변	• 담즙의 생산이나 배출이 원활하지 않는 경우 발생 • 담석증, 담낭염, 기생충 감염, 간염, 만성 췌장염, 간경변증 등
점액 섞인 변	• 코같은 하얀 점액이 묻어 있는 경우 장염 위험 • 대장암 의심 : 대장암을 만드는 세포가 점액질 분비
가느다란 변	• 변이 갑자기 연필처럼 가늘어진 경우 대장암 의심 • 전부터 자주 대변의 굵기가 변했던 경우 과민성장증후군 위험

CHAPTER

5

간, 담낭, 췌장질환

학 습 개 요

영양소 대사에 있어서 간은 신체 장기 중 가장 중요한 역할을 하는 기관 중 하나다. 간의 무게는 성인의 경우 약 1.5 kg으로 체내에서 가장 큰 장기이다. 간의 10~20%만으로도 생명을 유지할 수 있어 간의 재생능력은 크지만, 간 전체를 제거한다면 24시간 내에 사망한다. 간의 오른쪽 하부에 부착되어 있는 담낭은 간에서 생성된 담즙을 농축하는 곳이다. 한편, 췌장은 십이지장과 비장 사이에 옆으로 누워 있는 기관으로서 췌액과 호르몬을 분비한다.

1. 간질환

간은 여러 영양소 대사 및 각종 대사산물 처리 능력을 가지므로 '인체 내의 거대한 화학공장'에 비유된다. 또한 간 속에는 신경이 없고 단지 간의 표면에만 신경이 있으므로 간질환이 진행되고 있어도 증상이 없이 대부분의 역할을 묵묵히 다 하는 장기라 하여 '침묵의 장기'라고도 한다.

1) 간의 구조

간은 횡경막 바로 아래 오른쪽 상복부에 위치하고 있으며 간의 앞부분은 늑골로 가려져 보호되어 있다. 간은 낫 모양의 인대에 의해 커다란 우엽과 얇고 작은 좌엽 두 개로 나뉘어 있으나 완전히 분리된 형태는 아니고, 우엽이 간 전체의 3/4을 차지하고 있다. 간의 중앙 하부에는 간문이 있고 이곳으로 간 혈류와 림프관이 출입하고 있으며 간의 표면은 복막으로 덮여 있다. 그림 5-1은 십이지장에 연결된 간, 담낭 및 췌장을 나타낸다. 간으로 들어오는 혈류에는 간문맥과 간동맥이 있고 간에서 나가는 혈류에는 간정맥이 있다. 간문맥은 위, 소장, 담낭, 췌장, 비장, 대장 등에 분포해 있는 혈관들이 점차 합류하면서 굵어진 정맥이다. 따라서 소화·흡수된 영양소는 간문맥에 모여 간으로 들어온다. 간으로 들어온 영양소들은 간에서 대사, 저장, 신생 과정을 거치거나 필요에 따라 간정맥을

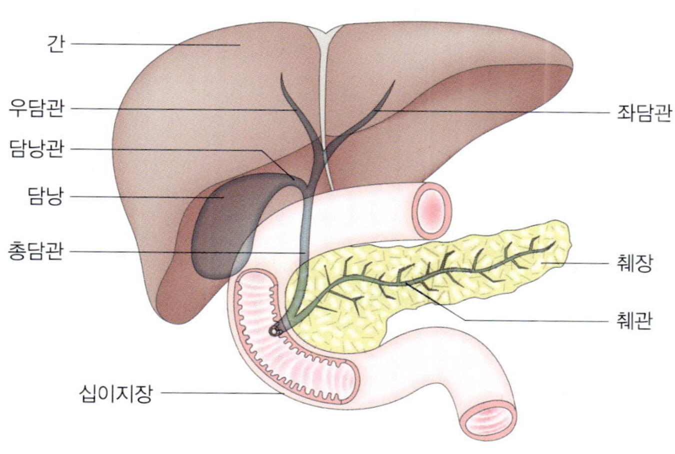

그림 5-1 십이지장에 연결된 간, 담낭, 췌장

통해 체내 다른 기관으로 운반된다. 간으로 들어오는 혈액의 약 75%는 간문맥이고, 나머지 약 25%는 간에 산소와 영양소를 운반하는 간동맥이다.

그림 5-2 는 간의 구조이다. 문맥과 간동맥은 가늘게 분지되어 모세혈관망인 시누소이드 sinusoid에서 합류된 후 방사상으로 길게 나열되어 있는 간세포에 영양소와 산소를 공급한다. 간세포의 대사작용으로 생성된 노폐물, 그리고 간으로부터 다른 조직에 운반될 영양소는 시누소이드를 따라 중심정맥에 모인 후 다시 간정맥으로 합류되어 대정맥을 향해 나간다. 시누소이드를 따라 방사상 모양으로 간세포가 일렬로 늘어서 있는 간세포색

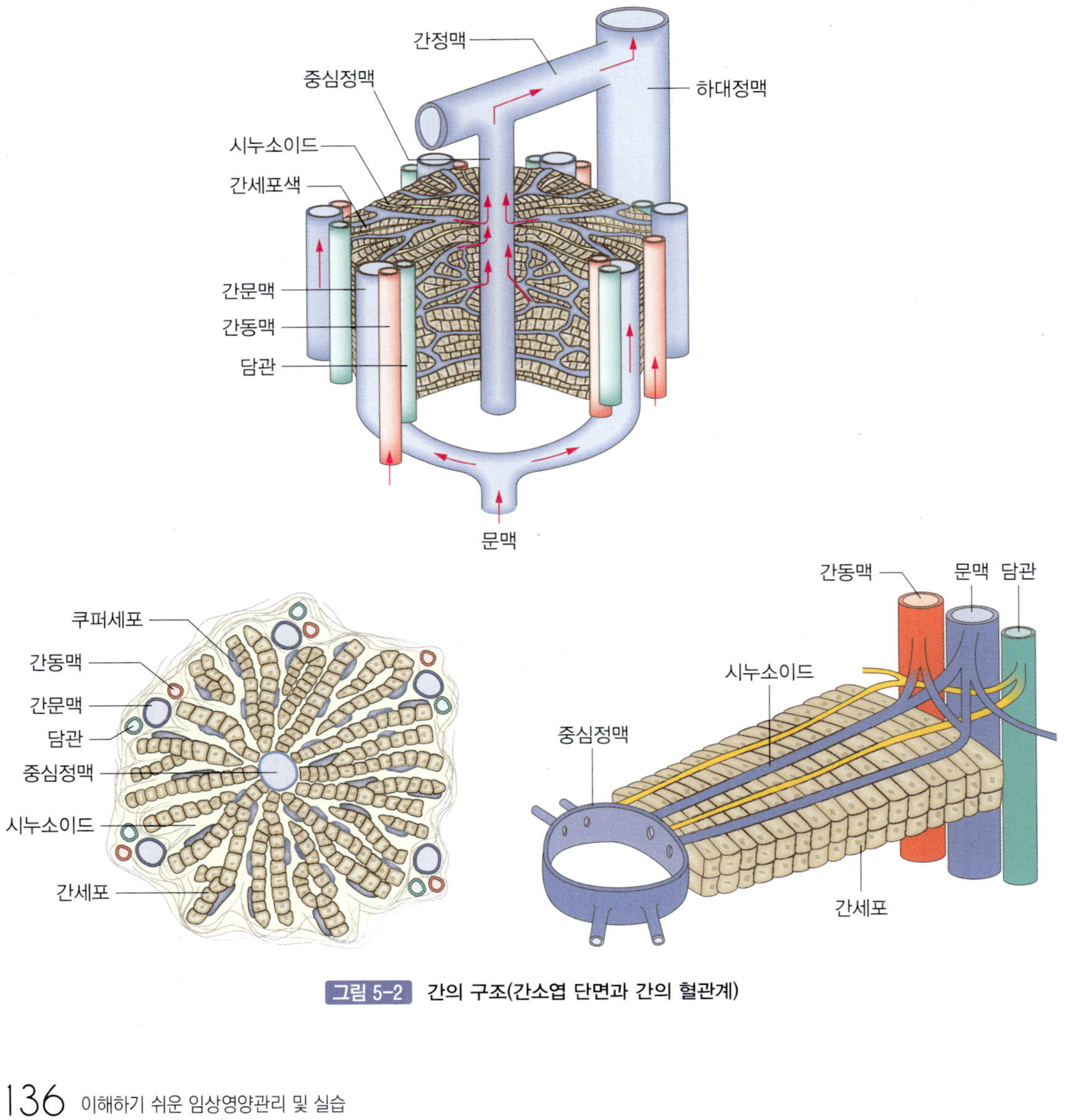

그림 5-2 간의 구조(간소엽 단면과 간의 혈관계)

liver cord은 중심정맥과 함께 간소엽을 이루고 50여만 개의 간소엽이 모여 전체 간조직을 이룬다. 지름 1 mm, 길이 1.5~2 mm의 간소엽은 육각형으로 중심에는 중심정맥이 있고 가장자리에는 문맥, 간동맥, 담관 등이 위치하고 있다. 시누소이드 모세혈관 벽에는 혈액 속의 이물질을 제거하는 식균작용을 하는 쿠퍼세포Kupper cell가 있다.

2) 간의 기능

(1) 혈액량 조절

간은 혈액을 동원하거나 저장하여 순환혈액량을 조절한다. 출혈이 있으면 간에서 혈액을 동원하고 심부전이나 부종이 있으면 간에 울혈된다. 또한 간은 혈색소의 처리장소이기도 하다.

(2) 영양소 대사

① 당질 대사

간은 당질대사와 포도당 항상성 유지에 중요한 역할을 담당한다.

- 문맥을 통해 간에 들어온 단당류는 간세포 내에서 모두 포도당으로 전환되어 해당과정과 TCA 회로를 통해 에너지를 공급하고, 여분의 포도당은 글리코겐을 합성하거나 지방으로 전환된다. 이를 통해 혈당치는 저하되는데, 이 반응은 식후에 혈당치가 상승할 때 일어난다.
- 반대로 공복 시와 같이 혈당치가 저하될 때에는 간 글리코겐 분해와 당신생 반응을 통해 혈당치는 상승한다. 이와 같이 간은 혈당 조절능력이 있다.
- 따라서 간 손상 시에는 간 글리코겐 양이 감소하고 당신생이 저하되어 저혈당증이 나타나기도 하는데, 이러한 저혈당증은 만성보다는 급성 간염이나 알코올성 간질환에서 볼 수 있다. 또한 말초조직에서의 인슐린저항성으로 포도당 이용이 감소되어 내당능 저하가 나타나기도 한다. 간경변증 환자의 2/3 정도가 당불내증이며, 간경변증 환자의 10~37%가 당뇨로 진행된다고 한다.

② 지질 대사

중성지방, 인지질, 콜레스테롤 및 콜레스테롤에스테르 등의 지질은 간 중량의 3~5% 정도를 차지한다. 체내 지질대사의 상당부분이 간에서 일어난다.

- 장에서 흡수된 지질의 대부분은 킬로미크론chylomicron이라는 지단백질 형태를 이루어 근육과 지방조직으로 운반되어 중성지방의 대부분이 에너지원으로 이용되거나 저장된다. 킬로미크론의 나머지 부분(콜레스테롤에스테르, 소량의 중성지방 등)은 혈류를 통해 간으로 들어가 대사된다.
- 한편, 간에서 사용하고 남은 포도당과 포화지방산은 각각 중성지방과 콜레스테롤을 합성하여 VLDLvery low density lipoprotein 형태로 간에서 혈류로 나온다. VLDL은 다시 근육과 지방조직으로 운반되어 이들 조직에 중성지방을 주고, 다른 지단백질 형태인 LDLlow density lipoprotein로 전환된다.
- 다른 지단백질에 비해 LDL에 많이 함유된 콜레스테롤은 간과 간 이외의 조직으로 운반되어 여러 용도로 이용된다.
- 조직에서 이용되고 남은 여분의 콜레스테롤은 HDLhigh density lipoprotein에 실려서 간으로 운반되어 처리된다(제6장 심혈관질환, 그림 6-5 참조).
- 정상인의 경우에는 간에 저장되어 있는 지방은 활발히 대사되며, 항지방간 인자인 메티오닌, 콜린, 레시틴 등의 작용으로 일정량 이상은 증가되지 않는다. 그러나 간 손상 시에는 지방산 산화는 감소되는 반면에 지방합성이 증가하고, 또한 합성된 지방을 간으로부터 방출하는 지단백질의 합성도 저하됨으로써 일정량 이상(5% 이상)의 지방이 간에 축적되어 지방간이 된다.

③ 단백질 대사

간문맥을 통해 간으로 들어온 아미노산 중 일부는 다시 간정맥을 통한 혈액으로 이동하여 다른 조직으로 운반되어 이용된다. 간에 남아 있는 아미노산 중 일부는 간에서 혈장단백질, 효소 등과 같은 단백질 합성에 이용되거나 이화과정을 거쳐 포도당 또는 지질을 합성한다.

- 간은 알부민이나 α-글로불린, β-글로불린 등의 혈장단백질과 피브리노겐, 프로트롬빈 등 혈액응고인자를 합성하는 장소이다. 알부민은 주로 혈장 삼투압 유지에 필수적이며 체조직을 보수 합성한다. α-글로불린과 β-글로불린은 혈중 영양소를 운반하는데,

특히 지단백질 형태로 지질의 혈중 운반역할을 한다. 또한 간은 철 운반을 위한 트랜스페린이나 구리 운반을 위한 세룰로플라스민의 주요 합성장소이다.

- 또한 아미노산은 에너지원이 되거나 당질, 지방으로 전환되기도 한다. 이를 위해 아미노산은 간에서 탈아미노반응을 거쳐 탄소골격부분(α-케토산)과 아미노기 부분으로 분해된다. α-케토산은 포도당이 되거나 아세틸 CoA를 거쳐 에너지원이 되기도 하고 케톤체나 지방을 합성하기도 하며, 아미노기는 암모니아가 된 후 간에서 요소회로를 거쳐 무독성인 요소로 전환되어 신장을 통해 배설된다. 그 외에 아미노산은 아미노기 전이반응에 의해 불필수아미노산을 합성하기도 하는데 요소회로에 필요한 아스파르트산의 합성은 좋은 예다.
- 따라서 간 손상 시에는 단백질 합성이 저하되어 저단백혈증을 일으키며 요소합성이 90% 감소함으로써 혈중 암모니아 수준이 상승한다. 간경변증에서는 단백질 분해가 증가하여 결국 내장과 근육조직 단백질이 소모된다.

④ 비타민과 무기질 대사

간은 여러 비타민과 무기질의 저장, 활성 및 운반에 관여한다.

- 비타민 A, D, E, K와 같은 지용성 비타민은 간에 저장된다. 또한 간에서 카로틴이 비타민 A로, 비타민 D는 25-OH-D_3로 전환되고, 비타민 K는 프로트롬빈 생성에 관여하며, 비타민 B_{12}는 간에 저장되어 있다가 골수에서의 적혈구의 성숙과 방출에 이용된다. 비타민 외에도 간에는 아연, 철, 구리, 마그네슘 등의 무기질도 저장되며 체내 대부분의 철은 간에서 페리틴의 형태로 저장된다. 따라서 간 손상 시에는 비타민과 무기질 결핍을 나타낸다.

(3) 담즙 생성과 분비

- 간은 콜레스테롤을 이용하여 1일 600~800 mL의 담즙을 만든다. 간의 콜레스테롤은 약 80%가 담즙으로 전환되고 나머지 20%는 지단백질 형태로 혈액 내에 방출된다.
- 담즙의 구성분은 빌리루빈, 담즙산, 레시틴, 콜레스테롤 및 각종 전해질로서 긴사슬 중성지방long-chain triglyceride, LCT의 유화를 돕는다. 이 중 유화제 역할의 중심물질은 담즙산과 레시틴인데 담즙산은 콜레스테롤로부터 전환된다.

(4) 스테로이드 대사

간은 체내에서 작용을 마친 스테로이드 호르몬을 분해한다. 스테로이드 호르몬인 알도스테론, 글루코코르티코이드, 에스트로겐, 프로게스테론, 테스토스테론 등은 간에서 비활성화되어 배설된다. 간 손상 시에는 에스트로겐 분해가 불충분하여 유방비대 등 여성화 경향을 나타내고, 알도스테론 분해가 불충분하면 고혈압, 저칼륨혈증, 알칼리혈증 등이 나타난다.

(5) 해독작용

간은 약물, 알코올, 식품첨가물, 방부제 및 체내 대사과정에서 생긴 여러 독성물질들을 산화·환원하여 해독하거나 유기산 등과 결합시켜 신장을 통해 소변으로 배설한다. 간의 시누소이드에 위치한 쿠퍼세포는 혈액으로부터 박테리아를 제거하는 해독작용을 한다.

3) 지방간

지방간Fatty liver은 원인에 따라 다르지만 대부분 큰 문제를 일으키지 않으며 만성 간염이나 간경변증에 비해 심각하지 않다. 정상 간의 무게에서 중성지방의 비율은 3~5% 수준인데 비해 5% 이상 증가된 상태를 지방간이라 한다. 심한 지방간에서는 그 비율이 50%를 넘는 경우도 있다. 그림 5-3 에는 정상 간과 지방간의 조직을 제시하였다.

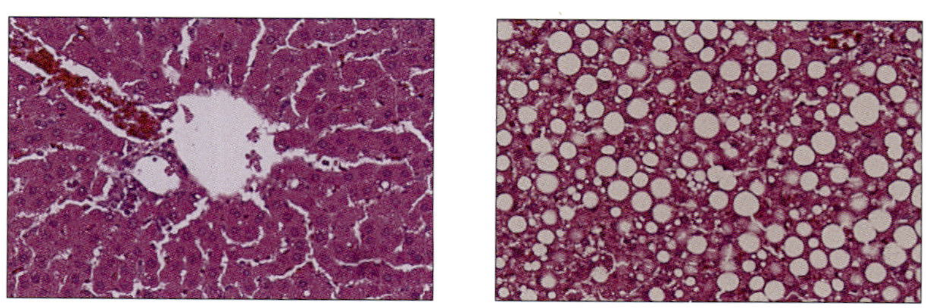

정상 간 지방간

그림 5-3 현미경으로 본 정상 간과 지방간

(1) 원인

지방간은 간에서 합성되는 지방량과 간에서 산화되거나 간에서 방출되는 지방량과의 불균형에서 온다. 즉 간에서 합성되는 지방량에 비해 간에서 산화되거나 간으로부터 방출되는 지방량이 적을 때 간에 지방이 과량 축적된다. 지방간은 주로 알코올 과음과 비만에서 오는 단순성 지방간이 많고, 그 외에 기아나 영양불량(콰시오커 등) 또는 다른 질환에 동반해서 나타나기도 한다.

① 간세포에서 지방산 합성이 증가되거나 지방산 산화가 감소되는 경우

알코올 과음과 비만의 경우에는 과량의 알코올과 에너지로부터 지방산 합성이 증가되므로 결국 간에 중성지방이 축적되어 지방간이 나타난다. 알코올 과음으로 인한 알코올성 지방간은 뒤의 '알코올성 간질환' 편에서 자세히 다루도록 하겠다. 알코올 과음이 원인이 아닌 비알코올성 지방간은 비만, 기아, 제2형 당뇨, 이상지질혈증 및 대사증후군과 밀접한 관련이 있다. 비만의 경우, 특히 당질의 과잉 섭취는 간에서 지방산 합성의 증가를 초래한다. 한편, 기아와 제2형 당뇨에서는 지방조직의 저장지방이 간으로 다량 이동되는데, 이에 비해 간에서의 지방산 산화는 감소되기 때문에 지방간이 나타난다.

② 간세포에서 중성지방 방출이 감소되는 경우

영양불량상태에서는 콜린, 메티오닌, 레시틴 등의 항지방간 인자가 부족하다. 특히 단백질 결핍으로 인해 지단백질 형성에 필요한 아포단백질 합성이 감소된다. 따라서 간의 중성지방을 저장지방조직으로 이동시키는 VLDL을 형성하지 못하게 되어 결국 간에 중성지방이 축적됨으로써 지방간이 나타난다.

(2) 증상

간질환의 일반적인 증상으로 피로, 무력감, 전신권태감, 식욕부진, 체중감소 등이 나타나며 그 외에 지방의 과잉축적으로 인해 간이 비대해진다. 간혹 오른쪽 갈비뼈 아래쪽에 불쾌감이나 둔통을 느끼기도 하나 대부분은 무증상이다. 지방간이 심해져도 간경변증이나 간암으로 진행하는 경우는 비교적 드물지만, 지속적인 과음과 비만에서 간혹 간경변증으로까지 진행될 수 있다.

(3) 식사요법

식사요법은 간염과 유사하나 지방간을 유발하는 다른 원인이 있다면 우선 이에 대한 치료를 해야 한다.

기아나 영양불량이 원인이라면 우선 영양불량 개선

고에너지(35~40 kcal/kg)와 고단백질(1~1.5 g/kg)의 균형식으로서 특히 필수아미노산이 많은 양질의 동물성 단백질을 공급한다. 단백질이 부족하면 간으로부터 중성지방을 방출하는 데 필요한 지단백질 형성이 어려워 지방간이 악화되므로 충분히 공급한다.

비만이 원인이라면 에너지 제한

과체중이나 비만의 경우, 체중의 10%만 줄여도 지방간이 개선될 수 있다고 한다. 그러나 급격한 체중감소는 여러 가지 문제점을 유발할 수 있으므로 목표체중을 정하여 이에 적절한 식사요법을 한다.

당질은 1일 섭취에너지의 60% 이내

당질의 과잉섭취는 중성지방 합성을 증가시키므로 피하고, 특히 단순당 섭취를 금한다.

지방은 1일 섭취에너지의 20~25%

고콜레스테롤혈증이 있는 경우에는 포화지방산 및 콜레스테롤을 제한한다(이상지질혈증 참조).

항지방간 인자인 콜린, 메티오닌, 레시틴을 공급하여 간의 지방축적을 줄인다.

4) 급성 간염

급성 간염acute hepatitis이란 단기간에 발생하는 간의 염증으로 대부분 바이러스에 의해 발생하지만 알코올이나 화학물질, 약물독성 또는 자가면역체계이상에 의해서도 발생할 수 있다.

(1) 원인

급성 간염은 간염 바이러스에 의해 간에 염증이 생기는 것으로 A, B, C, D, E형의 다섯 종류가 있다. A·E형 간염은 오염된 음식물 등을 통해 감염되는 경구 간염이고, B·C·D형 간염은 혈액이나 성접촉을 통해 감염되는 비경구 간염이다. D형간염은 B형간염 바이러스에 의존적으로 B형간염과 동시에 감염되거나 B형간염 바이러스 보균자 상태에서 D형간염이 유발되기도 한다. 또한 E형간염은 아시아, 아프리카, 멕시코 등에서 흔한 형태로 A형 바이러스와 마찬가지로 경구 감염된다.

급성 간염 환자의 대부분은 4~6주 후에 증상이 호전되고, 3개월 정도 지나면 회복된다. 그러나 C형간염에서는 회복도 어렵지만 회복 후 수 개월에 걸쳐 재발이 있다.

① **A형간염**(hepatitis A, HAV)

주로 청소년기에 흔하며 환자의 분변을 통해 오염된 물이나 음식물 섭취를 통한 경구 감염이다. 겨울에서 봄에 걸쳐 많이 발생하는 유행성 간염으로 잠복기는 2~3주로 짧다. 위생수준과 위생시설이 열악한 국가에서 높은 전염률을 보인다. 6세 이하의 영유아 대부분은 증상이 나타나지 않는 반면, 6세 이상의 아동이나 성인에게는 대부분 증상이 나타난다. 환자의 70% 정도는 황달을 경험하지만 대부분은 3개월 내에 치유되어 만성화되지 않으며 A형간염 환자의 95%는 회복된다.

② **B형간염**(hepatitis B, HBV)

혈액이나 성접촉을 통한 비경구적 감염으로서 모체와 신생아와 같은 수직적 혈연관계를 통해, 부부 사이의 성관계를 통해, B형간염 바이러스에 감염된 혈액의 수혈을 통해 전염되며, 그 외 비위생적인 치과기구, 주사바늘, 한방의학의 침이나 부황, 면도기, 귀걸이 시술, 문신 등과 같이 피를 보는 경우를 통해 전염될 수 있다.

잠복기는 2~6개월로 A형에 비해 길지만 연중 어느 때나 산발적으로 나타난다. B형간염의 회복률은 높아서 90% 정도이지만 5~10%는 만성화되어 간경변증이나 간성뇌질환으로 진전되기도 한다. 우리나라 사람들의 3~4%가 만성 B형간염 바이러스 보균자로서 만성 간질환을 앓고 있으며, 성인의 경우 만성 간질환의 60~75%가 만성 B형 간질환인 것으로 나타나 가장 많다.

③ **C형간염**(hepatitis C, HCV)

감염경로는 혈액, 외상, 타액, 눈물, 성접촉 등 B형간염과 유사하나 잠복기는 6~12주

정도로서 긴 편이다. A·B형간염과는 달리 C형간염의 회복률은 15~30%로 낮아서 만성 간염에 이르는 비율은 70~80% 정도로 아주 높으며, 이 중에서 30~40% 정도가 간경변증이나 간암으로 진행한다.

우리나라에서 C형간염 바이러스는 B형간염 바이러스에 이어 만성 간질환의 중요한 원인이다. C형간염 바이러스 항체가 있는 경우, C형간염 바이러스가 함께 존재하는 경우가 대부분이므로 항체검사로 C형간염의 감염 여부를 확인할 수 있다. 우리나라의 C형간염 항체 보유율은 인구 20만 명당 4,126건으로 2.1%(2014년) 정도이지만 아직까지 예방백신이 없어서 앞으로 더 증가할 것으로 보인다. 그러나 C형간염의 완치율은 새로운 치료제 개발로 증가 추세에 있다.

표 5-1 에는 급성 바이러스 간염의 종류와 특징을 요약하였다.

표 5-1 급성 바이러스간염의 종류와 특징

종류	감염경로	발생 연령	특징
A형	경구간염(오염된 물이나 음식물 섭취)	청소년기	환자의 70%는 황달 경험, 대부분은 3개월 내에 치유되어 만성화되지 않음
B형	비경구간염(혈액, 성접촉 등)	모든 연령	회복률은 높으나 5~10%는 만성화되어 간경변증이나 간성뇌질환으로 진행함
C형	비경구간염(B형간염과 유사)	모든 연령	만성 간염이나 간경변증 등 만성화되는 비율이 70~80% 정도로 아주 높음
D형	비경구간염(B형간염 바이러스에 의존적)	모든 연령	B형간염과 동시에 감염되기도 하며 거의 만성화됨
E형	경구간염(A형간염과 유사)	청소년기	만성화되는 일은 드물고 급성이 흔함

(2) 증상

증상은 A형과 B형 간염 모두에서 피로, 권태, 우울증, 식욕부진, 메스꺼움, 구토, 두통, 체중감소, 우측 상복부 통증, 복부팽만감 등으로 비슷하지만 정도에는 차이가 있다. A형 간염은 급격히 발병하고 발열이 자주 있으나 정도는 가벼운 반면에, B형과 C형 간염은 서서히 발병하고 열은 없지만 지속적이며 정도가 심하다. C형간염 환자의 25%는 당뇨병이 동반되므로 C형간염 환자는 당뇨검사를 해야 한다. 증상 없이 바이러스만 보유하고 있는 경우도 있다. 급성 간염의 일반적인 증상은 4단계로 나뉜다 표 5-2 .

표 5-2 급성 간염의 일반적인 증상

단계	특징
초기	• 급성 간염 환자의 25%에서 발열, 발진, 혈관부종 등이 나타남
황달전기	• 황달이 나타나기 전 1~2주간 • 권태, 피로, 근육통, 식욕부진, 메스꺼움, 구토, 이미증, 후각이상 등이 나타남
황달기	• 황달이 나타나 4~6주간 지속되는 시기 • 체중감소, 진한 갈색 소변, 피부나 눈의 흰자 부분이 노랗게 착색됨 • 갈색 소변이 나타나면서부터 약 1주일 만에 황달이 최고조에 달함 • 황달 절정기를 지나면 권태감과 식욕부진 등 황달 전기의 증상은 거의 소실되고, 이때부터 대변색이 평소보다 옅어지고 온몸에 가려움증이 생김
회복기	• 황달과 그 외의 다른 증상들이 가라앉음 • 황달은 보통 4~6주 후에 사라지지만 간기능이 완전히 회복된 상태가 아님 • 간 기능의 완전한 회복은 2~3개월, 늦으면 4~6개월 정도 걸림

(3) 임상검사

간질환 진단에 사용되는 임상검사 항목은 표 5-3에 제시하였으며, 이들의 농도 변화를 통해서 간질환을 진단할 수 있다.

표 5-3 간질환 진단에 사용되는 혈액 임상검사 항목

검사항목	정상치	간질환 시 변화
빌리루빈	0.4~0.9 mg/dL	↑
Alkaline phosphatase(ALP)	35~150 IU/mL	↑
Alanine aminotransferase(ALT, GPT)	5~35 IU/mL	↑
Aspartate aminotransferase(AST, GOT)	5~40 IU/mL	↑
프로트롬빈 시간(prothrombin time)	11.5~14초	↑
알부민	3.5~5.5 g/dL	↓
글로불린	3~4 g/dL	↑
A/G(알부민/글로불린 비)	1.5~2.5	↓
암모니아	19~87 μg/dL	↑

알아두기 황달(jaundice)

혈중 빌리루빈 농도가 정상치(0.3~1.2 mg/dL)보다 높아서 1.2~2.0 mg/dL인 경우는 잠재적 황달이라고 하고, 2.0~2.5 mg/dL을 상회하는 경우는 황달 증상이 발현된다. 빌리루빈의 85%는 헤모글로빈에서 생성되며 15%는 미오글로빈과 시토크롬에서 온다.

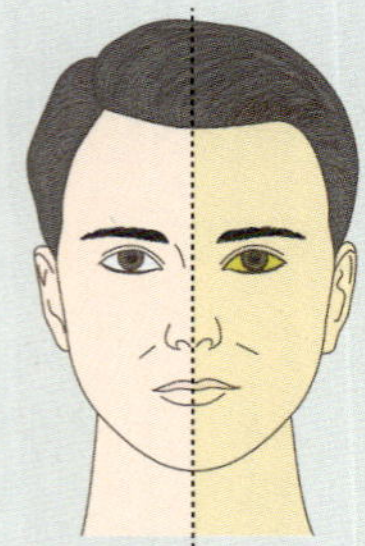

① 원인(혈중 빌리루빈 농도의 상승 원인)

- 용혈성 빈혈이나 말라리아 : 적혈구 용혈항진으로 빌리루빈이 과잉생성될 때
- 간질환 : 혈중 빌리루빈이 간으로 들어가지 못하고 간의 빌리루빈이 담낭으로 분비되지 못할 때
- 담낭질환 : 담석증이나 담낭염으로 인해 담관이 폐쇄되었을 때

② 장간(enterohepatic)순환

혈색소 처리와 빌리루빈의 장간순환은 그림 5-4에 제시하였다.

③ 증상

피부보다는 눈의 흰자 부분이 더욱 노랗게 변하고 피부가 가려우며 서맥이 있다. 정상보다 진한 갈색 소변이 나타나고 또한 담즙분비 장애로 지방의 유화작용이 저하되어 지방변이 나타나며 옅은 색의 대변을 동반한다. 담즙 정체로 담즙성분인 담즙산, 빌리루빈, 구리 등이 간에 비정상적으로 축적되어 간세포를 손상시키고 이들 담즙성분이 혈액, 피부 및 다른 연조직으로 흘러들어가 가려움증을 유발한다.

④ 식사요법

급성 간염식과 같으나 지방은 1일 10~20 g으로 제한하며 유화지방으로 공급한다. 소화되기 쉬운 식품을 유동식 형태로 주고 환자의 회복에 따라 연식으로 이행해 나간다. 식욕을 촉진하는 신선한 과즙은 환자에게 산뜻한 기분을 주기도 한다.

(4) 안정과 식사요법

급성 간염의 80% 이상은 안정과 영양관리로 순조롭게 회복될 수 있으므로 약물요법보다 중요하다.

① 절대안정

발병 후 한 달 동안은 세면, 식사, 화장실 이외는 누워 있도록 하는 절대안정을 취한다. 일어나 몸을 움직이면 절대안정 시에 비해 혈액이 간 외의 다른 조직으로 다량 이동하여 간 혈류량의 30% 이상이 감소되어 간세포의 염증 회복이 지연되기 때문이다. 따라서 황달이 없어지고 간기능 검사치가 정상으로 회복될 때까지 활동을 금하도록 한다.

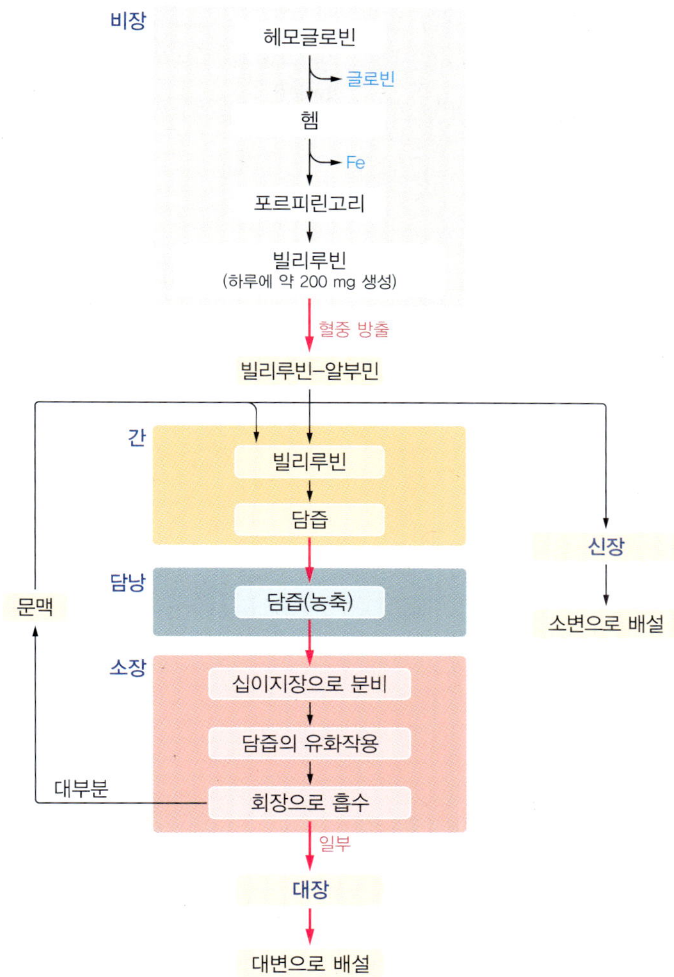

그림 5-4 혈색소의 처리와 빌리루빈의 장간순환

② 식사요법

급성 간염의 식사요법 목표는 영양상태 개선, 손상된 간세포 재생, 간기능 유지 및 개선에 있다. 발병 초기에는 구토, 메스꺼움, 식욕부진이 흔하므로 기호에 맞는 식욕촉진식을 준비한다. 맑은 국물, 과즙, 유자차 등의 유동식을 최대한 섭취할 수 있도록 하고, 적당한 식사를 할 수 있을 때까지 과일주스, 사탕, 젤리, 곡류 및 빵 등 고당질식을 소량씩 자주 공급하는 것이 좋다.

구토가 심하여 음식물 섭취가 불충분할 때에는 5~10% 포도당용액을 정맥으로 주입하는데, 기간이 길어질 때에는 아미노산이나 알부민 용액을 주입하여 단백질을 보충한다. 구토가 가라앉고 식욕이 회복되면 빨리 경구급식을 시작하며 식사요법의 원칙은 다음과 같다.

무자극성식

간세포의 염증을 자극하지 않도록 식이섬유가 적고 담백한 맛의 식품을 이용한다.

에너지 충분히

에너지 섭취가 부족하면 간세포 단백질이 에너지원으로 소모되므로 이를 막기 위해 에너지를 충분히 준다. 에너지 섭취량은 비만이나 지방간이 유발되지 않도록 체중과 운동량을 감안하여 결정하되, 대체로 체중 1 kg당 35~40 kcal로 하여 1일 2,400~2,700 kcal를 공급한다.

당질 충분히

고당질식은 간 글리코겐 양을 증가시켜 간세포 단백질이 소모되지 않도록 절약하므로 1일 300~400 g을 공급한다.

단백질 충분히

파괴된 간세포를 신속하게 재생하기 위해 양질의 단백질을 충분히 섭취해야 한다. 체중 1 kg당 1.5~2.0 g으로 보통 1일 100~120 g을 공급하는데 50% 이상을 동물성 단백질이 차지하도록 한다. 지방 함량이 적은 어육류, 우유 및 유제품, 달걀, 두부가 좋으며, 쇠간, 닭간은 기름기 없이 부드럽게 조리하면 좋다.

지방은 급성 초기에 제한, 회복됨에 따라 적당량 증가

지방은 에너지 공급원으로서 지용성 비타민 및 필수지방산의 급원이므로 적당량 섭취하는 것이 좋다. 대부분의 환자는 급성 간염의 초기에 구토, 메스꺼움 등으로 지방을 싫어하는데, 특히 황달과 위장장애가 있는 경우에는 지방을 제한하도록 하며 이들 증상이 사라지면 점차 증가시킨다. 고에너지식을 하려면 당질만으로는 어려우며 지방을 적당량 수준(보통 50~60 g)으로 증가시켜야만 가능하다. 필수지방산 섭취를 위해 식물성 기름을 이용하고 간질환으로 인해 담즙생성과 분비가 저하되어 있으므로 우유, 버터, 치즈, 달걀노른자 등의 유화지방 섭취량을 늘린다.

비타민 충분히

에너지 대사를 위해 비타민 B군(B_1, B_2, 니아신)을 충분히 공급하고 간세포 재생을 위해 콜라겐 합성에 관여하는 비타민 C도 충분히 공급하며, 간 손상 시 비타민의 저장과 활성화가 저하되므로 지용성 비타민(A, D, E, K)도 보충한다.

소금 섭취량은 1일 8~10 g으로 제한한다.

알코올은 급성기 6개월까지는 금한다. 단, 알코올과 관련된 간염이라면 평생 동안 금주해야 한다.

간질환에서의 식욕촉진방법

- 신선하고 다양한 재료를 선택하고 다양한 조리법을 이용하여 맛에 변화를 준다.
- 질병 치료에 특별히 지장이 없는 한 향신료와 소량의 알코올은 허용한다. 단, 급성기 초기나 알코올성 간질환 환자는 모든 알코올의 사용을 금한다.
- 영양가는 적으면서 만복감을 주는 음식은 식사 후로 미루고 식사로서 다양한 음식을 골고루 먹도록 권장한다.
- 무리하지 않은 범위 내에서 적당한 운동을 허용하고 상쾌한 기분을 갖도록 한다.

급성 간염식의 1일 영양소구성, 식품구성 및 식단 예는 표 5-4와 같다.

표 5-4a 급성 간염식의 1일 영양소구성 예(C : P : F = 60 : 20 : 20)

에너지(kcal)	당질(g)	단백질(g)	지방(g)
2,400	360	120	53

표 5-4b 급성 간염식의 1일 식품구성 예(2,400 kcal)

식품군	곡류군	어육류군		채소군	지방군	우유군	과일군
		저지방군	중지방군				
교환단위 수	13	4	4	8	3	2	1

표 5-4c 급성 간염식의 1일 식단 예(2,400 kcal)

식품군		교환 단위 수	아침	간식	점심	간식	저녁
곡류군		13	4×쌀 30 g =120 g(쌀밥)		4×쌀 30 g =120 g(쌀밥) 1×감자 140 g =140 g(닭볶음탕용)		4×쌀 30 g =120 g(쌀밥)
어육류군	저지방	4	1×조기 50 g =50 g(조기구이)		2×닭고기 40 g =80 g(닭볶음탕)		1×쇠고기 40 g =40 g(불고기)
	중지방	4	1×달걀 1개 55 g =55 g(달걀부침)		2×삼치 50 g =100 g(삼치구이)		1×두부 80 g =80 g(두부찜)
채소군		8	0.5×콩나물 70 g =35 g(콩나물국) 1×오이 70 g =70 g(오이생채) 0.5×김치 50 g =25 g(배추김치)		0.5×당근 70 g =35 g(닭볶음탕용) 0.5×건미역 6 g =3 g(미역국) 1×시금치 70 g =70 g(시금치나물) 1×깍두기 50 g =50 g(깍두기)		0.5×양파 70 g =35 g(불고기용) 0.5×아욱 70 g =35 g(아욱국) 1×취 70 g =70 g(취나물) 1×김치 50 g =50 g(배추김치)
지방군		3	1×식용유(참기름) 5 g =5 g(조리용)		1×식용유(참기름) 5 g =5 g(조리용)		1×식용유(참기름) 5 g =5 g(참기름)
우유군		2		1×두유 200 mL		1×두유 200 mL	
과일군		1				1×사과 80 g	
식단			쌀밥 콩나물국 조기구이 달걀부침 오이생채 배추김치	두유	쌀밥 미역국 닭볶음탕 삼치구이 시금치나물 깍두기	두유 사과	쌀밥 아욱국 소불고기 두부찜 취나물 배추김치

5) 만성 간염

만성 간염chronic hepatitis은 급성 간염이 치유되지 않고 6개월 이상 지속되는 상태이며, 어떤 경우에는 수년 이상 지속되기도 한다.

(1) 원인

만성 간염의 가장 흔한 원인은 C형간염 바이러스이고, 그 다음으로는 B형과 D형 간염 바이러스이다. 잦은 과음도 원인이 될 수 있다. 그러나 A형과 E형 간염은 만성으로 진행하지 않는다.

(2) 증상

만성 간염의 증상은 대개 경미하지만 정도에 차이가 있을 수 있다. 대체로 피로와 전신 권태감, 식욕부진, 체중감소, 황달, 복부팽만이나 복부불편감 등의 증상이 나타난다. 그러나 간조직 손상이 서서히 진행하여 정상 간조직이 섬유화된 반흔조직으로 대치되는 간경변증이나 간기능부전으로 진행될 수도 있다. 만성 간염이나 간경변증 환자는 정상인보다 간암 발생 위험이 높다.

(3) 식사요법

만성 간염은 급성 간염처럼 식욕저하가 심하지 않고 소화·흡수도 좋은 편이므로 정상 체중을 유지하는 범위 내에서 고에너지, 고단백질, 고비타민식을 공급한다.

에너지 충분히

에너지는 1일 2,300~2,500 kcal, 당질은 1일 300~400 g, 지방은 1일 50~60 g으로서 급성 간염과 유사하다.

단백질 충분히

단백질은 1일 1.0~1.5 g/kg으로서 80~100 g이며 주로 양질의 단백질로 공급한다. 간세포의 재생과 간기능 개선을 위해 양질의 고단백 식품을 충분히 섭취하는 것은 매우 중요하다.

비타민과 무기질도 부족하지 않도록 신선한 채소와 과일을 충분히 섭취한다.

소금은 1일 8~10 g으로 하되 복수나 부종이 있으면 1일 5 g 이내로 제한한다.

6) 간경변증

정상적인 간세포가 일부 파괴되었을 때 치료를 잘 하면 정상으로 회복될 수 있다. 그러나 만성화되어 간세포의 파괴율이 높아지면 정상으로 회복될 수 없는 비가역적인 변화를 초래하여 간질환 중 가장 심한 상태인 간경변증으로 진행된다. 그림 5-5 는 간질환의 진행을 나타내고 있다.

정상적인 간세포가 다량 파괴되면 세포 외 기질인 콜라겐, 즉 섬유성 결체조직이 증식되면서 흉터가 생기고, 결과적으로 이러한 흉터가 과도하게 축적된 간섬유화가 나타난다. 처음에는 간 표면에 크고 작은 결절상태의 융기가 나타나 간이 커지지만 나중에는 위축된다. 이로 인하여 간조직은 딱딱해져 경변이 되고 간혈류 장애로 간세포의 정상 회복은 불가능해진다. 정상 간은 표면이 매끄럽고 조직이 고르고 부드러운데 반해, 경변된 간은 불규칙하고 결절이 있는 울퉁불퉁한 모양을 한다.

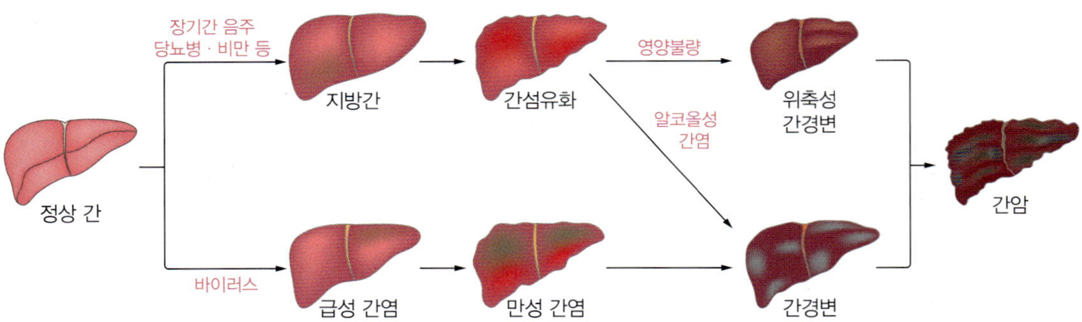

그림 5-5 간질환의 진행

그림 5-6 은 간경변증에서의 간조직의 변화를 나타내고 있다.

(1) 원인

간경변증의 원인은 다양하다. 만성 간염, 만성 알코올중독, 영양불량, 약물이나 독성물질 등으로 인하여 발생되는데 여러 발병인자가 장기간에 걸쳐 지속적으로 작용하여 서서히 발병한다. 우리나라 간경변증 환자의 70~80%는 B형간염 바이러스에 의해, 10~15%는 C형간염 바이러스에 의해 만성 간염이 진행되어 나타나는 간경변증이고,

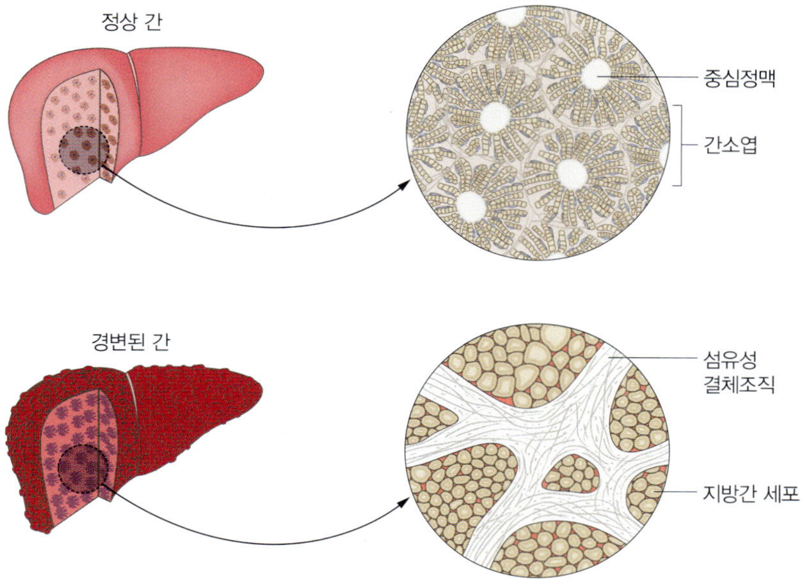

그림 5-6 정상인과 간경변증에서의 간조직 비교

나머지 10~15%는 만성 알코올중독이나 기타 원인에 의한 간경변증이다. 전세계적으로도 가장 흔한 원인은 B형과 C형간염 바이러스에 의한 감염이나, 선진국의 경우에는 알코올중독이 간경변증의 가장 흔한 원인이다.

(2) 증상

간경변증은 영양불량이 흔하다. 이는 메스꺼움, 구토, 식욕부진, 특히 복수가 있는 경우에는 조기 포만감으로 인해 식사 섭취량이 부족하기 때문이며, 복수치료를 위해 사용되는 이뇨제가 식욕부진, 메스꺼움을 악화시키기도 한다. 영양불량으로 인해 여러 복합적인 증상이 나타나는데 영양상태가 개선되면 이러한 증상들이 다소 완화된다. 초기 증상으로는 피로, 황달, 위장장애, 식욕부진, 체중감소 등 간염의 증상과 비슷하나 질환이 진행되면 부종, 복수, 위·식도정맥류, 간성뇌질환 등 여러 증상이 나타난다.

그림 5-7 에는 간경변증을 진단할 수 있는 체내·체외 증상을 나타냈고, 그림 5-8 에는 간혈류 장애를 나타냈다. 또한 이러한 증상들이 나타나는 기전에 대하여 표 5-5 에 설명하였다.

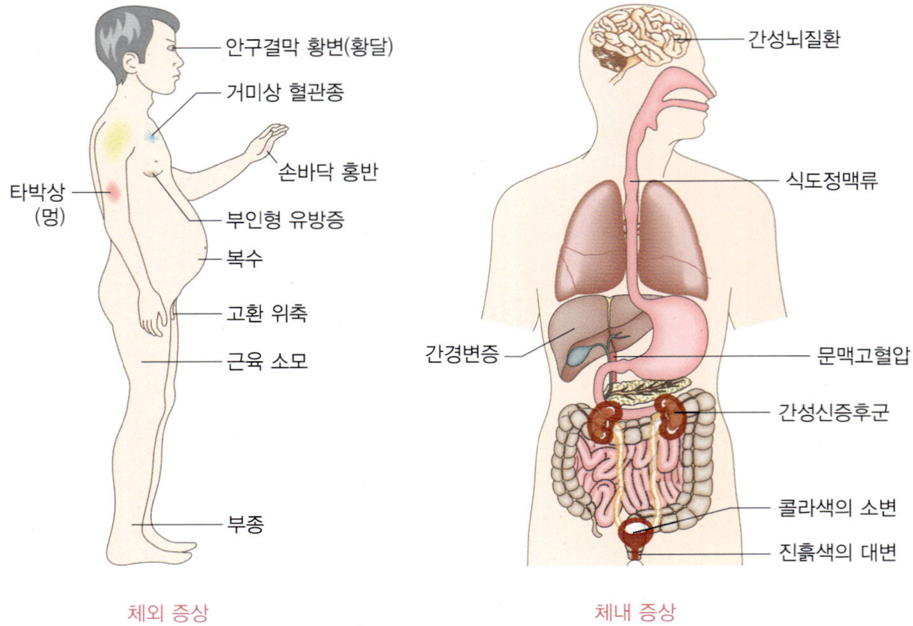

그림 5-7 간경변증의 체내·체외 증상

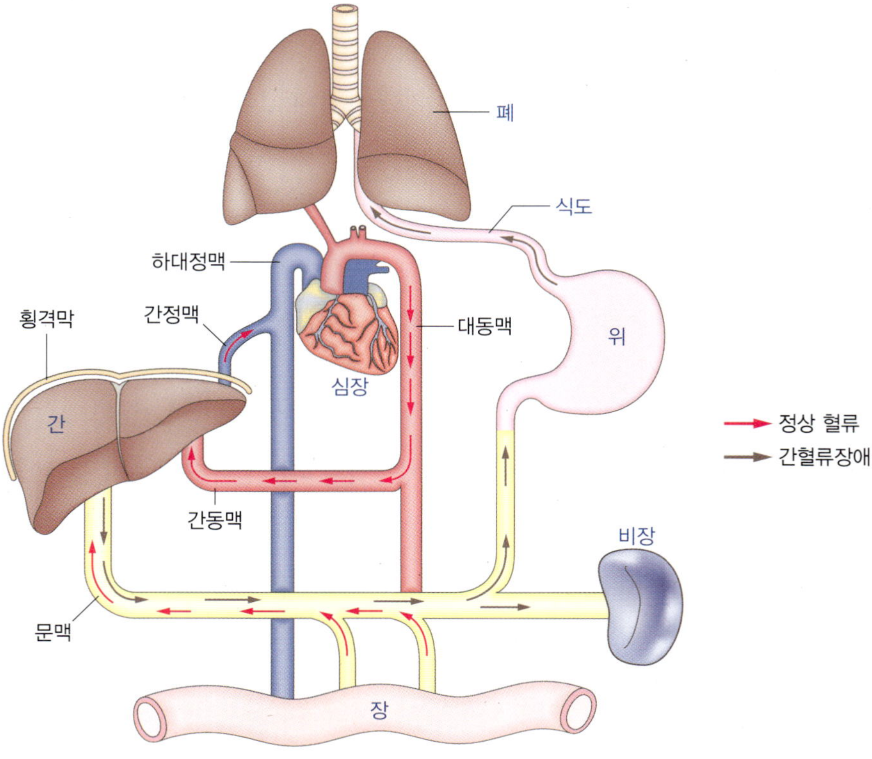

그림 5-8 간혈류장애

알아두기 식도정맥류와 출혈

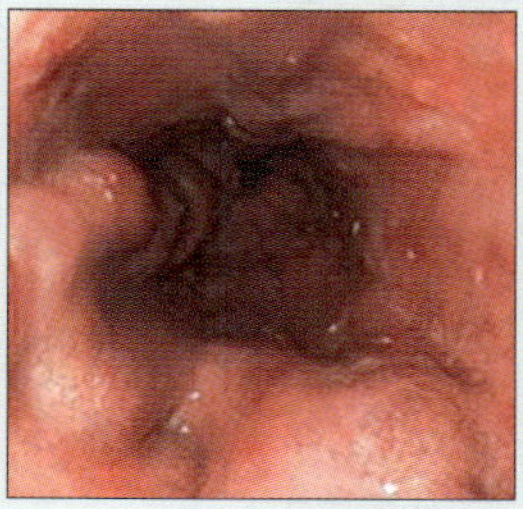

- 간경변증에서 정상 혈류가 막히게 되면 장에서 간으로 혈액을 전달하는 간문맥 내의 압력이 상승하는 문맥 고혈압이 발생한다. 이로 인해 혈액이 문맥으로 나아가지 못하고 장관의 다른 작은 정맥들로 우회하면서 우회 정맥들이 늘어나 약해지는데, 이것을 정맥류라고 한다. 대부분의 정맥류는 식도의 아래쪽 말단 부위에 발생한다.
- 식도정맥류는 혈관이 식도내강으로 튀어나와 파열되어 출혈되기 쉬워 이로 인해 토혈이 나타나며, 이후에는 부분적으로 소화된 혈액이 섞인 검은색 변을 보게 된다. 혈액이 위산과 접촉하면 검은색 변을 보게 되지만, 대량 출혈인 경우에는 위산과 접촉되지 않은 혈액이 배설되므로 붉은색 변을 보기도 한다.
- 출혈로 인해 빈혈이 발생하면 피부가 창백해지고 혈압이 떨어져 어지럼증이 생기고 식은땀이 나며 약간의 활동에도 숨이 차게 된다. 출혈량이 많으면 쇼크를 일으켜 급성 신부전과 간기능 부전 등으로 진행된다. 간기능 부전의 증상으로 복수가 차서 복부가 팽만되고, 피부에 거미상 혈관종이라고 부르는 거미 모양의 혈관이 보이며, 간에서 생성되는 혈액응고인자가 감소하여 비정상적으로 출혈이 발생하고 쉽게 멍이 든다.
- 간경변증에 걸린 사람들 중 절반 정도가 5년 이내에 간기능 부전으로 사망하고, 간경변증이 있는 사람 중 10명 중 1명꼴 이상에서 간암이 발생한다.

표 5-5 간기능 장애에 따른 증상과 기전

간기능 장애	증상	기전
알부민 합성 저하	복수, 말초부종	• 저알부민혈증 → 삼투압 저하 → 혈중 수분이 복강 내로 삼출 → 복수 • 혈중 수분 감소 → 신혈류량 저하 → 신세뇨관에서 나트륨과 수분 재흡수 촉진 → 체내 나트륨과 수분 저류 → 말초부종
프로트롬빈 합성 저하	출혈	• 저프로트롬빈혈증 → 출혈
간혈류 장애 (문맥계 울혈)	위 · 식도 정맥류	• 간혈류 장애 → 문맥울혈 → 위 · 식도 정맥류 → 파열로 인한 출혈 ↘ 문맥 혈중 수분이 복강 내 삼출 → 복수
혈중 빌리루빈 유입 및 분비 저하	황달	• 간 손상 → 혈중 빌리루빈이 간으로 유입되기 어려움 • 간 손상 → 담즙이 담낭으로 분비되기 어려움 → 혈중 빌리루빈 농도 증가 → 황달
콜레스테롤 합성 저하	지방 소화 · 흡수 불량	• 저콜레스테롤혈증 → 담즙 생성, 분비 감소 → 지방 소화 · 흡수 불량
요소회로 장애	간성뇌질환	• 단백질 대사산물인 독성의 암모니아를 요소로 전환시키지 못함 → 고암모니아혈증 → 간성뇌질환
대사 변화	고혈당	• 혈당조절대사이상(인슐린저항, 내당능장애) → 공복혈당, 식사 2시간 후 혈당상승 → 고혈당
	• 혈중 유리지방산 ↑ • 곁가지아미노산 ↓ • 방향족 아미노산 ↑	• 간경변 시에는 장기간의 기아상태에서처럼 에너지원의 60% 이상을 지방으로 충족 → 혈중 유리지방산 증가 • 혈청 단백질 합성 저하 → 근육단백질 소모 증가 → 혈중 아미노산의 비율 변화(곁가지 아미노산 감소, 방향족 아미노산 증가)

(3) 식사요법

간경변증의 식사요법 목표는 적절한 영양관리를 통하여 영양불량을 개선하고 간조직을 재생하는 것이다. 뿐만 아니라 합병증을 예방하고 남은 간기능을 최대한 유지하기 위한 영양관리가 필요하다.

간경변증 환자는 주로 아침에는 식욕이 좋으나 시간이 지날수록 메스꺼움은 증가하고 식욕은 저하되는 경향이 있으므로 아침식사의 비중을 높인다. 간경변증 환자는 복수가 있으므로 평소의 체중인 건체중을 기본으로 영양소 필요량을 산출한다.

에너지 충분히

1일 에너지는 건체중 1 kg당 30~35 kcal를 공급한다. 그러나 감염, 패혈증 등 심한 스트레스가 있는 경우에는 건체중 1 kg당 40 kcal 이상의 에너지가 필요하다. 간경변증 환자는 식욕이 저하되어 있고 또한 복수로 인해 포만감이 빨리 느껴져서 필요한 양의 식사를 충분히 섭취하지 못하는 경우가 많으므로 소량씩 잦은 섭취를 권한다. 이때는 꼭 식사형태가 아니더라도 선호하는 간식을 활용할 수 있고, 식사 섭취부족이 지속될 경우 영양보충음료를 활용하거나 사탕, 꿀, 과일주스 등의 농축된 당질 섭취가 도움이 될 수 있다. 위장장애와 식욕부진 등으로 경구섭취가 어려운 경우에는 유동식 형태로 경관급식을 이용하거나 정맥영양으로 보충해야 한다.

단백질 충분히

간경변증에서 체조직단백질 분해는 촉진되고 합성은 저하되므로 간성뇌질환이 없는 간경변증에서는 1일 단백질을 건체중 1 kg당 1.0~1.5 g 공급하고, 알코올성 간염이나 심한 복수, 감염 등의 스트레스 상황에서는 건체중 1 kg당 1.5 g을 공급한다. 그러나 간성뇌질환이 있는 경우에는 단백질 섭취를 제한해야 한다(간성뇌질환 참조).

당질 적당히

적당량의 당질은 간 글리코겐을 늘리고 단백질을 절약하여 단백질의 주된 기능인 간조직의 재생을 돕는다. 간질환으로 인해 당신생은 떨어지고 글리코겐 분해도 적어서 공복 시에 저혈당증이 나타나므로 당질을 자주 섭취하여 공복이 되지 않도록 한다. 그러나 인슐린, 글루카곤, 코티솔 등의 호르몬 변화로 간을 비롯한 말초조직에서의 당질 이용률은 낮아지는 등 당질대사에 변화가 있으므로 당질 공급량을 결정하는 데 어려움이 있다. 간경변증 환자의 2/3가량에서 당불내증이 있고, 간경변증 환자의 10~37%는 당뇨병으로 발전한다고 한다.

지방 적당히

간경변증 환자의 절반 정도에서 지방변이 나타난다. 지방변이 있거나 황달이 있을 때에는 지방 섭취를 1일 20 g 이하로 제한하고 소화·흡수가 잘 되는 중간사슬중성지방MCT을 이용한다. 그러나 지방은 지용성 비타민의 흡수와 필수지방산의 공급, 그리고 충분한 에너지 섭취를 위해 적정량 필요하다. 지나친 지방 제한은 음식 맛을 저하시킬 수 있으므로 환자의 식욕과 총섭취량에 따라 조절한다. 지방의 약 10%는 긴사슬지방산 또는 리놀레산 등의 필수지방산으로 공급하도록 한다.

비타민과 무기질 충분히

티아민, 리보플라빈, 비타민 B_6, 엽산 등 수용성 비타민의 결핍으로 합병증이 나타날 수 있고, 또한 담즙 분비장애로 인한 지방변증으로 비타민 A, 비타민 D 등 지용성 비타민과 칼슘, 마그네슘, 아연 등의 무기질도 결핍되므로 보충이 필요하다. 수용성 비타민은 치료 초기의 1~2주 동안 또는 환자가 음식을 제대로 섭취할 때까지는 권장섭취량의 2~3배 정도를 보충하고, 식사를 제대로 하게 되면 비타민 보충은 필요하지 않다.

수분 조정

전날의 소변량 정도로만 공급하고 이뇨제를 사용할 때에는 칼륨을 보충한다.

복수, 황달이 없는 간경변증 식사의 1일 영양소구성, 식품구성 및 식단의 예는 표 5-6과 같다.

복수 – 저염식

- 나트륨을 1일 2,000 mg 이하(소금 5 g 이하)로 제한하고, 복수와 부종이 심하면 1일 1,000 mg 이하(소금 2.5 g 이하)로 제한
- 소금과 간장을 필요로 하지 않는 조리방법과 재료 선택

표 5-6a 간경변증식의 1일 영양소구성 예(C : P : F = 60 : 18 : 22)

에너지(kcal)	당질(g)	단백질(g)	지방(g)	나트륨(mg)
2,200	330	100	55	2,000~5,000

표 5-6b 간경변증식의 1일 식품구성 예(2,200 kcal)

식품군	곡류군	어육류군		채소군	지방군	우유군	과일군
		저지방군	중지방군				
교환단위 수	12	3	4	7	4	1	2

표 5-6c 간경변증식의 1일 식단 예(2,200 kcal)

식품군		교환 단위 수	아침	간식	점심	간식	저녁
곡류군		12	4×쌀 30 g =120 g(쌀밥)		4×쌀 30 g =120 g(쌀밥)		4×쌀 30 g =120 g(쌀밥)
어육류군	저지방	3	1×조기 50 g =50 g(조기구이)		1×닭 40 g =40 g(닭볶음탕)		1×쇠고기 40 g =40 g(불고기)
	중지방	4	1×달걀 1개 55 g =55 g(달걀부침)		2×삼치 50 g =100 g(삼치구이)		1×두부 80 g =80 g(두부찜)
채소군		7	0.5×콩나물 70 g =35 g(콩나물국) 1×오이 70 g =70 g(오이생채) 0.5×배추 50 g =25 g(배추김치)		0.5×당근 70 g =35 g(닭볶음탕용) 0.5×건미역 6 g =3 g(미역국) 1×시금치 70 g =70 g(시금치나물) 0.5×무 50 g =25 g(깍두기)		0.5×양파 70 g =35 g(불고기용) 0.5×아욱 70 g =35 g(아욱국) 1×취 70 g =70 g(취나물) 0.5×배추 50 g =25 g(배추김치)
지방군		4	1×식용유(참기름) 5 g =5 g(조리용)		1×식용유(참기름) 5 g =5 g(조리용)		2×식용유(참기름) 5 g =10 g(조리용)
우유군		1		1×두유 200 mL			
과일군		2		1×귤 120 g		1×사과 80 g	
식 단			쌀밥 콩나물국 조기구이 달걀부침 오이생채 배추김치	두유 귤	쌀밥 미역국 닭볶음탕 삼치구이 시금치나물 깍두기	사과	쌀밥 아욱국 소불고기 두부찜 취나물 배추김치

식도· 위정맥류 – 무자극성식

- 약한 자극에도 출혈이 있으므로 기계적 자극을 피하기 위해 연하고 부드러우며 소화가 잘 되는 음식을 소량씩 제공
- 거칠고 단단한 음식, 식이섬유가 많은 생채소나 생과일, 결체조직이 많은 식품은 피함
- 혈관벽 구성에 필요한 단백질, 필수지방산, 비타민 C의 섭취 증가
- 혈액응고에 필요한 칼슘과 비타민 K 공급, 출혈 시에는 철 보충

7) 간성뇌질환

간성뇌질환은 간경변증과 간기능이 심하게 손상되었을 때 발생하는 합병증으로서 중추신경계의 기능에 장애가 나타나 의식이 나빠지거나 행동에 변화가 생기는 것으로 만성 간기능부전 환자의 50~70%에서 나타난다. 간성혼수hepatic coma는 간성뇌질환의 가장 심한 단계이다.

(1) 원인

중추신경계에 장애가 나타나는 간성뇌질환의 원인에는 여러 가지가 있으나 그 가운데 중요한 원인은 다음과 같다.

① 혈중 암모니아의 농도 증가

- 식도, 위 정맥류의 출혈로 인한 혈액 단백질(내인성)과 흡수되지 않은 식사성 단백질(외인성)에 대하여 장에서 박테리아가 분해작용을 함으로써 암모니아가 다량 생성되기 때문이다. 이 가운데 출혈에서 오는 내인성 암모니아가 주를 이룬다.
- 장에서 생성된 독성 암모니아는 문맥을 거쳐 간으로 유입되어 요소회로를 통해 무독한 요소로 전환되어야 한다. 그러나 간경변증과 같이 간 손상이 심하면 간혈류 장애로 문맥순환이 감소되어 암모니아는 간으로 들어가지 못하며, 일부 암모니아가 간으로 들어갔더라도 정상적인 요소회로가 작용하지 못하므로 암모니아는 요소로 전환되지 못한다.
- 결국 혈중 암모니아 농도는 상승하여 혈액-뇌관문blood-brain barrier, BBB이 방어할

수 있는 암모니아의 농도인 역치를 넘어서게 된다. 따라서 암모니아는 혈액-뇌관문을 통과하여 뇌에 손상을 주게 된다.

② 혈중 아미노산의 농도 변화(방향족 아미노산 증가, 곁가지 아미노산 감소)

- 건강한 사람의 간에서는 루신, 이소루신, 발린 등 곁가지 아미노산branched chain amino acid, BCAA은 거의 대사되지 않고 주로 근육에서 대사된다. 이는 곁가지 아미노산 분해에 관여하는 효소의 활성이 간보다 근육에서 약 80배 정도 높기 때문이다.
- 따라서 곁가지 아미노산은 근육으로 이동하기 위해 간에서 혈중으로 방출되므로 혈중 곁가지 아미노산의 농도는 높다. 반면에 트립토판, 페닐알라닌, 티로신 등 방향족 아미노산aromatic amino acid, AAA은 간에서만 대사되고 혈중으로 방출되지 않으므로 혈중 방향족 아미노산 농도는 낮다.
- 그러나 간경변증과 같이 간 손상이 심해지면 곁가지 아미노산은 간에서 이상 분해되므로 혈중 농도는 낮아지는 반면에, 방향족 아미노산은 간에서 대사되지 못하므로 혈중 농도가 높아진다.
- 간 손상으로 당신생과 케톤체 생성이 줄어들면 근육, 심장, 뇌는 에너지 요구량의 30%를 곁가지 아미노산의 분해로 충당하므로 곁가지 아미노산의 혈중 농도는 더욱 낮아지고, 반면에 근육단백질 분해 증가로 혈중 방향족 아미노산의 농도는 더욱 증가한다.
- 혈중 농도가 높아진 방향족 아미노산은 혈액-뇌관문을 통과할 때 곁가지 아미노산과 경쟁하여 곁가지 아미노산의 유입을 억제한다. 결과적으로 뇌로 다량 유입된 방향족 아미노산은 암모니아와 결합하여 허위신경전달물질false neuro transmitters을 형성한다. 이로 인해 뇌신경장애를 일으키는 간성뇌질환을 초래한다.

그 외 암모니아 생성률이 높은 아미노산(메티오닌, 글루타민, 아스파라긴, 히스티딘, 글리신, 세린, 트레오닌 등)과 메티오닌의 대사산물인 메르캅탄mercaptan의 혈중 농도도 높다. 이와 같이 혈중 암모니아의 증가는 간성뇌질환과 밀접한 관련이 있다.

(2) 증상

간성뇌질환은 다음과 같은 단계로 진행한다.

알아두기 **간성뇌질환 진행단계**

- 1단계 : 불면증, 수면장애, 느린 반응, 약한 자제력
- 2단계 : 날짜와 시간 혼동, 인격 장애, 난폭하고 공격적인 성격, 팔을 쭉 펴서 손끝은 위로 하고 손바닥은 앞으로 향하도록 할 때 손끝이 떨리거나 아래로 떨어짐
- 3단계 : 사람을 잘 알아보지 못하고, 아플 정도로 자극을 주어야만 눈을 뜸
- 4단계 : 혼수상태, 자극에 대한 무반응, 심한 뇌부종

낮과 밤이 바뀜 / 성격 변화 / 손끝이 떨리거나 아래로 떨어지는 현상

(3) 식사요법

간성뇌질환의 식사요법 목표는 간세포의 재생, 복수와 부종의 개선, 식도·위 정맥류의 출혈 방지, 혼수 예방이다. 간경변증의 식사요법과 거의 같으나 다소 차이가 있는 점은 다음과 같다.

단백질 적당히 제한

일부에서는 식사 단백질이 혈중 암모니아 수준을 높여서 결과적으로 간성뇌질환을 가져온다고 하지만, 혈중 암모니아는 주로 식도·위 정맥류의 출혈로 인한 것이고, 오히려 단백질 섭취량을 필요 이상 제한하면 체조직단백질의 손실이 커져서 상태가 더욱 악화되므로 지나친 제한은 피해야 한다. 간성뇌질환 증세를 나타내면 단백질은 1일 30~40 g 정도로 제한하다가 증세가 호전되면 단백질을 조금씩 증가시킨다.

주로 우유나 유제품 및 식물성 단백질 권장, 동물성 단백질 제한

우유, 유제품 및 콩, 두부 등의 식물성 식품에는 동물성 단백질에 비해 암모니아를 형성하는 아미노산이나 방향족 아미노산은 적고, 반면에 곁가지 아미노산과 식이섬유가

많이 함유되어 있어서 간성뇌질환의 위험을 낮춘다.

그러나 심한 경우에는 우유 및 유제품도 금하여 단백질을 1일 20 g 이하로 지나치게 제한하기도 하는데, 이러한 경우에는 간세포의 재생이 어렵고 간기능부전으로 결국 사망하게 되므로 곁가지 아미노산이 많은 식물성 단백질은 계속 공급해야 한다. 곁가지 아미노산을 충분히 공급하여 혈액-뇌관문을 통과할 때 방향족 아미노산과 경쟁하도록 함으로써 방향족 아미노산으로부터의 허위신경전달물질 생성을 막아야 한다.

알아두기 **곁가지 아미노산이 비교적 많은 식품 : 우유, 유제품, 식물성 단백질 식품**

우유, 치즈, 식빵, 우동, 쌀밥, 고구마, 토란, 감자, 두부, 호박, 당근, 시금치, 순무, 양배추, 오이, 강낭콩 등

방향족 아미노산이 많은 식품 : 동물성 단백질 식품

육류, 동물의 내장, 간, 어패류 등

식이섬유를 공급하되 식도·위정맥류가 있을 때는 제한

식이섬유는 암모니아의 장내 흡수를 억제하므로 식이섬유가 많은 채소를 공급하는 것이 좋으나 식도·위정맥류가 있을 때에는 출혈의 위험이 있으므로 제한한다.

비타민, 무기질 보충

단백질을 제한한 식사는 티아민, 리보플라빈, 니아신, 칼슘, 철, 엽산 등이 부족하므로 보충한다.

간성뇌질환 식사의 1일 영양소구성, 식품구성 및 식단 예는 표 5-7 과 같다.

8) 알코올성 간질환

(1) 원인

알코올은 식도와 위에서 일부 흡수되나 80%는 소장에서 흡수되어 간에서 대사된다. 알코올성 간질환alcoholic liver disease은 유전적 요인과 관련되어 개인차가 크지만 B형과 C형 간염 환자나 간기능에 이상이 있는 경우의 과음은 알코올성 간질환을 일으킬 수 있으므로

표 5-7a 간성뇌질환식의 1일 영양소구성 예(C : P : F=72 : 9 : 19)

에너지(kcal)	당질(g)	단백질(g)	지방(g)	나트륨(mg)
1,900	345	45	40	2,000

표 5-7b 간성뇌질환식의 1일 식품구성 예

식품군	곡류군	어육류군		채소군	지방군	우유군	과일군	에너지 보충군
		저지방군	중지방군					
교환단위 수	9	1	1	6	5	0.5	3	3

표 5-7c 간성뇌질환식의 1일 식단 예

식품군		교환 단위 수	아침	간식	점심	간식	저녁
곡류군		9	3×쌀 30 g =90 g(쌀밥)		3×쌀 30 g =90 g(쌀밥)		3×쌀 30 g =90 g(쌀밥)
어육류군	저지방	1			1×조기 50 g =50 g(조기튀김)		
	중지방	1	1×달걀 1개 55 g =55 g(달걀부침)				
채소군		6	1×시금치 70 g =70 g(시금치나물) 1×표고 50 g =50 g(표고전)		1×오이 70 g =70 g(오이생채) 1×가지 70 g =70 g(가지볶음)		1×연근 40 g =40 g(연근튀김) 1×애호박 70 g =70 g(애호박전)
지방군		5	1×식용유 5 g =5 g(조리용)		2×식용유 5 g =10 g(조리용)		2×식용유 5 g =10 g(조리용)
우유군		0.5					0.5×아이스크림 100 g =50 g(아이스크림)
과일군		3		1.5×사과 80 g =120 g(사과)		1.5×파인애플 통조림 70 g =105 g(파인애플 통조림)	
에너지 보충군		3		1.5×사탕 25 g =38 g(사탕)		1.5×젤리 30 g =45 g(젤리)	
식 단			밥 달걀부침 시금치나물 표고전	사과 사탕	밥 조기튀김 오이생채 가지볶음	파인애플 통조림 젤리	밥 연근튀김 애호박전 아이스크림

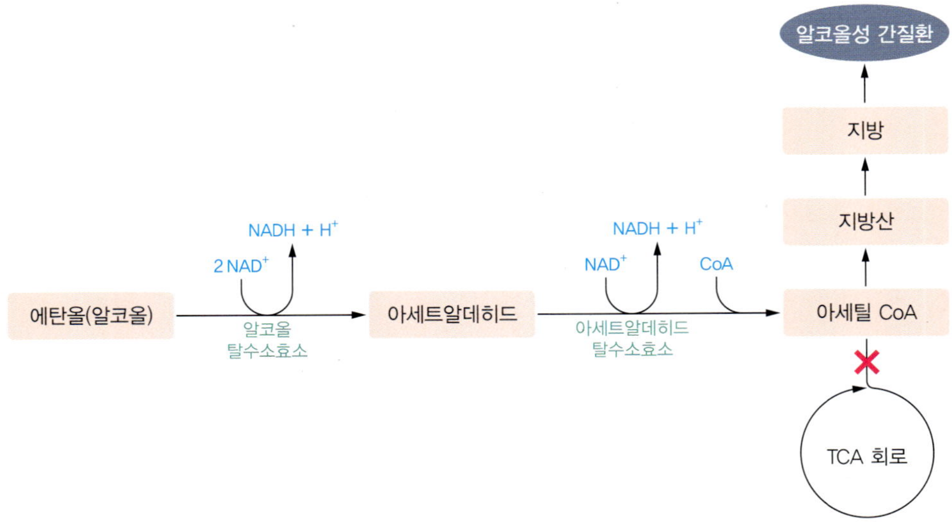

그림 5-9 알코올성간질환에서의 알코올 대사과정

음주를 엄격히 제한해야 한다. 상습 과음자는 평생 15~30%에서 알코올성 간경변증이 발생한다. 그림 5-9는 알코올성 간질환에서의 알코올 대사과정을 나타낸다.

(2) 증상

알코올이 아세트알데히드로 산화된 후 아세테이트를 거쳐 아세틸 CoA로 전환되는 과정에서 수소가 다량 생성되므로 수소를 생성하기보다는 소모하는 방향으로 여러 변화가 초래된다.

지방간

알코올 과음으로 다량 생성된 아세틸 CoA는 수소를 생성하는 TCA 회로로 들어가지 못하고, 대신 수소를 소모하는 반응으로 중성지방을 합성하여 지방간을 유발한다.

간세포 손상

혈액과 간세포 내에 증가된 아세트알데히드는 간세포의 미토콘드리아의 막 구조에 손상을 주고 기능을 변화시킨다.

케톤증, 산혈증

아세틸 CoA는 축합하여 케톤체를 형성하고 이로 인하여 케톤증을 유발한다. 한편, 포도당은 피루브산을 거쳐 아세틸 CoA로 전환되어야 하나 이 과정에서 수소를 생성하므로 억제되는 대신, 피루브산은 수소를 소모하는 반응에 의해 젖산이 된다. 젖산과 케톤체는 혈중으로 나와 산혈증을 유발한다.

통풍

케톤체는 신장에서 요산 배설을 억제하므로 고요산혈증과 통풍을 유발한다.

영양불량증

알코올은 에너지 이외에는 다른 영양소를 공급하지 않으며, 과음은 위, 췌장, 소장에 염증을 일으켜 티아민, 비타민 B_{12}, 엽산, 비타민 C와 같은 영양소의 흡수를 저해한다. 이외에도 마그네슘 요구량이 증가되고 활성형 비타민 D(25-OH-D_3)가 감소된다.

알코올성 간질환은 다음의 3가지 진행단계가 있다 표 5-8. 일반적으로 알코올성 지방간, 알코올성 간염, 알코올성 간경변증의 세 가지 질환이 순차적으로 나타나지만 항상 그런 것은 아니다. 환경인자, 유전인자, 바이러스 간염, 비만 등은 알코올성 지방간을 알코올성 간염으로 촉진시킬 수 있다.

표 5-8 알코올성간질환의 진행 3단계

진행단계	특징
알코올성 지방간	• 만성 알코올중독 환자의 80% 이상에서 유발됨 • 음주를 중단하면 정상으로 회복 가능하나 지속적인 음주 간경변증으로 진행됨
알코올성 간염	• 만성 알코올중독 환자의 30% 정도에서 유발됨 • 발열, 메스꺼움, 식욕부진, 피로, 무력감, 빈혈, 체중감소, 간비대, 심할 경우 황달, 구토 등의 증세가 나타남 • 음주를 중단하면 회복되기도 하지만 자주 간경변증으로 진행됨
알코올성 간경변증	• 알코올성 간질환 환자의 10~15%에서 유발됨 • 심한 영양불량(부적절한 식사 섭취, 흡수불량), 간 저장능력의 감소, 대사이상 등의 복합적인 원인에 의함

(3) 식사요법

알코올성 간질환 환자들은 평생 금주해야 한다. 지방간은 금주한 뒤 대부분 3~6개월 이내에 없어지고, 알코올성 간염도 일부에서 금주 후 완전히 회복될 수 있다. 그러나 대부분의 지속적인 음주는 간 손상이 회복되지 않고 간경변증으로 진행한다.

소주잔으로 1잔(맥주컵으로 1컵)에는 알코올 10 g이 포함된다. 간경변증이 발생하는 최소 알코올 양은 남자는 하루 20~40 g(소주잔 2~4잔) 이상, 여자는 10~20 g(소주잔 1~2잔) 이상이다. 최근 사회문제가 되고 있는 폭음은 2시간 안에 남자는 5잔 이상, 여자는 4잔 이상의 음주로 정의한다. 같은 양의 음주를 해도 혈중 알코올농도가 남자보다 여자가 높아 알코올성 간질환의 위험이 더 높다.

일반적인 식사요법은 지방간이나 급성 간염의 회복기와 유사하다.

- 에너지는 대사적 요구량을 충족시키고 체조직의 이화를 막으며 표준체중을 유지할 정도로 공급한다. 체중 1 kg당 30~35 kcal로서 1일 2,500~3,000 kcal를 공급하고 에너지원은 주로 당질로 한다.
- 단백질은 질소평형을 유지하기 위하여 체중 1 kg당 1~1.5 g으로 1일 60~80 g 정도를 권장한다.
- 지방, 나트륨, 수분은 간의 상태에 따라 허용범위 내에서 공급한다.

표 5-9 간질환의 종류별 1일 영양기준량

영양소	급성 간염	만성 간염	간경변증	간성뇌질환
에너지	35~40 kcal/kg (2,400~2,700 kcal)	2,300~2,500 kcal	30~35 kcal/kg 건체중	30 kcal/kg 건체중
단백질	1.5~2.0 g/kg	1.0~1.5 g/kg	1.0~1.5 g/kg 건체중	30~40 g
당질	300~400 g	300~400 g	300~400 g	300 g
지방	60~70 g	50~60 g	50~60 g	40~50 g
비타민, 무기질	충분히	충분히	충분히	충분히
나트륨	3,000~4,000 mg	급성 간염에 준함 (부종 시 2,000 mg)	복수 시 1,000~2,000 mg (이뇨제 사용 시 칼륨 보충)	간경변증에 준함
기타	• 초기에 지방 제한 • 황달 시 지방 20 g 이하로 제한		• 위·식도정맥류가 있으면 무자극성식	• 곁가지 아미노산이 많은 우유, 유제품 및 식물성 식품 이용

- 그 외에 티아민, 리보플라빈, 니아신, 엽산, 아연, 마그네슘 등 비타민과 무기질의 보충이 필요하다.

2. 담낭질환

1) 담도계의 구조와 기능

담도계란 담낭과 담관을 총칭한 것이다. 담낭은 간의 하부 오른쪽에 부착되어 있고 40~70 mL 정도의 서양 배 모양의 주머니이다. 담관은 담즙의 통로로서 간관과 만나는 곳에서 총담관으로 합류되고, 총담관은 다시 췌관과 합류되어 십이지장으로 개구되어 있다. 이와 같이 간, 담낭, 췌장의 관들은 서로 연결되어 있기 때문에 담즙 외에도 췌장의 소화효소가 함께 십이지장으로 분비된다. 간에서 생성된 담즙은 묽은 황금색의 희석된 상태로 간관을 통해 분비되는데, 십이지장으로 향하는 출구에는 굳게 닫힌 괄약근이 있어서 간에서 나온 담즙은 십이지장으로 나가지 못하고 다시 역류하여 담관을 통해 담낭으로 들어간다. 담낭 내에서 담즙은 농축되어 흑녹색의 점조한 액체가 된다. 담낭의 주요 기능은 담즙을 농축하고 저장하는 것으로 4시간 내에 담즙을 10배로 농축시킬 수 있다.

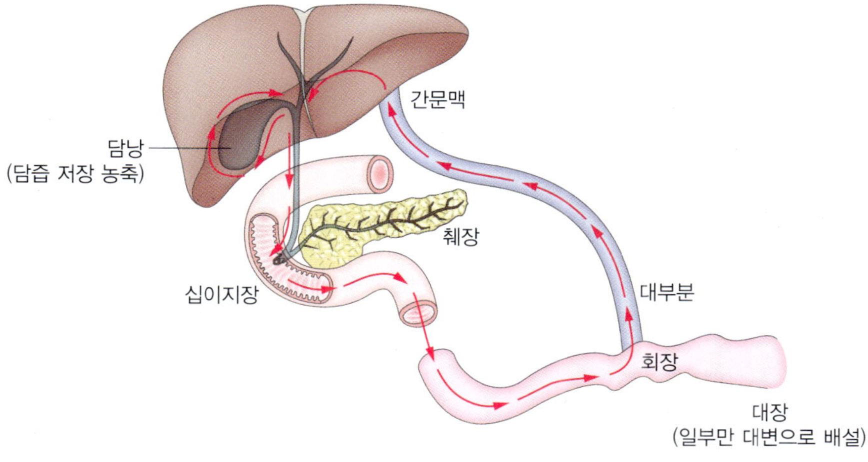

그림 5-10 담즙의 장간순환

하루에 600~800 mL 분비되는 담즙의 성분은 담즙산, 레시틴, 빌리루빈, 콜레스테롤, 뮤신, 각종 염류(Na, K, Cl, 중탄산염), 수분 등이다. 이 가운데 유화제 역할의 중심물질은 담즙산염과 레시틴으로서 긴사슬중성지방을 유화하여 미셀을 형성함으로써 소화와 흡수를 돕는다. 십이지장으로 분비된 대부분의 담즙은 유화작용을 한 후, 그림 5-10과 같이 회장 말단부에서 대부분(97~98%) 흡수되어 문맥을 통해 다시 간으로 되돌아가 간에서 새로 만들어진 담즙과 함께 담낭을 거쳐 십이지장으로 재분비되는데, 이를 장간순환enterohepatic circulation이라고 한다.

십이지장으로 분비된 담즙이 회장에서 전부 흡수되는 것은 아니고 일부는 대변으로 배설된다. 따라서 간은 대변으로 배설된 양만큼의 담즙산을 콜레스테롤로부터 만들어서 보충하므로 항상 일정량의 담즙이 담낭에서 십이지장으로 분비되는 균형이 유지된다. 식사를 하지 않을 때에는 담낭이 이완되어 담즙이 가득 채워지면서 괄약근은 수축되어 닫히므로 담즙은 분비되지 않는다.

담즙의 분비속도는 섭취된 음식의 종류나 형태와 직접적으로 관계가 있다. 소화과정에서 식품 중의 지방이 십이지장 벽에 접촉하면 콜레시스토키닌cholecystokinin의 분비를 자극하고, 이것은 담낭을 수축하여 담즙분비를 촉진시킨다. 지방식품, 특히 소수성의 긴사슬 지방산으로 구성된 중성지방이나 콜레스테롤 함량이 많은 식품은 담즙분비량의 증가와 밀접한 관련이 있다.

2) 담낭염

(1) 원인

대부분의 담낭염은 담즙이 분비되지 못하고 담낭에 정체될 때 발생하는데, 담낭에 갇히게 된 담즙에 세균 감염이 발생하여 담낭 벽에 염증을 일으키는 것이다. 담낭 벽이 붉게 부풀어 오르면서 화농이 모여 팽창되기도 한다. 세균 감염 외에도 비만, 임신, 변비, 부적절한 식사, 소화기관 장애 등으로도 유발된다.

급성 담낭염은 담즙이 배출되는 담낭의 출구가 담석으로 막혔을 때 담즙이 정체됨으로써 발생하는 담석담낭염이고, 만성 담낭염은 담낭을 수축시키는 호르몬인 콜레시스토키닌에 대해 담낭의 수축반응이 없을 때 발생하는 비담석 담낭염이다 표 5-10.

표 5-10 담낭염의 원인

분류	급성 담낭염(담석담낭염)	만성 담낭염(비담석담낭염)
주된 원인	담낭에 정체된 담즙의 세균 감염	
담즙 정체의 주된 원인	담석이 담관을 막아 담즙이 십이지장으로 분비되지 못하고 담낭으로 역류하거나 정체됨	콜레시스토키닌은 담낭을 수축하여 담즙을 분비시키는 호르몬인데, 이 호르몬에 대해 담낭의 수축반응이 없어 담즙이 정체됨

(2) 증상

담낭염의 증상으로는 우측 복부에 지속적인 통증, 우측 어깨 통증, 메스꺼움, 구토, 복부팽만, 발열, 오한과 황달이 있다. 만성 담낭염은 대체로 급성 담낭염이 약하게 반복되면서 오랜 기간 지속되는 염증으로 담낭 벽은 두꺼워지고 수축되며 섬유화됨으로써 담낭의 기능을 잃어버리게 된다.

3) 담석증

(1) 원인

담석은 일반적으로 담낭염과 함께 담즙의 정체로 인한 담즙의 성분 변동으로 생성된다. 담석은 크게 콜레스테롤형과 빌리루빈형(색소성)이 있고, 그 외 혼합형, 칼슘형 등 여러 가지가 있다. 담석의 크기는 다양하여 큰 담석이 한 개만 존재하거나 작은 모래알 만한 담석이 수십 개 존재하기도 한다.

① 콜레스테롤 담석

담즙산과 레시틴은 담즙 속에서 콜레스테롤을 용해시키는 역할을 한다. 즉 담즙산과 레시틴은 유화제로서 소수성의 콜레스테롤을 소량씩 둘러싸 수분이 많은 담즙 내에서 콜레스테롤을 여러 개의 소립자로 분리하는데 이를 미셀micelle이라고 한다. 건강한 담낭은 담낭벽에서 담즙의 수분을 흡수하여 담즙을 농축시키는 반면, 염증이 있는 담낭벽은 담즙의 수분을 흡수하지 못하므로 담즙을 농축시키지 못하고 대신, 담낭벽에서 담즙산이 쉽게 흡수된다. 이로 인해 담즙 내 담즙산이 부족하게 되므로 미셀의 힘이 약해져서 콜레스테롤을 여러 개의 소립자로 분리할 수 없게 되고 따라서 콜레스테롤끼리 모여 결석을 형성한다. 이를 콜레스테롤 담석이라고 한다.

최근 음식이 서구화되어 지방 섭취량이 많아지면서 콜레스테롤 담석은 점차 증가되는 추세이다. 특히 콜레스테롤 결석을 일으키는 위험요인으로서 여성female, 비만fatness, 임신fertility, 40대forty의 4F를 든다. 이는 여성호르몬이 담즙 내 콜레스테롤 수치를 높이고 비만은 혈중 콜레스테롤 수치를 높이며, 특히 임신부나 비만자의 경우에는 담낭 운동이 저하되어 담즙 배출이 정체되거나 지연되기 때문이다.

② 빌리루빈(색소성) 담석

빌리루빈 담석은 용혈성 빈혈 등으로 인해 빌리루빈이 과잉생성될 때 또는 저체중이나 지방·단백질 결핍 등과 관련되며 빌리루빈 중합체나 칼슘염이 많다.

(2) 증상

담석의 존재는 아무런 증세를 일으키지 않아서 환자도 그 존재를 인식하지 못하지만, 지방을 섭취했을 때 담즙분비에 따라 담석이 움직인다면 통증을 일으킨다. 가장 특징적인 증상은 명치와 우측 상복부에 발생하는 지속적이고 심한 통증이나 중압감으로 우측 어깨 쪽으로 퍼져 나갈 수 있다. 통증은 갑자기 시작되어 1~4시간 지속되다가 서서히 또는 갑자기 소실된다. 메스꺼움과 구토가 흔히 동반되고 발열이나 오한 등이 나타나면, 합병증으로서 담낭염이나 담관염 등이 동반될 가능성이 있다.

담석은 그 존재 위치에 따라 증상이 다르게 나타난다 표 5-11. 담즙이 분비되면서 담석이 움직인다면 통증을 일으키고, 담석으로 막혀서 담즙 분비가 어렵다면 황달이 동반되면서 담즙의 정체로 인해 담낭이나 담관에 염증을 유발할 수 있다. 또한 총담관과

표 5-11 담석의 위치에 따른 증상

담석의 위치	통증	십이지장으로의 담즙 분비	황달
① 담낭 안	없음(담석의 이동 없음)	가능함	없음
② 담관	담석의 이동으로 통증 발생	어려움(간으로부터 희석된 담즙 분비는 가능함)	있음
③ 총담관		어려움	심함
④ 총담관과 췌관이 만나는 곳		어려움(담즙이 췌장으로 역류함)	심함(췌장염 동반)

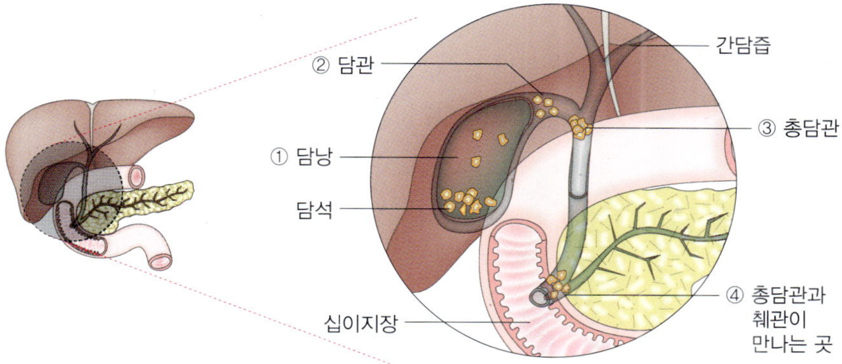

그림 5-11 담석의 위치

췌관이 만나는 곳에 담석이 있으면 담즙이 십이지장으로 배출되지 못하고 췌관을 따라 췌장조직으로 들어와 췌장세포를 손상시켜 췌장염을 유발할 수 있다.

4) 담도계질환의 식사요법

담도계질환의 식사요법 목표는 담낭 염증세포의 자극 완화 및 재생을 도와주며 담석의 이동 및 형성을 억제하는 데 있다. 급성 담낭염 환자의 90% 이상이 합병증으로 담석증도 함께 나타내므로 담낭염과 담석증은 같은 식사요법을 적용한다.

급성 발작이나 통증이 있을 때에는 하루 동안 절식하고 정맥영양을 한다. 환자의 75%는 1~4일 이내에 통증이 가라앉지만 통증이 계속되면 담낭을 절제해야 한다. 담낭을 절제하게 되면 간에서 생성된 담즙이 농축되지 않고 그대로 십이지장으로 직접 분비된다. 통증이 가라앉으면 전유동식으로 경구급식을 시작하여 연식, 상식으로 옮겨간다. 담도계질환의 식사요법의 원칙은 다음과 같다.

무자극성식

환자는 맛이 강하고 진한 자극성 음식보다는 담백하고 자극성이 없으며 소화되기 쉬운 음식을 좋아한다. 양념을 많이 한 음식, 짜고 매운 음식, 가스를 형성하는 고식이섬유 음식 등은 담낭을 자극하므로 피하도록 한다.

에너지 제한

에너지 섭취량이 많으면 담즙 분비를 촉진하므로 에너지를 제한한다. 급성 초기에는 절식을 하고, 후기에는 1일 700~800 kcal의 전유동식을 공급한다. 필요하다면 정맥으로 영양을 보충한다. 증세가 회복됨에 따라 간헐기에 들어가면 에너지를 1일 1,200~1,300 kcal로 올리고 연식으로 이행하며, 안정기에는 소화가 잘 되는 상식을 공급할 수 있다.

지방 제한

담도계질환 환자에게 가장 문제가 되는 영양소는 지방으로 콜레시스토키닌의 분비를 촉진하여 담즙 분비를 자극하므로 급성기에는 지방 섭취를 절대 금한다. 회복됨에 따라 지방 섭취량을 늘리지만 1일 30 g 이내로 한다. 특히 포화지방산과 콜레스테롤을 제한하여 콜레스테롤 담석의 형성을 억제한다. 포화지방산 함량이 높은 동물성 지방은 제한하고, 소화·흡수가 좋은 불포화지방산이나 유화지방을 함유한 식품을 선택하는 것이 좋다.

단백질 점차 증량

단백질은 아미노산이 콜레시스토키닌의 분비를 촉진하여 담즙 분비를 자극하므로 제한해야 하나, 담낭 염증세포를 재생시키기 위해 필요하므로 적당량을 공급한다. 급성기 후기에는 30~40 g의 단백질을 탈지된 상태로 공급하는데, 탈지유나 크림을 뺀 코티지 치즈 등을 이용할 수 있다. 회복됨에 따라 차차 증량하여 지방이 적은 어육류나 달걀을 기름을 이용하지 않은 조리법으로 공급한다. 그러나 지방이 많은 어육류, 베이컨, 햄, 소시지는 금한다.

당질 충분히, 식이섬유 적당히

지방을 제한하므로 에너지원을 주로 당질에 의존한다. 빵, 곡류, 감자, 채소류, 과일, 젤리, 탈지유로 만든 푸딩 등이 좋다. 곡류, 채소, 과일에 많은 식이섬유는 혈중 콜레스테롤을 저하시켜 콜레스테롤 담석 형성을 예방하고 통증발작을 일으키는 변비도 막을 수 있어 좋다. 그러나 많은 환자가 가스가 차고 헛배가 부른 것을 호소하므로 가스를 형성하는 고식이섬유 음식은 제한한다.

비타민, 무기질 보충

지방을 제한하므로 특히 지용성 비타민을 충분히 공급하고 빌리루빈 칼슘 결석이나 탄산칼슘 결석이 있을 때에는 우유나 탈지유도 제한하여 칼슘 공급량을 줄이되, 그 외에 무기질이나 수용성 비타민은 충분히 공급한다.

담도계질환 식사의 단계별 1일 영양소구성 예는 표 5-12 와 같다. 담도계질환 환자의 1일 영양소구성에 따른 1일 식품구성과 식단 예는 췌장질환과 유사하므로 표 5-13 과 같다.

표 5-12 **담도계질환의 단계별 1일 영양소구성**

구분		에너지(kcal)	당질(g)	단백질(g)	지방(g)
급성기	초기	절식			
	후기	700~ 800	150~180	30	–
간헐기		1,200~1,300	250	50	5~10
안정기		1,700~1,800	300	80	20~30

3. 췌장질환

1) 췌장의 구조와 기능

췌장은 길이가 15cm 정도로 왼쪽 상복부의 위 뒤쪽으로 십이지장과 비장 사이에 옆으로 누워 있는 기관으로, 내부에는 췌액을 분비하는 췌관이 총담관과 합류하여 십이지장으로 향하고 있다 그림 5-1 . 췌액은 무색으로 끈끈하고, 하루에 700~1,000 mL 분비되며 pH는 8.5 정도다.

췌장은 인슐린을 생성하고 혈중으로 분비하는 내분비기능, 당질·단백질·지방의 소화에 관여하는 각종 효소를 췌액과 함께 십이지장으로 분비하는 외분비기능이 있다. 위에서 십이지장으로 넘어온 유미즙 중 지방산과 아미노산이 장벽에 닿으면 콜레시스토키닌에 의해 췌장효소 분비가 촉진된다. 특히 길이가 긴 지방산이 많을수록 그 영향은 크다. 또한 유미즙 중 산이 장벽에 닿으면 세크레틴에 의해 췌액 알칼리(HCO_3^-)가 분비되어 유미즙을 중화시켜 췌장효소의 최적 pH를 만들어준다.

2) 급성 췌장염

(1) 원인

총담관과 췌관이 만나는 곳에 담석이 생기면 담즙이 십이지장으로 배출되지 못하고 췌관을 따라 췌장조직으로 들어와 췌장세포를 손상시킨다. 또한 담석이 췌액의 배출을 막으면 췌액이 역류하여 췌액의 소화효소가 췌장조직으로 새어 들어와 역시 췌장세포를 손상시킨다. 그 외 만성 알코올중독자나 고지방 식사를 선호하는 사람의 경우에도 췌장의 계속된 자극으로 췌액의 효소 분비량이 증가하게 되면 그로 인해 트립시노겐이 췌장세포 내에서 트립신으로 활성화되어 췌장세포를 손상시킨다. 급성 췌장염acute pancreatitis의 70% 이상이 담석이나 알코올 과잉섭취에 의해 발병하고, 20~25%는 정확한 원인이 알려져 있지 않다.

(2) 증상

음주, 과식, 고지방식 후 2시간 내에 상복부 통증이 있고 복부가 팽대된다. 상복부의 심한 통증은 종종 등쪽으로 퍼져나가며 몸을 움직이면 더 악화된다. 특히 췌장은 등쪽에 있는 장기이므로 통증은 누우면 심해지고, 다리를 모으고 구부린 자세에서 완화되는 특징이 있다. 그 외 구토, 멀미, 발열, 지방변이 있으며 혈중의 췌액효소 농도가 상승한다. 췌액효소는 십이지장으로 분비되지 못하고 역류되어 혈액 순환계로 들어가므로, 특히 혈청 아밀라아제, 리파아제의 농도는 상승한다. 심한 경우에는 효소들이 췌장에서 나와 주변의 지방조직을 분해하기 시작한다. 이렇게 되면 지방조직 분해에 의해 유리된 지방산이 칼슘과 염을 형성할 수도 있어서 혈중 칼슘은 위험할 정도로 낮은 수준으로 저하된다. 심한 경우에는 고혈압, 핍뇨, 호흡곤란, 출혈, 쇼크, 사망까지도 초래된다.

급성 췌장염 환자의 약 80%는 큰 합병증 없이 일주일 정도면 회복된다.

(3) 식사요법

급성 췌장염의 식사요법 목표는 췌장 염증세포의 자극 완화 및 재생을 도와주는 것이다. 췌장에 자극을 주지 않기 위해서 2~3일간은 절음, 절식하고 정맥으로 수분과 영양제를 공급한다. 증세가 호전되면 영양소 성분식을 공장을 통해 경관급식하고, 증세가 완전히 가라앉으면 당질을 주로 한 맑은 유동식으로 경구급식을 시작하여 점차 연식, 상식으로 이행한다.

당질과 에너지 충분히

당질은 비교적 소화가 잘 되므로 당질을 중심으로 한 식사를 공급한다. 췌장기능 부족으로 대부분 흡수되지 못하고 배설되므로 에너지를 충분히 주되 하루에 5~6회로 나누어 췌장에 부담을 주지 않는다.

단백질 점차 증량

아미노산은 지방산과 함께 장벽을 자극하여 콜레시스토키닌에 의해 췌액효소의 분비를 촉진하므로 췌장에 자극을 준다. 따라서 단백질은 초기에 제한하며, 증세가 호전되면 췌장세포의 재생을 위해 소화가 잘 되는 단백질 식품을 선택하여 충분히 공급한다. 소량의 우유, 지방 함량이 적은 어육류, 두부, 간, 닭고기, 쇠고기, 달걀 등을 기름을 이용하지 않은 조리법으로 이용하는 것이 좋다.

지방 제한

긴사슬지방도 췌액효소의 분비를 촉진하므로 췌장에 자극을 준다. 따라서 증세가 호전되어도 여전히 제한하며, 환자의 내성에 따라 소량씩 증량한다. 중간사슬지방은 췌장의 지방분해효소에 의존하지 않고 장액의 지방분해효소에 의해 쉽게 분해되어 흡수되므로 권한다. 또한 소량의 버터도 좋으며 필수지방산 함량이 많은 식물성 기름을 이용한다.

지용성 비타민 보충

지방 제한으로 지용성 비타민의 결핍이 우려되므로 지용성 비타민 A·D·K와 비타민 B_{12}도 보충한다.

알코올, 커피, 탄산음료, 향신료 등 자극성 음식은 금한다.

담도계질환과 췌장질환의 1일 영양소구성, 식품구성 및 식단 예는 표 5-13과 같다.

표 5-13a 담도계질환, 췌장질환 식사의 1일 영양소구성 예(C : P : F=71 : 19 : 10)

에너지(kcal)	당질(g)	단백질(g)	지방(g)
1,900	335	90	20

표 5-13b 담도계질환, 췌장질환 식사의 1일 식품구성 예(1,900 kcal)

식품군	곡류군	어육류군		채소군	지방군	우유군	과일군
		저지방군	중지방군				
교환단위 수	12	3	2	7	–	1	2

표 5-13c 담도계질환, 췌장질환 식사의 1일 식단 예(1,900 kcal)

식품군		교환 단위 수	아침	간식	점심	간식	저녁
곡류군		12	4×쌀 30 g =120 g(쌀밥)		4×쌀 30 g =120 g(쌀밥)		4×쌀 30 g =120 g(쌀밥)
어육류군	저지방	3	1×조기 50 g =50 g(조기구이)		1×닭 40 g =40 g(닭볶음탕)		1×쇠고기 40 g =40 g(불고기)
	중지방	2	1×달걀 1개 55 g =55 g(달걀찜)		2×삼치 50 g =100 g(삼치구이)		1×두부 80 g =80 g(두부찜)
채소군		7	0.5×콩나물 70 g =35 g(콩나물국) 1×오이 70 g =70 g(오이생채) 0.5×배추김치 50 g =25 g(배추김치)		0.5×당근 70 g =35 g(닭볶음탕용) 0.5×미역 6 g =3 g(미역국) 1×시금치 70 g =70 g(시금치나물) 0.5×깍두기 50 g =25 g(깍두기)		0.5×양파 70 g =35 g(불고기용) 0.5×아욱 70 g =35 g(아욱국) 1×취 70 g =70 g(취나물) 0.5×배추김치 50 g =25 g(배추김치)
지방군		–					
우유군		1		1×우유 200 mL			
과일군		1				1×사과 80 g	
식단			쌀밥 콩나물국 조기구이 달걀찜 오이생채 배추김치	우유	쌀밥 미역국 닭볶음탕 삼치구이 시금치나물 깍두기	사과	쌀밥 아욱국 소불고기 두부찜 취나물 배추김치

3) 만성 췌장염

만성 췌장염chronic pancreatitis은 췌장에 지속적으로 염증이 있는 진행성 질환으로 염증이 회복되지 않고 간격을 두고 재발할 때 발생한다.

(1) 원인

만성 알코올중독이 주된 원인으로 췌관과 출구의 괄약근에 경련을 일으켜 췌액이 췌장으로 역류하여 효소가 췌장세포에 손상을 준다. 만성화되어 손상된 췌장세포의 수가 많아지면 섬유성 결체조직, 즉 반흔조직으로 교체되어 회복이 지연되며, 랑게르한스섬의 β-세포의 손상으로 환자의 80% 정도에서 당뇨병이 발생한다. 그 외 담석증, 소화성궤양 등으로 인한 급성 췌장염이 만성화되기도 한다.

(2) 증상

간헐적이고 지속적인 상복부 통증이 나타나다가 흔히 등쪽으로 퍼진다. 구토, 설사, 식욕부진, 체중감소와 영양결핍 등이 있고, 혈청 아밀라아제, 리파아제의 농도가 증가하다가 췌장세포의 대부분이 파괴되면 이들 농도는 저하된다. 만성 췌장염 환자의 90%에서 영양결핍이 나타나며, 단백질-에너지영양불량protein-energy malnutrition, PEM으로 진행될 위험이 크다.

(3) 식사요법

만성 췌장염의 식사요법은 급성 췌장염에 준하며 만성에서 고려해야 할 내용은 다음과 같다.

- 증세가 안정되면 단백질은 권장량 수준으로 주고, 지방은 30~40 g까지 허용한다. 5~6년의 오랜 기간 지속되는 췌장염의 경우에는 췌장이 더 이상 충분한 양의 효소를 분비할 수 없는 정도까지 퇴화되어 단백질과 지방의 소화불량과 흡수불량을 일으킨다. 따라서 췌장효소 대체물의 구강투여가 지방변증 등을 치료하는 데 필요하다. 지방은 중간사슬중성지방으로 대체하면 지방흡수와 체중증가를 향상시킬 수 있다.

- 췌장의 중탄산염 분비가 부족하기 때문에 효소활성을 위하여 중탄산염과 제산제를 공급하여 최적 pH를 유지해야 한다.
- 췌장의 인슐린 분비능력이 감소하여 포도당불내증이 나타날 수 있으므로 당뇨병 환자들에게 적용되는 것과 비슷한 영양관리가 요구된다.
- 췌장의 트립신 분비의 부족으로 비타민 B_{12}가 R단백질과 분리되지 못하여 내적인자와 결합하지 못한다. 따라서 비타민 B_{12}의 흡수부족으로 인한 결핍증이 빈번히 일어나므로 비경구적 비타민 B_{12}의 보충이 필요하다.

CHAPTER

6

심혈관질환

1. 고혈압
2. 저혈압
3. 이상지질혈증
4. 동맥경화증
5. 심장질환
6. 뇌졸중

학 습 개 요

심혈관계(cardiovascular system)는 펌프작용을 하는 심장과 혈액을 운반하는 혈관으로 구성된다. 심혈관질환은 서구 사회에서 주요 사망원인이고, 우리나라에서도 심장질환과 뇌혈관질환이 사망원인의 각각 2위와 4위를 차지하고 있다(그림 13-1 참고). 심혈관질환은 원인에 따라 고혈압, 이상지질혈증, 동맥경화, 허혈성심장질환, 울혈성심부전, 뇌졸중 등이 있다. 최근 10년간 전체 심혈관질환과 뇌혈관질환의 발생은 감소한 반면, 허혈성심장질환의 발생은 증가하는 추세인데 이는 식습관과 생활습관이 서구화됨에 따른 것으로 여겨진다. 우리나라의 경우 심뇌혈관질환 전체에 가장 많은 영향을 미치는 위험인자는 남자의 경우 고혈압, 흡연, 이상지질혈증이고, 여자의 경우 고혈압, 이상지질혈증, 당뇨병, 흡연으로 확인되었다.

1. 고혈압

세계 사망에 미치는 기여도 1위인 고혈압은 국내 발병률이 30%인데 인구 고령화에 따라 지속적인 증가가 예상되고 있다.

1) 고혈압의 진단

좌심실의 수축력은 대단히 커서 동맥으로 나간 혈액이 전신 조직을 순환하게 하는 원동력이 된다. 동맥의 내벽은 탄력성이 있어 심장 수축력에 의한 혈압을 이길 수 있게 되어 있다. 혈압은 동맥의 혈압으로 연령, 성별, 식사, 신체 부위, 자세, 측정시간, 심리상태 등에 따라 변동이 크다. 심지어 의사나 간호사가 혈압을 잴 때 긴장하여 혈압이 실제보다 높게 나타나는 경우가 있어서 이를 백의고혈압white-coat hypertension이라고도 한다. 따라서 2분 간격으로 2번 이상 측정하여 평균을 내고 2~3일간 간격으로 다시 측정하는 것이 정확하며, 만약 처음 두 번 잰 혈압에서 5 mmHg 이상 차이가 나면 추가로 한 번 더 혈압을 측정하여야 한다. 또한 운동 후에는 2시간, 커피를 마신 후나 흡연 후에는 30분이 지난 다음에 측정하여야 하며 음주 후는 피한다. 고혈압hypertension의 진단기준은 표 6-1 과 같다.

한편 진료실 혈압이 조절되는 환자의 35.1%가 가면 효과에 의해 오인된 고혈압으로 이를 가면 고혈압이라고 부른다. 가면 고혈압은 아침 약을 복용한 후 진료실에서 측정한 혈압이 140/90 mmHg 미만이고, 가정 혈압 또는 주간활동혈압이 135/85 mmHg 이상일

표 6-1 고혈압의 진단기준

		수축기 혈압(mmHg)		이완기 혈압(mmHg)
정상혈압*		< 120	그리고	< 80
주의혈압		120~129	그리고	< 80
고혈압전단계		130~139	또는	80~89
고혈압	1기	140~159	또는	90~99
	2기	≥160	또는	≥100
수축기단독혈압		≥140	그리고	< 90

자료 : 대한고혈압학회

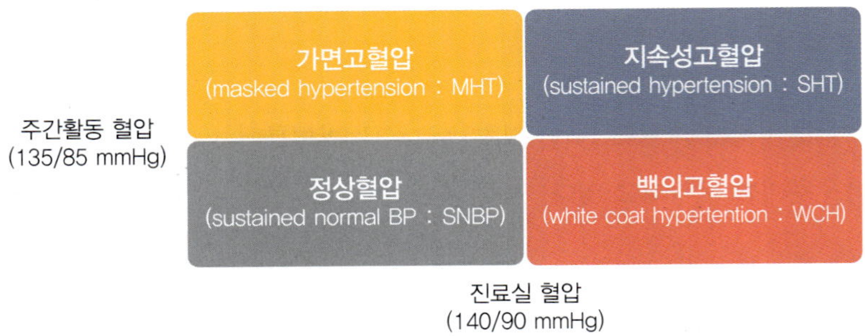

그림 6-1 **활동혈압을 이용한 혈압 분류**

자료 : 대한고혈압학회

때가 해당되는데, 지속성 고혈압보다 예후가 더 나쁘다.

따라서 가정혈압이나 활동혈압은 가면 고혈압이나 백의고혈압을 평가하는 데 도움이 되고 진료실혈압보다 표적장기손상과의 상관관계가 크며 심뇌혈관질환의 발생을 더 정확히 예측하므로 유용성이 크다. 활동혈압이란 24시간 동안 15~30분 간격으로 혈압을 측정해 평균을 낸 수치를 말하는데 온종일 혈압 측정 장치를 착용해야 하는 불편함이 있어 이보다 편리하게 집에서 직접 혈압을 측정할 수 있는 가정혈압이 권장된다.

합병증이 없는 고혈압 전 단계에서는 식염 섭취를 줄이고 비만, 스트레스, 운동부족 등을 개선함으로써 조절될 수 있으나, 합병증이 있거나 고혈압 1기에서는 식사요법을 포함한 생활 개선과 더불어 약물치료를 병행한다. 반면, 고혈압 2기에서는 약물치료가 우선적이다.

2) 고혈압의 분류

본태성(1차성, 특발성) 고혈압은 전체 고혈압의 90%에 해당되는데 높은 연령층에서 발병하는 편이고 원인이 없어 무증상으로 나타나므로 '침묵의 살인자'라고 부르기도 한다. 본태성 고혈압은 원인 질환이 확실한 2차성 고혈압에 비해 치료가 더 어렵다. 다른 원인 질환의 합병증으로 유발되는 속발성(2차성) 고혈압은 주로 젊은 연령층에서 발병한다. 고혈압은 신부전을, 신부전은 고혈압을 악화시킨다.

> **알아두기** 2차성 고혈압의 원인 질환
>
> 2차성 고혈압의 80%가 신장질환의 합병증으로 초래된다.
> - 신장질환 : 사구체염, 신우염, 신결석
> - 신혈관계질환 : 신동맥경화, 협착
> - 내분비이상 : 갑상선기능항진(바세도우씨병), 부신피질자극호르몬분비항진(쿠싱증후군), 부신수질호르몬 분비 증가(갈색세포증)
> - 약물복용 : 경구피임약, 스테로이드제제
> - 중추신경계 : 뇌종양, 뇌출혈
> - 기타 : 임신중독증

3) 고혈압의 발생기전

고혈압의 발생기전은 다음의 세 가지 경로로 구분할 수 있다. 물리적 요인과 신경성 요인은 본태성 고혈압과 관련되며, 체액성 요인은 2차성 고혈압과 관련된다.

(1) 물리적 요인

혈압은 혈관벽에 수직으로 가해지는 힘으로서 혈액의 점성, 혈류량, 심박출량에 비례하고 혈관 반지름의 4제곱에 반비례한다. 따라서 이들 요인 중 혈관 반지름이 혈압에 가장 큰 영향을 준다. 혈관수축이나 동맥경화는 혈관 반경을 감소시키고, 혈중 지질량의 증가는 혈액의 점성을 증가시키며 혈류속도를 저하시킨다. 또한 소금의 과잉섭취, 강심제 사용 등으로 심박출량이 늘어나면 혈압도 상승하게 된다.

$$
\begin{aligned}
\text{혈압} &= \text{혈관저항} \times \text{심박출량} \\
&= \text{혈관저항} \times \text{혈류량} \\
&= \left(\frac{8 \times \text{혈관길이}}{\pi} \times \frac{\text{혈액 점성}}{(\text{혈관 반경})^4} \right) \times \text{혈류량}
\end{aligned}
$$

(2) 신경성 요인

전신 혈압조절의 주역은 교감신경이다. 스트레스를 받거나 화가 났을 때 또는 긴장, 불안 등으로 교감신경이 자극받으면 카테콜아민(에피네프린, 노르에피네프린)을 분비한다. 그로 인해 심장에서는 심박이 항진하고 심장의 수축력 증가로 심박출량이 증가하며,

혈관은 수축하고 신사구체 부위에서 레닌을 분비함으로써 혈압을 상승시킨다.

(3) 체액성 요인

혈압은 레닌-안지오텐신계renin-angiotensin system에 의해 조절된다 그림 6-2. 출혈이나 탈수로 인하여 체액량이 감소하거나 신동맥이나 대동맥이 경화 또는 협착되어 신혈류량이 감소되었을 때, 또는 체액 중 Na 결핍 시나 신세뇨관에서 Na의 재흡수가 감소되었을 때 레닌의 분비는 증가된다.

레닌renin은 간에서 합성된 승압물질의 전구체인 안지오텐시노겐angiotensinogen을 안지

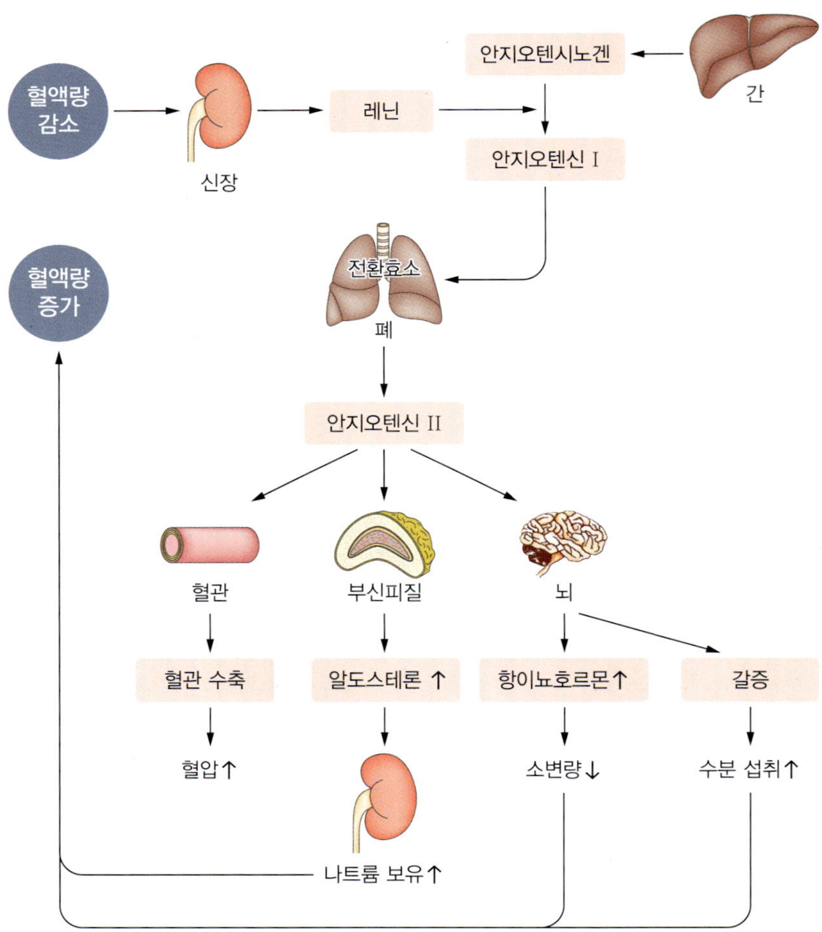

그림 6-2 레닌-안지오텐신계

오텐신I angiotensin I 으로 만들고, 안지오텐신I은 혈중이나 폐에 존재하는 효소에 의해 안지오텐신II로 전환된다. 활성형의 안지오텐신II는 혈관을 수축하여 혈압을 상승시킬 뿐 아니라, 알도스테론의 분비를 통해 신세뇨관에서 나트륨 재흡수를 증가시킴으로써 체액량을 늘려서 혈압을 상승시킨다. 레닌-안지오텐신계는 출혈이나 탈수에 의해 초래된 저혈압일 때에는 체액량과 혈압을 유지하는 데 중요하지만, 동맥경화가 있을 때에는 고혈압을 유발하게 된다.

4) 고혈압의 위험인자

(1) 조절할 수 없는 인자

① 종족 및 가족력

미국에서는 백인보다 흑인에게 고혈압이 훨씬 많이 발생한다. 부모가 모두 고혈압이면 자녀의 약 80% 정도에서 고혈압이 발생하고, 부모 중 한 쪽이 고혈압이면 자녀의 약 25~40%에서 고혈압이 발생한다.

② 연령

나이가 들수록 혈압은 올라가는데 이것은 나이가 많으면 혈압이 높아도 정상이라는 의미는 아니다. 65세 이상이 되면 심혈관질환의 위험성이 점차 높아지기 때문에 혈압이 높으면 치료를 받아야 한다.

(2) 조절할 수 있는 인자

① 비만

체중이 늘면 체내에 더 많은 혈액이 전달되어야 하므로 심장과 혈관은 더 많은 일을 해야 하고 혈압이 올라갈 가능성이 커진다. 또한 체중이 늘면 인슐린의 분비가 증가되는데, 인슐린은 체내에 물과 나트륨을 저장하려는 작용을 하므로 혈압이 올라갈 수 있다. 통계에 의하면 비만인 사람은 정상인보다 3배 이상 고혈압에 잘 걸리고, 그렇지 않은 사람들보다 지방을 많이 섭취하는 경향이 있어 동맥경화증에 걸릴 위험이 높다.

② 운동부족

운동은 심장을 튼튼하게 해주므로 고혈압의 치료에 중요하고, 운동이 부족한 사람은 적당량의 운동을 하는 사람보다 고혈압 발생이 1.5배 정도 높다. 규칙적으로 운동을 하면 체중감소, 말초혈관 저항 감소, 체지방 연소를 동반하여 고혈압을 예방하고 조절할 수 있으며, 엔돌핀을 분비시켜 안정감을 갖게 하고 HDL 콜레스테롤을 증가시켜 심혈관 질환을 예방하게 한다.

③ 흡연

담배 속의 니코틴을 비롯한 각종 유해물질은 혈관을 손상시켜 딱딱하게 만들기 때문에 고혈압을 초래할 수 있다. 또한 에피네프린의 분비를 증가시켜서 혈압을 높이며, 이 밖에도 담배에서 나오는 일산화탄소는 산소부족을 유발하여 더 많은 혈액의 수송을 필요로 하게 한다.

④ 스트레스

부신은 스트레스를 받으면 수질호르몬인 에피네프린의 분비를 증가시킨다. 에피네프린은 혈압 상승작용뿐만 아니라 교감신경을 흥분시키는 작용을 통해 고혈압 이외에도 건강에 많은 해를 끼친다. 스트레스가 혈압을 지속적으로 상승시키지는 않지만 스트레스에 의해 일시적으로 고혈압이 유발될 수 있고, 이에 따라 혈관을 손상시킬 수 있다. 스트레스를 완화하는 방법으로는 편안한 자세, 천천히 심호흡하기, 깊이 정신 집중하기, 반복적인 소리내기 및 긴장 풀기 등이 있다.

⑤ 음주

술을 많이 마시는 사람일수록 고혈압 발생이 많다는 사실이 역학조사를 통해 관찰되었다. 또한 과다한 알코올 섭취는 항고혈압제제에 대한 저항을 초래하고, 반대로 음주를 삼가면 고혈압이 감소한다. 이런 영향은 알코올이 혈관 벽에 직접 작용, 혈관이 압박물질에 저항하도록 혈관을 자극, 교감신경계를 자극 그리고 부신피질호르몬의 생성 증가 등으로 이해할 수 있다.

⑥ 식생활

고혈압과 가장 큰 관련이 있는 식생활 요인은 소금의 과다섭취이다. 과다하게 섭취한

Na은 신장을 통해 배설되어야 하는데 그렇지 못한 경우 체내에 보유된다. 필요 이상 보유된 Na은 삼투압 현상에 의해 체내 수분을 끌어들임으로써 체액과 혈액의 양을 증가시키기 때문에 고혈압의 유발 및 악화와 관련된다. 식염은 심뇌혈관질환 발생에 직접적인 영향을 주는 중심동맥혈압을 높이는데, 소금을 하루 약 10.5 g 섭취하는 사람이 섭취량을 절반으로 줄이면 수축기 혈압이 평균 4~6 mmHg 감소된다는 연구결과가 있다. 여러 민족을 대상으로 한 연구결과에 의하면, 소금 섭취량이 거의 없는 민족의 고혈압 발생률은 매우 낮은 데에 반해, 평균 소금 섭취량이 증가함에 따라 고혈압의 발생은 비례하여 증가하였다. 칼륨의 섭취부족은 고혈압의 발생위험을 증가시킨다. 이상지질혈증 및

알아두기 **심뇌혈관질환 위험인자**

- 나이(남 ≥ 45세, 여 ≥ 55세)
- 조기 심뇌혈관질환의 가족력(남 < 55세, 여 < 65세)
- 흡연
- 비만(체질량지수 ≥ 25 kg/m^2) 또는 복부비만(복부둘레 남 > 90 cm, 여 > 85 cm)
- 이상지질혈증(총콜레스테롤 ≥ 220 mg/dL, LDL 콜레스테롤 ≥ 150 mg/dL, HDL 콜레스테롤 < 40 mg/dL, 중성지방 ≥ 200 mg/dL)
- 공복혈당장애(100 ≤ 공복혈당 < 126 mg/dL) 또는 내당능장애
- 당뇨병(공복혈당 ≥ 126 mg/dL, 경구 당부하 2시간 혈당 ≥ 200 mg/dL 또는 당화혈색소 ≥ 6.5%)

알아두기 **심뇌혈관 위험도에 따른 고혈압 치료방침**

혈압(mmHg) / 위험도	고혈압 전 단계 (130~139/80~89)	1기 고혈압 (140~159/90~99)	2기 고혈압 (≥160/100)
동반 위험인자 0개	생활요법	생활요법* 또는 약물치료	약물치료와 생활요법
동반 위험인자 1~2개	생활요법	약물치료와 생활요법	약물치료와 생활요법
동반 위험인자 3개 이상, 당뇨병과 동반 위험인자 1개 이상, 무증상 장기손상	생활요법	약물치료와 생활요법	약물치료와 생활요법
심뇌혈관질환, 만성콩팥병	약물치료†와 생활요법	약물치료와 생활요법	약물치료와 생활요법

*생활요법의 기간은 수 주에서 3개월 이내로 실시한다. †단백뇨 또는 동반질환에 의해 약물치료가 시작된 상태

10년간 심뇌혈관질환 발생률: < 5%, 저위험(5~10%), 중위험(10~15%), 고위험(> 15%)

자료 : 대한고혈압학회

당뇨병이 고혈압의 위험인자이므로 이 질환들을 악화시키는 식생활인자는 고혈압도 유발할 수 있다.

5) 증상과 합병증

본태성 고혈압은 후두통이나 후두골 아래에서 강한 맥박을 느끼는 경미한 증상 외에는 자각증상이 거의 없어서 합병증으로 발전하기 전에는 모르고 지내는 경우가 많다. 고혈압은 그 원인에 관계없이 상태가 지속되면 혈관조직과 혈관조직이 관여하는 표적 장기의 손상을 일으킬 수 있다. 이러한 변화들은 때로는 심각하고 치명적인 합병증을 일으키는데, 조기 발견과 그에 따른 치료를 통해 이들 합병증을 어느 정도 감소시킬 수 있다.

알아두기 고혈압의 주된 합병증

- 심장질환 : 혈관이 비정상적으로 수축되어 있어 혈액을 전신에 보내기 위해 심장은 강하게 수축해야 함 → 심부전, 협심증, 심근경색
- 신장질환 : 신장의 혈류가 감소되면서 신기능이 저하 → 신경화, 신부전, 요독증
- 뇌질환 : 뇌혈관 벽의 탄력 감소로 뇌로 가는 산소공급이 부족 → 머리가 무겁고 후두통, 이명(귀울림), 현기증, 손발이 저리고 어깨가 결림, 시력 감소 → 뇌출혈

알아두기 생활요법에 따른 혈압 감소 효과

생활요법	혈압 감소 (수축기/이완기 혈압, mmHg)	권고사항
소금 섭취 제한	-5.1/-2.7	하루 소금 6 g 이하
체중 감량	-1.1/-0.9	매 체중 1 kg 감소
절주	-3.9/-2.4	하루 2잔 이하
운동	-4.9/-3.7	하루 30~50분, 일주일에 5일 이상
식사 조절	-11.4/-5.5	채식 위주의 건강한 식습관*

*건강한 식습관 : 에너지와 동물성 지방의 섭취를 줄이고 채소, 과일, 생선류, 견과류, 유제품의 섭취를 증가시키는 식사요법

자료 : 대한고혈압학회

6) 식사요법

혈압을 감소시킬 수 있는 식사요법은 심혈관질환의 위험을 감소시킨다. 식사 조절로 충분하지 않은 경우에는 약물치료를 적절히 병행하여 심혈관계의 위험을 감소시킨다.

에너지 제한

본태성 고혈압 환자는 흔히 비만자인 경우가 많으므로 체중을 표준체중의 110% 이하(정상체중 범위)로 줄이기 위해 에너지를 제한하여야 한다. 갑작스런 체중감소는 피로, 호흡곤란 등의 증상을 유발할 수 있으므로 저에너지식을 장기간 지속하는 것은 피해야 한다. 비만한 고혈압 환자의 에너지는 비만도, 활동량 등을 고려하여 개별적으로 산정한다.

단백질의 충분한 공급

에너지를 제한하므로 양(+)의 질소평형을 유지하기 위하여 신장기능이 정상으로 유지되는 한 단백질을 충분히 공급한다. 1~1.5 g/kg의 단백질로 총에너지섭취량의 15~20%를 권한다. 특히 양질의 단백질을 공급하되 포화지방산이나 콜레스테롤 함량이 적은 어육류를 이용하고, 달걀·우유 등은 콜레스테롤 함량이 많으므로 달걀은 하루에 한 개로 제한하며, 우유는 저지방우유나 무지방우유로 섭취한다.

당질과 지방 조정

지방의 섭취량이나 종류가 혈압에는 영향을 미치지 않지만, 심혈관질환의 발병위험이나 치료에 영향을 미친다는 연구가 많다. 충분한 단백질 섭취량을 고려한 후, 지방에서 총에너지의 20~25%, 당질에서 55~60%가 섭취되도록 하며 지방 섭취는 이상지질혈증이나 동맥경화증의 식사요법을 따른다.

나트륨과 칼륨 조정

고혈압 환자는 정상인에 비해 신장에서의 나트륨 배설에 장애가 있다. 본태성 고혈압 환자는 비만한 경우가 많은데, 비만으로 인하여 세포의 인슐린저항성이 커지고 고인슐린혈증이되면 신세뇨관에서의 나트륨 재흡수가 촉진되기 때문이다. 또한 혈액 중의 나트륨 증가는 Na-Ca의 교환을 억제하여 혈관에 칼슘을 축적시켜서 혈관의 탄력성이 저하되고 내강이 좁아짐에 따라 저항이 커져 혈압이 증가하게 된다. 우리 국민의 평균 1일 나트륨 섭취량은 2018년 3,255 mg으로 1998년에 비해 20년간 2/3 수준으로 감소했으나 여전히 만성질환 위험감소 섭취량 2,300 mg에 비해 높다.

칼륨의 섭취량과 혈압이 서로 반비례하는 것이 여러 임상연구를 통해 밝혀졌는데, 이런 관계는 칼륨 섭취는 적고 나트륨 섭취량이 높을 때 더 뚜렷이 나타난다. 나트륨과 칼륨의 비(Na/K)를 1 이하로 유지하는 것이 좋은데 과일과 채소가 칼륨의 좋은 급원이다. 그러나 혈압 조절을 위해 칼륨 섭취를 증가시키는 것보다는 체중 조절과 소금의 섭취를 제한하는 것이 더 우선되어야 하고, 신장기능에 장애가 있을 때에는 고칼륨혈증에 유의해야 한다.

칼슘과 마그네슘 조정

칼슘을 적게 먹으면 혈압이 상승한다는 연구가 많지만 그렇지 않다는 보고도 있으므로 칼슘과 혈압의 상관관계에 대한 연구가 앞으로도 계속 필요하다. 마그네슘은 자간전증 preeclampsia의 경우 혈압강하 효과가 있는 것으로 알려졌으나, 단순히 혈압강하 목적으로 마그네슘 보충제를 투여했을 때의 결과는 고혈압의 치료나 예방 효과를 증명하지 못했다.

식이섬유 증가

식이섬유는 체내의 나트륨을 흡착하여 대변으로 배설시키는 작용을 통해 혈압 상승을 억제한다. 특히 가용성 식이섬유의 효과가 크며, 이는 과일이나 해조류에 많이 포함되어 있다. 또한 식이섬유는 혈청 중성지방과 콜레스테롤 함량을 저하시켜 동맥경화증이나 뇌경색과 같은 심혈관질환을 방지하는 효과도 있다.

수분 제한

과량의 수분 섭취는 체액량을 증가시켜 혈압을 상승시키고 심장에 부담을 준다. 나트륨 섭취를 제한하는 경우에는 체내의 수분 보유량의 감소를 유도하므로 수분 제한이 필수적이지는 않다.

알코올 제한

많은 양의 알코올 섭취는 혈압을 상승시킬 수 있고 고혈압 약에 대한 저항성이 올라가며, 과음하는 사람은 소량의 알코올을 마시는 사람이나 술을 마시지 않는 사람보다 혈압이 높다. 대한고혈압학회의 고혈압진료지침에 따르면 하루 음주 허용량은 알코올 30g으로 맥주 720 mL(1병), 포도주 200~300 mL(1잔), 위스키 60 mL(1잔), 소주 2~3잔(1/3병)인데 체중이 낮은 사람은 알코올에 대한 감수성이 크기 때문에 허용량이 더욱 낮으므로 주의해야 하며, 1주일 총 알코올 음주량은 남자 140 g, 여성 80 g 미만이다.

7) 나트륨 제한식

소금에서 혈압 상승과 관련된 것은 나트륨이다. 짜게 먹는 것이 모든 사람에게 고혈압을 유발하지는 않지만, 나트륨을 제한하는 것은 고혈압을 예방하고 고혈압 환자의 혈압 저하를 초래한다. 또한 저염식은 급성 및 만성 신부전과 간기능이 손상된 환자에게 부종이나 복수가 생겼을 때 체내에 과량으로 보유된 수분의 배출을 촉진한다.

소금은 모든 식품에 어느 정도씩 포함되어 있고 조리 시 가장 흔히 쓰는 재료이다. 모든 연령층에서 인체의 하루 나트륨 충분섭취량은 1,500 mg이고 만성질환위험감소섭취량은 2,300 mg이며, 이는 소금 5.75 g에 해당한다. 우리나라 사람들은 쌀밥과 탕을 주로 먹는 식문화로 인해 싱겁게 먹는 것이 어렵고, 평균적으로 하루에 소금 10~20 g을 섭취하고 있으므로 10 g 정도로 소금 섭취량을 낮추는 것이 필요하다.

알아두기 **소금과 나트륨의 환산**

나트륨(Na)은 주로 식사에서 소금(NaCl)의 형태로 섭취되는데, 섭취한 소금의 양으로 Na 섭취량의 계산이 가능하다. 소금은 약 40%의 나트륨을 함유하고 있는데, Na 함량은 밀리그램(milligram, mg) 또는 밀리그램당량(milliequivalent, mEq)으로 표시된다.

- 밀리그램을 밀리그램당량으로 환산할 때
  Na mg량/Na 원자량 = 밀리그램당량　　예) 1,000 mg Na = 1,000 ÷ 23 = 43.5 mEq Na
- Na량을 NaCl량으로 환산할 때
  Na량 ÷ 0.4 = NaCl량　　예) 1,000 mg Na = 1,000 ÷ 0.4 = 2,500 mg NaCl
- NaCl량을 Na량으로 환산할 때
  NaCl량 × 0.4 = Na량　　예) 2.5 g NaCl × 0.4 = 1,000 mg Na

(1) 나트륨 제한 정도

질병상태와 환자 개인의 민감도 등에 따라 나트륨을 제한하는 정도가 다른데, 미국 심장병협회에서 분류한 나트륨 제한식을 예로 들어 보면 표 6-2 와 같다.

표 6-2 나트륨 제한식의 분류

	10 g 소금식(4,000 mg 나트륨식)	5 g 소금식(2,000 mg 나트륨식)	무염식
소금(g)	8~10	5	< 1
나트륨(mg)	3, 200~4, 000	2, 000	< 400
조리 시 소금 사용량(1일)	1일 소금 9 g(나트륨 3,600 mg) 또는 간장 45 mL	1일 소금 4 g(나트륨 1,600 mg) 또는 간장 20 mL	엄금
유의사항	장아찌, 소금에 절인 식품, 가공식품 제한	해조류, 냉동생선은 물에 담가 소금을 제거한 후 사용. 마요네즈, 토마토케첩은 허용범위 내에서 사용	우유, 어육류, 일부 채소(근대, 쑥갓, 시금치) 제한

(2) 고혈압식

캠너식Kempner's rice diet은 쌀, 과일, 설탕으로 구성되는 고혈압성 혈관질환과 신장질환 환자의 치료를 위한 엄격한 저나트륨, 저지방, 저단백질 식사이다. 혈압이 감소되고 증상이 호전되면 이 식사는 다소 자유로워질 수 있다. 장기간 실시할 때 영양결핍이 나타나므로 단기간만 시행할 것을 권한다.

DASHDietary Approaches to Stop Hypertension식은 고혈압을 예방할 뿐 아니라 치료하는 데도 사용된다. DASH식의 원리는 칼륨, 칼슘, 마그네슘을 충분히 섭취하고 나트륨, 포화지방, 콜레스테롤의 섭취를 줄여 혈압을 낮추는 것이다 그림 6-3. 이 식사요법에 성공하려면 많은 식습관 변화를 필요로 한다. 즉 평소에 먹던 양에 비해 채소, 과일, 저지방 유제품은 2배로 증가시키고, 쇠고기, 돼지고기, 햄은 1/3배, 유지류와 샐러드드레싱은 1/2배, 간식과 단 것은 1/4배로 감소시킨다. 한편 유당불내증 환자는 락타아제 효소를 사용하거나 다른 전략을 세워야 한다. DASH식에 대한 순응도를 좋게 하기 위해서는 환자가 행

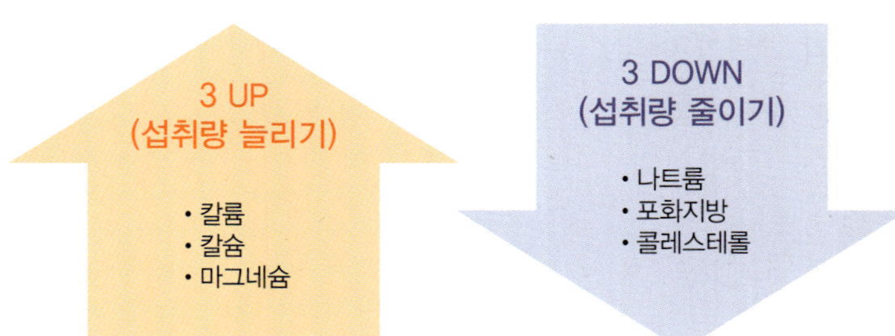

그림 6-3 DASH식의 '3UP 3DOWN'

동변화에 얼마나 의욕적인지 평가를 해야 하고, 환자를 문제해결, 의사결정 및 목표설정에 개입시키는 전략이 필요하다.

(3) 나트륨의 급원

나트륨의 급원은 다음과 같이 분류할 수 있다.

① 조리 시나 식탁에서 첨가되는 양념류

소금, 간장, 된장, 고추장 등 나트륨 화합물의 발효 및 가공식품은 나트륨 함량이 높아 저염식에서 사용을 자제해야 한다. 표 6-3 은 소금 1 g(나트륨 400 mg)에 해당하는 식품의 중량을 제시한다.

표 6-3 소금 1 g(나트륨 400 mg)에 해당하는 식품의 양

식품명	중량(g)	눈어림치	식품명	중량(g)	눈어림치
소금	1	1/3작은술	고추장	10	1/2큰술
진간장	5	1작은술	토마토케첩	30	2큰술
우스터소스	10	2큰술	마가린, 버터	30	2 ½큰술
된장	10	1/2큰술	마요네즈	40	3큰술

② 자연식품에 함유된 나트륨

우유, 치즈, 달걀, 고기, 가금류, 생선과 같은 동물성 단백질식품은 비교적 나트륨 함량이 높다. 이와 같은 식품은 영양적으로는 필수적이긴 하지만 나트륨 제한식사에서는 그 사용에 주의를 기울여야 한다 표 6-4 . 채소 중 나트륨 함량이 높은 종류는 셀러리, 케일, 당근, 시금치 등으로 1인분에 20~40 mg의 나트륨을 함유하므로 주의를 요한다. 과일은 나트륨 함량이 낮다.

③ 기타 나트륨 화합물

베이킹파우더와 같은 팽창제, 식품에 맛을 주기 위해 사용되는 MSGmonosodium glutamate, 아이스크림과 초콜릿 우유에 사용되는 알긴산나트륨sodium alginate, 식품가공 중에 사용되는 염화나트륨, 방부 및 표백에 사용되는 황산나트륨sodium sulfate 등으로 처리된 가공

표 6-4 고염식품의 1회 제공량당 소금 함유량

분류	식품명	1회 제공량(g)	소금 함유량(g)	분류	식품명	1회 제공량(g)	소금 함유량(g)
면류	짬뽕	980	9.80	일품요리류	카레라이스	565	4.52
	칼국수	1045	8.78		비빔밥	480	4.08
	물냉면	930	8.09		김치볶음밥	310	2.79
	짜장면	615	5.72		김밥	235	2.19
	국수	870	3.74		돈가스	185	1.85
국 · 찌개류	된장찌개	300	4.41	패스트푸드류	불고기버거	140	1.60
	냉이된장국	305	3.97		피자	185	1.79
	김치찌개	350	3.96	가공식품류	봉지라면	150	6.40
	순두부찌개	445	3.87		컵라면	114	5.80
	쇠고기미역국	340	3.06		즉석짜장	200	3.00
반찬류	배추김치	65	1.63	가공식품류	낙지덮밥	340	2.80
	고등어구이	50	1.40		즉석카레	200	2.50
	갈치조림	65	1.17		크림빵	223	2.06
	시금치나물	40	1.12		새우깡	90	1.58
	멸치볶음	30	1.11		꼬깔콘	47	0.68

자료 : 싱겁게먹기센터(www.saltdown.com)

식품에는 나트륨의 함량이 높다. 따라서 이들 식품을 구매할 때에는 나트륨 함량을 확인해야 한다. 그러나 아직 나트륨의 함량이 기록되지 않은 식품이 많으므로 개선의 여지가 있다.

앞서 언급한 식품 외에도 항생제, 감기약, 치약 등을 통해서 나트륨이 부수적으로 섭취될 수 있으므로 이들을 사용할 때는 사용량에 주의해서 과량 복용하지 않도록 한다.

(4) 저염식의 조리

식품 자체의 아름다운 색, 신선한 맛과 향을 살리는 것이 도움이 된다. 소금이나 간장 대신 식초, 레몬즙 등의 신맛이 나는 소스와 마늘, 양파, 겨자, 후추, 고추냉이 등의 향신료를 사용하여 싱거운 음식의 맛을 향상시킬 수 있다. 조림이나 구이보다는 튀김이나 볶음으로 고소한 맛을 추구하며 국이나 찌개는 간을 하지 않은 채 조리하여 먹기 직전에

신중하게 간을 보도록 한다. 식탁의 모든 음식 중에서 딱 한 가지 반찬만 집중적으로 간을 하는 방법도 유용하다.

국은 싱겁게 조리해도 국물을 다 섭취할 경우 나트륨 섭취량이 많으므로 주의해야 하는데, 저염식 실천에서 숭늉을 국 대신 이용하기도 한다. 또한 김치는 소금의 함량이 많으므로 겉절이로 대신하는 것이 좋은데, 저염 김치라도 발효를 통해 신맛과 함께 풍미가 증가하므로 숙성을 거치면 저염식 실천에 유리하다.

또한 시판되는 저나트륨식품을 이용할 수 있는데 저염간장, 저염우유, 무염통조림고기, 저염버터, 저염치즈, 저염과자 등이 좀더 다양하게 개발되는 것이 필요하다. 다만 이러한 제품에 포함되어 있는 염화나트륨 대용품 중에서 신장질환자는 염화칼륨을, 간 질환자는 염화암모늄의 사용을 자제하여야 한다. 나트륨 제한식사에서의 허용식품과 제한식품은 표 6-5와 같다.

자연식품 중에서 나트륨 함량이 많은 식품은 소의 콩팥, 심장 등의 내장과 조개, 새우, 게 등의 해산물이다.

표 6-5 나트륨 제한식의 허용식품과 제한식품

식품류	허용식품	제한식품
음료수	우유, 과즙, 보리차, 홍차, 커피, 탄산을 넣은 음료수	통조림에 소금이 들어 있는 채소즙(토마토즙)
빵류		소금을 넣고 만든 빵류, 베이킹 파우더나 소다를 넣고 만든 빵
달걀	모든 형태	
국류	소금, 된장, 해조류, 멸치를 넣지 않은 국	소금, 된장, 해조류, 멸치를 넣은 국
육류	쇠고기, 돼지고기	통조림, 소금에 절인 고기, 베이컨, 햄, 장조림, 고기조림이나 치즈
생선류	신선한 생선, 소금을 가하지 않은 말린 생선	소금에 절인 생선, 생선조림
지방	식물성 기름	버터, 마가린
채소류	감자, 고구마, 소금을 넣지 않고 조리한 신선한 채소류	김치, 깍두기, 장아찌, 통조림 채소, 해조류, 냉동채소류
과일류	모든 과일류	
당류	흰설탕, 흑설탕, 잼	
후식류	젤리, 커스타드	케이크, 베이킹 파우더나 소다를 넣은 과자
기타	고추, 후춧가루, 식초 등 소금이 함유되지 않은 양념류	마요네즈(소금을 넣은 것), 조미료

알아두기 저염식의 실제

- 외식을 자주 하지 않는다.
- 국, 찌개를 적게 섭취하고 국물은 먹지 않는다.
- 김치, 특히 묵은지는 적게 섭취한다.
- 패스트푸드, 가공식품, 젓갈류, 자반생선, 마른반찬이나 안주 등은 피한다.
- 신선한 과일과 채소를 충분히 섭취한다.
- 저지방 우유나 유제품을 충분히 섭취한다.
- 영양표시에서 나트륨 함량을 확인한다.
- 짠맛 외의 다양한 맛을 강조(매운맛이나 신맛을 강조)한다.
- 차가울수록 짠맛이 강하게 느껴지므로 음식의 온도를 적절히 유지한다.

(5) 나트륨, 칼륨 조절을 위한 식품교환표

1995년 대한영양사협회와 대한신장학회, 한국영양학회에서 공동으로 검토하여 제작한 것으로 단백질, 나트륨, 칼륨의 제한 정도에 따라 적절한 식품을 선택할 수 있도록 개발되었다(부록 VI 참조).

고혈압식의 1일 영양소구성, 식품구성 및 식단 예시는 표 6-6 과 같다.

표 6-6a 고혈압식의 영양소구성 예(C : P : F = 58 : 18 : 24)

식사명	에너지(kcal)	당질(g)	단백질(g)	지방(g)	나트륨(mg)
10 g 소금식	2,200	320	100	60	4,000
5 g 소금식	2,200	320	100	60	2,000

표 6-6b 고혈압식의 식품구성(2,200 kcal) 예

식품군	곡류군	어육류군		채소군	지방군	우유군	과일군
		저지방군	중지방군				
교환단위 수	12	3	4	7	5	1	1

표 6-6c 고혈압식의 식단 예(2,200 kcal)

식품군		교환 단위 수	아침	간식	점심	간식	저녁
곡류군		12	4×쌀 30 g =120 g(쌀밥)		4×쌀 30 g =120 g(쌀밥)	1×고구마 70 g =70 g(찐 고구마)	4×쌀 30 g =90 g(쌀밥)
어육류군	저지방	3	1×가자미 50 g =50 g(가자미구이)		1×닭가슴살 40 g =40 g(닭가슴살샐러드)		1×쇠고기 40 g =40 g(불고기)
	중지방	4	1×달걀흰자 2개 =60 g(달걀흰자찜)		2×고등어 50 g =100 g(고등어구이)		1×연두부 150 g =150 g(연두부 양념 없음)
채소군		7	0.5×배추 70 g =35 g(배춧국) 1×콩나물 70 g =70 g(콩나물무침) 0.5×무 70 g = 35 g(무초절이)		0.5×건미역 6 g =3 g(미역국) 0.5×샐러드용 채소 70 g =35 g(닭가슴살샐러드) 0.5×참나물 70 g =35 g(참나물무침) 0.5×무 70 g =35 g(무초절이)		1.5×각종 채소 70 g =105 g(불고기전골) 0.5×도라지 40 g =20 g(도라지생채) 0.5×새송이버섯 50 g =25 g(새송이버섯전) 0.5×무 70 g =35 g(무초절이)
지방군		5	1×참기름 5 g =5 g(조리용)		2×들기름 5 g =10 g(조리용)		2×콩기름 5 g =10 g(조리용)
우유군		1		1×저지방우유 200 mL			
과일군		2		1×방울토마토 300 g		1×사과 80 g	
식단			쌀밥 배춧국 가자미구이 달걀흰자찜 콩나물무침 무초절이	저지방우유 방울토마토	쌀밥 미역국 닭가슴살샐러드 고등어구이 참나물무침 무초절이	찐고구마 사과	쌀밥 소불고기전골 연두부(양념 없음) 도라지생채 새송이버섯전 무초절이

2. 저혈압

최고혈압이 100 mmHg 이하 또는 최저혈압이 60 mmHg 이하로 혈압이 낮아진 상태를 저혈압hypotension이라고 하는데, 저혈압은 고혈압에 비해서 합병증이 적은 편이다. 심장쇠약, 암, 영양부족, 내분비질환 등의 원인으로 저혈압이 발생될 수 있고, 그 원인을 전혀 알 수 없는 본태성 저혈압인 경우도 있다. 이 경우에는 대개 위하수체나 위이완증atony이 따른다.

1) 증상

증상이 없는 경우도 있으나 대개 무기력, 피로, 어지럼, 두통, 불면, 사지가 차가워짐 등이 나타난다. 사지가 차가워지는 것은 혈관 내의 압력이 낮아서 신체의 말단까지 혈액이 운반되지 않기 때문이다. 또 정신적 자극에 예민하여 작은 일에도 가슴이 뛰고 뇌빈혈증이 일어난다. 대체로 체질적으로 약하여 쉽게 피로를 느끼고 아침에 일어나기 어려워하며 항상 피로감이 있다.

2) 식사요법

가벼운 전신체조나 마사지를 하면서 보온에 유의하며 규칙적인 식습관과 균형 잡힌 식사를 유지하는 것이 중요하다. 고에너지식에 동물성 단백질이 많은 고단백식, 고비타민식을 1일 3식 또는 4식으로 분배하여 무리없이 식사하도록 한다. 영양식을 섭취한다고 하여 붉은색 고기를 지나치게 섭취하면 오히려 포화지방산의 영향으로 인한 동맥경화나 소화불량을 일으킬 우려가 있으므로 소화가 잘 되는 우유, 달걀, 치즈, 간, 생선 등이 권장된다. 정상체중을 유지하며 신선한 과일과 채소, 그리고 수분 섭취를 적절히 하고 식욕증진을 위해 노력해야 한다.

3. 이상지질혈증

콜레스테롤, 중성지방, 인지질, 유리지방산 등의 지질 성분은 지단백의 형태로서 혈액을 통해 다른 조직으로 운반된다. 이상지질혈증dyslipidemia은 혈중 지질 농도가 비정상적으로 증가 또는 감소된 상태를 말하며 동맥경화의 주요 위험인자로서 심혈관질환의 원인이 된다.

1) 지단백의 종류

지단백은 콜레스테롤, 중성지방, 인지질, 단백질의 함유 비율에 따라 비중에 차이가 있어서 전기영동이나 초원심분리ultracentrifugation에 의해 분류할 수 있다. 지단백의 직경은 5~1,000 nm로 다양하다. 모든 지단백은 전하를 띠지 않은 중심부(콜레스테롤에스테르와 중성지방)와 이 중심부를 둘러싼 외곽부(인지질, 콜레스테롤, 단백질)로 구성된다 그림 6-4. 이러한 지단백의 구조는 지단백 표면에 전하를 띤 극성 잔기들이 지단백을 물에 용해될 수 있게 한다.

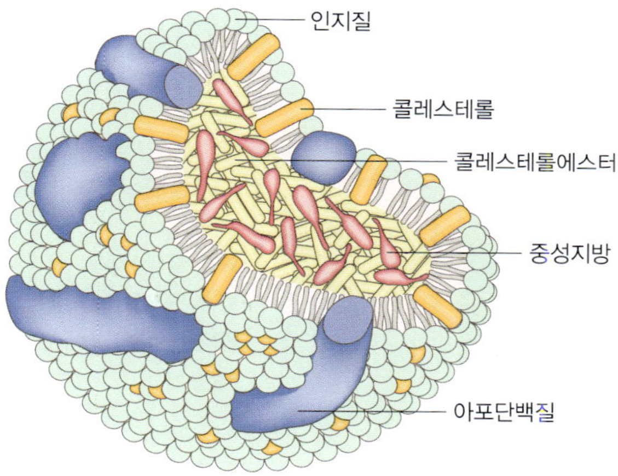

그림 6-4 **지단백의 구조**

지단백의 종류에는 표 6-7 과 같이 킬로미크론chylomicron, VLDLvery low density lipoprotein(초저밀도지단백), LDLlow density lipoprotein(저밀도지단백), HDLhigh density lipoprotein(고밀도지단백)이 있으며, 단백질을 많이 함유하고 중성지방을 적게 함유할수록 지단백의 비중은 커진다 그림 6-5.

지단백 가운데 HDL은 관상심장질환과 역의 상관관계를 갖고 있는 것으로 알려져 있으며, 이러한 이유로 '유익한' 또는 '보호역할을 하는' 지단백으로 부르기도 한다. HDL 콜레스테롤을 감소시키는 요인으로는 기아, 비만, 흡연, 고혈당, 만성 신부전, 갑상선기능저하증, 프로게스테론의 사용 등이 있으며, 중성지방의 상승 또한 HDL 콜레스테롤의 농도 감소와 관련이 있다. 심장질환의 위험요인으로 HDL 콜레스테롤에 대한 총콜레스트롤의

표 6-7 지단백의 종류와 특징

종류	주요 생성장소	주요 아포 단백질	특징
킬로미크론	소장	A B_{48} C	• 식사에서 공급받은 중성지방을 체내로 운반
VLDL	간	B_{100} C E	• 간에서 합성되는 중성지방을 조직으로 운반
LDL	혈액에서 VLDL로부터 전환	B_{100}	• 조직으로 콜레스테롤을 운반 • 농도 과다나 산화는 동맥경화 초래
HDL	간	A	• 조직의 콜레스테롤을 간으로 운반하여 체외로 배설시킴 • 아포 B가 없는 지단백(항동맥경화성 지단백)

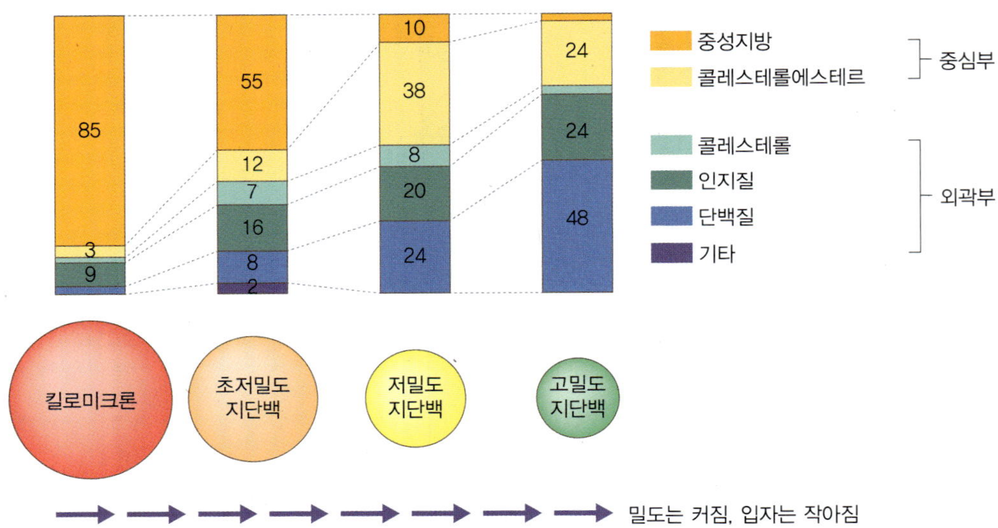

그림 6-5 지단백의 종류와 조성

비total cholesterol/HDL cholesterol가 이용되기도 하는데 남자의 경우 5.0 이하로, 여자의 경우는 4.5 이하로 유지할 것을 권한다.

한편, 혈중 LDL 농도의 증가는 죽상동맥경화증의 증가와 관련이 있으므로 '해로운' 지단백으로 불린다. 식사로부터 공급된 콜레스테롤은 최종적으로 LDL의 형태로 이동하고, LDL의 농도 과다와 산화는 동맥경화를 촉진하는 인자로 작용하며, 높은 혈중 LDL

농도는 식사요법에 의해 조절될 수 있다.

2) 지단백의 대사

소장에서 흡수된 지방의 대부분은 킬로미크론이라는 지단백 형태를 이루어 근육과 저장지방조직으로 운반된 후, 그 안에 함유되어 있던 중성지방의 대부분이 이용되거나 저장된다 그림 6-6 ①. 대부분의 중성지방이 제거된 후 킬로미크론의 나머지 부분(콜레스테롤에스테르, 소량의 중성지방 등)은 혈류를 통해 간으로 들어가 대사된다 그림 6-6 ②. 콜레

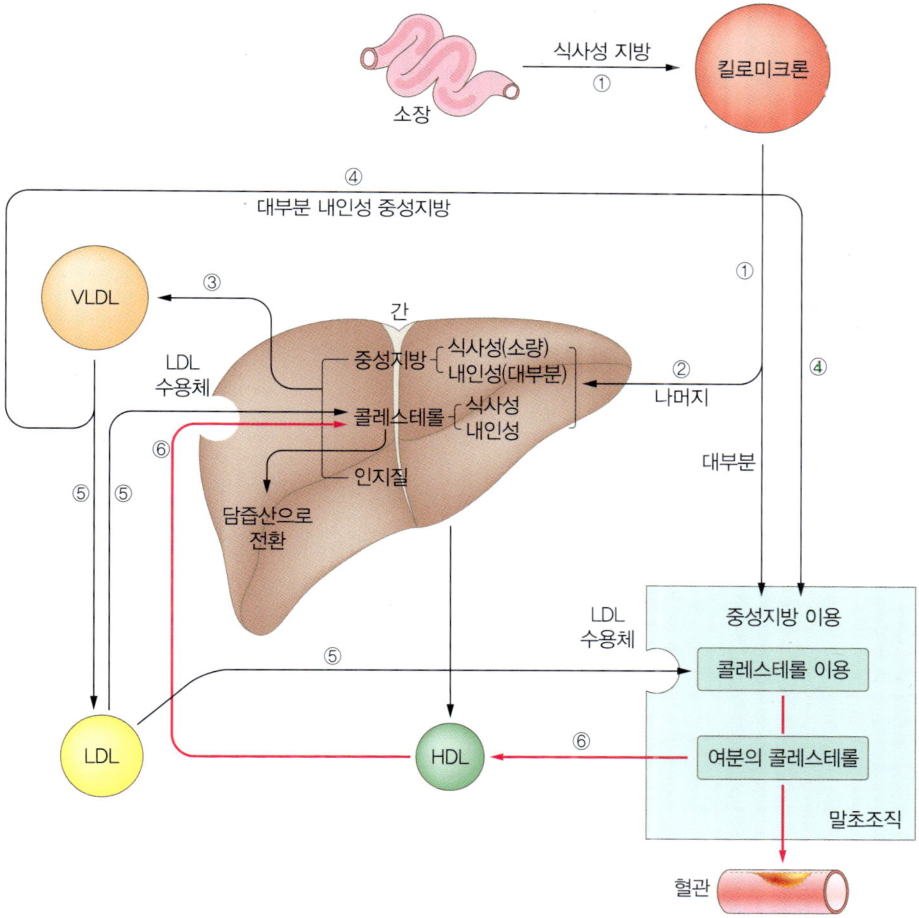

그림 6-6 지단백의 이동경로

스테롤의 일부는 담즙을 생성하고 유리지방산과 글리세롤은 에너지원으로 산화된다. 간에서는 사용하고 남은 여분의 포도당과 포화지방산에서 각각 중성지방과 콜레스테롤을 합성하여 VLDL 형태로 간에서 혈류로 나온다 그림 6-6 ③.

VLDL은 다시 근육과 지방조직에 중성지방을 유리한 뒤 그림 6-6 ④ LDL로 전환되고, LDL은 콜레스테롤을 간과 간 이외의 조직으로 운반하여 세포막의 구성, 스테로이드 호르몬 합성 등 여러 용도에 이용하게 한다 그림 6-6 ⑤. 이와 같이 조직에서 사용하고 남은 콜레스테롤은 HDL에 실려서 간으로 운반되어 처리된다 그림 6-6 ⑥.

알아두기 **지단백질 a(lipoprotein a, LP(a))**

저밀도지단백(LDL)과 유사한 구조를 가지며 피브린 용해를 방해하고 혈전의 생성을 초래함으로써 동맥경화를 촉진한다. 이 지단백의 농도는 0.2~200 mg/dL로 인종에 따라 매우 다르고 식사요법으로 조절되지 않는다. 지단백 a는 '정말 해로운(really bad)' 지단백으로 불리며 젊은 나이에 일어나는 관상심장병의 독립적인 위험인자이다.

3) 이상지질혈증의 진단

이상지질혈증은 지단백 중 어떤 유형의 혈중 농도가 비정상인지에 따라 분류된다. 표 6-8는 우리나라의 성인과 소아청소년의 이상지질혈증 진단기준을 제시하였다.

표 6-8 한국인의 이상지질혈증* 진단 기준

(단위 : mg/dL)

총콜레스테롤		LDL 콜레스테롤		중성지방		HDL 콜레스테롤	
위험도	진단 기준	위험도	진단 기준	위험도	진단 기준	위험도	진단 기준
높음	≥ 240	매우 높음	≥ 190	매우 높음	≥ 500	낮음	≤ 40
경계	200~239	높음	160~189	높음	200~499	높음	≥ 60
적정	< 200	경계	130~159	경계	150~199		
		정상	100~129	적정	< 150		
		적정	< 100				

*총콜레스테롤 ≥ 240이거나 LDL 콜레스테롤 ≥ 160, 중성지방 ≥ 200, 또는 HDL 콜레스테롤 < 40인 경우 한 가지 이상에 해당될 때로 정의함

자료 : 한국지질·동맥경화학회, 2018

알아두기 **이상지질혈증의 위험인자**

- 조절할 수 있는 인자 : 식습관(총지방, 포화지방, 콜레스테롤, 설탕, 식염), 생활습관, 흡연(HDL↓, VLDL과 혈당↑), 스트레스, 당뇨, 고혈압
- 조절할 수 없는 인자 : 성별, 가족력, LP(a)(지단백a)

4) 식사요법

한국지질동맥경화학회에서는 종류별 이상지질혈증에 미치는 식사요인들에 대한 연구를 종합한 결과 우리나라 영양소섭취기준을 근거로 하여 전체 이상지질혈증의 영양관리 원칙을 표 6-9와 같이 제시하였다.

표 6-9 이상지질혈증의 식사요법

영양소	내용
에너지	• 적정체중을 유지할 수 있는 수준의 에너지
탄수화물	• 탄수화물은 적정 수준으로(섭취에너지의 65% 이내) • 총당류는 섭취에너지의 10~20% 이내 • 식이섬유는 1일 25 g 이상
지방	• 지방은 적정 수준으로(1일 섭취에너지의 30% 이내) • 포화지방산은 섭취에너지의 7% 이내 • 포화지방산을 단일 또는 다가 불포화지방산 섭취로 대체 • 트랜스지방은 최대한 적게 • 고콜레스테롤혈증인 경우 콜레스테롤 섭취량을 적게
알코올	• 하루 1~2잔 이내로 제한하며 가급적 금주
기타	• 주식은 통곡물이나 잡곡으로 섭취 • 채소류는 충분히 섭취 • 적색육과 가공육보다는 콩류나 생선류를 섭취 • 생과일을 적정량 섭취

자료 : 한국지질·동맥경화학회

(1) 고콜레스테롤혈증

고콜레스테롤혈증은 유전이나 고지방 식사가 원인이 될 수 있지만(1차성 고콜레스테롤혈증), 당뇨병, 갑상선기능저하 및 신증후군의 합병증으로 올 수도 있다(2차성 고콜레스테롤혈증). 총콜레스테롤과 함께 LDL의 농도가 증가한다.

에너지 조정

체내의 잉여에너지가 많아지면 간세포 내에서 콜레스테롤 합성이 촉진되므로 적정체중을 유지할 수 있도록 에너지 섭취를 조절해야 한다. 한편, 비만 또는 과체중 성인을 대상으로 2년 이상 시행된 연구들의 메타분석연구에 따르면 10 kg 감량시 총콜레스테롤이 8.9 mg/dL 저하되는 것으로 나타났다.

지방

전통적으로 이상지질혈증의 치료를 위해 지방섭취 제한을 권고해 왔으나 지나친 지방 제한은 상대적으로 당질 섭취를 증가시킴에 따라 혈중 중성지방 및 HDL 콜레스테롤 수치에 부정적인 영향을 미칠 수 있다. 한국인 영양소 섭취기준에서는 총 지방섭취량을

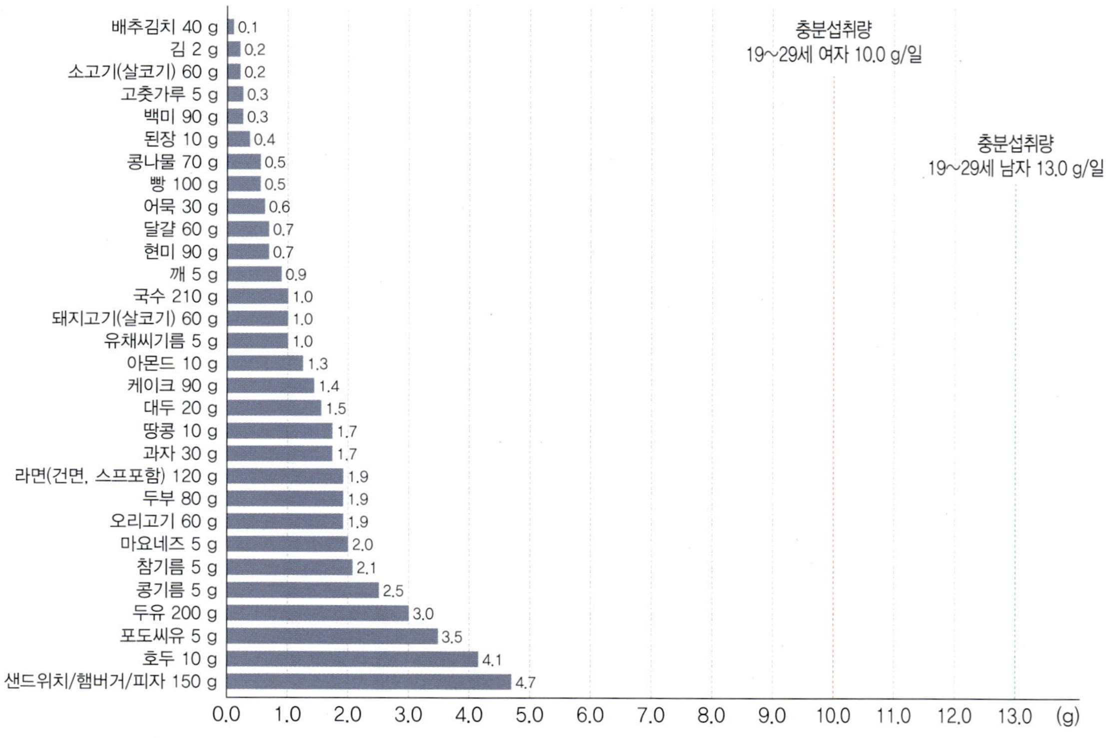

그림 6-7 **리놀레산 주요 급원식품(1회 분량당 함량)***

*2017년 국민건강영양조사의 식품별 섭취량과 식품별 리놀레산 함량(국가표준식품성분표 DB 9.1) 자료를 활용하여 리놀레산 주요 급원식품 상위 30위 산출 후 1회 분량(2015 한국인 영양소 섭취기준)을 적용하여 1회 분량당 함량 산출, 19~29세 성인 충분섭취량 기준(2020 한국인 영양소 섭취기준)과 비교

자료 : 보건복지부, 2020

3세 이후 총에너지 섭취량의 15~30%로 유지하도록 권고하고 있다.

심혈관질환의 주요 위험요인인 혈중 콜레스테롤 수준과의 연관성에 대해서는 섭취하는 지방산의 종류에 따른 영향이 잘 알려져 있다. 리놀레산과 알파-리놀렌산이 각각의 아이코사노이드로 전환되는 과정에 필요한 효소에 대해 리놀레산과 알파리놀렌산은 경쟁적으로 결합하므로 섭취에 있어서 그 균형이 중요하다. 주요 급원식품의 1회 분량당 리놀레산과 알파-리놀렌산의 함량은 각각 그림 6-7 과 그림 6-8 에 제시되었다. EPA와 DHA의 섭취는 심혈관질환 예방에 도움이 되는 것으로 알파리놀렌산으로부터 전환이 충분하지 않아, 2020년 영양소섭취기준에서 처음으로 충분섭취량이 제정되었고 주요 식품의 1회분량당 함량은 그림 6-9 에 제시되었다.

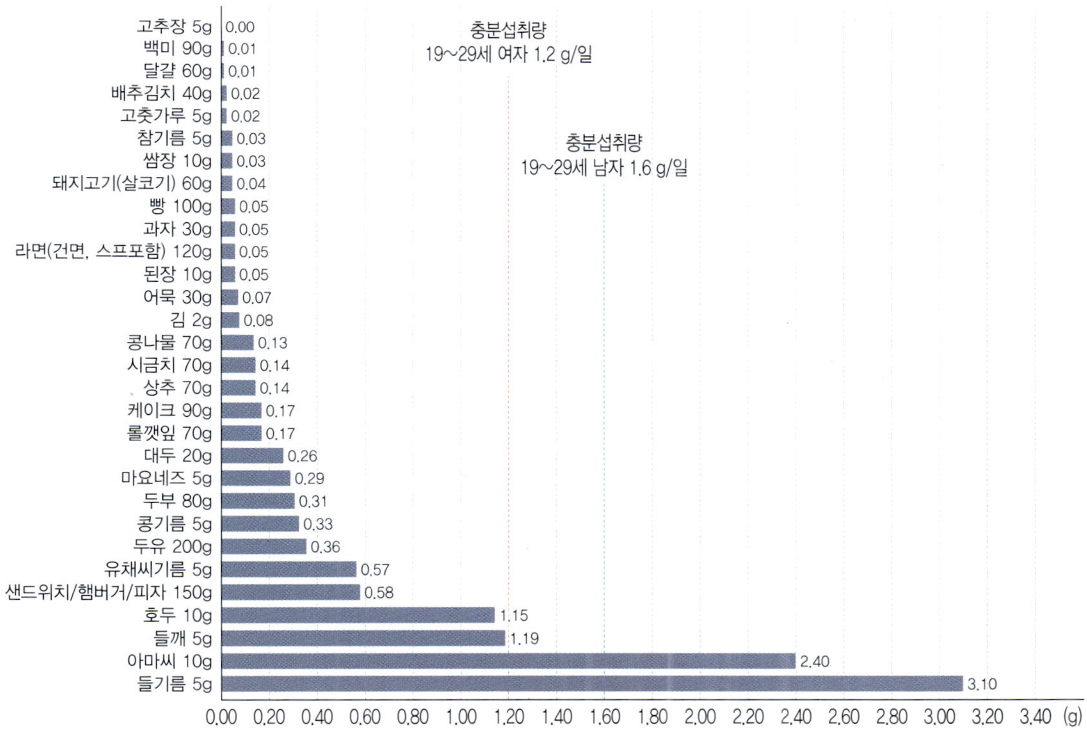

그림 6-8 알파-리놀렌산 주요 급원식품(1회분량당 함량)*

*2017년 국민건강영양조사의 식품별 섭취량과 식품별 알파-리놀렌산 함량(국가표준식품성분표 DB 9.1) 자료를 활용하여 알파-리놀렌산 주요 급원식품 상위 30위 산출 후 1회 분량(2015 한국인 영양소 섭취기준)을 적용하여 1회 분량당 함량 산출, 10~29세 성인 충분섭취량 기준(2020 한국인 영양소 섭취기준)과 비교

자료 : 보건복지부, 2020

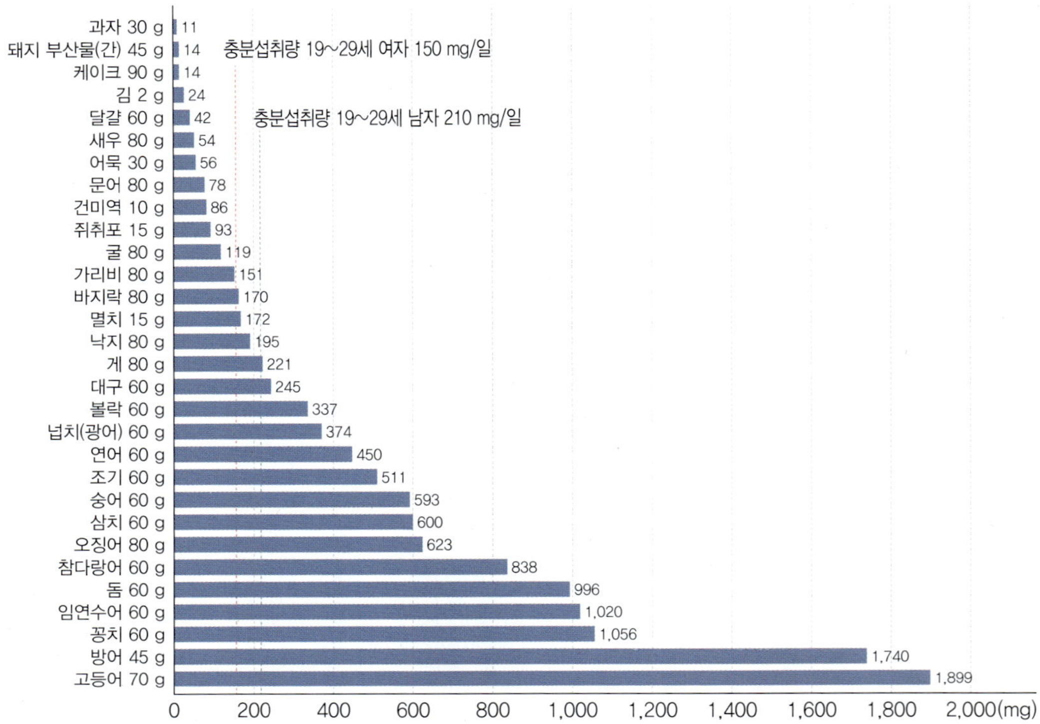

그림 6-9 EPA+DHA 주요 급원식품(1회 분량당 함량)*

*2017년 국민건강영양조사의 식품별 섭취량과 식품별 EPA와 DHA 함량(국가표준식품성분표 DB 9.1) 자료를 활용하여 EPA+DHA 주요 급원식품 상위 30위 산출 후 1회 분량(2015 한국인 영양소 섭취기준)을 적용하여 1회 분량 당함량 산출, 19~29세 성인 충분섭취량 기준(2020 한국인 영양소 섭취기준)과 비교

자료 : 보건복지부, 2020

포화지방산과 트랜스지방은 혈중 LDL 콜레스테롤 수치를 증가시키는 식사요인으로 성인의 경우 총 에너지의 각각 7% 이내와 1% 미만으로 유지할 것을 권고하고 있다. 우리나라에서 2007년부터 영양표시에 트랜스지방산 함량 표기가 의무화되면서 가공식품의 트랜스지방산 함량이 감소되었으나 0.2 g 미만인 경우 '0'으로 표시할 수 있기 때문에 트랜스지방 실제 섭취량은 예상보다 많을 수 있다.

콜레스테롤 섭취량을 줄이는 것이 혈청의 LDL 콜레스테롤 수치를 낮출 수 있는지에 대한 논란의 여지가 있는 가운데, 2020년 영양소섭취기준에서는 19세 이상 성인의 콜레스테롤 섭취량을 300 mg 미만으로 권고하는 것을 유지하였다. 주요 급원식품의 1회분량당 콜레스테롤 함량은 그림 6-10에 제시되었다.

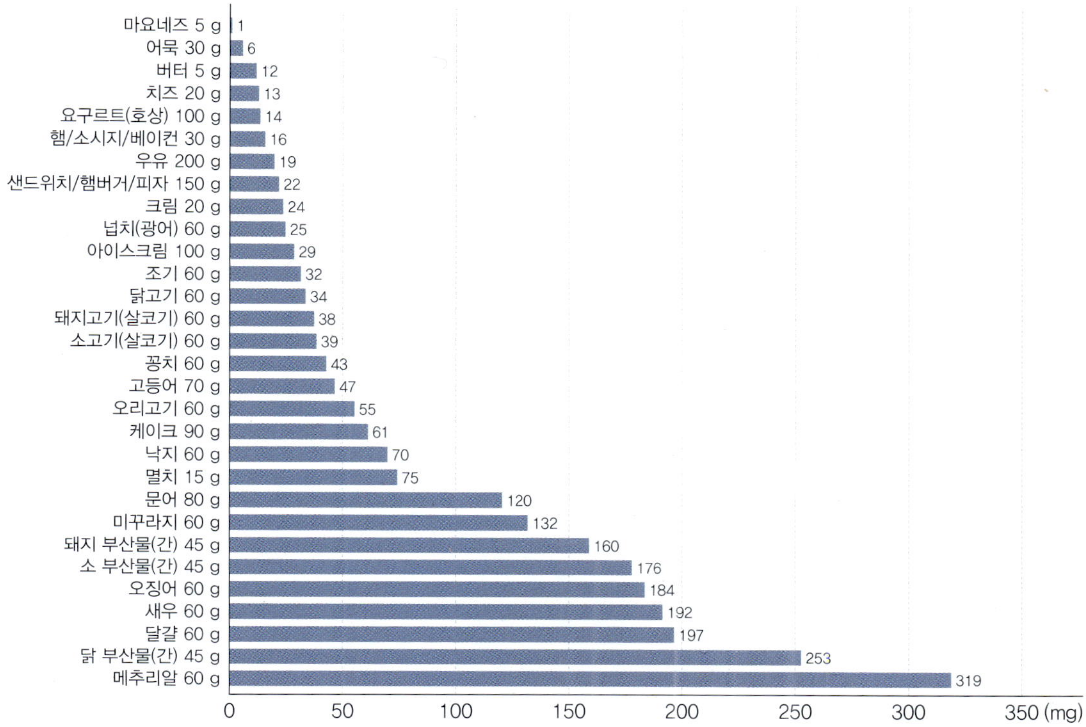

그림 6-10 **콜레스테롤 주요 급원식품(1회 분량당 함량)***

*2017년 국민건강영양조사의 식품별 섭취량과 식품별 콜레스테롤 함량(국가표준식품성분표 DB 9.1) 자료를 활용하여콜레스테롤 주요 급원 식품 상위 30위 산출 후 1회 분량(2015 한국인 영양소 섭취기준)을 적용하여 1회 분량당 함량 산출

자료 : 보건복지부, 2020

당질과 식이섬유

당질의 섭취는 LDL 콜레스테롤 수치에 중립적인 영향을 미치는 한편 콩류, 과일, 채소, 전곡류 등에 포함된 식이섬유, 특히 수용성 식이섬유는 콜레스테롤을 직접 낮추는 효과가 있는 것으로 밝혀져 1일 25 g 이상으로 충분히 섭취하기를 권고하고 있다.

(2) 고중성지방혈증

고중성지방혈증의 경우 혈액의 중성지방 농도와 함께 VLDL과 킬로미크론의 농도가 증가되는데 비만과 당질 특히 단순당의 과다 섭취뿐 아니라 음주, 운동부족 및 당뇨병 등이 원인이 된다.

에너지 제한

에너지 섭취 제한은 체중 감량과 함께 혈청 중성지방을 감소시키고 특히 저당질 섭취가 저지방 섭취보다 혈청 중성지방의 감소가 컸음이 많은 연구를 통해 확인되었다.

지방

총에너지섭취량이 동일한 경우 지방 섭취량을 제한한다는 것은 당질 섭취량 증가를 의미하므로 미국심장학회에서는 심한 고중성지방혈증에서 지방에서 오는 에너지 비율 증가를 제안하였다. n-3 지방산은 sterol regulatory element-binding protein-1

표 6-10 유지류와 어육류의 n-6 및 n-3 지방산 함량과 그 비율(n-6/n-3)

	식품명	n-3(g/100 g)	n-6(g/100 g)	n-6/n-3
유지류	면실유	0.00	53.18	∞
	버터	0.00	2.38	∞
	옥수수기름	0.39	54.04	138.56
	참기름	0.38	48.7	127.81
	미강유	1.27	33.27	26.19
	돼지기름	0.67	9.63	14.37
	쇠기름	0.29	3.14	10.82
	마가린	1.55	12.64	8.15
	콩기름	6.14	50.37	8.20
	쇼트닝	0.85	5.30	6.23
	샐러드드레싱	3.39	12.09	3.56
	채종유	8.85	22.54	2.54
	들기름	61.01	12.77	0.2
어육류	돼지고기	0.01	0.36	36
	오리고기	0.13	3.80	29
	닭고기	0.02	0.34	17
	소(우둔)살	0.03	0.37	12
	베이컨	0.29	3.27	11
	닭(간)	0.24	0.37	1.54
	장어	1.26	1.70	1.34
	임연수어	2.50	0.37	0.14
	꽁치	3.24	0.32	0.09
	멸치	1.42	0.14	0.09
	고등어	4.01	0.34	0.08
	정어리(통조림)	5.91	0.49	0.08

SREBP-1의 발현을 감소시켜 VLDL의 합성을 감소시키고 지단백질분해효소lipoprotein lipase, LPL의 활성을 증가시켜 VLDL의 분해도 촉진한다. 따라서 고중성지방혈증의 경우 EPA와 DHA가 풍부한 생선 외에도 들기름, 콩기름 등의 식물성 기름의 섭취가 부족하지 않도록 한다.

유지류와 어육류의 n-6 및 n-3 지방산 함량과 그 비율(n-6/n-3)은 표 6-10 과 같다.

당질 제한과 식이섬유 충분히

당질 섭취, 특히 첨가당의 과다가 혈청 중성지방 섭취에 미치는 영향은 명백하다. 이에 미국심장학회에서는 혈청 중성지방이 500 mg/dL 이상으로 고중성지방혈증이 심한 경우 총 에너지 섭취량에 대한 비율을 총 당질은 45~50%까지, 첨가당은 5% 미만까지로 낮출 것을 제안하였다. 특히 과당은 포도당보다 혈청 중성지방을 더 증가시킨다는 주장은 아직 더 연구가 필요한 실정이다. 식이섬유 특히 수용성 식이섬유의 섭취가 혈청 중성지방을 낮춘다는 연구가 많다.

알코올 제한

과도한 알코올 섭취는 혈청 중성지방을 높이며, 알코올을 남용하는 사람에서 고중성지방혈증이 많이 나타나고, 알코올중독으로 입원하는 5명 중 1명의 혈중 중성지방이 250 mg/dL 이상이었다. 알코올 섭취에 의한 고중성지방혈증은 지단백질분해효소 lipoprotein lipase, LPL의 활성감소에 의한 카일로미크론의 분해 억제와 관련이 있다. 따라서 혈청 중성지방이 높은 사람의 경우 금주가 권장된다.

한국지질동맥경화학회에서 제정한 '2018년 이상지질혈증의 치료지침' 중 식사요법의 요약은 표 6-9 와 같고, 표 6-11 은 이상지질혈증의 권장식품과 주의식품을 요약하였다.

표 6-11 이상지질혈증의 권장식품과 주의식품

식품군	권장식품	주의식품
어육류/콩류/알류	• 생선 • 콩, 두부 • 기름기 적은 살코기 • 껍질을 벗긴 가금류 • 달걀	• 갈은 고기, 갈비, 육류의 내장(간, 허파, 콩팥, 곱창, 모래주머니 등) • 가금류 껍질, 튀긴 닭 • 고지방 육가공품(스팸, 소시지, 베이컨 등)

(계속)

식품군	권장식품	주의식품
유제품	• 탈지유, 탈지분유, 저(무)지방우유 및 그 제품 • 저지방치즈	• 연유 및 그 제품 • 치즈, 크림치즈 • 아이스크림 • 커피크림
유지류	• 불포화지방산 : 옥수수유, 올리브유, 들기름, 대두유, 해바라기유 • 저지방/무지방 샐러드 드레싱	• 버터, 돼지기름, 쇼트닝, 베이컨기름, 소기름 • 치즈, 전유로 만든 샐러드 드레싱 • 단단한 마가린
곡류	• 잡곡, 통밀	• 버터, 마가린이 많이 들어간 빵, 케이크 • 고지방 크래커, 비스킷, 칩, 버터팝콘 등 • 파이, 케이크, 도넛, 고지방 과자
국	• 조리 후 지방을 제거한 국	• 기름기 많은 국, 크림수프
채소류/과일류	• 신선한 채소, 해조류, 과일	• 튀기거나 버터, 치즈, 크림, 소스가 첨가된 채소/과일
기타	• 견과류 : 땅콩, 호두 등	• 초콜릿, 단 음식 • 코코넛기름, 야자유를 사용한 제품

자료 : 한국지질·동맥경화학회

4. 동맥경화증

1) 혈관의 구조와 혈액 순환

혈관은 기능상 독특한 구조를 이루고 있다. 동맥은 그림 6-11과 같이 내피세포endothelial cell로 이루어진 내막과 평활근세포로 이루어져 탄력성을 주는 중막, 그리고 섬유상의 외막으로 이루어져 있다. 내막과 중막 사이에는 내탄력판이 있고, 중막과 외막 사이에는 외탄력판이 있어서 혈관의 탄력성을 더욱 강화시킨다. 내막은 혈액으로부터 직접 영양소와 산소를 공급받는 반면, 중막과 외막은 영양혈관이 있어서 따로 영양소와 산소를 공급받는다. 내막을 구성하고 있는 내피세포는 얇고 길게 연장된 납작한 비늘 모양을 하고 있는데, 이것은 혈액의 흐름을 돕고 혈전이나 혈액 응고물이 형성되는 것을 막는 데 도움을 준다.

전통적으로 혈관은 체액을 운반하는 단순한 도관으로만 여겨졌으나 오늘날에는 혈압과 혈액응고를 조절하는 데 있어서 매우 동적인 역할을 한다는 것이 밝혀졌다. 이러한 조절 기능은 혈액과 혈관 사이의 경계면을 형성하는 내피세포에서 이루어진다. 따라서 혈관 내피

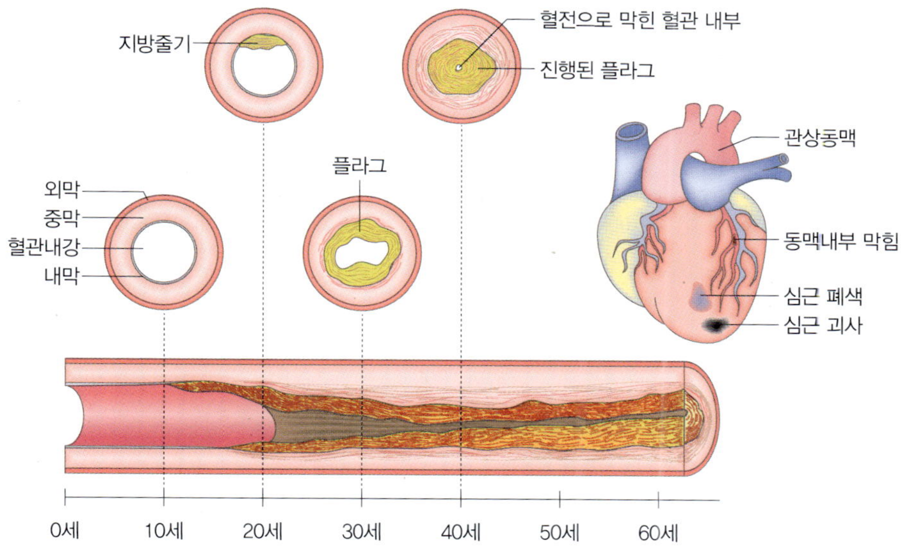

그림 6-11 동맥혈관의 구조와 동맥경화의 진행

세포는 순환기계의 중요한 방어선을 구성하며, 내피세포의 상처는 동맥경화증atherosclerosis이나 고혈압 등의 혈관계질환 발병과 관계가 있다.

2) 진행과정

동맥경화는 누구에게나 연령이 증가함에 따라 나타난다 그림 6-11. 10세까지는 지방이 혈관 벽에 붙고, 그 후에는 지방의 축적으로 지방줄기fatty streak가 형성되지만 혈류에는 아무런 영향을 미치지 않는다. 20세 이후에는 결합조직이 지방줄기에 결합하여 플라크plaque를 형성하며 그 수가 30세 이후에 더욱 증가한다. 40세 이후에는 여기에 칼슘이 침착되어 동맥벽의 석회화로 딱딱해짐에 따라 탄력성이 없어져서 부분적으로 파열되어 출혈이 발생하고, 혈소판이 침착하여 혈전을 형성하면 혈류를 방해한다.

동맥경화가 흔히 발생하는 혈관은 관상동맥과 뇌동맥인데 심장과 뇌조직은 생명유지에 필수적이므로 동맥경화의 예방하고 진행을 지연시키는 것이 중요하다. 심장을 가로질러 놓여 있는 관상동맥은 그림 6-11과 같이 그 모양이 심장에 왕관을 씌워 놓은 것 같다는 것에서 유래된 이름이다. 관상동맥경화로 혈관이 폐색됨으로써 심근을 향한 혈액공급이 감소되거나 중지되면서 생기는 심장장애를 허혈성 심장병이라고 하고, 허혈로 인해 괴사된 부분을 경색이라 한다. 이러한 현상이 심근에 발생할 경우 심근경색이라 하고 뇌동맥에 발생하면 뇌경색, 다리 동맥에 발생하면 말초혈관질환이 된다. 말초혈관질환의 경우 처음에는 다리 통증으로 파행 증상이 나타나고, 진행하면 혈액공급이 악화하면서 다양한 합병증이 생긴다. 상처가 잘 낫지 않고 감염이 진행되며 심하면 패혈증이나 하지 일부가 괴사하여 절단해야하는 경우도 생긴다.

3) 종류

(1) 죽상동맥경화증

내막성동맥경화는 동맥경화 가운데 가장 흔한 형태로서 대동맥, 관상동맥, 뇌저동맥 등 비교적 굵은 혈관의 분기부의 내막에 진행된다. 일반적으로 내막성동맥경화를 동맥경화증 또는 죽粥상동맥경화atherosclerosis라고도 한다. 내피세포에 상처가 생기는 원인으로는 물리적인 힘, 즉 고혈압이 있고, 혈중 LDL 콜레스테롤 농도가 높아서 내피세포에 축적될 때, 혈중 독성물질이 내피세포와 반응을 할 때 등이며 만성 염증반응이 관여한다.

(2) 중막석회화성경화증

사지나 목 부위의 근육동맥 중막에 변성과 괴사가 생기고 여기에 칼슘이 침착되면 석회화되어 탄력성이 저하된다. 이로 인해 그 부위가 혈압에 의해 확장되어 동맥류를 형성한다. 중막성동맥경화medial calcific sclerosis는 당뇨병이나 노화와 관련된다.

(3) 세동맥경화증

세동맥경화증arteriosclerosis은 신장, 뇌, 비장, 췌장 등의 세동맥의 내막이 내피세포의 증식으로 비후해지며, 중막은 섬유화되어 신경화, 뇌출혈, 뇌경색 등을 일으킨다.

4) 동맥경화를 유발하는 위험요인

(1) 조절할 수 없는 위험요인

조절할 수 없는 위험요인으로는 연령, 성별, 종족과 유전이 있다. 관상동맥경화 발병률은 연령과 비례하는데, 24세 이후에는 5년씩 연령이 증가할 때마다 관상동맥경화의 발병률과 사망률이 대략 2배 정도 증가한다. 폐경 전 여성은 남성에 비해 관상동맥경화 발병률이 낮지만, 폐경 후 여성의 경우는 그 발병률이 증가하는 것으로 보아 여성의 성호르몬이 관상동맥경화의 보호인자로 작용함을 알 수 있다.

(2) 조절할 수 있는 위험요인

① 이상지질혈증

LDL이 높고, HDL이 낮은 경우 동맥경화가 촉진된다. 혈액에서 LDL 입자로부터 콜레스테롤이 유리되고 산화되는 것은 대식세포를 끌어들임으로써 염증반응을 시작하게 하고, 여분의 콜레스테롤이 HDL에 유입되는 것은 거품세포 생성을 통해 동맥경화로 가는 것을 피하는 길이다.

② 흡연

니코틴은 카테콜아민의 분비를 자극시켜 혈중 유리지방산의 양을 증가시키고 혈소판의 응집능력을 자극하여 혈액응고를 촉진한다. 따라서 흡연은 동맥경화를 유발하고 진전시킨다. 흡연은 특히 관상심장병의 다른 위험인자와 함께 있을 때 서로 상승작용을 한다. 예를 들어, 경구피임약을 복용하는 흡연 여성의 관상심장병 위험률은 10배 높다. 관상심장병 위험률은 하루에 피우는 담배 개피 수에 좌우되고, 타르가 적은 담배를 피운다고 감소되지 않는다. 동맥경화증의 위험은 금연에 의해 5% 정도 감소될 수 있고, 금연 후 15년이 지나면 평생 비흡연자와 비슷해진다.

③ 고혈압

고혈압은 동맥 벽을 약하게 하여 콜레스테롤 및 다른 지질의 침입을 유도함으로써 동맥경화증을 악화시킨다. 특히 수축기 혈압이 높을 때 관련성이 높다.

④ 비만

비만한 경우 LDL 콜레스테롤이 증가하고 HDL 콜레스테롤은 감소한다. 비만인은 정상인보다 체중당 약 20% 정도 더 많은 양의 콜레스테롤을 합성하며 고혈압, 당뇨병, 고콜레스테롤혈증과도 관련이 있으므로, 비만은 동맥경화증의 이차적인 위험인자로 볼 수 있다.

⑤ 운동부족

운동부족은 체중증가를 초래하여 혈청의 LDL 콜레스테롤 수준을 증가시킴으로써 동맥경화증의 발병에 관여하는 것으로 추정된다.

5) 식사요법

동맥경화증의 영양관리는 원인질환인 고혈압, 이상지질혈증, 비만 등을 조절하는 식사요법을 실시함으로써 동맥경화의 진행을 느리게 하는 동시에 그 합병증이 유발되는 것을 예방하기 위한 것이다.

- 에너지는 표준체중을 유지할 정도로 조절
- 지방 섭취량은 한국인 영양소 섭취기준에 따라 조절
- 단백질은 총에너지의 15~20%로 지방 함량이 적은 식품 선택
- 식이섬유 충분히(25g/일 정도)
- 나트륨은 1,000 mg/1,000 kcal, 하루에 총 3,000 mg 미만으로 제한
- 단순당, 커피, 술 제한

5. 심장질환

1) 심장의 구조

심장은 성인의 경우, 자신의 주먹보다 약간 큰 250~300 g의 크기이며 횡경막 바로 위에 흉곽의 약간 왼쪽에 위치한다. 심장은 2개의 심방과 2개의 심실로 이루어져 있는데

심방은 정맥에서 혈액을 받고, 심실은 동맥으로 혈액을 내보내는 곳이다.

심장은 그림 6-12과 같이 중격을 중심으로 하여 기능상 폐로 혈액을 보내는 우심과 말초기관으로 혈액을 보내는 좌심으로 구분할 수 있다. 대정맥에서 우심방으로 들어온 혈액은 우심실을 통해 폐동맥으로 나가 폐의 모세혈관에서 가스를 교환한 후 폐정맥으로 모아져서 좌심방으로 들어온다(폐순환). 산소분압이 높아진 좌심방의 혈액은 좌심실로 들어와 강한 수축력으로 대동맥으로 내보내지고, 상대동맥과 하대동맥으로 나뉘어 온몸의 모세혈관을 통해 말초 조직과 가스, 영양소, 노폐물의 물질교환을 거친 후, 대정맥으로 모아진 혈액이 다시 우심방으로 들어온다(체순환).

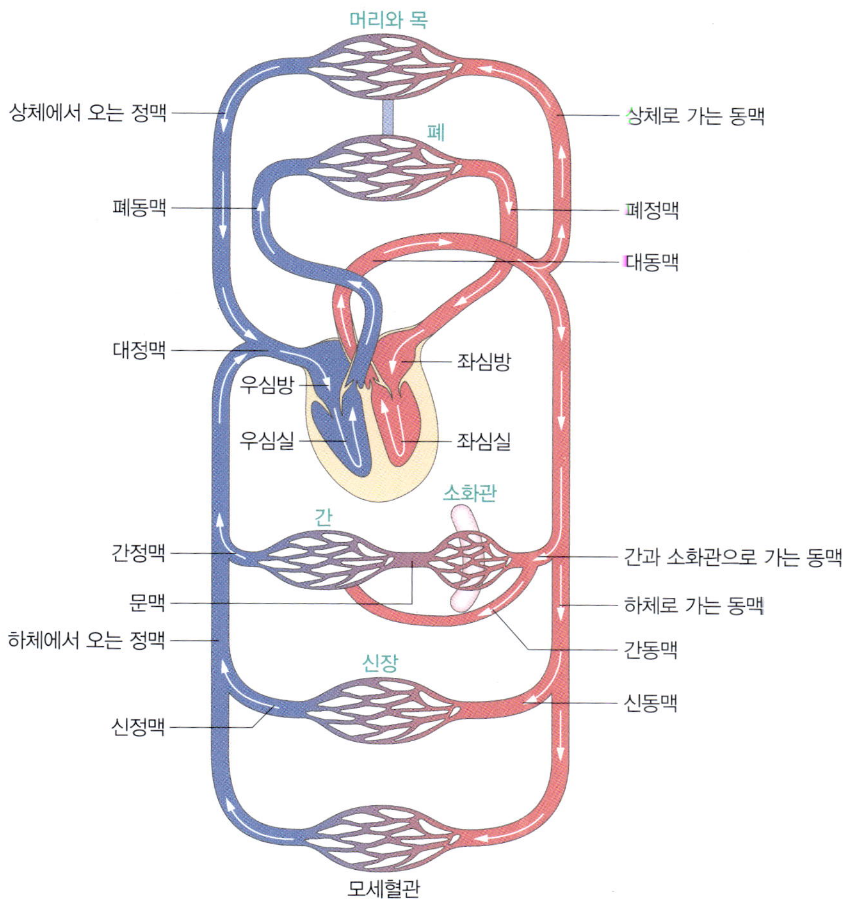

그림 6-12 **체순환과 폐순환**

심장이나 혈관에 이상이 생기면 각 조직으로 영양소와 산소의 공급이 이루어지지 않으므로 해당 조직의 기능이 지장을 받는다. 특히 심장과 뇌 조직을 담당하는 혈류에 이상이 생기면 평생 지속되는 장애를 입거나 생명을 잃게 된다. 이상지질혈증과 고혈압은 동맥경화를 초래하고 고혈압과 동맥경화는 각각 서로를 악화시키는 영향이 있는데 모두 협심증, 심근경색 및 뇌졸중의 위험을 증가시킨다.

2) 허혈성심장질환

우리나라 40대 남성의 사망률은 세계적으로 높은데, 허혈성심장질환이 주된 사망원인이다. '허혈'이란 혈액 관류가 충분하지 못함으로써 산소의 결핍이 초래된 상태를 말하고, 여러 가지 원인으로 산소의 공급과 수요 사이의 불균형이 생겨 심근기능의 장애를 초래하는 상태를 통틀어 허혈성심장질환이라고 부른다. 허혈성심장질환에는 협심증과 심근경색이 있는데, 심근경색의 경우 치사율이 매우 높아 최대한 빨리 진단과 치료가 이루어져야 한다.

허혈의 가장 주된 원인은 심장을 관류하는 관상동맥의 죽상경화증인데, 이로 인해 혈관의 내경이 좁아져 심근 관류량이 감소하고 특히 혈류량이 증가될 필요가 있을 때 그 증가가 제한을 받게 된다. 심허혈은 고혈압이나 대동맥협착으로 인한 심한 심근비대의 경우와 같이 심근의 산소요구량이 증가할 때에도 발생한다.

(1) 원인과 증상

① 협심증

관상동맥의 경화 또는 협착이 있는 사람이 노동이나 운동 과잉으로 심근의 산소수요량이 증대될 때 심근에 산소가 일시적으로 부족할 때가 있다. 전형적인 예는 50~60대의 남자가 흉부 압박감, 쥐어짜는 듯한, 연기에 질식되어 숨이 막히는 듯한 통증이나 불쾌감 혹은 옆구리 통증을 호소하는 것이다. 통증의 위치는 흉골 바로 아래 부위에서 시작되어 왼쪽 어깨나 양쪽 팔, 특히 팔의 안쪽을 따라 등, 목, 턱, 이빨 쪽으로 뻗어 나간다. 통증은 심해지다가 덜해지기도 하며 지속시간은 보통 1~5분이다. 운동exercise, 흥분emotion, 과식eating이 협심증 발작의 3대 요인(3E)이다.

협심증angina pectoris은 두 가지로 구분되는데 안정성 협심증은 최소 2개월 이상 만성적으로 특별한 변화 없이 운동이나 감정적 스트레스 시 흉통이 반복된다. 불안정성 협심증은 최근 흉통이 새로이 발생했거나 점점 심해지는 경우 혹은 수면이나 휴식 상태에서 흉통이 발생하는 경우이고, 돌연사를 유발하는 심근경색의 전구질환이므로 치료가 중요하다.

② 심근경색

관상동맥의 일부가 막혀 모세혈관에 혈액이 전혀 공급되지 않아 그 혈관의 지배하에 있는 심근세포가 죽어 굳어지는 상태를 심근경색myocardial infarction이라고 한다. 관상동맥이 막히는 원인은 대부분이 관상동맥경화로 혈관의 내경이 뚜렷하게 좁아지고 때로는

알아두기 혈전과 색전의 차이

- **혈전(血栓, thrombus)** : 혈액이 신체의 심혈관계 내에서 응고된 덩어리를 말한다. 파열되지 않은 심맥관계 내에 혈전이 생기면 혈류의 감소 또는 차단으로 장기나 조직에 허혈성 손상을 유발하고, 혈전의 일부 또는 전부가 떨어져 나와 그 부서진 혈전이 색전(塞栓症)을 형성하게 된다.
- **색전(塞栓, embolism)** : 맥관(脈管 : 혈관이나 림프관을 통칭)을 폐색하는 덩어리를 통칭한다. 혈전 또는 외부로부터 유입된 이물이 맥관을 차단해 혈액이나 림프액의 흐름을 막게 되며, 혈행을 따라 움직여서 다른 장소로 운반되고, 결국은 혈관의 일부를 막을 수 있다.

알아두기 허혈성심장질환의 진단과 치료

허혈성심장질환이 내과적 치료에 반응하지 않을 경우에는 수술을 고려할 수 있으며, 이러한 결정을 내리기 위해서는 관상동맥 조영술을 실시하여 관상동맥 죽상경화증의 정도와 좌심의 기능을 평가해야 한다.

- **진단(관상동맥조영술)** 그림 6-13 : 대개의 경우, 우측 사타구니를 건너 지나는 대퇴동맥을 바늘로 찔러 혈관 내로 통하는 출입구를 확보한 뒤, 그곳을 통해 가늘고 긴 대롱을 넣어 좌우 관상동맥의 입구까지 전진시켜 고정시킨 다음, 대롱 속으로 혈관조영제를 주사하여 관상동맥만 선택적으로 비쳐 본다.
- **시술(혈관성형술)** : 전신마취를 요하는 수술을 통하지 않고, 대퇴동맥을 통해 삽입된 풍선 카테터나 스텐트을 이용하여 협착이나 폐쇄된 관상동맥을 열어주는 것으로 병변이 경미한 환자에게 적용된다.

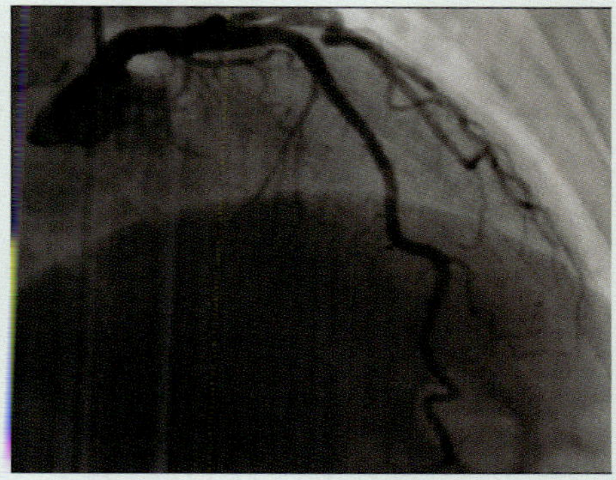

그림 6-13 관상동맥조영술

- **수술(관상동맥우회술, coronary artery bypass graf, CABG)** : 대개 하지의 정맥을 일부분 떼어내어 대동맥과 협착 부위 이하의 관상동맥을 연결시켜 주는 수술인데, 좌측 내유동맥과 관상동맥을 잇기도 한다.

심장 속에서 생긴 작은 혈전이 관상동맥 속으로 들어가서 혈관을 막아버리는 경우가 있다. 이와 같이 관상동맥이 폐색되면 심근으로의 산소공급이 부족하여 괴사가 일어나고, 심장의 상태는 크게 장애를 받게 되어 위험하게 된다.

증상으로는 전흉부, 흉골의 하부 및 상복부 등에 심한 통증을 느끼며 협심증보다 증상이 심하고 오래 지속된다. 얼굴은 창백해지고 손발이 차며, 땀을 흘리고 혈압이 떨어져서 맥박이 약해지며, 부정맥이 되고 구토가 있다. 쇼크 상태가 30분 이상 계속되며 반복되기도 하는데 생명을 구하기 위해 신속한 진단과 처치가 필요하다.

(2) 식사요법

식사요법의 기본적인 목적은 심장의 휴식이다. 손상된 심장이 정상적인 기능을 회복할 수 있도록 식사가 조절되어야 하며 동맥경화의 식사요법에 준한다.

에너지 제한

처음 2~3일 동안은 500~800 kcal의 유동식으로 공급하나 환자의 치유 정도에 따라 식품의 양을 증가시킬 수 있다. 초기 회복단계에서 음식물의 소화·흡수를 위한 대사활동의 부담으로부터 심장을 쉬게 하기 위해 에너지를 1,200~1,500 kcal/일로 제한한다. 만일 환자가 비만하면 더 오랜 기간 에너지가 제한될 수 있다.

나트륨 제한

나트륨 함량은 저염식 정도(<2,000 mg Na, <5 g NaCl)로 제한하여 수분이 체내에 축적되는 것을 막아 심장의 부담을 줄이도록 한다.

커피 및 알코올 제한

다량의 커피를 마시는 것은 혈중 콜레스테롤 수준에 영향을 미치고 심장 박동에 장애를 가져올 수 있다. 따라서 카페인 섭취를 줄이고 커피 섭취를 하루 2잔 정도로 제한한다. 또한 다량의 알코올 섭취도 혈중 중성지방을 증가시켜 죽상동맥경화증의 위험을 증가시킬 수 있으므로 알코올의 섭취를 제한한다.

기타

식사에 사용되는 식품은 질감이 부드럽고 쉽게 소화할 수 있는 것을 선택하며, 소량의 잦은 식사로 필요한 영양을 공급한다. 그리고 너무 뜨겁거나 짠 음식도 피한다.

심근경색식(저염, 저콜레스테롤, 저에너지식)의 영양소구성, 식품구성 및 식단 예는 표 6-12 과 같다.

표 6-12a 심근경색식의 영양소구성 예

식사명	에너지(kcal)	당질(g)	단백질(g)	지방(g)	나트륨(mg)	콜레스테롤(mg)
저염 저콜레스테롤 저에너지식	1,400	205	65	30	2,000	140 이하
	1,600	230	75	40	2,000	160 이하
	1,800	250	80	50	2,000	180 이하

표 6-12b 심근경색식(저염, 저콜레스테롤, 저에너지식)의 식품구성 예

식품군	곡류군	어육류군		채소군	지방군	우유군	과일군	C:P:F
		저지방군	중지방군					
1,400	7	3	1	6	3	1	1	59:19:22
1,600	8	3	2	7	4	1	1	57:19:24
1,800	8	3	2	7	4	2	2	56:18:26

표 6-12c 심근경색식의 식단 예(1,600 kcal)

식품군		교환 단위 수	아침	간식	점심	간식	저녁
곡류군		8	2×쌀 30 g =60 g(쌀밥)	1×감자 140g =140g(찐 감자)	2×쌀 30 g =60 g(쌀밥)		3×쌀 30 g =90 g(쌀밥)
어육류군	저지방	3	1×가자미 50 g =50 g(가자미구이)		1×닭가슴살 40g =40 g(닭가슴살샐러드)		1×쇠고기 40 g =40 g(불고기전골)
	중지방	2	0.5×달걀흰자 2개 =30 g(달걀흰자찜)		1×고등어 50 g =50 g(고등어조림)		0.5×연두부 150 g =75 g(연두부 양념 없음)
채소군		7	0.5×배추 70 g =35 g(배춧국) 1×콩나물 70g =70 g(콩나물무침) 0.5×무 70 g =35 g(무초절이)		0.5× 건미역 6 g =3 g(미역국) 0.5×샐러드용 채소 70 g =35 g(닭가슴살샐러드) 0.5×참나물 70 g =35 g(참나물무침) 0.5×무 70 g =35 g(무초절이)		1.5×각종 채소 70 g =105g(불고기전골용) 0.5×도라지 40 g =20 g(도라지생채) 0.5×새송이버섯 50 g =25 g(새송이버섯전) 0.5×무 70 g =35 g(무초절이)

(계속)

식품군	교환 단위 수	아침	간식	점심	간식	저녁
지방군	4	1×참기름 5 g =5 g(조리용)		1×들기름 5 g =5 g(조리용)		2×콩기름 5 g =10 g(조리용)
우유군	1		1×저지방우유 200 mL			
과일군	1				1×사과 80 g	
식단		쌀밥 배춧국 가자미구이 달걀흰자찜 콩나물무침 무초절이	찐 감자 저지방우유	쌀밥 미역국 닭가슴살샐러드 고등어구이 참나물무침 무초절이	사과	쌀밥 소불고기전골 연두부(양념 없음) 도라지생채 새송이버섯전 무초절이

3) 울혈성심부전

울혈성심부전congestive heart failure은 심장이 점차 기능을 잃으면서 폐나 다른 조직으로 혈액이 모이는 질환이다.

(1) 원인

심장에 들어오는 혈액을 심장이 충분히 박출하지 못할 때 심박출량이 저하되고 정맥 쪽에 울혈이 되어 울혈성심부전이 유발된다. 이와 같이 심박출량이 저하되는 원인에는 심근경색, 심근염, 고혈압 때문에 심근 약화에 의한 수축력의 저하가 있다. 또한 심장의 네 군데의 판막(삼첨판, 폐동맥판, 이첨판, 대동맥판)이 폐쇄 또는 협착되면 판막증이 유발되어 심근에 부담이 증가되기 때문에 발생되기도 한다. 또한 출혈, 탈수, 혈액의 정맥계 보유 등으로 정맥으로부터 심장환류 혈액량이 감소되는 경우에도 심박출량도 감소된다.

(2) 증상

심부전의 경우, 심박출량의 감소로 그림 6-14와 같이 폐와 순환계에 울혈이 생긴다. 좌심부전은 폐울혈을 유발하여 우심부전으로 이어지며 우심부전은 정맥에 울혈이 된다. 한편, 좌심부전으로 심박출량이 감소하면 혈압이 저하되고 신혈류량도 감소된다. 따라서 레닌-안지오텐신renin-angiotensin계가 활성화되고 항이뇨호르몬의 분비가 증가되어

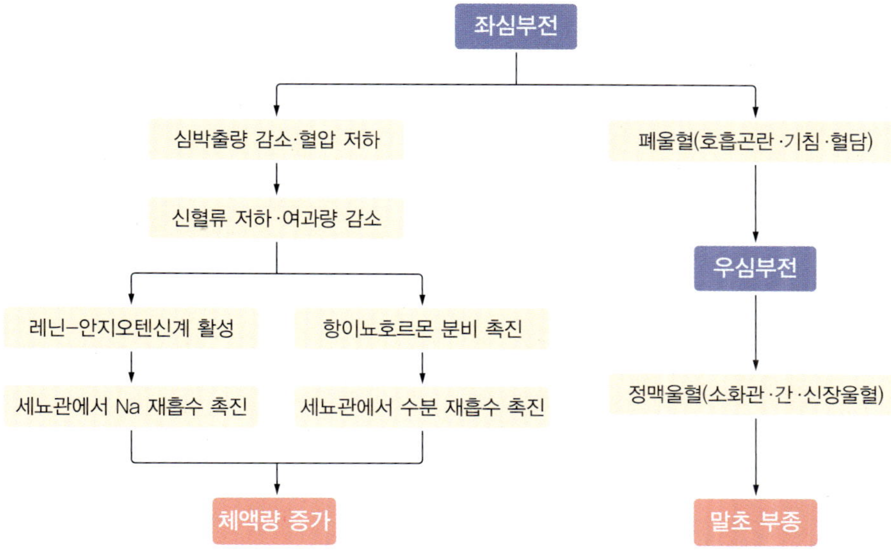

그림 6-14 울혈성심부전의 증상 기전

체내에 나트륨과 수분이 보유되어 말초부종을 일으킨다. 특히 움직이거나 누울 때 숨이 차고 가래를 동반한 기침을 하며, 복부, 다리, 발목 등에 부종이 온다. 불규칙적인 심장 박동, 빈맥, 저혈압, 간비대, 경정맥의 팽창 등이 나타나는 경우도 있다.

(3) 식사요법

울혈성심부전 환자의 영양관리 목표는 심장의 부담을 최소로 하며 심근 수축력을 증가시키고 과잉의 체액 보유로 인한 부종을 제거함으로써 재입원율과 입원일수를 낮추고 삶의 질을 개선하는 것이다. 울혈성심부전 환자의 식사요법은 기저질환을 고려하여 이상지질혈증이나 동맥경화가 있는 경우 포화지방, 트랜스지방, 콜레스테롤을 제한하는 식단을 제공하며, 고혈압이 있는 경우 DASH를 권장한다.

에너지 조정

영양상태를 판정하기 위해 체중 측정이 필요한데 울혈성심부전은 소모성질환이므로 음의 에너지평형이 오는 경우가 많다. 부종이 있는 경우 건체중을 측정해야 하는데 식사 전, 배뇨 후에 늘 동일 시간대에 측정한다. 체중 감소는 심장의 부담을 감소시키므로 심부전 환자가 비만하면 체중을 정상체중으로 유지하도록 에너지를 제한하는데 감량하는 동안 체단백질의 분해가 지나치지 않도록 면밀히 모니터링할 필요가 있다.

단백질 충분히

소화기와 간에 울혈이 생겨 단백질의 흡수와 간에서 합성이 저하될 수 있으므로 이를 보충하고 심근을 보수, 강화하기 위해 단백질을 충분히(경증 1.0~1.5 g/kg, 중등도 이상 1.0 g/kg) 제공한다.

지방 조정

울혈로 혈류가 저하되고 혈전이 형성되는 등 혈관계질환을 쉽게 유발하므로 이상지질혈증 에 준하여 지방의 섭취를 조절한다.

나트륨 제한

부종이 있을 때는 필요한 경우 이뇨제 사용과 함께 나트륨과 수분 제한을 통해 수분평형을 유지함으로써 심부전이 악화되지 않도록 한다. 부종이 심하지 않으면 나트륨 제한을 하는 경우 수분 제한이 필요하지 않을 수도 있다.

무자극성식

식이섬유는 소화를 어렵게 하고 가스를 생성할 수 있으므로 과다 섭취를 피하고, 카페인이 많은 식품, 너무 차거나 뜨거운 음식을 제한한다. 또한 과식을 하면 소화흡수 기능이 자극되고 심장활동이 증가되며 위가 늘어나 횡경막을 압박함으로써 심장에 부담을 주므로 소량씩 여러 번 나누어 식사하도록 한다.

울혈성심부전 급성기의 식사

심한 울혈성심부전 환자는 폐울혈로 호흡곤란이 있어서 입으로 호흡해야 하므로 씹는 것이 곤란하다. 이런 환자들에게는 연식이나 유동식을 공급한다. 1866년 Karell은 급성 심장병의 식사로 매일 800 mL의 우유를 4번에 나누어 공급하였는데, 이 식사는 약 600 kcal의 에너지와 500 mg의 나트륨을 함유하며 이뇨작용과 심근강화에 효과가 있다고 한다. 우유를 소화시킬 수 없는 환자에게는 대부분 800 mL의 다른 유동식과 조리 시 식염을 전혀 첨가하지 않은 식사를 공급하지만, 영양소 섭취가 부족하므로 단기간(4~7일)만 실시한다. 심장기능이 차츰 정상화되면 800~1,200 kcal의 연식, 회복식으로 이행하고 소금 섭취도 차차 자유로워진다.

알아두기 울혈성심부전의 약물치료

디지털리스(digitalis)와 같은 강심제는 심근 수축력을 증강시켜주며 혈관확장제는 말초혈관저항을 줄여 심장 부담을 감소시킨다. 또한 이뇨제(thiazide계 이뇨제, 항aldosterone계)는 부종을 없애지만 저칼륨혈증을 초래하므로 칼륨의 보충이 필요하다.

6. 뇌졸중

1) 정의와 특징

2003년 우리나라의 뇌혈관질환 사망률은 인구 10만 명당 75.5명으로 암 사망률에 이어 2번째 사인이다. 뇌졸중stroke은 뇌동맥경화증으로 인한 뇌혈관의 협착이나 혈전에 의해 뇌혈관이 막혀서 발생한 완전한 허혈ischemia의 결과이다. 허혈이 되면 뇌로 가는 영양소와 산소의 공급이 차단되어 뇌세포가 죽게 되므로 영구적인 뇌 손상이 일어나는 뇌경색이 되며, 때로는 동맥류가 파열되어 뇌출혈이 일어난다.

2) 증상 및 분류

뇌졸중의 병인 및 기전은 매우 다양해서 여러 가지로 분류할 수 있지만, 임상적으로 크게 뇌경색과 뇌출혈로 나뉜다 표 6-13.

표 6-13 뇌졸중의 분류

분류	종류	특징
일과성 뇌허혈발작		뇌조직의 가역적인 허혈로 인한 일시적인 뇌기능의 국소적 손실
뇌경색	뇌혈전증	고령환자에게 호발 단계적으로 서서히 진행
	뇌색전증	젊은 나이에도 발생 심장 안의 혈전에서 떨어져 나온 색전(embolus)이 원인 신경학적 증상이 급작스럽게 나타남
	열공성 뇌경색	죽상동맥경화증, 고혈압, 당뇨병 환자에서 발생 열공은 뇌의 심부에 발생한 뇌경색의 반흔조직이 식세포에 의해 제거된 구멍
뇌출혈	고혈압성 뇌내출혈	원발성(原發性, primary)으로 고혈압을 견디지 못해 혈관 파열
	지주막하출혈	동맥류의 파열에 의함

뇌졸중 환자의 약 10%가 일과성 뇌허혈발작transient ischemic attack, TIA의 증상이 있던 후에 뇌경색을 일으키는 것으로 알려져 있다. TIA는 뇌조직의 가역적 허혈상태로 인한 일시적인 뇌기능의 국소적 소실을 말한다. 증상은 대개 2~15분 동안 지속되는 경우가 많고, 24시간 이내에 신경학적 증상이 완전히 회복된다. 가장 흔한 원인으로는 동맥경화증에 의한 뇌혈관의 협착을 들 수 있다.

서구에 비해 우리나라는 뇌졸중 환자 중 뇌출혈이 차지하는 비율이 높은 편이다. 뇌출혈은 심한 두통, 오심 및 구토가 발병 당시에 나타나고 전구증상이나 TIA가 없다.

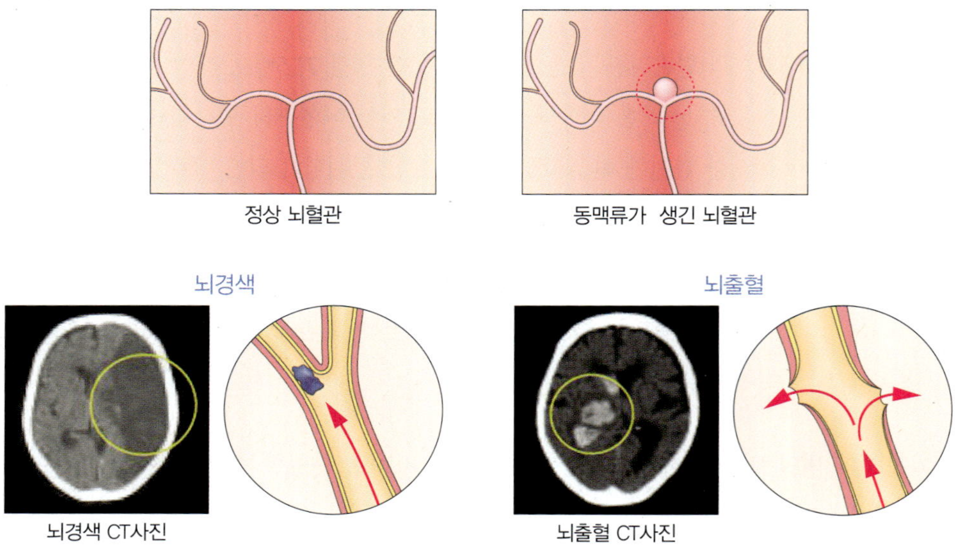

그림 6-15 뇌동맥류와 뇌출혈

자료 : 대한뇌졸중학회

알아두기 **심방세동(atrial fibrillation)**

심방이 규칙적으로 뛰지 않고 심방의 여러 부위가 무질서하게 분당 400~600회로 매우 빠르고, 미세한 맥박과 불규칙한 맥박을 형성하는 부정맥 질환의 일종이다. 고혈압, 판막질환, 심부전 및 관상동맥 질환에서 흔히 동반된다. 또한 스트레스, 음주, 만성 폐질환, 갑상선기능항진증, 카페인, 감염 및 각종 대사장애에서도 발생한다.

심실세동(ventricular fibrillation)

심실의 각 부분이 무질서하게 불규칙적으로 수축하는 상태로, 심실에서 혈액이 박출되지 않아 순환부전을 유발하며 사망에 이르게 된다.

또 뇌경색보다 급격하게 발생하고, 발병 초기에 지속적으로 의식장애를 보일 수 있다. 그림 6-15는 뇌경색으로 인한 동맥의 약한 부분이 풍선처럼 부풀어 오른 동맥류와 이 부분이 고혈압 등의 원인에 의해 생긴 뇌출혈을 보여 준다.

3) 위험인자

위험인자로는 노령이 가장 중요하고, 고혈압과 흡연은 조절할 수 있는 인자 중 가장 중요하다. 혈압이 높은 사람은 낮은 사람에 비해 뇌졸중 발병률이 4~7배 높으며, 흡연자의 뇌졸중 발병률은 비흡연자에 비해 1.5~3배 높다. 고혈압 환자가 담배를 피우면 뇌졸중 발병률은 20배 이상 높아진다. 그 외에도 관상심장병, 심방세동, 당뇨병, 경구피임약 복용(특히 여성 흡연자) 등이 있다.

4) 증상

허혈의 증상으로는 심한 급성 두통, 메스꺼움, 구토 등이 있고 허혈상태가 3시간 이상 지속되면 뇌세포가 죽게 되어 그곳이 관장하는 기능(언어, 운동, 감각 등)에 장애가 생긴다. 죽은 뇌조직이 크면 클수록 심각한 후유증이 나타난다. 뇌졸중이 발생하면 뇌조직에 독성물질이 쌓이고 혈관과 뇌조직 사이의 막이 무너지면서 다량의 수분이 뇌로 유입되어 뇌가 부풀어 올라 뇌부종이 된다. 부풀어 오른 뇌가 주변의 정상 뇌조직, 특히 호흡과 심장박동을 담당하는 중뇌나 뇌간을 압박하면 생명은 위태로워진다.

5) 치료

병변이 생긴 뇌의 위치에 따라 다양한 신경손상이 나타나는데, 원인에 따른 치료방법이 다르지만 장애를 최소화하기 위해 신속한 진단과 치료가 우선되어야 한다. 추후 물리치료나 언어치료 등 재활치료가 필수적이며 금연과 지방질의 섭취를 줄이는 생활습관의 개선으로 재발을 줄일 수 있다.

(1) 허혈성뇌졸중

최대한 신속하게 혈관의 혈류를 회복하여 뇌세포 파괴를 최소화하는 것을 목표로 한다. CT 스캔상 혈관내에 혈전이 관찰된 경우 혈전 용해제를 이용하여 치료하기도 하지만, 혈전 용해제가 뇌출혈 가능성을 증가시키기 때문에 항상 투여하는 것은 아니다. 뇌졸중 재발을 막기 위한 장기적인 치료는 뇌졸중의 원인에 따라 다른데, 원인이 뇌 색전인 경우 혈액응고를 방지하는 약물이 투여되고, 혈관이 좁아진 것이 확인되면 수술로 혈관을 확장시키기도 한다. 항응고제는 혈액응고인자들의 활성화에 필요한 비타민 K의 작용을 억제하는데 와파린wafarin, 다이쿠마롤dicumarol 등이 있다. 이 약들은 지혈을 지연시킬 수 있으므로 상처로 인한 출혈이 생기지 않도록 하고 비타민 K의 섭취량이 큰 폭으로 변화하지 않도록 해야 한다.

표 6-14 비타민 K가 많이 함유된 식품

분류	함유식품
녹색채소류	시금치, 부추, 근대, 순무, 양상치, 케일, 파슬리, 양배추, 콜리플라워, 브로콜리, 아스파라거스 등
콩류	각종 콩류
육류	쇠간, 돼지간, 베이컨 등
알류	달걀노른자
과일	아보카도
유지류	마요네즈, 각종 샐러드유(콩기름, 올리브유 등), 피스타치오

(2) 출혈성뇌졸중

출혈의 원인, 위치 및 정도를 파악하여 약물치료 또는 수술적인 치료를 진행한다. 우리나라에서 출혈성 뇌졸중은 대부분 고혈압에 의한 뇌실질 내 출혈인데 이때 혈압 조절과 뇌압 조절의 응급치료가 중요하다. 적절한 약물치료로 악화되거나 출혈량이 많은 경우 수술로 고인 피를 뽑아내는 수술을 한다. 지주막하 출혈은 주로 큰 동맥에 생긴 동맥류에 의한 것인데, 이런 출혈은 재출혈의 위험이 있으므로 대개 수술로 치료한다. 장기적인 치료로는 혈압을 낮추기 위해 항고혈압제를 투여하기도 한다.

6) 식사요법

뇌졸중이 발생한 이후에 적극적인 콜레스테롤, 지방, 나트륨의 섭취 제한이 얼마나 효과가 있는지에 대해서는 의견이 분분하다. 따라서 환자의 영양상태 유지를 포함하여 전반적인 건강유지에 보다 노력을 기울여야 한다. 섭식능력은 뇌졸중의 정도와 발생부위에 의해 결정된다. 연하곤란은 독립적인 사망 예측인자로 뇌졸중에서 흔히 나타나는 합병증이고 영양실조, 호흡기감염, 입원일수 증가에 기여한다.

뇌졸중으로 입원한 환자가 씹거나 삼키는 데 어려움이 있으면 연하곤란을 평가하여 경구 섭취가 가능해질 때까지 영양지원을 시행해야 하고, 의식장애가 있는 경우에도 경관급식을 실시한다. 뇌졸중의 발작 직후에는 탈수에 유의하며, 메스꺼움과 구토가 없으면 유동식에서 시작하여 단계별 식사를 진행한다.

CHAPTER

7

체중 조절

1. 비만
2. 체중부족
3. 섭취장애

학 습 개 요

세계보건기구는 1996년에 비만이 지구의 심각한 보건문제 중의 하나이고 치료가 필요한 만성질병이라고 경고하였으며, 이후 비만은 세계로 퍼져가는 유행병이 되었다. 우리나라의 경우도 생활이 넉넉해지고 식습관이 서구화되면서 2008년에 30.8%로 비만율이 30% 수준으로 진입한 이후 지속적으로 증가하여 2018년 34.7%이던 것이 2020년도 38.3%로 급격히 증가하여 37~38% 수준을 유지하고 있다. 전 기간 여자 비만율은 25~27% 수준을 유지한 반면, 남자 비만율은 2016년도에 40% 수준에 진입하여 41~42% 수준을 유지하다가 2020년도에 48.0%로 급격한 증가에 이어 46~48% 수준을 유지하고 있어 사회적으로 심각한 문제가 되고 있다.

한편, 젊은 여성, 특히 청소년기 소녀들은 살찌는 두려움으로 지나친 다이어트를 시행한 결과 체중부족 현상이 늘고 있어서 체중과다와 체중부족의 양극화 현상이 공존하고 있다.

1. 비만

1) 비만의 정의와 분류

(1) 정의

비만obesity이란 비지방성분lean body mass과 비교하여 지방조직adipose tissue이 과도한 상태로 축적된 것을 말한다. 비만 'obesity'의 어원이 ab(over)와 edere(to eat)인 것에서도 볼 수 있듯이 음식을 많이 먹고 휴식을 많이 취하면, 에너지 섭취와 에너지 소비 사이에 균형이 깨져서 섭취에너지 중 소모되고 남은 부분이 지방으로 전환되어 체내의 여러 부분, 특히 피하조직과 복강 내에 축적된다. 지방조직은 에너지 저장원(인체의 총저장에너지의 85% 차지), 외부에 대한 방어 및 단열재로서의 역할을 하지만 그 이상 축적되면 대사장애를 초래한다. 지방 축적은 점차적으로 증가하기 때문에 정상과 비만을 정확하게 구분하는 것은 어렵지만, 일반적으로 표준체중의 10~20% 초과할 경우에는 과체중overweight, 20% 이상 초과할 경우에는 비만이라고 한다.

(2) 비만의 분류

① 원인에 따른 분류

비만은 다른 특별한 원인이 없이 음식은 과량 섭취하지만 소비에너지는 적을 때 초래되는 단순성(본태성) 비만과 내분비질환이나 시상하부장애 등 어떤 원인으로 인해 비만이 되는 증후성 비만으로 분류된다. 비만자의 95%는 단순성 비만에 속한다.

내분비질환으로 인해 수반되는 내분비성 비만은 쿠싱증후군cushing syndrome, 난소기능부전, 갑상선기능저하에서 볼 수 있다. 시상하부성비만은 뇌의 만복감 중추장애로 나타난다.

표 7-1 우리나라의 비만율 추이

연도	1998	2008	2013	2014	2015	2016	2018	2020	2021
비만율(%)	26.0	30.7	31.8	30.9	33.2	34.8	34.7	38.3	37.1

자료 : 보건복지부 질병관리본부, 국민건강통계 국민건강영양조사(1998~2021), 2021

② 지방조직 형태에 의한 분류

체지방은 일차적으로 중성지방의 형태로 지방세포에 저장되며 지방세포 크기의 증대, 또는 지방세포 수의 증가에 의해 지방조직이 증가된다. 일반적으로 지방세포의 크기는 20배까지 증가될 수 있고, 지방세포 수는 몇 천 배까지 증가될 수 있다.

지방세포는 먼저 각 부위의 세포 크기가 세포당 0.7~0.8 μg까지 증대된 후에야 세포 수가 증가하는데, 지방세포 수는 생후 1년간 급속히 증가된 후 정체하다가 사춘기에 집중적으로 증가한 후 성인에 와서 멈춘다. 정상인의 지방세포 수는 200억~300억 개인데 비해, 비만자는 900억~1,500억 개로 정상인의 3~5배의 지방세포 수를 가지고 있다.

성인 이후에는 지방세포의 크기가 증대되는데, 비만자의 지방세포당 지방의 양은 20%로 정상인보다 많다. 지방세포는 그 크기가 어느 정도 커지게 되면 성인 후라도 다시 지방세포 수가 증가하게 된다.

비만은 지방조직 형태에 따라 지방세포증식형 비만hyperplastic obesity과 지방세포비대형 비만hypertrophic obesity으로 분류된다.

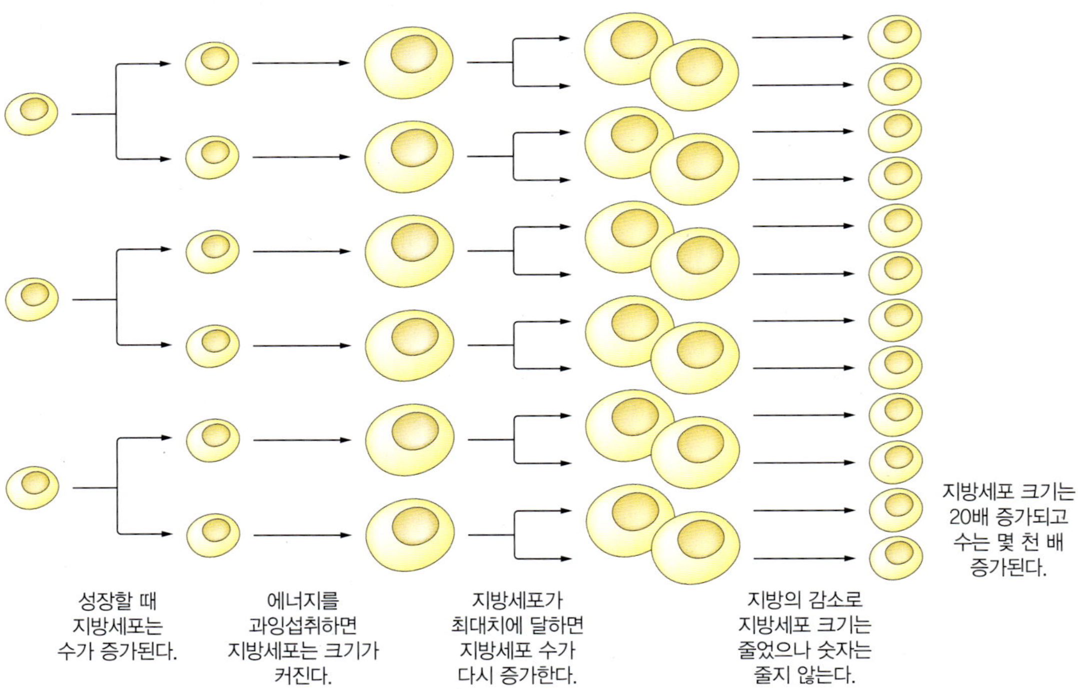

그림 7-1 지방세포의 수와 크기의 변화

지방세포증식형 비만은 지방세포 수의 증가로 인한 비만으로 어린이에게서 흔히 나타나며, 지방세포비대형 비만은 지방세포 크기의 증가로 인한 비만으로 성인 후에 나타난다.

지방세포증식형 비만과 지방세포비대형 비만의 형태를 모두 포함하는 심한 비만을 혼합형 비만이라 하며 사춘기에도 나타날 수 있고, 어린 시절의 비만이 성인 후에도 계속되는 고도비만에서도 볼 수 있다. 일단 유년기에 지방세포 수가 증가하면 그 수를 줄일 수 없으며 언제라도 비만이 될 소인을 지니게 된다.

③ 지방조직 체내 분포에 의한 분류

지방조직의 체내 분포상태에 따라 상체비만과 하체비만으로 분류한다. 허리와 둔부의 피하지방량을 측정하여 허리의 피하지방량이 둔부보다 더 많으면 상체 비만, 그 반대일 때 하체 비만으로 분류한다.

상체 비만, 즉 복부비만은 체내 대사장애를 가져오므로 생활습관병인 심장병, 관상동맥질환, 뇌졸중, 고혈압, 당뇨병, 이상지질혈증 등의 발병과 밀접한 관련이 있으며, 복부에 있는 지방은 몸 안쪽 깊이 저장되므로, 내장지방 형태의 비만이 되기 쉽다.

다양한 방법에 따라 분류한 비만의 종류를 표 7-2 에 제시하였다.

표 7-2 비만의 분류

구분방법	분류	비고
원인	• 단순성 비만 • 증후성 비만(2차성 비만)	 원인질환의 예 : 내분비질환, 대사성질환, 뇌질환
발생시기	• 소아비만 • 성인비만	지방세포의 수가 증가하므로 치료가 더욱 어려움 지방세포의 크기가 커짐
지방조직 형태	• 지방세포증식형 • 지방세포비대형	지방세포의 수 증가 지방세포 크기의 증대
체지방 분포	• 상체 비만(복부비만) • 하체 비만(대퇴부비만)	남성형 비만 여성형 비만
지방의 위치	• 내장지방형 • 피하지방형	내장지방형이 생활습관병과 밀접함

2) 비만의 발생기전과 원인

에너지 평형은 섭취에너지와 소모에너지 간의 평형을 나타내는 것으로 섭취에너지는 음식섭취에 의해 얻어지며, 소모에너지는 기초대사량, 활동대사량, 식사성 발열효과 thermic effect of food, TEF로 소모된다. 에너지 불균형에 영향을 미치는 요인으로는 외적요인(식이섭취)과 내적요인(체내에너지 대사)이 있다. 비만은 양의 에너지 평형에 의한 것으로 에너지 섭취과잉과 신체활동 감소로 유발되는 경우가 대부분이다. 내분비이상으로 에너지 대사에 결함이 생기는 대사성 비만에서는 체내 열발생이 비정상적으로 일어난다.

(1) 비만의 발생기전

① 열발생

열발생thermogenesis은 열생성을 통해 과잉의 에너지를 제거하는 우리 몸의 능력이다. 여기에는 운동에 의한 열발생, 추위에 의한 열발생, 식이에 의한 열발생이 있으며, 이러한 열발생이 원활히 이루어지지 않을 때 소모에너지가 감소되어 비만이 되기 쉽다.

식사에 의한 열생성 작용은 주로 갈색지방조직brown adipose tissue, BAT에서 조절된다. 갈색지방조직은 백색지방조직white adipose tissue, WAT과는 달리 철을 함유한 시토크롬 색소가 있는 미토콘드리아를 많이 함유하고 있어 특이한 갈색을 띠며, 미토콘드리아를 다량 함유함으로써 체내로 들어온 에너지원으로부터 열생성을 주도하는 역할을 한다.

체중의 1% 정도를 차지하는 갈색지방조직은 에너지를 열의 형태로 발산하여 과잉의 저장 에너지를 제거한다. 따라서 갈색지방조직이 많을수록 과잉 에너지 섭취 시 많은 에너지가 체열로 소모된다. 그러나 비만인은 이와 같은 갈색지방세포의 기능부전으로 소비에너지가 감소한다.

② 지단백분해효소

혈관 내 지단백분해효소lipoprotein lipase, LPL는 순환하는 혈장 중성지방의 이용속도를 결정하는 효소이다. 지단백질 내 중성지방을 유리지방산과 글리세롤로 분해시킨다. 분해된 유리지방산은 지방세포로 들어가 다시 에스테르화되어 중성지방으로 저장된다. 지단백분해효소 활성은 비만 시 증가되며, 이 효소는 지방조직과 근육에 중성지방의 저장을 촉진시킨다.

최근의 자료들에 따르면 체중감소가 안정된 후에는 증가되었던 혈관 내 지단백분해효소의 활성이 감소되지만, 에너지 섭취가 증가되면 체중감소 이전의 활성보다 더 빠르게 증가된다. 따라서 저에너지 식사를 한 비만자들이 에너지 섭취를 증가시킬 경우 순환하는 중성지방을 지방조직에 저장하려는 능력이 커지므로 체중이 다시 증가하는 요인이 된다.

③ 고정점

개개인은 각자가 유지해야 할 체중과 지방량을 고정하는 통제체제를 가지고 있다. 즉 우리 몸은 생리적 조절의 고정점set point을 가지고 있다. 성인이 장기간 일정 체중을 유지하는 현상이나 일정 기간의 식사요법이나 운동 후에도 이전의 체중으로 돌아가는 현상, 저에너지식을 주었을 때 예상했던 것보다 체중이 덜 감소되는 현상 등이 이를 입증한다.

비만인 사람은 마른 사람보다 고정점이 높게 정해져 있어서 체중을 감량해도 감량 전 체중으로 되돌리려 하기 때문에 체중감소 상태를 유지하는 것이 쉽지 않다. 이러한 고정점은 유전적 영향을 많이 받지만 식사, 운동에 의해 고정점이 변화될 수 있다.

알아두기 **렙틴과 아디포넥틴**

에너지 균형 및 체지방 저장과 관련된 호르몬인 렙틴과 아디포넥틴은 지방조직에서 분비되는 호르몬들로 에너지 균형과 체지방의 저장에 관여한다.

- **렙틴(leptin)** : 렙틴은 지방조직에서 분비되는 호르몬으로 체내 에너지 상태를 지방조직에서 뇌로 전달하는 역할을 한다. 렙틴은 시상하부에서 호르몬처럼 작용하여 식욕을 억제하고 에너지 소비를 촉진시킨다. 유전자 돌연변이로 인해 렙틴 분비가 결여된 쥐의 경우 정상쥐에 비해 체중이 증가하며, 렙틴을 주사하면 지방세포의 지방이 감소된다. 사람은 렙틴이 결핍되는 경우가 드물며, 대부분의 비만한 사람은 렙틴저항성 때문에 혈장 렙틴 농도가 증가한다.
- **아디포넥틴(adiponectin)** : 아디포넥틴은 지방세포에서 분비되는 단백질로 지방세포 분화과정에서 생성이 증가된다. 혈액을 순환하며 근육, 간, 혈관에서 지방산의 산화를 증가시키고 인슐린에 대한 민감성을 높인다. 비만 환자와 제2형 당뇨병 환자에서 혈액 농도가 낮은 경향이다.

(2) 비만의 원인

① 유전

유전은 지방세포 수를 결정하고 대사과정의 효율을 조절하며, 영양소 고갈이나 보충에 대한 중추신경계 각 부분들의 민감도에 영향을 미칠 수 있다. 양쪽 부모 모두가 정상 체중인 경우, 그 자녀들이 비만이 될 가능성은 약 10% 이하이며, 한 쪽 부모가 비만일 경우에는 50%, 그리고 양쪽 부모 모두가 비만일 경우에는 그 자녀의 80%가 비만이 될 가능성이 있다. 그만큼 비만은 유전적 요인이 크다. 유전적으로 기초대사량이 낮은 것도 비만인의 특징이다. 그러나 유전은 단순히 비만의 소질만을 부여하며, 여기에 부모와 같은 환경인자와 식습관이 부합되어 비만이 발생하게 된다.

② 심리적 요인

사람들은 피곤하거나 화가 났을 때 과식할 수 있고, 어떤 문제가 발생했을 때도 음식 섭취를 통해 그 문제를 보상하거나 도피하려는 경향이 있다.

정신적 스트레스와 심리적인 불안 등을 음식을 통해 해결하려고 하면서 과식을 하게 되고 그로 인해 에너지 불균형을 초래하여 비만이 된다. 소아비만의 대부분이 이러한 요인에 의한 것으로 보고 있다.

③ 육체적 활동부족

1일 에너지소모량은 기초대사량, 활동대사량, 식품의 열발생 효과로 구성된다. 기초대사량은 인체의 생명, 기능유지에 필요한 대사량으로 1일 소모에너지의 약 60%를 차지하는데 25세 이후부터 감소하기 시작하며 이와 더불어 활동량도 감소한다. 따라서 섭취량을 25세 이전 그대로 유지하게 되면 체중이 증가하게 된다. 특히 비만인의 경우 정상인과 섭취량이 같을지라도 활동량이 정상인보다 적기 때문에 체중이 더욱 증가하게 된다.

④ 식사행동

비만은 대사이상에 의해 초래되기보다는 하루 세 끼 식사의 식행동에 의해 더 많은 영향을 받는다.

식사횟수

식사를 제한해 하루 한 끼의 저녁식사를 하는 경우 지방 생성효소들의 활성이 증가한다. 따라서 식사 제한으로 일시적 체중감소가 일어날지라도 다시 정상적인 식사로 돌아왔을 때는 지방 합성속도가 이전보다 증가되어 급속히 체중이 증가하게 된다. 1인 분량을 소량으로 여러 번 식사를 하면 공복기간이 짧아 과식하는 일이 적어지며 음식에 대한 열발생이 증가하여 소모되는 에너지가 많아진다.

식사간격

식사시간 간격이 길어질수록, 즉 식사횟수가 적을수록 인슐린 분비량이 많아지고 지방합성효소의 활성도 증가하므로 지방합성과 저장이 더욱 증가하게 된다.

식사속도

식사속도가 빠르고 씹는 횟수가 적을수록 소화·흡수속도가 느려지므로 혈당 상승속도도 저하된다. 따라서 뇌의 시상하부의 섭식중추는 계속 자극되지만 포만중추는 억제되므로 결국 섭취량이 많아져 과식을 하게 된다.

간식과 야식

간식을 통해 주로 섭취되는 설탕과 같은 단순당류들은 빠른 소화·흡수로 지방으로의 전환을 촉진하며, 그 결과 지방합성효소가 활성화되어 지방의 합성과 저장이 증가된다.

취침 전 야식을 즐기는 경우에도 비만이 되기 쉽다. 내장기관의 작용을 조절하는 자율신경 중에서 교감신경은 몸을 움직일 때 필요한 에너지가 잘 공급되도록 작용하며, 부교감신경은 몸의 피로를 풀어주어 낮에 사용한 에너지를 보충하고 다음에 쓸 에너지를 축적시키는 작용을 한다. 신체는 낮 동안은 교감신경의 작용이 활발하여 에너지를 소비하고, 밤에는 부교감신경이 활발하여 교감신경의 작용을 억제시켜 에너지를 축적시킨다. 따라서 같은 양의 음식이라도 낮보다 밤에 섭취하면 지방으로 빨리 전환되어 체내에 훨씬 더 많이 축적된다.

⑤ 내분비계 이상

비만 환자들의 1% 이하만이 내분비이상을 보이므로 주된 비만의 원인은 아니지만 비만과 내분비호르몬 사이에는 밀접한 관계가 있다.

- 시상하부질환 : 뇌에 의한 섭식 조절과정은 단순한 섭식중추와 포만중추의 균형에 의한 것이기보다는 자극억제신경계들의 복합적인 것이다. 시상하부의 종양, 감염 등으로 손상을 가진 일부 환자들의 경우에 종종 비만상태를 보인다.
- 뇌하수체와 부신 질환 : 쿠싱증후군cushing syndrome은 비만을 초래하는 뇌하수체 기능이상의 가장 일반적인 형태이다. 부신피질자극호르몬adrenocorticotropic hormone, ACTH은 뇌하수체 종양이나 지나치게 활성을 띤 뇌하수체 세포들에 의해 과잉 분비

되며, 부신피질을 자극하여 코티솔을 과잉 생성시킨다. 코티솔이 과잉 분비되면 지방세포들이 주로 몸의 중심부에 모이고 증식하여 복부비만을 초래한다.

- 갑상선질환 : 식사량은 일정한데 갑상선기능부전hypothyroidism으로 기초대사율이 감소하면 여분의 에너지가 지방으로 전환됨으로써 비만이 될 수 있지만 이러한 경우는 거의 드물다.
- 난소기능부전 : 폐경으로 인하여 에스트로겐estrogen 분비가 감소되면 체근육량이 감소하게 된다. 이는 기초대사량의 저하로 이어져 비만을 유발하기 쉬우며, 에스트로겐의 역할인 복부에 쌓이는 지방세포들의 분해가 감소하므로 지방 분포가 여성형 패턴에서 남성형 패턴(복부비만)으로 변한다. 또한 피하지방 합성이 촉진되어 비만을 초래한다.

⑥ 환경요인

기계문명의 발달, 교통수단의 발달, 자동화된 가전제품의 보급으로 활동량이 현저히 감소되었을 뿐만 아니라, TV 보기, 실내 오락게임, 컴퓨터게임, 비디오 등의 실내 취미생활의 증가로 활동량이 감소함으로써 체중증가가 촉진되고, 다양한 가공식품의 발달과 배달음식의 증가로 손쉽게 음식을 공급받음으로써 에너지섭취량과 에너지소비량 간의 불균형으로 인해 비만의 발생이 증가한다.

3) 비만의 판정법

비만의 판정법으로는 체격지수, 피부두겹집기에 의한 체지방률의 산출 등의 간접측정법과 신체의 전기저항측정법bioelectrical impediance assay, BIA법, 수중체중측정법, 단층사진 촬영 등의 직접측정법이 있다.

(1) 간접적인 방법

① 체격지수

비만을 판정하는 데 이용되는 체격지수에는 신장과 체중을 이용하여 산출하는 비만도, 체질량지수가 있다. 비만도와 상대체중에 의한 비만 판정은 표 7-3 에 제시하였다. 그 외

체격지수에는 학령 전의 어린이, 즉 영유아(5세 미만의 어린이 중 특히 2세 미만)의 비만 판정에 많이 이용되는 카우프지수Kaup index와 학동기 어린이의 비만 판정에 많이 이용되는 뢰러지수Röhrer가 있다.

알아두기 **표준체중 구하는 법**

- 브로카(Broca) 변법
  - 신장 160 cm 이상인 경우 : 표준체중(kg)={신장(cm)−100}×0.9
  - 신장 150~160 cm인 경우: 표준체중(kg)={신장(cm)−150}÷2+50
  - 신장 150 cm 미만인 경우 : 표준체중(kg)={신장(cm)−100}
- 대한당뇨병학회
  - 남자 : 표준체중(kg)=키(m)×키(m)×22
  - 여자 : 표준체중(kg)=키(m)×키(m)×21

뢰러지수

92 이하	매우 마름
92~109	마름
110~140	정상
140~156	비만
156 이상	고도비만

표 7-3 **비만 판정법**

종류		적용방법	판정		
체격지수	상대체중 (percent of ideal body weight, PIBW, %)	• 상대체중=(실제체중/표준체중)×100	상대체중	비만도	판정
			~<90	<-10	체중 미달
			90≤~<110	-10~+10	정상
	비만도(%)	• 비만도={(실제체중−표준체중)/표준체중}×100	110≤~<120	10~20	과체중
			120≤~<140	20~40	경도비만
			140≤~<160	40~60	중등도비만
			≥160	≥60	고도비만
	체질량지수 (Quetlet's index, BMI)	• BMI는 가장 널리 사용되고 있는 신장과 체중을 이용한 판정지수이며, 체지방량과의 상관계수가 0.7~0.8로 체지방량을 가장 잘 반영하는 지수 • 성인 이후에 매우 유용하게 쓰임 • BMI=체중(kg)/{신장(m)}^{2}	범위		판정
			18.5~22.9		정상
			23~24.9		과체중
			25~29.9		경도비만
			30~34.9		중등도 비만
			≥35		고도비만
체지방률	피부두겹두께	• 삼두근, 이두근, 견갑골 하부, 장골 상부를 측정하여 피부두께의 합으로 체밀도를 구하고, 수중체밀도법과 같은 공식으로 체지방률을 계산하거나 단순히 피부두겹두께의 퍼센타일로 비만 판정	범위(퍼센타일)		판정
			≥90		비만 위험
			≥95		비만

(계속)

<table>
<tr><th colspan="2">종류</th><th>적용방법</th><th colspan="5">판정</th></tr>
<tr><td rowspan="6">체지방률</td><td rowspan="5">생체전기저항측정법</td><td rowspan="5">• 생체전기저항측정기에 미세한 전류를 흘린 후 되돌아오는 저항을 측정
• 지방조직이 많을수록 전기저항이 많이 발생
• 전기저항 값과 성별, 신장, 체중을 사용하여 회기식으로 체수분량, 체지방, 제지방량을 구함</td><td colspan="4">범위(%)</td><td>판정</td></tr>
<tr><td rowspan="4">남자</td><td>8~15</td><td rowspan="4">여자</td><td>13~23</td><td>정상</td></tr>
<tr><td>16~20</td><td>24~27</td><td>약간 체중과다</td></tr>
<tr><td>21~24</td><td>28~32</td><td>체중과다</td></tr>
<tr><td>≥ 25</td><td>≥ 33</td><td>비만</td></tr>
<tr><td>수중체중측정법</td><td>• 수중과 공기 중에서의 체중 차이로 몸의 부피를 구해 전체 몸의 밀도를 알아냄
• 산정된 체밀도(비중)을 통해 체지방률을 구함</td><td colspan="4"></td><td></td></tr>
<tr><td rowspan="5">체지방 분포</td><td rowspan="2">허리둘레</td><td rowspan="2">• 허리둘레 측정</td><td colspan="4">범위</td><td>판정</td></tr>
<tr><td colspan="4">남자 ≥ 90 cm
여자 ≥ 85 cm</td><td>복부비만</td></tr>
<tr><td rowspan="2">단층촬영법</td><td rowspan="2">• CT를 이용하여 피하지방형 비만과 내장지방형 비만을 구분함. 즉 지방의 분포를 알아냄</td><td colspan="4">범위</td><td>판정</td></tr>
<tr><td colspan="4">내장지방/피하지방 > 0.4</td><td>내장지방형 비만</td></tr>
<tr><td>이중에너지방사선흡수계측법(DEXA)</td><td>• 에너지 레벨이 다른 두 가지 엑스선을 동시에 투과시킴
• 골밀도 측정목적으로 개발되었으나 체지방량과 분포의 직접 측정 가능</td><td colspan="4"></td><td></td></tr>
</table>

참고 : 수중체중법에 의한 체지방률 계산법

$$체지방률 = \left[\frac{4.57}{우리\ 몸의\ 비중} - 4.142\right] \times 100$$

피부두겹두께에 의한 체지방률 산정법

$$체지방률 = \left[\frac{4.201}{1.0913 - 0.0016 \times S} - 3.813\right] \times 100$$

※S는 피부두겹두께의 합(이두근, 삼두근, 견갑골하부, 장골상부)

② 피부두겹두께

피부두겹두께skinfold thickness는 표준화된 캘리퍼caliper를 이용하여 측정하며 그림 7-2, 주로 상완 후면의 삼두근triceps과 견갑골subscapular 하부, 장골 상부의 두께를 엄지와 인지로 잡아 측정한다 그림 7-3. 피부두겹두께 측정은 실제적인 체지방량을 가장 잘 반영하는 부위들이 확정되어 있지 않으며, 측정 시 경험 부족이나 부주의로 큰 오차가 생기기 쉬운 단점이 있다.

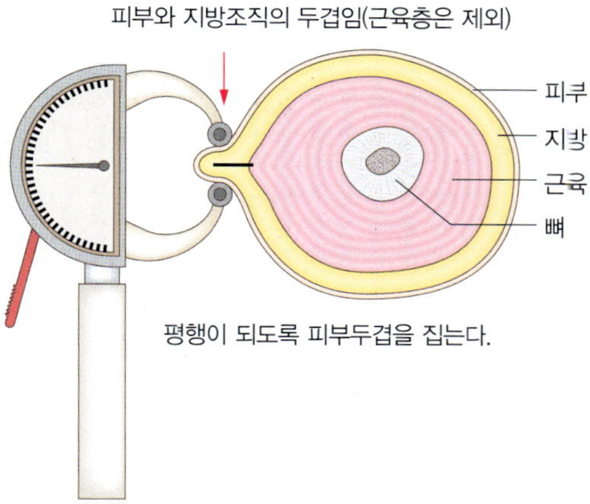

그림 7-2 캘리퍼 측정법

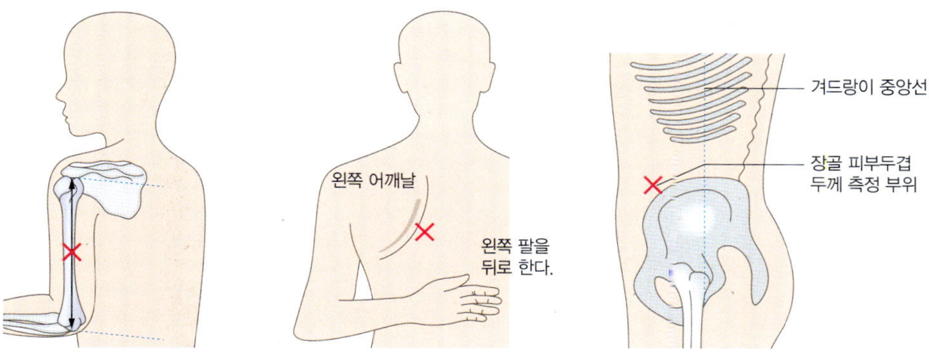

(a) 상완 후면의 피부두겹두께 측정 위치

(b) 견갑골 하부의 피부두겹두께 측정 위치

c) 장골 상부의 피부두겹두께 측정 위치

그림 7-3 피부두겹두께 측정 부위

(2) 직접적인 방법

① 생체전기저항측정법

생체전기저항측정법bioelectrical impedence assay, BIA은 인체에 전류을 통과시키면 물에 전해질이 녹아 있는 조직(대부분의 비지방조직)은 전류를 전도하지만 지방이나 세포막 같은 비전도성 조직에서는 저항이 나타나는 것을 이용한 것이다.

② 수중체중측정법

수중체중측정법은 체밀도를 측정하는 방법 중 가장 정확한 방법으로 아르키메데스의 원리에 근거를 둔다. 이 방법은 신체가 지방조직과 비지방조직으로 되어 있으며, 비지방조직은 일정량의 수분을 함유하고 근육에 대한 뼈의 무기질 비율이 일정하다는 가정과 체지방의 밀도는 0.90 g/cm^3, 제지방조직의 밀도는 1.10 g/cm^{3}이라는 가정에서 실시된다. 따라서 체지방이 적고 근육이 많은 사람이 체지방이 많은 사람보다 물속에서의 체중이 더 나가게 된다.

③ 컴퓨터단층촬영

컴퓨터단층촬영computed tomography, CT이나 자기공명영상magnetic resonance imaging, MRI 등을 통해 배와 허리둘레의 내장지방과 피하지방을 측정하여 내장지방/피하지방의 비율이 0.4 이상인 경우를 내장지방형 비만, 그 미만을 피하지방형 비만으로 분류한다. 또는 내장지방의 면적이 100 cm^{2}을 초과하면 내장지방형 비만이라고 진단한다. CT 촬영은 복강 내 내장지방을 측정하는 데 많이 활용되나 방사선 노출의 문제가 있다.

④ 이중에너지방사선흡수계측법

이중에너지방사선흡수계측법dual-energy x-ray absorptiometry, DEXA은 에너지 레벨이 다른 두 가지 엑스선을 동시에 투과시켜 광자의 흡수 정도를 측정한다. 지방조직은 인체의 다른 조직과 에너지 흡수율이 다른 점을 이용하여 체지방량을 산출한다. 원래는 골밀도를 측정하는 목적으로 개발되었으나 체지방량과 체지방 분포 부위를 직접 측정할 수 있다. 신체 각 부위의 지방량을 간편하고 정확하게 측정할 수 있는 반면, 다른 방법에 비해 비용이 다소 많이 든다. 또한 매우 비만한 경우 측정 테이블의 크기 때문에 누워서 스캔을 할 수가 없으며, 몸통의 두께가 두꺼울수록 정확성이 떨어진다.

4) 비만의 합병증

비만은 지방조직이 비정상적으로 쌓이는 현상으로 '만성질환의 온상'이 된다. 비만자들에게 이러한 사실을 이해시키는 것은 체중감소 프로그램에 참여하려는 동기를 부여하는 데 도움이 된다.

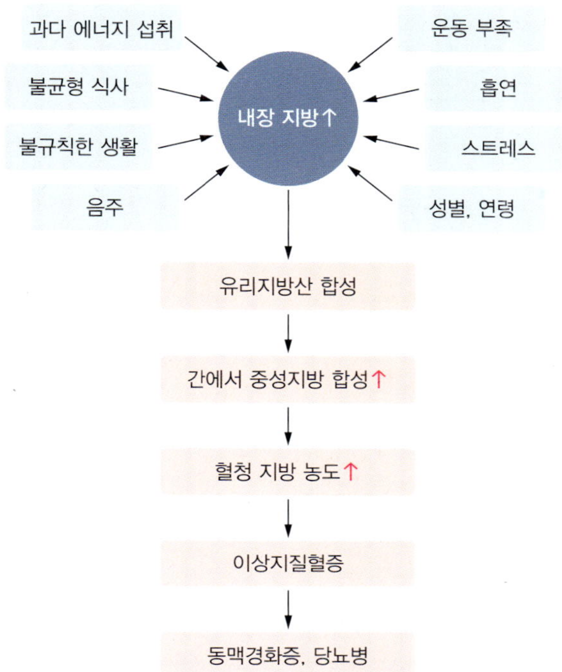

그림 7-4 내장형 지방과 만성질병의 진행과정

(1) 심혈관계질환

심장질환에 대한 비만의 영향은 항상 비만만의 문제가 아니라 고혈압, 당뇨병, 이상지질혈증과 같은 다른 위험요소들이 악화되어 발생한다. 이것은 체중이 증가하면 혈중 지질, 혈당, 혈압이 증가하기 때문이다. 이러한 심혈관계 위험인자들과 비만과의 관계는 남녀 모두에게서 강하게 나타난다.

관상동맥심장질환coronary heart disease은 BMI와 상관관계가 높다. BMI가 높을수록 심근경색, 관상동맥 심장질환, 더 나아가 죽음을 초래하기가 쉽다 그림 7-5. 비만 상태에서는 혈액량과 그에 따른 심박출량 증가, 좌심실 확장기의 혈액량 증가로 인해 혈압이 높아지고 이로 인해 우선적으로 좌심실의 비대를 초래한다. 따라서 비만인 고혈압 환자들은 울혈성심부전 발병 위험률이 높다. 심각한 비만인 경우 종종 정맥류, 정맥울혈, 혈전성 정맥염, 혈전 색전증 등이 발생하기 쉽다.

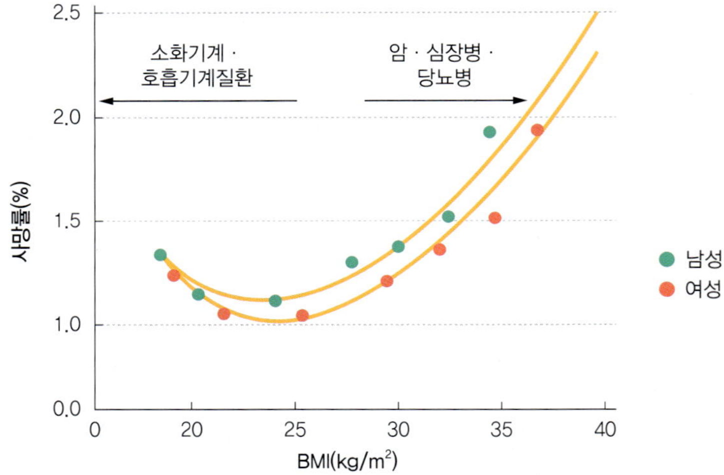

그림 7-5 BMI와 사망위험률

자료 : Lee RD, Nieman DC. *Nutritional assessment* 2nd ed., 1998.

(2) 고중성지방혈증

고중성지방혈증hypertriglyceridemia은 인슐린 저항과 관계되는데 비만, 특히 복부비만인 경우 인슐린저항성이 증가하여 고인슐린혈증이 나타나며, 이로 인해 고중성지방혈증이 된다. 즉 허리부분에 지방이 과잉 축적되는 경우, 복부 내 장기를 구성하는 세포는 에너지원으로 포도당보다는 지방을 선호한다. 특히 복부지방은 문맥혈관에 가까워 필요하면 바로 간으로 이동하고, 지방산으로 분해되어 에너지원으로 쓰이거나 중성지방을 생성하여 지방조직으로 이동하므로 고중성지방혈증이 나타난다. 또한 LDL의 생성을 유도하므로 혈중 LDL의 농도가 높아지고 HDL은 감소되어 이상지질혈증이 나타난다. 이와 같은 이상지질혈증이 개선되지 않으면 동맥경화증에 걸릴 위험이 높다.

(3) 당뇨병

당뇨병 발병률은 정상체중보다 과체중인 경우 약 13% 더 높으며, 일반적으로 제2형 당뇨병의 형태로 발생한다. 제2형 당뇨병의 가장 강력한 위험인자는 비만이다.

혈중 인슐린은 세포막에 존재하는 인슐린 수용체와 결합한다. 비만인의 세포는 인슐린 수용체의 수가 적고 인슐린과 수용체의 친화력도 낮으며, 인슐린과 수용체의 결합 후 포도당수송체glucose transporters가 세포막 가까이 접근하는 단계에서도 어려움이 있다. 또한 포도당 수송체의 수도 감소되어 있으며, 포도당과 수송체의 친화력 감소 등으로 인해 정상인에 비해 비만인 사람은 세포 내로의 포도당 이동이 더 어렵다. 특히 복부비만(상체 비만)은 말초조직의 인슐린저항성이 더욱 심하고, 간에서의 인슐린 제거가 감소하여 고인슐린혈증이 더욱 현저해진다. 즉 상체 비만의 경우 지방분해 활성이 높은 복강 내 지방에서 배출된 다량의 유리지방산이 간으로 유입되면 간에서 포도당 이용률은 낮아지고 인슐린 결합 및 작용이 방해된다. 또한 말초조직에서도 유리지방산의 유입으로 포도당이용률이 낮아져서 인슐린저항성을 나타낸다. 이로 인해 췌장에서는 정상인에 비해 더 많은 인슐린을 분비하게 되어 고인슐린혈증이 되며, 이러한 현상이 장기간 지속될 때 췌장은 피로해져서 결국 제2형 당뇨병을 유발하게 된다.

(4) 고혈압

과체중인 사람이 정상인보다 고혈압 발생률이 약 3배 정도 높다. 비만이 고혈압을 유발하는 기전은 비만으로 인한 고인슐린혈증이 신장의 Na^+ 재흡수를 증가시킴으로써 세포외액의 부피가 증가하게 되고, 심박출량 증가, 말초혈관 저항 증가로 고혈압이 발생하는 것으로 보고 있다. 체중이 10% 증가함에 따라 혈압이 7 mmHg씩 상승하므로, 비만인 고혈압 환자의 경우 우선적으로 체중을 줄일 것을 권장한다.

(5) 담석증

체지방이 증가하면 지방조직에 축적된 콜레스테롤 양도 증가하게 된다. 따라서 콜레스테롤 대사율이 항진되므로 콜레스테롤의 담즙 생성이 증가되어 담즙 내의 콜레스테롤 농도가 높아져서 담석(콜레스테롤 결석) 형성이 촉진된다. 담석증은 체지방이 많은 여성이 남성보다 발병률이 높다.

(6) 통풍

확실한 원인은 알 수 없으나 체중이 증가함에 따라 요산의 생성이 증가되고 축적되어 통풍을 초래한다. 통풍이란 관절 부위에 요산이 많이 축적되어 발생하는 일종의 관절염으로 영양과다, 특히 단백질 과잉으로 인한 비만자에게 많이 나타난다. 특히 정상체중의 30%를 초과하는 비만자에서 종종 볼 수 있다.

알아두기 **대사증후군(metabolic syndrome)**

당뇨병, 고혈압, 비만, 이상지질혈증, 심혈관질환 등 인슐린저항성에 의해 나타나는 복합적인 병증을 대사증후군이라고 한다. 체내에 인슐린이 있더라도 저항성으로 인해 고혈당은 개선되지 않은 채 인슐린 농도만 높아진다.

국내에서는 대사증후군의 정확한 진단기준이 없으며 현재 가장 널리 쓰이고 있는 NCEP-ATP III를 토대로 한 권고안을 제시하고 있으나, 향후 여자의 허리둘레 기준이 연구를 통해 수정될 수 있다.

다음 5가지 중 3개 이상에 해당되면 대사증후군으로 진단된다.

- 복부비만 : 허리둘레 남자 90 cm, 여자 85 cm 이상
- 중성지방 : 150 mg/dL 이상
- HDL 콜레스테롤 : 남자 40 mg/dL, 여자 50 mg/dL 미만
- 공복혈당 : 100 mg/dL 이상이거나 당뇨약 복용 중
- 혈압 : 130 mmHg/85 mmHg 이상이거나 혈압약 복용 중

당뇨 전단계(공복혈당장애, 내당능장애)와 대사증후군은 당뇨병으로 진행할 확률이 매우 높다.

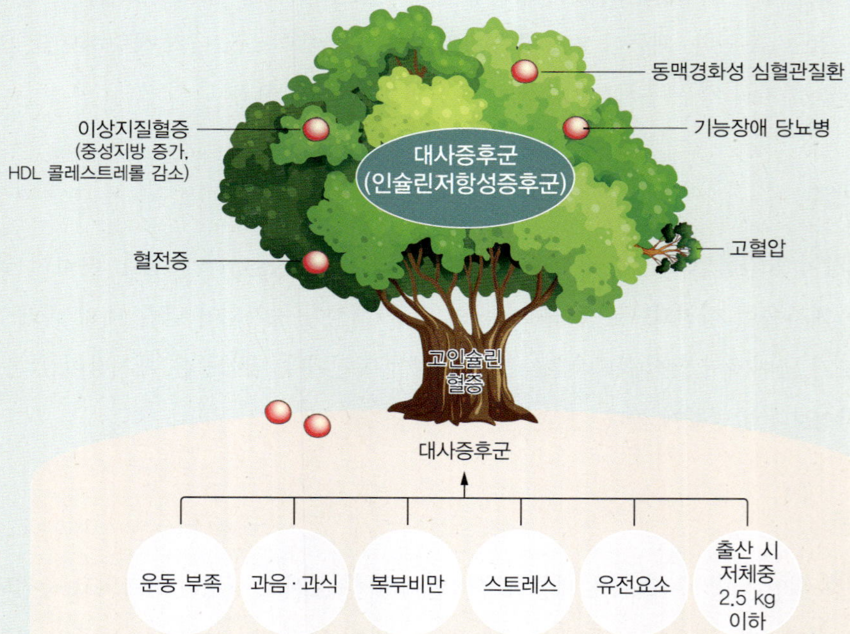

(7) 관절염

체중이 과도하게 증가하면 허리, 무릎, 발목, 발바닥 등에 과도한 무게가 가해져서 통증이나 부담을 느끼게 된다. 심할 경우, 관절이나 관절주위의 인대에 충격을 주어 관절염의 원인이 되기도 한다. 관절염 발병률은 마른 사람보다 비만자가 높고, 체중이 증가할수록 더 악화된다.

(8) 암

비만인 여성은 유방암, 자궁암, 담낭암 등의 발병률이 높아서 마른 여성보다 2~3배 더 높다. 남성은 결장, 직장, 전립선암의 발병률이 높다. 비만인 여성이 유방암에 잘 걸리는 것은 지방세포가 정상적인 호르몬 분비를 막기 때문이다. 비만인 여성은 폐경이 되면 부신성 남성호르몬(안드로겐)에서 합성된 혈중 난포호르몬(에스트로겐)이 정상인보다 많아진다. 이 난포호르몬이 유방의 지방조직에 지속적인 자극을 주어 유방암을 일으키는 것으로 추측되고 있다.

5) 비만의 치료

비만치료에 대한 정의는 "비만인의 체중이 표준체중으로 감소되고 감소된 체중을 적어도 5년 동안 유지하는 것"이다. 치료법으로는 비만도가 표준체중의 2배 이상일 때 외과적인 수술요법을 필요로 하며, 표준체중의 2배 미만에서는 약물이나 수술요법보다는 식사요법과 운동요법 및 행동수정을 권장한다. 성공적이며 지속적인 체중감량은 장기간에 걸쳐 서서히 실행되어야 하며, 비만자의 확고한 결심과 동기부여가 요구된다.

소아비만의 경우는 더욱 세심한 영양관리가 필요한데, 심하게 에너지를 제한하면 성장을 지연시키기 때문에 비만의 정도가 심하지 않으면 체중감량보다는 영양균형에 따른 안정된 체중을 유지하는 데 중점을 두어야 한다.

비만을 성공적으로 치료하기 위해서는 그림 7-6과 같이 접근할 수 있다.

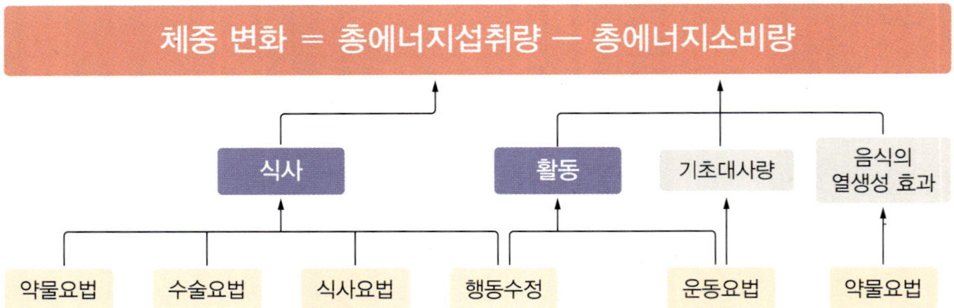

그림 7-6 비만 치료 접근방법

6) 식사요법

(1) 비만 식사요법의 분류

① 중등도 저에너지식

중등도 저에너지식moderate low energy diet은 일반적으로 평소 섭취량보다 500~600 kcal 감량한 식사로 환자들이 적응하기 쉬우며, 장기간의 에너지 감량 효과를 얻고자 할 때 유용하다. 이 방법을 지속적으로 잘 이용하면 에너지를 심하게 제한할 때보다 일정기간 후 체중감소의 효과가 더 크게 나타날 수 있다. 식품교환표를 이용하여 이상적이고 균형된 저에너지식을 계획할 수 있다.

② 저에너지식

저에너지식low energy diet, LCD은 10~20 kcal/kg 정도를 공급하여 하루에 보통 1,200 kcal 정도의 에너지를 제공하는 식사로, 균형 잡힌 저에너지식balanced LCD과 불균형 저에너지식unbalanced LCD이 있다. 안전하고 효과적인 체중 조절을 위해서는 평소의 식사섭취량을 파악해서 이를 근거로 적절한 영양소를 함유한 균형 잡힌 저에너지식이 바람직하다.

균형 잡힌 저에너지식은 당뇨식과 같은 식품교환표를 이용한 식사처방으로 평생 동안 이용할 수 있는 가장 안전한 방법이다. 일반적으로 비만의 정도, 비만자의 나이, 활동량 등을 고려하여 제한 에너지를 결정하게 된다. 그러나 비만 환자 중 상당수가 식사처방에 따르지 못하는데, 이는 갑작스런 식사량의 변화와 공복감 때문이다. 이러한 저에너지식을 이용하려면 환자의 생활습관과 식품에 대한 선호도를 고려해서 계획해야 한다. 저에너지식은 일반적으로 균형식으로 이루어진 식사를 이용하지만, 경우에 따라서는 상업용 조제식을 병용하여 사용하기도 한다.

알아두기 **불균형 저에너지식**

실제로 저당질·고단백질·저에너지식사(예 : 케토제닉 다이어트, 일명 황제 다이어트), 고당질·저에너지식사(예 : 비버리힐스 다이어트), 순환식 식사요법, 원푸드다이어트(예 : 사과 다이어트, 포도 다이어트, 감자 다이어트 등), 상업용 조제식을 이용한 식사요법 등이 제안되고 있으나, 이들 식사요법은 일시적인 체중감소의 효과만 있을 뿐 장기적인 체중조절 면으로 볼 때는 문제가 있다.

케토제닉 다이어트

고단백질·고지방·저당질식(영양불균형 저에너지식의 일종)으로서 육류를 주로 섭취하는 방법이다. 저당질식사가 특징인데, 당질이 부족하면 에너지원을 주로 지질에 의존하게 되므로 TCA 회로가 원활히 진행되지 못하여 불완전 연소물인 케톤체가 과잉 생성된다. 혈중 케톤체의 농도가 높아지므로 식욕 감퇴로 에너지 섭취량이 감소된다. 케톤체를 배설하기 위해 이뇨작용이 활발하여 초기에는 체중감소가 크지만 케톤증으로 위험하고, 또한 고단백질·고지방으로 구성된 고콜레스테롤식이므로 고콜레스테롤혈증을 유발하며, 멀미, 저혈압을 일으키는 등 여러 부작용을 초래한다.

③ 초저에너지식

초저에너지식very low energy diet은 체중당 10 kcal 미만으로 공급하여 하루에 보통 400~800 kcal를 섭취하는 매우 적극적인 치료방법이다. 에너지소모량보다 훨씬 적은 에너지를 섭취함으로써 부족한 에너지를 체지방으로 보충하므로 단기간에 체중이 빨리 감소된다. 이상체중의 30~40%를 초과하는 심한 비만인 경우에 해당된다. 수분과 전해질 평형, 신체의 기능, 대사활성에 장애를 초래하므로 보통 실시기간은 12~16주로 제한하며, 의사의 관리하에 이루어져야 한다.

복부팽만감, 오심, 구토, 복통, 설사, 부정맥, 피부건조, 모발손실, 허약, 저혈압, 급작스런 사망 등이 발생할 수 있다.

초저에너지식은 에너지는 제한하되 케톤증과 체조직단백질, 전해질의 손실을 최소화할 수 있도록 당질, 생물가가 높은 단백질, 필수지방산을 포함하는 최소한의 지방, 권장섭취량을 충족시킬 수 있는 비타민, 무기질을 포함해야 한다.

이 방법을 사용하는 경우 보통 1주일에 1.5~2.5 kg 정도로 감량하면 12~16주 동안에 20~25 kg이 감량된다.

④ 단식

단식은 급속한 체중감소가 필요한 경우, 이를테면 수술 받을 예정인 비만한 사람을 치료하기 위해서 사용되었다. 일반적인 단식에서는 단지 수분, 비타민, 무기질만이 허용된다.

단식기간 동안 에너지의 대략 90%가 체지방 분해에 의해 공급되므로 1일 200~250 g의 체지방이 손실된다. 체지방 손실이 지나치면, 지방산은 케톤체, 즉 아세토아세트산, 아세톤, β-하이드록시부티르산으로 전환되어 식욕감소를 돕는다. 그러나 신장에서 케톤체 여과시 요산과의 경쟁 때문에 혈중 요산 농도를 상승시키는데, 이로 인해 통풍과 요산결석의 위험이 발생할 수 있다. 또한 간의 글리코겐이 고갈되므로 혈당 농도도 서서히 감소하며, 이러한 상태의 지속은 수분, 나트륨, 칼륨, 마그네슘, 인의 손실을 초래한다.

단식하는 동안에 기초대사율이 감소되므로 단식 후에 식사를 통해 에너지섭취량이 증가되면 여분의 에너지는 쉽게 지방조직에 축적되므로 체중감량 기간보다 체중증가 속도가 빠르다.

단식의 또다른 문제점은 지방뿐만 아니라 많은 비지방성분이 손실되는데, 특히 노년층에 있어서는 손실된 비지방성분의 회복이 어렵다.

(2) 식사계획

비만의 식사요법 원칙은 섭취에너지에 비해 소모에너지를 증가시켜 부족한 에너지를 체내 축적된 지방으로 공급함으로써 체지방을 줄이는 것이다.

에너지 필요량 산출

- 적용체중별 자신의 활동 정도에 따라 에너지필요량을 산출한다 표 7-4a, 표 7-4b.
- 에너지필요량이 산출되면 계산된 에너지량보다 하루 500 kcal씩 줄이거나 20% 정도를 감량하여 1주일에 0.4~0.5 kg 정도(최대 1 kg)의 체중을 줄이도록 한다. 1주일에 2 kg 이상의 체중감량은 어지럽고 기운이 없어져서 오래 지속하기가 어렵다.
- 체중을 급격하게 감소시키기 위하여 심한 에너지 제한식사를 장기간 지속하는 것은 위험하므로 하루에 최소 1,000 kcal 이상을 공급하도록 한다.
- 에너지 영양소의 배분은 당질:단백질:지방의 비율을 55~60:15~20:20~25로 한다.

알아두기 **처방에너지 계산**

체지방조직 1 kg은 7,700 kcal를 제공한다. 1주일에 체지방 1 kg을 줄이려면 매일 에너지필요량에서 1,100 kcal(7,700÷7)를 적게 섭취해야 하므로 실행하는 것이 쉽지 않지만, 2주일에 1 kg을 줄이는 경우에는 매일 에너지필요량에서 550 kcal(7,700÷14)를 더 적게 섭취하므로 실행하기가 좀더 수월해진다.

예를 들면, 1일 에너지섭취량(필요량)이 2,500 kcal인 대상이 1주일에 체지방 1 kg을 줄이려면 하루에 1,400 kcal(2,500-1,100)를 섭취해야 한다. 하지만 2주일에 1 kg을 줄이고자 하면 하루에 1,950 kcal(2,500-550)를 섭취하게 되므로 스트레스를 덜 받게 된다.

운동을 하지 않을 경우 550 kcal를 감량한 에너지량을 식사섭취량으로 처방하지만, 200 kcal에 해당하는 운동을 할 경우에는 350 kcal를 감량한 에너지량을 식사섭취량으로 처방한다.

표 7-4a 활동정도에 따른 에너지필요량

생활활동 강도	직종	단위체중당 필요에너지(kcal/kg)
가벼운 활동	일반사무직, 관리직, 기술자, 어린 자녀가 없는 주부	25~30
보통 활동	제조업, 가공업, 서비스업(판매직 외), 어린 자녀가 있는 주부	30~35
강한 활동	농업, 어업, 건설작업원	35~40
아주 강한 활동	농번기의 농사, 산림업, 운동선수	40~

당질 적당히

단백질 절약, 케톤증 및 심한 수분 손실을 예방하기 위해서는 1일 최소한 100 g 이상의 당질을 섭취해야 한다. 당질 섭취량이 100 g 이하가 되면 인슐린 분비량이 감소하고, 두뇌 등 포도당을 에너지원으로 사용하는 조직에 필요한 에너지를 공급하기 위해 체단백질이 분해된다.

전체 에너지의 55~60%를 당질로 공급하며, 주로 현미, 채소, 과일 등의 복합당질과 식이섬유가 풍부한 식품으로 제공한다. 식이섬유는 1일 20~25 g 이상 섭취를 권장한다. 식이섬유는 식사의 에너지밀도를 낮추고 위배출을 지연시켜 공복감을 줄여주며 대변의 용적을 증가시켜 에너지 제한 시 식사량의 감소로 생기는 변비를 예방해 준다.

단백질 충분히

단백질은 체중감량을 위한 저에너지식에서도 체조직의 보수, 유지 및 질소균형을 위해 반드시 필요하므로 섭취가 허용되는 범위에서 최대한의 양을 공급하도록 한다. 총에너지의 15~20%를 양질의 단백질로 1.0~1.5 g/kg을 공급한다.

표 7-4b 적용 체중별 에너지필요량 계산

종류	방법	병원처방
표준체중 이용 • 빠른 체중 감량을 원할 때 적용 • 아주 엄격한 방법	예1) 비만 환자 : 여자, 신장 162 cm, 체중 69 kg, 보통 활동(30~35 kcal/kg) 표준체중 = 1.62 × 1.62 × 21 = 55.1 ⇒ 55 kg 비만도 = (69 - 55)/55 × 100 = 25.5% (비만) • 1일 에너지 필요량 : 55 kg × 32.5 kcal/kg ≒ 1,788 kcal[1]	-500 kcal (1,288 kcal)
	예2) 비만 환자 : 여자, 신장 162 cm, 체중 75 kg, 보통 활동(30~35 kcal/kg) 표준체중 = 1.62 × 1.62 × 21 = 55.1 ⇒ 55 kg 비만도 = (75 - 55)/55 × 100 = 36.4% (비만) • 1일 에너지필요량 : 55 kg × 32.5 kcal/kg ≒1,788 kcal	
	⇨ 예1)의 비만자에 비해 예2)의 고도비만자의 경우에는 표준체중을 그대로 적용하여 산출한 에너지필요량은 평소섭취량보다 적어서 실천하기에 부담스럽고 오래 지속하기 어려우므로 비만도가 30%를 넘는 고도비만의 경우에는 표준체중으로 가는 중간에 조정체중을 목표로 하여 에너지필요량을 산출하는 것이 한층 적절함	
조정체중 이용 • 현재 체중이 표준체중에 비해 많이 초과할 때 적용 • 엄격한 방법	• 조정체중 : 비만도가 30~40% 이상인 사람이 이용하는 방법으로 현재 체중을 감안하여 표준체중을 보정한 것이다. 조정체중 = 표준체중 + (현재체중 - 표준체중)/4 예) 비만 환자 : 여자, 신장 162 cm, 체중 75 kg, 보통 활동(30~35 kcal/kg) 비만도 = (75 - 55)/55 × 100 = 36.4% (비만) 조정체중 = 55 + (75 - 55)/4 = 55 + 5 = 60 kg • 1일 에너지필요량 : 60 kg × 32.5 kcal/kg = 1,950 kcal	-500 kcal (1,480 kcal)
	⇨ 표준체중을 적용하여 산출한 에너지필요량 1,788 kcal에 비해 162 kcal가 많으므로 실천하기에 보다 덜 어려움	
현재 체중 이용 • 약간 천천히 감량되지만 체중 감량하기가 쉽고 오래 지속할 수 있음 • 요요현상이 잘 일어나지 않음 • 좀 더 관대한 방법	예1) 비만 환자 : 여자 신장 162 cm, 체중 69 kg, 보통 활동(30~35 kcal/kg) 표준체중 = 1.62 × 1.62 × 21 = 55.1 ⇒ 55 kg 비만도 = (69 - 55)/55 × 100 = 25.5% (비만) • 1일 에너지 필요량 : 69 kg × 32.5 kcal/kg ≒ 2,243 kcal	-500 kcal (1,743 kcal)
	⇨ 표준체중을 적용하여 산출한 에너지필요량 1,788 kcal에 비해 455 kcal가 많으므로 체중감량 속도는 느리지만 쉽게 적응하여 오래 실천을 지속할 수 있음	
	예2) 비만 환자 : 여자, 신장 162 cm, 체중 75 kg, 보통 활동(30~35 kcal/kg) 비만도 = (75 - 55)/55 × 100 = 36.4% (비만) • 1일 에너지필요량 : 75 kg × 32.5 kcal/kg ≒ 2,438 kcal	-500 kcal (1,940 kcal)
	⇨ 표준체중이나 조정체중을 적용하여 산출한 에너지필요량 1,788 kcal이나 1,950 kcal에 비해 650 kcal 또는 490 kcal가 많으므로 체중감량 속도는 느리지만 쉽게 적응하여 오래 실천을 지속할 수 있음	
평소섭취량 이용 • 체중감량을 시작하는 사람에게 최소한의 충격을 제공함 • 아주 관대한 방법	• 평소섭취량보다 하루 500 kcal씩 줄이거나 20% 정도를 감량하여 1주일에 0.4~0.5 kg 정도(최대 1 kg)의 체중을 줄이는 방법이다. • 1주일에 2 kg 이상의 체중감량은 어지럽고 기운이 없어져서 오래 지속하지 못한다.	평소섭취량 -500 kcal

※ 일반적으로 병원에서는 비만 환자의 활동 정도를 약하거나 운동을 하지 않는 경우로 보고, 신속한 체중감량을 위하여 위에서 산출된 에너지필요량에서 500 kcal를 줄여서 처방하거나 적용체중당 에너지를 30 kcal/kg 대신, 25 kcal/kg를 곱하여 처방에너지를 산출한다. 그러나 1주일에 2 kg 이상의 신속한 체중감량은 어지럽고 기운이 없어져서 오래 지속하기 어렵다.

1) 활동도에 따른 1일 에너지 필요량 = 체중(kg) × 활동별 에너지(kcal/kg)

지질 적당히

지질은 위 내의 체류시간이 비교적 길어서 포만감을 유지하고 지용성 비타민의 공급과 이용에 필수적이며, 필수지방산 공급에 필요하므로 하루 총에너지의 20~25%를 공급한다.

비타민과 무기질 충분히

체중을 감소하기 위해 에너지섭취량을 제한할 경우에는 식사 내 무기질과 비타민이 부족되기 쉽다. 특히 1,200 kcal 이하의 식사를 하는 경우는 수용성 비타민, 칼슘, 철 등이 부족하지 않도록 충분히 공급해야 하며, 필요하면 보충제를 공급한다. 무기질과 비타민이 풍부하면서도 에너지는 작고 부피가 많아 만족감을 줄 수 있는 채소나 해조류를 많이 섭취하도록 한다.

수분 충분히

정상적인 식사를 하는 경우에는 2 L 이상의 수분이 요구된다. 저에너지식의 경우, 단백질 분해로 질소산물이 증가하므로 배설을 위해 충분량의 수분이 필요하며, 특히 저당질식의 경우는 케톤체의 배설을 위해 많은 양의 수분이 요구된다.

식품선택

- 잡곡밥, 채소밥, 무밥, 버섯밥은 무기질과 비타민 및 식이섬유가 풍부하여 포만감을 제공하고, 죽이나 국수는 수분 함량이 높아서 포만감을 제공한다. 단, 중국식 국수요리는 지방 함량이 많으므로 피한다.
- 국은 포만감을 제공하므로 채소를 재료로 한 맑은 국, 육수보다는 멸치국물을 이용하며 싱겁게 간한다.
- 대개의 해조류는 식이섬유가 많고 수분을 흡수하는 성질이 크며, 에너지가 적으므로 많이 이용한다.
- 우유는 저지방이나 무지방우유를 선택한다.
- 가능한 기름은 적게 넣어 조리한다. 튀김, 전, 볶음보다 데친 요리나 찜, 샐러드를 선택한다.
- 마요네즈나 프렌치드레싱보다는 레몬소스나 간장을 이용한 드레싱을 사용한다.
- 장아찌나 젓갈은 과식을 초래하므로 적게 섭취한다.
- 시럽에 담긴 과일 통조림이나 기름에 담긴 참치 통조림의 사용을 줄인다.

■ 유부와 어묵은 살짝 데쳐 기름을 빼고 조리한다.

■ 알코올은 7 kcal/g의 에너지를 함유하므로 제한한다.

■ 당이 들어가지 않은 녹차나 한국 전통차를 마신다.

비만의 식사계획 시 고려해야 할 점

- 에너지 섭취 제한으로 체중을 감량할 때는 체지방은 감소시키지만 체단백질은 감소되지 않도록 한다.
- 지나친 체중감량을 위해 에너지를 심하게 제한하는 식사를 장기간 지속하는 것은 바람직하지 않다. 이는 기초대사를 저하시키면서 공복감으로 인한 폭식 등으로 체중을 증가시키는 원인이 되며, 건강상 위험한 상태를 초래할 수도 있어서 비효과적이다.
- 초저에너지식을 하는 경우를 제외하고는 1일 최저 남자 1,500 kcal, 여자 1,200 kcal가 유지되도록 식사계획을 세운다.
- 1일 필요에너지를 3회나 그 이상으로 나누어 섭취하며 식사시간이 규칙적이어야 한다. 체중감소 계획에 필수적인 것은 규칙적인 식사시간과 식사횟수, 계획된 섭취량이다.
- 비만인 사람이 식사요법에 잘 적응하고 따르기 위해서는 개개인의 식습관에 기초를 두고 포만감을 주는 식품을 선택한다.
- 체중감소의 목적을 달성하더라도 그에 따라 다른 영양소의 결핍을 초래하고, 그로 말미암아 영양장애를 일으킬 수 있으므로 유의해야 한다.

에너지별 영양기준량과 에너지에 따른 식품교환수를 표 7-5, 표 7-6 에 제시하였다. 식품교환표를 이용한 1,200 kcal의 균형 잡힌 저에너지 식단과 800 kcal의 초저에너지 식단의 예를 표 7-7, 표 7-8 에 제시하였다.

표 7-5 에너지별 영양기준량

식사명	에너지(kcal)	당질(g)	단백질(g)	지방(g)
초저에너지식	800	109	50	22
저에너지식	1,000	135	50	30
	1,200	160	60	40
	1,400	205	65	40

표 7-6 에너지별 식품군의 식품교환 수

식품군	곡류군	어육류군		채소군	지방군	우유군	과일군
		저지방군	중지방군				
800	3	3	–	7	2	1(저)	0.5
1,000	4	3	–	7	2	1(저)	1
1,200	6	4	–	7	3	1(저)	1
1,400	7	4	–	7	3	2(저)	1

표 7-7 균형 잡힌 저에너지 식단 예(1,200 kcal, C : P : F = 60 : 21 : 19)

식품군		교환 단위 수	아침	간식	점심	간식	저녁
곡류군		6	2×잡곡 30 g =60 g(잡곡밥)		2×쌀 30 g =60 g(쌀밥)		2×쌀 30 g =60 g(쌀밥)
어육류군	저지방	4	1×가자미 50 g =50 g(가지미구이)		1.5×닭 40 g =60 g(닭볶음탕)		1.5×쇠고기 40 g =60 g(불고기)
	중지방	–					
채소군		7	0.5×콩나물 70 g =35 g(콩나물국) 1×미역 70 g =70 g(미역냉채) 0.5×김치 50 g =25 g(포기김치)		0.5×당근 70 =35 g(닭볶음탕용) 0.5×아욱 70 g =35g(아욱국) 1× 부추 70g =70 g(부추무침) 0.5×김치 50 g =25 g(포기김치)		0.5×양파 50 g =25 g(불고기용) 0.5×미역 6 g =3 g(미역국) 1×상추 70 g =70 g(상추겉절이) 0.5×김치 50 g =25 g(포기김치)
지방군		3	1×식용유 및 참기름(조리용) 5 g =5 g		1×식용유 및 참기름(조리용) 5 g =5 g		1×식용유 및 참기름(조리용) 5 g =5 g
우유군		1				1×저지방우유 200 mL	
과일군		1				1×사과 100 g	
식단			잡곡밥 콩나물국 가자미구이 미역냉채 포기김치		쌀밥 아욱국 닭볶음탕 부추무침 포기김치	저지방우유 사과	쌀밥 미역국 소불고기 상추겉절이 포기김치

표 7-8 초저에너지 식단 예(800 kcal, C : P : F = 57 : 26 : 17)

식품군		교환 단위 수	아침	간식	점심	간식	저녁
곡류군		3	1×잡곡 30 g =30 g(잡곡밥)		1×쌀 30 g =30 g(쌀밥)		1×쌀 30 g =30 g(쌀밥)
어육류군	저지방	3	1×조기 50 g =50 g(조기구이)		1×닭 40 g =40 g(닭볶음탕)		1×쇠고기 40 g =40 g(불고기)
	중지방	–					
채소군		7	0.5×콩나물 70 g =35 g(콩나물국) 1×오이 70 g =70 g(오이생채) 0.5×김치 50 g =25 g(포기김치)		0.5×당근 70 g =35 g(닭볶음탕용) 0.5×아욱 70 g =35 g(아욱국) 1×미나리 70 g =70 g(미나리무침) 0.5×김치 50 g =25 g(포기김치)		0.5×양파 50 g =25 g(불고기용) 0.5×미역 6g =3 g(미역국) 1×브로콜리 70 g =70 g(브로콜리초회) 0.5×김치 50 g =25 g(포기김치)
지방군		2	0.5×식용유 및 참기름 (조리용) 5 g =2.5 g		0.5×식용유 및 참기름 (조리용) 5 g =2.5 g		1×식용유 및 참기름 (조리용) 5 g =5 g
우유군		1				1×저지방우유 200mL	
과일군		0.5				0.5×사과 80 g =사과 40 g	
식단			잡곡밥 콩나물국 조기구이 오이생채 김치		쌀밥 아욱국 닭볶음탕 미나리무침 포기김치	저지방우유 사과	쌀밥 미역국 소불고기 브로콜리초회 포기김치

7) 운동요법

육체적 활동은 체중, 체구성, 식욕, 대사율에 영향을 미친다. 운동은 체지방과 혈장 인슐린, 중성지방을 감소시킨다. 또한 인슐린에 대한 조직의 민감도를 높이고, 인슐린 저항을 개선하여 비만에서 오는 합병증을 예방한다. 혈장 지질에 있어서도 HDL 콜레스테롤을 증가시키고 VLDL, LDL을 감소시켜 비만의 합병증으로 문제되는 심혈관질환을 예방한다. 운동으로 소비되는 에너지는 매우 적기 때문에 식사요법이 병행되어야 한다.

효율적인 체중감량을 위한 운동을 하고자 할 때에는 운동단계, 운동빈도, 운동강도,

운동지속시간이 중요하다.

(1) 운동단계

운동은 준비단계, 강화단계, 마무리단계 순으로 진행되어야 비정상적인 혈액 흐름으로 인한 부작용과 근육 손상을 막을 수 있다.

① 준비단계

스트레칭 같은 가장 낮은 수준의 운동을 하여 체온이 상승되고 땀이 나도록 한다.

② 강화단계

매일의 운동에서 가장 중요한 단계로 운동강도와 운동지속시간이 중요하다. 운동강도가 높아지면 지속시간이 짧아지고 운동강도가 낮아지면 지속시간이 길어진다.

③ 마무리단계

심혈관을 지속적으로 유지하기 위해 필요한 단계이다. 강도가 높은 운동을 한 후 마무리단계 운동은 혈액이 혈관이나 심장으로 들어가도록 돕는다. 스트레칭이 선호된다.

(2) 운동빈도

운동횟수는 일주일에 3회로 시작하여 4~5회가 바람직하다.

(3) 운동강도

즐거운 마음으로 꾸준히 지속할 수 있고 적당히 땀을 흘리며 자신의 최대운동능력의 50~80%를 요구하는 운동종목을 선택한다. 운동 중에 대화가 가능하고 운동 중이나 후에 고통이나 통증이 느껴지지 않는 강도의 운동을 권장한다.

체중감량을 위한 적정한 운동의 종류와 운동빈도(frequency), 운동강도(intensity), 운동지속시간(time), 즉 FIT의 원칙은 다음과 같다.

- 운동빈도 : 일주일에 3~5회
- 운동강도 : 최대운동능력의 50~80%(운동하면서 대화할 수 있는 정도의 운동 강도)
- 운동지속시간 : 30분 이상
- 운동의 종류 : 유산소운동(+근력운동)

(4) 운동지속시간과 기간

초기에는 20분에서 점차 증가시켜 1시간으로 늘리는 것이 바람직하며, 운동 초기에는 체지방 감소가 반드시 체중감소로 이어지는 것은 아니다. 운동 초기에는 근육량의 증가와 비지방성분의 밀도가 높아지므로 체중은 변하지 않지만, 지속적으로 운동을 하면 근육량이 증가하면서 상대적으로 지방량을 감소시켜 체중이 감소된다. 따라서 장기간에 걸친 규칙적인 운동이 필요하다.

(5) 운동의 종류

체내 당질은 지방에 비해 분자 내에 산소를 많이 함유하므로 산소소모량이 큰 강도 높은 격렬한 운동의 에너지원으로 이용되는 반면, 체지방은 산소소모량이 크지 않은 중등도 이하의 장시간 하는 운동의 에너지원으로 이용된다. 따라서 체중감량을 목표로 할 때는 낮은 강도로 운동시간을 길게 하는 것이 체지방 감소에 효과적이다. 걷기, 중·장거리 달리기, 체조, 에어로빅, 자전거 타기, 수영 등은 주로 지방을 에너지원으로 이용하는 유산소운동aerobic exercise이다.

그러나 운동으로 소비되는 에너지는 매우 적으므로 지속적인 운동과 식사요법이 병행되어야 한다.

알아두기 적정운동강도 계산법

운동강도 맥박수 = (0.5~0.8)×(최대맥박수-안정 시 맥박수)+안정 시 맥박수

최대맥박수 : 220-자기 나이

안정 시 맥박수 : 안정된 상태에서 측정된 맥박수

예) 연령 40세, 맥박수 70인 사람의 운동강도 계산

최소운동 맥박수 : 최대운동능력의 50% 운동강도

최소운동 맥박수 = 0.5×(180-70)+70 = 125회

최대운동 맥박수 : 최대운동능력의 80% 운동강도

최대운동 맥박수 = 0.8×(180-70)+70 = 158회

위 대상자는 심장기능의 향상은 물론 중년기 생활습관병을 예방하기 위해서 맥박수가 125회 정도 유지되는 운동을 하며, 혹시 일어날지 모르는 상해와 불의의 사고를 미연에 방지하기 위해서 158회 이상 올라가는 무리한 운동을 하지 않도록 한다.

알아두기 무산소운동(anaerobic exercise)

주로 글리코겐을 분해하여 에너지원으로 사용하고 젖산을 생성한다. 역도, 무거운 것 들어 올리기, 100~400 m 단거리 달리기, 100~200 m 수영대회, 축구나 럭비의 대시 등 격렬한 운동이 이에 속한다.

운동을 할 때는 지방을 근육의 에너지 보충급원으로 사용하며, 특히 근력운동은 근육발달을 자극하고 비지방성분을 증가시킨다. 무산소운동은 근육을 증가시키기 위해서 사용할 수 있는 방법으로 근육량이 적고 체지방량이 많은 비만형의 경우 체지방 감량을 위해서는 유산소운동과 함께 근력운동(무산소운동)을 병행해야 한다.

알아두기 운동자각도(rating of perceived expertion, RPE) : Borg의 운동자각도 등급

운동의 증상은 개인마다 달리 나타나며 다양하다. 따라서 집단에서 수행되는 운동의 강도는 개인마다 달리 느끼게 된다. 운동의 간도는 운동능력과 선수의 신체적 요구가 다를 경우 근골격계 및 다양한 상해(부상)의 위험이 있기 때문에 중요하다.

운동(일)의 신체적 요수에 대한 개인의 인식을 정량화하는 데 가장 널리 사용되고 있는 것이 Borg의 운동자각도 RPE 등급(Borg Scale)이다. 선수와 일반인들이 각종 스포츠 활동이나 훈련, 일 등에 대해서 인지된 강도(노력)의 정도를 등급으로 표현한 것으로 간단히 심밥수 증가, 호흡속도 증가, 발한 및 근육피로 등가 등을 포함하고 운동대상이 경험하고 느끼는 신체적 감각에 기초하여 신체가 얼마나 힘들게 느끼는지를 측정한다.

피험자는 모든 감각과 느낌을 결합하여 운동 중 노력의 정도를 평가해야 한다. 즉, 운동에 대한 스트레스, 피로, 다리 및 팔의 통증, 호흡곤란과 같은 한 가지 요소에 중점을 두는 것이 아니라 운동 전체에 대한 느낌에 집중해서 개인적으로 평가한다.

Borg RPE Scale Table_Rating of Perceived Exertion(인지된 노력의 등급)

<table>
<tr><th>RPE 지수</th><th>심박수</th><th>호흡</th><th>훈련 강도</th><th>심장박동 정도(%)</th><th>운동 타입</th></tr>
<tr><td>6</td><td rowspan="2">40~59</td><td>의식하지 못한다.</td><td rowspan="4">1</td><td rowspan="4">50~60</td><td rowspan="4">준비운동</td></tr>
<tr><td>7</td><td rowspan="3">아주 가볍다.</td></tr>
<tr><td>8</td><td rowspan="2">80</td></tr>
<tr><td>9</td></tr>
<tr><td>10</td><td rowspan="2">80~100</td><td rowspan="3">숨이 깊어지지만 여전히 편안하게 대화할 수 있다.</td><td rowspan="3">2</td><td rowspan="3">60~70</td><td rowspan="3">가벼운 근력회복 운동</td></tr>
<tr><td>11</td></tr>
<tr><td>12</td><td rowspan="2">100~129</td></tr>
<tr><td>13</td><td rowspan="2">대화를 이어가기에는 힘들어지기 시작한다.</td><td rowspan="2">3</td><td rowspan="2">70~80</td><td rowspan="2">유산소 운동</td></tr>
<tr><td>14</td><td>130~139</td></tr>
<tr><td>15</td><td>140~149</td><td>숨쉬기가 힘들어지기 시작한다.</td><td>4</td><td>80~90</td><td>무산소 운동</td></tr>
</table>

RPE 지수	심박수	호흡	훈련 강도	심장박동 정도(%)	운동 타입
16	150~159	숨쉬기가 힘들어지기 시작한다.	4	80~90	무산소 운동
17	160~169	숨이 거칠어지고 불편하다. 이야기하기가 어렵다.	5	80~90	최대산소섭취가 필요한 운동
18	170~179				
19	180~189	극도로 힘이 든다.			
20	190 이상	최대치의 노력이 필요하다.			

*기본적으로 Borg Scale은 0~20이 아니라 6~20의 비정상적인 스케일을 보임. 건강한 성인의 일반적인 심장박동수(heart rate, HR)를 10으로 나눈 숫자로 6~20의 범위에 10을 곱하면 심장박동수에 해당함

8) 행동수정

행동수정의 일차적 목표는 체중뿐만 아니라 활동과 식습관을 변화시키는 것이다. 비만인 사람은 일반적으로 식사속도가 빠르고 식사횟수가 적으며, 한번에 과식을 하거나 야식과 군것질을 많이 하는 경향이 있다. 따라서 비만인은 식습관을 수정하여 에너

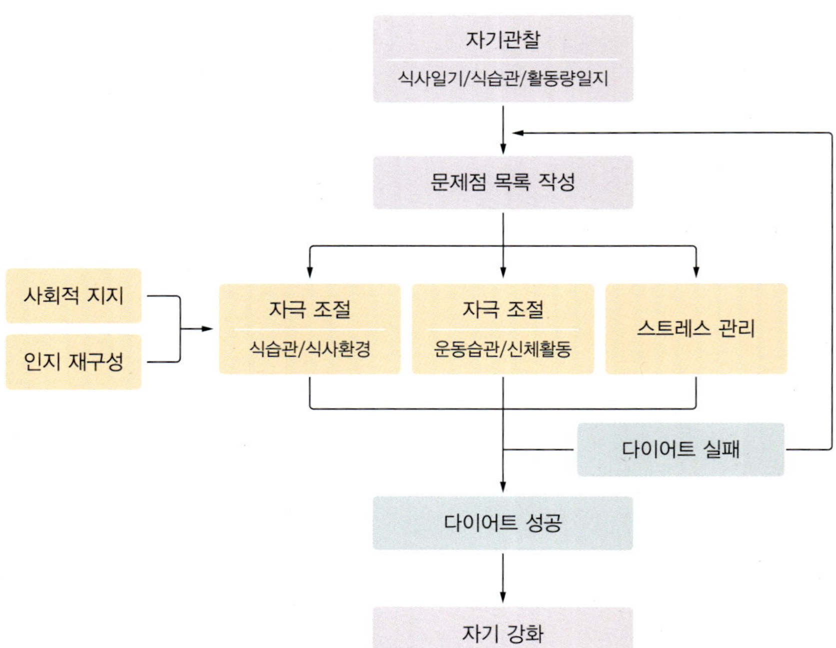

그림 7-7 체중감량 성공을 위한 행동수정

지섭취는 줄이고 에너지 소비는 늘리도록 해야 한다. 행동수정은 자기관찰, 자극조절, 보상(자기강화)의 3단계로 이루어진다.

(1) 자기관찰

비만을 유발하는 습관을 찾아내기 위해 식습관과 운동습관을 자신이 직접 기록하면서 관찰하는 것이다. 식습관의 수정을 시작하는데 있어 가장 중요한 것은 식사기록법을 이용하여 식사시간, 식사장소, 식사 중 식사태도, 식사와 관계된 활동, 식사 시 감정상태, 식사 시 배고픔의 정도, 식사형태와 양들을 기록하는 것이다. 이렇게 관찰한 기록을 통해 행동수정이 이루어져야 한다. 표 7-9 에는 자기관찰의 요령을, 표 7-10 에는 식사일기 작성요령을 제시하였다.

표 7-9 자기관찰 요령

1. 식생활 습관
   (1) 언제 : 배가 고파서, 그냥 먹는지, 아침을 먹는지, 밤에 주로 먹는지 등을 관찰
   (2) 어떤 기분으로 : 아무 생각 없이, 기분이 좋은/나쁜 상태로 식사를 하는지 등을 확인
   (3) 어디서 : 식탁에서만 먹는지, TV를 보면서 먹는지, 밤에 업무를 하면서 먹는지 확인
   (4) 무엇을 하면서 : 식탁에서 신문을 보면서 식사를 하는지, 즉 식사와 관련없는 작업을 하면서 식사를 하는지 등을 관찰
   (5) 누구와 : 친구나 가족 중에 자신의 나쁜 식사습관을 조장하는 사람은 없는지 확인
   (6) 무엇을 : 고지방 음식을 주로 먹는지, 당질 음식을 주로 먹는지 등을 확인
2. 식사습관
   (1) 씹으면서 먹는가 : 씹지 않고 그냥 삼키거나, 현재 먹는 즐거움을 느끼지 않고 무조건 먹는 동작을 하는지 등을 관찰
   (2) 배가 고파서 먹는가, 아니면 배는 고프지 않는데 심심해서 먹는지 관찰
   (3) 음식을 절대로 남기지 않고 다 먹는 습관이 있는지 관찰
   (4) 음식을 먹으면서 다른 음식에 손이 가서 자신도 모르게 한번에 두 가지 음식을 씹는지 관찰
   (5) 한번에 두 가지 음식을 입에 씹고 있는지 관찰
   (6) 함께 식사하는 친구들보다 먼저 식사를 끝내는지 관찰
3. 영양상태
   (1) 하루에 섭취하는 총에너지 및 성분을 확인하여 계산
   (2) 탄수화물, 지방, 단백질이 균형을 이룬 식사를 하는지 관찰(특히 지방의 양)
   (3) 채소나 과일 등에 들어 있는 비타민이나 무기질을 골고루 섭취하는지 관찰
4. 운동 30%를 초과하는지 관찰
   (1) 하루 혹은 1주일 동안의 운동량이 얼마인가?
   (2) 자신이 주로 하는 운동의 종류와 소모되는 에너지 계산

표 7-10 식사일기 예

시간	장소	음식,음료/양	상황	목적	동반행동	배고픔 정도	기분	개선점
오전 11시	제과점	단팥빵 1개, 우유 1잔	친구와 만남	사교	대화	1	우울했다.	친구와 만나는 장소 공원으로 바꾸기

배고픈 정도 1, 2, 3단계로 표시 (1. 배고프지 않았음 2. 약간 배고팠음 3. 매우 배고팠음)

자료 : 승정자 외, 2005

(2) 자극 조절

계속적으로 음식을 먹게 하는 내적·외적 자극을 조절하여 체중감량을 위해 노력하는 행동요법이다. 표 7-11 에는 가정, 시장, 모임이나 행사, 일상생활에서 체중감량을 위해 노력해야 할 행동을 제시하였다.

표 7-11 자극 조절 요령

가정에서	• 하루에 세 끼를 꼭 먹고, 끼니마다 정해진 장소와 시간에 먹는다. • 먹는 중에 다른 행동은 금한다(TV 시청, 신문 보기, 책 읽기). • 항상 음식을 남기도록 하고 남김없이 먹어 치우지 않는다. • 입 속에 뭔가를 씹으면서 다른 반찬(음식)에 젓가락질을 하지 않는다. • 한번에 한 가지 음식을 먹고, 숟가락, 젓가락을 놓고 씹는다. • 되도록 작은 접시에 담아 먹는다. • 여유를 갖고 식사를 하고 배가 부르게 먹지 않는다. • 먹고 나면 곧 바로 식탁에서 일어선다. • 식사가 끝나면 식탁을 바로 치우고, 음식은 보이지 않게 멀리 둔다.
시장에서	• 시장에 갈 때는 꼭 필요한 식품의 목록과 양을 적어간다. • 문제가 되는 음식은 구입을 하지 않는다. • 배고픈 상태에서 시장에 가지 않도록 한다. • 가공식품, 반가공식품, 패스트푸드는 절대 사지 않는다. • 시식코너 주변에는 가지 않는다. • 신선한 과일을 자주 구입한다.
모임이나 행사장에서	• 과식을 유발하는 모임이나 행사에는 가능한 참여하지 않는다. • 미리 음식을 조금 먹고 참석하여 맛있는 음식을 보아도 현혹되지 않도록 한다. • 저칼로리 음료(생수, 레몬에이드, 홍차 등)를 선택한다.
일상생활에서	• 올바른 영양지식을 익히며 가능한 한 식사일기를 자세히 기록한다. • 규칙적인 운동을 한다.

(3) 보상

식사행동의 수정은 강요되어서는 안 된다. 그 가능성을 살펴 그에 따라 행동하도록 하며, 약속된 행동수정이 이행되었을 때는 그에 대한 보답을 해주는 것이 중요하다. 보상은 행동수정이 이루어져 형성된 올바른 식습관을 유지시키는 원동력이 된다. 비만치료방법의 특징과 문제점은 표 7-12 에 제시하였다.

표 7-12 비만치료방법의 특징과 문제점

방법	특징	문제점
식사요법	신속한 감량효과가 있음 초저에너지식에 따른 여러 가지 부작용이 우려됨	운동과 병행하지 않으면 요요현상이 우려됨
운동요법	근육의 증가로 기초대사량이 증가됨 다이어트 관련 스트레스와 우울 경향을 해소함 요요현상의 우려가 없음	식사요법과 병행하지 않으면 감량속도가 느림
행동수정	재발률과 중도포기율이 낮음 자기통제와 사회심리적 개선이 가능함	느린 감량효과 식사요법과 운동요법도 행동수정의 일부임

9) 약물 및 수술요법

(1) 약물요법

비만치료는 우선 식사, 운동 및 생활습관의 변화를 통해 체중감량을 시도하는 것이 기본이 되어야 한다. 그러나 비약물치료가 효과가 없는 경우에는 약물치료를 할 수 있다. 이러한 경우 약물치료는 비만치료에 도움이 될 수 있으나 약물의 효과, 안전성 및 투약중지 후의 체중이 다시 증가하는 등의 문제가 발생할 수 있으며, 식사조절, 운동 및 행동치료와 병행되지 않고 단독으로 실시할 경우에는 효과가 적다. 비만으로 인한 합병증이 심각한 경우에는 의사의 처방에 의해 사용되며, 반드시 생활습관 개선과 병행해야만 그 효과를 기대해 볼 수 있다.

비만에 이용되는 약제로는 식욕억제를 위한 식욕억제제, 이뇨제, 기초대사항진제 등의 약물이 사용될 수도 있지만 그것이 비만치료의 유일한 해결책은 될 수 없다. 비만 환자의 체중조절을 위해 저에너지식을 시작할 경우 그 시작이 쉽지 않을 때 식욕억제제가 사용되기도 한다. 하지만 입안 건조, 불면증, 불안, 홍분, 변비 등의 부작용과 습관성으로 인한 호르몬 대사장애가 나타날 수 있으므로 바람직하지 않다.

현재 우리나라에서 비만치료제로 승인받아 사용되는 약제는 제니칼Xenical로 비만 합병증이 심한 경우에 한하여 의사의 처방에 의해 사용된다. 제니칼의 성분은 올리스타트Orlistat로 지방분해효소인 리파아제에 대한 억제제로 작용하여 중성지방이 지방산으로 분해되어 장관 내로 흡수되는 것을 차단함으로써 체중감량 효과를 나타낸다. 제니칼은 중성지방의 흡수를 30%까지 억제하므로 지방 제한식사보다 더 많은 체중감량 효과가 있다. 그러나 지방 흡수억제로 지용성 비타민의 흡수도 억제되므로 장기간 사용할 때는 지용성 비타민의 보충이 필요하다. 그 외 위장관계 부작용으로 지방변, 빈번한 배변, 대변실금 등이 있다.

이러한 부작용을 최소화하기 위해서는 식사의 지방 함량을 에너지의 30% 이하로 낮추는 것이 필요하다. 제니칼은 만성 흡수장애증후군이나 담즙 정체가 있는 환자에게는 사용을 금한다.

알아두기 **제니칼**

- 성분 : orlistat
- 지방의 소화·흡수 방해
- 섭취 지방의 최대 30%가 변으로 배설, 체중감소 효과
- 부작용 : 고지방식사 시 지방변, 대변실금, 변에서 냄새, 비타민 D 흡수 감소로 뼈 약화 우려
- 복용 용량 : 120 mg씩 식후 1시간 이내에 복용 하루 3회
- 비만 치료제로 FDA 승인

(2) 수술요법

비만치료를 위해 수술을 하는 것은 병적으로 비만한 경우, 즉 표준체중의 2배 이상 또는 BMI > 40 이상이거나 BMI > 35 이상이면서 고혈압이나 당뇨병, 특히 심장질환으로 조기에 사망할 위험이 있는 경우에는 위부분절제술, 위성형술, 위우회로술, 공장 및 회장수술, 피하지방조직 절제술 등의 외과적인 수술요법이 행해지기도 한다 그림 7-8. 수술 후 훨씬 적은 양의 에너지와 영양소가 흡수되어 체중감소를 가져온다. 그러나 저칼륨혈증, 저칼슘혈증, 비타민 결핍, 신결석, 관절염 등의 많은 합병증을 수반하기 쉽다.

알아두기 체중감량 시 나타나는 문제

편평현상(plateau effect)

체중감량 도중 체중이 감소하다가 어느 순간 체중이 더 이상 줄지 않고 일정하게 유지되는 현상을 말한다.

지나친 체중감량은 체지방소모와 함께 과도한 근육소모를 동반하여 체중감량 2주 이내에 기초대사량은 15%까지 감소하게 된다. 또한 에너지섭취량의 감소로 식이성 발열효과도 감소한다. 따라서 총에너지소모량이 감소하므로 운동의 효과도 감소하게 된다. 결국 에너지 섭취와 에너지 소모가 평형을 이루는 에너지 균형상태에 도달하게 되어 더 이상 체중이 감소하지 않게 된다.

그래도 지속적으로 운동을 하면 근육이 증가되고 체지방이 감소되는 바람직한 체조성을 형성하게 되고, 활성조직의 증가로 결국 체중이 감소하게 된다.

요요현상(Yo-Yo effect)

체중의 감소와 증가가 반복적으로 일어나는 현상이다. 체중의 감소-증가 사이클은 체지방과는 무관하게 관상심장질환에 의한 사망률을 증가시키는 또 다른 위험요인으로 작용한다. 체중의 감소-증가 사이클이 반복될수록 체중감소가 점점 더 힘들어지며, 체지방량은 더 증가하게 된다.

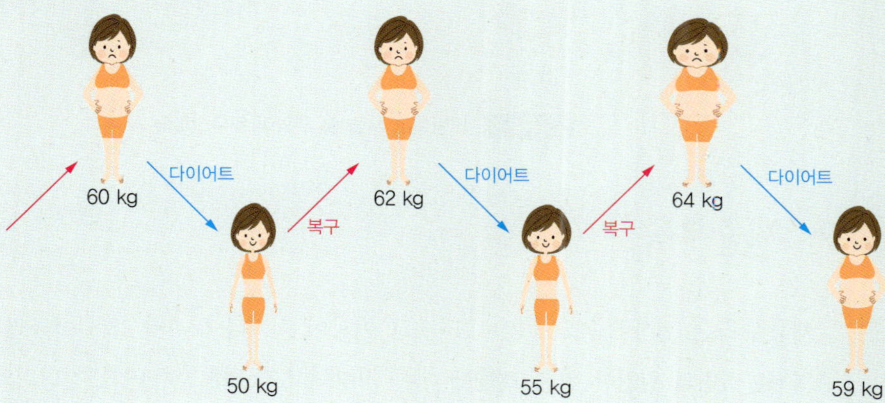

알아두기 베리아트릭 수술

- 방법 : 위의 80~90%를 스테이플러로 봉쇄하거나 잘라냄
- 대상 : 기존의 식사요법, 운동요법, 행동수정요법으로 체중감량에 실패한 사람, 체질량지수 35 이상의 고도비만인 사람, 심한 복부비만
- 직용 : 위용적 감소로 조금만 먹어도 포만감을 느끼게 되어 체중이 감소함
- 효과 : 30%가 정상체중으로 감량, 70%는 어느 정도 감량
- 부작용 : 단기적 - 구토, 구역질, 명치끝 통증, 변비, 덤핑증후군
  장기적 - 체중 다시 증가 혹은 영양실조

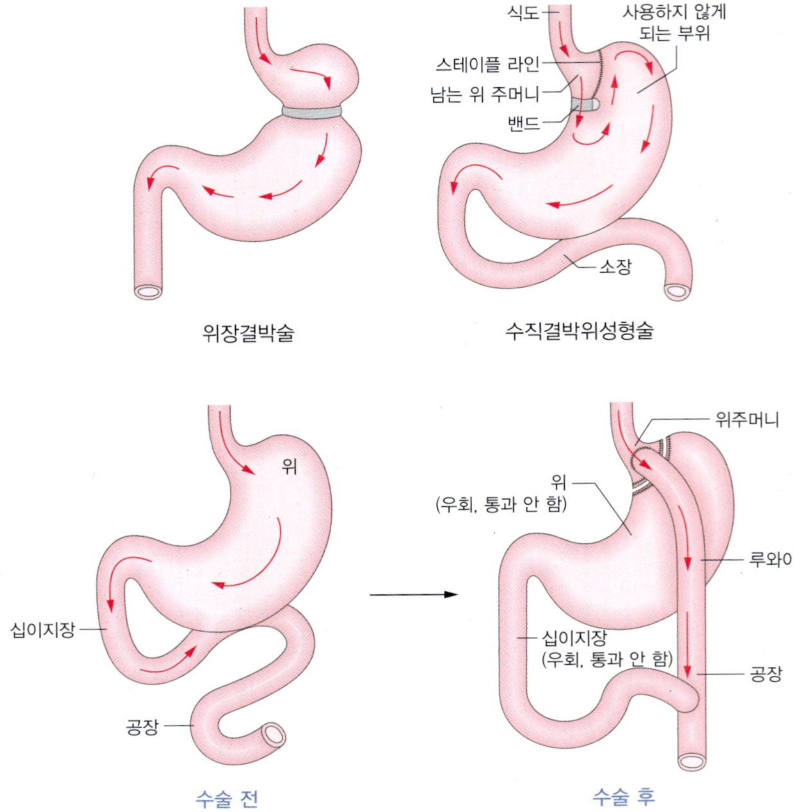

그림 7-8 **비만치료 시술 및 루와이 위우회로술**

2. 체중부족

체중부족은 정상체중보다 10% 또는 그 이상이 적거나 BMI가 18.5 이하인 경우로 종종 다른 질병의 원인이 된다. 질병에 대한 저항력이 감소하고 유년기, 청년기의 성장지연을 초래하며, 심각한 체중부족 상태에 있을 경우에는 쉽게 피로감을 느끼고 추위에 민감함을 보인다. 이러한 체중부족 상태는 가정의 식습관이나 생활유형과 같은 환경적 영향과 더불어 유전적 요인도 작용하며 반드시 병적 상태라고 단정할 수는 없다.

1) 원인과 증상

체중부족의 원인으로는 개개인의 활동필요량에 비해 양적으로 충분히 섭취하지 않거나 질적으로 우수한 식품의 섭취 부족, 에너지 섭취에 비해 큰 에너지 소모, 섭취한 식품의 낮은 흡수율과 이용률, 대사율을 증진시키는 소모성 질환과 만성 질환, 정신적 스트레스 등이며, 그 외에도 여러 요인으로 인한 식욕부진 등을 들 수 있다.

체중부족이 되면 유년기나 청소년기에는 성장이 지연되며 쉽게 피로를 느끼고 질병에 대한 저항력이 감소한다. 무월경, 변비, 신경과민, 우울증 등이 나타나며, 저영양상태로 인해 뇌하수체, 갑상선, 생식선, 부신 등 내분비장애가 생긴다.

2) 식사요법

기본 식사방침은 적절한 에너지 섭취와 더불어 균형 잡힌 영양을 위해 과일, 채소, 정제되지 않은 곡물, 양질의 단백질식품, 유제품을 적절히 섭취하는 데 있다.

에너지 충분히

개개인의 1일 총에너지필요량에 500~1,000 kcal를 더하여 공급한다. 그러나 갑작스런 에너지 섭취 증가는 구토, 위장관장애, 심리적 스트레스 등을 가져올 수 있으므로 이것을 피하기 위해 점차적으로 섭취량을 증가시킨다. 식욕부진 환자의 경우에는 에너지섭취량의 증가가 쉽지 않으므로 위의 부담이 적고 에너지가 높은 크림수프, 커스터드, 에그노그, 푸딩 등의 농축음식을 이용한다. 에너지를 증가시키는 여러 가지 조리음식의 예를 표 7-13 에 제시하였다.

표 7-13 에너지섭취를 증가시키는 음식의 예

식품군	음식
곡류	볶음밥, 버터 바른 빵, 프렌치 토스트, 케이크, 잼, 젤리, 크림을 이용한 빵, 샌드위치
어육류	맑은 국보다 어육류를 이용한 국이나 찌개, 튀김류, 전류, 볶음 등을 이용한 음식
채소	마요네즈를 이용한 샐러드, 기름을 이용한 튀김, 볶음을 이용한 음식
우유 · 유제품	우유, 치즈, 아이스크림
과자류	캐러멜, 쿠키, 스낵 과자류
견과류	잣, 땅콩, 호두

단백질 충분히

고에너지 식사를 제공하면서 체조직 재생과 보수를 위해 생물가가 높은 양질의 단백질을 하루 100 g 이상 공급하며, 총단백질섭취량의 1/2은 반드시 동물성 단백질로 섭취하도록 한다.

일정 기간 동안 영양실조상태가 지속되면 위장관은 충분한 양의 단백질식품을 소화할 수 있는 능력을 잃게 되고, 그 결과 구토와 설사를 초래하게 되어 식품 섭취로는 충분한 양의 단백질 공급이 불가능한 심한 영양실조상태에 이른다. 이러한 경우에는 결정형 아미노산의 정맥투여가 요구된다.

당질과 지질 적당히

당질과 지질은 체중증가를 위한 우수한 에너지 급원이다. 적당량의 지방은 식욕을 촉진시킨다. 당질식품은 쉽게 소화되므로 체중증가를 위해서 필요하지만 이들의 일시적인 과잉 섭취는 빠른 흡수로 혈당의 급상승뿐만 아니라 식욕감퇴를 초래하므로 식용유, 버터, 마가린, 당분 등을 조리할 때 활용한다면 소량으로 에너지를 증가시키는 데 효과적이다.

이외에도 적절한 비타민과 무기질의 섭취가 필요하다.

3. 섭취장애

많은 사람은 종종 극단적으로 식품 섭취를 제한하는데, 이것은 뚱뚱해지는데 대한 두려움이 주된 원인이다. 그 결과, 일련의 임상적 증상들은 정신적 질환과 연관성을 보인다. 연령층을 막론하고 남성보다 여성에게서 흔히 볼 수 있으며, 이들은 영양성분들의 중요한 역할을 제대로 인식하지 못하거나 무시하는 경향이 있다.

1) 신경성 식욕부진

주로 갓 사춘기를 보낸 소녀들에게서 나타나며, 배고픔에도 불구하고 심한 식사제한과 종종 지나친 육체적 활동에 의해 체중감소를 초래한다. 이러한 신경성 식욕부진anorexia nervosa은 단순한 체중감소와 식욕부진만의 문제가 아니라 자기불신과 관계된 정신적 문제와 완벽주의자인 부모와 자녀의 가족 상호 관계에 의해서도 영향을 받는다.

신경성 식욕부진은 신경질적인 우울, 열등의식, 타인의 자신에 대한 평가, 근심, 수면부족, 불면증, 빈혈, 저혈압, 월경 불순 등이 나타나는 특성이 있다.

2) 신경성 폭식증

신경성 폭식증bulimia nervorsa은 일반적으로 정상체중의 남녀, 노년층에서 일어나므로 진단을 내리기 쉽지 않다. 주로 스트레스와 관련하여 한번에 1,200~1,500 kcal 정도로 평소 기피식품인 고에너지식품을 하루에 마구 섭취한 후에 하제, 구토, 관장을 통해 배설을 시도한다.

불행감, 우울, 산만, 흥분, 감정적 변동 등은 무분별한 과식을 촉진시키며, 이러한 행위로 일시적 육체적 포만감과 감정적 평온을 맛보나 자신의 행위에 대한 죄의식과 과식으로 인한 복통, 불안감 등을 잊기 위해 알코올과 약물을 오용한다. 그 결과 체중손실과 탈수뿐만이 아니라 더욱 심각한 합병증, 즉 신부전, 테타니tetany, 급성발작, 심부정맥 등을 초래하며 심지어는 죽음에까지 이른다.

3) 마구먹기장애

마구먹기장애binge-eating disorder는 거식증이나 폭식증보다 훨씬 흔한 섭식장애이다. 다이어트에 실패한 경험이 많은 비만인에서 자주 발견된다. 자신의 감정을 잘 표현하지 못하거나 감정 표현을 배우지 못한 사람에게서 주로 나타나는데, 문제가 생기면 문제를 극복하지 못하고 음식으로 해결하려고 한다. 기분이 우울하고 무력감을 느낄 때 그런 기분에서 벗어나려고 음식을 마구 먹게 되는데, 일시적으로 불안감이나 공허감을 덜어 낼 수는 있지만 심한 포만감으로 배가 거북해지고 이어 죄책감과 우울증에 빠진다. 배가 고프지 않아도 충동적으로 폭식하는 바람에 과체중 또는 비만이 되기 쉬워 각종 생활습관병을 유발한다. 마구먹기장애와 폭식증의 차이는 폭식 후 인위적으로 장을 비우는 행동을 하지 않는다는 점이다. 음식에 대한 통제는 욕구불만을 한층 더 일으킬 수 있으므로 생리적으로 배고플 때만 먹도록 지도한다.

4) 식사요법

신경성 식욕부진은 정신적 치료가 중요하며 올바른 식습관을 가지도록 상담과 교육을 실시한다. 주된 목표는 식습관의 정상화로 정상적이고 일정한 범위 내에서 체중을 유지하는 것이다. 일반적으로 일주일에 1 kg의 체중증가를 목표로 한다. 초기 회복단계에서는 위장관의 부담을 최소화하는 식품들을 선택해야 하며 보충제나 정맥주사 또는 튜브를 통한 영양공급방법을 취한다. 이러한 액상상태의 영양공급은 환자들로 하여금 의사 처방 식품이란 생각이 들게 함으로써 더욱 쉽게 수용하게 된다.

강제적인 행동수정은 대부분 실패로 돌아간다. 신경성 식욕부진의 경우 종종 아연과 구리의 결핍으로 입맛이 변하는데, 영양상담자와 가족들의 도움과 규칙적인 식습관을 통해 식사패턴이 정상화되면 다시 정상적인 입맛을 되찾는다. 운동, 친구와의 대화, 산책 등은 이 식사장애를 극복하는 데 도움을 준다.

신경성 식욕부진과 신경성 폭식증, 마구먹기장애의 특징과 원인, 진단기준 및 치료법에 대한 내용을 표 7-14 에 제시하였다.

표 7-14 심리적 섭식장애들의 특징과 원인 및 치료법 비교

	신경성 식욕부진증	신경성 폭식증	마구먹기장애
취약군	사춘기 소녀	성인 초기	다이어트에 실패한 경험이 많은 비만인
식습관의 특징	성공적 다이어트에 대해 자부심을 느껴 극도로 식사량을 감소함	폭식과 장 비우기를 교대로 반복함	문제 발생 때마다 끊임없이 먹음
현실자각과 식행동의 원인	자신이 비만하다고 왜곡되게 믿고 자신의 행동이 비정상임을 부정함	자신의 행동이 비정상적임을 인정하고 폭식과 장 비우기를 비밀리에 행함	자신을 통제할 수 없다고 포기함
진단기준	• 체중감소 : 적어도 본래 체중의 15% 감소(1등급) 혹은 최소 25% 감소(2등급) • 저체중임에도 비만이 되는 것에 대한 강한 두려움을 지님	• 정상 혹은 과체중임 • 뚱뚱해지는 것에 대한 강한 두려움을 지님 • 섭식패턴이 비정상적임을 깨닫고 있음	• 한 가지 다이어트 방법에서 다른 다이어트 방법으로 계속 옮겨감 • 체중이 많이 나갈 때는 남들 앞에서 적게 먹음 • 한꺼번에 너무 많은 음식을 먹음

(계속)

	신경성 식욕부진증	신경성 폭식증	마구먹기장애
진단기준	• 체중감소를 향한 심한 활동 시도 • 계속해서 3회 이상 무월경이 나타남 • 체중감소를 설명하는 알려진 신체적인 질병이 없음	• 최소한 1주에 한 번은 다음과 같은 행동을 반복함 - 고에너지, 쉽게 소화되는 음식을 많이 먹음 - 복통, 불안감 등으로 마약, 알코올 남용 - 구토, 관장, 하제 등으로 체중감량을 계속 시도	• 배가 고프지 않아도 많은 양의 음식을 먹음 • 일단 먹기 시작하면 폭식을 통제할 수 없음 • 폭식 후에는 심한 자책감과 우울감에 빠짐 • 폭식 후 구토를 동반하진 않음
치료법	우선 기초대사량을 유지할 수 있도록 에너지 섭취를 증가시켜 체중을 회복한 후 문제의 원인을 찾도록 정신과 치료를 병행함	영양교육과 함께 자신을 인정하도록 하는 정신과 치료를 병행함	생리적으로 배고플 때만 먹도록 학습시킴

CHAPTER

8

당뇨병

1. 췌장의 구조와 기능
2. 당뇨병의 정의와 원인
3. 당뇨병의 분류
4. 당뇨병의 진단
5. 당뇨병의 대사
6. 당뇨병의 합병증
7. 당뇨병의 치료
8. 당뇨병의 식사요법
9. 당뇨병 환자의 식사계획
10. 당뇨병 응급 시의 영양관리

학습개요

당뇨병은 영어로 Diabetes Mellitus라고 하는데, Diabetes란 그리스어로 '관(siphon)으로 통과한다'라는 말이며, Mellitus는 라틴어로 '꿀(honey)'을 뜻한다. 이는 체내의 수분과 당이 인체를 관으로 하여 체외로 빈번하게 배출되는 것을 의미한다고 본다.

1865년 랑게르한스는 췌장의 랑게르한스섬 세포에 병변이 생긴 것을 보고하였으며, 1889년 본메링과 민커 어스키는 개의 췌장을 적출해서 당뇨병을 일으키는 것을 발견하여 췌장의 내분비설을 확립시켰다. 우리나라에서는 13세기 중엽 고려 고종 때 발간된 『향약구급방(鄕藥救急方)』에서 '소갈(消渴)'이란 말로 당뇨병에 관해 최초로 기록하고 있다.

현재 식생활의 서구화 등 생활습관의 변화에 따라 국내 당뇨병 환자가 급격히 늘어나고 있다. 합병증까지 포함하면 우리나라 국민 사망원인 1위의 질병이다. 이는 1980년대 이후 생활양식의 급격한 변화, 특히 식생활 문화가 서구화되면서 과체중 및 복부비만 환자가 늘어난 것이 주요 원인으로 간주되고 있다.

1. 췌장의 구조와 기능

췌장은 위 뒤쪽에 위치하고 있으며, 길이 13~16 cm, 무게 70~100 g 정도로 삼각주 모양을 하고 있다. 췌장은 그림 8-1과 같이 췌액을 분비하는 외분비 세포로 이루어짐과 동시에 이들 세포 사이에 특수한 세포군이 점점이 섬처럼 분포되어 있다. 이를 랑게르한스섬Langerhan's island이라고 하며, 사람의 췌장 1개에 100~200만 개 정도 들어 있다.

랑게르한스섬에는 α, β, δ, F 등 4종류의 세포가 있다. 전체의 60%를 차지하고 있는 β-세포에서는 인슐린이 분비되어 혈당을 낮추며, 전체의 25%를 차지하고 있는 α-세포에서는 인슐린과 반대작용을 하는 글루카곤glucagon이 분비되어 떨어진 혈당을 올리는 작용을 한다. 그 외 10%를 차지하는 δ-세포에서는 소마토스타틴somatostatin이 분비된다.

인슐린은 처음에 저장형태인 프로인슐린이 만들어진 후 성숙단계를 거쳐 펩티드 일부가 제거되면서 활성형이 된다. 인슐린과 반대작용을 가진 호르몬은 글루카곤 외에도 부신피질자극호르몬adrenocorticotropic hormone, ACTH, 글루코코르티코이드glucocorticoid, 에피네프린epinephrine, 갑상선호르몬thyroxin, 성장호르몬growth hormone 등이 있다.

외분비세포에서 분비되는 췌장액은 당질분해효소인 아밀라아제amylase, 지방분해효소인 리파아제lipase, 단백질 분해효소인 트립신typsin, 키모트립신chymotrypsin, 카르복시펩티다아제carboxypeptidase을 함유한다.

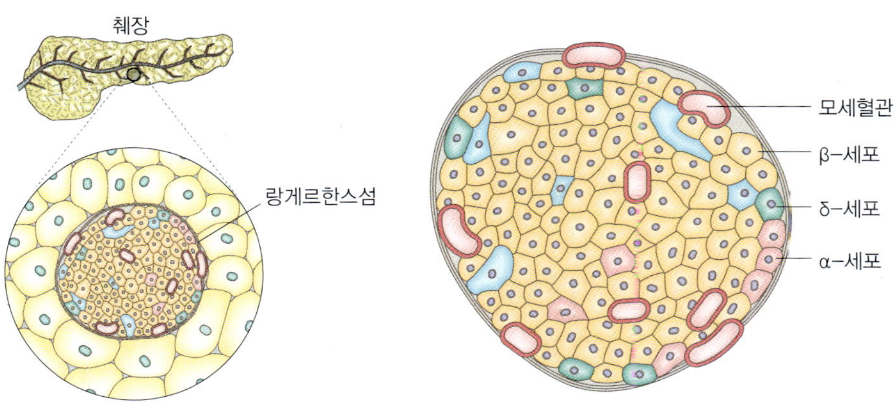

그림 8-1 췌장의 구조와 랑게르한스섬의 세포 구성

2. 당뇨병의 정의와 원인

당뇨병은 췌장에서 분비되는 혈당조절 호르몬인 인슐린의 양이나 기능이 부족하여 생기는 질환이다. 혈중 포도당은 세포로 들어가 에너지로 전환되어야 하는데, 인슐린의 양이나 기능이 부족하면 포도당이 세포 내로 들어가지 못하고 혈액 속에 머무르게 되어 혈당이 상승하고 포도당이 소변으로 배설된다. 당뇨병 발생에 관련된 원인에는 유전, 연령, 성별, 비만, 스트레스, 약물 등이 있다.

1) 유전

(1) 가족력

당뇨병의 유형에 따라 관련 유전인자가 다르다. 제1형 당뇨병은 자가면역결핍 관련 유전인자가 관여하며, 제2형 당뇨병은 인슐린저항성 관련 유전인자가 관여한다. 일반적으로 가족이나 친척 중에 당뇨병이 있는 사람은 그렇지 않은 사람보다 당뇨병이 발병할 확률이 높으며, 특히 부모가 모두 당뇨병을 가지고 있을 경우 당뇨병 발병률은 현저히 높다.

(2) 인종

백인은 동양인보다 당뇨병 발병률이 높으며, 유대인의 경우 특히 당뇨병 발병률이 높다. 아시아에서는 한국인보다는 대만인이나 일본인의 경우 당뇨병 발병률이 높다.

2) 연령

연령이 증가함에 따라 인슐린 합성이 감소하고, 인슐린 수용체와 체조성이 변해서 당대사가 잘 되지 않으므로 중년 이후 당뇨병 발병률이 높다. 일반적으로 제1형은 15세 이전, 제2형은 40세 이후에 많이 발병된다.

3) 성별

당뇨병은 대체적으로 아시아나 아프리카에서는 남자가, 미국이나 유럽 등 서구에서는 여자에게 더 많이 발병하는 것으로 알려져 있다. 한국은 남자가 여자보다 약 1.5배 이상 발병률이 높은 편이나, 최근에는 남녀 구분 없이 거의 비슷하게 발병하고 있는 추세이다.

4) 비만

비만인의 세포는 인슐린 수용체의 수가 적고 인슐린과 수용체의 친화력이 낮으므로 인슐린 민감도가 감소하여 인슐린 분비를 증가시킨다. 또한 비만인의 세포는 인슐린이 수용체에 결합한 후에 포도당 수송체가 세포막 가까이 접근하는 것도 쉽지 않으며, 포도당 수송체의 수도 적고 포도당과 수송자의 친화력도 감소된다. 따라서 세포 내로 포도당의 이동을 저하시켜 고혈당을 일으킨다. 비만인은 인슐린저항성에 의한 제2형 당뇨병의 발병률이 높다.

5) 스트레스

일반적으로 정신적 스트레스(우울, 이별, 죽음, 시험 등)와 육체적 스트레스(교통사고, 화상, 대수술, 질병 등)를 받으면 스트레스 호르몬으로 알려진 여러 가지 항조절호르몬(아세틸콜린, 노르에피네프린, 에피네프린, 코르티솔)이 분비된다. 이들은 간에서 당 생성 증가, 포도당 이용 감소, 혈당상승을 유도하며, 인슐린과 길항작용을 하여 내당능을 감소시킨다.

6) 약물

경구피임약, 이뇨제, 부신피질호르몬제, 비이뇨성 혈압강하제, 소염진통제 등의 약물을 장기간 복용 시에는 내당능을 감소시키거나 기존의 당뇨병을 더욱 악화시킬 수 있다.

7) 기타

당뇨병의 소인이 있는 여성들은 임신 시 분비되는 여러 호르몬들이 인슐린의 작용 억제효과를 나타내므로 당뇨병이 발병되거나 악화될 수 있다.

이외에도 각종 세균 및 바이러스 등 미생물에 감염되었을 때 이들이 췌장의 β-세포를 손상시킴으로써 인슐린의 분비가 중단된다. 그 결과, 건강한 사람도 당뇨병이 발병될 수 있으며, 당뇨병 환자는 그 증세가 악화되기도 한다.

3. 당뇨병의 분류

1) 제1형 당뇨병

제1형 당뇨병type 1 diabetes mellitus, T1DM은 과거에는 주로 1~14세 소아에게서 많이 발병하여 '소아당뇨juvenile diabetes'라고 불렀으나, 최근에는 30세 이전의 젊은 성인 층에서도 많이 나타나고 있으며 전체 당뇨병의 5~10%를 차지한다. 제1형 당뇨병은 특정한 HLAhuman leukocyte antigen이나 바이러스 감염(특히 유행성 이하선염, 풍진, 수두, 뇌염, 유행성 소아마비 등)이 원인이 되거나 자가면역과 관련되어 나타난 결과로, 췌장의 랑게르한스섬의 β-세포가 파괴되고 섬유화되어 인슐린 생산능력을 상실하여 발생한다. 인슐린이 절대적으로 부족하여 인슐린을 투여하지 않으면 케톤증이 유발되므로 평생 동안 인슐린을 투여하여야 한다.

정상체중 또는 저체중인 경우 급격히 발병하며, 다뇨polyuria, 다갈polydipsia, 다식증polyphagia 등 당뇨병의 고전적인 증상이 나타난다.

2) 제2형 당뇨병

제2형 당뇨병type 2 diabetes mellitus, T2DM은 우리나라 당뇨병 환자의 80~90%가 이에 해당되며, 제1형 당뇨병보다 유전적 배경이 크다. 대부분 40세 이후에 발병하므로 '성인당뇨'라고 하였으나, 최근에는 소아·청소년층에서도 나타나고 있다. 제2형 당뇨병은 비만, 과식, 운동부족, 스트레스 등으로 인하여 근육이나 지방조직 등 말초조직에서 인슐린저항성insulin resistance이 증가하여 인슐린에 대한 민감도sensitivity가 감소되어 포도당이 조직세포 속으로 들어가지 못해 발생한다. 제2형 당뇨병 환자의 다수가 비만한데, 특히 허리둘레가 큰 복부비만인의 경우 제2형 당뇨병 발병률이 높다. 복부비만인의 복강 내 지방은 쉽게 분해되어 혈중으로 다량의 유리지방산이 배출되고, 이 것이 간으로 유입되면 간세포에서의 포도당 대사율은 낮아지고 인슐린 저항으로 간세포막의 인슐린 수용체 receptor와 인슐린의 결합이 억제되어 고인슐린혈증을 유발한다. 그러나 비만하지 않은 사람에게도 제2형 당뇨병이 나타나며, 비만해도 유전적 소인이 있는 경우에만 나타나는 것으로 보고 있다. 제2형 당뇨병의 치료에 인슐린 공급이 절대적으로 요구되지는 않지만, 인슐린에 대한 세포의 민감도를 높이는 약물(경구 혈당강하제) 치료나 식사요법만으로 고혈당증이 조절되지 않는 환자에게는 인슐린 투여가 필요하다.

증상으로는 당뇨, 고혈당증이 나타나지만 당뇨병의 3대 자각증상(다뇨, 다갈, 다식)이 나타나지 않는 경우도 있다.

제1형과 제2형 당뇨병의 대사적 변화에 따라 나타나는 임상적 증상은 그림 8-2 에 제시하였고, 제1형과 제2형 당뇨병의 특징은 표 8-1 에 비교하였다.

알아두기 **인슐린저항성**

혈당을 낮추는 호르몬인 인슐린의 기능 저하로 체내 조직에 포도당이 제대로 쓰이지 못하고 인슐린이 더 많이 분비되면서 문제가 생기는 것을 말함.

정상인의 혈액으로부터 세포 내 포도당 수송에 대한 인슐린의 역할

혈중 인슐린은 간, 근육, 지방조직 세포의 세포막에 존재하는 인슐린 수용체와 결합한다. 간세포에서는 인슐린 수용체와 결합한 인슐린이 글루코키나아제(glucokinase)를 활성화시키고, 세포 내에서의 포도당-6-인산(glucose-6-phosphate) 형성을 촉진한다. 그 결과, 간세포 내의 포도당 농도가 세포 외의 포도당 농도보다 낮아지므로 확산을 통해 포도당이 간세포 내로 유입된다.

3) 임신성당뇨병

임신성당뇨병gestational diabetes mellitus, GDM은 임신 중에 발생하는 가장 흔한 합병증의 하나로 보통 임신 24~28주에 진단되는데, 인슐린저항성이 증가되어 나타나며 임신부의 3~14% 정도에서 발생하고 있다. 일반적으로 분만 후 정상으로 회복되지만, 이들 중 40~60% 정도는 분만 후 15년 이내에 다시 발병하기도 한다. 임신성당뇨병은 모체에서

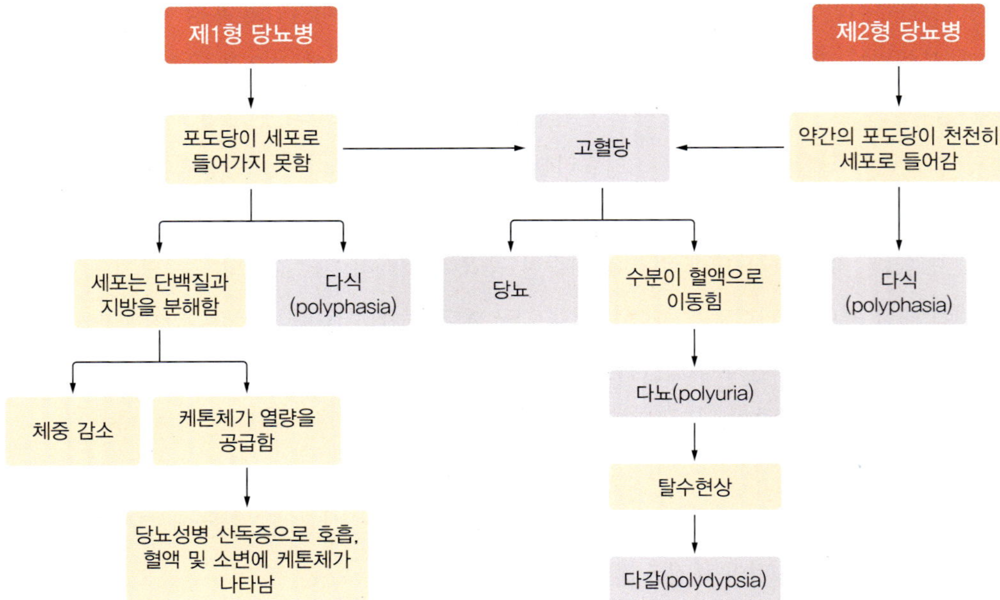

그림 8-2 제1형과 제2형 당뇨병의 대사적 변화에 따른 임상적 증상

표 8-1 제1형 당뇨병과 제2형 당뇨병의 특징

	제1형 당뇨병(T1DM)	제2형 당뇨병(T2DM)
주요 발병시기	유년기, 청소년기(주로 30세 이전)	40세 이후
발병형태	급격히 발병	서서히 발병
관련 요인	바이러스 감염	비만, 유전, 노화, 스트레스
체중	정상 또는 저체중	과체중 또는 비만
임상증상	다뇨, 다갈, 다식증	당뇨, 고혈당증
혈장 인슐린	0~극소량 췌장 β-세포의 파괴로 인슐린의 절대적 결핍	적정량 또는 과량이고 일부 환자는 서서히 감소하나 결여되어 있지는 않음
인슐린에 대한 반응	정상	인슐린저항성
혈당치	췌장 β-세포의 감염 정도와 인슐린 투여량에 따라 혈당 변동폭이 큼	제1형 당뇨병보다 혈당 변동 폭도 적으며, 인슐린 투여량에 크게 좌우되지 않음
급성합병증	당뇨병성 케톤산혈증	고삼투압성 고혈당 상태
식사요법	모든 환자에게 필요하지만 식사조절만으로는 불충분함	식사조절만으로도 치료 가능
인슐린 투여	모든 환자에게 필요함	일부 환자(20~30%)에게 필요함
경구혈당강하제	부적절	효과적

의 지방대사를 항진시켜 태아에게 포도당이 과잉 공급되어 태아가 거대아로 출산될 가능성이 높다. 그로 인해 산모의 난산, 신생아 골절 및 신경손상, 신생아 저혈당, 호흡곤란 등을 유발하며 태아의 사망률을 높이고, 그 외 임신성고혈압, 산모의 당뇨병 발병 위험도를 증가시킨다. 일반적으로 임신 전 산모가 고도비만이거나 과거에 임신성당뇨병이 발병했거나 당뇨병 가족력이 있는 경우에 임신성당뇨병의 발병률이 높은 것으로 나타났다.

임신성당뇨병의 고위험군

- 고도비만
- 임신성당뇨병의 과거병력
- 요당 검사에서 양성
- 당뇨병 가족력이 있는 사람

4) 이차성당뇨병

이차성당뇨병secondary diabetes mellitus은 인슐린 분비나 작용을 방해하는 내분비질환으로 인한 당뇨병, 인슐린 분비를 방해하는 약물이나 인슐린 작용을 저해하는 약물(glucocorticoids, estrogens, catecholamine 등)에 의한 당뇨병, 인슐린 수용체의 이상이나 유전적 질환에 의한 당뇨병이 포함된다. 당뇨병으로 진단된 환자의 1~2% 정도가 이에 해당된다.

알아두기 이차성당뇨병의 원인

- 영양결핍
- 췌장 손상(췌장염, 췌장액 분비 부족, 췌장절제술)
- 내분비질환(말단비대증, 쿠싱증후군, 갈색세포종, 갑상선과다증, 글루카곤분비선종, 알도스테론분비성종)
- 간질환(만성 간염, 간경화)
- 감염(거대세포 바이러스, 선천성 풍진)
- 약물 또는 화학물질(갑상선호르몬, 글루코코르티코이드, 알파인터페론, 비정형 항정신병 약물, 니코틴산, 티아지드)
- 인슐린 또는 인슐린 수용체 이상
- 유전적 질병

4. 당뇨병의 진단

1) 소변검사

① 비중

정상 소변의 비중이 1.008~1.030인데 비하여 당뇨병의 소변은 그 이상이다.

② 소변량

정상인은 하루에 소변량이 1.2~2 L인데 비하여 당뇨병에서는 3~10 L까지 증가한다.

③ 요당

요당은 여러 가지 스틱이나 테이프를 이용하여 손쉽게 진단할 수 있으며, 정상인의 하루 소변량 중 포도당 배설량은 20 mg 이하인데 비해 당뇨병인 경우에는 그 이상으로 존재한다.

알아두기 요당검사

식후보다는 공복에 하는 것이 좋으며, 검사결과가 양성이라 하여도 모두 당뇨병은 아니기 때문에 혈당검사를 병행하는 것이 정확하다. 정상인도 식후에는 혈당치가 상승하며, 혈당치가 170 mg/dL 이상이 되면 신세뇨관에서 포도당 재흡수율이 초과되어 소변으로 당이 배설된다.

④ 소변의 케톤체

정상인은 하루에 3~15 mg의 케톤체가 소변으로 배설되는데 비해 당뇨병에서는 그 이상이 배출된다.

2) 혈당검사

요당검사 결과 양성이 나오거나 당뇨병의 자각증상 등으로 인해 당뇨병이 의심이 되는 경우에 실시한다.

정상인의 공복 시 혈장 포도당 농도는 70~100 mg/dL이지만, 당뇨병의 경우에는 그보다 훨씬 높다.

3) 경구포도당부하검사

경구포도당부하검사oral glucose tolerance test, OGTT는 일정량의 포도당을 체내에 투여한 후 신체의 적응능력을 측정하는 검사이다. 식사 후 10~14시간이 지난 다음 공복상태에서 혈장 포도당 농도를 측정한 뒤, 일정량의 포도당이 용해된 음료를 마신다. 비임신부나 성인의 경우에는 75 g, 어린이는 0.75 g/kg의 포도당을 250~300 mL의 물에 용해시켜 구강으로 투여한 후 투여 전후 30분, 1시간, 2시간 후의 혈당을 측정한다.

공복혈당장애는 공복 시 혈장 포도당이 100~125 mg/dL일 경우, 내당능장애는 당부하 2시간 후에 혈장 혈당이 140~199 mg/dL일 때를 말한다.

당뇨병의 진단기준은 표 8-2 에 제시하였고, 경구내당능검사로 나타나는 정상인과 당뇨병 환자의 포도당 내성곡선은 그림 8-3 과 같다.

알아두기 당뇨병 전 단계(pre-diabetes)

- **공복혈당장애(impaired fasting glucose, IFG)** : 8시간 금식 후 공복 혈장 혈당(fasting plasma glucose, FPG) 농도가 100~125 mg/dL이다. 공복혈당장애가 있는 경우에는 인슐린의 분비가 부족하거나 인슐린에 대한 민감도가 낮아져 간의 포도당대사 조절능력이 약화되며, 1년 안에 당뇨병으로 진행되는 경우가 5~8%에 이른다.
- **내당능장애(impaired glucose tolerance, IGT)** : 75 g 경구당부하검사 결과 2시간 후 혈장 혈당 농도가 140~199 mg/dL이며, 내당능장애가 있는 사람은 향후 당뇨병이나 심혈관계질환이 발생할 위험이 높다.

표 8-2 당뇨병의 진단기준

구분		기준	수치
정상		8시간 금식 후 공복 혈장 혈당 75 g 경구당부하 2시간 후 혈장 혈당	<100 mg/dL <140 mg/dL
당뇨병 전단계	공복혈당장애	공복 혈장 혈당	100~125 ml/dL
	내당능장애	75 g 경구당부하 2시간 후 혈장 혈당	140<199 mg/dL
당뇨병		다음 중 한 항목에 해당 시	
		• 8시간 금식 후 공복 혈장 혈당	≥126 mg/dL
		이 기준으로 명백한 고혈당이 아니라면 다른 날에 검사를 반복하여 확인해야 함	
		• 당뇨병의 전형적인 증상(다뇨, 다음, 이유를 설명할 수 없는 체중감소) 및 임의 혈장 혈당	≥200 mg/dL
		• 75 g 경구당부하 2시간 후 혈장 혈당	≥200 mg/dL
		• 당화혈색소	≥6.5%

(계속)

임신성당뇨병	1차 선별 : 50 g 경구당부하 1시간 후 혈장 혈당	≥140 mg/dL (고위험 산모의 경우 130 mg/dL)
	2차 선별 : 다시 경구당부하검사(포도당 100 g) 후 다음 기준 중 두 가지 이상을 만족하는 경우 임신성당뇨병으로 진단함	
	1. 공복 혈장 혈당 2. 당부하 1시간 후 혈장 혈당 3. 당부하 2시간 후 혈장 혈당 4. 당부하 3시간 후 혈장 혈당	≥95 mg/dL ≥180 mg/dL ≥155 mg/dL ≥140 mg/dL

알아두기 **혈당측정기를 이용한 자가혈당검사**

병원 검사실에서 채혈하는 혈액은 주로 정맥의 혈장(plasma)이지만, 혈당측정기에 사용하는 혈액은 주로 손가락 끝의 말초혈관에서 얻은(일부 기계는 정맥, 동맥 사용) 전혈(whole blood)이다. 전혈은 혈장보다 포도당 농도가 더 낮으므로 대부분의 혈당측정기는 혈장 포도당 농도로 값이 보정되어 있다. 그러나 헤마토크릿 수치가 높거나(신생아, 탈수) 낮은 경우(빈혈, 임신, 투석, 과다 출혈), 채혈 부위의 오염(알코올, 물, 이물질 등), 손가락을 쥐어짜서 세포액이 혈액에 희석되는 경우, 기계의 결함(보정이 안 된 경우 포함)이나 검사용지의 문제, 사용자의 조작 미숙 등이 부정확한 결과를 초래하는 원인이 되므로 혈당측정기 사용 시 주의가 필요하다.

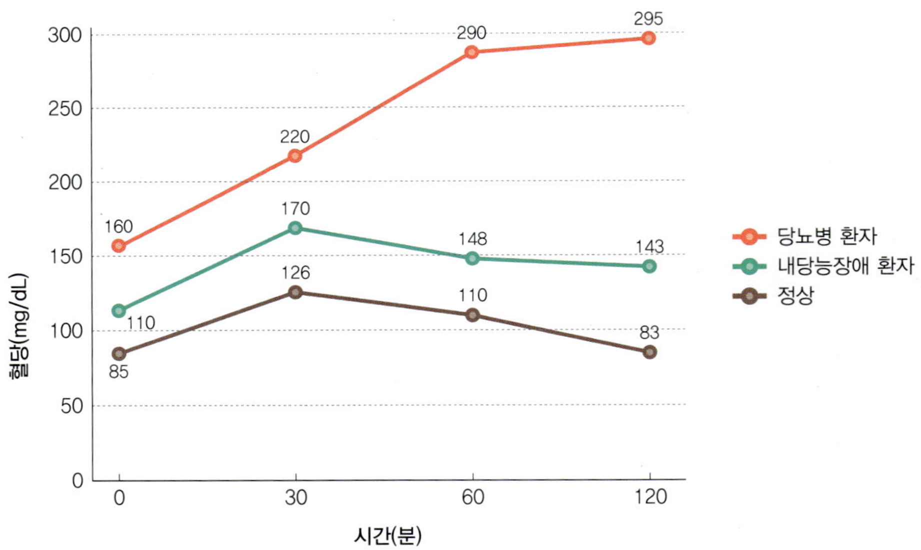

그림 8-3 당뇨병 환자, 내당능장애 환자와 정상인의 포도당 내성곡선

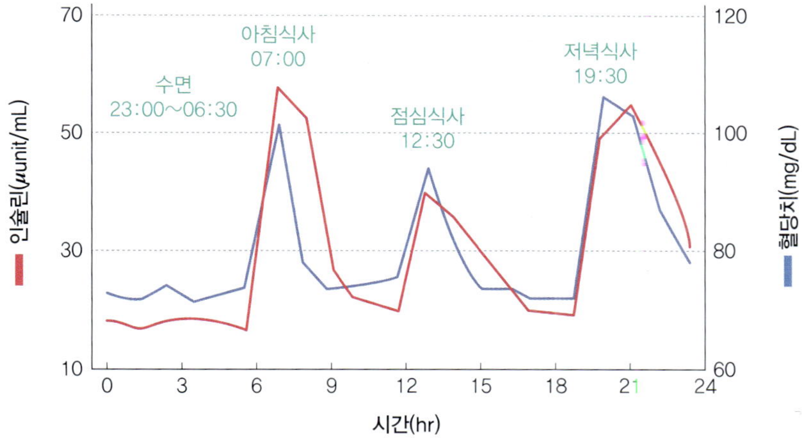

그림 8-4 정상인의 식후 혈청포도당과 인슐린 농도

정상인은 식후에 혈당이 상승하지만 곧 인슐린이 분비되어 혈당을 낮추므로 식후 2시간이 지나면 혈당은 정상으로 회복된다. **그림 8-4**에는 하루 3회 식사를 섭취한 정상인의 혈청 포도당과 인슐린의 농도가 제시되었다.

4) 당화혈색소검사

당화혈색소glycosylated hemoglobin, HbA1c는 혈중 포도당이 적혈구 내의 혈색소(헤모글로빈)과 결합된 형태를 말하며, 당화혈색소검사는 혈액 속에서 포도당과 결합된 헤모글로빈의 양을 측정하는 것이다. 혈당이 높을수록, 적혈구가 포도당에 오래 노출될수록 수치가 상승하므로 이로 인해 혈색소의 산소결합능력이 떨어져 혈관이 조기 퇴화하는 원인이 된다. 혈당이 정상적으로 조절된 후에도 당화혈색소의 농도가 정상 수준으로 회복되기까지 5~6주의 시간이 걸리므로 장기간에 걸친 혈당의 변화를 제공한다.

당화혈색소검사는 최근 2~3개월 동안의 혈당 조절능력을 가장 정확하게 반영하며 공복 여부와 상관없이 검사가 가능하므로 편리하고 혈당검사보다 더 중요한 관리지표이다. 당화혈색소의 정상수치는 5.7% 미만이며, 6.5% 이상이면 당뇨병으로 진단한다. 당뇨병 환자는 반드시 1년에 3~4회 당화혈색소검사를 받아야 한다.

그림 8-5에는 평균혈당치와 당화혈색소의 상관관계를 제시하였다.

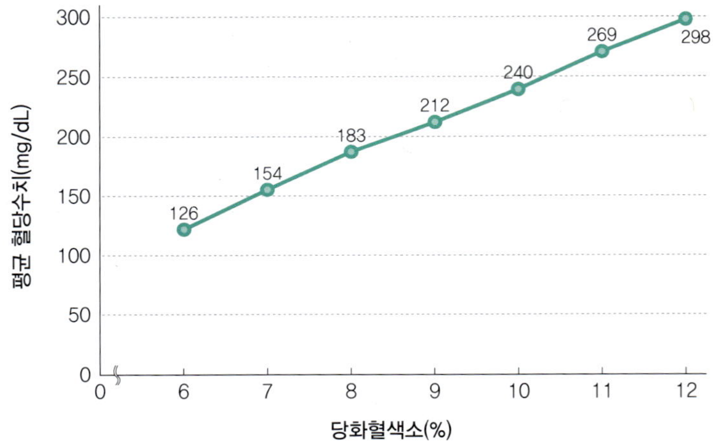

그림 8-5 평균 혈당수치와 당화혈색소의 상관관계

> **알아두기 당화혈색소(HbA1c)**
>
> 적혈구(RBC)의 산소 이동 역할을 담당하는 혈색소인 헤모글로빈(hemoglobin)은 HbA(major adult Hb), HbF(fetal Hb), HbA2(minor adult Hb) 등으로 구성된다. HbA는 다시 HbA1a, HbA1b, HbA1c로 세분화되는데, 그중 HbA1c는 적혈구의 생존기간인 약 100일 동안 당(glucose)을 부착한 상태로 체내에 존재한다.

5) 혈청 인슐린과 C-펩티드 농도

저장형태(비활성형)인 프로인슐린proinsulin이 췌장의 β-세포에서 분비되면서 활성형인 인슐린과 C-펩티드의 1:1 비율로 분리된다 그림 8-6. 따라서 C-펩티드 농도를 연속적으로 측정함으로써 당을 섭취한 후에 일어나는 인슐린의 분비 시각과 양을 예측할 수 있다. 이는 인슐린 투여를 받고 있는 환자의 인슐린 투여량이 적절한지 여부를 아는 데 이용된다.

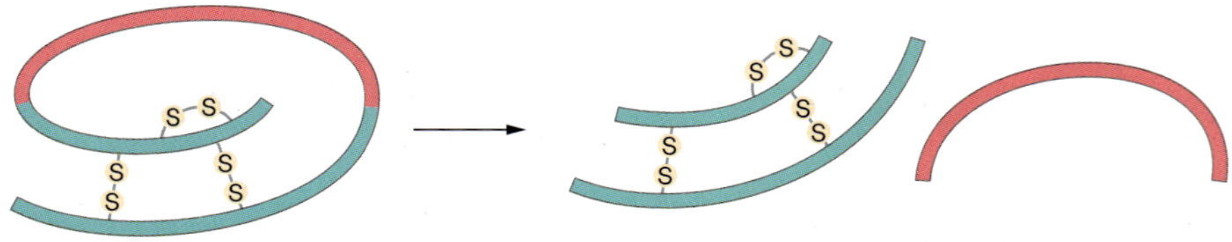

그림 8-6 인슐린의 활성화에 따른 C-펩티드 분리과정

당뇨병의 진단과 스크리닝은 45세 이상인 모든 환자에게 적용되며, 정상이면 3년마다 재검사를 받도록 한다.

5. 당뇨병의 대사

1) 당질 대사

인슐린은 세포 내로 포도당 이동을 촉진시켜 에너지원으로의 연소과정과 글리코겐 합성과정을 돕는다. 정상인의 공복 시 혈당은 보통 70~100 mg/dL을 유지하고 있으며, 식사 후에는 혈당치가 120~130 mg/dL로 상승하지만, 혈중 포도당이 간, 근육세포 내로 빠르게 운반되어 해당과정, TCA 회로, 전자전달계를 거쳐서 에너지원으로 쓰이거나, 간 또는 근육에서 글리코겐 형태로 저장되어 식후 2시간이 지나면 혈당치는 120 mg/dL 이하로 떨어진다.

식사 후 3~4시간 이상이 지난 공복상태의 혈당치는 70~100 mg/dL로 떨어진다. 이것은 간의 글리코겐이 포도당으로 분해되는 반응이 시작되고, 단백질, 지방에서 분해되어 나온 아미노산과 글리세롤, 피루브산, 젖산 등이 포도당으로 전환되기 때문이다. 혈당치는 이후 시간이 경과하여도 70~100 mg/dL을 유지하게 된다. 혈당이 떨어지면 인슐린의 길항 호르몬인 글루카곤, 부신피질자극호르몬ACTH, 글루코코르티코이드, 에피네프린, 갑상선호르몬, 성장호르몬 등에 의해 혈당이 상승되어 항상성을 유지한다.

당뇨병 환자는 인슐린의 분비량이 부족하거나 작용 부족으로 포도당이 세포 내로 들어가지 못해 세포 내에서 이용되지도 못한다. 글리코겐의 분해가 증가되어 혈액으로 포도당이 방출되어 당뇨병 환자의 공복 시 혈당치는 126 mg/dL 이상이고, 식후에는 200 mg/dL 이상으로 상승한다. 고혈당으로 혈당치가 신장의 역치인 170 mg/dL 이상이 되면 신세뇨관에서 포도당 재흡수 불능으로 소변으로 포도당이 배설된다. 소변으로 포도당을 배출할 때 물과 Na의 배설량도 함께 증가하며, 이때 다뇨와 갈증이 나타나고, 구토 시에는 탈수현상도 따른다.

2) 지질 대사

인슐린은 지방산의 합성, 중성지방의 합성과 분해, 케톤체의 생성과 이용에 중요한 역할을 한다. 인슐린이 부족하면 혈중 지단백분해효소lipoprotein lipase, LPL의 활성이 저하되어 혈중 지단백질의 농도가 높아지고, 지방조직의 호르몬 민감성 리파아제hormone sensitive lipase, HSL는 활성화되어 저장된 중성지방이 많이 분해되므로 혈중 유리지방산의 농도가 증가된다. 따라서 당뇨병에서는 혈액 내 중성지방, 유리지방산이 증가하여 이상지질혈증을 일으킨다. 유리지방산은 심근이나 골격근 등 많은 조직에서 에너지원으로 사용된다.

한편, 간에서는 지방산의 산화로 아세틸 CoA를 많이 생성하지만, 당질대사 저하로 옥살로아세트산이 부족하여 아세틸 CoA는 케톤체로 다량 전환된다. 혈액 내 케톤체의 농도가 높아지면 케톤증을 유발하여 호흡과 소변에서 썩은 과일 냄새가 나고 소변량이 증가하며, 식욕감퇴, 호흡곤란, 산독증 등이 초래된다. 또한 간에서 아세틸 CoA로부터 콜레스테롤 합성이 증가하여 혈중 콜레스테롤을 상승시켜 동맥경화증을 유발한다.

당뇨병 환자의 동맥경화증은 정상인에 비해 어린 나이에 발생하며 그 정도도 심하다.

3) 단백질 대사

인슐린은 아미노산이 세포막을 통과하여 운반되는 것을 도와 근육조직과 간에서의 단백질 합성을 촉진하며, 단백질의 분해를 저해한다. 그러나 당뇨병은 인슐린이 부족하므로 근육조직과 간에서 단백질의 이화작용이 증가한다. 그 결과로 생성된 아미노산은 당신생에 의해 포도당으로 전환되어 혈당치는 상승하게 된다. 특히 간에서는 아미노산의 분해가 증가되어 탄소골격은 포도당을 생성하며(당신생), 아미노기로부터 요소합성이 증가되어 혈액 내로 요소를 방출한다. 이로 인해 혈액 내 요소질소의 상승으로 고질소혈증이 나타나고 요중 질소 배설량이 증가한다.

또한 인슐린 결핍으로 혈중 곁가지 아미노산(valine, leucine, isoleucine)이 근육으로 유입되지 못하여 혈중농도가 상승한다. 이와 같이 체단백질의 감소로 몸이 쇠약해지고 감염에 대한 저항력이 떨어지게 된다. 또한 체세포의 이화작용으로 세포 내 칼륨이 소변으로 배설된다.

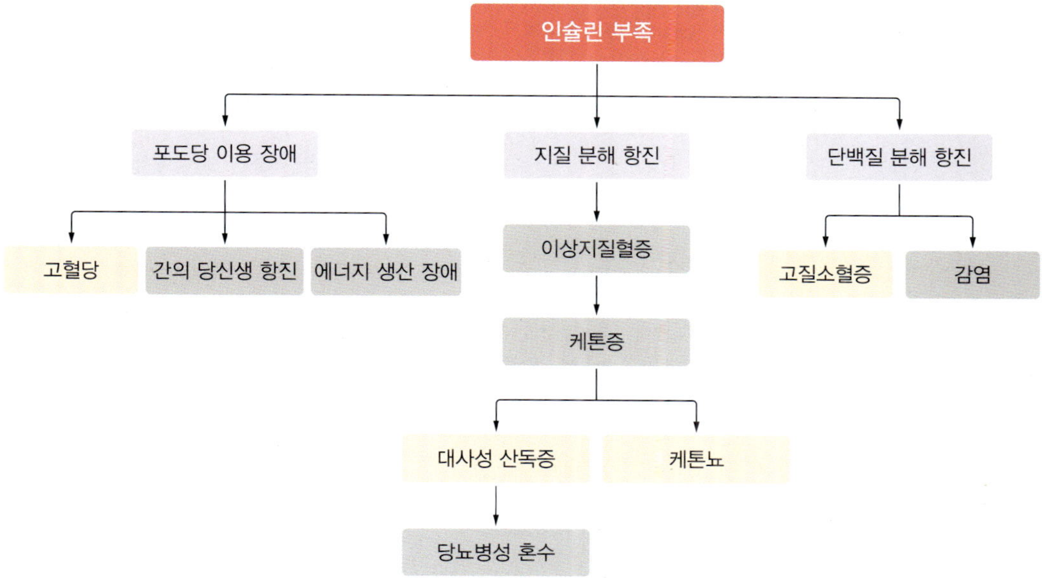

그림 8-7 당뇨병의 대사이상

인슐린 부족 시 나타나는 대사이상을 요약하면 그림 8-7 과 같다.

4) 수분 및 전해질 대사

당뇨병 환자는 인슐린이 부족하여 혈당이 상승되면 혈액의 삼투압이 높아져서 세포 내 수분이 혈액으로 이동되고, 혈액 내 포도당과 케톤체가 소변으로 배설될 때 수분과 함께 배설되므로 탈수와 갈증이 나타난다.

또한 체단백질이 분해될 때 세포 내 칼륨이 혈액 내로 유출되고, 나트륨, 칼륨 등 전해질이 케톤체와 함께 소변으로 배설됨에 따라 전해질대사에도 이상이 생기게 된다.

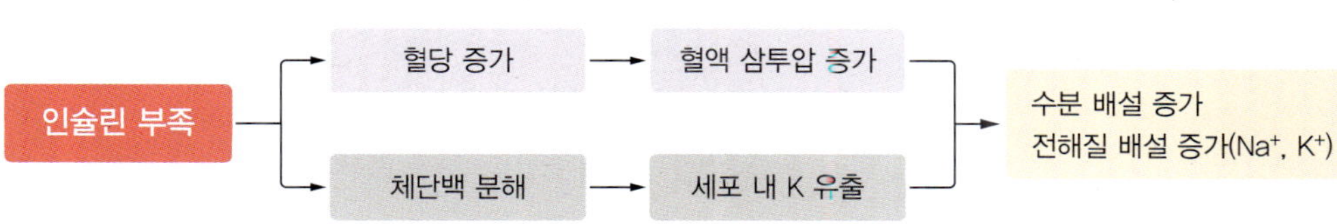

그림 8-8 당뇨병의 수분 및 전해질 대사이상

6. 당뇨병의 합병증

합병증의 발생은 당뇨병의 유병기간 및 혈당 수준과 밀접하게 관련된다. 당뇨병의 합병증은 크게 급성과 만성으로 나눌 수 있는데, 급성 합병증에는 고삼투압성 고혈당상태, 당뇨병성 케톤산혈증, 저혈당증이 있고, 만성 합병증에는 대혈관 합병증, 미세혈관 합병증, 당뇨병성 신경병증이 있다.

만성 고혈당은 혈관과 신경에 손상을 주고, 혈액순환과 신경기능을 순조롭지 못하게 하며 감염을 쉽게 일으킨다. 만성 합병증 중 대혈관 합병증은 주로 심뇌혈관질환을 포함하며, 미세혈관 합병증은 당뇨병성망막병증, 당뇨병성신증이 있다. 당뇨병성족부병변은 말초동맥질환과 당뇨병성신경병증의 합병증이다.

당뇨병 합병증의 주요 증상은 그림 8-9와 같다.

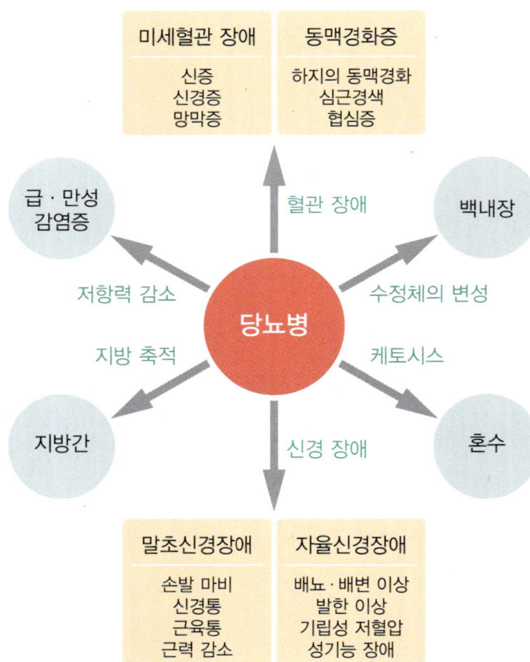

그림 8-9 당뇨병 합병증의 주요 증상

1) 당뇨병성망막병증

당뇨병성망막병증은 성인 실명의 가장 흔한 원인이며 당뇨병 발생 후 5~6년이 경과되면 발생하기 쉽다. 망막세포 내에서 포도당이 솔비톨sorbitol이나 과당으로 전환되면서 삼투압 증가로 수분이 축적되어 망막세포가 팽창되는 역기능이 발생한다. 시야가 흐려지고 실명이 될 수도 있으나 혈당과 혈중 지방 농도를 적절히 조절하면 망막증을 예방하거나 지연시킬 수 있다.

2) 당뇨병성신증

당뇨병성신증은 말기신부전의 주요 원인이며 심혈관질환의 발생이나 사망률 증가와 밀접하게 연관되어 있어 조기 진단과 치료가 중요하다. 당뇨병성신증의 초기 단계에는 미세알부민뇨(30~299 mg/24h)가 지속적으로 나타나며 현성단백뇨(>300 mg/24h) 발생 후 수년 내에 말기신부전증으로 이행될 수 있다.

또한 혈청 크레아티닌 농도 증가, 사구체여과율estimated Glomerular Filtration Rate, eGFR 60 이하로 3개월 이상 지속될 경우에는 만성 신질환으로 이행될 수 있다.

3) 당뇨병성신경병증

솔비톨과 과당이 신경에 축적되어 말초신경에서 중추신경에 이르기까지 이상이 나타난다. 이는 혈중 포도당이 상승할 때 과당과 솔비톨로 전환이 많아져서 체내 축적이 높아지기 때문이다. 팔, 다리가 쑤시고 아프며 심해지면 감각이 상실된다. 상처와 감염이 팔, 다리에 생기면 조직의 사멸로 괴저가 나타나는데, 심한 경우에는 절단해야 한다.

4) 동맥경화증

당뇨병으로 죽상동맥경화증, 심근경색증, 뇌혈관질환, 괴저 등이 나타난다. 대혈관이 막혀 혈액순환이 순조롭지 못하여 다리와 발의 혈액순환에 장애가 생기고 상처나 감염이 되었을 때 치료가 지연된다.

알아두기 **모노필라멘트 검사**

① 궤양이 잘 생기는 곳 10곳을 표시한다.
② 해당 부위에 모노필라멘트를 3초 정도 누른 후 살짝 떼어 내면서 느낌이 있는지 확인한다.

느낌이 있는 경우	느낌이 없는 경우
정상 : >9개 감각 저하 : 1~8개 감각 손실 : 0개	감각 저하 : >3개 족부궤양 위험 : >4개

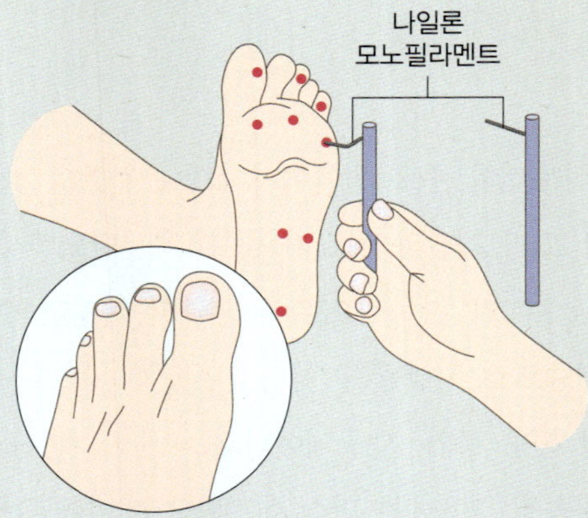

알아두기 **당뇨병성족부궤양**

당뇨병성족부궤양은 당뇨병성신경병증과 말초동맥질환의 흔한 합병증으로 하지 절단의 주요 원인이다. 다음과 같은 위험인자에 의해 족부궤양의 위험이 증가한다.

- 하지 절단의 과거력
- 발 변형
- 당뇨병성신증(특히 투석 중인 환자)
- 족부궤양의 과거력
- 말초혈관질환
- 불량한 혈당 조절
- 말초신경병증
- 시력 저하
- 흡연

모든 당뇨병 환자는 족부궤양의 고위험 요소를 확인하기 위해 매년 발검사를 시행해야 하며, 10 g 모노필라멘트 검사, 진동감각검사, 발목반사, biothesiometer를 이용한 진동감각역치검사를 이용하여 보호감각 소실을 확인해야 한다.

7. 당뇨병의 치료

당뇨병의 치료방법으로는 식사요법, 약물요법, 운동요법이 있다. 이 가운데 식사요법이 가장 중심이 되며, 필요한 경우에는 인슐린이나 경구혈당강하제의 약물요법이 병행된다. 또한 운동요법도 식사요법과 약물요법을 도와주므로 반드시 필요하다.

당뇨병의 치료목표
- 정상범위의 혈당 유지를 통한 합병증 예방과 치료
- 적절한 혈중 지질 수준 유지
- 혈압 조절
- 건강과 웰빙 지원

1) 경구혈당강하제

경구혈당강하제는 세포의 인슐린 수용체의 민감도를 향상시키고 췌장을 자극하여 인슐린의 분비를 촉진시키므로 제2형 당뇨병 환자의 혈당을 조절하는 데 사용된다. 경구혈당강하제는 당화혈색소 수치 6.5% 미만을 목표로 하여 사용하며 모니터링하면서 용량을 가감할 수 있다. 그러나 용량을 최대치로 사용하여도 혈당 조절이 목표치에 이르지 못한 경우에는 다른 기전의 약제를 추가하거나 인슐린을 투여하도록 한다. 환자의 특성에 따라 약물의 용량을 최대치로 사용하기 전에 다른 약제를 추가하는 조기 병합요법을 사용할 수도 있다(부록 III 참조).

2) 인슐린

인슐린은 제1형 당뇨병 외에도 경구혈당강하제로 잘 조절되지 않거나(당화혈색소 7.0% 이상) 당화혈색소 10% 이상인 제2형 당뇨병 진단 초기, 케톤산증이나 비케톤성 혼수 등의 응급환자나 인슐린 요구량이 급증하는 경우에 일시적으로 사용되기도 한다. 또한 임신을 준비 중이거나 임신을 한 당뇨병 환자는 경구혈당강하제를 중단하고 인슐린요법을 시행해야 한다. 인슐린은 단백질이므로 소화관에서는 가수분해되어 비활성화되므로 구강으로는 섭취할 수 없고 정맥이나 피하 내에 주사하여야 한다.

상업용 인슐린은 소나 돼지와 같은 동물의 췌장에서 추출, 정제하여 만든 제제로 종류에 따라 효과 발현시간, 최대 효과시간, 효과 지속시간이 다르므로 환자의 병세와 혈당치, 식사내용을 고려하여 각 환자에게 가장 적합한 인슐린의 종류와 투여량을 결정한다(부록 III 참조). 또한 인슐린 주사 후 최적시간과 식사시간이 잘 맞아야 효력이 좋으므로 식사시간을 철저히 잘 지켜야 한다.

(1) 인슐린의 분류

인슐린의 효과 발현시간과 지속시간에 따라 초속효성, 속효성, 중간형, 지속성, 혼합형

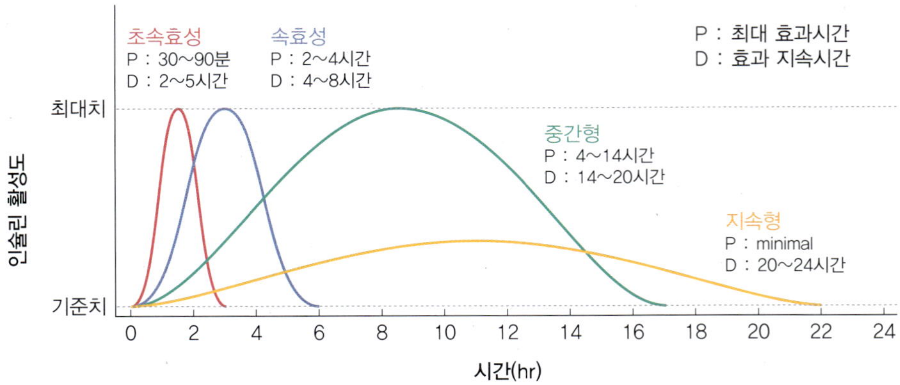

그림 8-10 인슐린 유형별 작용 형태

인슐린으로 분류된다 **그림 8-10**.

- 초속효성 인슐린 : 효과 발현시간이 15분 미만으로 빠르나 효과 지속시간이 3~4시간으로 짧다. 최대효과시간은 30~90분 정도이다.
- 속효성 인슐린 : 효과 발현시간이 30~60분으로 빠르나 효과 지속시간이 4~6시간으로 짧다. 최대효과시간은 2~3시간 정도이다.
- 중간형 인슐린 : 효과 발현시간이 1~4시간으로 느리나 효과 지속시간이 10~16시간으로 길다. 최대효과시간은 6~10시간 정도이다.
- 지속형 인슐린 : 효과 발현시간이 1~2시간으로 느리나 효과 지속시간이 24시간으로 길다. 최대효과시간은 6~8시간 정도이다.
- 혼합형 인슐린 : 초속효성 또는 속효성 인슐린과 지속성 인슐린을 혼합한 인슐린으로, 효과 발현시간이 5~15, 30~60분으로 빠르나 효과 지속시간이 24시간으로 길다.

(2) 인슐린 주입 시 주의사항

일반적으로 인슐린 주사는 지방과 조직 사이에 주사 부위를 겹치지 않도록 돌아가면서(이를테면 아침에는 팔, 저녁에는 다리) 놓아 피부에 알레르기가 생기지 않도록 주의한다. 인슐린 주사 후 바로 심한 운동을 하면 인슐린의 순환을 빠르게 하여 저혈당증을 초래할 수 있으므로 되도록 삼간다.

일반적인 인슐린 주사 부위는 다음과 같다.

> **알아두기** 인슐린 주사 부위
>
> • 같은 부위에 주사할 경우 지방 증식이나 위축이 생겨 인슐린 흡수가 저하되므로 부위를 옮겨가며 주사한다.
> • 복부에 주사할 경우 다른 부위보다 흡수가 30% 더 빠르다.

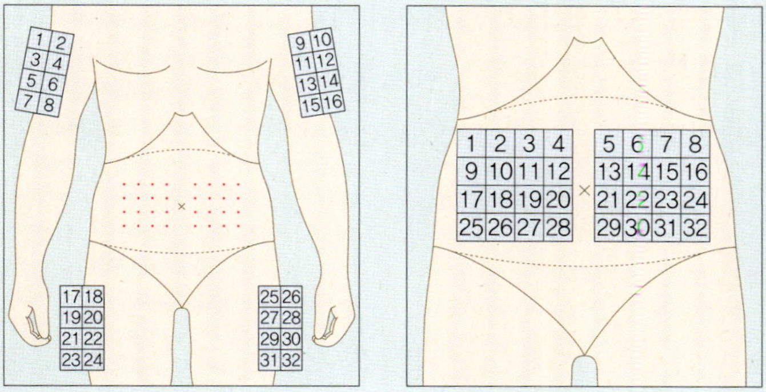

3) 운동요법

규칙적인 운동은 당뇨병 발병 고위험군의 당뇨병 발병을 예방하고, 당뇨병 환자의 혈당을 원활히 조절하며 인슐린의 민감성을 향상시켜 합병증의 예방 및 진행속도를 저하시킨다.

일주일에 4일 이상 또는 적어도 일주일에 150분의 유산소 운동(걷기, 자전거 타기, 조깅, 수영 등)을 하되 규칙적으로 하는 것이 중요하다. 운동에 의한 에너지소비로 저혈당이 발생할 수 있으므로 운동 전 혈당이 100 ml/dL 미만의 경우에는 간식을 보충한다. 혈당 조절이 안되거나 케톤산증, 증식성 망막병증이 있을 경우에는 고강도 운동을 금한다.

임신성당뇨병 환자가 가벼운 운동(20~30분의 걷기)을 하는 경우, 혈당 조절과 과도한 태아 성장을 예방하는 데 도움이 되지만 임신성고혈압, 자궁출혈, 자궁경관 무력증, 조기 진통 등의 금기사항이 있을 경우에는 운동을 금한다.

> **알아두기** 운동에 의한 당뇨병 개선효과
>
> • 말초조직의 인슐린 민감도 증가
> • 인슐린, 혈당강하제 사용량 감소
> • 혈중 지방을 근육 등 말초조직으로 유입시켜 이상지질혈증 개선
> • 혈액순환을 촉진시켜 동맥경화증 개선
> • 체중감소
> • 스트레스 해소

8. 당뇨병의 식사요법

당뇨병 환자가 혈당과 혈중 지질 농도, 혈압을 적절한 수준으로 유지하기 위해서는 식사요법의 실천이 중요하다. 식사요법은 환자의 기호, 생활습관 및 개선 의지 등을 감안하여 개개인의 식사관리 목표를 정하고, 이를 통해 환자가 영양소 섭취와 생활습관을 개선하여 당뇨병의 합병증 발생과 진행속도를 감소시킬 수 있도록 계획한다.

1) 에너지 조정

비만은 인슐린저항성을 증가시키므로 당뇨병 환자는 표준체중이나 표준보다 약간 부족한 체중을 유지하는 것이 바람직하다. 따라서 비만 또는 과체중인 당뇨병 환자의 경우에는 체중감량이 필수적으로 요구되나, 오랫동안 에너지를 충분히 섭취하지 못하면 쉽게 피로하고 면역기능이 떨어지므로 적정량의 영양공급은 필수적이다.

일반적인 성인의 에너지필요량은 표준체중에 활동별 에너지를 곱하여 산출한다. 그 밖에 환자의 비만도와 연령, 신체활동 수준과 평소의 에너지섭취량, 개인의 순응도 등을 고려하여 결정해야 한다.

알아두기 **대한당뇨병학회의 표준체중 산출법**

- 남자 표준체중(kg) = 신장(m) × 신장(m) × 22
- 여자 표준체중(kg) = 신장(m) × 신장(m) × 21

활동 수준별 에너지는 표 8-3에 제시하였다. 일반적으로 가벼운 활동은 25~30 kcal/kg, 보통 활동은 30~35 kcal/kg, 심한 활동은 35~40 kcal/kg를 적용한다.

표 8-3 신체활동 수준별 에너지

활동상태		표준체중당 에너지(kcal/kg)
가벼운 활동	거의 앉아서 하는 일, 사무직, 운전, 가사노동	25~30
보통 활동	걷기, 자전거 타기 등의 가벼운 운동을 정기적으로 하는 경우	30~35
심한 활동	농번기의 농부, 광부, 운동선수, 심한 운동을 정기적으로 하는 경우	35~40

2) 당질 약간 제한

당질은 종류, 형태보다 총섭취량이 혈당에 더 큰 영향을 주므로 바람직한 혈당 유지를 위해서는 당질 섭취량을 조절하는 것이 매우 중요하다. 그러나 너무 심하게 제한하면 당질대사에 이상이 생겨 인슐린저항성이 커지므로 적절한 양의 당질을 섭취해야 한다.

당질 섭취량은 총에너지의 50~60%를 권고하고 있으며, 환자의 상태(혈장 지질, 신기능 등) 및 사용하는 인슐린의 종류에 따라 개별화한다. 성인의 경우 하루에 300 g 이상의 당질 섭취는 피하며, 케톤증을 예방하기 위해 최소 100 g 이상을 섭취한다. 어린이의 하루 당질 섭취량은 200 g 전후이다.

당뇨병 환자의 경우 당질 섭취량이 혈당에 직접적으로 영향을 미치므로 사용하는 인슐린의 종류에 따라 끼니별 당질 배분을 달리한다 표 8-4.

① 인슐린을 사용하지 않는 경우

1일 당질 섭취량을 세 끼 동등하게 배분하며, 아침에 혈당이 높은 경우는 아침 배분량을 줄인다.

아침 : 점심 : 저녁 = 1/3 : 1/3 : 1/3

아침 : 점심 : 저녁 = 1/5 : 2/5 : 2/5(아침에 혈당이 높은 경우)

② 초속효성 및 속효성 인슐린을 사용할 경우

초속효성 및 속효성 인슐린은 효과 발현시간이 빠르고 효과 지속시간이 짧아 자주 주사하므로, 인슐린을 사용하지 않는 경우와 같이 1일 당질 섭취량을 세 끼 식사에 동등하게 배분한다.

아침 : 점심 : 저녁 = 1/3 : 1/3 : 1/3

③ 중간형 인슐린을 사용할 경우

최대효과시간이 인슐린 투여 후 6~12시간 이후이므로 오후 간식이 필요하다. 당질은 아침 1/6, 점심 2/6, 오후 간식 1/6, 저녁 2/6으로 분배하도록 한다.

④ 지속형 인슐린을 사용할 경우

지속형 인슐린을 아침식사 전에 투여하면 효과가 하루 이상 지속되므로 아침보다는 점심과 저녁 식사에 당질을 많이 배분한다. 최대 효과시간은 저녁에서 다음날 이른 아침까지 이어지므로 저녁이나 새벽에 발생할 수 있는 인슐린 쇼크(저혈당증)를 방지하기 위해 밤참으로 25~30 g을 주도록 계획한다. 나머지 당질 섭취량으로 아침:점심:저녁을 1/5:2/5:2/5로 배분한다.

⑤ 혼합형 인슐린을 사용할 경우

아침에 저혈당 증세가 나타나기 쉬우므로 아침:점심:저녁의 당질 섭취량을 2/5:1/5:2/5로 베분한다.

표 8-4 인슐린 사용에 따른 당질의 배분

인슐린의 종류	아침	점심	간식	저녁	야식(g)
사용 안 함	1/3	1/3		1/3	
초속효성 인슐린	1/3	1/3		1/3	
속효성 인슐린	1/3	1/3		1/3	
중간형 인슐린	1/6	2/6	1/6	2/6	
지속형 인슐린	1/5	2/5		2/5	25~30
혼합형 인슐린	2/5	1/5		2/5	

식품별 당지수와 혈당지수를 표 8-5에 제시하였다.

표 8-5 식품별 당지수(glycemic index)와 당부하지수(glycemic load)

식품	당지수 (포도당=100)	1회 섭취량 (g)	1회 섭취량당 함유 당질량(g)	1회 섭취량당 당부하지수
대두	18	150	6	1
우유	27	250	12	3
사과	38	120	15	6
배	38	120	11	4
밀크초콜릿	43	50	28	12
포도	46	120	18	8
쥐눈이콩	42	150	30	13
호밀빵	50	30	12	6

(계속)

식품	당지수 (포도당=100)	1회 섭취량 (g)	1회 섭취량당 함유 당질량(g)	1회 섭취량당 당부하지수
현미밥	55	150	33	18
파인애플	59	120	13	7
페이스트리	59	57	26	15
고구마	61	150	28	17
아이스크림	61	50	13	8
환타	68	250	34	23
수박	72	120	6	4
늙은호박	75	80	4	3
게토레이	78	250	15	12
콘플레이크	81	30	26	21
구운 감자	85	150	30	26
흰밥	86	150	43	37
떡	91	30	25	23
찹쌀밥	92	150	48	44

자료 : 당뇨병 식품교환표 활용지침, 2010

알아두기 식품인슐린지수(Food Insulin Index, FII)

- 240 kcal에 해당하는 식품 섭취 후 인슐린 분비 정도를 수치화한 것
- 당질 외에 단백질, 지방의 양·질·상호작용에 의해 영향받음
- GI와 달리 당질 함량이 적거나 없는 식품도 대상이 됨
- 인슐린 분비에 영향을 미치는 요소들을 통합적으로 고려하여 제1형 당뇨병처럼 복합적인 치료에 유용할 수 있음
- 대부분의 채소는 인슐린 반응이 미미하므로 FII 값이 낮음

알아두기 당지수(glycemic index, GI)

- 탄수화물 함유식품의 식후혈당상승도(당질의 흡수속도)를 반영(포도당 100 기준)
- 특정 식품 속에 포함된 50 g의 당질을 섭취한 후 혈당의 반응곡선 면적을 표준식품(흰빵, 포도당)에 들어 있는 50 g의 당질을 섭취한 후의 혈당 반응곡선 면적으로 나눈 값
- High GI(70↑) : 빨리 소화·흡수되어 혈당이 단시간 내에 오르고 인슐린 분비가 촉진됨
- Low GI(55↓) : 천천히 소화·흡수되어 혈당이 서서히 오르고 인슐린저항성이 감소됨
  또한 식욕조절과 공복감 지연으로 체중 조절에 도움이 됨
- 그러나 Low GI(저당지수)라도 단백질, 지방 함량이 높은 식품은 인슐린 분비를 촉진함
- 탄수화물 위주의 식품선택 시 유용함

알아두기 **당부하(glycemic load, GL)지수**

당지수는 해당 식품을 한 번 먹을 때의 일반적인 섭취량은 고려하지 않은 반면, 1회 섭취량을 반영한 개념이 당부하지수(GL)이다. 당부하지수는 당지수에 섭취한 당질의 양을 곱한 뒤, 100으로 나눠 계산한다.

당부하(GL)지수 = [(탄수화물 - 식이섬유) × GI] / 100

값이 10 미만일 경우 당부하가 낮은 식품, 20 이상일 경우 당부하가 높은 식품으로 분류한다.
흰밥은 GI가 86이고 흰밥 150 g 내 당질 함량은 43이므로 흰밥의 당부하지수는 37(= 43 × 86/100)이다.
늙은호박과 고구마를 비교해 보자. 늙은호박의 당지수는 75로 높은 편이지만 1회 섭취량(80 g)에는 4 g의 당질이 들어 있다. 당지수의 기준인 50 g의 당질을 섭취하려면 한 번에 12회 섭취량을 먹어야 한다. 하지만 한 자리에서 그 만큼 먹는 경우는 드물어 혈당에 미치는 영향은 훨씬 적다. 실제로 늙은호박의 당부하지수는 3(= 4 × 74/100)이다. 반면, 고구마의 당지수는 61로 늙은호박보다 낮지만 1회 섭취량(150 g)에는 28 g의 당질이 들어 있어 당부하지수는 17(= 28 × 61/100)이다. 따라서 고구마의 당지수가 늙은호박보다 낮지만 한 번에 먹는 양을 고려하면 당부하지수는 더 높다.

3) 식이섬유 충분히

펙틴pectin, 구아검guar gum처럼 과일, 채소, 또는 귀리, 배아에 많은 수용성 식이섬유는 음식물의 위 통과 및 배출 시간을 지연시켜 불용성 식이섬유에 비해 혈당, 혈중 콜레스테롤 및 중성지방을 효과적으로 저하시킨다. 일반식사의 경우에 1,000 kcal당 7~10 g의 식이섬유를 함유하는데, 당뇨병 환자는 1일 20~30 g(12 g/1,000 kcal, 한국인 영양소 섭취기준, 충분섭취량) 섭취를 권장한다.

4) 단백질 충분히

당뇨병 환자의 적절한 단백질 섭취량에 대한 충분한 과학적 근거가 부족하지만 일반적으로 전체 일일 에너지의 15~20%를 권장한다(1.0~1.2 g/표준체중 kg). 신장 합병증이 발생한 경우에는 단백질 섭취량을 0.8 g/표준체중 kg 정도로 조절하는 것이 신장기능 악화를 지연시키는데 도움이 되나 영양불량이 발생할 수 있으므로 주의한다. 전체 단백질 섭취량의 50% 이상을 양질의 동물성 단백질로 공급하도록 한다.

5) 지방 적당히

당뇨병 환자의 심혈관계 합병증을 예방하기 위해 지방의 총섭취량은 총에너지 섭취량의 25% 이내로 하고 종류별 지방산 및 콜레스테롤 섭취량은 이상지질혈증에 준한다.

- n-3계 지방산인 α-리놀렌산, EPA, DHA의 섭취는 근육세포막의 지방산 조성에 변화를 가져와 세포막을 통한 포도당의 이동이 개선되어서 인슐린저항성이 감소된다. 또한 적혈구 세포막의 유동성이 증가되어 적혈구 변형능력이 생기므로 모세혈관과 같은 좁은 혈관도 쉽게 통과하여 혈류가 원활해진다. 특히 EPA는 아라키돈산과 경쟁하여 혈소판 응집능력을 낮추고 혈관을 이완시키므로 혈관질환의 합병증이 많은 당뇨병 환자에게 섭취를 권장한다. n-3계 지방산의 섭취를 위하여 등푸른생선의 섭취를 늘리고 옥수수유, 면실유, 참기름보다는 콩기름, 들기름을 섭취하는 것이 좋다. 그러나 보충제로 n-3계열의 어유를 섭취할 경우 과잉 섭취로 인해 용혈현상이 유발되므로 식품 형태로만 섭취하는 것이 바람직하다.
- 콜레스테롤의 섭취는 하루에 300 mg이 넘지 않도록 한다. 콜레스테롤 함량이 많은 식품으로는 훈제품, 오징어, 육류의 내장, 달걀노른자, 새우 등이 있다. 콜레스테롤과 포화지방산을 줄이는 방법으로는 눈에 보이는 지방은 제거하고, 달걀은 하루에 한 개, 또는 그 이하로 섭취하며, 우유는 탈지우유로 대치한다. 또한 저지방 유제품을 선택하고 튀김요리보다는 직접 오븐에서 굽거나 증기로 찌거나 끓이는 조리법 등을 이용한다.

6) 비타민, 무기질 충분히

비타민은 신체의 영양소대사에 관여하고, 무기질은 생체기능 유지에 필수적이므로 당뇨병 환자의 비타민과 무기질 필요량은 정상인과 동일한 필요량을 갖고 별도의 보충은 필요하지 않다. 그러나 1일 1,200 kcal 이하를 섭취하는 환자나 노인, 임산부, 채식주의자의 경우에 비타민과 무기질이 결핍될 수 있으므로 지속적인 관찰에 따라 종합비타민제를 보충할 수 있다.

7) 소금 제한

당뇨병 합병증의 발생이나 진행속도를 감소시키기 위해서는 혈압 조절이 중요하다. 따라서 1일 소금 섭취량은 10 g(나트륨 4,000 mg) 이내로 유지한다. 단, 심혈관계질환이나 신장질환을 동반한 당뇨병 환자의 경우에는 5~7.5 g(나트륨 2,000~3,000 mg) 이내로 제한하도록 한다.

8) 알코올 제한

일반적으로 당뇨병 환자에게 알코올 섭취가 반드시 제한되는 것은 아니나 간질환, 췌장염, 신경병증이 진행되거나 저혈당을 자주 경험하는 환자, 임산부는 알코올의 섭취를 엄격히 제한하도록 한다.

성인 여성은 1알코올당량1 alcohol drink(alcohol 15 g : 맥주 200 mL, 포도주 150 mL, 소주 50 mL), 성인 남성은 2알코올당량 정도로 섭취를 조절한다. 알코올은 간에서의 포도당신생을 방해하여 저혈당을 유발할 수 있으므로 일부 환자에서 음주 후 아침 저혈당이 나타날 수 있다.

알아두기 알코올 섭취 제한이 필요한 경우

- 임신부나 임신을 준비 중인 여성
- 저혈당이 발생하여도 인식하지 못하는 사람
- 췌장염
- 알코올중독
- 저혈당이 자주 발생하는 사람
- 중성지방 수치가 매우 높은 사람
- 진행된 신경병증

9) 당알코올과 인공감미료

당알코올(2 kcal/g)은 소장에서 부분적으로 흡수되어 혈당 상승과 인슐린 분비반응이 적다. 당알코올과 인공감미료는 한국식품의약품안전처KFDA에서 설정한 1일 섭취허용량 내에서 섭취하면 안전하다. 인공감미료는 다음과 같이 분류된다 표 8-6.

표 8-6 감미료의 종류

종류		안정성 및 특징	에너지 (kcal/g)	감미도 (설탕 기준 : 1.0)
당알코올	솔비톨	과량(50 g 이상) 섭취 시 설사 유발 충치 예방효과	2.6	0.5~0.7
	자일리톨	충치 예방효과	2.4	약 1.0
	만니톨	과량(20 g 이상) 섭취 시 설사 유발	1.6	0.5~0.7
	말티톨	과량 섭취 시 설사 유발	3.0	0.9
	에리트리톨	제품별 최대허용량 개별 설정	0.2	0.6~0.8
인공감미료	사카린	어린이, 임산부, 당뇨병 환자에게 안전	0	200~700
	아스파탐	어린이, 임산부, 당뇨병 환자에게 안전 페닐케톤뇨증(PKU) 환자 주의 고온에서 맛 변화	4	160~220
	아세설팜칼륨	어린이, 임산부, 당뇨병 환자에게 안전	0	200
	슈크랄로오스	어린이, 임산부, 당뇨병 환자에게 안전	0	600

자료 : 당뇨병 식품교환표 활용지침, 2010

9. 당뇨병 환자의 식사계획

당뇨병 유형별 에너지와 영양기준량은 표 8-7 과 같다.

표 8-7 당뇨병 유형별 에너지와 영양기준량

식사명	에너지	당질	단백질	지방
당뇨병식	30 kcal/kg(표준체중)	50~60%	15~20%	25% 이내
당뇨병성신증식	30 kcal/kg(표준체중)	60~65%	0.8 g/kg(표준체중)	25% 이내
임신성당뇨병식 중반기 후반기	25(임신 전 비만)~30 kcal/kg(표준체중) +340 kcal +450 kcal	50%	20%	30%

1) 일반 당뇨병식

일반 당뇨병 환자의 에너지별 식품 교환단위 수와 1,800 kcal 식단 예를 표 8-8과 표 8-9에 제시하였다.

- 제2형 당뇨병(성인)의 경우, 일반우유 기준이다(이상지질혈증이나 동맥경화증을 동반한 경우에는 포화지방산 섭취를 엄격하게 제한하기 위해 저지방우유를 권장한다).
- 우유군 1교환을 저지방우유 1교환으로 대체할 경우 지방군 1교환을 추가할 수 있다.
- 1,800 kcal 이상의 경우 우유군 1교환단위를 중지방 어육류 1교환+과일군 1교환으로 대체할 수 있다.

표 8-8 에너지별 식품 교환단위 수

에너지(kcal)	곡류군	어육류군		채소군	지방군	우유군	과일군
		저지방군	중지방군				
1,200	5	1	3	6	3	1	1
1,400	7	1	3	6	3	1	1
1,600	8	2	3	7	4	1	1
1,800	8	2	3	7	4	2	2
2,000	10	2	3	7	4	2	2
2,200	11	2	4	7	4	2	2
2,400	12	3	4	8	5	2	2

자료 : 당뇨병 식품교환표 활용지침, 2010

표 8-9 당뇨병 식단 예(1,800 kcal)(C:P:F=55:18:27)

식품군		교환 단위 수	아침	간식	점심	간식	저녁
곡류군		8	2×쌀 30 g =60 g(쌀밥)	1×식빵 35 g =35 g(토스트용)	2×쌀 30 g =60 g(쌀밥)	1×고구마 70 g =70 g(찐 고구마)	2×쌀 30 g =60 g(쌀밥)
어육류군	저지방	2	1×가자미 50 g =50 g(가자미구이)		0.5×닭가슴살 40 g =20 g(닭가슴살샐러드)		0.5×쇠고기 40 g =20 g(불고기)
	중지방	3	1×달걀 55 g =55 g(달걀찜)		1×고등어 50 g =50 g(고등어조림)		1×연두부 150 g =150 g(연두부 양념 없음)

(계속)

식품군	교환 단위 수	아침	간식	점심	간식	저녁
채소군	7	0.5×배추 70 g =35 g(배춧국) 1×콩나물 70 g =70 g(콩나물무침) 0.5×무 70 g =35 g(나박김치)		0.5×무 70 g =35 g(무볶음국) 0.5×샐러드용 채소 7 g =35 g(닭가슴살샐러드) 0.5×참나물 70 g =35 g(참나물무침) 0.5×배추 50 g =25 g(배추김치)		1×건미역 6 g =3 g(미역국) 0.5×양파 70 g =35 g(불고기용) 1×도라지 40 g =40 g(도라지생채) 0.5×무 70 g =35 g(깍두기)
지방군	4	1×참기름 5 g =5 g(조리용)		1×들기름 5 g =5 g(조리용)	1×호두 8 g =8 g	1×콩기름 5 g =5 g(조리용)
우유군	2		1×저지방우유 200 mL		1×두유 200 mL	
과일군	2		1×방울토마토 300 g		1×사과 80 g	
식단		쌀밥 배춧국 가자미구이 달걀찜 콩나물무침 나박김치	저지방우유 토스트 방울토마토	쌀밥 무볶음국 닭가슴살샐러드 고등어구이 참나물무침 배추김치	두유 찐 고구마 호두 사과	쌀밥 미역국 소불고기 연두부(양념없음) 도라지생채 깍두기

2) 임신성당뇨식

임신성당뇨병의 경우에는 바람직한 체중증가를 유지하고 케톤증을 예방하기 위해 에너지 섭취를 조심스럽게 제한해야 한다. 임신 초기에는 특별히 에너지를 추가할 필요가 없으며, 중반기와 후반기에는 임신부의 체중변화와 상태를 관찰하여 결정한다. 특히 1,700 kcal 이하는 케톤증을 유발할 수 있으므로 권장되지 않는다.

임신성당뇨병의 식사요법 목표

- 적절한 체중증가를 위한 적절한 에너지 제공
- 정상혈당 유지
- 케톤체 생성 방지

임신성당뇨병 환자의 당질 섭취량은 1일 3회 식사와 2~4회 간식으로 적절히 배분하는 것이 바람직하다.

당질은 총에너지의 50%가 되도록 설정하며, 식후 혈당이 지나치게 오르지 않도록 1일 당질 섭취량의 적정 배분이 필요하다.

아침식사는 전체 당질 섭취량의 10%, 점심식사는 20~30%, 저녁식사는 30~40%, 간식으로 30%로 배분하며, 아침식사 당질 섭취량을 제한하는 것은 코티솔의 작용을 완화시켜 급격한 식후 혈당상승을 예방하기 위한 것이다. 그러나 케톤증의 발생을 막기 위해서는 1일 최소 100 g 이상의 당질 섭취가 필요하다.

또한 한밤중에 모체의 저혈당과 케톤증을 예방하고 태아에게 에너지를 제공하기 위해서 취침 전에 간식을 권장한다.

비만인 임신성당뇨병인 경우에는 에너지를 조심스럽게 제한한다. 보통 30% 정도의 에너지를 제한할 경우 케톤뇨증이 없이 고혈당을 감소시킬 수 있으며, 1,700 kcal 이하는 권장되지 않는다. 임신성당뇨병 환자의 체중증가 형태는 정상 임산부와 비슷해야 한다.

임신성당뇨병인 경우 개별 식사관리가 적용되어야 한다. 혈당검사 기록을 중심으로 식사계획이 이루어져야 하며, 식사일지를 통해 뚜렷한 이유 없이 1~2주 기간 내에 2회 이상 혈당이 목표수준을 초과할 경우에는 인슐린요법을 실시한다.

10. 당뇨병 응급 시의 영양관리

1) 저혈당증(인슐린쇼크)

저혈당insulin shock은 인슐린 또는 경구혈당강하제의 사용 과다, 심한 운동 등에 의해 혈장 포도당 농도가 70 mg/dL 이하로 저하된 경우를 말한다. 빈맥, 식은 땀, 불안감, 오심, 손 떨림, 얼굴이 창백해지는 증상 등의 자율신경항진 증상이 나타나거나 집중력저하, 의식혼미, 기력약화, 어지러움, 시력저하, 두통 등의 증상이 나타나게 된다.

저혈당이 지속적으로 발생되면 마비나 발작, 뇌병증, 경도의 지적 능력 손상과 반신마비와 같은 후유증이 남게 되므로 즉각적으로 치료하여 후유증을 예방하도록 한다. 저혈

> **알아두기** 단순 당질 15~20 g에 해당하는 음식의 예
>
> 설탕물(15% 용액) 1/2컵 (100 mL)
> 설탕 한 숟가락 (15 g)
> 꿀 한 숟가락 (15 mL = 1큰술)
> 주스 또는 탄산음료 3/4컵 (175 mL)
> 요구르트 한 개 (65 mL)
> 사탕 3~4개
>
> 

당은 포도당 또는 당질이 포함된 음식을 섭취토록 하여 치료한다. 15 g의 포도당은 20분 안에 약 40 mg/dL의 혈당을 올릴 수 있으므로 대부분의 사람에게서 저혈당 증상이 사라진다. 20 g의 포도당은 45분 안에 약 65 mg/dL의 혈당을 올린다. 초콜릿 등 음식에 지방이 함께 포함되어 있는 경우에는 혈당 상승작용이 지연되므로 적절한 음식을 선택하도록 하며, 저혈당에 대한 과잉 치료는 고혈당과 체중증가를 유발할 수 있으므로 주의한다.

그러나 환자가 의식이 없거나 구토를 일으킬 정도로 심한 저혈당일 때 또는 다른 사람의 도움이 필요한 상태의 중증 저혈당(혈중 포도당 농도≤50 mg/dL)의 경우에는 경구로 섭취할 수 없으므로 글루카곤을 피하 또는 근육으로 응급 투여해야 한다. 글루카곤 1 mg은 60분 이내에 50~200 mg/dL의 혈당을 상승시키나, 심한 간질환 환자나 음주 환자의 경우에는 상승효과가 더디다.

또한 잠자는 동안 식은 땀을 많이 흘리거나 기상 후 두통을 느끼는 경우에는 야간 저혈당을 의심해 볼 수 있으며, 야간 저혈당을 예방하기 위해서는 취침 전 혈당을 100~140 mg/dL로 유지한다. 이보다 혈당이 낮으면 스낵이나 우유 한 잔, 과일 1교환단위 정도의 간식을 섭취하도록 한다.

2) 당뇨병성케톤산혈증과 고삼투압성 고혈당 상태

당뇨병성케톤산혈증diabetes ketoacidosis, DKA나 고삼투압성 고혈당 상태hyperosmolar hyperglycemic state, HHS 모두 인슐린을 투여하지 않았거나 당질 식품을 과잉 섭취하여 고혈당과 전해질 이상, 케톤산혈증(DKA의 경우만 발생)이 나타나는 급성 합병증이다.

인슐린이 부족하여 에너지원으로 포도당 대신 지방산에 의존할 경우에는 과량의 아세틸 CoA가 생성되지만, TCA 회로에 들어가지 못해 산화 대신에 서로 축합하여 케톤체를 생성한다. 케톤체는 강한 산성이므로 혈액을 산성화한다(pH 7.3 미만). 따라서 다뇨, 탈수, 산독증이 발생하고, 24시간 이상 지속되면 뇌 손상으로 인해 혼수상태에 빠지게 된다. 혼수에 앞서서 나타나는 증상으로는 구강건조와 갈증, 안면홍조, 어지러움, 메스꺼움, 구토, 복통, 오한과 피부건조, 특징적인 산성 호흡, 깊은 한숨, 두통, 극도의 허약 등이 나타나고 다량의 포도당이 요로 배설된다.

당뇨병성케톤산혈증이나 고삼투압성 고혈당 상태는 혈장 혈당수치를 정상화하며 케톤산증과 고혈당, 전해질 이상 등을 교정하는 것이 치료의 목적이다. 수액을 주사하며 탈수 증상과 전해질을 교정하고, 극심한 산독증(pH<6.9)일 때에는 중탄산염(HCO_3^-)을 이용하여 pH를 교정한다. 속효성 인슐린을 정맥투여 후 고혈당과 당뇨가 감소되면 혈당치가 정상 이하로 급격히 떨어지는 것을 막기 위해 5% 포도당용액을 보충한다. 혼수상태가 가라앉고 의식이 회복되면 과일주스, 탈지유, 과즙, 채소즙, 소금기 있는 맑은 국물을 주고, 환자가 잘 적응하면 점차 연식, 일반식으로 단계적 식사진행을 한다. 표 8-10 에 당뇨병성케톤산혈증과 고삼투압성 고혈당 상태의 특징을 제시하였다.

표 8-10 DKA와 HHS 비교

	당뇨병성케토산혈증	고삼투압성고혈당
주요 발병군	제1형 당뇨병 환자	제2형 당뇨병 환자(주로 노인층)
인슐린	매우 부족	케톤증 예방이 가능한 정도로 분비됨
혈당	> 250 mg/dL	> 600 mg/dL
혈청이나 소변 케톤	양성	소량
pH	< 7.3	> 7.3

CHAPTER

9 비뇨기계질환

학 습 개 요

신장은 체내 노폐물을 배설하고 체액의 산염기 평형을 유지하는 등 체내 항상성을 유지하며, 이외에도 혈압을 조절하고 골수의 조혈작용을 도우며 비타민 D를 활성화하는 등 여러 가지 기능이 있다.

신장기능이 저하되면 체내 항상성이 무너져 신장뿐만 아니라 신체 전반에 걸쳐 심각한 결과를 초래한다. 신장질환의 치료에는 안정과 식사요법이 중요하다.

1. 비뇨기계의 구조와 기능

1) 비뇨기계의 구조

비뇨기계는 2개의 신장과 부수적 기관인 신우, 요관, 방광, 요도로 구성된다. 성인의 경우, 신장 한쪽 무게는 120~150 g이며, 길이는 11 cm, 폭은 5~7.5 cm, 두께는 2.5 cm 정도이다. 신장은 후복벽에 접촉하는 복막 후 기관으로서 척추를 사이에 두고 강낭콩 모양으로 좌우 1쌍을 이룬다. 우신right kidney은 간의 우엽에 눌리기 때문에 좌신left kidney보다 약간 낮게 위치한다. 신장은 바깥쪽의 피질, 안쪽의 수질, 가운데의 신우로 이루어진다 그림 9-1.

신소체는 사구체와 보우만주머니로 구성되며 여기에 세뇨관과 집합관이 포함되어 신장 기능의 최소단위인 네프론nephrone을 이룬다. 네프론은 한쪽의 신장에 약 100만 개씩, 양쪽에 모두 약 200만 개가 있다. 네프론의 87%는 신장의 외측부인 피질 안에 있고, 나머지 13%는 내측부인 수질 안에 있다. 피질은 소변 생산의 주체가 되는 신소체가 밀집해 있는 부분으로, 사구체와 근위세뇨관 대부분과 원위세뇨관 일부를 포함하고 있고, 수질은 주로 세뇨관의 집합체로서 평행으로 정렬된 헨레고리와 집합관을 포함하고 있다 그림 9-2.

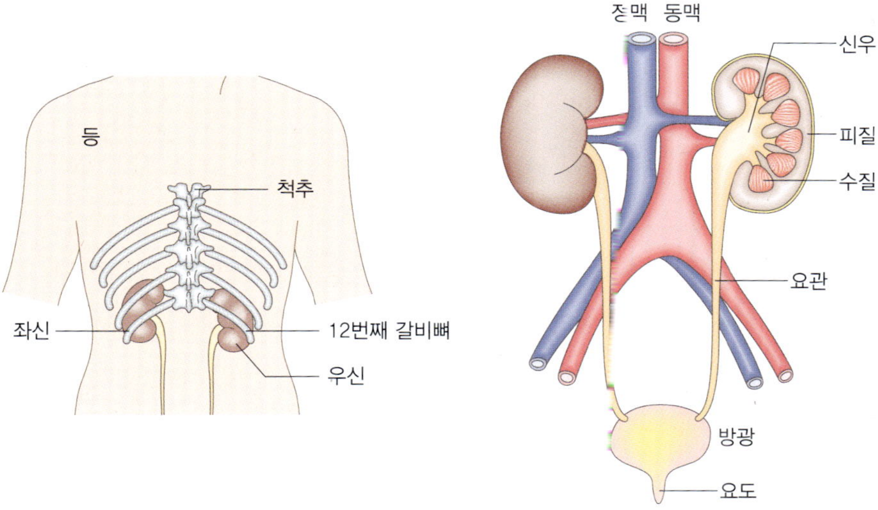

그림 9-1 신장의 위치와 구조

자료 : 이종호 외, 2013

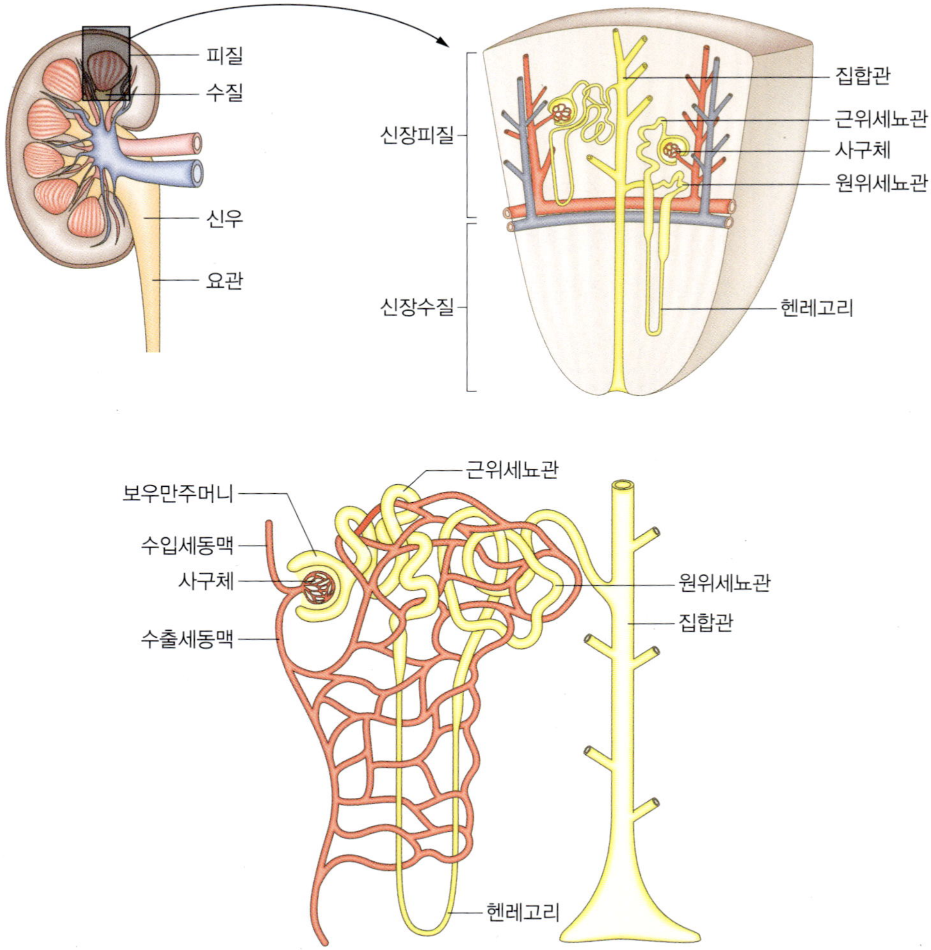

그림 9-2 **네프론의 구조**

신장은 심장에서 박출되는 혈액의 20%를 공급받는다. 신동맥으로 들어 온 혈액은 세동맥을 거쳐서 사구체로 들어가는 수입세동맥에 이른다. 사구체는 20~40개의 모세혈관으로 구성된 수술 모양이며, 신세뇨관의 시작부분이라 할 수 있는 보우만주머니 안으로 돌출해 있다. 사구체에서 여과된 액체는 보우만주머니를 거쳐 근위세뇨관, 헨레고리, 원위세뇨관 및 집합관에 이르고, 그 후 신우를 통과해 요관 및 방광에 이른다. 한편 수입세동맥은 보우만주머니 내에서 사구체를 이루고, 다시 수출세동맥이 되어 근위세뇨관과 원위세뇨관을 망상구조로 둘러싼 후 신정맥에 모여서 신장을 떠난다 그림 9-2.

2) 신장의 기능

(1) 소변 형성

① 사구체에서의 여과

신동맥으로 들어오는 혈액량은 1분에 1,200 mL이다. 혈액이 사구체의 모세혈관을 통과할 때 혈구와 혈장단백질은 여과되지 않고, 수분, 전해질, 단백질 대사산물, 당, 아미노산 등은 사구체에서 보우만주머니로 여과된다. 사구체의 모세혈관에는 작은 구멍들이 있어서 혈액 중 분자량이 큰 혈구나 대부분의 혈장단백질은 여과되지 못하고 나머지는 모두 여과되는데, 이를 원뇨ultrafiltrate라고 한다. 따라서 1,200 mL 중 단백질을 제외한 나머지 650 mL는 사구체에 들어오고 이 가운데 20% 정도가 사구체에서 여과되어 보우만주머니로 이행된다. 사구체에서 1분간 여과되는 혈장량을 사구체여과율glomerular filtrate rate, GFR이라 하고 정상치는 100~125 mL/분 정도이다. 이러한 원뇨는 세뇨관에서의 재흡수와 분비과정을 거치면서 소변을 형성한다.

② 세뇨관에서의 재흡수와 분비

보우만주머니를 통과한 원뇨는 그림 9-3 과 같이 근위세뇨관, 헨레고리, 원위세뇨관, 집합관을 통과하면서, 이 가운데 인체에 필요한 물질은 재흡수되어 정맥순환계로 되돌아오고 인체에 불필요하거나 유해한 성분은 분비되어 소변을 이룬다.

원뇨 성분의 재흡수율을 살펴보면, 수분·나트륨·염소·칼슘·중탄산(HCO_3^-)은 99% 이상이고, 포도당·아미노산은 100%, 칼륨은 93%, 인산은 76%, 황산은 20% 정도이다. 요소는 집합관에서 40% 정도 재흡수되지만 신장 내에서 순환하여 결국 헨레고리에서 분비 배설된다. 이와 같이 인체에 필요한 수분, 포도당, 아미노산 및 전해질은 선택적으로 재흡수되지만 대부분의 요소, 요산, 암모니아 등 단백질 대사산물과 여러 가지 독성 물질, 산 등은 분비·배설되어 소변을 이룬다. 약간의 농도 변화로도 인체에 영향을 미치는 성분들은 이 같은 재흡수와 분비 조절을 통해 평형을 유지하게 된다.

신동맥을 통해 1분에 1,200 mL 들어온 혈액에서 사구체의 여과 및 세뇨관의 재흡수와 분비를 통해 인체에 불필요한 성분을 거르고 난 후, 신정맥을 통해 되돌아가는 혈액은 1분에 1,199 mL이므로 결국 1분에 1 mL의 소변(약 1.5 L/일)이 형성된다.

이렇게 형성된 소변은 신우로 나와 요관을 통해 방광 내에 저장되며 일정량에 도달하면

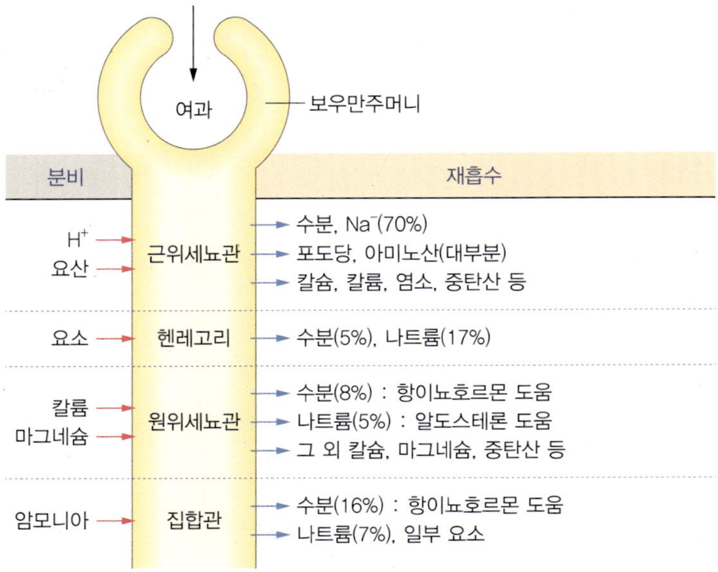

그림 9-3 세뇨관에서의 재흡수와 분비

요도를 통해 배설된다. 소변의 95%는 수분이고 요소, 요산, 암모니아, 크레아티닌 등 약 60 g의 고형성분이 포함되며 그 가운데 절반가량이 요소다. 건강인의 소변에서는 포도당과 단백질은 발견되지 않는다.

(2) 체액 및 산·염기평형

신장은 나트륨의 재흡수와 배설을 조절하여 체내 일정 농도의 나트륨과 혈장량을 유지한다. 나트륨 평형에 영향을 주는 요인으로는 사구체여과율, 세뇨관의 나트륨 재흡수율, 소금 섭취량 등이 있다. 소금 섭취가 많을 때, 세포외액의 증가로 혈압이 높아지면 신장은 사구체의 여과율을 높여 혈액량을 줄이는 한편, 알도스테론 분비를 억제하여 나트륨 재흡수율을 감소시킴으로써 소변 중 나트륨의 배설을 촉진한다.

또한 신장은 체내 대사산물인 산을 처리하고 알칼리는 재흡수하여 체액의 산도를 일정하게 유지한다.

(3) 비타민 D의 활성화

신장에는 비타민 D를 25-(OH)D_3 형태에서 1,25-$(OH)_2D_3$로 활성화하는 수산화효소 1-hydroxylase가 있다. 따라서 1,25-$(OH)_2D_3$의 생성을 통해 소장 내 칼슘 흡수와 세뇨관의 칼슘 재흡수를 촉진하고 뼈에서 칼슘을 용출하여 혈중 칼슘농도를 높인다. 신장에서 수산화효소의 활성은 부갑상선호르몬parathyroid hormone, PTH에 의해 자극되고 칼시토닌calcitonin에 의해 억제되어 혈중 칼슘농도는 일정 수준(10 mg/dL)으로 유지된다. 신장질환자는 비타민 D 활성화의 장애로 혈중 칼슘 농도가 낮아서 혈중 부갑상선호르몬의 농도가 항상 높다.

(4) 내분비기능과 대사기능

신장의 피질에서 조혈인자인 에리스로포이에틴erythropoietin을 생성하여 골수를 자극하고 적혈구의 성숙을 도우므로 만성 신질환에서는 조혈인자의 결핍으로 심한 빈혈을 초래한다. 또한 사구체에서 레닌renin을 분비하여 승압물질인 안지오텐시노겐angiotensinogen을 안지오텐신angiotensin I을 거쳐 II로 활성화하여 혈압을 올린다. 안지오텐신 II는 강력한 혈관수축제이며 나트륨과 수분의 재흡수를 통해 혈압조절에 중요한 역할을 한다. 그 외에 지방산 유도체인 프로스타글란딘prostaglandins과 트롬복산thromboxane 등을 생성하고 인슐린, 글루카곤, 부갑상선호르몬 등의 분해장소로서도 중요하다.

2. 신장질환의 일반증상과 영양관리

1) 일반증상

(1) 단백뇨

정상인의 사구체는 혈중 단백질을 여과하지 않는다. 그러나 사구체에 염증이 생겨 여과막의 구조 변화로 작은 구멍의 크기가 커지면 다량의 단백질이 사구체에서 보우만주머니로 여과된다. 이 여과된 단백질은 세뇨관을 통과하면서 재흡수되는데, 사구체에서 흘러나오는 단백질의 양이 많으면 세뇨관에서 모두 재흡수될 수 없으므로 소변 중에 단백질이 배출된다.

정상인의 소변 중 단백질은 1일 150 mg 이하이며 그 이상일 경우 비정상적인 상태로서 임상적으로 단백뇨라고 정의하나, 일반적으로 1일 500 mg 이상일 때 단백뇨라고 하고 그 이하는 미세단백뇨라고 한다. 신장질환의 종류에 따라서 1일 3.5 g 이상의 단백질이 소변으로 배출되기도 한다. 흔히 소변에 거품이 많으면 단백뇨라고 생각하는 경우가 많으나 반드시 그렇지는 않으므로 소변검사를 통한 진단이 필요하다 그림 9-4.

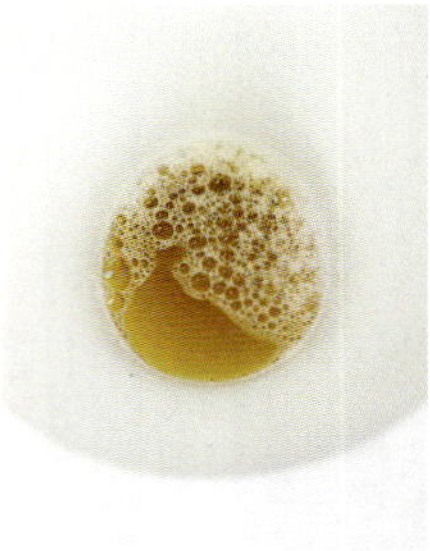

그림 9-4 거품뇨

(2) 혈뇨

요로 배출되는 단백질에는 적혈구, 백혈구 등의 혈구 단백질과 알부민, 글로불린 등의 혈장단백질이 있고, 그 외 신장의 상피세포나 세균 등이 있다. 적혈구가 많이 배출되면 혈뇨를 보이는데, 이는 신장염 외에 신결석이나 요로 계통의 질환에서도 흔히 나타난다. 혈뇨의 양이 많으면 육안으로 붉게 보이고, 혈뇨의 양이 적으면 현미경으로 관찰해야 발견된다. 한편 신장에 염증이나 화농이 있으면 백혈구가 많이 배출되고, 세균이 다량 나오면 세균성 감염을 시사한다.

(3) 부종

신장질환의 부종은 얼굴에 많이 나타나며 눈 주위가 붓는 것이 특징이다. 여기에 심장

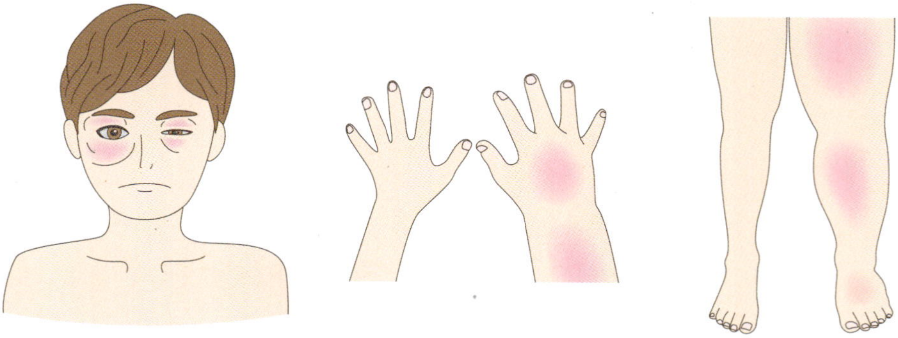

그림 9-5 부종

성 부종이 더해지면 하지, 전신의 부종으로 된다 그림 9-5. 따라서 흉수, 복수가 오고 호흡곤란 증세도 나타난다. 부종의 원인에는 세 가지가 있다 표 9-1.

표 9-1 **신장질환에서의 부종의 원인 및 기전**

원인	기전
사구체장애	사구체여과율 저하 → 핍뇨 → 나트륨, 수분 체내 보유 → 부종
신혈류량 저하	레닌-안지오텐신계 활성화 → 혈관 수축, 항이뇨호르몬 분비, 알도스테론 분비, 뇌하수체의 갈증유발중추 자극 → 나트륨, 수분 체내 보유 → 부종, 고혈압
단백뇨	저알부민혈증(1g/dL이하) → 삼투압 저하 → 혈액으로부터 조직 사이로 수분 이동 → 부종

(4) 고혈압

신장질환의 고혈압은 신혈류량 감소 및 사구체여과량 감소와 관련된다. 급성 신염에서는 혈압이 급격히 높아지며, 만성 신염에서는 혈압이 서서히 상승하여 수축기 혈압이 200 mmHg 가까이 된다. 이러한 고혈압이 계속되면 신경화증, 신부전이 유발된다.

(5) 빈혈

신부전 환자는 적혈구와 헤모글로빈이 정상인의 약 반으로 감소한다. 이 빈혈로 인해 어지럼증이 느껴지고 호흡이 고르지 못하게 된다.

(6) 핍뇨와 다뇨

일반적으로 부종이 있을 때에는 소변량이 감소하고(핍뇨), 부종이 없어지면 소변량이 증가한다(다뇨). 급성 신부전에서는 소변량이 급격히 떨어져서 1일 500 mL 이하로 되는데 이를 핍뇨라고 하고, 1일 200 mL 이하가 되는 경우는 무뇨라고 한다. 다뇨는 세뇨관의 재흡수능력이 저하되어 소변 농축력이 저하될 때 나타나며 소변 색이 엷고 배설량이 증가하는 것이다. 다뇨는 신장기능이 만성적으로 저하하는 만성 신부전에서 나타난다.

(7) 고질소혈증

혈중 질소화합물은 단백질을 제외하고는 주로 요소이고 나머지는 요산, 크레아티닌, 아미노산, 암모니아 등이다. 이러한 비단백성질소의 혈중 정상치는 25~35 mg/dL이고, 그 가운데 요소는 8~18 mg/dL이며 대부분 신장을 통해 배설된다. 따라서 신장질환에서는 질소성분을 배설하는 능력이 저하되어 혈중 질소화합물이 증가하는 고질소혈증이 나타난다.

2) 일반적 영양관리

단백질 제한

단백질 대사산물은 요소, 요산, 크레아티닌 등 질소화합물로서 주로 신장을 통해 배설된다. 신장질환에서는 소변량의 감소에 따라 이들 질소화합물의 배설이 어려워 혈중에 축적됨으로써 신장질환은 더욱 악화된다. 따라서 일반적으로 저단백질 식사가 처방되며, 생물가가 높은 양질의 단백질을 공급하여 질소 노폐물의 생성을 줄이면서 체단백질이 소모되지 않도록 해야 한다. 그러나 신장질환의 회복에 따라 소변량이 증가하면 단백질 섭취량도 증가시킨다. 신장질환 가운데 신증후군이나 투석에서는 소변량을 유지하므로 적당한 양의 단백질을 보충해야 한다.

에너지 충분히

에너지섭취량이 부족하면 섭취한 단백질이나 체조직단백질이 분해되어 에너지원으로 충당되므로 질소 화합물이 더욱 많이 생성되어 신장에 부담을 준다. 특히 단백질이 소량 처방되는 신장질환에서는 이러한 현상이 흔하므로 에너지를 충분히 공급해야 한다. 에너지원으로는 신장에 부담이 적은 당질이나 지방이 좋다. 그러나 당뇨병과의 합병증으로 인한 심혈관계질환을 동반하는 경우에는 지방 섭취에 대한 주의가 필요하다.

나트륨 제한

신장질환에서는 일반적으로 핍뇨에 따라 나트륨 배설도 감소되어 부종과 고혈압을 유발하므로 나트륨 제한이 필요하다. 그러나 이뇨제를 사용하는 경우에는 소변량 증가에 따라 나트륨 배설도 촉진되어 저나트륨혈증이 유발될 수 있으므로 주의한다.

수분 제한

나트륨을 제한하면 갈증이 해소되어 수분섭취량도 줄일 수 있다. 신장질환에서는 부종이 흔하므로 수분도 나트륨과 함께 제한한다.

칼륨 제한

칼륨은 주로 소변을 통해 배설된다. 소변량이 감소되는 신장질환에서는 고칼륨혈증이 유발되어 심장마비의 위험이 따르므로 칼륨을 제한하되 소변량의 증가에 따라 제한을 다소 완화할 수 있다.

칼슘 보충, 인 제한

신장기능의 저하로 비타민 D의 활성화가 어려워 혈중 칼슘 수준이 낮아진다. 그로 인해 부갑상선호르몬 분비가 항진되어 뼈에서 칼슘 용출이 촉진되면 신장질환으로 인한 골격장애, 즉 신성골이영양증renal osteodystropy이 발생한다. 또한 소변량이 감소됨에 따라 인의 배설저하로 고인산혈증이 오고, 그로 인해 뼈에서 칼슘 용출은 더욱 촉진된다. 따라서 칼슘 섭취는 증가시키고 인 섭취는 제한하도록 해야 한다.

3. 신장질환의 진단검사

1) 소변검사

정상 소변은 맑은 미색으로 약간의 냄새가 있고 pH는 4.5~8.0으로 다양하게 나타날 수 있으나 정상적으로는 약산성(pH 5.5~6.5)을 띤다. 탁한 소변은 다량의 단백질, 혈구, 세균 및 화농이 있는 것을 의미하며, 진한 색깔의 소변은 혈뇨나 과량의 빌리루빈이 포함되었을 때 나타난다. 소변 중 적혈구 배출은 신장염, 신결석, 요로계통의 질환에서 나타나고, 소변 중 백혈구의 배출은 신장에 염증이나 화농이 있을 때 나타난다.

2) 혈액검사

신장질환이 있을 때에는 혈중 요소, 요산, 크레아티닌, 칼륨, 나트륨, 인 등의 수준이 정상치 이상으로 상승하고, 총단백질, 알부민, 칼슘 등의 수준은 정상치 이하로 떨어진다.

3) 사구체여과율 검사

신장기능의 저하 정도를 측정하기 위해 일반적으로 사용되는 방법은 신장의 청소율을 반영하는 사구체여과율이다. 사구체여과율 측정을 위한 이상적인 표지자의 조건은 일정한 속도로 혈장에 나타나고 사구체에서 잘 여과되며, 세뇨관에서는 재흡수되거나 분비되지 않으면서 신장을 통해서만 제거되어야 한다.

(1) 이눌린제거율

사구체여과율을 잘 반영하는 이눌린은 위의 조건을 만족하는 이상적인 표지자이나 혈액 중에 지속적으로 주입해야 하는 등 측정비용이 많이 들어 실제 임상 현장에서 이용하기에는 적합하지 않다.

(2) 크레아티닌제거율

크레아티닌은 골격근에서 발견되는 크레아틴과 크레아틴인산염의 대사산물이다. 크레아티닌도 이눌린처럼 사구체여과율을 반영하는 표지자이지만, 24시간 소변을 수집해야 하는 어려움이 있고, 또한 크레아티닌의 일부는 근위세뇨관에서 분비되므로 크레아티닌 청소율이 실제 사구체여과율보다 과대평가된다는 단점이 있다. 또한 연령이 증가함에 따라 사구체여과율 감소와 함께 근육량도 감소하고, 근육량 감소로 인해 크레아티닌 생산도 감소하므로 혈장 크레아티닌은 거의 일정하게 유지되어 노인의 경우에는 실제 사구체여과율보다 크레아티닌 청소율이 높게 나타난다. 따라서 나이와 체중을 고려하거나 성별, 인종 및 혈청 알부민 농도를 고려한 추정공식을 이용하기도 한다.

그 외 신장 초음파검사, 신장조직검사 등이 있다.

4. 급성 사구체신염

사구체란 신장에서 혈액을 여과하는 기본단위인 모세혈관 덩어리이다. 이 사구체에 다양한 원인에 의해서 염증반응이 일어나 여러 증상을 나타내는데, 이러한 증상이 급성으로 나타나는 질환을 통칭하여 급성 사구체신염acute glomerulonephritis이라고 한다.

1) 원인

흔히 감기, 편도선염, 중이염, 폐렴 등을 앓고 난 후, 1~3주의 잠복기를 거쳐 급성 사구체신염이 유발된다. 이들 질환을 일으키는 세균이나 바이러스 등의 항원에 대항하기 위하여 생성된 항체에 보체가 결합하여 면역복합체를 형성하면 이것이 사구체에 걸려서 그 부위를 공격하여 염증을 일으킨다. 가장 대표적인 형태는 연쇄상구균성 급성 사구체신염이다. 이와 같은 원인은 전체의 70%에 해당되고, 나머지는 원인을 모르는 경우이다. 젊은 사람에게 이환율이 높은데, 특히 3~7세의 어린이, 특히 남자 아이에게 많이 발생한다. 가을에서 겨울에 걸쳐 많이 발생하며 추위와 과로도 원인이 된다.

2) 증상

급성 사구체신염은 두 개의 신장이 동시에 감염되며 며칠 사이에 급격히 진행된다. 사구체의 모세혈관에 염증이 심해지면 표 9-2 와 같은 증상이 나타난다.

이러한 증세 외에 식욕부진, 두통, 권태감, 요통 등의 자각증상이 있으나, 급성 사구체신염의 대부분은 수주~수개월이면 치유되나, 때로는 만성 사구체신염이나 만성 신부전으로 진행될 수도 있다.

3) 치료와 예방

급성 사구체신염으로의 감염을 예방하기 위하여 감기 등 원인질환을 악화시키지 말고 외출 후 귀가 시 양치질을 하고 충분한 휴식을 취하며 균형식을 섭취한다. 그리고 염증 치료를 위해 적절한 항생제를 이용한다.

표 9-2 **급성 사구체신염의 증상**

증상	특징
부종	• 아침에 얼굴, 특히 눈 주위에 부종이 나타남 • 저녁에는 발과 다리가 부어 손가락으로 눌렀을 때 들어감 • 때로는 전신 부종으로 흉수, 복수를 동반하기도 함 • 부종은 소변량과 관련됨(소변량이 줄면 부종이 심해짐)
핍뇨(빈뇨), 단백뇨, 혈뇨	• 소변량이 줄고(핍뇨) 잦아짐(빈뇨), 악화되면 무뇨가 나타나기도 함 • 소변에 알부민이 증가하여(단백뇨) 거품이 생기거나 뿌옇고 탁해지기도 함 • 소변에 적혈구 등이 나타나(혈뇨) 붉은 색을 띠기도 함
고혈압	• 핍뇨나 부종과 관련하여 수축기 혈압이 140~180 mmHg 정도로 상승(악화되면 200 mmHg 이상) • 고혈압이 지속되면 만성 신부전으로의 진행이 빠름 • 심장성 부종과 관련하여 심부전을 유발할 수도 있음

또한 체내대사를 억제하여 신장 부담을 줄이고 신혈류량을 확보하며 이뇨를 돕기 위해 안정과 보온이 필요하다.

4) 식사요법

급성 사구체신염의 식사요법 목표는 좋은 영양상태를 유지하면서 만성으로 진전되는 것을 방지하는 데 있다. 표 9-3 에는 급성 사구체신염의 진행에 따른 1일 영양기준량이 제시되었다.

표 9-3 **급성 사구체신염의 1일 영양기준량**

구분	단백질 (g/kg 건체중)	에너지 (kcal/kg 건체중)	나트륨 (mg)	수분(mL) (음식 중 수분량 포함)
핍뇨기	<0.5	35~40	1,000 미만	전날 소변량 + 500~600
이뇨기	0.5~0.7		1,000~2,000	1,000~1,500
회복기	1.0		2,000~3,000	자유

단백질 제한

급성 사구체신염의 초기에는 소변량이 감소되므로 단백질 대사산물을 배설하기 어려위 요소, 요산, 크레아티닌 등 혈중 질소량이 증가된다. 따라서 초기에는 건체중 1 kg당 0.5 g/일 이내로 하여 1일 25~30 g 정도로 단백질을 제한하도록 한다. 점차 소변량이 늘어나 이뇨기와 회복기에 들어서면 사구체 염증세포의 재생을 위해 각각 건체중 1 kg당 1일 0.5~0.7 g(40~50 g/일), 1 g(50~60 g/일)으로 늘이되 양질의 단백질로 공급한다.

에너지 충분히

급성 사구체신염의 초기에는 단백질을 제한하므로 체조직 단백질의 이화를 막기 위해, 또한 회복기에 사구체 염증세포의 재생을 위해 충분한 에너지 공급(35~40 kcal/kg 건체중)이 필요하다. 에너지는 주로 당질로 공급하는데, 당질의 체내 대사산물은 이산화탄소와 물로서 신장에 부담을 주지 않기 때문이다. 지방도 체내 더사산물이 이산화탄소와 물이지만 지나치게 의존할 경우 케톤증, 이상지질혈증, 동맥경화증을 유발할 수 있으므로 주의한다.

나트륨 제한

소변량이 감소되고 부종과 고혈압이 있는 한, 나트륨 섭취량은 제한하나 점차 회복되어 소변량이 증가되면 제한을 어느 정도 완화할 수 있으므로 1일 1,000~3,000 mg(소금 2.5~7.5 g 정도) 내에서 소변량에 따라 조절한다. 일반적으로 핍뇨기에는 1일 1,000 mg 이내(소금 2.5 g 미만)로 제한하여 부종이나 고혈압을 악화시키지 않도록 하고, 부종과 고혈압이 소실되는 이뇨기에는 1일 1,000~2,000 mg(소금 2.5~5 g), 증상이 사라지는 회복기에는 2,000~3,000 mg(소금 5~7.5 g)의 나트륨을 공급한다.

수분 제한

급성 신염의 초기에 핍뇨가 있을 때에는 전날 소변량에 500~600 mL의 수분을 더한 양 이하로 제한하다가 이뇨기에 들어서면 하루에 1,000~1,500 mL로 늘이고, 부종과 고혈압이 없어지는 회복기에는 수분 섭취를 자유롭게 한다.

칼륨 제한

핍뇨기에는 신장에서의 칼륨제거율이 손상되어 고칼륨혈증으로 갑작스러운 심장마비를 초래할 수 있으므로 초기에 제한한다.

급성 사구체신염의 1일 영양소구성, 식품구성 및 식단 예는 표 9-4 와 같다.

표 9-4a 급성 사구체신염의 1일 영양소구성 예(C : P : F=70 : 10 : 20)

에너지(kcal)	당질(g)	단백질(g)	지방(g)	나트륨(mg)
1,800	315	45	40	2,000

표 9-4b 급성 사구체신염의 1일 식품구성 예(1,800 kcal)

식품군	곡류군	어육류군		채소군	지방군	우유군	과일군	에너지 보충군
		저지방군	중지방군					
교환단위 수	9	1	1	4	6	0.5	1	3

표 9-4c 급성 사구체신염의 1일 식단 예(1,800 kcal)

식품군		교환 단위 수	아침	간식	점심	간식	저녁
곡류군		9	3×쌀 30 g =90 g(쌀밥)		3×쌀 30 g =90 g(쌀밥)		3×쌀 30 g =90 g(쌀밥)
어육류군	저지방	1			1×조기 50 g =50 g(조기튀김)		
	중지방	1	1×달걀 1개 55 g =55 g(달걀부침)				
채소군		4	0.5×도라지 40 g =20 g(도라지정과) 0.5×표고버섯 50 g =25 g(표고버섯전)		0.5×도토리묵 100 g =50 g(도토리묵무침) 0.5×죽순 70 g =35 g(죽순볶음) 0.5×애호박 70 g =35 g(애호박전)		0.5×연근 40 g =20 g(연근튀김) 0.5×팽이버섯 50 g =25 g(팽이버섯전) 0.5×무 70 g =35 g(무초절이)
지방군		6	2×식용유 5 g =10 g(조리용)		2×식용유(참기름) 5 g =10 g(조리용)		2×식용유 5 g =10 g(조리용)
우유군		0.5		0.5×아이스크림 100 g =50 g			
과일군		1				1×파인애플 통조림 70 g	
에너지보충군		3		1.5×사탕 25 g =38 g(사탕)		1.5×젤리 30 g =45 g(젤리)	
식단			쌀밥 달걀부침 도라지정과 표고버섯전	아이스크림 사탕	쌀밥 조기튀김 도토리묵무침 죽순볶음 애호박전	파인애플 통조림 젤리	쌀밥 연근튀김 팽이버섯전 무초절이

5. 만성 사구체신염

만성 사구체신염chronic glomerulonephritis은 급성 사구체신염에서 이행하기도 하지만, 대부분은 급성기를 거치지 않고 처음부터 만성으로 진행하는 경우가 있는데 환자의 85%가 이에 해당된다.

1) 원인과 증상

일반적으로 만성 사구체신염은 비정상적인 면역반응에 의해 유발되는데, 체내 여러 기관에 영향을 미치는 자가면역질환과 관련될 수 있다.

사구체 염증이 만성으로 장기화되면서 사구체는 섬유화된다. 초기 증상은 서서히 진행되어 신장에 이미 심각한 손상이 있은 후에야 명확하게 나타난다. 대부분 잦은 소변, 거품이 있거나 탁한 소변, 혈뇨, 두통, 단백뇨 등이 약하게 나타나고, 진행에 따라 부종, 고혈압이 나타나며 고혈압으로 인해 신장에 더 심각한 손상을 준다. 만성 사구체신염은 말기에 만성 신부전으로 이어져 요독증을 초래하면 식욕부진, 구토, 경련 등이 있고 혼수상태로 사망에 이르기도 한다.

2) 예방과 치료

급성 사구체신염과 같이 안정과 보온이 절대적으로 필요하다. 특히 허리 밑을 보온해야 하며 따뜻한 방에 누워서 감기에 걸리지 않도록 주의한다. 또한 피부를 청결히 해서 피부로의 배설작용을 촉진하여 신장의 배설 부담을 덜어준다.

3) 식사요법

만성 사구체신염의 식사요법은 급성 사구체신염의 회복기와 유사하나, 증상의 진행에 따라 다소 차이가 있을 수 있다.

단백질 적당히

만성 사구체신염의 경우에는 소변량이 증가하여 단백질 대사산물의 배설이 원활하므로 단백질은 건체중 kg당 1일 1 g 정도로 공급한다. 만성 사구체신염의 말기에 심한 식욕부진, 구토 등이 있을 때에는 알부민을 정맥주사하기도 한다.

에너지 충분히

에너지는 건체중 kg당 1일 35~40 kcal로 충분히 섭취하도록 하고, 신장에 부담이 적은 당질을 주로 공급하여 1일 당질 300~400 g이 되도록 하고, 지방은 적당량 권한다.

나트륨 제한

만성 사구체신염은 다뇨를 보이므로 나트륨 섭취량이 다소 자유롭다. 나트륨 섭취량은 보통 1일 3,000 mg 정도(소금 7.5 g)이나 부종, 고혈압이 있을 때에는 줄인다. 부종이 심할 때에는 무염식으로 하고, 부종이 내려가면 1일 1,000~2,000 mg(소금 2.5~5 g)을 섭취하며, 부종없이 고혈압만 있을 때에는 1일 2,000~3,000 mg(소금 5~7.5 g)을 섭취한다.

수분 제한

수분 섭취량도 부종에 따라 달라져서 부종이 있을 때에는 전날 소변량에 500 mL의 수분을 첨가한 양을 권하며 부종이 소실되면 갈증이 없을 정도로 허용한다.

만성 사구체신염 식사의 1일 영양소구성, 식품구성 및 식단 예는 급성 사구체신염의 내용을 참조하도록 한다.

6. 신증후군

신증후군nephrotic syndrome은 주로 사구체의 모세혈관 투과성이 증가하는 퇴행성 변화, 또는 일부 보우만주머니와 세뇨관에서의 퇴행성 변화와도 관련되어 여러 복합적인 증상을 나타내는 질환이다. 모든 연령층에서 발생하나 특히 생후 18~48개월의 유아에게 가장 흔하게 나타나며 환자의 80%가 15세 미만이다.

1) 원인

신증후군의 발생기전은 아직 잘 알려져 있지 않은데, 주로 사구체신염과 관련하여 나타나는 1차성 신증후군과 그 외 다른 질환(당뇨병성신증, B형간염, 악성임파종, 낭창성신염 등)의 일부분으로 나타나는 2차성 신증후군이 있다. 사구체신염이 원인인 1차성 신증후군의 경우는 10세 미만 신증후군 환자에서는 90%, 10세 이상 소아에서는 50%, 성인에서는 15~20% 정도를 차지한다.

2) 증상

단일 증상이 아닌 여러 증상 그림 9-6 이 나타나므로 신증후군이라고 한다. 요소 등의 질소화합물은 적당히 배설하고 고혈압이나 혈뇨도 잘 나타나지 않는 반면에, 단백뇨가 심하여 1일 소변 중 3.5 g 이상의 단백질이 손실되어 저단백혈증(5 g/dL 이하), 저알부민혈증(3.0 g/dL 이하)을 초래하며 심한 부종이 나타난다. 처음에는 눈꺼풀이 붓는 정도이다가 점차 다리와 발이 부어 신발을 신을 수 없게 되기도 한다. 심해지면 복부와 폐에도 물이 차서 복부팽만감, 복수, 기침, 가래, 호흡곤란 등이 나타난다.

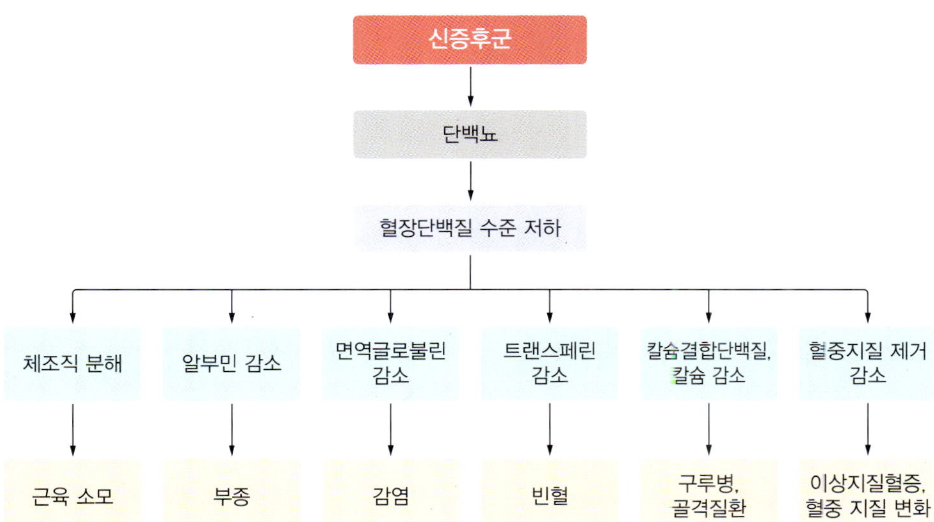

그림 9-6 신증후군의 여러 증상들

또한 혈중 알부민 감소로 인한 보상으로 간에서 지단백질의 아포단백질(α, β-globulin) 합성이 촉진된다. 이로 인해 지단백질 합성이 증가하여 혈중 LDL 콜레스테롤과 총콜레스테롤 수치가 증가하여 동맥경화증을 유발한다. 그 밖에 기초대사율도 저하되며 구토, 피부손상 및 감염이 발생한다.

3) 식사요법

심한 단백뇨로 단백질의 손실이 계속됨에 따라 조직단백질이 분해되어 영양불량 증세가 나타난다. 따라서 신증후군의 식사요법 목표는 적절한 영양관리를 통해 부종과 영양불량을 조절하면서 신부전으로 발전되지 않도록 하는 것이다. 표 9-5 에는 신증후군의 1일 영양기준량이 제시되었다.

표 9-5 신증후군의 1일 영양기준량

<table>
<tr><th>구분</th><th>단백질
(g/kg 건체중)</th><th>에너지
(kcal/kg 건체중)</th><th>나트륨
(mg)</th><th>칼륨
(mg)</th><th>수분(mL)
(음식 수분량 포함)</th></tr>
<tr><td>심한 부종</td><td rowspan="2">0.8~1.0</td><td rowspan="2">35</td><td><500</td><td rowspan="2">제한 없음
(이뇨제 사용 시 주의)</td><td>전날 소변량
+500</td></tr>
<tr><td>부종 소실</td><td>1,000~2,000</td><td>갈증 없을 정도로 허가</td></tr>
</table>

단백질 적당히

과거에는 단백질 손실을 보충하고 부종 및 영양불량을 방지하기 위해 1일 1.0~1.5 g/kg의 고단백식을 권장하였으나, 이로 인해 오히려 단백뇨가 심해지고 신기능 손상이 가속될 수 있다고 하여 그 양을 줄이고 있다. 요즘에는 건체중 kg당 1일 0.8~1.0 g 정도가 단백뇨는 줄이면서 혈중 알부민 농도에는 영향이 적어 이 양을 권장하고 있다. 단백질의 3/4은 생물가가 높은 동물성 단백질로 공급하도록 한다.

에너지 충분히

에너지는 건체중 1 kg당 1일 35 kcal 정도로 충분히 공급하여 단백질이 체조직 합성에 이용되도록 하고 체조직이 에너지원으로 분해되지 않도록 한다. 환자들은 대개 식욕이 없으므로 식품은 가능한 식욕을 촉진하는 것을 선택하고 소화가 잘 되도록 조리한다. 어린이의 경우에는 건체중 1 kg당 1일 100~150 kcal 정도를 공급한다.

지질 제한

고콜레스테롤혈증을 나타내므로 동맥경화 등의 심혈관계 질환의 합병증 발생을 막기 위해 저콜레스테롤식, 저포화지방식으로 총콜레스테롤 수준, LDL 콜레스테롤 수준을 낮추도록 한다. 지질의 섭취에너지 비는 20~25%로서 다중불포화지방산:단일불포화지방산:포화지방산, 즉 P:M:S를 1:1:1로 유지하고, 콜레스테롤은 1일 300 mg 미만으로 한다.

나트륨 제한

신증후군 환자는 부종이 있으므로 나트륨을 1일 500 mg(소금 1.3 g 정도) 이하로 제한하고, 부종이 심하면 무염식을 한다. 그러나 부종이 사라지는 회복기나 이뇨제를 사용할 때에는 나트륨을 1일 1,000~2,000 mg(소금 2.5~5 g)까지 늘일 수 있다.

칼륨 제한 없음

소변량을 그런대로 유지하므로 칼륨 제한은 필요하지 않으나, 이뇨제를 사용할 때에는 혈중 칼륨 농도가 변하므로 이를 잘 관찰하여 섭취량을 결정하도록 한다.

신증후군 식사의 1일 영양소구성, 식품구성 및 식단 예는 표 9-6과 같다.

표 9-6a 신증후군식의 1일 영양소구성 예(C:P:F=64:14:22)

에너지(kcal)	당질(g)	단백질(g)	지방(g)	나트륨(mg)
2,000	320	70	50	2,000

표 9-6b 신증후군식의 1일 식품구성 예

식품군	곡류군	어육류군		채소군	지방군	우유군	과일군
		저지방군	중지방군				
교환단위 수	12	2	1	7	6	1	1

표 9-6c 신증후군식의 1일 식단 예(2,000 kcal)

식품군	교환 단위 수	아침	간식	점심	간식	저녁
곡류군	12	4×쌀 30 g =120 g(쌀밥)		4×쌀 30 g =120 g(쌀밥)		4×쌀 30 g =120 g(쌀밥)
어육류군 저지방	2	1×조기 50 g =50 g(조기지짐)				1×쇠고기 40 g =40 g(불고기)
어육류군 중지방	1			1×두부 80 g =80 g(두부지짐)		
채소군	7	1×콩나물 70 g =70 g(콩나물국) 1×시금치 70 g =70 g(시금치나물) 0.5×김치 50 g =25 g(배추김치)		0.5×건미역 6 g =3 g(미역국) 1×오이 70 g =70 g(오이나물) 0.5×깍두기 50 g =25 g(깍두기)		1×아욱 50 g =50 g(아욱국) 1×취 70 g =70 g(취나물) 0.5×김치 50 g =25 g(배추김치)
지방군	6	2×식용유(참기름) 5 g =10 g(조리용)		2×식용유(참기름) 5 g =10 g(조리용)		2×식용유(참기름) 5 g =10 g(조리용)
우유군	1		1×우유 200 mL			
과일군	1				1×사과 80 g	
식단		쌀밥 콩나물국 조기지짐 시금치나물 배추김치	우유	쌀밥 미역국 두부지짐 오이나물 깍두기	사과	쌀밥 아욱국 소불고기 취나물 배추김치

7. 급성 신부전

신부전이란 양쪽 신장의 정상적인 기능이 저하되는 질환으로 사구체여과율의 감소나 세뇨관 손상 등이 나타나 체내 노폐물과 여분의 수분이 처리되지 못하고 축적되어 혈액의 화학적 균형이 파괴되는 질환이다. 신부전은 회복이 가능한 급성 신부전과 회복 가능성이 적은 만성 신부전으로 나뉜다. 급성 신부전acute renal failure은 신속하게 치료하지 않으면 치명적일 수도 있어서 사망률이 35~65%로 매우 높지만 적절한 치료로 회복이 가능하다. 만성 신부전은 신장기능이 수개월에서 수년에 걸쳐 서서히 저하되는 특징이 있다.

1) 원인

급성 신부전의 원인은 크게 세 종류로 분류한다. 먼저 신장 이전의 문제로 인한 신전성prerenal, 신장 내부의 문제로 인한 신성intrarenal, 신장에서 소변 생성 이후의 문제로 인한 신후성postrenal 원인이다 표 9-7. 이 가운데 신전성 원인이 60~70%를 차지하며 신성 급성 신부전 환자의 대부분은 세뇨관 괴사로 인한다.

표 9-7 급성 신부전의 원인

원인	특징
신전성 (60~70%)	**신장으로의 혈액 공급이 감소된 경우** • 탈수, 출혈, 과도한 이뇨 등으로 인한 불충분한 체액 • 심근경색, 심부전, 심근질환, 판막질환, 부정맥 등으로 인한 불충분한 심박출량 • 패혈증 등으로 인한 순환부전 등
신성 (25~40%)	**신장 내부에 질환이 있는 경우** • 사구체질환(사구체신염), 세뇨관질환(세뇨관 괴사, 세뇨관 폐색), 신혈관질환(신경화) 등
신후성 (5~10%)	**신장에서 생성된 소변 배출통로에 문제가 생긴 경우** • 신결석, 요로 폐색, 전립선 종양 등

2) 증상

급성 신부전에서는 단일 네프론당 사구체여과율이 감소되지만, 만성 신부전에서는 네프론의 손상으로 정상기능을 하는 네프론의 수가 감소된다.

급성 신부전 진행의 특징적인 3단계에 따라 증상에 차이가 있다 표 9-8.

표 9-8 급성 신부전 진행단계에 따른 증상의 특징

진행단계	특징
핍뇨기	• 사구체여과율 감소(하루 소변량 500 mL 이하, 1~2주 지속) • 혈중 요소, 크레아티닌, 칼륨, 인산 농도 상승 • 산혈증, 저칼슘혈증, 고혈압, 부종 등 유발 • 핍뇨기가 1주 이상 지속될 때에는 투석 필요
이뇨기	• 세뇨관의 재흡수 능력 저하(하루 소변량 3 L까지 증가, 1주간 지속) • 다량의 수분, 전해질을 상실하므로 보충 필요
회복기	• 이뇨기 후 수주에 걸쳐서 서서히 회복(소변량 정상 수준) • 신장기능도 완전히 정상화되는 시기(급성 신부전 환자의 60% 정도 회복)

3) 식사요법

급성 신부전이 신장 외의 원인에 기인한다면 그 원인을 제거하고, 신장 내부에 원인이 있다면 우선 안정을 취하고 몸을 보온하며 식사요법을 통해 신장기능을 회복하고 합병증을 예방해야 한다. 합병증으로는 요독증, 산혈증, 심부전, 빈혈, 골연화증 등이 있다.

급성 신부전의 대부분 환자들은 초기에 구토, 설사로 인해 경구 섭취가 어려우므로 정맥영양으로 보충한다.

식사요법의 목표는 체조직의 이화방지, 부종예방, 혈압조절 및 요독증 예방에 있다. 환자의 상태 또는 투석의 실시 여부에 따라 에너지, 단백질, 나트륨, 칼륨, 수분 등을 조절한다. 신부전의 1일 영양기준량은 표 9-9 와 같다.

표 9-9 신부전의 1일 영양기준량

<table>
<tr><th>신부전</th><th>구분</th><th>단백질
(g/kg건체중)</th><th>에너지
(kcal/kg건체중)</th><th>나트륨
(mg)</th><th>수분(mL)
(음식 수분량 포함)</th></tr>
<tr><td rowspan="3">급성</td><td>핍뇨기</td><td>< 0.6</td><td rowspan="3">35~40</td><td>< 1,000</td><td>전날 소변량 + 500~600</td></tr>
<tr><td>이뇨기</td><td rowspan="3">0.6~0.8</td><td rowspan="2">1,000~2,000</td><td>1,000~1,500</td></tr>
<tr><td>회복기</td><td>제한 없음</td></tr>
<tr><td>만성</td><td>다뇨기</td><td>30~35(60세 이상),
35(60세 미만)</td><td>1,000~3,000(감뇨기
에는 1,000 미만)</td><td>소변량이 정상이면
제한 없음</td></tr>
</table>

단백질 제한

사구체여과율이 감소되므로 단백질 대사산물인 질소화합물의 배설이 저하되어 이들의 혈중 농도가 상승한다. 따라서 신부전의 증상을 막고 남은 신장기능을 유지하기 위해 초기에 단백질을 제한하는 것이 필요하며 단백질 요구량은 사구체여과율을 기초로 하여 결정한다. 일반적으로 핍뇨기에는 건체중 1 kg당 1일 0.6 g 미만으로 공급하고, 이뇨기와 회복기에는 증가하여 건체중 1 kg당 1일 0.6~0.8 g 공급한다.

저단백질 식사가 오래 지속되면 영양불량을 초래할 수 있다. 1일 단백질 공급량이 50 g 이하인 식사에서는 칼슘, 철을 포함한 비타민의 보충이 필요하고, 20 g 이하인 경우에는 에너지가 부족하므로 식사 이외의 방법으로 보충해야 한다.

에너지 충분히

신부전 환자는 단백질을 제한하므로 체조직 분해가 흔하다. 그러므로 이를 막고 식사 내 단백질이 에너지원으로 이용되는 것을 막기 위해 충분한 에너지 공급이 필요하다. 일반적으로 급성 신부전에서는 건체중 1 kg당 1일 35~40 kcal 공급하며, 에너지원으로는 신장에 부담이 적은 당질을 주로 하고 지방은 적당량 포함한다.

나트륨 제한

신부전 환자의 부종과 고혈압을 완화시키기 위하여 나트륨을 제한한다. 급성 신부전의 초기에는 핍뇨기이므로 1일 나트륨 1,000 mg 미만(소금 2.5 g 미만)으로 조리 시 소금을 첨가하지 않는 무염식을 하도록 한다. 무염식을 해도 식품 내의 나트륨 함량으로 250 mg 정도는 섭취하게 된다. 이뇨기와 회복기(부종, 고혈압 소실)에는 1일 나트륨 1,000~2,000 mg(소금 2.5~5 g)을 허용한다.

칼륨 제한

급성 신부전 환자는 단백질 제한으로 체조직 분해가 흔하여 세포로부터 칼륨을 방출시키는 반면에, 신장에서는 칼륨 배설이 저하되어 있으므로 고칼륨혈증이 유발되어 갑작스런 심장마비를 초래할 수 있다. 따라서 1일 칼륨 섭취량을 2,000 mg 이하로 제한한다. 보통 일상음식으로 1일 4,000 mg의 칼륨을 섭취하므로 육류, 우유, 채소, 과일 등 칼

알아두기 칼륨 섭취를 줄이는 방법

- 푸른잎채소와 과일 섭취를 줄인다.
- 칼륨은 수용성이므로 채소를 잘게 잘라 다량의 물(재료의 약 10배)에 2시간 이상 담가 둔다.
- 또는 다량의 물에 데치든지 삶아 낸 후 데친 물을 버리면 채소 내의 칼륨이 줄어든다.
- 채소의 껍질과 줄기에는 칼륨이 많으므로 껍질과 줄기를 제거하고 잎만 사용한다.
- 과일은 껍질을 벗겨먹고, 생과일보다 통조림 과일이 좋으나 시럽은 먹지 않는다.
- 칼륨을 다량 함유한 식품은 한꺼번에 다량 섭취하지 말고 소량씩 나눠 먹는다.
- 소금 대용물로서 나트륨을 칼륨으로 대체하는 경우가 많으므로 주의한다.

칼륨 함량이 높은 식품

- 채소류 : 아욱, 근대, 쑥갓, 시금치, 미나리, 양송이버섯, 늙은 호박, 죽순, 머위, 참취, 부추 등
- 과일류 : 토마토, 바나나, 참외, 멜론, 건과일(건포도, 곶감 등), 천도복숭아, 키위
- 기타 : 잡곡류, 두류(콩류, 동부, 녹두, 팥 등), 감자, 고구마, 토란, 밤, 초콜릿, 캐러멜

륨 함량이 높은 식품은 제한하고, 급성 신부전에서는 칼륨 제거를 위해 투석이 필요하다. 나트륨 제한식의 경우 소금 대신 짠맛을 내기 위해 소금 대용품인 염화칼륨을 사용하는 경우가 있으므로 고칼륨혈증의 우려가 있는 경우에는 사용하지 않도록 한다.

수분 제한

일반적으로 1일 소변량이 1,500 mL 이하로 감소되면 수분이 축적될 위험이 있다. 체액이 적절한 경우에는 1일 소변, 호흡, 땀을 통해 손실된 수분량에 500 mL를 더하여 1일 수분섭취량을 계산한다. 급성 신부전의 핍뇨기에는 전날 소변량에 500~600 mL를 추가한 양을 공급하고, 이뇨기에는 1,000~1,500 mL의 수분을 공급하며 회복기에는 제한이 없다.

칼슘 보충, 인 제한

사구체여과율이 정상의 1/3 이하로 떨어지면 신장은 섭취한 인을 원활히 배설할 수 없게 된다. 이로 인해 혈중 인 농도는 증가하는 반면, 혈중 칼슘농도는 감소하게 된다.

또한 신장기능의 저하로 비타민 D의 활성화, 즉 1,25-$(OH)_2D_3$의 합성이 감소되면 장에서의 칼슘 흡수가 저하되어 혈중 칼슘 농도는 더욱 감소하게 된다. 이와 같이 고인산혈증과 저칼슘혈증이 나타나면 혈중 인산을 낮추고 칼슘을 높이기 위해 부갑상선호르몬 분비가 촉진된다. 부갑상선호르몬은 인의 배설을 촉진하면서 비타민 D의 활성화를 촉진하고, 또한 세뇨관에서의 칼슘 재흡수와 골격으로부터 칼슘 용출을 촉진하여 혈중 칼슘 농도를 높인다.

그러나 신부전 환자의 경우, 신장기능 저하로 인하여 비타민 D의 활성화와 칼슘 재흡수는 이루어지지 않고 골격으로부터의 칼슘 용출은 지속되어 골형성장애로서 신성골이영양증renal osteodystropy이 나타난다. 만성 신부전 환자의 40~90% 정도는 신성골이영양증을 나타낸다.

저단백질식사는 인이 자동적으로 제한되나 잡곡류, 견과류, 유제품의 사용을 피하면 인을 훨씬 더 제한할 수 있다. 반면 저단백질 식사에서 칼슘 섭취량은 부족하게 되므로 1일 1,200~1,600 mg의 칼슘을 공급하기 위해 칼슘 보충제로서 탄산칼슘, 젖산칼슘 등을 식사와 식사 사이에 제공해서 칼슘 흡수량을 높이도록 한다. 칼슘 보충제를 빨리 사용할수록 부갑상선기능항진증을 막을 수 있다. 그러나 지나친 칼슘 섭취는 혈중에 많아진 인산과 결합하여 골격과 연골에까지 과잉의 석회화가 일어나 다른 합병증을 일으킬 수 있으므로 적절한 칼슘보충이 요구된다.

알아두기 신장질환의 식품교환표

신장질환의 식품교환표는 신장질환으로 인해 단백질, 나트륨, 칼륨, 인 등의 영양소 섭취를 조절할 필요가 있는 사람들을 위해 고안된 것으로서 일상생활에서 섭취하고 있는 식품들을 영양소 구성이 비슷한 것끼리 나누어 곡류군, 어육류군, 채소군, 지방군, 우유군, 과일군, 에너지보충군의 7가지 식품군으로 묶은 것이다. 채소는 일반적으로 1교환단위당 단백질 함량이 1.5 g 정도인데, 일반 식품교환표에서는 2 g으로 정하였고 신장질환의 식품교환표에서는 1 g으로 정하였다. 또한 채소와 과일은 칼륨 함량에 따라 저·중·고함량군으로 분류하였다. 곡류군은 주식으로, 어육류군·채소군은 부식으로, 지방군은 조리용 기름으로, 우유군·과일군·에너지보충군은 간식으로 이용하면 식사를 쉽게 계획할 수 있다(부록 II 참조).

비타민, 철, 아연 보충

수용성 비타민을 보충하고 특히 비타민 D 활성형의 보충은 칼슘 흡수율을 높이기 위해 필요하다. 또한 빈혈과 이미증dysgeusia이 있으므로 철과 아연을 보충한다.

신부전(급성, 만성) 식사의 1일 영양소구성, 식품구성 및 식단 예는 표 9-10과 같다.

표 9-10a 신부전식의 1일 영양소구성 예(C : P : F = 70 : 10 : 20)

에너지(kcal)	당질(g)	단백질(g)	지방(g)	나트륨(mg)	칼륨(mg)	수분(mL)
1,800	315	45	40	2,000	1,500	1,000

표 9-10b 신부전식의 1일 식품구성 예(1,800 kcal)

식품군	곡류군	어육류군	채소군 1/2/3	지방군	과일군 1/2/3	우유군	에너지 보충군
교환단위 수	9	2	2/2/-	6	1/0/0	0.5	3

표 9-10c 신부전식의 1일 식단 예(1,800 kcal)

식품군	교환 단위 수	아침	간식	점심	간식	저녁
곡류군	9	3×쌀 30 g =90 g(쌀밥)		3×쌀 30 g =90 g(쌀밥)		3×쌀 30 g =90 g(쌀밥)
어육류군	2	1×달걀 1개 55 g =55 g(달걀부침)		1×조기 50 g =50 g(조기튀김)		

(계속)

식품군		교환 단위 수	아침	간식	점심	간식	저녁
채소군	저칼륨	2	0.5×표고버섯 50 g =25 g(표고버섯전)		0.5×도토리묵 100 g =50 g(도토리묵무침)		0.5×무 70 g =35 g(무초절이) 0.5×죽순(통) 70 g =35 g(죽순볶음)
	중칼륨	2	0.5×도라지 40 g =20 g(도라지정과)		1×애호박 70 g =70 g(애호박전)		0.5×연근 40 g =20 g(연근튀김)
지방군		6	2×식용유 5 g =10 g(조리용)		2×식용유(참기름) 5 g =10 g(조리용)		2×식용유 5 g =10 g(조리용)
과일군	저칼륨	1				1×파인애플 통조림 70 g	
우유군		0.5		0.5×아이스크림 100 g =50g			
에너지 보충군		3		1.5×사탕 25 g =38 g(사탕)		1.5×젤리 30 g =45 g(젤리)	
식단			쌀밥 달걀부침 표고버섯전 도라지정과	아이스크림 사탕	쌀밥 조기튀김 도토리묵무침 애호박전	파인애플 통조림 젤리	쌀밥 연근튀김 죽순볶음 무초절이

※ 밥은 쌀밥(잡곡은 인 함량이 높으므로 주의)으로 하고, 조리법은 당질과 식용유를 충분히 이용하여 에너지를 보충하도록 하며, 생과일은 칼륨 함량이 높으므로 통조림으로 제공하도록 계획함

8. 만성 신부전

만성 신부전chronic renal failure은 소변을 통해 수분과 노폐물을 배설하는 신장의 기능이 서서히 저하되는 것을 말한다. 신장 기능이 60% 저하될 때부터 노폐물 등이 축적되기 시작하는데, 이러한 기능 저하는 수개월에서 수년에 걸쳐 진행된다. 양쪽 신장의 기능이 영구적으로 거의 완전히 손실된 상태에 이르면 만성 신부전의 마지막 단계로서 말기 신질환이라고 한다. 만성 신부전으로 진행하여 말기 신부전에 이르면 장기간의 투석이나 신장 이식 등 신장 대체요법이 필요하다.

1) 원인

급성 신부전 후 신장기능이 정상으로 회복되지 못하거나 또는 다른 여러 가지 원인으로 신장기능이 서서히 저하되어 만성 신부전이 초래된다. 만성 신부전의 70% 이상은 당뇨병과 고혈압이 원인이고, 나머지 30%는 사구체신염, 다낭성 신질환, 신결석이나 종양과 관련된다.

2) 증상

만성 신부전의 진행에 따른 사구체 여과량 및 혈중 요소 농도의 변화를 그림 9-7에 제시하였다. 만성 신부전으로의 진행은 사구체여과율에 따라 제1기, 제2기, 제3기, 제4기로 분류되며 제3기부터가 신부전에 해당된다 표 9-11.

신장은 예비력이 커서 개인에 따라서는 제1기와 같이 60% 정도의 네프론이 손상을 받더라도 아무런 증상 없이 제 기능을 수행한다. 대부분의 경우 신장기능이 정상의 1/3이하로 떨어지는 제3기가 되어야 비로소 증상이 나타나 혈중 크레아티닌 농도가 상승한다. 제4기는 만성 신부전의 최종 단계로서 말기 신질환인 요독증이 유발된다. 요독증은 신장 기능의 90% 이상이 영구적으로 손실되어 더 이상 여분의 수분이나 노폐물을 소변

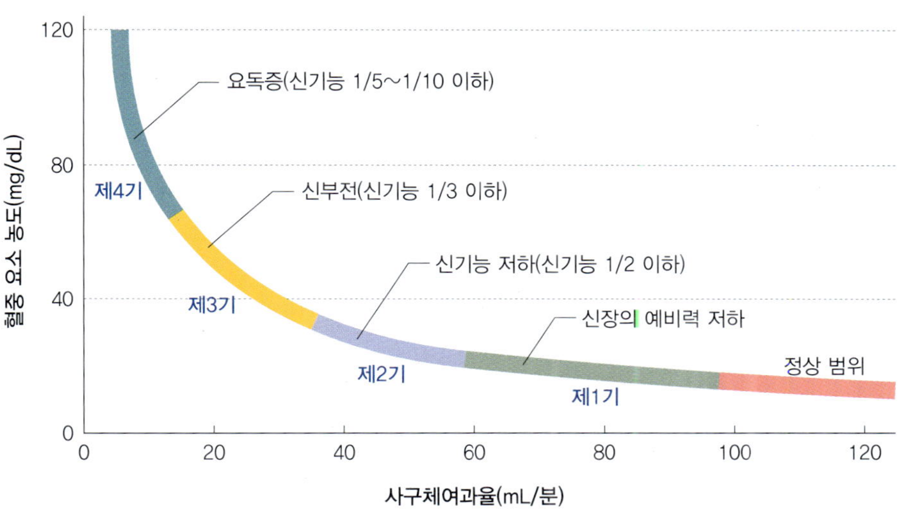

그림 9-7 만성 신부전의 진행에 따른 사구체 여과량 및 혈중 요소 농도의 변화

표 9-11 신부전의 진행단계

특징	제1기 신장 예비력 저하	제2기 신기능 저하	제3기 만성 신부전	제4기 요독증
신장기능	>1/2	≤1/2	≤1/3	≤1/5~1/10
사구체여과율 (정상 범위: 100~120 mL/분)	60~80 mL/분 (정상의 50% 이상)	30~40 mL/분 (정상의 20~25%)	12.5~30 mL/분 (정상의 20~25% 미만)	<12.5 mL/분 (정상의 5% 미만)
네프론	60% 손상	80% 손상	90% 손상	90~100% 손상
증상	• 네프론 수 감소 • 네프론 크기 증가 • 요소, 크레아티닌 농도 정상 • 아무런 증상 없음	• 세뇨관 재흡수 저하 (다뇨, 야뇨) • 혈중 질소 화합물 농도 약간 상승 • 빈혈, 고혈압	• 핍뇨 • 고질소혈증 • 부종, 빈혈 • 산혈증 • 저칼슘혈증	• 심한 핍뇨, 무뇨 • 고질소혈증 (특히 고요소혈증, 고크레아티닌혈증) • 고칼륨혈증

으로 배출할 수 없는 상태를 가리킨다. 따라서 혈중 요소농도가 정상(20 mg/dL 이하)의 5배 이상(100 mg/dL 이상)이 되고, 혈중 크레아티닌 농도도 정상(0.7~1.5 mg/dL)의 10배 정도(10~12 mg/dL)가 되며, 칼륨 배설 능력도 저하되어 고칼륨혈증이 유발된다.

요독증의 증세는 전신증상으로 표 9-12와 같다.

표 9-12 요독증의 전신증상

계통	증상
중추신경계	집중력 저하, 허약, 경련, 환각, 혼수
혈관계	출혈, 혈액응고, 빈혈
피부	요소상(urea frost), 반상출혈, 가려움증, 자반병, 땀띠, 피멍
심장순환계	심근염, 부정맥
호흡기계	폐렴, 늑막염, 객혈
소화기계	구취(암모니아 냄새), 메스꺼움, 구토, 딸꾹질, 구내염, 혀의 백태, 위염, 장염, 흡수불량, 장출혈
골격계	골연화증, 구루병 등 신성골이영양증
기타	저체온, 당질대사 장애

위와 같은 요독증의 전신증상 후에는 사망에 이른다. 따라서 요독증이 되기 전에 투석이나 신장 이식을 해야 한다.

3) 식사요법

식사요법은 급성 신부전의 회복기와 유사하며, 급성 신부전과 만성 신부전의 1일 영양 기준량은 표 9-9 와 같다.

단백질 제한

단백질은 건체중 1 kg당 1일 0.6~0.8 g 공급하나 만성 신부전이 악화되어 감뇨기가 되면 0.6 g 미만으로 제한한다.

에너지 적당히

만성 신부전에서는 체중유지를 위해 적절한 양의 에너지 섭취가 중요한데, 일반적으로 건체중 1 kg당 35 kcal(60세 미만), 30~35 kcal(60세 이상)로서 보통 1일 2,000~2,200 kcal 공급한다. 에너지원으로는 신장에 부담이 적은 당질을 주로 하고 지방은 적당량 포함한다.

나트륨 제한

만성 신부전의 다뇨기에는 1일 나트륨 1,000~3,000 mg(소금 2.5~7.5 g)을 첨가할 수 있지만, 만성 신부전이 악화되어 부종과 고혈압이 있는 감뇨기에는 1일 1,000 mg 미만의 나트륨을 첨가한다.

칼륨 유의

만성 신부전 환자는 급성 신부전 환자에 비해 소변량이 다소 많으므로 혈중 칼륨 수준이 정상 범위에 있다. 1일 소변량이 1 L를 넘으면 칼륨은 제한하지 않지만 만성 신부전이 악화되어 소변량이 급격히 감소하면 칼륨 제한이 필요하다.

수분 조정

일반적으로 1일 소변량이 정상이면 수분을 제한하지 않으나, 만성 신부전이 악화되어 소변량이 줄어드는 감뇨기에는 갈증이 없을 정도로만 허용한다.

9. 당뇨병성신증

당뇨병으로 인한 신장의 손상을 당뇨병성신증diabetic nephropathy이라고 한다.

1) 원인

당뇨병은 말기 신질환의 3대 원인(당뇨병, 고혈압, 만성사구체신염) 중 하나이며 당뇨병이 차지하는 비율이 증가 추세에 있다. 투석을 새로 시작하는 환자의 약 1/3~1/2은 당뇨병성신증에 의한 신부전이며, 당뇨병 환자의 투석 중 사망률이 당뇨병이 없는 경우에 비해 50%이상 높기 때문에 당뇨병성신증의 예방 및 치료가 더욱 중요하다.

2) 증상

당뇨병으로 인하여 고혈당이 계속되면서 사구체의 작은 혈관들이 손상되어 단백질이 소변으로 새어나가고, 여분의 수분과 노폐물을 제거하는 신장기능이 저하되어 나타난다.

당뇨병성신증의 초기는 소변에 미량의 알부민이 새어나가는 미세 알부민뇨 단계이지만, 일반적으로 다음 단계로서 당뇨병성신부전으로까지 진행될 수 있다. 미세 알부민뇨는 14세 이하의 어린이나 제1형 당뇨병 발병 5년 미만인 경우에는 잘 나타나지 않으므로 제1형 당뇨병 발병 5년 이상된 사춘기 이후의 환자나 제2형 당뇨병 환자를 대상으로 미세 알부민뇨의 선별검사가 필요하다. 당뇨성 신증은 15년 이상 당뇨병을 앓아온 사람 10명 가운데 4명에게 발생한다. 일반적으로 신장의 손상이 심해질 때까지 아무런 증상이 나타나지 않으며 그 후 구토, 졸음, 호흡곤란 등의 만성 신부전 증상이 나타난다.

3) 식사요법

당뇨병성신부전 환자들은 혈당조절이 필요하므로 당뇨병이 없는 신부전 환자들보다 더욱 전문적인 영양관리가 요구된다. 혈당을 조절하여 미세 알부민뇨의 빈도를 줄이고 신부전으로의 진행을 지연할 수 있다. 당뇨병성신부전식은 당뇨병의 합병증으로 신부전이 동반된 환자에게 적용한다. 식사요법의 목표는 신장기능의 저하로 인한 요독증, 고혈압, 부종, 고칼륨혈증, 고인산혈증 등의 증상을 완화시키고 혈당과 혈중 지질농도를 정상으로 유지하며 좋은 영양상태를 유지하는 것이다.

단백질 적당히

단백질의 과잉섭취는 단백뇨를 심화시키므로 단백질 섭취를 제한하면 신부전의 진행이 지연될 것으로 생각되지만, 단백질의 지나친 섭취 제한은 영양결핍과 영양불균형을 가져오고, 이로 인해 체조직 단백질을 소모시켜 오히려 악화시킬 수 있으므로 체중 1 kg당 0.8~1.0 g 정도로 공급한다.

에너지 충분히

에너지 섭취량이 감소하면 체조직단백질과 체지방 소모로 인해 단백뇨가 증가하고 케톤체가 생성되므로 에너지는 충분히 섭취한다. 곡류와 식물성 기름 등 에너지 급원식품을 충분히 섭취하되 곡류군에서 칼륨과 인이 많은 식품은 섭취에 주의가 필요하다. 설탕, 초콜릿, 사탕, 꿀, 물엿 등의 단순당도 혈당의 급격한 상승을 유발하므로 주의한다.

나트륨 제한

나트륨의 과잉 섭취는 부종이나 고혈압과 관련되어 신장에 부담을 주므로 1일 2,000 mg 이내로 제한하는데, 식품 자체에 있는 염분량을 제외하면 3 g의 소금은 조리에 이용할 수 있다. 특히 염분 함량이 높은 국, 김치, 가공식품, 염장식품 등은 주의한다.

칼륨과 인 제한

신장기능에 따라 무기질(칼륨, 인 등)의 제한이 필요할 수 있으나 이는 개인차가 크다. 칼륨은 채소와 과일에 많으므로 주의하고 채소류는 가급적 삶거나 데쳐서 이용한다 (331쪽 참조). 인은 모든 식품에 함유되어 있으나 특히 유제품, 어육류, 건어물 등에 많으므로 주의한다.

알아두기 **인 함량이 높은 식품**

- 유제품 : 우유, 치즈, 호상 요구르트, 아이스크림, 커스터드 크림
- 어육류 : 멸치·뱅어포 등의 건어물, 명란·대구알, 육류의 간, 햄
- 기타 : 콩·팥 등의 잡곡류, 땅콩·호두·아몬드 등의 견과류, 콜라, 초콜릿

표 9-13a 당뇨병성신부전식의 1일 영양소구성 예(C : P : F = 67 : 10 : 23)

에너지(kcal)	당질(g)	단백질(g)	지방(g)	나트륨(mg)	칼륨(mg)	수분(mL)
1,600	270	40	40	2,000	1,500	1,300

표 9-13b 당뇨병성신부전식의 1일 식품구성 예(1,600 kcal)

식품군	곡류군	어육류군	채소군 1/2/3	지방군	과일군 1/2/3	우유군	에너지 보충군
교환단위 수	10	1	2/2/-	6	1/0/0	1	-

표 9-13c 당뇨병성신부전식의 1일 식단 예(1,600 kcal)

식품군		교환 단위 수	아침	간식	점심	간식	저녁
곡류군		10	3×쌀 30 g =90g(쌀밥)		3×쌀 30 g =90g(쌀밥)	1×식빵 35 g =35 g(토스트)	3×쌀 30 g =90g(쌀밥)
어육류군		1	1×달걀 1개 55 g =55 g(달걀부침)				
채소군	저칼륨	2	0.5×표고버섯 50 g =25 g(표고버섯볶음)		0.5×깻잎 20 g =10 g(깻잎찜) 0.5×죽순(통) 70 g =35 g(죽순볶음)		0.5×무 70 g =35 g(무초절이)
	중칼륨	2	0.5×도라지 40 g =20 g(도라지정과)		0.5×연근 40 g =20 g(연근튀김)		0.5×애호박 70 g =35 g(애호박전) 0.5×우엉 40 g =20 g(우엉볶음)
지방군		6	2×식용유 5 g =10 g(조리용)		2×식용유 5 g =10 g(조리용)		2×식용유 5 g =10 g(조리용)
우유군		1		1×우유 200 mL			
과일군		1				1×사과 100 g	
에너지 보충군		-					
식단			쌀밥 달걀부침 표고버섯전 도라지정과	우유	쌀밥 깻잎찜 죽순볶음 연근튀김	토스트 사과	쌀밥 무초절이 애호박전 우엉볶음

Q. 당뇨병성신증 환자가 잡곡밥을 먹어도 될까?

A : 당뇨병에서는 식이섬유가 풍부한 잡곡밥이 식후 혈당상승을 낮출 수 있어 권장하지만, 신장질환이 동반되어 칼륨 배설이 어렵다면 칼륨 함량이 많은 잡곡 섭취로 인해 혈중 칼륨 농도가 상승하여 근육마비, 부정맥, 심하면 심장마비로 이어져 위험하므로 잡곡보다 쌀밥을 선택해야 한다. 쌀밥과 함께 식이섬유가 풍부한 반찬을 골고루 섭취한다면 혈당상승을 억제할 수 있다.

수분 조정

소변량이 줄고 심한 부종이 있을 때는 수분을 제한하나 그렇지 않은 경우에는 충분히 섭취하도록 한다.

당뇨병성신부전식의 1일 영양소구성, 식품구성 및 식단 예는 표 9-13과 같다. 일반적으로 단백질을 제한하기 때문에 당질과 지방의 비율이 상대적으로 증가한다. 따라서 2,000 kcal 이상 필요한 경우에는 에너지를 충족시키기 위해 단순당의 사용이 불가피하다. 이 경우 급격한 혈당상승을 막기 위해 적절한 인슐린 치료와 주의 깊은 관리가 필요하다.

10. 투석

일반적으로 양쪽 신장기능이 정상의 5% 미만인 요독증 환자에게는 투석dialysis이 필수적이며, 요독증이 되기 전에 신장기능이 정상의 10% 정도일 때 투석을 미리 실시하는 것이 바람직하다.

투석이란 여과막을 사이에 두고 노폐물의 농도가 높은 혈액과 농도가 낮은 투석액을 접촉시켜 확산에 의해 혈액에서 투석액 쪽으로 노폐물을 이동 처리함으로써 체액의 조성을 정상화하는 것이다. 투석에는 투석기의 여과막을 이용한 혈액투석과 체내 복강의 복막 반투막을 이용한 복막투석이 있다. 혈액투석은 심장에 부담을 주고, 복막투석은 감염이 쉽게 나타난다는 단점이 있다.

1) 혈액투석

(1) 특징

혈액투석hemodialysis은 혈액을 체외로 뽑아 투석기의 여과막에 통과시킴으로써 확산과 여과작용에 의해 노폐물을 처리하는 것이다. 따라서 혈액투석은 만성 신장질환 환자의 경우 장기간 생명을 유지시키는 중요한 역할을 한다. 일반적으로 양쪽 신기능이 정상의 10% 정도, 즉 크레아티닌 제거율 5~10 mL/분(정상치 : 80~100 mL/분), 혈청 크레아티닌 수준은 10 mg/dL 정도(정상치 : 0.7~1.5 mg/dL)일 때 혈액투석이 필요하다.

혈액투석은 1주일에 보통 3회 투석하며, 투석에 요하는 시간은 1회 3~5시간이다. 투석기는 대형이므로 몸에 착용하고 생활할 수가 없기 때문에 2~3일에 한 번씩 체내의 노폐물을 한꺼번에 처리하므로 24시간 동안 끊임없이 일하는 정상 신장에 비해 부자연스러워 합병증이 있다. 투석기는 분자량이 작은 요소, 요산, 크레아티닌 등은 잘 처리하지만, 이보다 분자량이 큰 물질은 제거 능력이 떨어지고 식욕저하, 말초신경장애, 피부의 이상색소, 당질과 지질대사이상 등이 나타난다. 또한 비타민 D를 활성화하지 못하고 조혈인자erythropoietin나 혈압조절인자renin 등을 생성하지 못하므로 골절이나 빈혈이 흔하

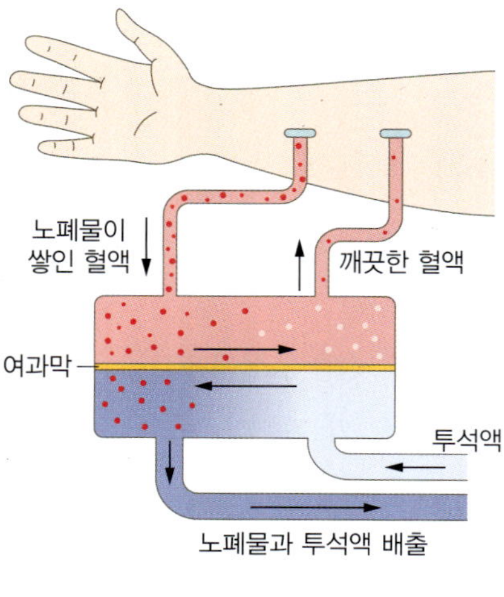

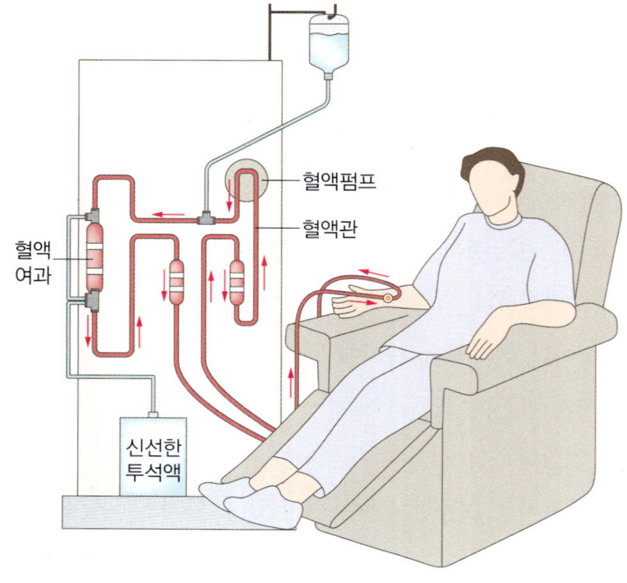

그림 9-8 혈액투석

고 혈압조절능력이 저하된다.

혈액투석에 있어서 구조적으로 필수적인 기본요소는 투석기, 혈액펌프, 헤파린펌프, 각종 감지장치, 혈액관 및 삽입관으로 구성된다. 투석 시 빠른 혈류속도가 요구되므로 피부 가까이에 동맥과 정맥을 인위적으로 연결하는 동정맥루를 만들어야 한다. 이렇게 만들어진 정맥을 통해 투석기로 혈액이 순환된다 그림 9-8.

알아두기 **동정맥루**

동맥에서 모세혈관을 거치지 않고 정맥으로 직접 연결시킨 통로로, 투석기 안으로 일정량의 혈액이 계속 흐르도록 하기 위한 것

(2) 식사요법

투석을 시행한다 하더라도 혈중 노폐물이 투석과 투석 사이에 위험 수준까지 축적될 수 있으므로 반드시 식사요법이 필요하다. 혈액투석의 식사요법 목표는 요독증을 예방하고 체내 항상성을 유지함으로써 신장기능 저하로 인해 발생될 수 있는 문제점을 최소화하며 적절한 영양상태를 유지하는 것이다.

혈액투석 시 영양소별 고려사항은 표 9-14와 같다.

표 9-14 혈액투석의 1일 영양기준량

구분	내용
에너지(kcal/kg건체중)	35(60세 미만), 30~35(60세 이상)
단백질(g/kg건체중)	1.2~1.4(50% 이상을 동물성 단백질로 섭취)
나트륨(mg)	2,000
칼륨(mg)	2,000~3,000
인(mg)	800~1,000
칼슘(mg)	식사와 보충제를 포함하여 2,000 이하
수분(mL)	소변량 + 1,000

단백질 충분히

단백질섭취량은 양의 질소평형 유지하고 투석 중에 아미노산이나 펩티드 형태로 손실되는 단백질 양을 보충하도록 고려하여 결정한다. 일반적으로 신장기능이 거의 없고 주당 3회 투석을 하는 사람의 경우에 단백질요구량은 건체중 1 kg당 1일 1.2~1.4 g이며, 단백질섭취량의 50%는 생물가가 높은 동물성 식품으로 섭취해야 한다. 과량의 단백질섭취는 투석 시마다 간 요소나 크레아티닌 등의 노폐물을 축적시킬 수 있으므로 주의한다.

에너지 충분히

에너지는 체조직의 분해를 막기 위하여 충분히 섭취하도록 한다. 에너지필요량은 정상 체중자의 경우에는 건체중 1 kg당 1일 35 kcal(60세 미만), 30~35 kcal(60세 이상)로서 투석 전과 동일하다. 그러나 비만자는 건체중 1 kg당 1일 20~30 kcal, 체중 미달자는 건체중 1 kg당 1일 45 kcal를 공급한다.

말기 신질환 환자들은 고혈당증과 같은 내당능 저하가 나타나는데, 그 이유는 조직에서 인슐린 저항성을 보이거나 요독증과 같이 혈중에 높아진 대사 노폐물이 인슐린 길항제로서 작용하기 때문이다. 따라서 식사에서 당질에 대한 조절이 필요하다.

나트륨 제한

고혈압과 부종을 조절하기 위해, 또는 갈증을 완화하여 과량의 수분 섭취와 체중증가를 막기 위해 나트륨을 보통 1일 2,000 mg으로 제한한다. 투석을 하는 동안 저혈압과 근육경련이 나타나는 경우에는 이를 예방하기 위해 투석을 시행하기 7~10시간 전에 나트륨을 섭취하도록 한다. 투석 중에 나트륨을 섭취하면 투석 후에도 나트륨이 체내에 많이 남아 있어 갈증을 유발하며 이로 인해 수분 섭취가 증가하여 부종 및 투석 간에 극심한 체중증가를 가져오므로 투석 중에는 나트륨을 과량 섭취하지 않는 것이 좋다.

칼륨 제한

개인에 따른 체격 크기, 혈중 칼륨 수준, 소변량, 투석횟수를 고려하여 칼륨 제한을 결정한다. 고칼륨혈증은 부정맥이나 심장마비 등을 일으킬 수 있으므로 투석을 시행하지 않으면 위험하다. 투석 중인 무뇨 환자에게는 칼륨을 보통 1일 2,000 mg 정도 공급하나 투석액 용량이 크고 투석횟수가 많은 경우에는 칼륨 섭취가 자유로울 수 있다.

칼슘 보충, 인 제한

부갑상선기능항진증을 예방하고 골격의 변화, 연조직의 석회화를 감소시키기 위하여 신장질환자들에게 흔한 저칼슘혈증과 고인산혈증은 잘 조절되어야 한다. 그러나 칼슘과 인은 식사로 조절하기 어려우므로 칼슘을 보충하고 인의 흡수를 억제하는 탄산칼슘, 초산칼슘, 젖산칼슘 등의 칼슘보충제(인 결합제)를 이용한다. 일반적으로 식사와 보충제를 포함하여 1일 2,000 mg 이하로 공급한다.

신장질환에서는 조혈인자의 부족으로 유발되는 빈혈을 막기 위해 철보충제를 이용하는데, 경구 철보충제는 식사 사이에 이용하도록 하고 철과 칼슘은 서로 흡수를 방해하므로 칼슘보충제와는 함께 사용하지 않도록 한다.

수분 조정

투석 환자에게 수분을 제한하는 것이 가장 어려운 점 중 하나이다. 보통 일상 고형식은 하루에 수분을 500~800 mL 정도 함유하므로 무의식적 수분 손실량인 500 mL를 보충할 수 있다. 여기에 소변으로 손실되는 양을 추가하여 수분 섭취량을 결정하면 되지만, 구토, 발한, 발열이 있을 때에는 나트륨과 수분 요구량이 더욱 증가하므로 추가 보충해 주어야 한다. 물을 마시지 않고 갈증을 해소하기 위하여 약간의 얼음조각, 차게 썬 과일, 신맛 나는 사탕, 구연산이 함유된 스포츠껌 등을 이용하는 것이 좋다.

일반적으로 나트륨과 수분 섭취량은 투석 간 혈액 증가로부터 오는 체중증가가 2~3 kg 정도가 되도록 조절하는데, 보통 1일 소변량에 1,000 mL의 수분을 추가한다.

비타민 보충

투석 중인 환자의 식사에는 리보플라빈, 피리독신, 엽산, 니아신이 부족하고 비타민 C는 경계 수준이다. 게다가 잦은 식욕부진으로 비타민의 섭취는 더욱 적고, 또한 투석 시 투석액으로 수용성 비타민, 특히 비타민 B 복합체와 비타민 C 대부분은 빠져나가므로 수용성 비타민의 보충이 필요하다. 그러나 비타민 A, 비타민 E 등 지용성 비타킨은 수용성 비타민만큼 변하지 않으므로 보충이 필요하지 않으나, 활성형 비타민 D의 공급은 칼슘의 흡수를 위해 필요하다.

혈액투석의 1일 영양소구성, 식품구성 및 식단 예는 표 9-15와 같다.

표 9-15a 혈액투석식의 1일 영양소구성 예(C : P : F = 65:13:22)

에너지(kcal)	당질(g)	단백질(g)	지방(g)	나트륨(mg)	칼륨(mg)	수분(mL)
2,100	340	70	50	2,000	2,000	1,300

표 9-15b 혈액투석식의 1일 식품구성 예(2,100 kcal)

식품군	곡류군	어육류군	채소군 1/2/3	지방군	과일군 1/2/3	우유군	에너지보충군
교환단위 수	10	5	2/2/0	4	1/0/0	1	3

표 9-15c 혈액투석식의 1일 식단의 예(2,100 kcal)

식품군		교환 단위 수	아침	간식	점심	간식	저녁
곡류군		10	3×쌀 30 g =90g(쌀밥)		3×쌀 30 g =90g(쌀밥)	1×식빵 35g =35g(토스트)	3×쌀 30 g =90g(쌀밥)
어육류군		5	1×달걀 1개 55 g =55 g(달걀부침) 1×갈치 50 g =50 g(갈치지짐)		1×조기 50 g =50 g(조기지짐) 1×닭고기 40 g =40 g(닭볶음)		1×쇠고기 40 g =40 g(불고기)
채소군	저칼륨	2	0.5×표고버섯 40 g =20 g(표고버섯전)		0.5×깻잎 20 g =10 g(깻잎찜) 0.5×죽순(통) 70 g =35 g(죽순볶음)		0.5×무 70 g =35 g(무초절이)
	중칼륨	2	0.5×도라지 40 g =20 g(도라지정과)		0.5×애호박 70 g =35 g(애호박전)		0.5×연근 50 g =25 g(연근튀김) 0.5×느타리버섯 50 g =25 g(버섯볶음)
지방군		4	2×식용유 5 g =10 g(조리용)		2×식용유 5 g =10 g(조리용)		2×식용유 5 g =10 g(조리용)
우유군		1		1×우유 200 mL			
과일군		1				1×파인애플 통조림 70 g	
에너지 보충군		3		1.5×사탕 25 g =38 g(사탕)		1.5×젤리 30 g =45 g(젤리)	
식단			쌀밥 달걀부침 갈치지짐 표고버섯전 도라지정과 무초절이	우유 사탕	쌀밥 조기지짐 닭볶음 깻잎찜 죽순볶음 애호박전	토스트 파인애플통조림 젤리	쌀밥 소불고기 느타리버섯볶음 연근튀김 무초절이

2) 복막투석

(1) 특징

복막이란 복강을 따라 내장기관을 둘러싸면서 혈관과 림프관이 있는 간질을 덮고 있는 얇은 막으로 한 층의 세포로 이루어지며 투석이 이루어지는 표면이다. 복막투석이란 복막을 경계로 복강의 투석액과 복막 모세혈관의 혈액 사이에 용질과 체액이 교환되는 것이다.

복막투석peritoneal dialysis은 복부의 복강 내로 튜브, 또는 카테터를 삽입한 후 고농도의 덱스트로스를 함유한 투석액을 복강 내로 주입하면 복막을 통해 혈액으로부터 투석액 쪽으로 노폐물이 확산된다 그림 9-9. 이렇게 나온 투석액을 회수하여 버리고 새로운 투석액을 주입함으로써 지속적으로 노폐물을 처리할 수 있다. 한 번 교환 시 복벽에 설치한 카테터를 통해 복강 내로 주입한 투석액을 일정 시간 후에 다시 카테터를 통해 제거하는데, 이때 수분과 노폐물이 제거된다. 그 후 신선한 투석액을 주입하고 일정시간 후에 다시 투석액을 배출하기까지 투석장치를 분리하면 정상적인 활동이 가능하다. 투석액을 1일 4~5회 교환하면서 24시간 동안 투석이 지속적으로 이루어지므로 집에서도 할 수 있으며 일상생활에 지장이 없어서 편리하다.

복막투석액은 농도와 양이 모두 일정한 것은 아니며 현재 사용 중인 투석액의 농도는 1.5%, 2.5%, 4.25% 덱스트로오스액으로서 그 양은 1,000 mL, 1,500 mL, 2,000 mL이다. 당뇨병 환자에 있어서 복막투석은 혈당조절이 잘 되므로 많은 환자에게 자주 시행된다.

알아두기 **복막투석의 장점**

- 혈액투석에 비해 분자량이 큰 중간분자량 물질을 제거할 수가 있어서 요독증의 증상이 덜함
- 항응고제 사용과 혈관 접근이 필요 없음
- 지속적으로 투석이 진행되므로 체내의 노폐물, 전해질, 수분 등이 일정한 상태로 유지됨
- 엄격한 식사 제한에서 벗어날 수 있으며 일상생활을 하는데 한층 편리함

복막투석의 단점

- 혈액에서 투석액 쪽으로 단백질, 수용성 비타민, 아미노산, 무기질 손실 우려가 있음
- 위생에 부주의할 경우, 복막염의 발생 위험이 높음
- 투석액으로부터 포도당이 흡수되어 비만과 고중성지방혈증이 유발될 수 있음

투석액을 통해 인슐린이 주입되므로 피하주사에 비해 혈당의 변화가 적으나 피하로 주입되는 양보다 3~4배의 인슐린 양이 요구될 수 있다.

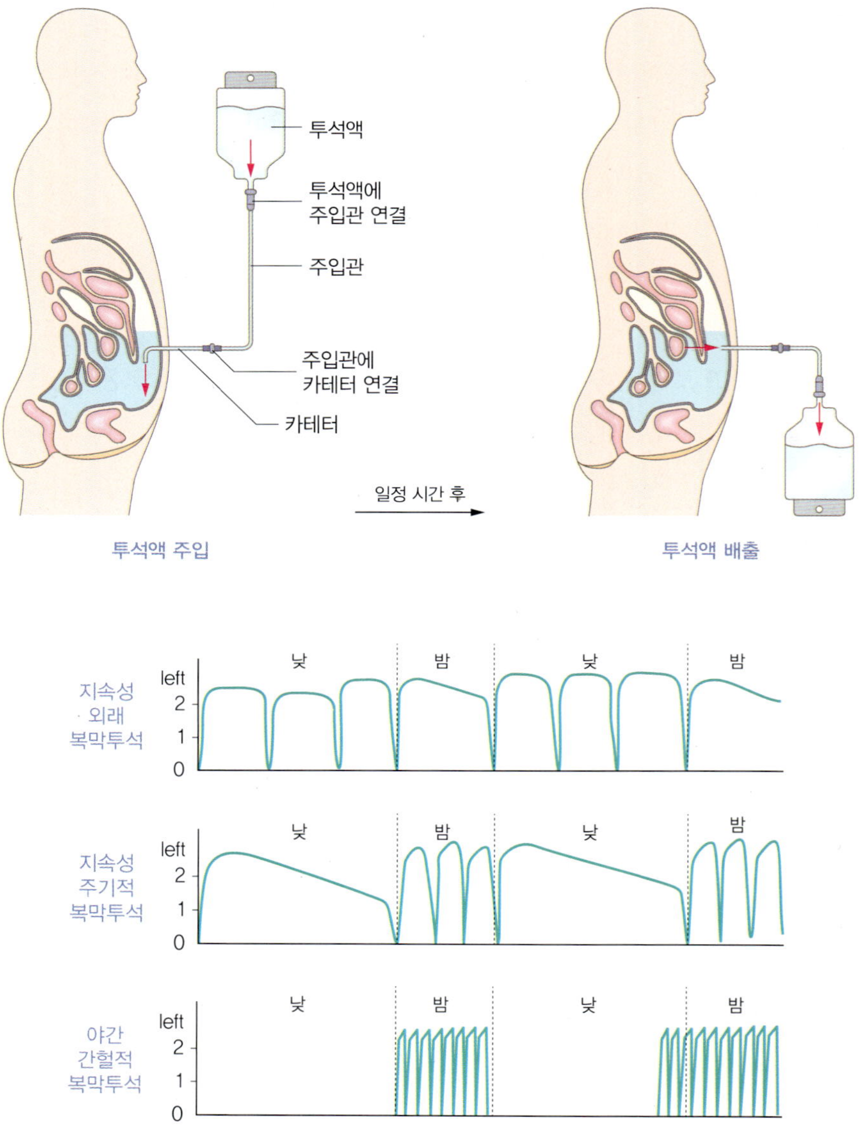

그림 9-9 복막투석방법

(2) 종류

복막투석의 종류에는 지속성 외래 복막투석, 지속성 주기적 복막투석, 야간 간헐적 복막투석의 세 가지 방법이 있다. 주로 지속성 외래 복막투석을 많이 이용한다.

지속성 외래 복막투석continuous ambulatory peritoneal dialysis, CAPD은 기계적 작동 없이 손으로 교환하는 자가투석방법으로 6시간을 주기로 낮에 3~4회, 밤에 1회 정도 투석액을 교환하는 방법이다.

지속성 주기적 복막투석continuous cyclic peritoneal dialysis, CCPD은 밤 8~10시간 동안 자동복막투석기를 이용하여 투석액을 3~5회 자동 교환하고, 낮에는 15시간 동안 1회 교환하는 방법으로 낮에 투석액을 복강에 지닌 채 생활하는 방법이다.

야간 간헐적 복막투석noctumal intermittent peritoneal dialysis, NIPD도 자동복막투석기를 이용하지만, 밤에만 약 10시간 정도 투석을 하고 낮에는 투석없이 복강을 비운 채로 생활하는 방법이다 그림 9-9.

(3) 식사요법

지속적인 노폐물 배출로 엄격한 식사 제한에서 벗어날 수 있지만, 일부 영양소의 손실이 있고 또한 투석액 중의 포도당의 흡수로 체중증가, 이상지질혈증, 혈당상승 등의 문제가 발생될 수 있으므로 반드시 식사요법이 병행되어야 한다.

복막투석 시의 영양기준량은 투석액의 교환횟수, 투석액의 양, 투석액의 농도에 따라 달라지며 환자의 체위 및 남은 신장기능도 고려되어야 한다 표 9-16.

표 9-16 지속성 외래 복막투석의 1일 영양기준량

구분	내용
에너지(kcal/kg건체중)	35(60세 미만), 30~35(60세 이상) (단, 투석액에 함유된 에너지를 포함해야 함)
단백질(g/kg건체중)	1.3~1.5(복막염 시 단백질 양 증가)
나트륨(mg)	2,000~4,000
칼륨(mg)	3,000~4,000
인(mg)	800~1,000
칼슘(mg)	식사와 보충제를 포함하여 2,000 이하
수분(mL)	1,500~2,000

단백질 충분히

복막투석 시 노폐물뿐만 아니라 우리 몸에 필요한 영양소도 제거되며, 특히 단백질은 복막투석 24시간 동안 20~30 g(시간당 1 g 정도) 손실된다. 복막투석 시 투석액으로 손실되는 단백질 양이 혈액투석보다 많으므로 이를 보충하기 위해 고단백식사가 필요하다. 단백질섭취량은 손실되는 단백질 양을 보충하기 위해 건체중 1 kg당 1.3~1.5 g 권장되며 50% 이상을 고생물가 단백질로 공급한다. 육류, 생선류, 두부 등을 통해 투석 전보다 단백질 섭취를 늘려야 한다. 단백질이 풍부한 식품 중에서도 염분이나 인 함량이 높은 콩, 멸치, 치즈, 어묵 등은 주의한다.

에너지 조정

복막투석 시 투석액으로부터 당이 흡수되어 에너지원으로 이용될 수 있다. 보통 1일 복막투석 시 약 300~500 kcal 정도 흡수되는데 투석액의 양 및 농도에 따라 달라진다. 따라서 1일 에너지공급량은 투석액에서 흡수되는 에너지를 제하고 결정해야 하며 에너지를 감량하지 않으면 체중이 증가한다. 빵, 떡, 감자, 고구마 등의 당질 위주의 간식이나 설탕, 사탕, 꿀 등의 단순당은 추가 섭취하지 않도록 한다. 또한 동물성지방과 콜레스테롤 섭취도 줄여야 하는데, 어육류군의 과잉 섭취로 인한 여분의 에너지로 인해 혈중 지질 농도가 상승하여 심혈관계질환을 일으킬 수 있으므로 적절한 지방 섭취와 함께 콜레스테롤과 포화지방 섭취를 줄인다.

나트륨 제한

복막투석은 수분평형이 비교적 잘 이루어지므로 투석 전이나 혈액투석에 비해 소금 섭취를 2배 정도 증가시킬 수 있다. 그러나 고염식을 할 경우에는 수분이 과잉 축적되고 이를 제거하기 위해 고농도의 투석액을 사용함으로써 지나친 체중증가, 고중성지방혈증이 동반될 수 있으므로 주의한다. 보통 1일 2,000~4,000 mg(소금 5~10 g)이 허용되나, 체내에 수분이 축적되는 것을 막기 위해 나트륨을 1일 2,000 mg 이내로 제한하기도 한다.

칼륨 주의

계속적인 투석은 혈중 칼륨 수준을 정상으로 유지시키므로 칼륨을 항상 제한하지는 않는다. 그러나 단백질이나 칼륨 함량이 많은 식품의 사용으로 고칼륨혈증이 유발될 수 있으므로 주의를 요한다. 일반적으로 1일 3,000~4,000 mg 정도로 하여 혈액투석보다는 자유롭다.

인 제한

인은 복막투석을 통해 잘 제거되지 않기 때문에 인의 섭취 제한이 필요하다. 혈중 인 농도가 높아지면 뼈에서 칼슘 용출이 촉진되어 골연화증, 골다공증, 가려움증 등을 일으킬 수 있다. 그러나 단백질을 충분히 섭취할 때 인 함량이 높은 육류의 섭취가 많아지고 이로 인해 인 섭취도 함께 증가하므로 식사로 인을 제한하기는 어렵지만, 가급적 인이 적은 식품으로 대체하도록 한다. 인의 흡수를 억제하는 칼슘보충제(인결합제)는 반드시 식사 중 또는 식사 직후에 복용하는 것이 효과적이다.

칼슘 보충

칼슘 섭취량을 증가시키는 것은 바람직하나 칼슘이 많이 함유된 유제품은 혈중 인의 농도도 높일 수 있으므로 과량 섭취는 피하도록 한다. 혈중 칼슘 수준을 정상으로 유지하기 위하여 칼슘보충제가 처방될 수 있다. 일반적으로 혈액투석에서와 같이 식사와 칼슘보충제를 포함하여 1일 2,000 mg 이하로 공급한다.

수분 조정

1.5% 덱스트로오스 투석액 2회, 4.25% 덱스트로오스 투석액 1회의 교환을 통하여 약 2 L 정도의 수분이 제거될 수 있어서 수분을 제한할 필요는 없다. 그러나 부종이 있는 경우는 나트륨 제한과 함께 수분을 제한하는 것이 바람직하다.

복막투석식의 1일 영양소구성, 식품구성 및 식단 예는 표 9-17과 같다. 정상 체중을 유지하기 위한 적절한 에너지 섭취와 중 정도의 나트륨 제한이 필요하고 이상지질혈증 예방을 위하여 콜레스테롤, 포화지방, 단순당, 알코올 등을 제한하여 구성한다.

신장투석은 수분평형을 맞추고 노폐물을 제거하기 위한 일반적인 치료방법이지만, 장기적인 투석은 골다공증 등 여러 합병증을 유발한다. 따라서 신장 이식이 최선의 방법이라고는 하나 현실적으로 신장공여자를 찾는 것이 쉽지 않고, 신장을 이식해도 이식한 신장의 거부반응을 억제하기 위해 면역억제제를 평생 복용해야 한다는 단점이 있다.

표 9-17a 복막투석식의 1일 영양소구성 예(C:P:F=55:20:25)

에너지(kcal)	당질(g)	단백질(g)	지방(g)	나트륨(mg)	콜레스테롤(mg/kcal)
1,600	220	80	45	4,000	100/1,000

표 9-17b 복막투석식의 1일 식품구성 예(1,600 kcal)

식품군	곡류군	어육류군	채소군 1/2/3	지방군	과일군 1/2/3	우유군 (아이스크림)	에너지 보충군
교환단위 수	8	6	3/2/1	4	1/0/0	1	-

표 9-17c 복막투석식의 1일 식단 예(1,600 kcal)

식품군		교환 단위 수	아침	간식	점심	간식	저녁
곡류군		7	2.5×쌀 30 g =75 g(쌀밥)		2.5×쌀 30 g =75 g(쌀밥)	1×식빵 35 g =35 g(토스트)	2×쌀 30 g =60 g(밥)
어육류군		6	1×달걀 1개 55 g =55 g(달걀찜) 1×갈치 50 g =50 g(갈치지짐)		1×조기 50 g =50 g(조기지짐) 1×닭고기 40 g =40 g(닭볶음탕)		1×쇠고기 40 g =40 g(불고기) 1×두부 80 g =80 g(두부지짐)
채소군	저칼륨	3	0.5×표고버섯 50 g =25 g(버섯전) 0.5×무 70 g =35 g(무초절이)		0.5×도토리묵 100 g =50 g(묵무침) 0.5×무 70 g =35 g(무초절이)		0.5×팽이버섯 50 g =25 g(팽이버섯전) 0.5×무 70 g =35 g(무초절이)
	중칼륨	2	1×도라지 40 g =40 g(도라지정과)				1×애호박 70 g =70 g(애호박전)
	고칼륨	1			1×근대 70 g =70 g(근대된장무침)		
지방군		4	1.5×식용유 5 g =7.5 g(조리용)		1×식용유 5 g =5 g(조리용)		1.5×식용유 5 g =7.5 g(조리용)
우유군		1		1×우유 200 mL			
과일군		1				1×파인애플 통조림 70 g	
식단			쌀밥 달걀찜 갈치지짐 표고버섯전 도라지정과 무초절이	우유	쌀밥 조기지짐 닭볶음탕 도토리묵무침 근대된장무침 무초절이	토스트 파인애플통조림	쌀밥 소불고기 두부지짐 팽이버섯전 애호박전 무초절이

표 9-18 신장질환별 1일 영양소 기준량

<table>
<tr><th rowspan="2">구분</th><th colspan="3">사구체신염</th><th rowspan="2">신증후군</th><th colspan="3">신부전</th><th colspan="2">투석</th></tr>
<tr><th colspan="2">급성</th><th>만성</th><th colspan="2">급성</th><th>만성</th><th>혈액</th><th>복막</th></tr>
<tr><td rowspan="3">단백질
(g/kg 건체중)</td><td>핍뇨기</td><td><0.5</td><td rowspan="3">1.0</td><td rowspan="3">0.8~1.0</td><td>핍뇨기</td><td><0.6</td><td rowspan="3">다뇨기이므로 0.6~0.8
(감뇨기에는 0.6 미만)</td><td rowspan="3">1.2~1.4</td><td rowspan="3">1.3~1.5</td></tr>
<tr><td>이뇨기</td><td>0.6~0.8</td><td>이뇨기</td><td rowspan="2">0.5~0.7</td></tr>
<tr><td>회복기</td><td>1.0</td><td>회복기</td></tr>
<tr><td>에너지
(kcal/kg 건체중)</td><td colspan="3">35~40</td><td>35</td><td colspan="2">35~40</td><td colspan="3">30~35(60세 이상), 35(60세 미만)*</td></tr>
<tr><td>나트륨
(mg/일)</td><td colspan="3">1,000~3,000
(핍뇨기에는 1,000 미만)</td><td>1,000~2,000
(심한
부종 시에는
500 미만)</td><td colspan="2">1,000~3,000
(핍뇨기에는
1,000 미만)</td><td>1,000~3,000
(감뇨기에는
1,000 미만)</td><td>2,000~
3,000</td><td>2,000~
4,000</td></tr>
<tr><td>칼륨
(mg/일)</td><td colspan="3">핍뇨기에 제한</td><td>제한없음
(단, 이뇨제
사용 시 주의)</td><td colspan="2">2,000</td><td>고칼륨혈증이 없으면
제한 없음</td><td>2,000~
3,000</td><td>3,000~
4,000</td></tr>
<tr><td>인
(mg/일)</td><td colspan="3">핍뇨기에 제한</td><td>-</td><td colspan="2">핍뇨기에 제한</td><td colspan="3">800~1,000</td></tr>
<tr><td>칼슘
(mg/일)</td><td colspan="3">-</td><td>-</td><td colspan="2">-</td><td>1,200
(혈중 칼슘농도
정상치 유지 수준)</td><td colspan="2">≤2,000 mg
(보충제 포함)</td></tr>
<tr><td>수분
(mL/일)</td><td colspan="3">핍뇨기에 제한</td><td>-</td><td colspan="2">핍뇨기에 제한</td><td>소변량이 정상이면
제한 없음</td><td>소변량 +
1,000</td><td>1,500~
2,000</td></tr>
</table>

*복막투석에서는 1일 에너지 공급량에 투석액 에너지가 포함되어야 함

11. 신결석

신결석nephrolithiasis, renal calculus은 소변성분의 농도가 증가하여 침착된 노폐물의 결정이다. 일반적으로 20~40세에 많이 발생하고, 여성보다 남성에게 3배 이상 많으며 재발률이 높다. 결석의 크기는 모래알만 한 것부터 매실만큼 큰 것도 있는데, 이러한 결석은 신장에서 형성되어 각 비뇨기관으로 이동하여 요관결석, 방광결석 및 요도결석이 될 수 있고 장소와 결석의 크기에 따라 각종 병변을 나타낸다. 만일 결석이 신우에 있으면 소변이 자주 보고 싶어지고 배뇨 시 통증이 있으며, 결석이 신우의 출구 및 요관으로 이동하면 갑작스런 통증이 등에서 시작하여 복부와 사타구니를 거쳐 생식기로 퍼진다. 결석

이 요관에 박히면 소변이 축적되어 신장이 부풀고(수신증), 옆구리나 아랫배 통증이 어깨나 생식기 주변으로 확산되며, 빈뇨, 구토, 복부 팽만, 발열, 혈뇨를 동반한다.

작은 결석은 소변으로 쉽게 흘러나간다. 결석이 소변과 함께 빠져나오면 통증은 빠르게 가라앉지만, 큰 결석이 요관이나 요도를 막으면 소변 정체로 발작을 일으켜 위험한 상태가 된다. 결석이 1 cm보다 작고 신장에 남아 있다면 줄넘기나 달리기 등의 운동을 하면서 1일 소변량이 2~3 L 이상이 되도록 충분한 수분을 섭취하여 자연 배출되기를 기다린다. 그러나 결석이 1 cm보다 크다면 충격파로 결석을 2 mm 이하의 가루로 만들어 소변으로 자연 배출시키거나 수술로 제거하기도 한다.

그림 9-10와 같이 주로 칼슘염, 요산, 시스틴 등이 결석을 형성한다. 결석 종류별 발생률을 살펴보면 수산칼슘결석 60%, 인산칼슘결석 10%, 수산칼슘과 인산칼슘 혼합결석 10%, 요산결석 5~10%, 스트루바이트struvite 결석 5~10%, 시스틴 결석 1% 정도로서 이 가운데 칼슘결석이 가장 흔하다. 결석 형성의 가장 주요한 요인은 소변량의 감소에 따른 소변성분의 농축이다. 산성 소변에서는 요산결석과 시스틴 결석이, 알칼리성 소변에서는 칼슘결석과 스트루바이트 결석이 잘 생긴다.

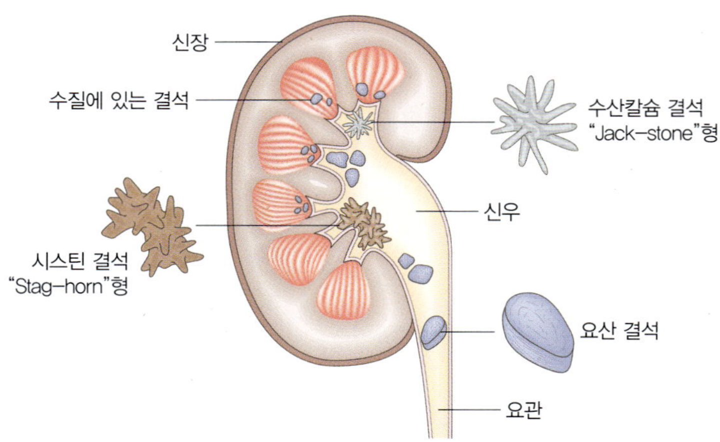

그림 9-10 신결석 : 신장, 신우, 요로 결석

1) 수산칼슘결석과 인산칼슘결석

(1) 원인

대부분의 신결석은 칼슘염으로 구성되며 수산칼슘결석과 인산칼슘결석이 신결석의 70%를 차지한다. 칼슘결석은 중년 남성에게 가장 흔히 발생한다.

하루에 보통 400 mg의 칼슘식을 섭취하는 경우에는 정상적인 1일 소변 중 칼슘 배설량은 100~175 mg이다. 칼슘 배설량은 섭취량에 비례하는데, 이는 칼슘 배설량이 칼슘항상성 기전에 의해 조절되기 때문이다. 고칼슘뇨증이란 1일 소변 중 칼슘 배설량이 여자의 경우 250 mg 이상, 남자의 경우 300 mg 이상일 때를 말하며 칼슘결석 환자의 30~40%가 고칼슘뇨증이다. 고칼슘뇨증의 원인과 기전은 표 9-19 에 제시하였다.

표 9-19 고칼슘뇨증의 원인과 기전

원인	결석 형성	기전
칼슘 과잉 섭취	+	• 위궤양 치료를 위해 과량의 우유와 알칼리를 장기간 섭취하거나 장기간 권장량 이상의 고칼슘식을 섭취할 때 소변 중 칼슘 배설량이 증가함
비타민 D 과잉 섭취	+	• 과잉의 비타민 D는 소장, 신장으로부터 칼슘의 흡수와 재흡수를 증가시킬 뿐만 아니라 뼈로부터 칼슘 용출을 촉진하여 혈중 칼슘 농도를 높이므로 소변 중 칼슘 배설량도 증가함
동물성 단백질 과잉 섭취	+	• 동물성 단백질이 많은 식사는 동물성 단백질의 대사산물로서 생성된 산이 소변 중 칼슘 배설을 촉진함
나트륨 과잉 섭취	+	• 나트륨과 칼슘은 세뇨관의 같은 장소에서 재흡수되므로 경쟁적임. 따라서 나트륨 섭취량이 많을 때 칼슘 재흡수는 억제되어 소변 중 칼슘 배설량이 증가함
장기간의 부동성	+	• 장기간 움직이지 않는 경우, 뼈로부터 칼슘 용출이 촉진되어 소변 중 칼슘 배설량이 증가함
부갑상선기능항진증	+	• 부갑상선호르몬은 혈중 칼슘 농도를 높여 소변 중 칼슘 배설을 촉진함 • 부갑상선기능항진증 환자의 약 2/3가 신결석이 있으나, 전체 칼슘결석 환자에 대해서는 약 5% 차지함
세뇨관의 산독증	+	• 신기능 저하로 암모니아 형성에 결함이 있을 때 대사산물인 산을 중화하지 못하여 산독증을 유발함. 이로 인해 세뇨관의 칼슘 재흡수는 저하되어 소변 중 칼슘 배설이 촉진됨
식이섬유	–	• 식이섬유는 칼슘의 흡수를 낮추어 혈중 칼슘 농도를 저하시켜 소변 중 칼슘 배설을 낮춤 • 식이섬유 섭취로 칼슘결석 형성을 막을 수 있음
구연산	–	• 구연산은 소변에서 칼슘과 결합하므로 칼슘과 수산의 결합을 억제하여 수산칼슘결석 형성을 방해함

(2) 식사요법

수분 충분히

결석의 형태와 원인에 관계없이 하루에 적어도 2~3 L의 소변을 생산할 정도로까지 다량의 수분을 섭취하는 것이 필수적이다. 매 끼니, 식사 사이, 취침 시, 기상 시에 250 mL의 수분을 섭취하도록 한다. 수면시간 동안의 수분 섭취는 기상 시의 가장 농축된 소변의 희석에 가장 중요하다. 이러한 수분 공급은 소변을 희석함으로써 결석을 형성하는 무기질의 결정화를 막는다.

칼슘 제한은 적당히

칼슘결석 환자들에게는 정상인의 칼슘 권장섭취량보다 약간 적은 600~700 mg의 칼슘이 좋다. 400 mg 정도의 저칼슘식사는 소장에서 수산의 흡수를 증가시켜 결국 소변 중 수산 배설의 증가로 수산결석의 위험이 있으므로 칼슘을 지나치게 제한할 때에는 수산도 함께 제한해야 한다. 그러나 만성 칼슘결석으로 오랜 기간 칼슘을 제한할 때 결국 골격의 손실을 가져와 골밀도가 저하되어 골절률이 증가하므로 지나친 제한보다는 적당히 제한하는 것이 좋다.

수산과 비타민 C 제한, 비타민 B_6 보충

수산의 장내 흡수율은 10~20%인데, 체내에서 수산은 거의 대사되지 않고 단지 신장을 통해서 배설된다. 그러므로 소변 중 수산은 음식으로 흡수된 수산이거나 체내에서 합성된 것이다. 소변 중 수산의 50~70%는 글리옥실산glyoxylate에서 생성되고, 35~55%는 비타민 C에서 생성된다. 일부 아미노산이 글리옥실산 또는 글리콜산glycolate를 통해 수산이 되며 비타민 B_6는 수산합성을 억제한다 그림 9-11. 따라서 비타민 C 보충제 섭취

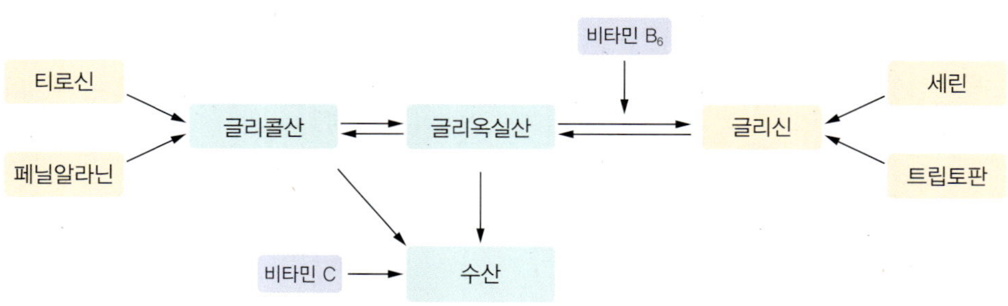

그림 9-11 수산합성과정

표 9-20 식품 중의 수산 함량(100 g당)

식품명	적은 식품(2 mg 이하)	보통 식품(2~10 mg 이하)	많은 식품(10 mg 이상)
음료	병맥주, 콜라, 위스키, 포도주	커피(1일 2잔 이하)	생맥주, 차, 코코아
우유	버터밀크, 전유, 저지방유, 탈지분유, 허용된 과일이 함유된 요구르트		
육류 및 육가공품	달걀, 치즈, 쇠고기, 양고기, 돼지고기, 가금류, 생선, 조개류	정어리	토마토소스가 첨가된 제품, 땅콩버터, 두부
채소류	양배추, 콜리플라워, 버섯, 양파, 완두콩, 감자, 무	아스파라거스, 브로콜리, 당근, 옥수수, 오이, 완두콩 통조림, 라마콩, 양상추, 토마토	콩, 겨자, 사탕무, 셀러리, 파슬리, 실파, 부추, 가지, 고추, 상추, 근대, 케일, 물냉이, 고구마, 시금치, 호박
과일류 및 주스류	사과주스, 아보카도, 바나나, 체리, 자몽, 자몽주스, 청포도, 망고, 멜론, 수박, 복숭아, 파인애플주스, 서양자두(프룬)	사과, 살구, 건포도, 체리, 크랜베리, 오렌지, 복숭아, 배, 파인애플, 말린 프룬	블랙베리, 블루베리, 프루츠칵테일, 포도, 레몬 껍질, 오렌지 껍질, 딸기, 귤, 이상의 과일로 만든 주스
빵 및 전분류	마카로니, 국수, 밥, 스파게티, 빵	옥수수빵, 스폰지케이크, 스파게티(토마토소스가 들어 있는 통조림)	과일케이크, 옥수수, 밀의 배아
유지류	베이컨, 마요네즈, 샐러드 드레싱, 식물성유, 버터, 마가린		땅콩, 아몬드, 호두 등 견과류
기타	코코넛, 젤리, 잼(허용된 과일로 제조), 레몬, 라임주스, 소금, 후추, 수프(허용된 재료로 제조), 설탕		초콜릿, 코코아, 채소수프, 토마토수프, 마멀레이드

를 피하고 비타민 B_6가 충분한 음식은 권장한다. **표 9-20**에는 수산 함유식품이 제시되어 있다.

인 제한

인산칼슘결석에서는 인 함유식품을 제한해야 하는데 주로 우유와 유제품을 제한함으로써 칼슘과 함께 인의 제한도 가능하다.

비타민 D, 동물성 단백질, 나트륨의 과잉 섭취 피함

이들 모두 과잉 섭취 시에 소변 중 칼슘 배설을 촉진하므로 금한다. 특히 육류 위주의 동물성 단백질 과량 섭취는 신결석의 발생을 증가시킨다.

2) 요산결석

신결석 발생률의 5~10%를 차지하는 요산결석은 퓨린의 중간대사물질로부터 요산 생성을 통하여 발생한다. 즉 퓨린은 요산의 전구체다. 따라서 퓨린의 생성이 많을 때 요산도 많이 생성되고 그로 인해 소변 중 요산 수준도 증가함으로써 요산결석을 유발한다. 감염, 용혈성 빈혈, 백혈병과 같은 소모성 질환에서는 체조직 분해가 증가하므로 퓨린을 다량 생성하여 소변 중 요산 수준이 증가하여 요산결석을 초래한다.

요산은 퓨린의 중간대사물질로부터 형성되므로 전구체인 퓨린의 식사 내 함량을 조절하기 위해 육류, 전곡, 콩류 섭취량을 제한한다(통풍 참조). 또한 소변의 산도가 5.5 이하로 낮으므로 이를 중화하기 위해 알칼리성식품 표 9-21 의 섭취가 필요하고, 소변을 희석하기 위해 칼슘결석에서와 같이 하루 3 L 이상의 고수분식을 한다.

표 9-21 산성식품과 알칼리성식품

	산성식품	알칼리성식품
고기, 생선, 달걀, 콩류	육류, 생선, 가금류, 갑각류, 달걀, 베이컨	
견과류	땅콩, 호두	아몬드
곡류	모든 종류의 빵류 및 곡류(특히 전곡), 시리얼, 크래커, 마카로니, 스파게티, 국수	밤
채소류		모든 채소
과일류	크랜베리, 서양자두(프룬)	나머지 모든 과일
후식류	케이크, 쿠키	
감미료		당밀
우유 · 유제품	치즈	우유, 유제품, 크림

3) 스트루바이트 결석

스트루바이트struvite 결석은 마그네슘-암모늄-인산의 세 가지 성분이 결합한 감염결석이다. 남자보다 여자에게 많고, 요로계의 박테리아 감염 시 요소를 암모니아로 분해하여 소변을 알칼리화함으로써 암모늄이 많은 감염결석을 형성한다.

4) 시스틴 결석

유전적으로 아미노산인 시스틴의 신장 세뇨관 재흡수에 결함이 생기면 시스틴이 소변에 축적되어 시스틴뇨cystinuria가 되고 결석을 형성한다. 시스틴뇨증은 열성 유전에 의해 선천적으로 발생하는 드문 대사성질환이지만 환자의 83%가 시스틴 결석을 형성한다.

치료식으로 저단백식이 처방되기도 하지만, 거의 모든 단백질이 시스틴을 함유하고 있기 때문에 별로 큰 효과는 없다. 메티오닌이나 시스틴과 같은 함황아미노산이 적은 식사와 하루 3 L 이상의 충분한 양의 수분 섭취가 효과적이었다고 한다. 또한 소변의 산도를 7.5 이상으로 유지하기 위하여 과일, 채소, 유제품 등의 알칼리성 식사를 권한다.

표 9-22 에는 신결석 종류별 식사요법을 제시하였다.

표 9-22 신결석 종류별 식사요법

신결석의 종류	식사요법	신결석의 종류	식사요법
수산칼슘결석	• 고수분식 • 수산, 비타민 C, 나트륨 제한 • 칼슘 적당히 제한 • 비타민 B_6 보충	요산결석	• 고수분식 • 저퓨린식 • 알칼리성식
인산칼슘결석	• 고수분식 • 인, 동물성 단백질, 나트륨 제한 • 칼슘 적당히 제한	시스틴 결석	• 고수분식 • 함황아미노산 제한 • 알칼리성식

CHAPTER

10

빈혈

학 습 개 요

빈혈은 여러 가지 원인에 의해 혈액 중의 적혈구 또는 헤모글로빈의 양이 정상 이하로 감소된 것이다. 서 있을 때 혈류를 조절하는 자율신경의 조절이 잘 되지 않아서 생기는 뇌빈혈은 빈혈과 다르다. 빈혈 환자 가운데는 전혀 증세가 없거나 있어도 모르고 지내다가 건강진단이나 헌혈할 때 혈액검사로 우연히 발견되는 경우가 많다. 사춘기 여자들의 무리한 다이어트에 의해 빈혈이 발생하기도 한다. 특히 철결핍성빈혈이 가장 많은데 많은 양의 월경에 의해 혈액이 유실될 때나 성장이 왕성할 때에 영양소 섭취가 부족하면 발병한다. 이외에도 여러 가지 원인에 의한 빈혈이 있으므로 정확한 진단을 통해 빈혈의 종류를 확인한 후 원인에 따른 치료가 이루어져야 한다.

1. 혈액의 기능과 구성성분

1) 혈액의 기능

체중의 약 8%(성인의 경우 4~5 L)를 차지하는 혈액은 생명유지에 절대 필요하며, 생체 내에서 그 단독으로보다는 다른 조직이나 기관에 연관되어 다원적으로 중요한 기능을 한다. 즉 산소를 폐로부터 각 조직으로, 그리고 각 조직에서 나온 이산화탄소를 폐로 이동시키며, 소화기관에서 흡수한 영양소를 각 기관과 조직세포로 운반하고 여기서 생성된 노폐물을 신장, 폐, 피부 및 장 등을 통해 배설한다.

또한 혈액은 체액의 일부로서 체열을 신체 각 부위에 분포시켜 체온을 조절하고, 조직세포에서 요구하는 수분의 양이나 전해질 농도를 일정하게 유지시켜 삼투압과 산-염기 평형을 조절한다. 이 밖에도 혈액은 면역성 물질을 함유하고 있어 감염으로부터 생체를 보호하며 내분비계에서 분비된 호르몬을 표적기관target organ으로 운반하는 역할도 한다. 이와 같이 혈액의 기능이 다원적인 것은 혈액을 구성하고 있는 성분이 다양하고 각기 맡은 역할이 다르기 때문이다.

2) 혈액의 구성성분

혈액은 여러 물질이 녹아 있는 액체성분인 혈장에 적혈구, 백혈구 및 혈소판 등의 혈구가 떠 있는 유동성 현탁액이다 그림 10-1.

(1) 적혈구

적혈구erythrocyte, red blood cell, RBC의 성분 중 가장 많은 것은 적혈구 중량의 34%를 차지하는 헤모글로빈으로서, 헤모글로빈은 산소와 이산화탄소의 운반 및 산-염기평형에 중요한 역할을 한다. 헤모글로빈은 글로빈 96%, 헴heme 4%로 구성된다. 적혈구는 골수에서 형성되어 순환계로 나온 후 그 기능을 수행하다가, 약 120일이 지나면 주로 비장에서 파괴되어 수명을 다하게 된다. 적혈구의 수는 성별, 연령에 따라 다소 달라서 정상 성인 남자는 평균 약 500만/mm^3이고, 여자는 약 450만/mm^3이다.

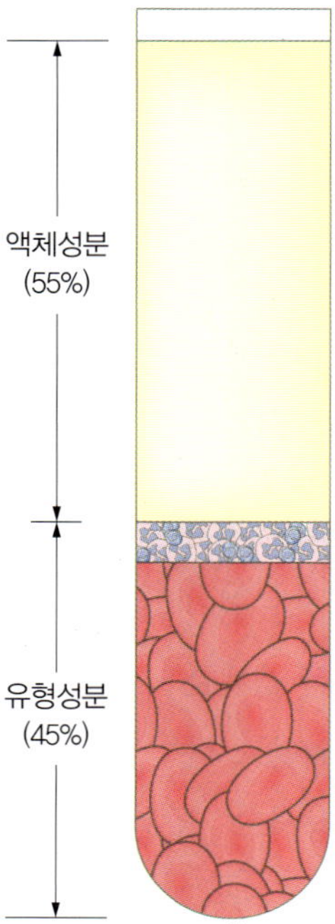

성분				주요 기능	구분
물				물질 운반, 혈압과 체온 조절	혈장
무기염류	Na^+, K^+, Ca^{2+}, Mg^{2+}, Cl^-, HCO_3^-, HPO_4^{2-} 등			pH와 삼투압 조절	혈장
유기물질	노폐물	요산, 요소, 크레아티닌 등		생성장소에서 신장으로 운반	혈장
유기물질	각종 호르몬			내분비선에서 표적 장기로 운반	혈장
유기물질	영양소	포도당(80~100 mg/dL)		혈당 유지(뇌, 신경조직에 에너지 공급)	혈장
유기물질	영양소	지단백(0.9%)	킬로미크론 VLDL, LDL, HDL	중성지방, 콜레스테롤의 운반 (생성장소 → 저장이나 이용 장소)	혈장
유기물질	영양소	단백질(6~8 g/dL)	알부민	삼투압 유지, 체액량 조절	혈장
유기물질	영양소	단백질(6~8 g/dL)	글로불린	면역기능, 영양소의 운반 (합성이나 흡수 장소 → 저장이나 이용 장소)	혈장
유기물질	영양소	단백질(6~8 g/dL)	피브리노겐	혈액응고(피브린으로 전환되어 작용)	혈장
백혈구	과립백혈구	호중구		세균을 식작용으로 제거함	혈구
백혈구	과립백혈구	호산구		알레르기반응에 관여함	혈구
백혈구	과립백혈구	호염기구		헤파린의 혈액응고 방지	혈구
백혈구	무과립백혈구	단핵구		식작용(조직에서 대식세포로 전환되어 작용)	혈구
백혈구	무과립백혈구	림프구		면역작용	혈구
혈소판				혈전 형성, 혈액응고로 지혈작용	혈구
적혈구				산소와 이산화탄소의 운반	혈구

* 항응고제 처리 없이 원심분리하면 혈장이 아닌 혈청이 분리됨(피브린이 유형성분과 엉겨 굳음)

그림 10-1 혈액의 조성과 주요 기능

(2) 백혈구

백혈구leukocyte, white blood cell, WBC는 적혈구보다 일반적으로 크며 골수와 림프절lymphatic node에서 형성된다. 정상 성인의 백혈구치는 평균 7,500/mm^{3}개이고, 신생아의 경우 20,000/mm^{3}개다. 백혈구는 분류상 세포 내에 과립이 있는 과립백혈구와 과립이 없는 무과립백혈구로 대별된다. 과립백혈구는 핵과 세포질에 있는 과립의 염색성에 따라 호중구neutrophil, 호산구eosinophil, 호염기구basophil의 3종류가 있고, 무과립백혈구에는 단핵구monocyte와 림프구lymphocyte가 있다. 백혈구 전체의 60%를 차지하는 호중구는 식작용을 한다. 단핵구는 조직으로 빠져나가 대식세포macrophage로 전환되어 식작용을 비롯한 다양한 면역작용을 한다. 림프구는 선천성 면역(비특이적 면역)을 담당하는 자연살해세포natural killer cell와 후천성 면역(특이적 면역)을 담당하는 B림프구 및 T림프구로 구성된다. 특이적 면역 중에서 B림프구는 체액성 면역, T림프구는 세포성 면역기능을 한다.

3) 혈소판

혈소판platelet, thrombocyte은 정상 순환혈액 내에 20만~30만/mm^3개가 함유되어 있으며 평균 수명은 3~5일로, 전형적인 세포라기보다는 골수의 거대세포megakaryocyte 세포질의 일부가 떨어져서 순환혈액 내로 나온 세포 조각이다. 혈소판은 출혈 시 출혈장소에 모여 혈장성분 속의 피브린이 부착하여 지혈작용을 한다. 따라서 혈소판의 수가 부족하면 출혈 시 피가 멈추지 않아 위험하다.

4) 혈장

혈장plasma은 혈액의 약 55%를 점유하는 액체성분으로 항응고 처리된 시험관에 채혈 후 혈액을 원심분리할 때 상층에 나타나는 맑고 연한 노란색의 액체를 말한다. 혈장은 90% 이상이 물이고 여기에 산소, 이산화탄소, 질소 등의 기체가 녹아 있으며 그 외에 7%의 혈장단백질, 1%의 그 외 유기물질, 1%의 무기염류가 포함되어 있다. 반면에 항응고제 처리 없이 혈액을 원심분리하면 혈장 속의 혈액응고 인자들이 활성화됨으로써 피브리노겐이 피브린으로 전환되어 혈구들과 엉겨 가라앉음으로써 상청액인 혈청이 분리된다.

2. 빈혈의 분류 및 진단

1) 빈혈의 종류

빈혈anemia의 종류를 구분하는 방법에는 여러 가지가 있는데, 그 병태생리에 따라서는 혈액 손실, 적혈구 파괴 증가, 적혈구 생성 부족, 비효율적인 적혈구 생성으로 구분할 수 있다 표 10-1. 이 중에서 철결핍성빈혈, 엽산결핍성빈혈 및 비타민 B_{12}결핍성 빈혈 등은 적혈구 구성성분의 양이나 대사에 결함이 있어 그 치료에 영양관리가 특히 중요하다.

표 10-1 병태생리별 빈혈의 종류

분류	종류		특징
출혈성	급성 출혈	외상	적혈구 수는 감소, 크기는 불변
	만성 출혈	위궤양, 치질, 아스피린 장기 복용	감소, 크기 불변
용혈성	낫세포빈혈		유전적 결함으로 인한 비정상적 적혈구
	유전성구상적혈구빈혈		
적혈구 생성 부족	재생불량성빈혈		적혈구 성숙 정도와 수가 감소
영양성	철결핍성빈혈	헤모글로빈 생성 부족	색과 크기가 적은 적혈구
	거대적아구성빈혈	엽산 혹은 비타민 B_{12} 결핍	수가 적고 크기가 큰 적혈구

2) 빈혈의 판정

빈혈의 여부 및 종류를 판정하는 데는 여러 가지 방법이 이용된다. 그 중 하나는 일반혈액검사complete blood cell count, CBC인데 혈액의 적혈구, 백혈구, 혈소판과 망상적혈구reticulocyte 수에 대한 정보를 알 수 있다. 그 정상범위는 표 10-2 에 요약되었다. 헤마토크릿은 일정량의 혈액을 원심분리하여 전체 혈액에서 차지하는 적혈구 용적 비율로 계

표 10-2 일반혈액검사(complete blood cell count, CBC)

구분	남자	여자
헤마토크릿(%)	41~51	36~45
헤모글로빈(g/100 mL)	13.5~18.0	12.0~16.0
적혈구(RBC, $\times 10^6/\mu L$)	4.5~5.9	4.0~5.2
평균적혈구용적(MCV, fL)*	80~96	
백혈구(WBC)	4,000~10,000	
호중구(%)	50~70	
림프구(%)	20~40	
단핵구(%)	3~11	
호산구(%)	0~5	
호염기구(%)	0~1	
혈소판(/μL)	150,000~450,000	

*MCV : Mean Corpusciular Volume, fL : femtoliter, 10^{-15} L

자료 : 서울대학교병원

산되는데 헤모글로빈 농도와 함께 가장 자주 사용된다. 적혈구지수red cell indices는 헤모글로빈, 헤마토크릿 및 적혈구 수를 이용하여 적혈구의 크기 및 적혈구 한 개당 헤모글로빈의 양과 농도를 구하고, 빈혈 여부와 종류를 구분하는데에 이용된다 표 10-3. 또한 혈액도말검사blood smear analysis로 적혈구의 외형을 평가하고 세포 형태에 따라 빈혈의 종류를 분류할 수 있다 그림 10-2.

표 10-3 적혈구지수의 계산식과 판정 기준

적혈구 지수	계산식	정상치	변화요인
평균적혈구용적[1]	$\frac{\text{헤마토크릿}}{\text{적혈구수}}$	82~92 fL	• 철 결핍으로 감소 • 엽산이나 비타민 B_{12} 결핍으로 증가
평균적혈구헤모글로빈[2]	$\frac{\text{헤모글로빈}}{\text{적혈구 수}}$	27~33 pg	• 철결핍성빈혈, 저색소성빈혈에서 감소
평균적혈구헤모글로빈 농도[3]	$\frac{\text{헤모글로빈}}{\text{헤마토크릿}}$	33~36 g/dL	• 철결핍성빈혈, 저색소성빈혈에서 감소 • 거대적아구성빈혈에서는 정상

[1] mean corpuscular volume, MCV
[2] mean cellI hemoglobin, MCH
[3] mean cell hemoglobin concentration, MCHC

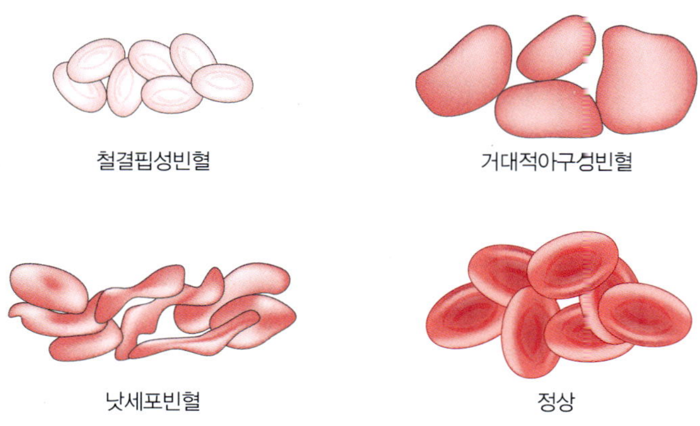

그림 10-2 빈혈의 종류별 적혈구 형태

3. 철결핍성빈혈

1) 원인

철결핍성빈혈은 철의 섭취량이나 이용효율이 저하될 때뿐 아니라 철의 필요량이 증가함으로써 철 영양상태가 저하될 때 발생한다. 또한 출혈성 궤양, 출혈성 치질 또는 기생충이나 악성종양으로 인한 만성적인 혈액 손실도 철결핍성빈혈의 원인이 된다.

철결핍성빈혈이 나타나기까지는 세 단계로 나누어볼 수 있다 표 10-4. 초기 단계에서는 철 저장단백질인 페리틴ferritin과 헤모시데린hemosiderin이 고갈되며 철 흡수가 증가한다. 골수와 간에 있는 철 저장량이 감소함에 따라 철 운반단백질인 트랜스페린transferrin의 철 결합능iron binding capacity, IBC이 증가되기 시작한다(철 저장고의 고갈단계, 1단계).

저장고로부터 혈장으로 들어가는 철이 충분하지 않을 때 혈장의 철 농도는 정상 수준보다 떨어지는데 그것이 60 mg/dL 이하일 때, 헤모글로빈과 적혈구를 만드는 데 필요한 골수의 철 요구량이 충족되지 않고, 혈장의 철 운반단백질인 트랜스페린의 철 포화율이 낮은 수준으로 감소한다. 트랜스페린의 포화율이 15% 이하로 떨어지면 골수로의 철 전달이 손상된다. 골수에서 성장하고 있는 적혈구로 충분한 철이 전달되지 않으면 프로토포르피린protoporphyrin이 헴으로 전환되지 못하게 되고, 따라서 순환하고 있는 적혈구의 프로토포르피린 수준이 정상 이상으로 증가한다(조혈부족단계, 2단계).

철 저장량의 고갈이 계속되면 혈장의 철 수준이 감소하고 간과 골수에서의 조혈이 어

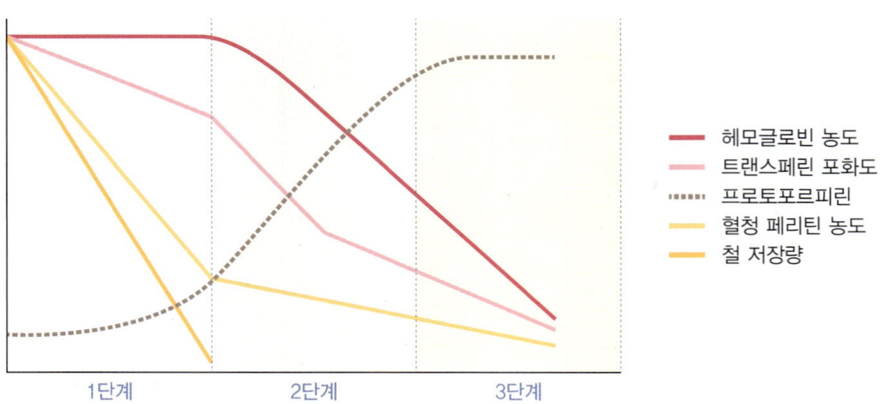

그림 10-3 철결핍의 단계별 철 영양상태 지표

려워진다. 따라서 헤모글로빈 농도는 감소하고 적혈구의 크기는 작아진다(임상적 철결핍성빈혈단계, 3단계) 그림 10-3.

표 10-4 철결핍성빈혈의 단계별 검사치

	정상	철 저장고의 고갈단계(1단계)	조혈 부족단계(2단계)	임상적 빈혈단계(3단계)
골수 철	2~3+	0~1+	0	0
트랜스페린 철 결합능(μg/L)	330±30	360	390	410
혈장 페리틴(μg/L)	100±60	20	10	<10
철 흡수(%)	5~10	10~15	10~20	10~20
혈장 철(μg/dL)	115±50	115	<60	<40
트랜스페린 포화도(%)	35±15	30	<15	<10
적혈구 프로토포르피린	30	30	100	200
적혈구	정상	정상	정상	소혈구저색소

자료 : Mahan 등, 2011

2) 증상

혈중 헤모글로빈의 농도가 7 g/100 mL 이하인 경우에 피로, 두통, 어지러움, 운동 흉통, 안면 창백 등이 나타난다. 이는 혈액을 중요한 장기에 우선적으로 공급하기 위해 그 외의 조직의 활동성을 감소시키기 때문이다. 그 이상 빈혈이 지속되면 심장에 부담이 커져서 가벼운 운동에도 숨이 차고 심하면 호흡곤란과 심부전이 초래된다. 빈혈이 더 심해지면 손톱이상(얇게 부스러짐, 납작해짐, 스푼형 손톱), 구강점막 위축, 설염, 구각염 등이 나타난다. 이는 철이 헤모글로빈 구성뿐 아니라 피부, 점막, 손·발톱 등 세포분열이 활발한 세포에서 필수작용을 하기 때문이다. 또한 생쌀 먹기, 담뱃재 먹기, 흙 먹기 등의 이상습성pica이 나타날 수도 있다.

3) 치료와 식사요법

(1) 철 보충제

철결핍성빈혈은 그 원인을 정확히 밝히는 것이 중요하다. 철 영양상태의 부족이 원인이라면 식사요법과 경구용 철 제제로 치료한다. 철 제제의 부작용으로 메스꺼움, 소화불량, 변비, 설사 등이 나타날 수 있다. 제일철(Fe^{2+}, ferrous 형태) 30 mg의 흡수율은 같은 양의 제이철(Fe^{3+}, ferric 형태)보다 3배 더 크다. 구강으로 철을 섭취할 수 없는 경우나, 위장질환 또는 철 흡수능력이 손상되어 철의 필요량이 증가되는 환자의 경우에는 비경구적인 철 투여가 권장된다.

(2) 식품선택

철결핍성빈혈의 식사는 헤모글로빈의 구성 성분이 되는 철과 단백질뿐 아니라 조혈작용에 관여하는 구리, 비타민 B_6, 비타민 B_{12}, 엽산 및 비타민 C 등이 풍부한 식품을 많이 포함도록 한다. 철결핍성빈혈의 식사요법에서 증가시켜야 할 영양소와 식품선택 요령은 표 10-5 에 제시하였고, 표 10-6 과 표 10-7 에는 각 식품의 철 함량과 비타민 B_6 함량을 제시하였다. 우리나라 성인 남녀의 1일 권장섭취량은 철의 경우 각각 10 mg과 14 mg이고, 비타민 B_6의 경우 각각 1.5 mg과 1.4 mg이다. 섭취한 철의 흡수를 돕기 위해서는 위산이 충분히 분비되도록 꼭꼭 씹어서 먹도록 한다.

표 10-5 철결핍성빈혈 치료를 위한 영양소 및 식품성분과 작용

		영양소	작용
권장	헤모글로빈의 구성	단백질	글로빈의 성분
		철	헴의 성분
	조혈 촉진	비타민 B_6	단백질 대사의 조효소
		엽산	단일탄소대사의 조효소로 적혈구 성숙
		비타민 B_{12}	엽산 대사의 조효소
		구리	철의 운반
제한		탄닌, 식이섬유	철의 흡수를 저해

표 10-6 각 식품의 철 함량

	식품명	1교환단위	함량(mg)
곡류 및 전분류	시리얼(콘플레이크)	30 g(3/4컵)	0.96
	국수(마른 것)	30 g(삶아서 1/2공기)	0.63
	식빵	35 g(1쪽)	0.32
	보리밥	70 g(3큰술)	0.21
	백미밥	70 g	0.14
고기, 생선, 달걀, 콩류	닭간	40 g(생)	4.40
	굴	70 g(1/3컵)	3.70
	쇠간	40 g(생)	3.20
	건뱅어	15 g	3.00
	두부	80 g(1/6모)	2.08
	검은콩(흑태)	20 g(2큰술)	1.72
	대두	20 g(2큰술)	1.30
	쇠고기(사태)	40 g	0.92
	청어	50 g	0.65
	돼지고기(등심)	40 g	0.64
	닭고기		0.40
채소 및 과일류	파래	70 g	5.46
	시금치		1.80
	다시마		1.68
	근대	70 g	1.70
	무청	50 g	1.68
	미나리	70 g	1.40
	쑥	40 g	0.76
	사과	80 g	0.2~1.0
	김	2 g	0.92
	딸기	150 g(10개)	0.75

표 10-7 각 식품의 비타민 B_6

식품명		1교환단위	함량(mg)
곡류 및 전분류	시리얼(콘프레이크)	30 g(3/4컵)	0.39
	고구마	100 g(중간 1/2개)	0.27
	은행	60 g	0.20
	현미	30 g(3큰술)	0.19
고기, 생선, 달걀, 콩류	쇠간	40 g	0.38
	닭간		0.29
	닭가슴살		0.26
	뱅어포	15 g	0.22
	연어	50 g	0.17
	대두	20 g(2큰술)	0.11
채소 및 과일류	당근주스	100 g	0.22
	바나나	60 g	0.19
	아기양배추(생것)	70 g	0.16
유지 및 당류	피스타치오(말린 것)	8 g(10개)	0.14

알아두기 헴철(heme iron)과 비헴철(noneheme iron)

철결핍을 교정하거나 예방하는 데 있어서는 식사에 함유된 철의 생체이용률이 식품의 철 함량 자체보다 더 중요하다.

- 헴철은 흡수율이 높고 다른 식사인자에 의해 영향을 받지 않는다. 헴철은 생체 내에서 혈액 내의 헤모글로빈, 근육의 미오글로빈 및 시토크롬계 효소의 성분으로 존재한다. 육류·가금류·어류(meat-poultry-fish, MPF)는 내장이나 살코기가 비헴철뿐 아니라 헴철의 좋은 급원이다.
- 비헴철은 헴철에 비해 흡수율이 낮다. 달걀노른자, 말린 과일, 말린 완두콩과 강낭콩, 땅콩, 녹색해조류, 당밀 등에는 철의 함량이 높은데 모두 비헴철이어서 흡수율이 낮다. 그러나 헴철이 풍부한 식품과 함께 섭취하면 흡수율이 증가한다.

식품군에 따른 철 함량과 흡수율 및 조혈효과

- 육류-어류-가금류 : 철 함량이 높고 흡수율도 좋다.
- 녹색채소 : 철 함량은 높으나 흡수율이 낮으므로 헴철과 함께 섭취해야 한다.
- 콩류 : 흡수율이 검은콩은 낮으나 대두는 높다.
- 과일류 : 비타민 C가 환원제 역할로서 철 흡수를 돕는다. 채소류보다 조혈효과가 크다.

4) 식단작성 요령

철 함량이 높은 식품인 간은 특유한 냄새를 제거하기 위해서 약간의 소금기가 있는 냉수나 우유에 담근 후 생강, 양파, 카레가루 등의 향신료와 함께 튀기거나 굽는다. 지방의 과다 섭취는 조혈식품에 대한 식욕감퇴와 철 흡수방해를 초래할 수 있으므로 주의한다. 철보충제를 과다 섭취하면 장운동을 억제하여 변비가 될 수도 있으므로 식이섬유가 많은 채소와 버섯류를 자주 먹도록 한다.

4. 거대적아구성빈혈

1) 원인

거대적아구성빈혈megaloblastic anemia(거대적혈모구빈혈)은 DNA의 합성이 저해되어 적혈구의 성숙과 분열이 억제되기 때문에 정상 적혈구보다 크고, 미성숙한 적아구erythroblast(적혈모구)가 혈액에 나타나며, 적혈구 수와 헤모글로빈 농도가 감소한다. 이 형태의 빈혈은 엽산이나 비타민 B_{12}의 결핍이 원인인데 엽산결핍이 더 흔하다. 일부 세포독성약물(예 : methotrexate, hydroxyurea)이나 항레트로바이러스 약물(5-azacytidine)도 거대적아구성빈혈의 원인이 될 수도 있다.

(1) 엽산 및 비타민 B_{12}의 결핍이 세포분열에 미치는 영향

DNA를 구성하는 염기의 합성에 메틸기 결합이 필수적이다. 메틸기는 S-아데노실 메티오닌S-adenosyl methionine, SAM에 의해 염기 합성에 제공되는데, SAM 합성에는 메티오닌이 필요하다. 호모시스테인에 메틸기를 전달하는 것은 엽산 활성형인 tetrahydrofolateTHF이고, 이때 효소는 메티오닌 합성효소이며, 조효소는 비타민 B_{12}이다. 따라서 엽산 혹은 비타민 B_{12}의 결핍은 DNA 합성의 억제에 의한 세포분열 저해를 초래한다. 그러나 엽산이나 비타민 B_{12} 부족은 RNA와 단백질의 합성은 방해하지 않으므로 결핍 시에는 비정상적으로 크기가 큰 적아구erythroblast(적혈모구)가 되고, 성숙이 불완전한 형태이므로 산소 운반능력이 떨어진다 그림 10-4. 그림 10-4는 티미딜산(dTMP)의 합성을

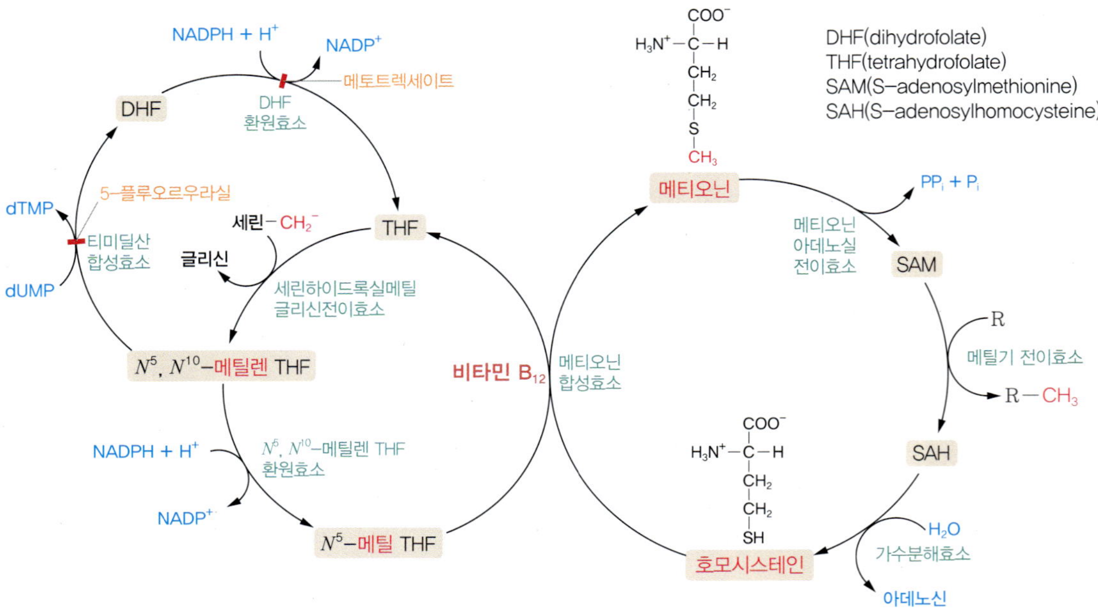

그림 10-4 엽산의 단일탄소 운반, 비타민 B12의 조효소 및 항암제의 역할

방해함으로써 이는 세포분열을 제거하는 항암제의 역할을 표시하였다. 엽산의 활성형인 THF에 의한 메틸기를 비롯한 메틸렌기(-CH_2-), 메테닐기(-CH=), 포밀기(-CHO)의 전달을 단일탄소 대사라고 일컫는다.

비타민 B_{12}는 신경섬유의 수초를 유지시키는 기능이 있으므로, 이 비타민이 결핍되면 수초의 파손으로 결국 신경마비와 사망을 초래한다.

(2) 엽산결핍의 원인

엽산결핍의 원인은 엽산의 섭취가 부족할 때, 엽산의 흡수와 이용이 불완전할 때, 그리고 성장, 임신, 암 등으로 인해 필요량이 증대될 때 등이다. 이 빈혈은 일부 임신부, 엽산 결핍을 가진 모체에서 태어난 유아, 노인이나 알코올중독자와 같은 영양불량자 및 암 환자에게서 발견된다. 항암화학요법에 사용되는 메토트렉세이트methotrexate는 엽산의 유사물질analog로서 엽산의 정상적인 활성화를 차단한다 그림 10-4. 임신기에는 엽산의 필요량이 증가되는데, 입덧으로 식품 섭취가 부족하면 엽산 섭취가 부족할 가능성이 커진다. 엽산결핍식사를 하면 정상적인 체내의 엽산 저장량이 2~3개월 안에 빠르게 고갈되고 빈혈이 나타난다.

(3) 비타민 B_{12} 결핍의 원인

비타민 B_{12}의 섭취, 흡수 혹은 이용이 감소되거나, 필요량이나 배설량 혹은 파괴가 증가될 때 이 비타민의 결핍으로 인한 거대적아구성빈혈이 초래된다. 알코올중독자는 다른 B군 비타민처럼 이 비타민이 부족하기 쉽다.

비타민 B_{12}의 흡수를 위해서는 위에서 분비되는 내적 인자와 결합하는 것이 필수적이다. 따라서 내적 인자의 분비가 저하될 수 있는 경우, 즉 위축성위염atrophic gastritis, 위절제gastrectomy의 경우에 거대적아구성빈혈이 발생할 수 있다. 악성빈혈pernicious anemia은 벽세포나 내적 인자가 파괴되어 유발되는 비타민 B_{12} 결핍에 의한 거대적아구성빈혈인데, 자가면역성과 비자가면역성이 있다. 자가면역성은 벽세포 혹은 내적 인자에 대한 자가항체가 생기는 것이 특징이고, 비자가면역성은 위축성위염에 의한 벽세포의 파괴이다. 비타민 B_{12}는 내적 인자와 결합한 후 회장에서 흡수되므로, 회장의 질환이나 절제로 비타민 B_{12}의 흡수가 저하되는 경우에도 비타민 B_{12} 결핍성 빈혈이 나타날 수 있다.

2) 증상

비타민 B_{12}와 엽산의 결핍은 공통적으로 거대적아구성빈혈과 위장 점막세포 손상에 따른 증상이 나타난다. 빈혈의 일반증상은 허약하고 숨이 차며, 입과 혀가 쓰리고, 설사와 부종, 식욕감퇴와 체중감소, 맥박수 증가, 현기증, 탈력감 등이다.

비타민 B_{12}결핍은 위와 같은 엽산결핍과 공통 증상 외에도 신경장애의 원인이 된다. 즉 손발 저림, 지각마비, 균형 상실 및 보행 곤란 등이 나타나고, 심해지면 편집증, 환각, 의식혼란 및 기억상실이 초래된다. 노인에서 협심증과 약한 발도 부종이 나타날 수 있다. 비타민 B_{12} 결핍 시에는 빈혈증상이 없어도 신경증상이 나타날 수 있지만 엽산결핍에서는 신경학적 증상이 나타나지 않는다. 한편, 가임기 여성의 엽산결핍은 신경관 손상으로 인한 기형아 출산을 초래한다.

엽산이나 비타민 B_{12}의 결핍은 고호모시스테인혈증hyperhomocysteinemia과 상관관계가 있고, 고호모시스테인혈증은 심혈관계질환의 위험인자이다.

3) 진단

자세한 병력조사, 신체검사, 혈액검사, 말초혈액도말검사와 함께 비타민 B_{12}와 엽산의 혈액 농도를 측정하여 진단하고 때로 골수검사를 하기도 한다. 거대적아구성빈혈에서 적혈구는 세포질과 단백질의 증가 때문에 비정상적으로 크고 미성숙하며, 모양이 비정상적인 핵이 있고 수명이 짧다. 엽산이나 비타민 B_{12}의 결핍에 의한 빈혈은 공통적으로 MCV는 증가하나 MCHC는 정상이다.

비타민 B_{12} 결핍성빈혈과 엽산결핍성빈혈을 구별하기 위해서는 혈청 비타민 B_{12} 농도와 엽산 농도 외에, 소변의 FIGLUformiminoglutamic acid를 측정한다. 소변으로의 FIGLU의 배설은 엽산결핍 시에는 상당히 증가되나 비타민 B_{12} 결핍 시에는 아주 소량만이 배설되므로 엽산결핍과 비타민 B_{12} 결핍을 구별할 수 있다.

4) 치료와 식사요법

(1) 엽산결핍에 의한 거대적아구성빈혈

엽산 저장량을 보충하기 위해 2~3주 동안 매일 구강으로 1 mg의 엽산 투여가 권장되고, 보충된 저장량을 유지하기 위해서는 최소한 매일 50~100 μg의 엽산을 식품이나 보충제로 섭취해야만 한다 표 10-8. 우리나라 성인의 엽산 권장섭취량은 400 μg DEF/일이다.

(2) 비타민 B_{12} 결핍에 의한 거대적아구성빈혈

이전에는 악성 빈혈이 치명적인 것으로 생각되었지만, 요즘에는 일주일 동안 매일 50~100 μg의 비타민 B_{12}를 근육 내로 또는 피하로 주사하여 치료할 수 있다. 한편, 비타민 B_{12}의 1% 정도는 내적 인자 없이도 확산에 의해 흡수될 수 있으므로 다량의 경구 복용이 효과적일 수 있다. 그러나 비타민 B_{12} 결핍이 심하여 감염, 간질환, 요독증, 혼수, 국소적인 감각 상실이나 현저한 신경손상을 일으켰을 때는 비타민 B_{12}를 비경구적으로 주사하여야 한다.

우리나라 상용식품의 엽산과 비타민 B_{12}의 교환당 함량은 표 10-8 에 요약되었다. 비타민 B_{12}의 주된 급원식품은 동물성식품이고, 식물성으로는 된장, 청국장과 같은 대두발효식품과 일부 해조류가 있다. 된장은 대두 함량과 발효기간에 따라 0.3~1.85 μg/100 g

표 10-8 각 식품의 교환당 엽산 및 비타민 B_{12} 함량

식품군	식품명	1교환 중량(g)	엽산(μg)	B_{12}(μg)
곡류	녹두(마른 것)	30	138.0	0.0
	대두	20	114.6	–
	백미	30	3.6	0.0
	밀가루(중력)		2.4	0.0
견과류 및 종실류	밤(생것)	60	44.4	0.0
	해바라기씨(마른 것)	8	18.2	0.0
	참깨(흰깨, 마른 것)		15.9	0.0
채소류	브로콜리(생것)	70	147.0	0.0
	시금치(생것)		137.3	0.0
	쑥갓(생것)		133.0	0.0
	총각김치	50	90.7	–
	양배추(생것)	70	87.4	0.0
	케일		84.0	0.0
	미나리		77.0	0.0
	상추, 개량종		77.0	0.0
	콩나물		74.0	0.0
	부추(생것)		70.0	0.0
	배추김치	50	21.7	–
버섯류	느타리버섯(생것)	50	64.5	0.0
	팽이버섯(생것)		37.5	0.0
과일류	딸기	150	171.6	0.0
	오렌지(생과)	100	65.4	0.0
	망고	70	58.8	0.0
육류	소, 부산물(간, 날것)	40	286.4	21.1
	쇠고기, 수입우(사태, 날것)		3.2	1.3
	닭고기(살코기, 날것)		2.8	0.2
	돼지고기(살코기)		0.8	0.2
	오리고기, 집오리(날것)		0.8	0.2
알류	메추라기알	40	36.4	1.9
	전란(생것)	55	8.7	0.5

(계속)

식품군	식품명	1교환 중량(g)	엽산(μg)	B_{12}(μg)
어패류	조기(참조기)	50	84.1	-
	굴(생것, 참굴, 양식산)	70	80.5	19.7
	바지락(모시조개, 생것, 양식산)		71.5	-
	멸치(자건품, 잔멸치)	15	34.5	9.7
	꽁치(생것)	50	11.3	8.9
	고등어(생것)		4.8	5.3
	임연수어(생것)		4.5	5.4
해조류	김(참김, 마른것)	2	30.6	1.6
	미역(생것)	70	20.3	0.2
우유류	치즈(가공치즈)	30	8.1	1.0
	보통우유, 가공우유	200	4.0	0.6
유지류	땅콩버터	8	7.0	0.0

자료 : 농업진흥청 국립농업과학원, 2017

의 비타민 B_{12}가 함유되어 있으며 우리나라 성인의 권장섭취량은 2.4 μg이다. 일반적으로 비타민 B_{12} 결핍이 심하지 않을 때는 엽산 공급이 거대적아구성빈혈을 치료할 수 있으나, 비타민 B_{12}의 결핍이 신경계 질병을 일으킬 정도로 심한 경우에는 엽산을 투여해도 비타민 B_{12} 결핍으로 인한 빈혈이 사라지지 않는다. 비타민 B_{12} 외에 단백질, 철, 그리고 다른 비타민의 섭취량도 증가시키는 것이 좋으므로 이들 영양소를 함유한 균형 잡힌 식사가 비타민 B_{12} 결핍성 거대적아구성빈혈 환자에게 권장된다. 비타민 B_{12} 결핍으로 인한 빈혈의 식사요법을 요약하면 다음과 같다.

거대적아구성빈혈의 원인에 따른 식사요법 요약

엽산결핍	비타민 B_{12} 결핍
• 시금치, 아스파라거스 등의 녹황색 채소류와 간, 육류, 어류, 말린 콩 등에 엽산이 풍부하므로 충분히 먹는다. • 엽산은 체내 저장량이 적으므로 매일 먹는다. • 엽산은 가열에 의해 쉽게 파괴되므로 과일과 채소는 최대한 신선한 상태에서 먹는다.	• 비타민 B_{12}가 풍부한 간, 쇠고기, 돼지고기, 달걀, 우유와 유제품, 된장, 해조류를 자주 먹는다. • 고단백식사는 조혈을 위해 바람직하다(1.5 g/kg/일). • 녹황색 채소에는 철과 엽산이 많으므로 충분히 먹는다.

CHAPTER

11

골격계질환

학습개요

골격계는 인체를 지탱하고 보호하는 대표적인 기관으로, 골격의 기능유지와 골격건강을 위해서는 충분한 영양이 필수적이다. 최근 고령인구가 많아짐에 따라 골다공증과 관절염 등의 발생빈도가 지속적으로 증가하여 중요한 사회적 문제가 되고 있다. 골격계의 장애는 일상생활에 장애를 초래하여 삶의 질을 저하시키므로 예방 및 조기진단과 적절한 치료가 매우 중요하다.

1. 골격의 구조 및 대사

1) 골격의 구조

뼈는 하이드록시프롤린hydorxyproline을 다량 함유한 유연성의 단백질(주로 콜라겐) 기질을 기본틀로 하여, 그 사이에 칼슘과 인이 주성분인 하이드록시아파타이트hydroxyapatite [$Ca_{10}(PO_4)_6(OH)_2$]라는 결정체가 축적된 조직이다. 뼈는 두 가지로 분류되는데, 하나는 피질골cortical bone(또는 치밀골compact bone)로 골격의 겉부분에 많고, 장골long bone(팔다리를 이루고 있는 길고 굵은 뼈)의 골간부shaft(양쪽 넓은 골단 사이의 길고 가는 부분)에도 다량 함유되어 있으며 단단하고 대사율은 낮다. 다른 하나는 해면골trabecular bone, sponge bone로 장골의 말단 부위, 손목과 발목, 어깨뼈, 척추, 골반 등에서 피질골의 안쪽을 지지하는데, 스폰지와 같은 망상구조로 연하며 대사율은 매우 높다. 피질골은 골격의 80%를, 해면골은 20%를 차지하며 골격의 종류에 따라 그 구성비율은 다양하다 그림 11-1.

2) 골격의 대사

(1) 골 재형성과정

뼈는 겉으로 보기에는 영구적이며 비활동적인 것 같지만 실제로는 일생 동안 계속적

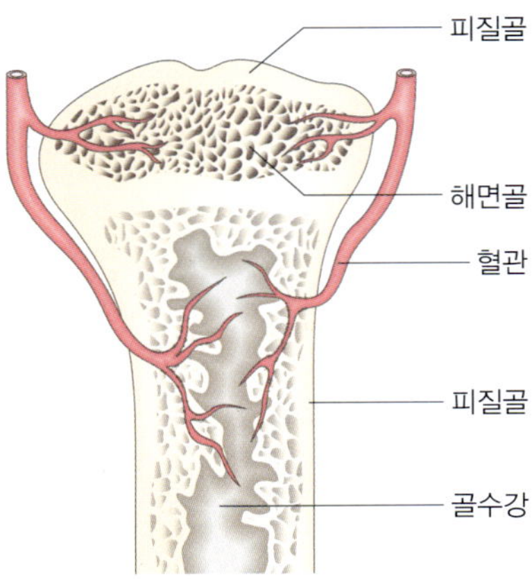

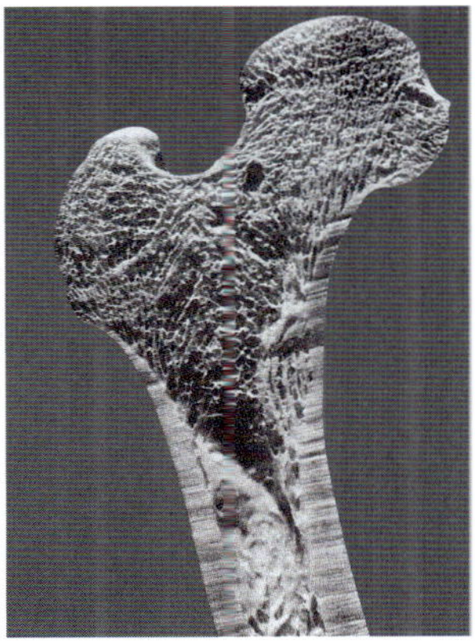

그림 11-1 골격의 구조

으로 재형성되며 활발한 대사가 일어나는 조직이다. 골 재형성과정bone remodeling은 파골세포bone-resorbing cell, osteoclast에 의해 뼈가 흡수(용해)되고, 조골세포(골아세포bone-forming cell, osteoblast)에 의해 새로운 뼈가 형성되는 일련의 과정을 말한다.

먼저 파골세포가 뼈의 표면에서 산과 단백질 가수분해효소를 분비하여 각각 골격을 구성하는 무기질과 콜라겐 기질을 용해시키며, 그 결과 빈 공간이 만들어진다. 다음으로 조골세포가 골격의 용해된 빈 공간에 우선 콜라겐 기질collagen matrix을 형성한 후, 그 안에 인산칼슘염이 침착하는 석회화과정을 촉진하여 뼈가 재형성된다. 골 흡수과정은 빠르게 진행되어 수일 이내에 완료되는 반면, 골 형성과정은 느리게 진행되어 3~6개월 정도 소요된다. 결과적으로 1년마다 약 10%의 뼈가 교체되고, 10년 정도가 지나면 우리 몸의 뼈는 전부 새롭게 바뀌게 된다.

(2) 골량과 골밀도

뼈를 구성하는 물질인 골기질(주로 콜라겐)과 무기질(주로 칼슘과 인산염)을 합쳐서 골량bone mass이라고 하며, 골량은 골밀도bone mineral density, BMD와 비례한다.

학령기, 사춘기 및 성인 초기에는 파골세포보다 조골세포의 역할이 왕성하여 골량이 증가되며, 이러한 골량의 증가는 특히 사춘기에 활발하게 일어난다. 30~35세에 최대골량에 도달한 후 50세 무렵까지 뼈의 대사과정은 동적 평형dynamic equilibrium을 이루며,

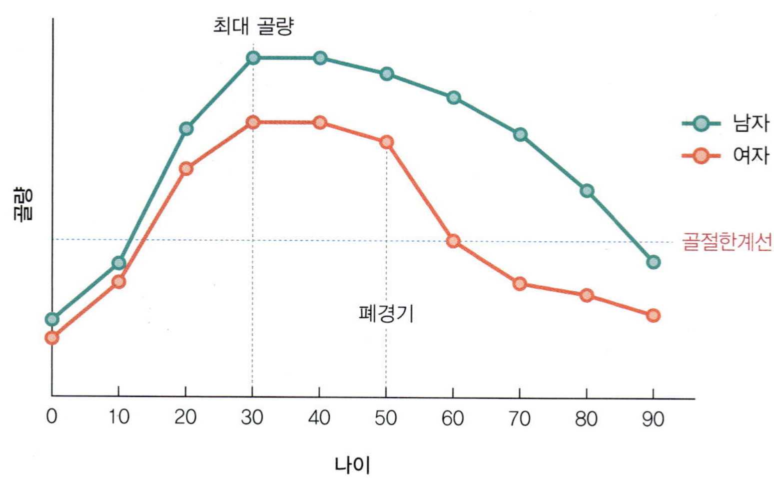

그림 11-2 연령에 따른 골밀도의 변화

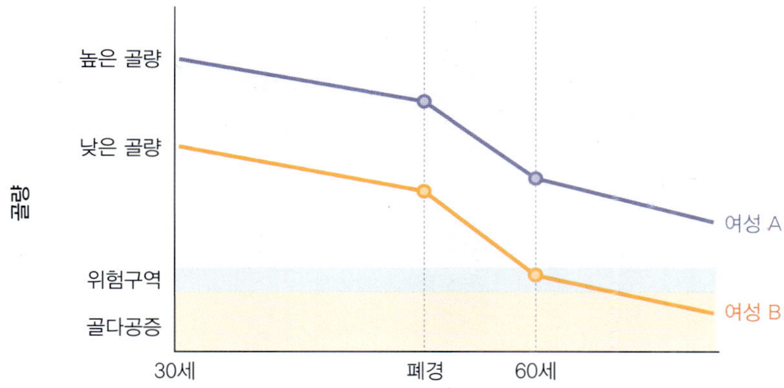

그림 11-3 골량에 따른 골소실 비교

골량이 대체로 유지되고 단지 소량만 감소한다. 그러나 그 이후 특히 여성의 경우 폐경 이후부터는 이들 세포의 균형이 깨져서, 즉 조골세포보다 파골세포의 활성이 커져서 골소실이 현저하게 나타난다 그림 11-2.

최대골량은 개인에 따라 차이가 크게 나타나며 일반적으로 남자가 여자보다, 그리고 체격이 큰 사람이 작은 사람에 비해 높은 최대골량을 갖는다. 최대골량은 연령이 높아질수록 골다공증에 걸릴 가능성을 판단하는 중요한 기준이 된다. 즉, 최대골량이 낮으면 뼈가 조금만 소실되어도 쉽게 골절이 일어날 수 있는 반면, 최대골량이 높으면 골다공증이 잘 나타나지 않는다 그림 11-3.

(3) 칼슘 항상성(Ca homeostasis)

혈중 칼슘 농도를 정상적으로 유지하는 것은 매우 중요하다. 체내 칼슘 중 99%는 골격을 형성하고, 나머지 1%는 혈액에 이온의 형태로 존재하면서 여러 가지 생리기능을 수행하며, 항상 일정한 농도(약 10 mg/dL)를 유지한다.

혈중 칼슘 농도를 조절하는 호르몬에는 부갑상선호르몬parathyroid hormone, PTH, 비타민 Dcholecalciferol 및 칼시토닌calcitonin이 있다 그림 11-4. 먼저 비타민 D는 자외선에 의해 피부에서 전구체인 7-데하이드로콜레스테롤7-dehydrocholesterol로부터 콜레칼시페롤cholecalciferol이 된다. 콜레칼시페롤은 간에서 25-하이드록시콜레칼시페롤[25-(OH)D_3]로 전환되고, 그 다음 신장에서 1,25-디히드록시콜레칼시페롤[1,25-$(OH)_2D_3$]로 활성화된다.

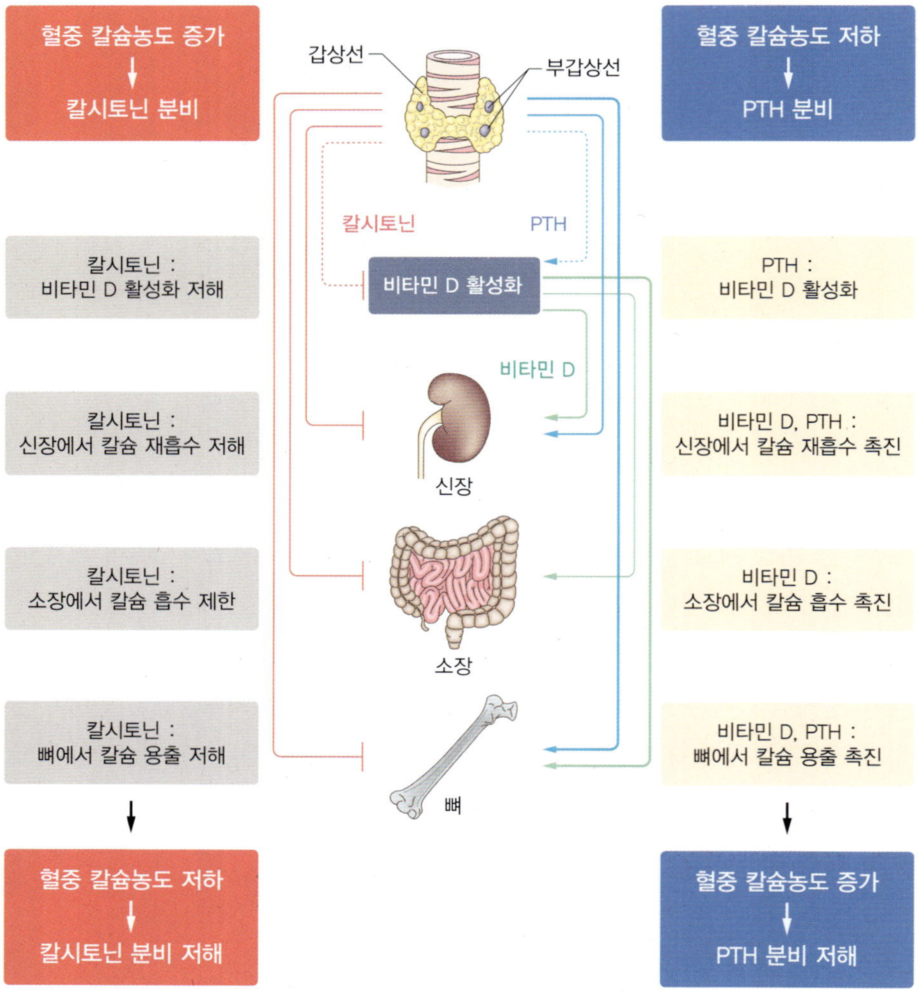

그림 11-4 혈중 칼슘농도의 조절

$1,25\text{-}(OH)_2D_3$는 소장점막에서 칼슘결합단백질calcium binding protein, CaBP을 합성하여 칼슘흡수를 늘리고, 신장의 세뇨관에서 칼슘 재흡수를 증가시킨다. 또한 뼈에서는 칼슘의 용출을 촉진하여 혈중 칼슘 농도를 올린다.

혈액 내 칼슘 농도가 정상치보다 떨어지면 부갑상선호르몬이 분비되어 간접적으로는 신장에서 1-하이드록시라아제1-hydroxylase의 활성을 높여서 $1,25\text{-}(OH)_2D_3$의 생성을 촉진하고, 직접적으로는 신장에서의 칼슘 재흡수와 뼈로부터의 칼슘 용출을 자극하여 혈중 칼슘 농도를 올린다.

한편, 혈액 내 칼슘 농도가 상승하면 갑상선에서 칼시토닌이 분비되어 부갑상선호르몬의 역할과는 반대로 1-하이드록시라아제의 활성을 억제하여 1,25-$(OH)_2D_3$ 생성을 낮추고, 신장에서의 칼슘 재흡수 및 소장에서의 칼슘 흡수를 감소시키며, 파골세포의 활성을 억제하여 뼈에 칼슘을 침착시킴으로써 혈중 칼슘 농도를 떨어뜨린다.

이와 같은 호르몬의 조절기능에 의해 혈액 내 칼슘은 항상 일정한 농도로 유지되며 골격대사도 정상적으로 이루어지게 된다.

2. 골다공증

1) 특징

(1) 정의

나이가 들면서 인체 내에서는 골소실이 시작되며, 즉 조골세포의 활성에 비해 파골세포의 활성이 비정상적으로 증가함에 따라 골량quantity이 감소하게 된다. 이와 같은 골량의 감소와 골의 질quality(뼈의 구조, 골교체율, 무기질화, 미세손상 축적 등) 저하로 인해 골강도bone strength가 약해져 골절의 위험이 증가되는 골격계질환을 골다공증osteoporosis이

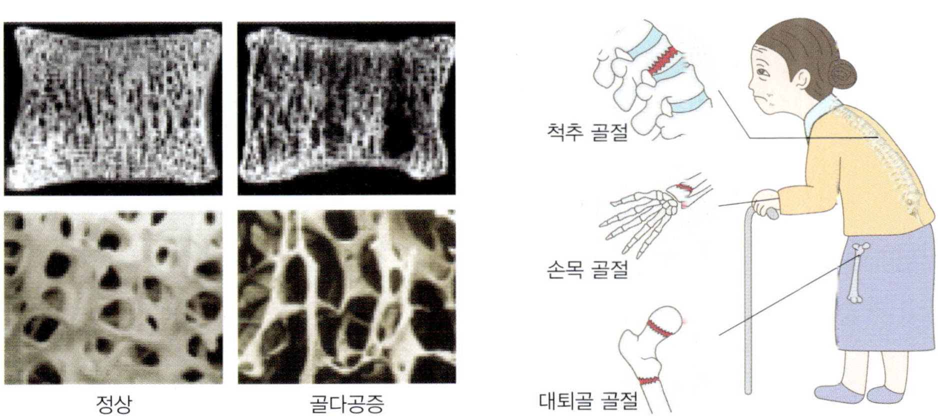

그림 11-5 정상인 및 골다공증 환자에 있어서의 해면골 구조와 주요 골절 범위

라고 한다. 골강도의 약 70%는 골량이 차지하며, 골질은 나머지 30%를 맡고 있다. 골다공증에서는 뼈의 절대량이 감소하므로 뼈조직의 구조가 치밀하지 못하고, 엉성하고 가늘어지게 되어 그림 11-5 작은 충격에도 골절을 쉽게 초래한다.

(2) 증상

골다공증의 주요 증상은 골절이다. 가장 흔하게 골절이 발생하는 부위는 척추(중~하부 흉추, 상부 요추)이며, 그 외 손목, 대퇴골 등에서 골절이 나타난다. 척추를 구성하는 척추뼈가 골소실로 인해 압박을 받으면 부서지거나 눌려(압박골절) 뼈의 형태가 변하며, 이로 인해 허리와 등에 통증을 느끼고, 키가 작아지거나 등이 굽는 현상이 나타난다 그림 11-5. 그러나 골절이 발생하기 전까지는 대부분 별다른 자각증상이 나타나지 않는다.

(3) 진단

골다공증의 진단에 가장 유용하게 사용되는 기준은 골량을 나타내는 골밀도이다. 골밀도측정방법으로는 이중에너지방사선흡수법dual energy X-ray absorptiometry, DXA이 가장 널리 이용되고 있으며, 그 외 정량적 컴퓨터단층촬영법quantitative computed tomagram, QCT, 정량적 초음파법quantitative ulttasound, QUS 등이 있다. 골밀도 측정에 주로 이용되는 부위는 중심뼈인 요추와 대퇴골이며, 이들 부위에서 측정된 골밀도 중 낮은 값을 기준으로 골다공증을 진단한다.

골다공증을 진단할 때에는 주로 T-값과 Z-값을 이용한다. 폐경 이후의 여성과 50세 이상의 남성에서는 T-값에 따라 골다공증을 진단하고, 소아·청소년·폐경 전 여성과 50세 미만의 남성은 Z-값을 이용하여 진단한다. T-값이 -1.0~-2.5이면 골감소증, -2.5 이하이면 골다공증, 또한 -2.5 이하이면서 골절을 동반하면 '심한' 골다공증으로 진단한다 표 11-1. 반면 Z-값이 -2.0 이하이면 '연령 기대치 이하'라고 진단하며, 이차성 골다공증의 가능성을 고려해야 한다.

표 11-1 골밀도에 따른 골다공증 진단기준(WHO)

골밀도(T-값)	진단
T-값 > -1.0	정상
-1.0 ≥ T-값 > -2.5	골감소증
T-값 ≤ -2.5	골다공증
T-값 ≤ -2.5 + 골절	심한 골다공증

• T-값 : 골량이 가장 높은 젊은 성인 집단의 평균 골밀도와 비교한 값. (환자의 측정값 - 젊은 집단의 평균값)/표준편차
• Z-값 : 같은 연령집단의 평균 골밀도와 비교한 값. (환자의 측정값 - 동일 연령집단의 평균값)/표준편차

2) 분류

골다공증은 폐경 또는 노화로 인해 발생하는 일차성 골다공증primary osteoporosis과 뼈조직의 손실을 초래하는 약물이나 질환에 따른 이차성 골다공증secondary osteoporosis으로 분류된다. 일차성 골다공증은 다시 발생시기에 따라 편의상 폐경 후 골다공증(제1형)과 노인성 골다공증(제2형)의 두 가지로 분류한다 표 11-2.

표 11-2 골다공증의 분류

구분	폐경후 골다공증(제1형)	노인성 골다공증(제2형)
발병시기	50~70세(폐경기 이후)	70세 이후(노년기)
발병대상	주로 여성(여성 : 남성 = 6 : 1)	여성과 남성(여성 : 남성 = 2 : 1)
발생 뼈조직	주로 해면골	해면골(보다 심함), 치밀골
골절 부위	손목, 척추	고관절, 척추 및 그 외 골격
발병원인	여성 : 폐경으로 인한 에스트로겐의 분비 감소 남성 : 연령이 높아짐에 따른 따른 테스토스테론 분비 감소	노화로 인한 칼슘의 흡수 감소, 뼈 무기질 손실 증가 및 기타

(1) 폐경 후 골다공증

폐경 후 골다공증은 폐경후 15~20년 이내에 유발되며, 난소에서의 에스트로겐 분비 저하로 인해 주로 해면골이 소실되어 발생한다 그림 11-6. 증상으로는 손목골절(콜리스 골절Colles' fracture; 증상을 처음으로 묘사한 아일랜드 외과의사의 이름에서 유래)과 척추골절crush fracture이 발생하며, 흔히 통증을 느끼고 뼈의 변형이 따른다. 폐경 후 골다공증 여

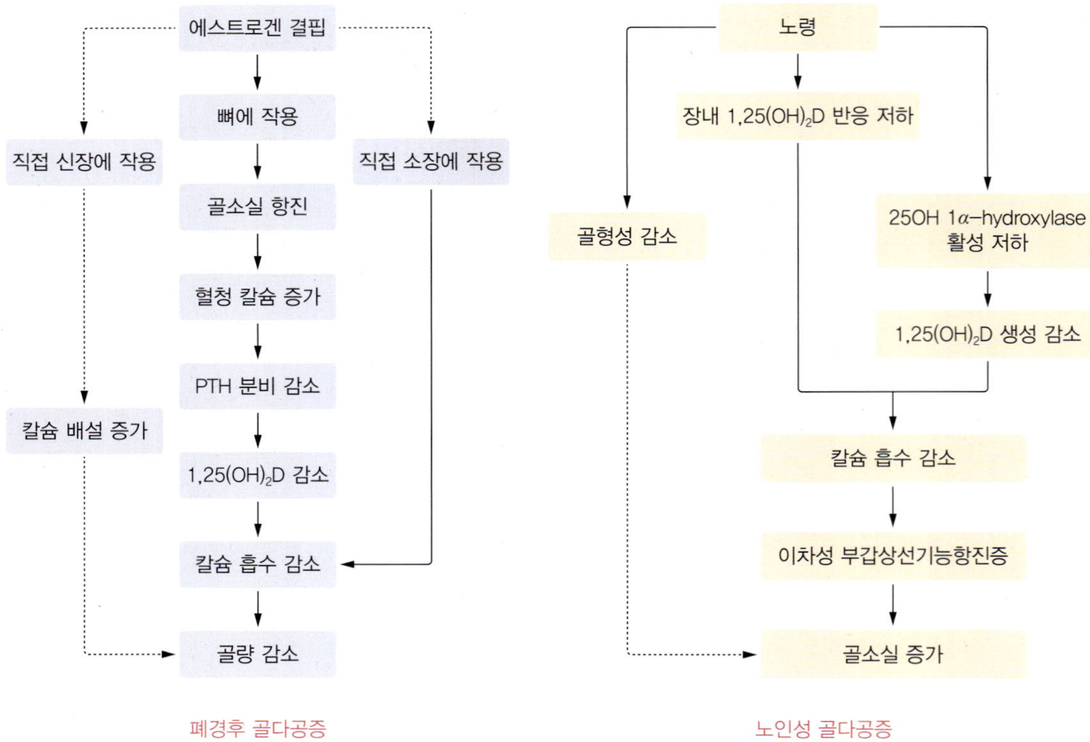

그림 11-6 골다공증의 발생 기전

자료 : 대한골대사학회, 2011

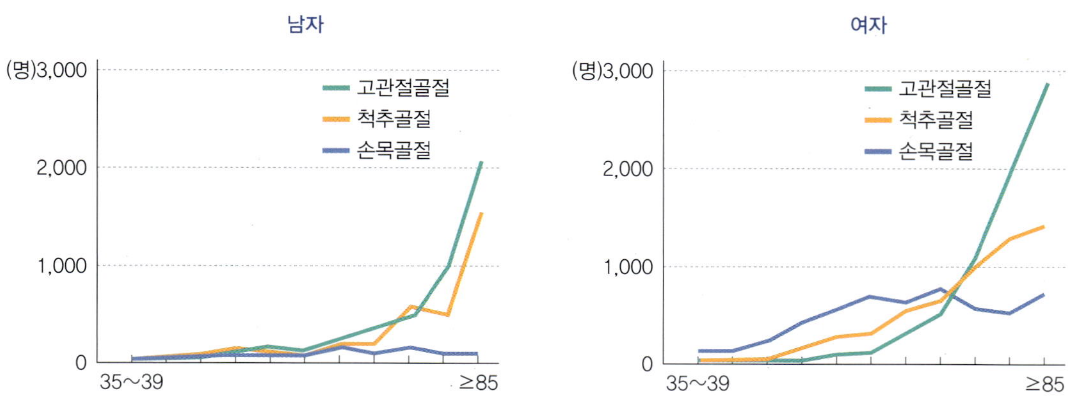

그림 11-7 매년 인구 10만 명당 새로 발생하는 골절환자 수

자료 : 장준섭·양규현, 2005

성에서 요추의 골량과 골밀도는 정상 폐경 후 여성의 25~40%까지 감소한다.

(2) 노인성 골다공증

노인성 골다공증은 70세 이후에 남성과 여성 모두에서 발생하며, 여성에서 더욱 흔하다. 노화에 따른 뼈조직의 손실로 인해 해면골(보다 심함), 피질골 모두에서 소실이 나타난다 그림 11-6. 증상으로는 주로 대퇴부 상부의 고관절골절이 특징적으로 많으며, 척추골절도 연령 증가에 따라 꾸준히 늘어난다 그림 11-7.

3) 원인

골다공증은 매우 다양한 여러 요인에 의해 나타나며 유전, 연령, 성, 월경상태, 체중, 식사요인, 활동부족 등이 위험요인으로 작용한다 표 11-3.

(1) 유전과 종족

최대골량은 유전적 요인에 의해 영향을 받으며, 유전적으로 낮은 골량을 갖는 여성의 경우 칼슘 섭취가 부족했을 때 뼈의 손실이 더욱 빠르고, 가족 중에 골다공증 환자가

표 11-3 골다공증의 위험요인

항목	관련요인
유전	가족력
종족	백인, 동양인 > 흑인
성, 연령	여성, 가령
호르몬	에스트로겐 결핍(폐경, 무월경, 조기난소 절제), 남성의 성선기능 저하
신체활동	운동부족
체중	저체중
질환	부갑상선기능항진증, 갑상선기능항진증, 당뇨병, 만성 신부전, 만성 설사 및 흡수불량증, 위절제, 만성 폐색성폐질환, 성선기능저하증, 류마티스관절염
식생활	칼슘과 비타민 D의 섭취부족, 동물성 단백질과 나트륨 및 식이섬유의 과다섭취
약물	글루코코르티코이드, 항경련제, 항응고제, 항암제, 알루미늄함유 제산제, 갑상선호르몬제 등의 지속적인 복용
기타	알코올 및 카페인의 과다섭취, 흡연

있는 경우도 골다공증에 걸릴 확률이 높다. 흑인은 백인이나 아시아인에 비해 골밀도가 높으며 골다공증 발병률도 낮게 나타난다. 비록 최대골량은 대부분 유전에 의해 결정되지만 나이가 들면서 다른 환경적 인자들이 더 중요해지며, 이들로 인해 골다공증의 발병 여부가 결정될 수 있다.

(2) 연령과 성

연령에 따른 골량의 변화는 그림 11-2와 같다. 약 40세 무렵부터 남녀 모두에서 골밀도는 감소하기 시작하며, 50세(또는 폐경) 이후에는 여성에서의 골소실이 크게 증가한다. 특히 폐경기 이후 첫 5년 동안 골소실이 가장 크게 나타난다. 남성은 최대골밀도에서 고령에 이를 때까지 골밀도의 약 1/4 정도가 감소하나 여성은 약 1/3이 감소한다. 이와 같이 여성이 남성보다 높은 골다공증 발병률을 보이는 이유는 여성의 골량이 기본적으로 적으며, 폐경기에 더 많은 양의 뼈소실이 발생하기 때문이다.

(3) 월경 상태

에스트로겐은 골격에 대한 부갑상선호르몬의 작용을 억제하고, 칼시토닌의 작용을 촉진함으로써 뼈로부터의 칼슘용출을 감소시키며 칼슘평형을 개선한다. 따라서 폐경, 무월경(신경성 식욕부진, 운동선수 등), 생리불순, 조기폐경(45세 이전), 난소절제, 출산 무경험 등으로 에스트로겐의 분비가 감소된 경우에는 골소실이 증가되어 골다공증의 발생빈도가 높게 나타난다.

(4) 신체활동 및 체중

신체활동은 조골세포를 자극하여 뼈의 재형성을 촉진하며, 활동제한 및 운동부족은 뼈 손실을 초래한다. 또한 체중은 그 자체가 골격에 물리적인 힘을 가하기 때문에 체중이 늘어날수록 골밀도는 증가한다. 특히 체중부하를 받는 요추와 대퇴부의 골밀도가 체중부하를 받지 않는 요골 골밀도보다 체중과의 관련성이 더 높게 나타난다. 따라서 저체중인 경우 과체중에 비해 골다공증 발병률이 높다.

(5) 식사요인

골다공증과 관련된 식사요인으로는 칼슘, 비타민 D의 섭취부족과 인, 단백질, 나트륨 및 식이섬유의 과다 섭취 등이 알려져 있다.

칼슘의 섭취부족은 골량을 낮추며, 비타민 D의 부족은 이차적으로 부갑상선기능항진증을 초래하여 골소실을 촉진한다. 칼슘보다 인의 섭취비율이 지나치게 높은 경우 과잉의 인이 칼슘의 흡수를 저해하여 혈중 칼슘 농도를 낮추고, 이는 부갑상선호르몬의 분비를 자극하여 골소실을 초래한다.

단백질의 충분한 섭취는 최대골량 형성 및 유지에 중요하지만 과다 섭취, 특히 동물성 단백질의 과잉 섭취 시에는 함황아미노산의 대사산물인 황산이 칼슘과 염을 형성하여 소변으로의 칼슘 배설을 증가시키므로 체내 칼슘평형을 음(-)의 상태로 만든다. 나트륨의 과잉섭취 시에도 소변으로 칼슘 배설이 증가되며, 과잉의 식이섬유는 칼슘의 흡수를 방해한다.

(6) 질환 및 약물

칼슘 및 골격 대사에 영향을 미치는 여러 질환과 약물복용은 골소실을 초래한다. 갑상선호르몬인 티록신의 과다분비는 뼈손실을 일으키며, 초기에 치료하지 않으면 골다공증으로 발전한다. 갑상선기능저하증의 치료를 위해 과량의 티록신을 투여해도 같은 현상이 나타나며, 그 외 만성 간질환, 신부전, 염증성장질환 등도 골다공증의 위험을 높인다. 또한 스테로이드제를 비롯한 여러 약물의 복용은 칼슘 흡수를 방해하거나 뼈로부터의 칼슘용출을 촉진함으로써 골다공증 발병 위험을 높인다.

(7) 알코올, 카페인, 흡연

알코올은 직접 조골세포에 작용하여 골형성을 억제하고 칼슘 흡수를 저해하며, 소변으로의 칼슘 배설을 증가시킨다. 카페인은 칼슘 흡수를 저해하고 소변으로의 칼슘 배설을 증가시키며, 흡연은 에스트로겐 분비를 저하시켜 폐경시기를 앞당기고 골다공증의 발생 위험을 높인다.

4) 예방 및 치료

골다공증은 치료와 더불어 예방이 매우 중요하다. 성장기부터 충분한 칼슘 섭취 및 운동을 실시하여 높은 최대골량을 형성하고, 폐경 후와 노인기에는 골다공증 위험인자를 점검하여 이에 대처함으로써 가능한 한 골소실이 적게 일어나도록 한다.

(1) 식사요법

칼슘 충분히

한국인 영양소 섭취기준에서 제시하는 19~49세 성인의 1일 칼슘 권장섭취량은 남자 800 mg, 여자 700 mg이며, 50~64세는 남자 750 mg, 여자 800 mg이고, 65세 이상에서는 남자 700 mg, 여자 800 mg이다. 대한골대사학회에서는 골다공증 및 골절의 예방과 치료를 위해 50세 이상의 남성과 폐경 여성에서 1일 800~1,000 mg의 칼슘 섭취를 권장하고 있다.

칼슘은 우유, 아이스크림, 요구르트, 치즈 등의 유제품과 조개류, 뱅어포와 멸치 등의 뼈째 먹는 생선에 많이 함유되어 있고, 해조류, 채소류, 콩류 등도 칼슘의 급원으로 작용한다 표 11-4. 우유 1컵에는 약 200 mg의 칼슘이 함유되어 있으며, 따라서 성인의 1일 칼슘 권장섭취량을 충족시키기 위해서는 하루 2~3컵의 우유를 마시도록 한다. 또한 최근에는 여러 칼슘 강화식품들이 개발되어 시판되고 있어서 이들의 섭취를 통해 칼슘 섭취를 증가시킬 수 있다.

칼슘은 다른 영양소와의 균형을 위해서는 식품으로 섭취하는 것이 바람직하지만, 식사로부터 충분한 양의 칼슘 섭취가 어려운 경우에는 칼슘보충제를 복용할 수 있다. 일반적으로 칼슘보충제는 하루에 1~1.5 g을 섭취하도록 권장하며, 한꺼번에 많은 양을 복용하는 것보다 500 mg 이하를 하루 2~4회로 나누어 복용하는 것이 칼슘 흡수를 최대로 할 수 있다. 칼슘보충제를 식사 직후에 복용하면 위산의 분비를 촉진함으로써 칼슘 흡수가 증가한다. 칼슘의 흡수를 증가시킬 수 있는 단백질, 비타민과 함께 섭취하면 좋다.

비타민 D 충분히

비타민 D는 칼슘의 흡수를 높이고 골격의 무기질 침착에 관여하여 골밀도를 증가시키지만, 골용해 역시 증가시켜서 고칼슘혈증, 고칼슘뇨증 등의 불필요한 작용도 동반하

표 11-4 칼슘 급원식품과 칼슘 함량

분류	식품, 1교환량	칼슘(mg)	분류	식품, 1교환량	칼슘(mg)
우유류	고칼슘우유 1컵, 200 g	600	채소류	아주까리, 익혀서 1/3컵, 70 g	463
	무당연유 1/2컵, 100 g	225		무청, 익혀서 1/3컵, 70 g	239
	전지분유 5큰술, 25 g	220		케일, 익혀서 1/3컵, 70 g	197
	저지방우유 1컵, 200 g	210		신선초(명일엽), 70 g	165
	우유 1컵, 200 g	182		고춧잎, 익혀서 1/3컵, 70 g	148
	치즈(체다) 1.5장, 30 g	130		파슬리,익혀서 1/3컵, 70 g	144
	아이스크림(바닐라맛) 1/2컵, 100 g	113		냉이,익혀서 1/3컵, 70 g	135
	요구르트(호상, 딸기맛) 1개, 100 g	105		갓, 익혀서 1/3컵 70 g	135
	요구르트(액상) 1개, 150 g	59		호박잎, 익혀서 1/3컵, 70 g	126
어패류	방게, 70 g	3,268		비름, 익혀서 1/3컵, 70 g	118
	논우렁이 1/3컵, 70 g	841		미나리, 익혀서 1/3컵, 70 g	91
	미꾸리, 50 g	368		참취, 익혀서 1/3컵, 70 g	85
	멸치(말린 것, 중) 1/4컵, 15 g	194		열무, 익혀서 1/3컵, 70 g	84
	보말고동, 70 g	168		깻잎 20장, 40 g	84
	뱅어포 1장, 15 g	147		근대, 익혀서 1/3컵, 70 g	68
	다슬기, 70 g	137		아욱, 익혀서 1/3컵, 70 g	66
	재첩, 70 g	127	콩류	콩비지 2/3공기, 150 g	99
	맛조개 1/3컵, 70 g	116		순두부 1/2봉, 200 g	80
	백합(대합) 1/3컵, 70 g	113		연두부 1/2개, 150 g	57
	꽁치통조림 1/3컵, 50 g	99		대두(노란콩) 2큰술, 20 g	49
	해삼, 70 g	83	해조류	모자반, 70 g	146
	뱀장어(소) 1토막, 50 g	79		우뭇가사리, 70 g	128
	참굴(양식) 1/3컵, 70 g	76		톳, 70 g	110
견과류	참깨 1큰스푼, 8 g	85		미역, 70 g	107
	들깨 1큰스푼, 8 g	60		다시마, 70 g	72

자료 : 농촌진흥청 국립농업과학원, 2016

므로 과량 사용은 피해야 한다. 한국인 영양소 섭취기준에서는 성인(19~64세)의 비타민 D 충분섭취량을 남녀 10 μg, 65세 이후는 15 μg으로 제시하고 있으며, 대한골대사학회에서는 50세 이상의 남성과 폐경 여성에서 1일 800 IU(20 μg) 정도 섭취할 것을 권장하고 있다.

비타민 D가 많은 식품으로는 버터, 간, 달걀노른자, 표고버섯, 생선(고등어, 참치, 연어 등) 등이 있으며, 그 외에 일광욕, 비타민 D 강화식품(우유, 두유, 치즈 등) 및 보충제를 통해 비타민 D를 공급할 수 있다. 비타민 D 보충제는 노인, 외출이 적은 사람, 자외선 차단제를 사용하는 경우에 복용이 권장되며, 칼슘과 함께 복용할 때 골밀도 증가 및 골절 감소효과가 큰 것으로 나타나고 있다. 비타민 D는 골격뿐만 아니라 근육세포에 작용하여 근육기능을 향상시킴으로써 근력을 증가시키고, 평형감각을 좋게 하여 넘어져 다치는 낙상의 위험 또한 줄일 수 있다.

인과 단백질 적당히

인은 칼슘과의 적정비율이 중요하여 1:1 섭취가 가장 바람직하나, 현대인의 식사는 인의 섭취가 칼슘보다 훨씬 높은 특징을 나타내고 있다. 그러므로 인을 다량 함유한 청량음료 및 가공식품 등의 잦은 섭취는 피하도록 한다. 단백질 섭취량이 증가하면 소변으로의 칼슘 배설이 증가하므로 단백질(특히 동물성)은 권장섭취량 이상 섭취하지 않도록 한다.

기타의 무기질 및 비타민 충분히

불소는 조골세포를 자극하여 골형성을 촉진한다. 불소는 하이드록시아파타이트[$Ca_{10}(PO_4)_6(OH)_2$] 대신 플루오로아파타이트[$Ca_{10}(PO_4)_6F_2$]를 형성하여 더욱 견고한 형태의 골격을 이루어서, 골밀도를 증가시키고 골용해에 대한 저항력은 커지게 한다. 반면에 과잉섭취 시에는 뼈의 경도가 커져 오히려 골절률이 증가할 수 있다.

철, 구리, 아연, 망간 등의 미량원소는 골격대사과정에 필요한 효소의 보조인자로 작용하므로 충분한 섭취가 필요하다.

또한 비타민 K는 조골세포에서 생성되는 오스테오칼신osteocalcin을 카르복실화시켜 칼슘과 결합하게 함으로써 골형성에 관여하므로 적절한 섭취가 중요하다. 비타민 C는 콜라겐을 합성하고 칼슘 흡수를 증가시키며 조골세포를 자극하므로 충분히 섭취하도록 한다.

이소플라본 충분히

이소플라본은 에스트로겐과 유사한 구조를 하고 있어서 약한 에스트로겐으로 작용하여 골소실 억제효과를 나타낸다. 대두 및 대두제품(두부, 두유, 된장, 쌈장, 청국장 등)에는

표 11-5a 골다공증식의 1일 영양소구성 예(C : P : F = 56 : 19 : 25)

식사명	에너지(kcal)	당질(g)	단백질(g)	지방(g)	칼슘(mg)
고칼슘식	2,100	300	100	50	1,000~1,500

표 11-5b 골다공증식의 1일 식품구성 예

식품군	곡류군	어육류군		채소군	지방군	우유군	과일군
		저지방군	중지방군				
교환단위 수	10	3	3	7	3	3	1

표 11-5c 골다공증식의 1일 식단 예

식품군		교환 단위 수	아침	간식	점심	간식	저녁
곡류군		10	3×쌀 30 g =90 g(콩밥)	1×식빵 1쪽 =35 g(토스트)	3×쌀 30 g =90 g(쌀밥)		3×쌀 30 g =90 g(콩밥)
어육류군	저지방	3	1×재첩 70 g =70 g(재첩국)		1×북어 15 g =15 g(북어찜)		1×쇠고기 40 g =40 g(불고기)
	중지방	3	0.5×연두부 150 g =75 g(연두부찜) 0.5×검은콩 20 g =10 g(콩밥용)		1×멸치 15 g =15 g(멸치볶음)		0.5×뱅어포 15 g =7.5 g(뱅어포구이) 0.5×검은콩 20 g =10 g(콩밥용)
채소군		7	1×냉이 70 g =70 g(냉이무침) 1×고춧잎 70 g =70 g(고춧잎나물) 0.5×김치 50 g =25 g(배추김치)		0.5×미역 6 g =3 g(미역국) 1×비름 70 g =70 g(비름나물) 0.5×깍두기 50 g =25 g(깍두기)		1×근대 70 g =70 g(근대국) 1×열무 70g =70 g(열무나물) 0.5×김치 50 g =25 g(배추김치)
지방군		3	1×식용유(참기름) 5 g =5 g(조리용)		1×식용유(참기름) 5 g =5 g(조리용)		1×식용유(참기름) 5 g =5 g(조리용)
우유군		3	1×우유 200 mL	1×우유 200 mL		1×우유 200 mL	
과일군		1				1×사과 80 g	
식단			콩밥 재첩국 연두부찜 냉이무침 고춧잎나물 배추김치 우유	우유 토스트	쌀밥 미역국 북어찜 멸치볶음 비름나물 깍두기	우유 사과	콩밥 근대국 소불고기 뱅어포구이 열무나물 배추김치

*밥은 콩밥으로, 우유는 저지방우유 또는 고칼슘우유로 작성하는 것이 도움이 됨

> **알아두기** 골연화증과 구루병
>
> 골연화증(구루병)은 주로 비타민 D의 결핍으로 인해 골격이 적절하게 석회화되지 못하여 뼈가 연해지고 변형되는 현상을 말한다. 성인에게 발생하는 경우 골연화증(osteomalacia), 어린이에서는 구루병(rickets)이라고 한다. 골연화증에서는 뼈의 통증, 근력저하 등이 주로 나타나며, 구루병에서는 성장지연과 다리의 휨, 늑골말단 이상과 같은 뼈의 변형이 유발된다. 식사요법으로는 비타민 D가 풍부한 음식 또는 보충제를 섭취하거나 햇빛을 충분히 쬐도록 한다. 이와 함께 우유 등 칼슘공급원의 섭취도 권장한다.
>
> 골연화증(구루병)에서는 뼈의 용적은 정상이지만 단백질 기질에 무기질 침착이 잘 안 되어 뼈의 조성데 변화가 생기는 반면, 골다공증의 경우에는 뼈의 조성은 정상이지만 뼈의 용적이 감소하여 뼈가 가늘어지고 얇아진다는 점에서 차이를 보인다.

식물성 에스트로겐으로 알려져 있는 이소플라본이 많이 함유되어 있어서 골다공증, 특히 폐경 후 골다공증의 예방과 치료 시 에스트로겐을 대신하여 이용될 수 있다.

골다공증식의 1일 영양소구성, 식품구성 및 식단 예는 표 11-5 와 같다.

(2) 운동요법

규칙적인 운동은 뼈에 물리적인 자극을 주어 조골세포를 자극함으로써 뼈대사를 활성화시킬 뿐만 아니라, 근육의 힘을 증가시키고 유연성과 평형감각을 증진시킴으로써 넘어져서 생기는 골절을 예방할 수 있다 그림 11-8.

골다공증의 예방과 치료에 효과적인 운동으로는 체중에 의해 뼈에 자극을 줄 수 있는

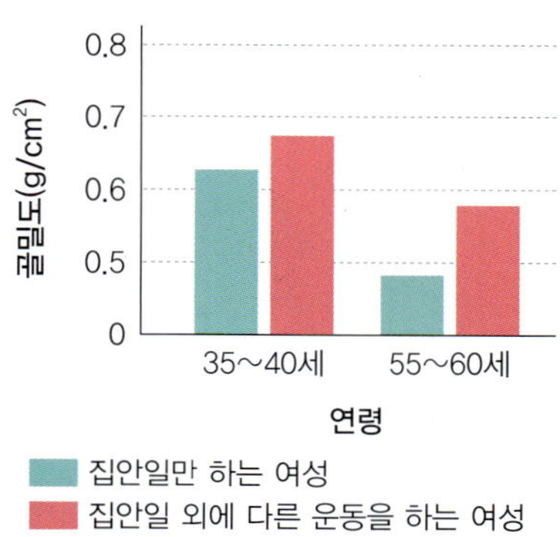

그림 11-8 운동을 하는 여성과 하지 않는 여성의 골밀도

자료 : 장준섭·양규현, 2005

체중부하 운동, 즉 걷기, 계단 오르기, 등산, 달리기, 에어로빅 및 근력운동(가벼운 역기들기 등) 등이 있다.

(3) 약물요법

골다공증을 치료하기 위한 약물로는 비스포스포네이트, 선택적에스트로겐 수용체 조절제, 부갑상선호르몬 등이 있다. 비스포스포네이트계 약물은 파골세포를 불활성화시켜 골흡수를 억제하여 뼈가 소실되지 않게 하는 작용을 하며, 가장 많이 이용되고 있는 치료제이다. 선택적 에스트로겐 수용체 조절제는 호르몬은 아니지만 뼈조직에 있는 에스트로겐 수용체에 결합하여 에스트로겐으로 작용함으로써 골소실을 줄여 준다. 부갑상선호르몬은 골형성촉진제로서 조골세포를 활성화시켜 골형성을 증가시킨다.

3. 관절염

관절은 압축성과 탄력성을 가지며 골의 연결 시 마찰을 방지하고 자연스럽게 운동을 할 수 있게 하는 구조물이다. 관절을 이루는 골의 말단은 관절연골articular cartilage로 덮고 있고, 관절연골 사이의 내강은 관절낭articular capsule이 싸고 있다. 관절낭은 다시 섬유막fibrous membrane과 활액막synovial membrane으로 구성되어 있으며, 활액막 안에는 윤

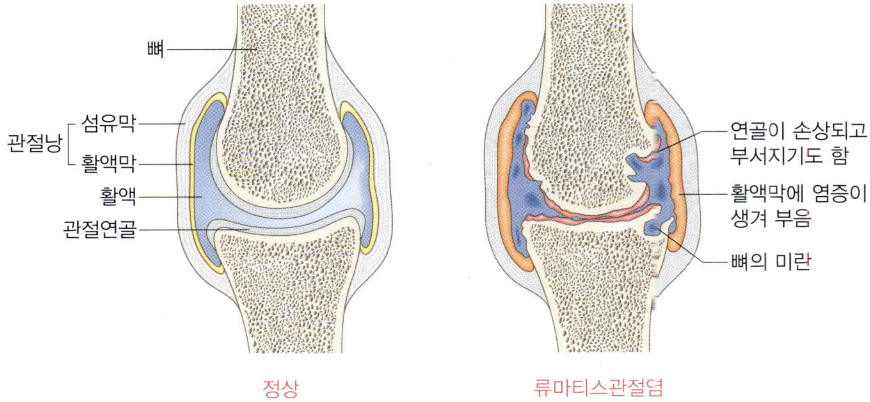

그림 11-9 정상 관절과 류마티스관절염의 관절 구조

활작용을 하는 활액이 들어 있다 그림 11-9. 관절염에는 일반적으로 골관절염과 류마티스관절염이 있다.

1) 골관절염

골관절염osteoarthritis은 퇴행성관절염이라고도 하며 관절염 중 가장 흔한 것으로, 관절을 형성하는 연골이 손상되고 닳아 없어지면서 생기는, 관절통과 관절의 변형을 초래하는 질환이다. 이와 같은 증상은 모든 관절에서 발견되며 특히 체중을 지탱하거나 자주 사용하는 관절인 무릎, 척추, 고관절 등에서 자주 발생하므로 체중과다 및 비만인에게 잘 나타난다. 65세 이상 노인인구의 70%에서 발생하며, 여성이 남성보다 높다.

(1) 원인과 증상

골관절염은 여러 복합적인 원인에 의해 발생하며 유전적 요인, 연령(가령에 따라 증가), 관절 부위의 외상, 관절의 과다 사용, 비만 등이 영향을 미친다.

침범된 관절은 빨갛게 붓고 크기가 커지며 관절을 움직일 때 소리가 나거나 뻣뻣해지고 통증이 나타난다. 류마티스관절염과 달리 통증이 주로 관절을 많이 사용하고 난 오후나 저녁시간에 심해지는 경우가 많다.

질환이 진행되면 통증이 심해지고 점차적으로 관절운동에 제한을 받으며, 심지어는 관절에 변형이 나타난다. 골관절염은 주로 하나 혹은 두 개 정도의 관절에 비대칭적으로 나타나고 전신적인 증상은 대개 없는 것이 특징이다.

(2) 치료 및 식사요법

골관절염 치료의 주된 목표는 통증을 감소시키고 관절의 파괴와 변형을 예방하는 데 있으며, 치료에는 약물치료, 물리치료, 운동요법, 그리고 수술치료 등이 있다. 약물요법으로는 진통제나 비스테로이드성 항염증제 및 관절강 내 스테로이드 주사를 사용할 수 있다. 운동요법으로는 관절 주위 근육의 강도를 높이는 운동이 유용하며, 스트레칭, 수영 및 자전거 타기 등 체중부하가 없는 운동이 권장된다.

골관절염 환자에서는 주로 체중 초과현상이 나타나므로 관절의 부담을 줄이기 위한 체중감소가 필요하나, 에너지 소비와 운동량이 제한되어 있으므로 적절한 식단작성이 매우 중요하다. 저에너지 식품을 사용하여 정상체중의 하한선을 유지하게 하고, 건강을 최대한 유지하도록 단백질, 비타민, 철 및 칼슘을 충분히 섭취한다. 또한 골관절염 환자는 노년층에 많으므로 노인식에 준하여 식사를 계획한다.

2) 류마티스관절염

류마티스관절염rheumatoid arthritis은 관절을 둘러싸고 있는 활액막에 염증을 일으키는 만성 자가면역질환이다. 주로 손가락이나 발가락 등의 좌우 양쪽 관절에 대칭적으로 증상이 나타나며, 다발성관절염의 형태를 보인다. 점차 관절연골과 뼈까지 염증이 확대되어 관절의 심한 손상과 변형을 초래한다.

(1) 원인과 증상

류마티스관절염은 유전적 소인에 환경적 요인(세균, 바이러스, 화학물질, 약물 등)이 복합적으로 작용하여 발생하나 정확한 원인은 아직 밝혀져 있지 않다. 발병률은 0.5~1%가량으로 40~50세에 주로 나타나며 가끔 어린이에게도 발생한다. 여성에서의 발병률은 남성에 비해 3배 이상 높으나, 나이가 많아질수록 남녀의 차이가 감소하는 경향이 있다.

류마티스관절염의 특징적인 증상은 관절이 뻣뻣해지는 것인데 이는 질환의 진행 정도를 판별하는 중요한 지표가 된다. 특히 아침에 관절이 뻣뻣해지는 것을 느끼며 보통 증상이 1시간 이상 지속되는 특징을 나타낸다. 발병 초기에 피로, 식욕부진, 일반적인 허약 증상이 몇 주~몇 달간 지속되고, 이로 인해 체중이 감소되며 때로는 고열, 오한이 동반되기도 한다. 그 외에도 활액막의 감염은 부종, 압통과 행동제약을 느끼게 한다.

(2) 치료

류마티스관절염의 치료목표는 관절의 염증을 가라앉히고 통증을 줄이며 관절의 기능을 정상으로 회복하여 관절의 파괴와 변형을 예방하는 데 있다. 치료에는 약물치료, 물리치료, 관절강화운동, 휴식 등이 있다. 약물요법으로는 아스피린이 흔히 사용되며 다른 비스테로이드성 항염증제와 코르티코스테로이드 등도 사용된다. 그 외 상태가 매우 심각한 경우에는 수술을 시행하기도 한다.

(3) 식사요법

류마티스관절염 환자는 감염으로 인한 대사율 항진 및 영양요구량의 증가, 위·소장 점막 변화로 인한 영양소 흡수장애, 식욕저하, 연하곤란 등으로 인해 영양불량이 되는 경우가 많으므로 적절한 영양관리가 필요하다.

이상체중 유지 및 단백질 충분히

관절에 부담을 주지 않기 위해서 이상체중을 유지해야 하므로 적절히 에너지를 조절한다. 체단백 분해가 증가하므로 양질의 단백질을 체중 kg당 1.5~2 g으로 충분히 섭취한다.

n-3 지방산 충분히

저지방식은 혈청 비타민 A 및 비타민 E의 농도를 저하시키며 지질과산화와 아이코사노이드의 합성을 촉진함으로써 류마티스관절염을 악화시킨다. 따라서 지방 섭취를 제한하는 대신, 지방산의 형태를 바꾸어서 등푸른생선과 같은 n-3지방산을 늘려 섭취하는 것이 항염증작용에 유용한 효과를 보인다.

알레르기 유발식품 제한

밀, 옥수수, 달걀, 고기, 우유, 오렌지, 토마토 등과 같은 알레르기 유발식품은 염증을 악화시킬 수 있으므로 섭취를 제한하는 것이 바람직하다.

비타민과 무기질 충분히

충분한 비타민 D와 칼슘의 섭취는 류마티스관절염의 합병증으로 발생하는 골다공증을 예방할 수 있다. 또한 염증으로 인해 혈중 비타민 B_6, 엽산, 아연 함량이 감소될 수 있으므로 이를 보충하는 것이 좋다. 빈혈 증상이 동반되는 경우가 있어서 철을 충분히 섭취하며, 비타민 E, 비타민 C, 셀레늄과 같은 항산화영양소는 염증반응을 억제하므로 섭취를 늘리는 것이 바람직하다.

균형잡힌 식사

류마티스관절염은 만성적 질환이므로 지속적으로 균형잡힌 식사를 하는 것이 중요하다.

4. 통풍

통풍gout은 의학 역사상 매우 오래 전에 발견된 질환으로, 체내 퓨린purine의 대사이상으로 인해 퓨린의 최종대사산물인 요산uric acid의 혈중 농도가 증가하고, 이것이 관절과 조직에 침착되어 특징적인 급성 관절염 통증을 일으키는 질환이다. 심지어 바람만 불어도 참을 수 없이 아픈 특징을 보인다.

통풍은 때때로 어린아이에게도 일어나지만 주로 35세 이후의 남성에서 많이 나타나며, 여성에게는 매우 드문 질환으로 남성과 여성의 발병비율은 20:1 정도가 된다. 그러나 갱년기 이후에는 에스트로겐 부족으로 소변으로의 요산 배출이 억제되어 여성에서도 자주 발생한다.

1) 원인

체내 세포의 핵에는 핵산(퓨린과 피리미딘으로 구성)이 존재하며, 퓨린이 분해되어 생기는 최종산물이 요산이다. 체내에 존재하는 퓨린의 함량은 세포의 이화 및 체내 생합성, 식사로의 퓨린 섭취를 통해 증가하며, 세포의 동화, 요산의 배설과정을 통하 감소된다. 세포의 이화와 체내 퓨린의 생합성은 내인성 요인이고, 식사 중 퓨린은 외인성 요인이다. 이 중 혈중 요산농도에 보다 더 중요한 역할을 하는 것은 내인성 요산으로서 전체 요산 생성량의 약 85%를 차지한다.

통풍은 체내에서 요산이 과잉 생성되거나 소변으로의 배설이 저하되어 혈중 요산이 증가함으로써 발생한다 그림 11-10. 요산의 과잉 생성은 고퓨린식 섭취, 선천적 퓨린대사이상, 용혈성질환, 과음, 비만, 심한 운동 등에 의해 발생할 수 있으며, 요산 배설이 저하되는 원인에는 신장질환, 고혈압, 기아, 음주, 약물(아스피린, 이뇨제 등) 등이 있다.

2) 증상

요산의 정상적인 혈청 농도는 연령과 성에 따라 다르다. 일반적으로 정상치는 3~6 mg/dL이며, 고요산혈증은 혈중 요산 농도가 남자 7 mg/dL, 여자 6 mg/dL 이상인 경우를 말한다.

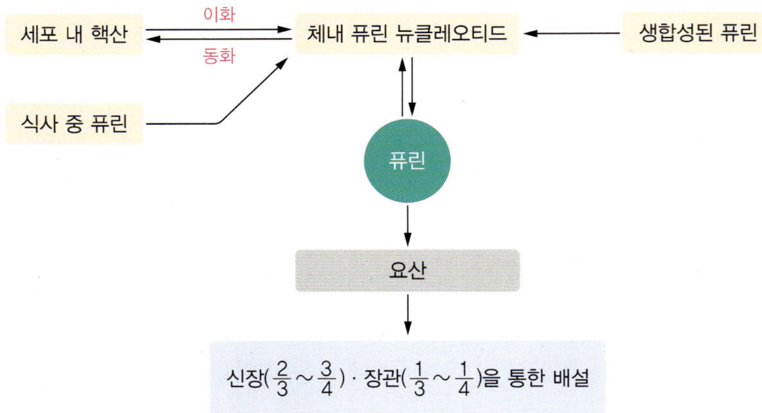

그림 11-10 체내 퓨린대사

통풍의 증상은 대개 고요산혈증이 오랫동안(약 20년 이상) 지속되면 나타난다. 증상은 급성 통풍성관절염에 의한 발작으로 주로 밤에 발생하며, 엄지발가락 관절이 빨갛게 부어오르고 국부 발열 후 격심한 통증이 있다가 몇 시간~며칠 후에 증상이 저절로 완전히 사라진다. 그러나 6개월~2년 사이에 다시 돌발적인 격통이 있다가 또 사라지는데 차츰 통증의 주기가 빨라지고 발작기간도 길어지며, 때로는 발열, 오한, 두통, 위장장애가 나타나기도 한다. 엄지발가락 외에 발목 부분, 무릎 등에서도 증상이 나타날 수 있다 그림 11-11.

만성적으로 체내에 요산이 축적되면 혈중 요산이 요산염(요산나트륨) 결정을 형성하여 관절의 연골이나 관절 주위의 연조직에 침착하고 점차 귓바퀴, 엄지발가락, 손가락, 팔꿈치 관절 후면 등에 흰 결절이 생성되는데 이를 통풍결절이라고 한다.

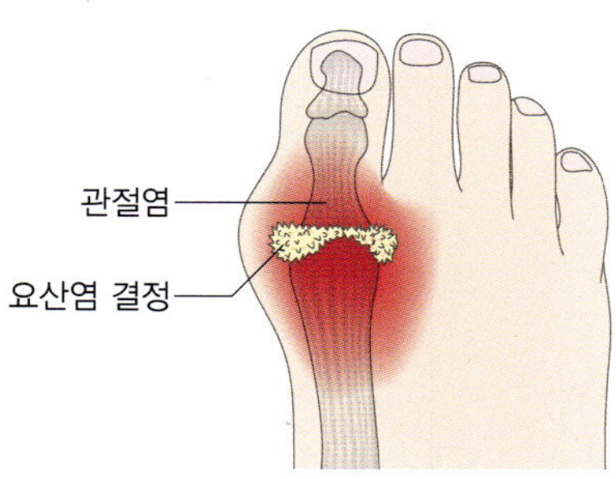

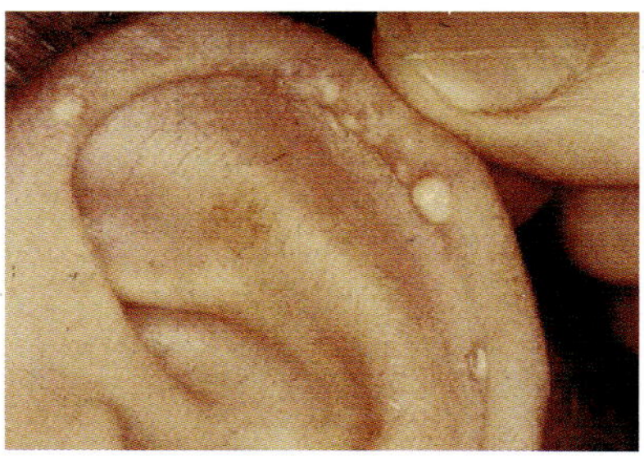

그림 11-11 엄지발가락의 통풍성관절염 및 귓바퀴에 생긴 피하결절

통풍결절이 증대, 융합하게 되면 관절조직을 파괴시켜 만성 관절염을 유발하고, 관절변형과 관절기능장애를 초래하며 요산이 신장에 축적되면 신우염, 신결석(요산결석) 등을 유발한다.

이외에도 통풍은 고혈압, 이상지질혈증(특히 고중성지방혈증), 심혈관계질환, 대사증후군, 당뇨병 등 다른 여러 질환을 동반하며, 특히 비만과 밀접한 관계가 있다.

3) 치료와 식사요법

통풍의 치료목표는 급성기의 통증을 완화하고, 더 이상의 증상 발현을 막으며, 혈중 요산농도를 낮추는 것이다. 혈중 요산 농도를 낮추기 위해 사용되는 약물은 요산의 생성을 억제하는 것과 소변으로 요산의 배설을 촉진하는 것으로 구분되며, 환자의 상태에 따라 결정한다.

통풍의 식사요법에서는 전통적으로 저퓨린식사를 적용해 왔으나, 치료약이 개발되면서 식사조절에 큰 비중을 두지 않게 되었다. 즉, 혈중 요산 농도에 대한 음식물의 영향은 크지 않기 때문에 식사에 크게 얽매일 필요는 없다. 그럼에도 불구하고 대사적 스트레스(케톤증 등)를 감소시키고 약물사용을 줄이기 위해서는 가능한 한 퓨린 함량이 낮은 식품 위주로 식사하는 것이 바람직하다.

퓨린 제한

정상인은 하루 평균 600~1,000 mg 정도의 퓨린이 함유된 식사를 하지만, 통풍 환자는 100~150 mg 정도로 퓨린 섭취를 제한하는 것이 바람직하다. 퓨린 함량이 많은 멸치·멸치국물, 고등어·연어·청어 등의 등푸른생선, 내장(간, 콩팥 등), 진한 육수 등의 섭취를 제한한다 표 11-6.

육류와 어패류 등의 동물성식품에 들어 있는 퓨린은 고요산혈증 및 통풍의 발병 위험을 높이므로 과다 섭취하지 않도록 해야 하는 반면, 콩류, 시금치, 버섯 등의 식물성식품에 들어 있는 퓨린은 통풍 발생에 영향을 미치지 않는 것으로 나타나 식사 시 굳이 제한할 필요는 없다.

에너지 적절히 제한

통풍 환자에서는 이상체중 유지 또는 10%가량의 체중감소가 효과적이다. 그러나 갑

표 11-6 식품 중의 퓨린 함량

(퓨린 질소 함량/100 g)

식품군	극소퓨린 함유식품	중퓨린 함유식품(9~100 mg)	고퓨린 함유식품(100~1,000 mg)
곡류	중퓨린 함유 곡류를 제외한 모든 곡류, 빵, 국수, 비스킷	전곡, 오트밀	-
고기 · 생선 · 달걀 · 콩류	달걀	• 육류 : 쇠고기, 돼지고기, 닭고기 등 • 생선류, 조개류 • 콩류	• 어패류 : 청어, 고등어, 정어리, 연어, 멸치, 가리비조개 • 육류 : 고깃국물, 내장 부위(간, 콩팥, 심장, 지라, 뇌, 혀 등)
채소류	중퓨린 함유채소를 제외한 모든 채소	시금치, 버섯, 아스파라거스	-
과일류	모든 과일 및 과일주스	-	-
우유류	우유 및 유제품	-	-
유지류	버터, 마가린, 식용유	-	-
기타	설탕, 커피, 차류, 탄산음료, 소금, 향신료, 조미료	-	효모
섭취기준	자유롭게 섭취 가능	회복상태에 따라 소량 섭취 가능 - 1일 어육류 1교환, 채소류 1교환 섭취 가능	급성기 또는 증세가 심한 경우 섭취 제한

작스러운 에너지 섭취 감소는 통풍환자에게 급격한 발작이나 케톤증을 일으킬 수도 있으므로 서서히 감량하는 것이 좋고, 단식요법은 금한다.

에너지는 주로 전분 형태의 당질로 공급한다. 설탕, 사탕 등의 농축당은 혈중 중성지방을 증가시키고 비만을 조장하는 요인이 되므로 피한다. 특히 과당은 요산의 체내 생성을 촉진하고 인슐린저항성을 높이므로 설탕이 함유된 음료나 과당이 풍부한 과일 등의 섭취는 줄이도록 한다.

단백질과 지방 적당히

단백질은 인체에 필수적인 영양소이나 요산 생성에 관여하므로 과량의 섭취는 피해야 하며, 장기간의 치료가 요구되므로 체중 kg당 1~1.2 g으로 하루 60~75 g 정도를 공급하는 것이 좋다. 우유(저지방우유)와 달걀은 고단백질이면서도 퓨린의 함량이 극히 적으므로 통풍환자에게 권장되는 식품이다.

지방은 요산의 정상적인 배설을 방해하고 고혈압, 심장병, 이상지질혈증, 비만 등과도 관련되므로 과다 섭취는 피하며, 하루 50 g 이하의 섭취가 바람직하다. 통풍의 위험 때문에 등푸른생선의 섭취를 제한하는 경우 자칫 심혈관계질환에 도움이 되는 n-3지방산의 섭취도 낮아지는 문제가 발생할 수 있다. 그러므로 건강상의 이점과 위험성을 고려하여 개인의 상황에 맞게 섭취를 조정하도록 한다. 필요한 경우 오메가-3, EPA, DHA 보충제를 대신 섭취할 수 있다.

조리법 조정

퓨린체는 물에 쉽게 용해되는 반면, 기름에는 용해되기 어려우므로 육류 조리 시 굽는 것보다는 삶아서 그 국물(육수)은 섭취하지 않도록 한다. 생선도 구울 때 물을 조금 넣으면 퓨린 함량을 줄일 수 있다. 또한 콩 자체보다는 콩으로 만든 두부에 퓨린 함량이 더 적다.

통풍환자의 식사지침

- 단백질은 고기, 두부, 달걀, 생선, 우유 등으로 다양하게 섭취한다.
- 곡류, 감자류, 채소, 과일류는 적극 섭취한다.
- 수분의 충분한 섭취를 위해 물, 차 등을 자주 마신다.
- 소금 섭취는 하루 10 g 이내로 하고, 염장가공품은 피한다.

수분 충분히

통풍 환자에게 있어서 다량의 수분 공급은 신결석 및 약물사용으로 인한 탈수현상을 방지하고, 혈중 요산 농도를 희석해 주며 요산 배설을 촉진시키므로, 신장질환이나 심장질환이 없는 한 하루에 3 L가량의 수분을 섭취하는 것이 바람직하다.

커피나 차는 적당량 섭취할 수 있으나, 알코올은 요산의 배설을 방해하고 요산의 생합성을 촉진하므로 섭취를 제한한다. 특히 맥주는 이에 함유되어 있는 퓨린체 때문에 요산 증가가 더욱 현저하므로 좋지 않다.

비타민 C와 알칼리성식품 충분히

비타민 C는 소변으로 요산의 배설을 증가시켜 혈중 요산농도를 감소시킬 수 있으므로 충분히 섭취한다. 또한 소변의 pH가 높아지면 요산의 용해도가 증가하여 소변으로의 요산 배설이 촉진되므로, 소변의 알칼리도가 식품에 따라 변하기는 어렵지만 가능한 한 채소, 과일 등 알칼리성식품을 적극적으로 섭취한다.

저퓨린식의 1일 영양소구성, 식품구성 및 식단 예는 표 11-7과 같다.

표 11-7a 저퓨린식의 1일 영양소구성 예(C : P : F = 68 : 16 : 16)

식사명	에너지(kcal)	당질(g)	단백질(g)	지방(g)	퓨린(mg)
저퓨린식	1,950	330	70	30	150

표 11-7b 저퓨린식의 1일 식품구성 예

식품군	곡류군	어육류군		채소군	지방군	우유군 (저지방)	과일군
		저지방군	중지방군				
교환단위 수	12	2	2	7	4	1	2

표 11-7c 저퓨린식의 1일 식단 예

식품군		교환 단위 수	아침	간식	점심	간식	저녁
곡류군		12	4×쌀 30 g =120 g(밥)		4×쌀 30 g =120 g(밥)		4×쌀 30 g =120 g(밥)
어육류군	저지방	2			1×닭 40 g =40 g(닭조림)		1×쇠고기 40 g =40 g(불고기)
	중지방	2	1×달걀 1개 =55 g(달걀찜)				1×조기 50 g =50 g(조기구이)
채소군		7	0.5×콩나물 70 g =35 g(콩나물국) 1×오이 70 g =70 g(오이무침) 0.5×김치 50 g =25 g(배추김치)		1×더덕 40 g =40 g(더덕구이) 0.5×물미역 70 g =35 g(물미역초회) 1×애호박 70 g =70 g(애호박나물) 0.5×깍두기 50 g =25 g(깍두기)		0.5×상추 70 g =35 g(상추겉절이) 1×숙주나물 70 g =70 g(숙주나물) 0.5×포기김치 50 g =25 g(배추김치)
지방군		4	1×식용유(참기름) 5 g =5 g(조리용)		1×식용유(참기름) 5 g =5 g(조리용)		2×식용유(참기름) 5 g =10 g(조리용)
우유군		1	1×우유 200 mL				
과일군		2		1×귤 120 g		1×사과 80 g	
식단			쌀밥 콩나물국 달걀찜 오이무침 배추김치 우유	귤	쌀밥 닭조림 더덕구이 물미역초회 애호박나물 깍두기	사과	쌀밥 소불고기 조기구이 상추겉절이 숙주나물 배추김치

* 체중조절이 필요한 경우 에너지를 조정함
* 멸치 다시액 및 쇠고기 다시액에 퓨린 함량이 높으므로 국을 제한함
* 기름기가 많은 조리법은 피함

CHAPTER

12

선천성대사이상

1. 페닐케톤뇨증
2. 단풍시럽뇨증
3. 호모시스틴뇨증
4. 요소회로대사이상
5. 갈락토오스혈증
6. 당원병
7. 윌슨병

학 습 개 요

선천성대사이상(Inborn error of metabolism)이란 특정 유전자의 선천적인 결함으로 인해, 그 유전자가 코딩하는 효소단백질의 이상이 생겨 물질대사가 비정상적인 질환이다. 해당 효소의 기질이 체내에 축적되는 반면에 생성물이 결핍되어 증상이 나타나는데 제때에 진단되지 못하면 치료가 늦어져 이른 나이에 사망한다. 선천성대사이상은 매우 드물게 발생하며, 면밀한 주의와 관찰을 요하므로 환자마다 개별적인 영양치료관리가 필요하다. 그러나 다양한 선천성대사이상들의 식사요법은 결함이 있는 효소의 기질이 되는 영양소의 섭취를 제한해야 하는 공통점이 있다. 최근에 대사이상 환자의 생존율이 증가하면서 성장기 이후 임신, 출산까지의 관리에 대한 필요성이 점차 증가하고 있다.

1. 페닐케톤뇨증

1) 원인과 진단

페닐케톤뇨증phenylketonuria, PKU은 페닐알라닌을 티로신으로 변화시키는 페닐알라닌 수산화효소phenylalanine hydroxylase의 유전적 결핍 또는 불활성화로 인해 발생한다 표 12-1. 한국인에서는 7만 명의 신생아당 1명 정도 발생하는 것으로 알려져 있다. 혈중 페닐알라닌의 농도가 16~20 mg/dL 이상(정상치 : 2~6 mg/dL)으로 계속 유지되고, 티로신은 약 3 mg/dL 이하이며, 페닐피루브산과 하이드록시페닐아세트산이 요로 배설될 때 PKU라고 진단한다. 혈액의 페닐알라닌 농도가 높아지는 질환에는 PKU 외에도, 페닐알라닌 수산화효소의 조효소인 테트라하이드로바이오프테린tetrahydrobiopterin 결핍에 의한 것이 있다.

2) 증상

PKU의 임상적 증상은 페닐케톤체들(페닐피루브산, 페닐아세트산 및 페닐아세틸글루타민)의 과잉 생성과 티로신의 부족으로 인한 갑상선호르몬, 멜라닌 색소, 신경전달물질 및 아세토아세테이트acetoacetate와 옥살로아세테이트oxaloacetate의 생성부족에 기인한다

표 12-1 주요 선천성대사이상의 종류와 특징

영양소	종류	결손효소/단백질	결손 결과 체내 축적물질	식사요법의 핵심
아미노산	페닐케톤뇨증	페닐알라닌 수산화효소	페닐알라닌, 페닐케톤	페닐알라닌 제한 티로신 보충
	단풍시럽뇨증	곁가지-케토산 탈수소효소 복합체	α-케토산	곁가지 아미노산의 제한
	호모시스틴뇨증	주로 시스타티오닌 β-합성효소	호모시스테인	메티오닌 제한 시스테인 보충
	요소회로대사이상증	요소회로의 일부 효소들	암모니아	단백질 제한
탄수화물	갈락토오스혈증	주로 갈락토오스 1-인산 유리딘 전이효소	갈락토오스 1-인산	갈락토오스 제한
	당원병	주로 글루코오스 6-인산분해효소	글리코겐	혈당 정상화
무기질	윌슨병	ATP7B(윌슨병단백질)	구리	구리 제한 아연 보충

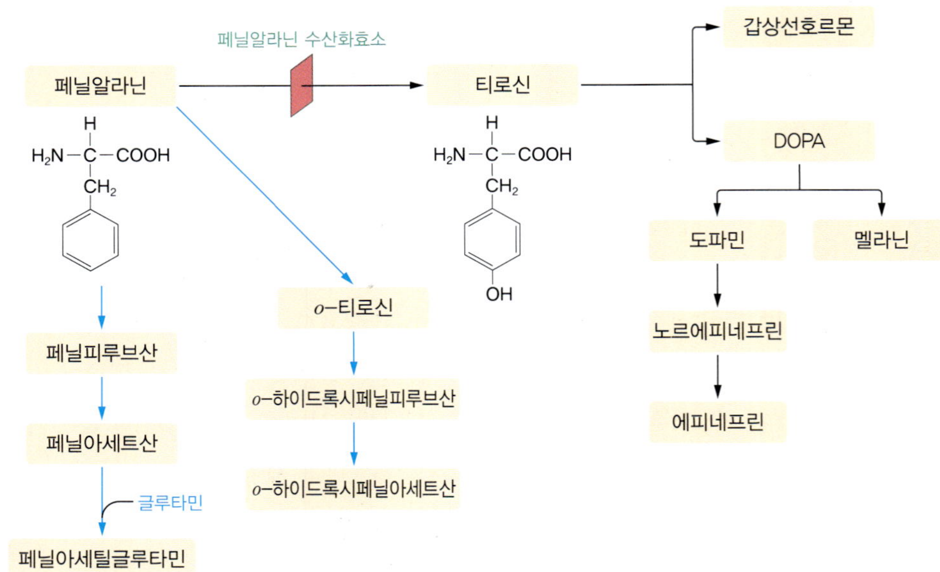

그림 12-1 페닐케톤뇨증의 대사장애

그림 12-1. PKU 어린이의 지적기능 및 지능지수(IQ)는 PKU 진단 시 연령과 영양치료의 시작 시기, 생화학적인 조절 및 진행과정 중 가족의 협력에 따라 크게 좌우된다. 만약 생후 1년까지도 식사치료를 시작하지 않으면 뇌가 심하게 손상을 입어 IQ가 평균 50 정도가 되지만, 생후 1개월 이내에 식사치료를 시작한 경우에는 이와 같은 증상이 나타나지 않게 된다.

알아두기 PKU의 주요 증상

- 앉기, 뒤집기, 걷기 등의 운동발달 지연
- 갑상선호르몬의 합성저하로 기초대사율이 낮아져 성장저하
- 멜라닌색소 형성저하로 피부와 모발의 탈색
- 구토, 습진, 땀과 소변에서 쥐오줌 냄새
- 부신수질호르몬(에피네프린, 노르에피네프린)의 합성저하로 혈당 및 혈압 저하
- 뇌의 신경전달물질인 도파민의 합성 감소로 지능저하, 경련, 비정상적 뇌전도 및 정서적 불안정, 무관심, 흥분고조 등의 행동이상

3) 식사요법

(1) 혈중 페닐알라닌 농도 유지

혈청 중에 비정상적으로 축적되어 있는 페닐알라닌을 정상 수준(2~6 mg/dL)으로 줄이기 위해 음식 섭취를 제한해야 하는데, 그 제한 정도는 혈중 페닐알라닌 농도에 따라 차이를 둔다. 혈청 페닐알라닌의 농도가 상승하는 원인으로는 식품을 통한 페닐알라닌의 과잉 섭취뿐 아니라, 지나치게 적은 에너지 섭취로 인한 체조직의 분해 및 질환으로 인한 체조직의 독성 파괴 등이 있다.

알아두기 PKU 권고치료방침의 요약

1) 신생아 선별검사에서 비오프테린 대사이상이 없고 혈중 페닐알라닌 농도가 10 mg/dL 초과 시 식사치료를 생후 20일 이전에 개시함
2) 신생아의 혈중 페닐알라닌 농도를 연일 측정하여 2~4 mg/dL까지 되도록 페닐알라닌 투여량을 조절함
3) 혈중 페닐알라닌 농도의 유지 범위 제시 : 유아기 전반까지 2~4 mg/dL, 중학생 이후 3~15 mg/dL
4) 페닐알라닌 섭취량 범위 제시 : 3개월 이전 50~70 mg, 3세 이후 15~35 mg
5) 에너지 섭취량은 정상아와 동일, 단백질 섭취 감소량만큼 당질 섭취량 증가시킴
6) 단백질은 주로 PKU 조제유로 섭취하고 자연 단백질 보충으로 3)을 유지하도록 함
7) 4주마다 혈중 페닐알라닌 농도와 신체계측 : 3개월마다 혈액검사, 정기적인 지능발달검사 등
8) 이러한 식사요법을 최소 성인이 되기까지 혹은 평생 유지함

자료 : 식사요법 가이드북 – 아미노산대사이상증 환자를 위해, 매일유업(주) 중앙연구소

(2) PKU 특수분유

모든 단백질식품은 약 5%의 페닐알라닌을 함유하고 있으므로 단백질을 생리적 필요량만큼 섭취할 때 페닐알라닌 제한이 어려우므로 페닐알라닌을 제거한 특수분유를 주로 이용해야 한다. 표 12-2 는 우리나라에서 시판되는 선천성대사이상을 위한 특수조제유의 아미노산 조성을 요약하였다. PKU 조제식은 페닐알라닌을 완전히 제거하고 티로신을 강화한 것이다. PKU-1은 3세 이하 유아용이고, PKU-2는 4세부터 성인이 이용하도록 제조되었으며, PKU-1에 비해 티로신을 더욱 강화한 것이다.

PKU 조제유는 페닐알라닌을 제외한 L-아미노산 혼합액을 단백질급원으로 하고, 탄수화물, 지방, 비타민 및 무기질을 모두 공급하도록 조성된다. 따라서 PKU 조제유를 섭취

표 12-2 시판되는 선천성대사질환용 조제식의 아미노산 조성

아미노산	제품 100 g 중의 함량(g)				
	PKU-1 formula[1)]	PKU-2 formula[1)]	BCAA-Free formula[2)]	Methionine-Free formula[3)]	UCD formula[4)]
L-Phenylalanine	0	0	0.88	0.88	0.75
L-Isoleucine	1.08	2.16	0	1.08	1.28
L-Leucine	1.68	3.36	0	1.68	2.17
L-Lysine	1.00	2.00	1.0	1.00	1.11
L-Methionine	0.30	0.60	0.30	0	0.34
L-Threonine	0.70	1.40	0.70	0.70	0.75
L-Tryptophan	0.17	0.34	0.17	0.17	0.28
L-Valine	1.22	2.44	0	1.22	1.43
L-Histidine	0.42	0.84	0.42	0.42	0.34
L-Arginine	1.06	2.12	1.41	1.04	0
L-Aspartic acid	1.50	1.53	1.60	1.50	0
L-Cystine	0.15	0.30	0.15	0.45	0.30
L-Glutamic acid	2.45	2.25	2.50	2.45	0
Glycine	1.00	3.36	1.00	1.00	0
L-Proline	1.44	2.88	1.80	1.44	0
L-Tyrosine	1.50	3.00	0.89	0.89	0.88
L-Serine	0.76	1.52	0.89	0.75	0
L-Alanine	1.01	2.99	2.55	1.00	0
Taurine	0.06	0.085	0.06	0.06	0.06

1) 2) 3) 4) 각각 페닐케톤뇨증, 단풍시럽뇨증, 호모시스틴뇨증 및 요소회로대사이상증을 위한 조제식

하는 경우, 개인의 성장 요구량에 따른 페닐알라닌의 보충이 필요하다. 이에 영아의 경우, 일반 분유나 모유를 보충하고, 더 큰 아이의 경우는 우유를 보충한다. 단백질을 보충하는 적절한 양은 환아의 연령과 효소활성 정도에 따라 좌우되므로 개별화되어야 한다.

(3) 저단백식품

선천성아미노산대사 장애 환자가 에너지 섭취량을 충족시킬 수 있도록 다양한 식품이 개발되고 있다. 저단백특수보조식품으로 외국에서는 파스타, 달걀대체물, 빵 제품들이

시판되고 있고, 우리나라에서는 저단백밥과 저단백쌀이 개발되었는데, 가계의 경제수준에 따라 인구보건복지협회로부터 지원을 받을 수 있다. 저단백밥은 단백질의 함량을 1/10으로 줄인 즉석식품이다.

2. 단풍시럽뇨증

1) 원인

루신, 이소루신, 발린은 곁사슬이 가지 친 모양의 탄화수소로 이루어져 곁가지 아미노산branched chain amino acids(분지 아미노산, 측쇄 아미노산, BCAA)으로 총칭하고 대사과정 첫 몇 단계에서 공통의 효소작용을 받는다 그림 12-2. 그 첫 반응에서는 아미노기 전이효소에 의한 아미노기 제거반응으로 α-케토산이 생성된다. 두 번째 반응은 이 곁가지 아미노산이 탈아미노화된 α-케토산의 산화적 탈탄산화oxidative decarboxylation인데, 이 반응을 촉매하는 효소가 유전적으로 결핍되면 단풍시럽뇨증maple syrup urine disease, MSUD

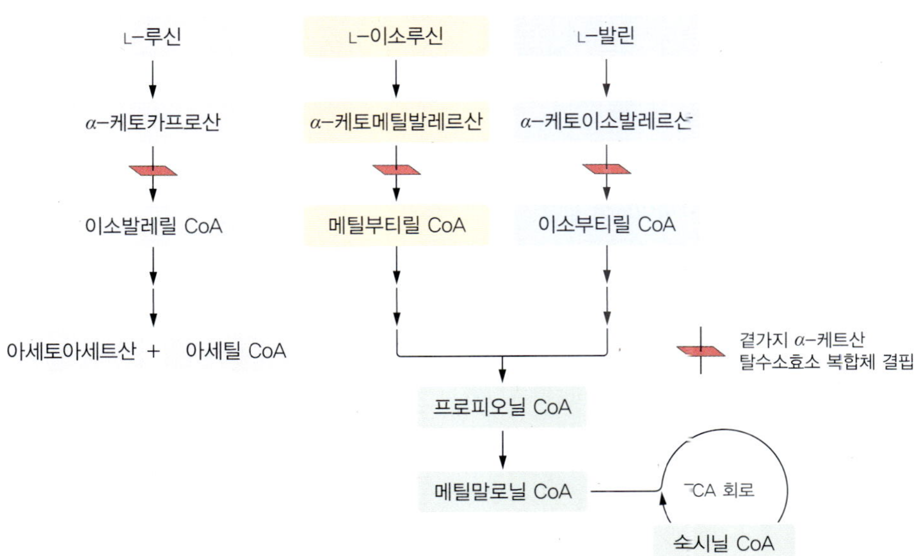

그림 12-2 단풍시럽뇨증의 대사이상

이 발생한다.

2) 증상

이 질병은 신생아 1/225,000명의 비율로 발생하여 PKU에 비해 드문 선천성 질환이다. 출생 시에는 정상으로 보이나 4~5일이 지나면 포유곤란, 식욕감퇴, 구토, 주기적인 고장성hypertonia 같은 증상들이 나타난다. 출생 후 일주일쯤 되면 요와 땀, 타액에서 특유의 맥아당 단내(단풍시럽 냄새)가 나고, 이러한 증상들이 치료되지 않으면 산독증과 감염, 중추신경계의 손상, 발작, 혼수에 이르며 결국은 사망하게 된다.

3) 치료와 식사요법

곁가지 아미노산의 섭취를 제한하는 것이 기본이지만, 이 세 아미노산은 필수아미노산이므로 필요량은 공급되어야 한다. PKU의 경우와 같이, 각 개인의 곁가지 아미노산의 허용능력에 차이가 많으므로 혈중 농도의 정기적 검사결과에 따라 이들 아미노산의 섭취량을 조정하는데, 특히 루신의 농도를 지표로 사용한다. 그것은 세 가지 곁가지 아미노산의 비율이 자연적으로 존재하는 대부분의 단백질 급원에서 거의 일정하고 표 12-3, 루신 함량이 제일 높기 때문이다. 혈중 곁가지아미노산 각각이 2~5 mg/dL 범위에 속하도록 섭취량을 정한다.

표 12-3 식품군별 곁가지아미노산 함량

식품	교환량	이소루신(mg)	루신(mg)	발린(mg)	에너지(kcal)
빵/곡류	0.3교환	18	35	25	30
지방	1.5교환	7	10	7	70
과일	1.5교환	17	25	22	75
채소	0.8 교환	22	30	24	15
우유	0.5 교환	203	329	224	62

3. 호모시스틴뇨증

1) 원인과 증상

호모시스틴뇨증homocystinuria은 함황아미노산 대사에 관여하는 효소가 결핍되어 혈액과 요 중에 호모시스테인homocysteine의 농도가 높은 질환으로서 발생 빈도는 200,000~ 300,000명 중 한 명 정도이다. 결핍된 효소의 종류에 따라 세 가지 형태가 있다 그림 12-3. 이 중에서 시스타티오닌 합성효소cystathtionine β-synthase가 결핍된 제1형이 가장 흔하다. 시스타티오닌 합성효소는 조효소로 피리독살 인산pyridoxal phosphate, PLP을 필요로 하므로, 다량의 비타민 B_6를 투여함으로써 대사이상을 시정할 수 있는 형태이다. 시스타티오닌 합성효소가 결핍되면 혈액 중에 메티오닌과 호모시스테인이 축적되고 시스테인cysteine과 시스틴cystine이 결핍된다. 그러나 메틸호모시스테인 메틸전이효소나 메틸렌 THF 환원효소가 결핍된 형태에서는 호모시스테인은 축적되지만 메티오닌은 감소된다. 증상으로 지능저하, 경련, 수정체 탈구, 척추기형, 발육장애, 심혈관계 장애를 나타낸다.

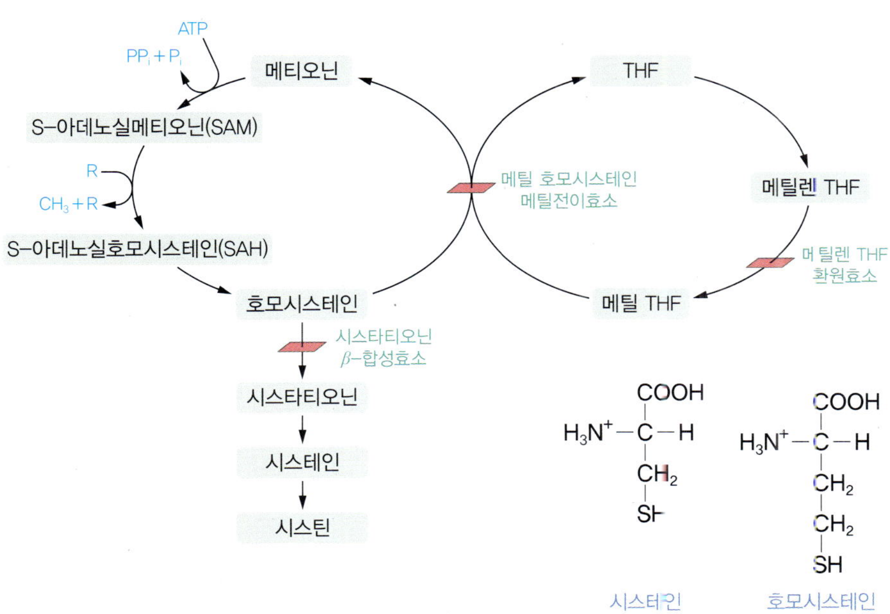

그림 12-3 호모시스틴뇨증의 대사이상

2) 치료와 식사요법

10일간 비타민 B_6를 400 mg/kg/일 정도로 대량 투여함으로써 혈중 호모시스테인과 메티오닌의 농도에 반응을 있는지 여부를 확인하는 과정이 필요하다. 시스타티온 합성효소의 결함에 의한 호모시스테인뇨증에서 식사요법의 기본은, 메티오닌을 제거하고 시스테인을 강화시킨 특수분유의 이용이다 표 12-1. 성장발달에 필요한 양의 메티오닌은 자연식품을 통해 섭취한다. 혈중 메티오닌 농도를 면밀히 측정하여야 하는데, 공복 시 1.0 mg/dL 이하로 유지하도록 메티오닌의 섭취량을 조절해야 한다. 뿐만 아니라 임상 증상, 체중, 혈장단백질 및 헤모글로빈 농도도 관찰하여야 한다. 식품의 메티오닌 함량을 파악하는 것이 중요한데 그 함량이 불분명한 경우 단백질 함량의 2%로 계산한다.

베타인betaine은 호모시스테인을 메티오닌으로 변환시키는 반응에 필요한 물질이다. 베타인을 보충제로 섭취할 때 혈액과 소변의 호모시스테인의 함량이 저하하므로 보충되기도 한다.

4. 요소회로대사이상

1) 원인

단백질뿐 아니라 펩티드, 아미노산 및 핵산 등 질소함유 분자의 질소는 체내에서 최종적으로 암모니아로 전환된다. 암모니아는 독성이 강한 물질이므로 간에서 무독성의 요소urea로 전환되어 신장을 통해 배설된다. 간에서 암모니아로부터 요소를 합성하는 경로는 요소회로인데, 이 회로에서는 요소를 합성할 뿐만 아니라 아미노산인 아르기닌을 합성한다. 요소회로대사이상urea cycle detects, UCD은 이 회로의 일부 효소가 선천적으로 결핍되어 체내에 암모니아가 축적되는 질환이다. 요소회로대사이상은 결함이 있는 효소가 무엇인지에 따라 각기 다른 증상이 나타난다 그림 12-4.

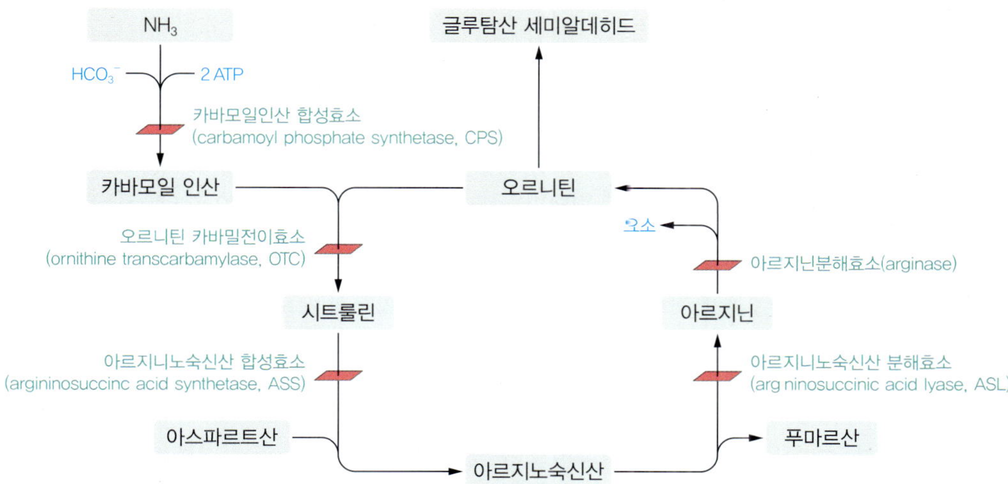

그림 12-4 요소회로대사이상의 생화학적 결함

2) 증상

신생아의 경우 혈청 암모니아가 150 mmol/L 이상 올라가면서 유즙 섭취량이 줄고 구토, 기면상태, 저혈압, 경련, 근육 위축, 무호흡증, 혼수 등이 나타난다. 다른 증상으로는 지능저하, 발달지연, 신경학적 문제가 있고, 단백질 급원식품에 대한 혐오감을 나타내기도 한다. 효소의 결핍이나 결함 때문에 요소회로의 기질이 되는 세린, 글라이신, 글루탐산, 아스파르트산은 대사되지 않고 혈청 농도가 상승하는 반면에, 회로의 중간생성물인 시트룰린citrulline과 아르기닌은 부족할 수 있다.

요소회로대사이상의 영양치료 목표

- 고암모니아혈증을 교정한다(0~35 mmol/L 유지).
- 과다한 체단백 손실을 예방한다.
- 정상적인 혈청 아미노산 수준을 유지한다.
- 정상체중을 유지하고 정상적인 성장을 도모한다.
- 이상지질혈증, 이화작용을 예방한다.
- 식욕부진을 막는다.
- 간질환을 예방한다.

3) 치료와 식사요법

요소회로대사이상 환자의 영양공급은 단백질을 포함하여 질소함유 물질을 제한하는 것이 가장 중요하다. 요소회로대사이상에서는 결함이 있는 효소의 종류에 따라 아르지닌을 공급해야 하는 경우도 있다. 우리나라에서 시판되는 UCD 특수분유에서는 감소된 단백질 함량 대신 탄수화물의 함량을 늘임으로써 에너지 함량을 맞추었는데 그 아미노산 조성은 표 12-2 에 제시되었다. 체단백질의 이화작용을 막기 위해 에너지를 충분하게 섭취하는 것이 필요하므로 사탕, 단백질제거분유, 과일, 시판 저단백질 식품을 이용할 수 있다. 혈중 암모니아를 감소시키는 약물을 이용하기도 한다. 바이러스나 세균 감염으로 인한 경미한 감염도 병을 악화시킬 수 있으므로 예방접종을 철저히 하여야 하고, 고암모니아혈증을 일으킬 수 있는 일부 해열제나 항생제의 복용을 주의해야 한다.

5. 갈락토오스혈증

1) 원인

갈락토오스혈증galactosemia은 갈락토오스뇨증galactosuria과 함께 혈중 갈락토오스가 증가하는 열성 유전성 대사질환으로, 발생 빈도는 50,000~60,000명 중 한 명이다. 이 질환은 간에서 갈락토오스가 포도당으로 전환되는 데 필요한 효소의 결핍에 기인한다. 결핍된 효소의 종류에 따라 세 가지 형태가 있는데 그림 12-5, 가장 흔한 것은 제1형으로 갈락토오스 1-인산 우리딜 전이효소galactose l-phosphate uridyl transferase의 결핍으로 간에 축적되어 있는 갈락토오스 1-인산galactose 1-phosphate과 대사물인 갈락티톨galactitol이 순환 혈중으로 나와 각 기관으로 이동되어 증상을 나타낸다.

2) 증상

전신 증상으로는 식욕부진, 체중저하, 안면 창백, 무기력, 발육지연 등이 있고 황달, 복수, 말초부종, 출혈 등의 간기능 저하가 있으며 구토, 복부팽만, 설사 등의 위장질환, 백내

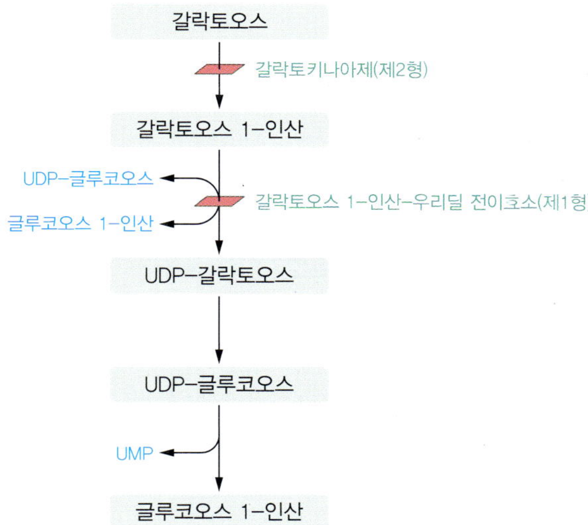

그림 12-5 갈락토오스혈증의 대사이상

장, 그리고 단백뇨와 암갈색뇨와 같은 신장질환 및 중추신경장애로 인한 지능저하가 나타난다. 또한 저혈당증과 그람gram 음성균에 대한 감염이 쉬워져 계속 치료받지 못한다면 패혈증으로 인하여 사망하게 된다. 한편, 갈락토키나아제galactokinase 결핍으로 인한 제2형에서는 다량의 갈락토오스와 그에 따른 갈락티톨이 축적되는데 정신능력은 보통이지만 백내장을 일으켜 시력을 잃기도 한다.

3) 식사요법

음식 중 갈락토오스를 제한해야 한다. 유당 함유제품인 우유 및 모든 유제품도 식사에서 엄격히 제거해야 하므로 어린이 식사에서 우유의 대체처방이 필요하기 때문에 카세인 가수분해물이나 두유를 사용하는 것이 좋다. 자라면서 점차 고형식을 먹기 시작하면, 유당이 함유된 식품인지 확인해야 한다. 내장육인 간, 췌장 외에도 쇠 머리고기와 화학조미료 역시 갈락토오스를 함유하므로 식사에서 제외시켜야 한다. 이러한 엄중한 갈락토오스 제한식사는 평생 동안 지속해야 하며, 극소량이라도 장기간 섭취하면 백내장이 재발되므로 1년에 2회 정도 안과 검진을 받을 필요가 있다. 갈락토오스 제한 시 허용되는 식품과 금지식품은 **표 12-4**와 같다. 갈락토오스는 제약과정에서 팽창제, 희석제

표 12-4 갈락토오스 제한 시 허용되는 식품

	허용식품	금지식품
우유 대체품	• 두유를 기초로 한 조제유 • 육류를 기초로 한 조제유	• 모유 및 모든 동물의 유즙, 모조 우유, 크림, 각종 치즈, 요구르트, 아이스크림, 아이스밀크, 셔벗
과일류	• 허용되지 않는 식품을 제외한 모든 생과일 및 가공품	• 감, 토마토, 수박, 대추야자, 파파야 • 유당을 함유한 과일 가공품
채소류	• 허용되지 않는 식품을 제외한 모든 생채소 및 가공품	• 제한된 첨가물로 가공처리했거나 버터, 빵, 또는 크림과 함께 양념한 채소 • 파프리카, 유당 및 제한된 첨가물을 함유한 인스턴트 감자요리
육류, 어류 및 알류	• 쇠고기, 양고기, 돼지고기, 햄, 어류, 칠면조, 닭고기 • 우유, 크림, 버터를 넣지 않고 요리한 알류	• 크림, 버터 또는 빵가루를 입힌 육·어·유·알류 및 가금류 • 우유 또는 유당을 넣어 만든 프랑크소시지
견과류	• 땅콩버터, 견과류	
빵류 및 곡류	• 우유나 유당이 첨가되지 않은 빵, 과자, 마카로니, 스파게티, 국수류, 시리얼	• 우유, 유제품, 유당이 첨가된 빵, 시리얼, 크래커 • 팬케이크, 와플, 프렌치토스트, 달걀빵 • 버터가 함유된 빵
유지류	• 모든 식물성 유지 • 안전한 첨가물을 함유한 모든 쇼트닝, 라드, 마가린, 베이컨, 마요네즈, 샐러드드레싱	• 버터, 크림, 치즈 • 버터, 우유 혹은 유당을 함유한 마가린이나 샐러드드레싱

또는 부형제(채움제filler)로 사용되므로 알약이나 영양보충제는 갈락토오스가 함유되었는지 잘 살펴보고 복용해야 한다.

6. 당원병

1) 원인과 증상

당원병glycogen storage diseases은 글리코겐 대사과정 중의 일부 효소에 유전적 결함이 있는 질환으로 손상된 효소에 따라 다수의 형태가 있다. 가장 흔한 것은 전체 당원병의 25%를 차지하는 제1형으로, glucose 6-phosphatase의 결함 때문에 간에서 당신생과 글리코겐이 포도당으로 분해되지 못하여 저혈당증, 간비대, 고지혈증이 나타난다. 제

II형은 α-1,4-글루코시다아제의 결함으로 글리코겐이 포도당으로 분해되지 못하게 한다. 제III형은 amylo-1,6-glucosidase(탈분지효소debranching enzyme)에 결함으로 인해 글리코겐이 분해되지 못하여 그에 따른 증상이 나타나는데 대개 제 1형보다 덜 심하다.

2) 치료

당원병의 치료는 현재도 개발 중에 있지만 치료 결과가 좋다. 심각한 저혈당증 후유증도 감소하고, 성장지연도 개선되었으며 간 크기도 감소되었지만 점진적인 신장기능부전은 완전히 해결되지 않은 상태이고 간 이식이 필요한 형태도 있다. 식사요법의 기본은 다양한 급원의 탄수화물을 다양한 용량으로 밤낮에 걸쳐 섭취하게 하여 혈당을 정상화하는 것이다.

7. 윌슨병

1) 원인

윌슨병Wilson's Disease은 보통염색체autosomal chromosome 열성으로 유전되며, *ATP7B* (윌슨병단백질) 유전자의 돌연변이에 의해 발생한다. *ATP7B*는 간 세포 안으로 운반된 구리를 세룰로플라스민ceruloplasmin과 결합시켜 세포 밖으로 운반하거나 담도로 배출하는 등 구리를 운반하는 데 필요한 단백질이다. 그러나 윌슨병에서는 이 염색체에 돌연변이가 생김으로써, 구리가 담즙으로 배설되지 못하고 간에 축적된다. 나아가 간의 구리 축적한계를 초과하면 혈류로 흘러나와 뇌, 각막, 신장 및 적혈구 등에 축적된다. 구리는 일반적으로 식사에서 평균 4 mg을 섭취하고 2 mg이 흡수되어 담즙으로 배설되나, 윌슨병에서는 0.2~0.4 mg만이 담즙으로 배설되고 1 mg만이 소변으로 배설된다.

2) 증상

어린 나이에 발병된 경우에는 주로 간질환으로 발현되는 경우가 많으며, 늦게 발병되는 경우에는 신경학적 이상이 주된 증상이 된다. 초기에는 간 효소활성이 약간 증가되나 증상이 없는 간 비대로 시작되어 만성 활동성간염, 간경화, 전격성간염으로 발현하게 된다.

신경학적 증상은 대개 15세 이후 청소년기에 시작된다. 초기에는 손 떨림이 오고, 발음이 불분명해지며, 침 흘림 및 특징적인 얼굴 표정이 나타날 수 있다. 더 진행되면 근긴장 이상으로 인한 보행장애, 정서장애, 행동장애 및 치매가 나타나기도 한다.

기타 용혈성 빈혈, 신세뇨관 장애, 골격관절이상, 부갑상선저하증이 나타나며, 각막에 구리가 침착되기도 한다.

3) 진단

임상증상은 간경화, 전격성간염fluminant hepatitis 등의 간질환, 신경장애, 각막 내 구리침착 등이며 혈청 세룰로플라스민, 24시간 소변 구리배출량, 간 조직 생검을 통해 진단할 수 있다.

4) 치료와 식사요법

페니실아민pemcillamine은 구리 배설을 촉진하므로 윌슨병 치료의 기본이다. 이 약제는 항피리독신 작용이 있으므로 피리독신을 보충해야 한다. 10%의 환아에서 페니실라민의 부작용이 발생하는데 이 경우 트리엔틴trientine을 투여하기도 한다. 이러한 치료와 함께 고용량의 아연을 복용함으로써 구리의 흡수를 낮출 수 있다. 향후에는 간이식 또는 유전자 치료가 중요하게 될 것으로 보인다.

알아두기 보건복지부 모자보건사업 – 선천성대사이상 검사 및 환아관리

목적	선천성대사이상의 유무를 조기에 발견·치료함으로써 정신지체아 발생을 사전에 예방하여 영유아의 건강을 증진하고자 함
검사항목	페닐케톤뇨증, 갑상선기능저하증, 호모시스틴뇨증, 단풍시럽뇨증, 갈락토오스혈증, 선천성부신과형성증
환아 지원	선천성대사이상 질환으로 진단된 자로서 특수조제분유 등의 의료지원이 필요하다고 인정된 만 18세 미만의 환아

CHAPTER

13

암

1. 암 사망률의 변화
2. 암의 발생과 진단
3. 암 예방을 위한 식생활과 생활습관
4. 암 치료에 따른 영양문제
5. 암 악액질
6. 암 환자의 식사요법

학 습 개 요

우리나라 사망률 1위를 차지하는 암은 그 치료가 어려워 우리나라 중년 성인이 가장 두려워하는 질환이다. 식생활은 암의 발생에 영향을 미치는 환경 요인이며, 일단 생긴 암의 수술, 방사선치료 및 항암화학요법을 통한 치료의 효과에 영향을 준다.

1. 암 사망률의 변화

최근 10년간 각종 암에 의한 사망률은 인구 10만 명당 2011년 142.8명에서 2021년 161.1명으로 증가하였다 그림 13-1. 2021년에 가장 많이 사망하는 암은 폐암 36.8명, 간암 20.0명, 대장암 17.5명, 위암 14.1명으로 그림 13-2, 2006년 이후 폐암, 대장암, 유방암, 전립선암의 사망률은 증가한 반면 위암, 간암 사망률은 감소하였다 표 13-1.

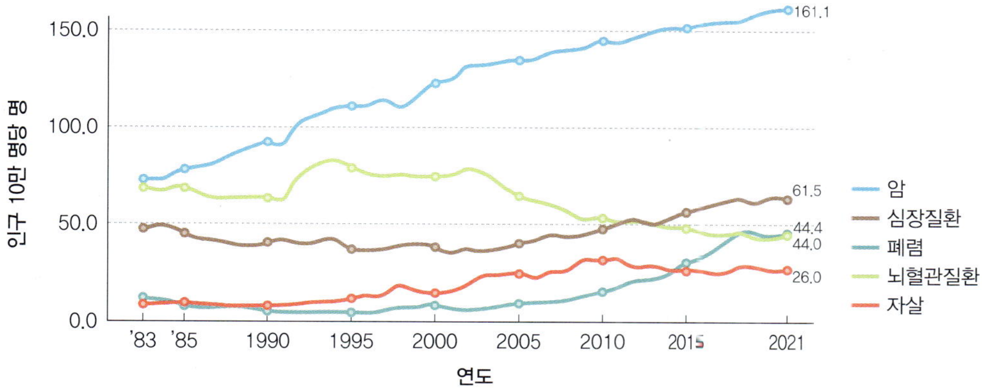

그림 13-1 우리나라 10대 사망원인 사망률 추이, 1983~2021년

자료 : 통계청

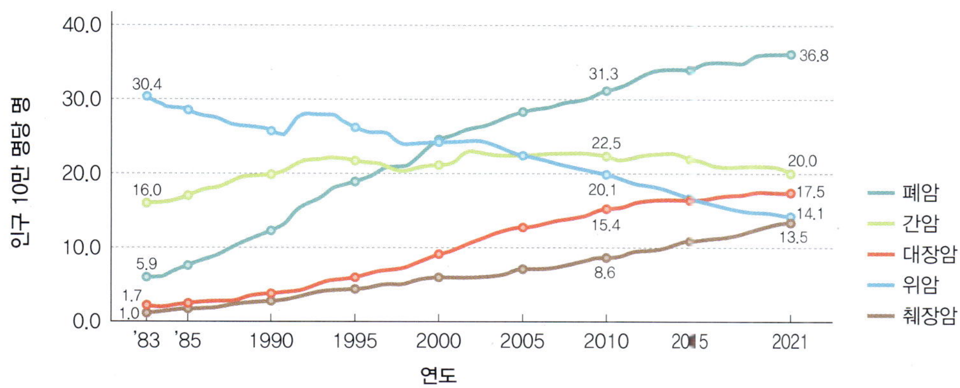

그림 13-2 우리나라 암 사망률 추이, 1983~2021

자료 : 통계청

표 13-1 우리나라 암 사망률 추이 2011~2021 (단위 : 인구 10만 명당 명)

		악성신생물(암)	식도암	위암	대장암	간암	췌장암	폐암	유방암	지궁암	전립샘암	뇌암	백혈병
남녀 전체	2011년	142.8	3.0	19.4	15.4	21.8	8.7	31.7	4.0	2.6	2.8	2.4	3.1
	2020년	160.0	3.0	14.6	17.4	20.6	13.2	36.4	5.3	2.5	4.3	2.8	3.6
	2021년	161.1	3.1	14.1	17.5	20.0	13.5	36.8	5.3	2.7	4.6	2.7	4.0
	2020년 대비 증감	1.0	0.0	−0.5	0.1	−0.6	0.3	0.5	−0.0	0.2	0.3	−0.1	0.4
	2020년 대비 증감률	0.6	0.4	−3.4	0.5	−2.9	2.3	1.3	−0.0	6.3	7.6	−2.6	11.7

자료 : 통계청

2. 암의 발생과 진단

1) 암의 특징

암이란 세포가 인체 내에서 제한을 받지 않고 자라서 퍼져나가는 질병군을 말하는데, 세포가 비정상적으로 자가증식하여 다른 곳으로 퍼지는 특징을 가진 악성종양이다. 표 13-2와 그림 13-3은 암과 양성종양을 비교하였다. 분열하는 세포수가 점진적으로 증가하면 종양tumor 또는 신생물neoplasm로 부르는 성장하는 조직 종괴가 생겨나게 된다. 분열하는 세포들이 점점 더 쌓여갈수록 정상적인 조직의 배열은 서서히 파괴되고 기계적 압력과 장애, 용혈, 감염, 빈혈, 호르몬 이상, 근육 약화 및 악액질cachexia 등의 변화를 일으킨다.

표 13-2 양성종양과 악성종양(암)의 비교

구분	양성종양	악성종양
성장 속도	비교적 느림	빠름
성장 형태	확대 팽창하면서 성장	주위 조직으로 침윤하면서 성장
세포의 특성	비교적 분화가 잘 되어 있고 세포가 성숙	미분화, 미성숙
재발률	수술로 제거하면 재발률 낮음	주위 조직으로 퍼지는 성질이 있어 수술 후 재발이 흔함
전이	없음	흔함
종양의 영향	다른 장기에 압박을 가하거나 소화관 등 폐쇄될 때 외에는 무해함	치료하지 않으면 사망
예후	좋음	진단 시기, 분화 정도, 전이 여부에 따라 다름

자료 : 최혜미 외, 2002

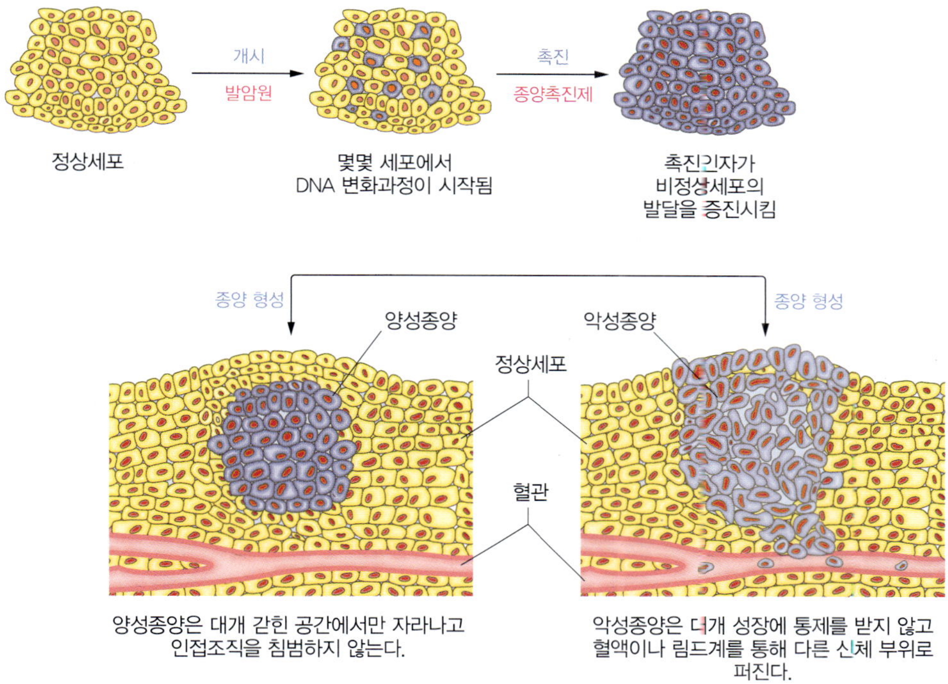

그림 13-3 **양성종양과 악성종양(암)의 특성**

2) 발암단계

암의 발생carcinogenesis은 다단계과정으로서 다음과 같이 나눌 수 있다 그림 13-4.

(1) 개시과정(initiation)

화학물질, 방사선, 바이러스 등의 발암인자에 의해 매우 짧은 시간에 순간적으로 유전자 손상을 일으키는 과정이다. 이렇게 손상된 세포는 종양촉진제에 의해 활성화되기 전에는 휴면 상태에 있다.

(2) 촉진과정(promotion)

유전자 손상의 점차적인 증가와 변성된 세포군이 복제하고 증식하여 신생물neoplasm이 되는 시기다. 서서히 일어나는 과정으로 사람의 경우 수십 년이 걸리기도 하는데, 종

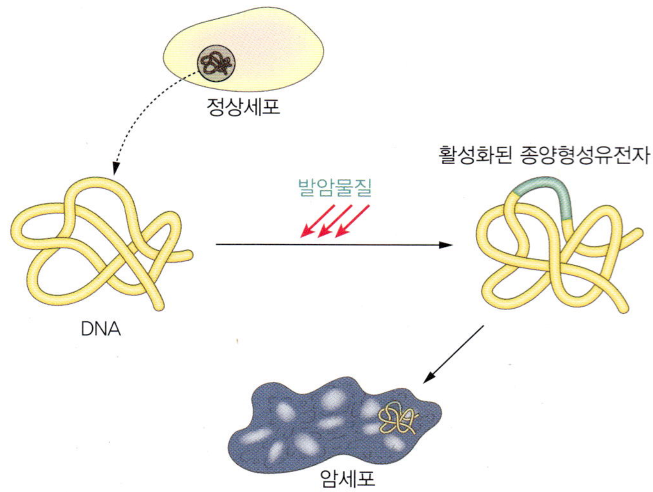

그림 13-4 발암원이 전암유전자를 종양형성유전자로 활성화시키는 과정

양 촉진제에 의해 가속화된다. 담배연기는 발암인자는 물론 종양촉진제도 포함한다.

(3) 진행과정(progression)

점진적으로 악성 유전자형을 가진 세포로 진화되는 단계로서 악성종양malignant neoplasm을 발생시킨다.

침윤infiltration은 암세포가 인접조직으로 직접 이동하거나 침투하는 과정이고, 전이metastasis는 암세포가 림프관이나 혈관 내로 침투하여 혈액을 통해 전신을 순환하면서 어디든지 정상조직으로 침습하는 과정이다. 특히 간은 다수의 장기에서 나온 혈관이 연결되는 곳이고, 폐는 혈류의 가스교환이 일어나는 곳이기 때문에 간과 폐는 가장 흔하게 전이가 일어나는 장기이다. 한편 전립선암이나 신경세포암은 뼈로의 전이가 흔하고, 기관지암은 뇌로의 전이가 흔하다.

3) 암의 원인

암은 피할 수 없는 노화현상의 하나로서 암 발생에 영향을 미치는 요소는 실제로 매우 다양하다. 암의 발병률과 사망률이 지역적으로 다른 분포를 보이는 것은 인종에 따른 차이일 수도 있지만, 80% 이상이 식생활을 비롯한 환경적 요소의 차이로 보인다. 암은 유전적인 영향을 많이 받는 종류가 있는 반면, 식생활이나 환경적 요인과 관련이 깊은 종류도 있다. 하지만 이들 중 어떤 한 가지 요인만으로 암이 발생하는 것은 아닌 것으로 보인다.

(1) 내적 요인

암의 종류에 따라 정도의 차이가 있지만 유전적인 요인은 암 발생뿐만 아니라 진전속도, 치료효과 및 재발 여부에 영향을 미친다. 종양촉진유전자가 과발현하거나 종양억제유전자의 발현저하는 종양 생성을 초래한다. DNA의 염기서열은 불변이지만 DNA 메틸화, 히스톤 구조 변화 또는 작은 비코드성 DNA 변화에 의해 유전자의 발현에 변화가 생기는 후생유전학 변화epigenetic mutation도 암 발생의 원인이 된다.

알아두기 종양억제유전자

암화과정 차단에 관여하는 유전자로서 종양촉진유전자를 억제하고 세포주기 조절, 세포 사멸, 세포 전이 및 DNA 손상 복구 등의 과정에 관여한다. 종양촉진유전자는 세포의 분열 및 성장에 관여하는 전암유전자(protooncogene)가 유전자 변이, 과다한 단백질 생성 및 염색체 전이 등으로 인해 종양형성유전자(oncogene)로 전환되고 세포의 과다 분열 및 성장에 관여한다.

(2) 외적 요인

① 화학적 발암물질

식품 내의 발암원, 알코올, 담배 연기의 어떤 성분, 물이나 공기의 오염(석면, 타르) 등은 구강이나 폐 등을 통해 흡입되어 유전자에 노출되면 돌연변이를 일으키고, 유전자 기능의 손상이나 잠복해 있는 바이러스를 활성화시켜 암을 발생시킨다. 표 13-3은 화학적 발암원chemical carcinogens을 종류별로 요약하였다. 알코올의 암 발생 위험 증가는 반복적으로 발표되고 있는데 이것은 알코올이 에스트로겐의 분비를 증가시키거나, 엽산 농도를 저하시키거나 혹은 알코올이나 그 대사물이 직접 유방조직에 작용하기 때문일 것으로 보인다.

② 방사선 조사

방사선 조사radiation는 원자탄이나 의학적 목적으로 사용되는 X-ray뿐만 아니라 태양에

표 13-3 **주요 화학적 발암원**

발암원	물질명	유래
알킬화 소재	• 항암약물(cyclophosphamide, cisplatin, melphalan, busulfan)	화학항암요법
다환방향족 탄화수소	• 벤조에이피렌(benzo[a]pyrene) • 벤즈에이안트라센(benz[a]anthracene) • 다염소바이페닐류(polychlorinated biphenyls)	담배연기, 코르타르, 훈연 가공어육, 직화구이 육류
방향족 아민류 및 아조염료	• o-아미노아조톨루엔(o-aminoazotoluene) • 나프틸아민(naphthylamine) • 아닐린염모제(aniline dyes)	색소, 도색 유지
자연 발암물질	• 아플라톡신 B_1(aflatoxin B_1)	땅콩에 번식한 곰팡이
니트로소아민 및 아미드류	• 나프틸아민(naphthylamine) • 4-아미노바이페닐(4-aminobiphenyl) • 소화관 내 형성된 니트로소아민	색소 보존제인 질산염이 체내에서 변화
반응성 산소종	• 초과산화물($O_2^{\cdot-}$), OH^-, H_2O_2	항산화작용의 부족
기타	• 석면, 금속, 살충제, 비닐클로라이드	

자료 : 이종호 외, 2013

너지에 과다 노출되는 경우로서 염색체 단절, 염기 위치 변화, 점돌연변이point mutation 및 부정확한 유전자 재조합gene recombination에 의해 DNA 변이를 유도하여 암화에 관여한다. 또한 암 치료를 위한 방사선 조사도 과다한 경우 2차 암 발생을 초래할 수 있다. 피부의 색소가 적은 경우에는 조사선을 여과하는 능력이 부족하여 피부암 발생 위험이 더 높다.

③ 발암성 바이러스(oncogenic virus)

암은 전염되는 질병은 아니지만 암을 일으킬 수 있는 요인인 바이러스나 박테리아는 전염될 수 있다. 인간유두종바이러스human papilloma virus, HPV와 B형간염 바이러스hepatitis virus B는 각각 자궁경부암 및 간암의 발생과 밀접한 관련이 있고, 헬리코박터 파일로리는 위암 발생과 관련된 박테리아이다.

4) 암의 분류

암은 머리부터 발끝까지 인체의 어느 조직에서나 발생한다. 암은 어느 연령층에도 발생하지만 50대 이후 자주 발생하므로 노인성질환으로 간주되기도 한다. 암은 분열하는 세포에서 발생하므로 호발하는 암의 종류는 성인과 소아에서 서로 다르다.

암은 크게 선종carcinoma와 육종sarcoma의 두 가지로 나누기도 하지만, 이외에도 백혈병과 림프암을 포함하는 조혈조직의 암, 미성숙한 전구체 세포에서 유래되는 모세포종blastoma이 있다. 선종은 상피세포에서 발생하는 암으로 폐암, 유방암, 대장암 등 가장 흔한 형태의 암이다. 육종은 결합조직이나 근육에서 발생하는 암인데, 성장하는 시기에는 육종의 발생률이 성인기보다 높다.

5) 암의 진단

암은 종류에 따라 증상과 진단법이 다르다. 한 가지 암이라도 몇 가지의 검사를 통해 암의 진전상태, 다른 조직으로의 전이 여부, 암 발생 시작 부위 등을 진단하게 된다. 표 13-4는 주요 암의 자각 증상을 요약하였다.

(1) 암의 자각증상

표 13-4 주요 암의 증상

부위별 암	증상
간암	식욕부진과 체중감소, 간의 팽대로 인해 상복부에 딱딱한 덩어리가 만져짐
위암	구토, 연하곤란, 토혈, 흑변, 설사, 영양실조, 상복부 팽만감, 불쾌감, 소화불량 및 통증, 식욕부진, 체중감소, 빈혈
폐암	기침, 객담, 혈담, 흉통, 체중감소, 호흡곤란, 쉰 목소리
췌장암	식욕감퇴, 이유 없는 체중감소, 오심, 허약
유방암	무통성이고 잘 움직이며 주위 조직과 경계가 뚜렷한 덩어리 만져짐, 피브 또는 젖꼭지의 함몰
후두암	음성 장애
피부암	얼굴 피부에 궤양 증가, 궤양 주위에 진주색의 융기된 부분, 사지와 체 간에 검은 반점이 생겨 빛깔이 짙어지며 출혈과 함께 딱지가 생김, 피부의 노출 부위에 넓고 융기된 단단한 가장자리의 형태 생김
자궁암	성교, 배변, 배뇨 시 출혈, 악취 나는 분비물
전립선암	배뇨장애, 신기능장애
방광암	혈뇨, 방광염, 신우신염을 병발하여 배뇨통, 빈뇨, 혈뇨와 요통, 배뇨장애
식도암	연하곤란(흉통과 체중감소가 동반되기도 함)
대장암	배변 습관의 변화, 대변 굵기의 감소, 혈변 또는 직장 출혈, 성인의 철결핍성빈혈

(2) 암의 진단에 사용되는 검사

① 일반적인 검사

가족력, 개인의 습관(흡연, 음주, 자외선 조사), 직업적 환경(석면, 크롬에의 노출 여부) 등을 조사한다.

② 신체검사

피로, 허약, 체중 감소, 우울, 두통, 통증, 배변습관의 변화, 끊임없는 기침이나 쉰 목소리, 피부나 복부의 덩어리, 기관의 비대, 림프나 혈관의 폐색, 늑막이나 복수 유출, 코·구강·골반·직장에서 나타나는 덩어리나 궤양, 피부의 색소 침착을 조사한다.

③ 생화학적 검사

전혈, 혈청, 소변 및 기타 체액에서 성분의 농도, 효소 활성 및 종양표지자tumor markers를 측정할 수 있다. 종양표지자는 암세포의 표면에 발현하는 항원 또는 종양조직의 생성에 반응하여 정상세포가 분비하는 물질이다. 암의 종류에 따라 특정 표지자들이 알려져 있다.

④ 영상검사

방사선 진단, 초음파, 컴퓨터 단층촬영Computer tomography, CT, 흉부 X-ray, 유방 뢴트겐 조영법mammography, MRI 및 PET-CT 들이 포함된다.

⑤ 조직검사(biopsy)

암 진단의 결정적인 검사방법으로서 신체 조직을 채취하여 조직표본을 제작해 현미경으로 검사한다. 검사에 사용되는 조직은 필요에 따라 침이나 관을 통해 채취하기도 하지만, 수술 절개를 주로 이용한다. 한편 촉진palpation으로 종양의 유무를 확인할 수 있는 갑상선, 유방 및 림프절 종양의 경우 미세침을 이용하는 흡인생검fine needle aspiration biopsy이 있다.

⑥ 혈중 세포검사

암세포가 생성되고 조직으로 성장하는 과정에서 혈중으로 유리되어 나오는 세포를 측정한다. 세포각질체cytokeratins는 상피세포에는 존재하나 혈액에는 존재하지 않는다. 암

전이가 일어나면서 신생혈관이 생성됨에 따라 내피세포endothelial cell 또는 내피전구세포endothelial progenitor cells가 순환혈관으로 유리되는 양을 측정하기도 한다.

알아두기 **양전자 단층촬영(positron emission tomography-CT, PET-CT)**

현재까지 알려진 암의 영상진단방법 중 가장 초기에, 그리고 가장 정확하게 암을 찾아내는 방법이다. CT, MRI 및 초음파 촬영은 인체의 해부학적 이상을 찾아 질환을 진단하지만, PET는 대사의 이상을 찾아 진단하며, 일시에 전신을 촬영할 수 있다. 포도당과 유사한 물질(양전자를 방출하는 방사성 의약품)을 주사한 후 영상을 찍으면 양전자 방출 정도로 대사의 활발한 정도를 알 수 있다. 도도당은 모든 세포에서 이용되지만 암 조직은 특히 포도당을 주된 에너지로 이용하는 것에 바탕을 둔 것이다.

혈관신생(angiogenesis)

기존 혈관으로부터 새 혈관이 생성되는 과정으로 정상적인 성장과 발달 중에도 일어난다. 혈관신생은 종양이 양성에서 악성으로 전환되는 과정 중에 필수적이므로 혈관신생저해제는 감 치료에 사용되기도 한다.

(3) 암의 병기 설정

암의 병기는 일반적으로 TNM 분류시스템을 사용하는데, T는 종양의 크기나 주위 조직 침범 정도, N은 림프절의 전이 여부, 크기, 개수 및 위치, M은 원격 전이에 의해 구분된다. 각 암의 종류에 따라 이들 병기에 대한 기준이 정해져 있고, 이 T, N, M 병기의 조합에 의해 암의 병기가 Ⅰ, Ⅱ, Ⅲ, Ⅳ단계로 결정되며 Ⅳ단계로 갈수록 악성이 심해진다.

3. 암 예방을 위한 식생활과 생활습관

1997년에 세계암연구재단World Cancer Research Fund과 미국암연구소American Institute for Cancer Research는 암 예방을 위한 권고안의 전문가 보고서를 발간하고, 그 후 지속적인 업데이트 프로젝트 결과로 암 예방을 위한 식사, 영양, 신체활동에 대한 최신 권고안을 발간하였다.

이 권고안은 각 영양소나 식품성분보다는 음식물 수준에서 암 예방 권고안을 제정하였는데, 이 권고안을 따르는 것은 건강한 식사와 신체활동 패턴을 증진함으로써 암은 물론 비만과 다른 비감염성질환Noncommunicable diseases, NCDs도 예방하는 데 도움이 된다. 아래 설명한 10가지 중에서 1)은 가장 강력한 근거가 있는 권고안이고, 2)와 3)은 암뿐 아니라 비만을 예방하는 권고안이며, 4)~7)은 섭취량을 제한하자는 권고안이고, 나머지는 특별한 경우에 해당되는 항목이다. 국민 건강에 대한 정부의 책임을 강조하면서 건강에 유익한 환경 조성 정책을 마련하는데 이 권고안이 이용될 수 있음을 제시하였다. 이 권고안 외에도 금연과 간접흡연 및 과도한 햇빛 노출이 암 위험을 낮추는 데에 중요함을 권고하였다.

알아두기 암 예방을 위한 식사, 영양, 신체활동 권고안

1) 건강체중을 유지하자.
2) 신체적으로 활발하자.
3) 통곡류, 채소, 과일, 콩류가 풍부한 식사를 하자.
4) 패스트푸드 섭취를 제한하자.
5) 적색육과 가공육의 섭취를 제한하자.
6) 설탕이 들어간 음료수 섭취를 제한하자.
7) 알코올 섭취를 제한하자.
8) 암 예방 목적으로 보충제를 먹지 말자.
9) 가능하면 모유수유를 하자.
10) 암 진단 후에도 가능하면 이 권고안을 따르자.

자료 : 세계암연구재단, 미국암연구소

표 13-5 는 암 발생 위험에 미치는 식사, 영양, 신체활동 영향의 근거를 그 확실성 정도에 따라 요약하였다.

1) 건강체중을 유지하자

건강체중 범위 안에 들도록 체중을 유지하고, 성인기에 체중이 증가되지 않도록 해야 한다. 체지방이 많은 것이 많은 암의 원인이 된다는 강력한 증거가 있고, 최근 10년간 이 증거는 더욱 강화되었다.

표 13-5 식사, 영양, 신체활동과 암 발생 위험 간 근거 요약

	통곡류	식이 섬유 식품	아플라톡신	베타 카로틴 식품	비전분성 채소/과일	적색육	가공육		유제품	염장 식품	음용수의 비소		커피	가당 음료수	알코올 음료	지중해 식단	서양식
입, 인두, 후두															확실히 증가		
비인두								증가 가능성									
식도(선암)																	
식도(편평세포암)												증가 가능성			확실히 증가		
폐											확실히 증가						
위										증가 가능성					증가 가능성		
췌장																	
담낭																	
간			확실히 증가										감소 가능성		확실히 증가		
대장	감소 가능성	감소 가능성				증가 가능성	확실히 증가		감소 가능성						확실히 증가		
폐경 전 유방암															증가 가능성		
폐경 후 유방암															확실히 증가		
난소																	
자궁내막													감소 가능성				
전립선				증거 불충분											감소 가능성		
신장																	
방광											증가 가능성						
피부											증가 가능성						
호흡 소화관					감소 가능성												
체중 증가, 비만		감소 가능성												확실히 증가		감소 가능성	증가 가능성

확실히 감소, 감소 가능성, 증가 가능성, 확실히 증가, 증거 불충분

자료 : https://www.wcrf.org/dietandcancer/interactive-cancer-risk-matrix#download_block

(계속)

표 13-5 식사, 영양, 신체활동과 암 발생 위험 간 근거 요약(계속)

	패스트푸드	당 부하량	고용량 베타카로틴 보충제	베타카로틴	칼슘 보충제	중고강도 운동	고강도 운동	걷기	스크린 시간 (아동)	스크린 시간 (성인)	성인기 체지방	젊은 성인기 체지방	성인기 체중 증가	성인기 키 증가	출생 시 체중 과다	모유 수유함	모유 수유 받음
입, 인두, 후두											증가 가능성						
비인두																	
식도(선암)											확실히 증가						
식도(편평세포암)																	
폐			확실히 증가														
위											증가 가능성						
췌장											확실히 증가			증가 가능성			
담낭											증가 가능성						
간											확실히 증가						
대장					감소 가능성	확실히 감소					확실히 증가			확실히 증가			
폐경 전 유방암							감소 가능성				감소 가능성	감소 가능성		확실히 증가	증가 가능성	감소 가능성	
폐경 후 유방암						감소 가능성	감소 가능성				확실히 증가	감소 가능성	확실히 증가	확실히 증가		감소 가능성	
난소											증가 가능성			확실히 증가			
자궁내막		증가 가능성				감소 가능성					확실히 증가			증가 가능성			
전립선				증거 불충분							증가 가능성			증가 가능성			
신장											확실히 증가			증가 가능성			
방광																	
피부			증거 불충분											증가 가능성			
호흡 소화관																	
체중 증가, 비만	증가 가능성					감소 가능성		확실히 감소	확실히 증가	증가 가능성							

■ 확실히 감소, ■ 감소 가능성, ■ 증가 가능성, ■ 확실히 증가, ■ 증거 불충분

자료 : https://www.wcrf.org/dietandcancer/interactive-cancer-risk-matrix#download_block

2) 신체적으로 활발하자

일상생활에서 걷기는 더 하고 앉아 있기는 덜해야 한다. 신체활동은 결장암, 유방암, 자궁내막암으로부터 보호하고 과도한 체중증가를 예방한다. 체지방 증가와 관련된 암이 많이 있으므로 신체활동은 비만관련 암의 위험을 간접적으로 낮출 수 있다.

3) 통곡류, 채소, 과일 및 콩류를 먹자

이 식품들은 과체중과 비만 뿐 아니라 특정 암으로부터 보호하므로 매일 식사의 주된 부분으로 구성되게 해야 한다.

4) 패스트푸드 섭취를 제한하자

패스트푸드와 지방, 전분 혹은 설탕 함량이 높은 가공식품의 섭취를 줄여야 하는데, 이렇게 하면 칼로리 섭취량을 조절하고 건강체중을 유지하는 것을 돕는다. 패스트푸드는 어느 정도 가공단계를 거쳐 만들어지는데, 이 과정에서 에너지 함량은 높고 미량영양소 함량이 낮아지게 된다.

5) 적색육과 가공육의 섭취를 제한하자

적색육과 가공육은 대장암의 원인이라는 강력한 증거가 있으므로, 포유류의 근육인 고기는 적정량 이하로 섭취하고 가공육은 가능하면 거의 먹지 않도록 해야 한다. 고기는 단백질, 철, 아연 및 비타민 B_{12}의 주요 급원이므로 이 권고안이 고기 섭취를 완전히 피하라는 것은 아니다. 가공육은 그 섭취가 암과 관련된다는 증거가 명백하고, 또 나트륨 함량이 높은 경우가 많아 고혈압과 심혈관질환의 위험요인도 될 수 있다.

6) 설탕이 들어간 음료수 섭취를 제한하자

가당 음료수는 에너지 소모량을 넘어서서 에너지를 섭취하게 하고, 그 결과 체지방이 증가되면 많은 암의 원인이 될 수 있으므로, 물을 마시거나 설탕이 들어가지 않은 음료수를 섭취해야 한다.

7) 알코올 섭취를 제한하자

알코올 섭취가 신장암으로부터 보호한다는 증가가 있지만, 그보다는 많은 암의 원인이 된다는 증거가 훨씬 크므로 암 예방을 위해서는 알코올을 섭취하지 않는 것이 최선이다. 암 위험에 미치는 영향은 알코올이 들어간 음료의 종류와 무관하고 알코올의 섭취량이 중요하지만, 이 정도까지만 마신다면 암 위험이 증가하지 않는 역치는 없다.

8) 암 예방 목적으로 보충제를 먹지 말자

식이보충제가 암 위험을 낮출 수 있다는 증거도 있지만, 훨씬 더 믿을만한 연구의 결과는 고용량의 베타카로틴 보충제는 폐암 위험을 증가시켰다. 대부분의 사람들에 있어서 적절한 음식을 섭취함으로써 영양소 필요량을 충족시키는 것을 목표로 해야 한다. 어떤 영양소가 부족한 것이 암 발생 등 건강에 악영향을 미친다는 사실은, 그 영양소를 적정 농도 이상으로 보충할 때 더 보충할수록 암 예방 등 건강에 도움이 된다는 사실로 오해하지 말아야 한다. 식사를 통해 영양소를 섭취함으로써 식이보충제의 효과와 안전성 문제로 인한 폐해를 막을 수 있다.

9) 가능하면 모유수유를 하자

지속적인 완전모유 수유는 엄마의 유방암을 예방하고 아기가 비만이 되지 않게 함으로써 아기의 비만 관련 암으로부터 예방한다는 강력한 증가가 있다. 모유를 수유하는 엄마는 인슐린비의존형 당뇨병의 위험이 낮다.

10) 암 진단 후에도 가능하면 이 권고안을 따르자

모든 암 생존자들은 영양적 관리와 신체활동 지도를 훈련된 전문가로부터 받아야 되고, 다른 조언이 없다면 암 치료의 급성기 단계 후에는 가능하면 이 권고안을 따르도록 해야 한다. 초기 암 진단이 가능해지고 치료 성공률이 증가함에 따라 암 생존자들은 다른 새로운 암이나 비감염성질환에 걸릴 수 있을 정도로 오래 살게 되었다. 이 암 예방 권고안을 따르는 것은 암 뿐 아니라 비감염성질환의 발병 위험을 낮춘다.

4. 암 치료에 따른 영양문제

암의 치료는 적극적인 암 치료와 완화 의료로 구분하기도 한다. 적극적인 암 치료는 방사선치료, 수술, 항암화학요법chemotherapy, 표적치료, 골수이식 등인데, 이 방법을 단독 또는 복합적으로 실시한다.

1) 수술

치료를 위해 종양을 제거하는 근치적 수술뿐만 아니라 예방적 수술과 증상을 완화시키기 위해서 시행하는 완화적 수술이 있다. 수술 부위에 따라 영양 상태에 미치는 영향이 다르므로 그에 따른 식사요법이 고려되어야 한다 표 13-6.

2) 방사선 치료

방사선 치료는 매우 빠르게 성장하는 암세포를 죽이기 위해 방사선을 조사하는 것이며, 수술이 어려운 국소 부위의 암에서 근치적 목적으로 시행되기도 한다. 암세포뿐 아니라 골수, 위장 점막세포 등 정상세포에도 영향을 주어 합병증이 초래되기도 한다 표 13-7.

표 13-6 수술에 따른 영양적 문제점

	암 수술 부위							
	식도	위	췌장	간	담낭	담도	소장	대장
위마비	○	○	○		○	○	○	
지방 흡수불량		○	○		○	○	○	
고혈당증		○	○		○	○	○	
고중성지방혈증				○				
혼수				○				
수분-전해질 불균형	○	○	○	○	○	○	○	○
누수	○		○	○	○	○	○	
덤핑증후군	○	○	○					
비타민 흡수불량		B_{12}, D	A, D, E, K, B_{12}	A, D, E, K, B_{12}, 엽산	A, D, E, K, B_{12}	A, D, E, K, B_{12}	A, D, E, K, B_{12}	B_{12}
무기질 흡수불량		철, 칼슘	철, 칼슘, 아연	마그네슘, 아연	철, 칼슘, 아연	철, 칼슘, 아연	철, 칼슘, 아연	나트륨, 칼륨, 마그네슘, 칼슘

자료 : The Clinical Guide to Oncology Nutrition 2nd ed., 2006

3) 항암화학요법

항암화학요법은 종양세포의 성장을 조절하거나 파괴하기 위해 약물을 투여하는 방법으로 전신에 작용하기 때문에 방사선이나 수술보다 광범위하게 신체에 영향을 준다. 항암제는 DNA와 RNA의 합성과 유사분열을 방해함으로써 암세포를 죽이지만, 정상세포 중에도 빠른 속도로 세포분열을 하는 위장관 점막, 모근세포, 골수 및 생식기관 세포들에도 세포분열을 저해함으로써 부작용을 초래한다.

항암화학요법이 완료되면 대부분의 합병증은 사라진다. 항암화학요법에 의해 암이 사라지거나 줄어드는 여부에 따라 완전관해complete response, 부분관해partial response, 불변, 병의 진행으로 분류한다.

표 13-7 방사선 치료 시 치료 부위별 발생 가능한 부작용

치료 부위	급성 부작용	만성 부작용
복부 및 골반 부분 (위장관계, 생식기관, 전립선, 대장, 직장, 고환)	• 메스꺼움, 구토 • 장기능 변화 : 설사, 복통, 더부룩함, 가스 • 배뇨기능 변화 : 횟수 증가, 배뇨 시 통증 • 급성 대장염 혹은 장염 • 유당불내증 • 피로 • 식욕저하	• 설사, 흡수불량, 소화불량 • 만성대장염 혹은 만성장염 • 장 : 협착, 궤양, 막힘, 천공, 누공 • 비뇨 : 혈뇨, 방광염
중추신경계 (두뇌, 척추)	• 메스꺼움, 구토 • 스테로이드 사용 시 혈당 상승 • 피로 • 식욕감퇴	• 두통, 졸음
머리와 목 부분 (혀, 후두, 인두, 입인두, 코인두, 편도, 침샘)	• 구강건조증 • 입과 목의 통증 • 삼킴장애, 연하통 • 점막염 • 맛감각 그리고 후각 이상 • 피로 • 식욕저하	• 점막 : 위축, 건조, 궤양 • 침선 : 건조증, 섬유증 • 방사선골괴사 • 입벌림 장애 • 미각 혹은 후각 이상
가슴 부분 (식도, 폐, 식도부위 포함된 유방)	• 삼킴장애, 연하통 • 속쓰림 • 피로 • 식욕저하	• 식도 : 섬유증, 협착증, 괴사 • 심장 : 힘을 가할 시 가슴조임, 심근염, 심장 비대 • 폐 : 마른 기침, 섬유화, 폐렴

자료 : The Clinical Guide to Oncology Nutrition 2nd ed., 2006

4) 표적치료

표적치료는 정상세포에는 위해효과를 주지 않으면서 선택적으로 암세포만 공격하여 치료하므로 기존의 항암제와 다르다. 표적치료제는 암세포의 분자활동을 방해함으로써 암이 자라고 퍼지는 것을 막는데, 현재 사용되고 있는 표적치료제는 신호전달경로signal transduction pathway억제제와 신생혈관생성angiogenesis억제제이다.

5) 골수 이식

골수 이식bone marrow transplantation, BMT은 백혈병, 림프암뿐 아니라 재생불량성 빈혈을 치료하기 위해 시행하는데, 공여자의 조직적합성항원human leukocyte antigen, HLA이 환자와 일치하는 정도가 골수이식의 성패를 좌우한다. 골수 이식 전에는 백혈병 혹은 림프암의 악화를 막고 이식에 따른 거부반응과 재발을 방지하기 위해 수일간 조건화conditioning를 해야 한다. 조건화는 고용량의 항암제 투여 및 전신 방사선 조사를 통해 이루어진다. 따라서 이식 후는 물론 이식 전 조건화 시기에도, 식품으로부터의 감염에 철저히 대비하는 기본수칙을 지키고 저균식이나 무균식을 제공하는 등의 대응이 필요하다.

골수 이식의 합병증은 이식편대숙주반응graft versus host disease, GVHD인데 피부, 위장관 및 간에 다발성 장기 부전multiple organ failure으로 나타난다.

6) 완화 의료

완화 의료는 완치를 목적으로 하는 처치가 아니라 암에 대한 치료 효과를 높이고, 환자의 삶의 질을 향상시키는 데 초점을 둔다. 여기에는 통증과 피로의 완화, 재활치료, 호스피스 완화 의료 등이 포함되는데, 적극적인 암 치료와 병행하여 이루어지는 것이 좋다.

5. 암 악액질

1) 암 악액질의 정의와 증상

암 환자의 영양불량의 원인은 암 악액질cancer cachexia로 알려진 소모증후군wasting syndrome 때문이다. 악액질이란 가속적인 체조직 소모, 현저한 체중감소로 쇠약감, 식욕부진, 조기 만복감, 장기기능장애 등의 증상을 나타내는 복잡한 대사증후군이다. 암 악액질이 발생하는 이유는 우울증, 치료로 인한 요인들뿐만 아니라 암에 의한 대사이상이 있다. 악액질의 발생과정을 요약하면 그림 13-5와 같다.

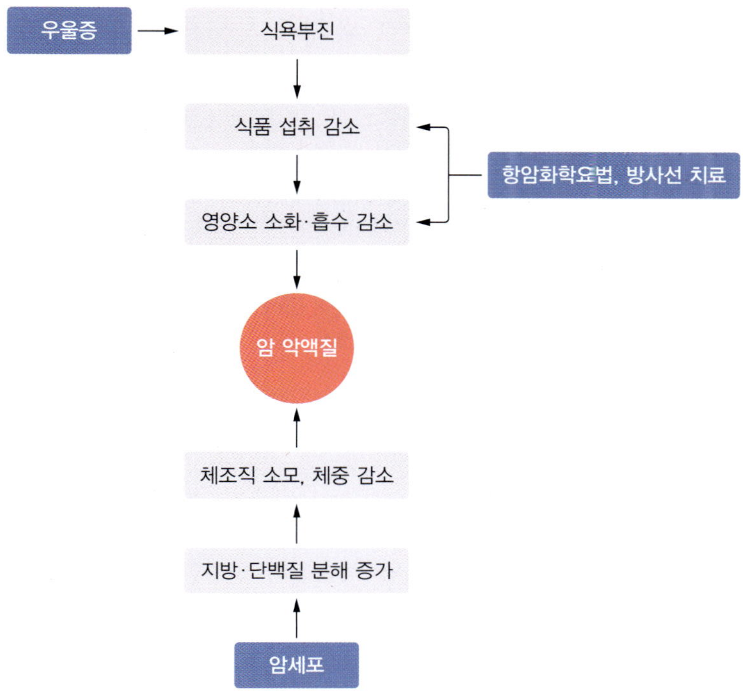

그림 13-5 암 악액질의 발생

2) 암 악액질의 원인

(1) 대사이상

암 조직이 생기면 다양한 대사 변화가 나타나는데 병이 진행될수록 기초대사량이 증가하며 특히 피부암, 혈액암, 림프암, 폐암, 두경부암 및 위암에서 뚜렷하다 표 13-8. 기아 상태에서는 에너지섭취량 감소에 적응하기 위해 에너지 이용효율이 증가되고 지방조직의 분해가 증가됨으로써 단백질의 분해를 최소화한다. 그러나 암의 경우 체단백질의 전환율turnover rate이 높아지고, 당신생gluconeogenesis이 증가하여 전신, 특히 골격근의 단백질 분해가 심하다.

표 13-8 암의 대사이상

영양소	대사이상
탄수화물	• 인슐린에 대한 민감도가 감소되어 당불내증이 생긴다. • 알라닌과 젖산으로부터 당신생이 증가한다.
단백질	• 단백질 분해가 증가하는 반면, 합성이 감소된다. • 골격근에서 아미노산이 유출되어 당신생에 이용되므로 제지방량이 감소된다. • 단백질 절약작용의 장애로 충분한 포도당 공급에도 불구하고 당신생이 증가한다.
지방	• 지방 분해가 증가되는 반면, 합성이 감소된다. • 혈중 유리지방산 농도가 증가한다.

(2) 식욕부진

새로 진단받은 암 환자의 50%와 암이 진전된 환자의 65%는 식욕부진으로 식사 섭취가 불량하다. 그러나 식욕부진이 암 악액질의 원인인지 혹은 결과인지는 확실치 않다. 암으로 인한 대사 변화로 생성된 폴리펩티드polypeptides, 올리고뉴클리오티드oligonucleotides와 같은 저분자량의 대사물질이 시상하부의 포만중추를 자극하는 반면, 식욕중추는 억제하여 식욕부진을 일으킨다.

(3) 체중감소

체중감소는 암 환자의 진단뿐 아니라 질병의 예후와 밀접한 관련이 있다. 체중감소는 식욕 감퇴와 조기 만복감으로 인한 에너지 섭취량의 감소, 섭취한 영양소의 소화·흡수의 저하, 암 조직에 의한 에너지 소모량의 증가, 근육단백질의 분해 증가 및 아미노산 손실로 인해 일어난다.

6. 암 환자의 식사요법

1) 일반원칙

암 환자의 식사는 대사항진에 따른 영양요구량에 맞게 단백질, 지방, 당질, 비타민, 무기질, 수분이 충분히 공급되어야 한다. 암 치료 동안의 영양목표는 먼저 체중감소를 방지하고 정상체중을 유지하는 것이며, 치료의 부작용으로 인한 영양적 손실을 보충하거나 예방하는 것이다.

수분 공급은 열, 설사, 구토 시의 체액량 회복과 암 치료로 인한 노폐물을 신장에서 배설하는 것을 돕기 위해 중요하다. 암이 생긴 부위와 치료법 및 환자 개개인의 식사에 대한 반응과 요구량에 따라 음식의 형태와 공급 방법을 '개별화'하여야 한다. 표 13-9 는 암 환자의 임상영양치료 목표를 제시하였다.

표 13-9 암 환자의 임상영양치료 목표

판정요인		임상영양치료의 목표
체중조절 관련		적정체중 범위의 환자 : 현재 체중 유지
		과체중 이상의 환자에서 : 치료에 따른 메스꺼움, 설사 등 임상적 증상이 없는 경우 1주일 0.9 kg 이내의 체중 감소
		평생 체중 목표 : 자신의 적정체중 범위 내에서 유지
경구 섭취 및 식사 준비 관련	치료가 지연될 위험이 있는 환자	치료하는 동안 1주일당 0.9 kg 이상의 체중감소가 생기지 않을 정도의 식사량 유지
		환자/보호자는 피로감을 최소화하는 간편조리법 이용
		환자가 식중독의 위험에 처하지 않도록 함
	경구 섭취가 양호한 환자	건강한 식사를 위해 식품군들에 대한 1일 섭취기준에 해당하는 섭취량 유지
		환자/보호자는 적정체중을 유지하기 위한 건강식 조리를 할 수 있음
수분 섭취량		환자는 탈수를 예방하기 위해 수분을 충분히 섭취해야 함
약물 사용		환자는 메스꺼움과 구토 조절을 위해 진토제 등의 약물을 적절하게 최대 용량까지 사용할 수 있음
		환자는 식품과 약물의 상호작용을 피할 수 있음
신체활동		환자는 암 치료 중 매일 규칙적인 신체활동을 할 수 있음
		환자는 의학적으로 문제가 되지 않는 한 거의 매일 30분 정도의 운동을 할 수 있음
		환자는 치료 전 PG-SGA(patient generated subjective global assessment)에서 평가된 활동/기능 수준을 유지할 수 있음
행동 영역		환자/보호자는 치료 중 부작용 발생을 최소화하거나 극복할 수 있는 식품이나 음식을 앎
		환자/보호자는 건강식단을 계획할 수 있음

자료 : ADA Oncology Toolkit, 2010

2) 영양문제의 해결책

암 발생과 그 치료에 의해 생긴 부작용 및 각각의 해결책 표 13-10 을 제시하였고, 식사 중의 에너지와 단백질의 섭취를 높이기 위한 식품의 예는 표 13-11 에 나와 있다.

표 13-10 암으로 인한 영양문제의 지침

문제점	식사지침	권장식품	제한식품
식욕부진	• 소량을 자주 공급 • 고에너지 · 고단백 간식, 야식 • 맛 · 향기 · 식사분위기 조성 • 액체 음식	• 아이스크림, 에그노그, 밀크셰이크, 과일주스, 요구르트 등 • 액체 음식 이용	• 고지방식품
이미각증	• 차거나 상온 음식 제공 • 베이킹 소다를 물에 타서 식전에 입을 헹굼	• 닭고기, 칠면조, 생선, 햄 • 음식에 향을 더하기 위해 양파, 아몬드, 베이컨 첨가 • 레몬, 식초, 향신료 사용	• 강한 냄새가 나는 생선, 육류 • 초콜릿, 커피 • 혼합된 식품
조기만복감	• 소량씩 자주 공급 • 기름진 음식(버터, 소스)는 피함	• 고에너지 식품	• 식사 도중이나 직전의 음료수
구토 메스꺼움	• 식사 전 항메스꺼움 약제 복용 • 식사 중 수분 공급 금함 • 식후 바로 눕지 않기 • 신선한 공기를 마시고 옷을 여유 있게 입기 • 머리를 약간 높인 상태로 쉬게 하고 체위를 자주 변경함	• 지방이 적은 음식, 짭짤한 음식 • 맑고 찬 음료(탄산음료) • 마른 음식(토스트, 크래커) • 젤라틴	• 매우 단 음식 • 향이 강한 음식 • 고지방식품 • 자극성식품
저작곤란 연하곤란	• 인공타액 사용, 빨대 사용 • 식염수로 입 헹구기 • 가습기로 습도 조절 • 상온으로 음식 공급 • 입안 건조 시 입술연고 사용	• 부드러운 음식, 요구르트 • 채소에 크림소스나 버터 첨가 • 아이스 캔디, 밀크셰이크 • 시지 않은 주스와 넥타	• 거칠고 굵고 건조한 음식 • 주스, 육류, 빵, 젤라틴, 점성이 있는 물질
피곤할 때	• 소량씩 식사 • 다른 사람으로부터 음식을 제공 받음	• 준비된 음식으로 쉽게 조리 (통조림 이용)	
지방변증 설사	• 소량씩 식사 • 유당이 없는 저삼투압 물질, glucose polymer, MCT 이용 • 소금과 칼륨 함유식품으로 설사로 인한 손실 보충	• 부드러운 음식(크림, 바나나) • 고단백질 · 고에너지식품 • 유당, 지방, 식이섬유 섭취 제한 • 유당분해효소 처리된 우유	• 생과일, 생채소, 맥주, 유제품 • 양념이 강한 음식
변비	• 매일 조금씩 운동 • 배를 부드럽게 마사지함	수분 증가, 과일주스, 조리한 채소 · 과일의 섭취 증가	

표 13-11 에너지와 단백질 섭취를 높이기 위한 식품항목

식품군	식품명
우유군	밀크셰이크, 커스타드, 아이스크림, 요구르트, 치즈, 2배 강화한 우구(우유 200 mL + 탈지분유 25 g), 에그노그, 크림 등
육류군	갈거나 다진 고기를 넣어서 만든 국이나 죽, 가금류, 어류, 달걀(스크램블드 에그, 수란), 생선통조림
과일군	과일주스에 통조림 과일을 갈아 강화한 것, 과일주스로 만든 젤리, 셔벗
곡류군	잣죽, 깨죽, 콩죽, 으깬 감자, 국수, 마카로니
유지군	참기름, 샐러드유, 버터, 크림, 마가린을 첨가한 음식, 마요네즈 소스를 사용한 샐러드, 땅콩버터
기타	탄산음료, 젤라틴, 꿀, 사탕, 젤리

CHAPTER

14

식품알레르기

1. 면역과 영양
2. 식품알레르기의 이해
3. 식품알레르기의 증상
4. 식품알레르기에 영향을 미치는 요인
5. 식품알레르기의 진단
6. 식품알레르기의 치료

학 습 개 요

식품에 대한 역반응(adverse reactions)은 여러 기전에 의해 일어나며 다양한 증세로 나타나는데, 면역기전이 원인이 되어 나타나는 식품에 대한 역반응을 식품알레르기(food allergy)라고 한다.

광의의 식품알레르기는 대부분의 사람들이 정상적으로 내성을 가지는 식품에 대한 비정상적인 반응을 말하며, 협의의 식품알레르기는 과민성 반응만을 포함한다.

식품알레르기의 발병률은 연령이 증가함에 따라 감소한다. 일반적으로 식품알레르기는 영유아에게서 가장 흔히 나타나며 성인에서는 드물다.

1. 면역과 영양

일반적으로 여러 면역현상 중에 인체에 유리한 현상을 면역이라고 하며, 불리한 현상을 알레르기라고 한다 그림 14-1.

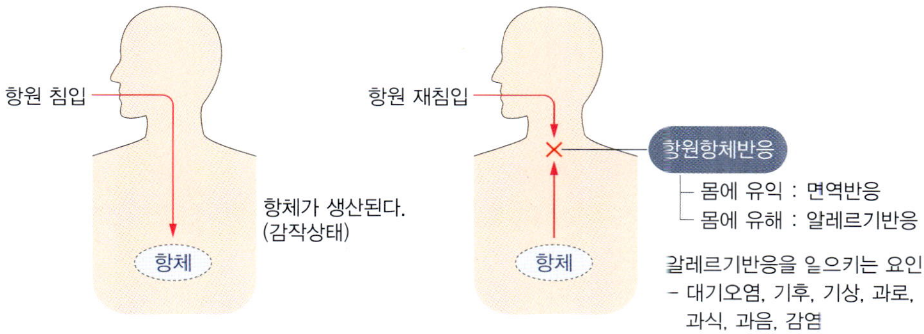

그림 14-1 면역반응과 알레르기 반응의 비교

1) 면역반응

면역이란 체내에 이물질, 즉 이종단백질, 다당류, 핵산, 또는 당지질 등 항원antigen이 침입하면 생체가 그것을 이물질로 식별하고 그에 대한 방어기전으로 항체antibody를 생성하여 항원을 제거하는 반응을 말한다. 체내에서 반응을 일으키는 항원의 종류는 표 14-1 에 제시하였다.

항원에 대한 면역반응에는 호중구, 대식세포macrophage, T림프구T lymphocyte, B림프구

표 14-1 항원의 종류

구분		종류
흡인성 항원	실내	진드기, 카펫, 커텐, 침대, 의복, 침구(면, 견, 양모) 등
	화분	아카시아, 벚꽃 등
	곰팡이	페니실린, 칸디다, 아스퍼질러스
식품성 항원	쇠고기, 돼지고기, 닭고기, 달걀, 마요네즈, 게, 새우, 치즈, 버터, 두유, 된장, 밀, 보리, 토마토, 복숭아	
약물성 항원	진통제, 해열제, 항생물질, 호르몬제	
접촉성 항원	약물, 화학물질, 화장품, 도료, 의복, 금속	

표 14-2 **면역계 세포의 종류와 작용 및 작용 결과**

		백혈구		작용	결과
비특이적 반응	식세포	호중구		식작용	이물질의 섭취와 파괴
		대식세포		사이토킨 분비	림프구 활성
					식욕억제
					열, 병 유발
				식작용	이물질의 섭취와 파괴, 림프구 활성 표면에 항체 배치
특이적 반응	림프구	T림프구 (세포매개성 면역)	보조T림프구	항체를 인식하고 화학신호 송출	T림프구와 B림프구에 비상경보, 전달 반응에 대비시킴
			유도T림프구	T세포발달자극	흉선의 전구체를 자극하여 T림프구로 성숙시킴
			살해T림프구	화학물질 방출	침입물질을 파괴시킴
			억제T림프구		면역반응 중지시킴
		B림프구 (체액성 면역)		항체 생성	이물질을 식세포의 쉬운 목표물로 만듦 이물질을 직접 사멸시킴

B lymphocyte가 관여한다 표 14-2.

면역반응은 선천성 면역(선천면역)과 후천성 면역(적응면역)으로 구분한다.

(1) 선천성 면역

선천성 면역innative immunity은 이물질에 대해 즉각적으로 보여주는 일차적 방어수단으로 외부물질에 대한 구별이 없이 폭넓은 특이성을 가지므로 비특이적인 면역이라고 한다. 한 번 노출된 이후에 일어나는 계속적인 노출에도 반응성이 향상되지 않는다. 피부, 점막, 땀샘, 피지선 분비물, 타액, 콧물, 눈물, 소화관뿐만 아니라 보체계, 백혈구, 대식세포가 관여한다 표 14-3.

① 외부 방어기전

체표면 및 점막은 외부로부터 들어오는 이물질의 약 90%를 제거하는 1차방어를 수행한다. 피부는 세균의 침입을 기계적으로 방어하고, 땀샘이나 피지선의 분비물은 피부의 pH를 낮추어 세균증식을 억제한다. 타액이나 콧물 등의 점액은 세균이 점막에 흡착되는 것을 막아주며, 눈물, 타액, 요 중에 많이 들어 있는 리소자임lysozyme은 세균의 세포

표 14-3 선천성 면역의 구조와 방어기전

구조		기전
외부	피부	병원균 침투에 대한 물리적 장벽 역할, 분비물기 리소자임을 보유
	소화관	위의 강산성, 결장의 세균에 의한 보호
	기도	점액분비와 이동, 폐포대식세포
	요생식로	소변의 산성, 질의 유산
내부	식세포	세균, 세포 잔해, 변성단백질과 독소 등의 섭추와 파괴
	인터페론	바이러스 복제 억제
	보체단백질	세균의 파괴 촉진, 염증반응 증강
	내인성 발열물질	세포와 다른 세포에 의해 분비, 발열

막을 분해하여 세균을 용해함으로써 이물질을 제거한다.

소장은 융모로 덮여 있는데 이는 물리적인 방어벽을 형성한다. 중요한 면역기능을 수행하는 세포들이 융모 내에 퍼져 있으며, 체내 면역을 담당하는 분비세포의 70~80%가 존재한다는 점에서 소장은 대단히 중요한 면역기관이다. 소장으 배상세포Goblet cell는 점액을 분비하고 장내 림프조직에는 식세포와 다른 면역세포들이 자리잡고 있다. 위산, 담즙 또한 체내로 해로운 물질들이 들어오는 것을 막아준다.

소화관은 미생물이 거의 체내로 들어오지 못하도록 한다. 정상적으로 장내에 500만 종 이상의 세균이 있지만. 이러한 세균 집단은 실제로 장내에 해로운 균의 성장을 막아준다. 장내 유익균이 이용가능한 영양소와 공간을 차지함으로써 침입자가 정착하는 것을 어렵게 한다. 또한 짧은사슬지방산을 형성하여 해로운 생물이 장내 표면에 달라붙는 것을 막아준다.

② 내부 방어기전

선천성 면역반응에는 보체complement계인 항원-항체 복합체antigen-antibody complex에 의한 방어와 식작용을 하는 백혈구인 호중구neutrophil와 대식세포macrophage에 의한 2차 방어가 있다. 혈액 내 존재하는 보체계는 약 25개 효소로 이루어진 집단으로 항체의 활성을 보조한다는 의미로 붙여졌다. 체내에 이물질이 침입하면 즉시 급성 염증반응(항원-항체반응)을 일으키는 중요한 역할을 한다. 식세포phagocytes는 골수에서 만들어지며, 세포 표면에 흡착된 세균을 식작용을 통해 세포 내로 끌어들이면 리소좀lysosome이 세균을 분해한다.

대식세포Macrophages는 백혈구의 4~8%를 차지하는 단핵세포가 골수에서 혈중으로 나온 후 24시간 정도 지나 여러 조직으로 이동하면서 최고 5배까지 커지고 강한 탐식능력을 갖게 된 것으로 식작용phagocytosis을 통해 항원을 인식하면 B림프구와 T림프구에 항원정보를 전달하여 항원을 제거한다 그림 14-2.

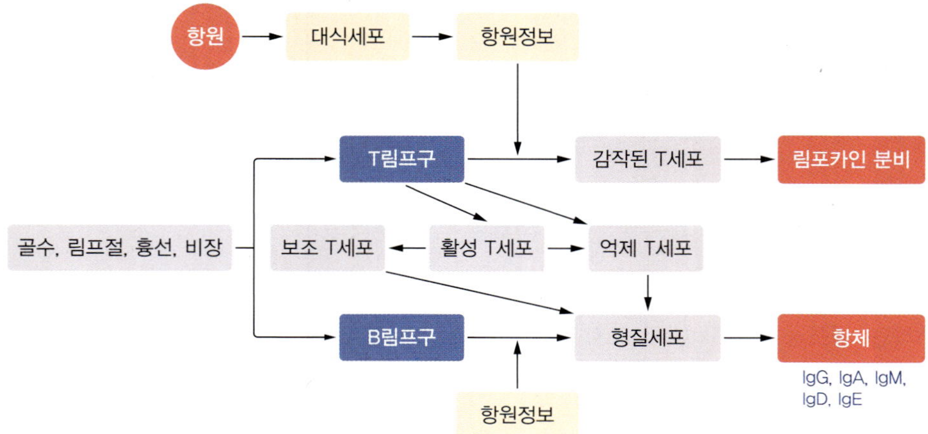

그림 14-2 **항원에 반응하는 면역계**

(2) 후천성 면역

후천성 면역acquired immunity은 자기self와 비자기non-self를 엄밀히 식별하여 비자기(항원, 이물질)를 배제시키는 매우 높은 특이성을 나타내어 특이적 면역반응이라고 한다. 독특한 기억능력을 가지고 있어서 특정 항원에 대하여 특정 항체를 생산하여 반응하며, 차후 감염이 반복될 경우에도 빠른 속도로 대응하는 세포 수준에서의 방어작용이다. 림프구가 담당하며 특정한 항원에 대해 장기간 신체를 보호한다.

혈중 백혈구의 25~40%를 차지하고 있는 림프구는 골수에서도 일부 만들어지지만 대부분은 림프절, 흉선, 비장, 편도선, 맹장 등의 림프기관에서 만들어진다.

후천성 면역인 특이적 면역에는 T림프구T-lymphocytes, T-cell가 관여하는 세포매개성 면역cell-mediated immunity과 B림프구B-lymphocytes, B-cell가 관여하는 체액성 또는 액소성 면역humoral immunity의 두 가지로 구분된다 그림 14-3.

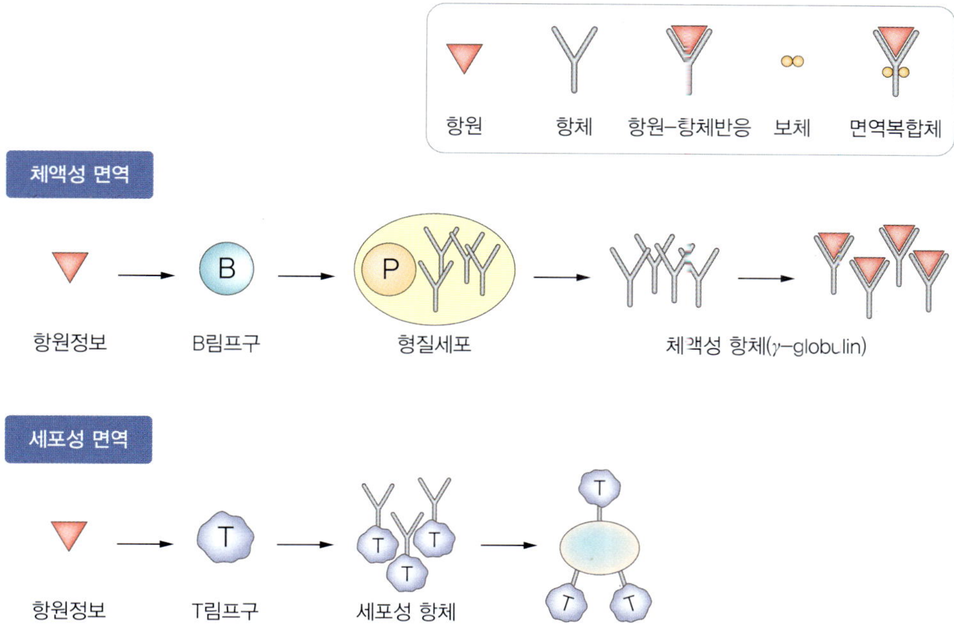

그림 14-3 면역반응의 요소와 기전

① 세포매개성 면역

세포매개성 면역에 관여하는 T림프구는 골수의 줄기세포에서 분화하여 성숙된 후 흉선thymus에서 분리되는데, 항원이 T림프구를 자극하면 T림프구는 다른 세포의 활성을 조절하거나 세포 손상의 원인이 되는 림포카인lymphokines, 사이토카인cytokines을 생성해서 직접 표적세포target cell를 파괴한다. 세포매개성 면역에는 투베르쿨린tuberculin 반응과 같은 지연형 과민성delayed hypersensitivity반응이나 이식거부transplant rejection반응, 암에 대한 면역, 폐결핵 등의 감염에 대한 면역반응이 해당된다.

② 체액성 면역

체액성 면역에 관여하는 B림프구는 골수bone marrow의 줄기세포stem cell에서 유래되며, 항원과 접촉하면 형질세포plasma cell로 변하여 여러 가지 항체를 생성한다. 이러한 항체는 γ-글로불린이라고 불리는 특별한 당단백질로 면역글로불린immunoglobulins; Ig이라고도 불린다. 항체의 생산은 B-림프구의 분화를 촉진시키는 보조T세포helper T-cell와 분화를 억제시키는 억제T세포suppressor T-cell의 상호작용에 의해 의하여 조절된다. 항체에

표 14-4 면역글로불린의 종류와 기능

종류	기능
IgG	70~75%, 혈액, 조직에 골고루 분포함 세균, 바이러스, 곰팡이, 독성물질에 대해 화학적 방어를 함 항원에 대해 보체와 결합하여 항원에 결합된 세포막을 용해함
IgA	15~20%, 땀, 눈물, 코의 점액, 장액 등 호흡기, 비뇨기, 소화기 분비물에 있는 주된 항체로 국소면역에 관여함 모유에 존재하는 분비형 sIgA(secretory IgA)는 유아의 장을 보호함
IgM	10%, 혈액 내 존재 보체를 필요로 하며 식세포와 함께 세균에 대한 방어가 주된 기능임 IgG의 역할을 도움
IgD	1% 미만, B림프구 막에 존재하며 항원 수용체로 작용함 B림프구의 혈장세포, 기억세포로의 분화에 관여함
IgE	호염기성구와 비만세포(mast cell)의 혈장막 표면에서 발견됨 기생충 제거에 관여하며, 식품알레르기 반응과 관련 있음

는 면역글로불린 G, A, M, D, E(IgG, IgA, IgM, IgD, IgE)의 다섯 가지가 있다. 이들은 정해진 항원과 반응하며 그 역할은 각기 다르다. 면역글로불린의 기능을 표 14-4 에 제시하였다.

선천성 면역과 후천성 면역의 특징을 비교한 결과는 표 14-5 과 같다.

표 14-5 선천성 면역과 후천성 면역의 특징 비교

	선천성 면역(선천면역)	후천성 면역(적응면역)
특이성	비특이적	특이적
기계적 특성	상피	면역 유도 반응
체액성 특성	pH, 리소좀, 혈장 단백질	항체
세포성 특성	백혈구(호중구, 대식세포)	림프구
유도방법	면역조작이 필요 없음	면역조작

2) 면역과 영양

영양불량이 면역기능에 미치는 영향은 표 14-6 에, 미량영양소의 결핍이 면역기능에 미치는 영향은 표 14-7 에 제시하였다.

표 14-6 면역기능에 대한 영양불량의 영향

면역계 성분	영양불량의 영향
피부	결체조직과 콜라겐의 감소로 얇아짐
점액	점액량의 감소와 분비액내 항체함량 감소
소화관	미세융모가 납작해짐, 림프조직 내 T세포 수 감소 점액분비량의 감소와 분비액 내 항체함량 감소 장손상에 따른 장내세균의 심각한 전위현상
림프조직	흉선, 림프절, 비장이 축소됨, T세포 범위 축소
식세포	이물질 제거시간 지연
세포매개성 면역	순환 T세포 수와 반응성 감소(항체반응 손상)
체액성 면역	순환 면역글로불린은 정상이나 항체반응 손상

자료 : Whitney, EN. et al. 2002

표 14-7 면역기능에 대한 미량영양소 결핍의 영향

결핍 영양소	손상
비타민 A	T세포와 항체 생성, 림프구 반응, 감염에 대한 저항성
비타민 B_6	림프구의 항체 생성과 반응성
비타민 E	식세포, 항체 생성, 림프구의 반응성, 바이러스의 활동성 증가
아연	T세포 생성, 림프구의 반응성, 감염에 대한 저항력

자료 : Whitney, EN. et al. 2002

2. 식품알레르기의 이해

1) 정의

일반적으로 여러 면역현상 중 인체에 불리한 현상을 알레르기라고 한다. 알레르기는 정상적으로는 항원이 되지 않는 이물질(음식, 꽃가루, 먼지 등)에도 항체가 생겨서 과잉의 항원-항체 반응이 나타나는 병적인 증세를 말하며, 과민증hypersensitivity이라고도 한다.

식품알레르기는 식품의 단백질이나 다당류, 핵산, 핵단백질, 또는 당지질의 큰분자가 완전히 소화, 분해되지 않은 채 위장관에 흡수되면 이들에 대한 항체가 생성되어 일어나는 반응이다. 정상적으로 섭취하는 식품에 대해 일어나는 비정상적인 면역과민반응으로 식사성 알레르기라고도 한다. 알레르기 반응을 일으키는 항원을 알레르겐allergen이라고 한다.

알아두기 **식품불내증과 식중독**

식품불내증food intolerance

대사적, 특이적 반응에 의해 발생하는 식품에 대한 비면역적인 거부반응으로 선천적으로 유당분해효소가 부족하여 우유를 섭취하면 복부경련, 설사 등 위장관 장애가 나타나는 유당불내증이 이에 속한다.

식중독food poisoning

식중독을 일으키는 미생물이 식품에 부착되어 증식하거나, 독성물질이 들어 있거나 잔류된 음식물을 섭취함으로써 생기는 건강장해이다.

2) 기전

식품 알레르겐(예 : 땅콩)을 섭취하면 체내에서 이에 반응하는 특이 면역글로불린 E(IgE) 항체를 만든다. 먼저 대식세포가 이를 감지하고 T세포에 항원정보를 전달하여 인터루

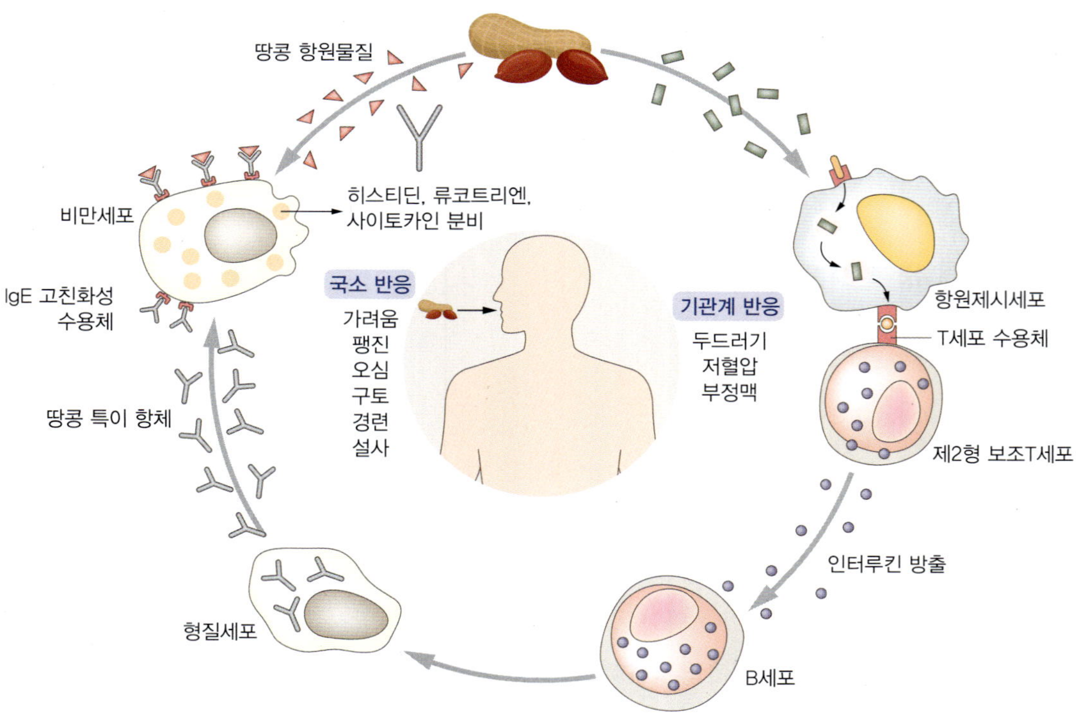

그림 14-4 식품알레르기를 일으키는 기전

킨을 방출시킨다. 이로 인해 기도 막힘, 저혈압, 천식이 발생할 수 있다. 한편 방출된 인터루킨은 B세포를 형질세포로 전환시켜서 특이 항체를 생성하게 한다. 이 항체가 비만세포mast cell의 표면에 부착되고 들어온 항원과 결합하게 되면, 비만세포는 히스타민, 류코트리엔, 사이토카인 등 여러 화학물질을 분비하여 가려움증, 팽진, 오심, 구토, 경련, 설사 등을 일으킨다 그림 14-4.

3) 알레르기 반응의 분류

알레르기를 일으키는 면역반응은 IgE-매개형과 IgE-비매개형으로 분류되며, B림프구에 의존하는 제1형type I, 제2형Type II, 제3형Type III과 T림프구에 의존하는 제4형Type IV으로 분류된다 표 14-8. IgE-매개형인 제1형이 가장 일반적인 알레르기 반응이다.

표 14-8 알레르기반응의 분류

분류		명칭	항원	항체	피부반응	주요 질환
IgE-매개형	제1형	아나필락시스(anaphylaxis)형, 즉시형 과민증	주로 외인성(식품 내 단백질, 다당류, 핵산 또는 꽃가루, 먼지, 곰팡이 등)	IgE	15~30분 발적과 팽진	기관지 천식, 두드러기, 구토, 설사, 아토피피부염, 알레르기성 비염, 대부분의 식품알레르기
IgE-비매개형	제2형	세포독성형	적혈구, 약물 등	IgG, IgM 보체가 필요할 때도 있다.	-	혈액형 부적합 수혈반응, 자가면역성 용혈, 약물 알레르기
	제3형	면역복합체형	세균, 바이러스, 일부 식품 내 성분	IgG(IgM) 보체가 필요할 때도 있다.	3~8시간 발적과 부종	사구체신염, 폐렴, 대장염, 출혈성 장염과 흡수불량증 등의 일부 식품알레르기
	제4형	지연형 또는 세포매개성 과민형	조직세포, 화장품, 페인트 등의 성분, 결핵균 등	sensitized T cell (림포카인 분비)	24~4시간 발적과 경련	접촉성 피부염, 이식거부 반응, 투베르쿨린(tuberculin)반응, 단백질 손실성 장질환, 궤양성 결장염, 소아지방변 등

또한 알레르기 반응이 나타나는 반응시간에 따라 즉시형과 지연형으로 나뉜다. 즉시형은 반응이 수분에서 30분 내에 나타나며, 지연형은 2~3일이 지난 후에야 심하게 나타난다 표 14-9.

표 14-9 즉시형과 지연형 알레르기의 비교

특징	즉시형	지연형
증상 개시시간	음식 섭취 후 몇 분 이내	음식 섭취 후 1~3일 이내
관련된 림프구	B세포	T세포
면역 효과기	IgE 항체	세포매개성 면역
알레르기	고초열, 천식, 대부분의 다른 알레르기 현상	접촉 피부염
치료	항히스타민과 아드레날린 작동성 약물	코르티코이드

3. 식품알레르기의 증상

식품알레르기 증세는 소화기계 증상이 가장 빈번하며, 그 다음으로 피부와 호흡기계 증상이 빈번하게 나타난다.

알레르기 원인물질allergen이 비만세포와 결합하면 비만세포가 히스타민과 ECF eosinophil chemotactic factor 등의 화학물질을 분비한다. 이 화학물질들이 특정 조직에 부착되면 모세혈관을 확장시키고 분비선을 자극하며 근육이 수축하는 증상을 일으킨다.

모세혈관이 확장되면 혈관 내의 액체가 조직 내로 흘러나와 부종이 생기게 된다. 부종은 피부나 점막이 부풀어 오르는 현상으로 대부분 가려움을 동반하는 것이 특징이다. 두드러기나 아토피피부염 같은 피부의 부종은 피부가 부풀어 오르고 심한 가려움이 동반되며, 코의 부종은 코가 막히고 가려움으로 인한 재채기가 동반된다. 기관지점막 부종이 생기면 기도가 좁아질 뿐만 아니라 가려워 기침을 하게 된다. 위장관의 부종은 원활

알아두기 **아나필락시스**

갑작스럽고 심하고 때론 치명적인 식품알레르기를 아나필락시스(anaphylaxis)라고 하며 일반적으로 알레르겐에 노출된 후 5~15분 이내에 나타난다. 아나필락시스의 발생은 응급 상황으로 즉각적인 의료처치가 필요하다. 증상으로는 복통, 매스거움, 구토, 자반증, 혈압강하, 부종, 가슴통증, 설사, 쇼크가 일어나며 사망할 수도 있다. 벌과 같은 곤충의 침, 페니실린 등의 약물 투여 후에도 발생할 수 있다.

음식물 의존성 운동 유발 아나필락시스

관련 음식물 섭취 후 최소한 2시간 이내에 운동을 할 때만 증상이 발생할 경우를 말한다. 원인식품만 먹거나 운동만 할 때는 증상이 나타나지 않고, 원인식품 섭취와 운동이 병행될 때만 일어나기 때문에 운동을 하는 수업시간에 주의를 요한다.

표 14-10 식품알레르기 증상의 분류

표적기관	즉각적인 증상	지연 증상
피부	홍반(erythema) 가려움증(pruritus) 두드러기(urticaria) 발진(morbilliform eruption) 혈관성 부종(angiodema)	홍반, 홍조(flushing), 가려움증, 발진, 혈관성 부종, 습관성 발진(eczematous rash)
눈	가려움증 결막의 홍반(conjunctival erythema) 눈물(tearing) 안와골막의 부종(periorbital edema)	가려움증, 결막의 홍반, 눈물, 안와골막의 부종
상부기도 (upper respiratory)	비충혈(nasal congestion) 가려움증 비루(rhinorrhea) 재채기(sneezing) 후두부종(laryngeal edema) 건조한 기침(dry staccato cough)	
하부기도 (lower respiratory)	기침(cough) 가슴 죄임(chest tightness) 호흡곤란(dyspnea) 쌕쌕거림(wheezing) 늑골 사이의 움츠림(intercostal retractions) 부가적 근육 사용(accessory muscle use)	기침, 호흡곤란, 쌕쌕거림
구강	입술, 혀 또는 구개/입천장(palate)의 혈관성 부종 구강 가려움증(oral pruritus) 혀의 부종(tongue swelling)	
소화기	구역질(nausea) 결장의 복통(colicky abdominal pain) 역류(reflux) 구토(vomiting) 설사(diarrhea)	구역질, 복부통증(abnominal pain), 역류, 구토, 설사, 혈변(hematochezia), 체중 손실이 있는 음식 거부 및 짜증
심혈관	심박 급속증(tachycardia) 서맥(bradycardia)) 저혈압(hypotension) 현기증(dizziness) 기절(fainting) 의식상실(loss of consciousness)	
기타	자궁수축(uterine contractions) '파멸'감(sense of 'impending doom')	

표 14-11 **아나필락시스 증상의 중증도 분류와 경과**

신체 부위	심한 반응	중간 반응	가벼운 반응
호흡기	창백, 청색증	후두부종(목이 조여옴), 숨가쁨, 천명(쌕쌕거림), 발작적 기침	코막힘, 맑은 콧물, 약한 기침, 재채기
소화기		혀의 부종, 구역, 구토, 복통, 설사	입과 귓속의 가려움, 입술 부종, 이상한 맛이 느껴짐
피부			붉어짐, 가려움, 두드러기, 부종, 습진이 심해짐
심혈관계	저혈압, 착란, 실신, 의식상실	가슴 통증	
기타	금방 죽을 것 같은 느낌	어지러움, 발한	결막충혈

한 장운동을 저해하여 복통과 설사를 동반한다.

분비선이 자극되면 콧물과 가래가 많이 나오며, 기관지근육이 수축하면 호흡곤란이 동반되고, 위장관근육이 수축하면 구토의 증상을 동반하게 된다.

이와 같이 알레르기의 질환은 증상이 나타나는 표적기관에 따라 두드러기 또는 아토피피부염과 같은 피부질환, 기관지천식, 알레르기비염과 같은 호흡기질환, 설사, 구토 같은 위장관질환 등으로 분류되며, 흔하지는 않지만 아나필락시스 쇼크anaphylaxis shock와 같은 전신적인 반응으로 나타나는 경우도 있다.

또한 식품알레르기는 시간이 지남에 따라 저절로 없어지는 자연소실outgrow을 보이는

표 14-12 **식품알레르기의 처음 발생 시기와 자연 소실되는 시기**

식품	시작되는 시기	자연소실되는 시기
달걀흰자	6~24개월	7세(75% 정도가 자연 소실)
우유	6~12개월	5세(76% 정도가 자연 소실)
땅콩	6~24개월	계속 지속(20% 정도는 5세 무렵에 자연 소실)
견과류(tree nut)	1~7세, 어른의 경우 꽃가루와 교차반응 후 시작 됨	계속 지속(9% 정도는 5세 무렵에 자연 소실)
참깨	6~36개월	계속 지속(20% 정도는 7세 무렵에 자연 소실)
생선(fish)	초등학교 후반이나 성인기	계속 지속
조개류(shell fish)	60% 정도가 성인기에 시작	계속 지속
밀	6~24개월	5세(80% 정도가 자연 소실)
대두	6~24개월	2세(67% 정도가 자연 소실)
키위	전 연령	알려져 있지 않음
사과, 당근, 복숭아 등	초등학교 후반이나 성인기	알려져 있지 않음

경우가 많다 표 14-12. 따라서 식품알레르기가 한 번 생겼다 하더라도 정기적인 검사를 통해 식품알레르기가 지속되었는지 확인이 필요하다.

달걀과 우유는 원인식품을 철저히 제한하는 경우 자연소실이 비교적 잘 되는 식품이며, 달걀의 경우 5세 무렵에 80%, 우유의 경우 3세에 80% 정도가 알레르기 반응이 없어지는 것으로 보고되었다. 철저히 제한하여도 자연소실이 잘 되지 않는 것은 땅콩으로 20% 정도가 자연소실된다.

4. 식품알레르기에 영향을 미치는 요인

1) 유전

식품알레르기는 흔히 유전과 관련된다. 부모 중 한쪽에 알레르기가 있으면 자녀가 식품알레르기일 가능성이 50%이며, 부모 모두에게 알레르기가 있으면 그 자녀 중 75%가 식품알레르기일 가능성이 있다. 그러나 알레르기는 가족력이 없어도 일어날 수 있다.

2) 항원 침입

항원에 노출은 식품알레르기의 전제조건이다. 흔히 유아의 경우 출생 전후에 발생할 수 있다. 식품 항원은 장점막에 존재하는 IgA에 의해 장내 침입이 억제된다. 그러나 영유아의 미성숙한 소장관은 IgA의 결핍으로 인해 항원의 장내 흡수가 용이하며, 특히 미숙아와 생후 6개월까지의 영아의 경우에는 위험성이 더욱 크다.

소장 질환의 경우에도 과잉의 항원이 장내로 흡수될 수 있는데, 이는 소장세포가 손상되면 점막이 파괴되어 투과성이 증가됨으로써 항원 칩입이 증가되기 때문이다.

단백질 함유식품의 소화가 충분하지 못하면, 단백질은 아미노산으로 분해되지 않은 채 장점막과 혈류에 들어와 항체 생성을 자극하여 알레르기 반응을 일으킨다.

일반적으로 장 투과성은 허혈, 감염, 영양불량, 위장염과 같은 질병에 의해 증가된다.

3) 식품 알레르겐

식품 알레르겐이란 알레르기 반응의 원인이 되는 항원으로 당단백질이다. 식품은 많은 단백질을 함유하고 있는데, 이들 중 일부만이 식품알레르기와 관계가 있다. 예를 들면, 우유에는 20개 이상의 단백질이 있지만 이 중에서 α-락토알부민α-lactalbumin, β-락토글로불린β-lactoglobulin, 카제인이 가장 큰 과민성을 나타낸다. 이외에도 달걀흰자, 생선의 단백질, 대두의 트립신저해제 등이 항원으로 작용하는 단백질에 속한다. 식품알레르기를 일으키는 대부분의 식품 단백질은 소화효소에 저항성을 가져 단백질 형태 그대로 흡수되는 단백질이다

알레르기 반응을 가장 자주 일으키는 식품으로는 우유, 달걀, 땅콩, 밀, 옥수수, 견과류, 생선, 조개, 토마토, 오렌지, 딸기, 초콜릿 등이 있으나, 일부 식품은 조리하거나 소량 섭취함으로써 알레르기 반응을 감소시킬 수 있다. 우유를 데워서 마시면 생우유를 마실 때보다 과민반응이 덜 나타나는 것이 한 예이다.

우리나라에서는 알류, 우유, 땅콩, 대두, 메밀, 고등어, 게, 돼지고기, 복숭아, 토마토 등이 가장 흔한 알레르기 유발식품이다. 쇠고기, 돼지고기, 닭고기와 같은 육류가 알레르기를 일으키는 주요 식품으로 인식하고 있지만, 육류는 알레르기를 잘 일으키지 않는 것으로 알려지고 있다. 소아의 경우 달걀과 우유가 가장 흔한 알레르기 유발식품이고, 호두, 잣, 땅콩, 견과류, 갑각류도 알레르기를 일으키는 주요 식품이다.

4) 항원 간의 교차반응성

같은 식품군의 식품 사이에는 항원 간의 교차반응성Cross-reactivity이 나타나는 수가 있는데, 항체가 고유의 항원에만 반응하는 것이 아니라, 유사한 항원에도 반응하는 것을 말한다. 예를 들면, 땅콩에 알레르기를 가진 사람은 대두에도 민감하며, 우유에 민감한 사람은 염소젖에도 민감하다.

교차반응성은 갑각류 사이, 견과류 사이에서 흔하게 발생한다.

5. 식품알레르기의 진단

1) 식사력 및 식사일기

식품알레르기를 진단할 때 가장 먼저 이용하는 것이 식사력이다.

식사력food history은 식품알레르기의 진단을 위한 제일 첫 단계로서 어떤 의미에서는 가장 중요한 과정이라고 할 수 있다. 이 과정을 통해서 음식물 섭취 후 나타났던 이상반응이 과연 식품알레르기인지, 만약 식품알레르기가 맞다면 원인식품이 무엇인지, 또한 임상 양상으로 보아 면역반응 메커니즘이 IgE-매개성인지 여부가 어느 정도 파악되어야 한다.

식사력에는 알레르기 반응 전 72시간까지 섭취한 식품을 기록하되, 환경적·심리적 상태, 현재의 질병 상태, 병력도 조사해야 한다. 병력에는 소장염, 습진, 비염, 천식, 구토, 설사, 아토피피부염 등이 포함되며, 알레르기 환자의 가족력 조사도 이루어져야 한다. 병력을 조사할 때에는 식품 섭취 후 제일 먼저 증세가 나타난 시간과 증세, 반응이 일어나는 횟수, 최근에 일어난 알레르기 증세, 의심되는 식품의 종류와 분량, 당시의 정황, 이를테면 약물 복용, 운동 여부 등이 기록되어야 한다. 식품알레르기는 출생 전후, 즉 임신기, 수유기, 이유기의 알레르겐에 대한 노출과도 관련이 있다.

식사력 조사를 통해 위와 같은 내용이 뚜렷하지 않은 경우에는 식품일기를 작성하게 한다. 섭취한 모든 식품과 증세에 대한 관찰은 적어도 7~14일간 계속되어야 하며, 알레르기 증세를 판별해 주는 약물치료도 기록한다. 이러한 기록은 기억에 의해서는 확인되지 않는 특정 증세까지도 상세히 알려주어 식사와 알레르기와의 관계를 정확히 제시해 줄 뿐만 아니라, 이후 발생 가능한 영양소 결핍의 예측을 가능하게 해준다.

2) 피부반응검사

(1) 피부검사

알레르기 질환의 원인 항원을 판별하기 위한 가장 기본적인 진단방법이다.

알레르겐에 감작된 사람은 알레르겐과 반응하는 특이 면역글로불린 EIgE 항체를 만든다. 알레르겐을 피부 내에 주사하면 알레르겐과 항체가 결합하고 비만세포가 히스타민 등 여러 가지 화학매체들을 분비하여 피부에 팽진과 붉은 반점이 생긴다. 이러한 반응의 강도를 측정하여 원인 알레르겐에 감작되었는지를 판정한다.

IgE-매개성 식품알레르기를 검사하기 위한 피부반응검사는 크게 두 가지로, 널리 사용되는 피부단자검사prick test(소피검사scratch test라고도 불림)와 피내검사intradermal skin test가 있다 그림 14-5.

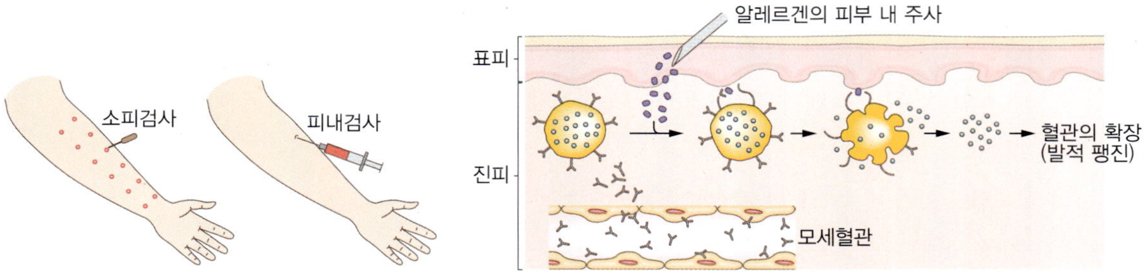

(a) 알레르겐 피부반응검사

(b) 피부반응 메커니즘

그림 14-5 피부반응

식품알레르기 증상이 IgE-매개성으로 의심되면 음식물에 대한 특이 IgE를 찾기 위한 검사로서 일반적으로 피부 표피에만 항원에 노출되도록 하는 피부단자검사를 시행한다. 피부반응검사 중 피내검사는 예민도나 특이도에서 더 유리하지도 않으면서 환자에 따라서는 아나필락시스와 같은 치명적인 부작용이 발생할 수 있어서 시행하지 않는다.

(2) 혈액검사

피부질환이 심해 피부검사가 어려운 경우, 이를테면 아토피피부염 등에 실시한다. 환자의 식품알레르기 증상이 IgE-매개성으로 의심될 때 피부단자검사 대신 음식물에 대한 특이 IgE를 찾아내기 위해 사용하는 방법으로 RAST, CAP, MAST 검사가 있다.

3) 알레르기 식품의 제거와 재섭취

식품알레르기를 진단하는데 가장 신뢰할 수 있는 방법은 특정식품을 식사로부터 제거했을 때 증세가 멈추는 것과 그 식품을 다시 섭취했을 경우 증세가 되돌아오는 것을 관찰하는 것으로 알레르기의 진단에 있어 알레르기 식품 제거와 재섭취는 대우 중요하며 가장 믿을 만한 방법이다.

제거식이elimination diet는 진단을 위한 과정인 동시에 치료를 위한 방편이 될 수 있다. 제거식이는 2가지 방법으로 진행할 수 있다.

첫째, 의심되는 한 가지 또는 몇 가지의 음식을 제거하고 나머지 다른 음식들은 모두 섭취하도록 하는 방법으로, 병력에서 특정 음식물의 섭취 후 급성 임상증상의 발현이 확실하며 해당 음식물에 대한 특이 IgE가 밝혀진 경우에 흔히 사용한다. 제거식이를 섭취하게 한 후 증상이 다시 완화되는 것을 관찰해야 한다. 제거식이 기간은 증상의 종류에 따라 달라지며, 일반적으로는 1~6주간의 기간이 필요하다.

둘째, 일부 허용음식allowed food을 남겨 놓고 나머지 대부분의 음식을 제거하는 방법으로, 아토피피부염이나 만성 두드러기처럼 만성 증상을 나타내는 경우에 사용할 수 있다. 이 방법은 알레르기 증상을 유발할 가능성이 있는 많은 수의 음식물을 제거하면서도 균형 있는 영양공급을 동시에 할 수 있다는 장점이 있다. 환자별 맞춤형 식단으로 진행한다.

(1) 식품제거검사

식품제거검사food elimination test는 식사력 조사, 식사기록법, 피부검사 등에 의해 알레르겐이라고 생각되는 식품을 14일 동안 식사로부터 제거하는 방법으로 선별된 식품, 또는 이들 식품의 유도체를 함유한 모든 식품은 피해야 한다. 예를 들어, 우유를 제거하게 되면 탈지분유, 유청, 카제인나트륨을 포함하는 모든 유제품도 피해야 한다.

처음 제거한 식품에 의해서도 증세가 사라지지 않고 식품알레르기가 계속해서 의심이 되면 점차적으로 보다 더 엄격한 식품 제거가 표 14-13 에 나타난 바와 같이 이루어져야 한다.

식사 1은 우유, 달걀, 밀과 같은 가장 일반적인 알레르겐을 제거한 것이고, 식사 2는 식사 1의 가장 일반적인 알레르겐을 제거할 뿐만 아니라 알레르겐의 위험이 있는 모든 식품을 제외한 것으로 식품알레르기를 최소로 한 최소제거식사m nimal elimination diet이다. 이 식사에서는 양고기 이외의 모든 동물성식품과 쌀 이외의 모든 곡류제품이 제외된다.

표 14-13 제거식사의 두 단계

	제거식사 1(우유, 달걀, 밀이 없는 식사)	
	허용되는 것	피해야 하는 것
동물성단백질 급원	양고기, 닭고기, 칠면조, 쇠고기, 돼지고기	우유, 달걀
식물성단백질 급원	두유, 콩류, 땅콩	
곡류	감자, 고구마, 쌀, 옥수수, 보리, 귀리	밀
채소류	모든 채소	
과일류	모든 과일과 채소	
감미료	통조림, 설탕, 콘시럽	
유지류	콩기름, 옥수수 기름, 잇꽃유, 올리브유, 우유가 없는 마가린	우유가 함유된 버터, 마가린
기타	소금, 모든 향신료	
	제거식사 2(최소 제거식사)	
	허용되는 것	**피해야 하는 것**
동물성단백질 급원	양고기	그 밖의 동물성 단백질, 고기, 생선, 가금류, 달걀, 우유
식물성단백질 급원		두유, 콩류, 완두콩, 땅콩 등 모든 종류의 견과류
곡류	감자, 고구마, 쌀	밀, 귀리, 옥수수, 보리, 호밀
채소류	옥수수와 완두콩을 제외한 모든 채소	옥수수, 완두콩
과일류	귤, 딸기, 토마토를 제외한 모든 과일	귤, 딸기, 토마토
감미료	통조림, 설탕	콘시럽
유지류	잇꽃유, 코코넛기름, 올리브유, 참기름	버터, 마가린, 채실유, 콩기름, 옥수수 기름, 땅콩기름
기타	소금, 후추, 모든 향신료, 레몬 추출물	초콜릿, 커피, 차, 청량음료, 알코올음료, 녹말가루

만일 알레르기 증세가 계속 나타나면 첨가된 식품을 한 가지씩 제거해야 한다.

제거식사는 영양적인 측면에서 균형이 이루어지도록 계획해야 한다. 영양적으로 부적절할 수 있으므로 이러한 제거식사는 필요기간 동안만 행해야 하며, 만약 이 식사를 몇 주 이상 지속해야 할 경우에는 비타민 또는 무기질 보충제를 공급해야 한다.

(2) 식품유발검사

식품유발검사food challenge test는 식품알레르기가 의심될 때 직접 환자에게 의심되는 음식물을 섭취하도록 한 후 임상증상이 유발되는 것을 관찰하여 진단을 내리는 것이다.

식품 제거를 통해 증세가 사라지면 저알레르기식단을 기초로 하여 의심이 되는 식품을 한 번에 한 가지씩 섭취시킨 후 증상 발현 유무를 확인하는 방법이다. 식품을 소량부터 시작하여 단계적으로 늘려서 증세가 나타나는 식품이 바로 알레르겐이다.

처음에는 의심되는 식품 한 가지를 식습관 조사에 의해 제시된 양만큼 제공한다. 그 양을 알 수 없으면 10 mg~5 g 정도로 소량을 사용한다. 반응이 관찰되지 않으면 4시간의 간격을 두고 다른 식품을 연속적으로 제공한다. 대부분의 알레르기 반응은 먹은 후 2시간 내에 나타나고, IgE가 매개되지 않은 반응의 경우는 24시간 정도 후에 나타나므로 지속적으로 관찰하는 것이 필요하다. 만일 48시간 동안 증세가 없으면 그 식품을 매일 공급하고 단백질도 점차적으로 증가시킨다. 식품 섭취로 증세가 나타나면 식단에서 그 식품을 제외시키고 다음 식품을 제공한다.

이 방법은 시간과 노력이 많이 들어가고 어린아이에게 음식을 먹인 후 증상을 유발시킨다는 점에 있어서 부모의 거부감이 높다. 또한 유발검사 후 부작용으로서 아나필락시스뿐만 아니라 설사, 구토 등에 의해 쉽게 탈수 및 쇼크가 발생할 위험성이 있어 특히 학동기 이하의 소아에게는 과거에 비해 점차 시행이 감소되고 있다.

6. 식품알레르기의 치료

1) 식사요법

식품알레르기의 치료에서 최선의 방법은 원인이 되는 식품 알레르겐이 체내에 유입되는 것을 막는 것이다. 그러므로 식사요법의 원칙은 알레르겐이 되는 식품을 제외하면서 영양필요량을 충족할 수 있도록 식단을 계획하는 것이다.

식품알레르기를 치료하는 데 가장 이상적이고 간단한 치료법은 식단으로부터 알레르기를 일으키는 식품을 제거하는 것이다. 원인식품이 다른 식품에 소량 들어 있거나 가공처리된 경우도 모두 제한하는 것을 원칙으로 한다. 예를 들어, 우유를 제한하는 경우 과자에 소량 첨가되어 있는 가공품이나 치즈나 요구르트와 같이 가공되어 있는 유제품도 제한해야 한다. 자연식품은 제한하기 쉬우나, 가공식품의 경우는 원인식품이 포함되어 있는지 반드시 식품성분표시를 확인해야 한다. 「식품위생법」이 개정되어 가공식품에는 22개 알레르기 식품에 대해서는 반드시 표시하도록 되어 있다.

하지만 단지 몇몇 식품만 제거할 때에는 쉽게 수행할 수 있으나, 금해야 할 식품이 많아지면 영양적으로 충분한 식단을 계획하기가 어렵다. 이런 경우에는 제거된 식품과 영양가가 비슷한 식품으로 대체하는 것이 필요하다. 이를 테면 우유를 제한하는 경우에는 우유가 제공하는 영양소, 특히 칼슘, 비타민 D, 단백질, 리보플라빈 등을 보충해 줄 수 있는 대체식품을 제공해야 한다.

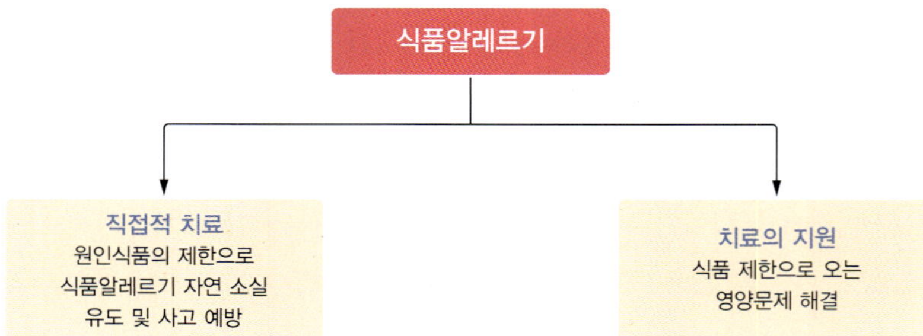

고려해야 할 사항

- 알레르기 반응의 중증도 : 쇼크에 의한 반응일 경우 원인식품 제한을 최우선적으로 고려
- 광범위한 식품 제한이 필요한 경우 : 영양문제 해결을 위해 특수식품 도입을 고려
- 심한 아토피피부염 환자 : 예방적 차원에서의 식품관리

그림 14-6 식품알레르기 관리 개요

자료 제공 : 한영신

알아두기 가공식품의 식품알레르기 표시 기준 : 「식품위생법」의 개정과 시행

식품알레르기 표시대상 22개

알류(가금류에 한함), 우유, 메밀, 땅콩, 대두, 밀, 고등어, 게, 새우, 돼지고기, 복숭아, 토마토, 아황산류(이를 첨가하여 최종제품에 SO_2로 10 mg/kg 이상 함유한 경우에 한함), 호두, 잣, 닭고기, 조개(굴, 전복, 홍합), 오징어, 쇠고기

식품알레르기 표시방법

원재료명 표시란 근처에 바탕색과 구분되도록 별도의 알레르기 표시란을 마련하여 알레르기 표시대상 원재료명을 표시

원재료명을 제품명 또는 제품명의 일부로 사용한 경우의 해당 원재료명 및 그 함량 활자 크기

14포인트 이상

(1) 특정식품 제한식

특정식품 제한식Specific food restricted diet은 알레르기를 유발하는 식품이 확인된 환자에게 적용되는 식사이다. 특정식품에는 우유, 달걀, 밀, 대두, 옥수수, 초콜릿, 육류, 땅콩, 견과류, 버패류 및 갑각류, 과일, 채소, 메밀 등이 있다. 환자별 특정식품이 제한된 식사를 제공하며, 이때 특정식품이 제공하는 영양소를 보충할 수 있는 대체식품을 제공한다 표 14-14, 표 14-15.

표 14-14 특정식품 제한식의 식품 선정 시 피해야 할 식품과 대체식품

제한식품	식품성분별	피해야 할 식품	대체식품
우유	우유, 카제인, 카제네이트, 유장, 락트알부민, 소디움, 락토오스, 탈지분유, 크림, 칼슘카제네이트	치즈, 아이스크림, 요구르트, 크림수프, 버터 등의 우유가 함유된 제품, 캔디, 푸딩, 커스타드	모카, 커피크림, 두유, 이탈리아빵, 프랑스빵, 코코넛, 우유, 칼슘 및 비타민 제재*
달걀	알부민, 달걀흰자, 달걀노른자	제과제품, 국수(달걀이 포함된 것), 커스터드, 푸딩, 마요네즈, 샐러드드레싱	달걀이 포함되지 않은 제과제품, 스파게티, 쌀
밀	밀가루, 밀배아, 밀기울 밀전분, 글루텐, 식용전분, 식용 검	밀가루가 포함된 조리 식품(튀김옷 포함), 밀가루제품, 과자, 크래커, 마카로니, 스파게티 국수, 그레이비 소스, 간장, 핫도그, 소시지	쌀로 단든 빵, 떡, 시리얼, 보리, 쌀, 오트밀, 옥수수가루, 당면, 팝콘, 옥수수전분
대두	대부분, 콩기름, 식물성기름, 콩, 단백질, TVP(texture vegetable-protein), 식물성전분, 식물성검	간장, 데리야키 소스, 우스터 소스, 참치 통조림, 대두로 만든 시리얼이나 제품, 대두, 두유, 두유제품, 마가린	견과류우유, 코코넛우유
옥수수	옥수수기름, 옥수수전분, 옥수수가루, 옥수수시럽, 옥수수당, 옥수수술, 식물성기름, 전분, 식물성검	제과제품, 옥수수빵, 팝콘, 팬케이크시럽, 사탕류, 베이킹파우더	설탕, 메이플시럽, 꿀, 베이킹소다
초콜릿	코코아, 코코아버터	사탕, 초콜릿제과제품, 콜라	
육류	쇼트닝, 라드, 젤라틴	통조림수프, 다시다, 그레이비 소스, 핫도그, 런천미트, 베이컨, 소시지	순식물성 쇼트닝

*유아인 경우 대체 식품

자료 : 임상영양관리 지침서, 대한영양사협회, 2000

표 14-15 주요 식품 항원에 의해 공급되는 비타민과 무기질

항원	비타민과 무기질
우유	비타민 A, 비타민 D, 리보플라빈, 판토텐산, 비타민 B_{12}, 칼슘, 인
달걀	비타민 B_{12}, 엽산, 비오틴, 리보플라빈, 판토텐산, 셀레늄
대두	티아민, 리보플라빈, 피리독신, 엽산, 칼슘, 철, 마그네슘, 아연
밀	티아민, 리보플라빈, 니아신, 철
땅콩	비타민 E, 니아신, 마그네슘, 망간, 크롬, 비오틴, 구리

(2) 저알레르기식

저알레르기식hypoallergenic diet은 알레르기 유발 원인식품이 확실하게 규명되지 않은 환자에게 적용되는 식사이다. 흔히 일상생활에서 알레르기를 유발하는 것으로 알려진 동물성식품(달걀, 생선, 육류)과 식물성식품(콩류, 토마토, 복숭아, 귤과 과일류 등)들을 제한한다. 알레르기 유발식품들은 체내 주된 영양공급원으로 치료과정 동안 이들 식품을 제한하게 되면 영양문제를 일으킬 수 있으므로 성장기에 있는 영아와 아동들에게는 특별히 주의가 필요하다.

(3) 영유아 알레르기식

모유는 유아의 장에 부족한 면역 항체를 공급하여, 박테리아 감염을 예방하고 알레르기를 일으키는 음식단백질의 통과를 감소시키므로 유아에게 6개월 이상 모유를 먹이는 것이 감염이나 식품알레르기 발생을 감소시킬 수 있다.

모유는 모든 유아에게 영양과 아토피 방지에 좋은 식품이지만, 모유의 사용이 불가능한 경우에는 대두단백질이나 우유단백질을 가수분해한 유아용 조제유로 대체하여 이용한다. 그러나 우유에 대해 알레르기반응을 나타내는 유아의 15~50% 정도는 대두에 대해서도 알레르기반응을 일으키므로, 유아가 대두 조제유에 대해 알레르기 질환 증세를 보이면 대두 조제유 대신 단백질 가수분해물 조제유를 사용하여 대두단백질에 대한 민감도를 감소시킬 수 있다. 우유나 대두유에 대해 알레르기 증세를 보이는 유아를 위한 특수 분유가 국내에서도 시판되고 있다 표 14-16.

가수분해 조제유는 가수분해 정도에 따라 완전가수분해 조제유extensively hydrolyzed

표 14-16 영아용 특수조제유

구분	완전가수분해 조제유	불완전가수분해 조제유	대두단백 조제유
종류	매일 앱솔루트 HA Neocate	매일 앱솔루트 센서티브 Aptamil HA	매일 앱솔루트 SOY 남양 호프알레기 일동후디스 메디소이
용도	알레르기 치료용 만성 설사	알레르기 예방용	우유 알레르기 유당불내증

formula와 불완전가수분해 조제유partially hydrolyzed formula로 구분된다. 그러나 불완전가수분해유는 항원성이 여전히 남아 있으므로 우유 알레르기에 환아의 대체 조제유로 권장하지 않고 알레르기 발생은 되지 않았으나 가족력이 있어 알레르기 발생 우려가 높은 아기에게 권장된다. 완전가수분해 조제유에 남아 있는 소량의 항원에도 반응을 하는 경우에는 아미노산 조제유amino acid formula를 제공한다.

흔하지는 않지만 모유에 대한 민감성을 나타내는 유아도 있는데, 어머니의 식사 중에 우유, 또는 달걀과 같은 알레르겐이 함유되어 있으면 이들이 모유로 들어가서 유아에게 알레르기 반응을 일으킨다. 카페인이 함유된 음료수, 초콜릿, 차, 양배추, 양파, 순무, 마늘, 시금치, 향료 등의 식품들이 관련된다. 이 경우에는 문제가 되는 식품을 어머니가 섭취하지 않으면 유아의 알레르기 증세를 경감시킬 수 있다.

어릴 때의 식사가 식품알레르기 발생과 알레르기 질환에 미치는 역할은 아직 논란이 많다. 그러나 영아기 동안 알레르겐 식품에 대해 적게 노출되면 생후 1년 동안 식품알레르기와 아토피피부염의 유병률을 낮추고 아토피 피부염의 발병을 지연시킨다.

알레르기가 일어날 위험성이 큰 유아에게 생후 6개월 동안은 오직 모유만 먹이며, 이유식을 시행할 때는 알레르기성이 강한 식품은 늦게 시도한다. 만약 필요하다면 단백질 가수분해 조제유를 보충한다.

알레르기 위험이 있는 유아에게는 생후 2~3년 동안은 우유, 달걀, 땅콩, 생선과 같은 알레르겐 식품을 주지 않는다. 미국소아과학회에서는 우유와 콩은 1세 이후에, 달걀은 2세 이후에, 땅콩과 견과류, 어패류는 3~4세경에 시도할 것을 권장하고 있다.

(4) 조리법 변경

조리법의 변경으로 알레르기를 예방할 수 있다. 예를 들어, 찬 우유에 예민해도 데워 마시면 괜찮은 경우가 있고, 우유를 단독으로 마시는 것보다 전분식품과 함께 크림수프, 푸딩, 케이크 등으로 조리했을 때 적응이 잘 되는 경우도 있다. 빵에 과민했던 사람이 바싹 구운 토스트에는 아무런 반응이 일어나지 않는 예가 있으며, 달걀도 날달걀을 가열한다든가 산으로 처리하여 단백질의 변성이 일어나면 동일 식품이라도 알레르기를 일으키지 않는 경우가 있다. 그러나 조리법 변경으로 항원성이 완전히 없어지는 것은 아니므로 조심스럽게 시도해야 한다.

(5) 일반적인 식품선택의 조건

- 식품재료는 신선한 것을 선택하고 부패성이 높은 동물성단백질식품에 특히 유의한다.
- 가공식품, 조리된 식품은 되도록 피하고 사용 시에는 첨가내용을 확인한다.
- 채소류는 향이 강하거나 독을 제거해야 하는 채소는 피하고 가능한 가열 조리한다.
- 향신료 및 자극성 조미료는 가능하면 쓰지 않는다.
- 소화·흡수가 잘 되는 것을 선택한다.
- 어린이의 간식과 음료에 알레르겐의 유무를 확인한다.

(6) 기타 유의사항

- 환자가 식물성이나 동물성 식품 중에 한 가지 이상의 식품에 알레르기 반응을 나타내는 경우는 드물기 때문에 반응을 일으키는 것으로 증명되지 않는 한 동시에 많은 종류의 식품을 제한할 필요가 없다. 다만 서로 유사한 군에 속하는 경우 교차반응을 보이기도 하므로 그러한 경우는 확인해 본 후 섭취하도록 한다.
- 환자와 가족들에게는 영양상담을 통해 알레르겐 식품을 피하는 방법, 제한식품 대신 대체식품을 준비하거나 조리하는 방법, 영양적으로 부족하지 않도록 대체하는 방법을 알려준다.
- 환자가 의식하지 못하는 상황에서 원인 식품을 섭취하는 경우가 있으므로 환자와 부모에게 식품 알레르겐의 유무를 확인하기 위하여 식품성분표시를 확인하는 방법을 교육한다.

※ 극미량에도 알레르기 반응을 보이는 경우는 급식관리 과정에서 발생할 수 있는 교차오염이 일어나지 않도록 조리과정을 분리하여 알레르기 식품이 조금이라도 섞이지 않도록 한다.

2) 면역요법

처음에 소량의 항원을 투여하여 알레르기 증상이 없으면 서서히 그 양을 늘려간다. 약 2년 동안 항원의 양을 서서히 늘려서 그에 대한 반응이 없을 때까지 계속하면 항원에 대한 저항력이 증가될 수 있다. 이는 항체생성저해제나 항원·항체 결합을 방해하는 차단항체가 생성되기 때문이다. 환자의 20~30%에게 효과가 있다.

3) 약물요법

항알레르기 약물은 제1형 알레르기에서 항원-IgE의 결합으로 방출되는 화학물질의 방출이나 그 작용을 억제한다. 그러나 이러한 약물은 제2형, 3형, 4형에는 효과적이지 못하다. 두드러기에는 항히스타민제, 부신피질스테로이드제가 효과적이고, 천식에는 기관지 확장제나 부신피질스테로이드제가 효과적이다.

알아두기 **심한 아토피피부염 환자의 영양관리 시 주의점**

아토피피부염은 영양관리에 매우 주의해야 하는 알레르기 질환이다.

- 아토피피부염의 경우 다른 알레르기질환에 비해 식품알레르기를 원인으로 하는 비율이 높다. 나이가 어릴수록, 증상이 심할수록 식품과의 연관성이 높아지며 높게는 80%까지 보고된다. 우리나라의 경우 식품알레르기가 아님에도 불구하고 아토피피부염을 식품을 조절하여 치료하고자 하는 시도가 많으며, 이러한 시도가 전문가에 의한 진단이나 관리없이 이루어지고 있어 영양불량의 위험이 매우 높다. 실제 아토피피부염의 잘못된 식품관리로 국내에서 콰시오커(kwashiorkor)와 마라스무스(marasmus)가 보고된 바 있다.
- 아토피피부염의 경우 알레르기질환에 비해 한 번에 여러 가지 식품에 알레르기를 보이는 비율이 높다. 환자의 30% 정도가 두 가지 이상의 식품에 알레르기를 보인다. 아토피피부염에 있어서 가장 문제가 되는 식품은 달걀이며 다음으로 우유이다. 어린이들이 가장 흔히 먹는 식품이기 때문에 세심한 식품관리가 요구된다. 만성 아토피피부염의 경우 원인식품을 찾는 것 자체가 어렵기 때문에 진단을 위해서 2주 동안 의심되는 식품을 제한하고 다시 의심되는 식품을 먹임으로써 증상의 변화를 보는 경우가 많다.
- 이와 같이 아토피피부염은 식품과의 연관성이 높으면서 진단이 어렵기 때문에 임의로 식품을 제한한다는 것에 유의해야 한다. 따라서 아토피피부염의 경우 현제 제한하고 있는 식품이 무엇인지, 제한은 정확한 근거에 의한 것인지를 반드시 확인하여야 하며, 영양평가를 위해 며칠간 24시간 기록법을 이용해 정확한 조사를 시행해야 한다.

※ 아토피피부염의 구체적인 임상영양관리는 부록IV를 참조할 것

4) 생활요법

천식이나 피부알레르기에는 적극적인 체질개선법으로 수영, 피부마찰 등이 좋으며, 정신적으로도 긴장하지 않고 마음을 편하게 지내는 것이 좋다.

CHAPTER

15

감염 및 호흡기 질환

1. 감염과 영양
2. 급성 감염성질환
3. 만성 감염성질환
4. 호흡기질환

학 습 개 요

감염성질환에는 급성, 만성 및 회귀성의 세 종류가 있으며, 체내에서 생산되는 열에 비해 방출되는 열이 적어 체온이 상승되므로 열병이라고도 한다.

급성 감염성질환에는 폐렴, 편도선염, 장티푸스, 유행성 감기 등이 있고, 만성 감염성질환으로는 폐결핵이 있으며, 회귀성 감염성질환에는 학질이 있다. 폐결핵을 제외한 급성, 또는 만성 감염성질환의 가장 큰 특징은 체온의 상승과 체내 대사의 상승이 비교적 균일하게 비례한다는 점이다.

1. 감염과 영양

영양불량은 스트레스, 감염, 열, 외상, 수술 및 질병 등에 대항하는 생체 방어기전에 역효과를 주어 면역능력을 감소시키고 특정 감염에 대한 저항력을 손상시켜 사망률을 높인다.

반대로, 감염 시에는 영양불량상태를 초래하여 질소, 아연, 철, 칼륨, 인, 마그네슘, 황 등 무기질과 혈장 아미노산이 음의 평형상태가 된다. 이를테면 세균성 설사가 있는 경우에는 영양소의 흡수부족으로 영양소 결핍이 초래될 뿐만 아니라 감염으로 인한 식욕부진으로 영양불량이 발생된다 그림 15-1.

1) 감염 시의 체내 대사

감염 시에는 많은 호르몬이 이화작용을 촉진한다. 성장호르몬, 글루카곤 및 당질 코르티코이드 분비가 증가되어 글리코겐 분해와 당신생을 촉진하므로 글리코겐 저장량은 감소되고 혈당은 상승되어 에너지원으로 쓰이므로 당질대사가 항진된다. 급성 감염 시에는 체지방이 충분해도 골격근이 분해되어 아미노산을 에너지원으로 이용한다.

급성기가 지난 후에는 호르몬 분비가 정상이 되면서 혈당은 떨어지고 혈액의 케톤체

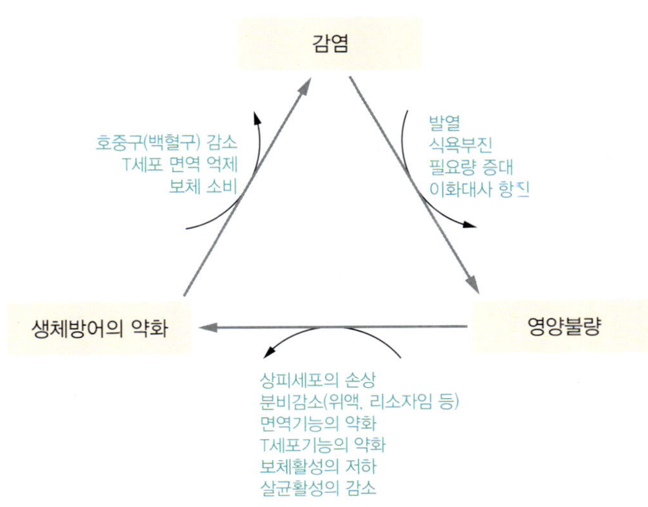

그림 15-1 영양, 감염, 생체방어의 상호 관계

는 상승하며 질소 배설량은 감소하게 된다. 이때의 에너지원으로 측쇄 아미노산의 케톤 유도체 대신에 지질의 케톤체를 이용하므로 골격근 분해는 감소된다.

감염 시에는 흔히 식욕부진으로 식품 섭취량이 감소하고, 호흡수의 증가 및 발한량의 증가, 토사, 설사로 인해 각종 영양소, 수분 및 전해질이 많이 상실된다. 이에 대한 보완 기전으로 알도스테론과 항이뇨호르몬antidiuretic hormone, ADH; vasopressin의 분비가 증가되어 전해질과 수분이 체내에 축적되며 소변량이 감소된다. 그러나 회복기에는 탈수, 발열, 발한 등이 멈추고 대신 이뇨작용이 활발해진다.

장이 감염되었을 때에는 흡수불량을 초래하여 영양소 이용률을 더욱 감소시킨다. 또한 감염 중에는 스트레스로 인해 단백질 이용률이 감소되어 체단백질의 분해가 촉진되므로 질소, 마그네슘, 칼륨, 인, 그리고 아연의 손실이 증가된다. 특히 장티푸스나 콜레라, 학질을 앓는 경우에는 단백질의 이화작용이 증가되어 요소 배설량이 많아져서 신장에 큰 부담을 주게 된다.

심한 감염 시에는 열 발생과 열 방출 사이의 균형에 장애가 생겨 신체의 열 발생기능이 열 방출기능을 초과하므로 체온이 상승하게 된다. 일반적으로 체온이 1℃ 상승함에 따라 기초대사량은 약 13% 증가한다. 감염 시 에너지 영양소의 체내 대사반응을 표 15-1에 제시하였다.

표 15-1 감염 시 체내대사

단백질 대사	당질 대사	무기질 대사
• 질소 손실 증가(음의 질소평형) • 근육단백질의 이화 • 아미노산의 포도당으로의 전환 • 알부민, 트렌스페린 합성 감소 • 간에서 급성기 반응성 단백질 합성 증가 • 식세포와 림프계 세포의 증식	• 가성당뇨병 • 말초조직(근육) 인슐린 저항성 증가 • 포도당 분해 증가 • 포도당신생합성의 항진	• 혈장 철을 간으로 운반 • 혈장 세룰로플라즈민 농도의 상승 • 망상내피계의 아연(Zn) 유입 • Mg, P, K 및 S의 소변, 대변, 땀으로의 손실

2. 급성 감염성질환

1) 일반적인 영양관리

급성 감염성질환은 진행기간이 짧은 대신 병의 진행이 빠르며, 고열이 지속되므로 급성 영양결핍증이 나타난다. 그러므로 기초대사량의 증가와 질소 손실량을 보충하기 위해 식사로 단백질과 에너지를 충분히 공급하여야 한다.

일반적인 영양관리는 고단백식, 고에너지식, 고비타민식을 기본으로 하며, 식욕이 감퇴되고 소화기능이 저하되므로 주로 당질과 양질의 단백질을 함유한 유동식 또는 반유동식을 제공하고 점차 연식, 상식으로 이행한다. 증상이 회복되면 에너지와 단백질을 증가시키며, 고열이 계속되고 설사와 구토가 심하면 수분, 나트륨, 칼륨을 보충해 준다. 소화기능이 저하되면 지방을 제한해야 하며, 의식장애가 나타날 때는 경관급식으로 공급한다. 급성 감염성질환의 경우는 무엇보다도 먼저 충분한 수분을 공급하여야 한다.

수분 충분히

급성기에는 호흡수와 발한량이 증가하므로 수분을 충분히 공급하는 것이 대단히 중요하다. 육즙, 과즙, 수프, 국물 등 유동식을 환자의 기호에 맞게 공급하되, 당분이 많은 유동식은 위장장애와 복부팽창을 일으키기 쉬우므로 당분이 적은 탄산음료나 달지 않은 레모네이드 또는 장내에서 소화·흡수가 쉬운 것을 사용하여 수분 공급과 에너지 보충에 이용한다. 고열이 있는 경우에는 수분평형을 위해 하루 3~3.5 L의 물을 공급하고, 구강으로의 섭취가 어려울 때에는 정맥으로 약 4 L의 식염수를 공급한다.

에너지 충분히

환자의 체중, 열의 유무 및 활동 정도에 따라 에너지의 섭취를 10~30% 증가시킨다. 성인의 경우에는 30~40 kcal/kg(어린이는 100~150 kcal/kg) 정도이고, 보통 급성기에는 3,000~4,000 kcal/일의 고에너지식을 공급한다. 발열 정도가 심할 때에는 음식 섭취량과 소화·흡수율은 저하되면서 구토, 헛배, 가스 등으로 고생하므로 농축 에너지식품을 유동식이나 연식의 형태로 소량씩 자주 공급하여 소화에 부담되지 않도록 한다.

단백질 충분히

감염 시에는 체내 단백질 손실로 음의 질소평형을 나타내므로 감염으로 손실된 체조직을 재생하고 면역체 형성을 위해 감염 정도를 고려하여 고단백식을 공급한다. 성인은 1.2~2.0 g/kg, 소아는 3 g/kg를 양질의 단백질로 충분히 공급한다. 감염과 고열이 매우 심할 때에는 과량의 단백질 공급이 대사를 과다하게 항진시켜 위험할 수 있으므로 본격적인 단백질 공급은 회복기에 하는 것이 좋다.

당질 적당히

감염 시에는 신진대사의 증가와 체내 해독작용으로 간의 글리코겐 저장량이 감소되고, 당신생이 저하되어 혈당치가 떨어지므로 이를 보충함과 동시에 단백질을 절약하고 케톤증을 방지하기 위해 적어도 하루 에너지의 50~60%를 당질로 공급한다. 설탕은 장내에서 삼투압을 증가시키므로 당질의 급원으로는 적당하지 않고, 유당에 크림을 첨가하여 에너지 보충식으로 사용하는 것이 좋다.

지방 적당히

감염 시에는 고에너지의 섭취가 권장되므로 에너지 보충의 의미에서 지방의 역할은 중요하다. 소화가 쉽고 농축된 형태의 버터, 크림, 전유 등의 유화지방이나 짧은사슬 및 중간사슬 지방을 제공하는 것이 좋다. 그러나 기름에 튀긴 음식이나 기름진 파이류는 오히려 지방의 소화를 지연시키므로 제한한다.

비타민 충분히

감염과 발열 시에는 에너지대사에 조효소로 관여하는 비타민 B 복합체(티아민, 리보플라빈, 니아신)의 필요량이 증가하므로 이를 보충하고, 그 외 조직 재생 및 분화에 필요한 아스코르브산과 비타민 A도 충분히 공급한다.

무기질 충분히

급성 감염 시에는 발열, 발한, 토사 등으로 수분과 나트륨 손실이 있고, 이화작용으로 체세포가 분해되어 칼륨이 손실된다. 나트륨은 허용된 식품 범위 안에서 수프나 육수로 보충해 주고, 칼륨은 전유동식이나 과일즙, 우유로 충분히 공급한다.

무기질 중에서, 특히 아연과 철은 식균작용과 면역과정에 관여하다. 아연은 글로불린의 활성과 손상된 조직 보수에 필요하므로 충분히 공급하지만, 철은 미생물의 성장에 이용되므로 급성 감염 시에는 보충하지 않는다.

식사형태 및 식단 예

- 처음에는 전유동식의 형태로 주다가 연식을 거쳐 가능한 빨리 일반식사로 돌아가 필요한 영양소를 충분히 섭취할 수 있도록 한다.
- 단백질을 보충하기 위해 우유나 육수를 주고 육류보다는 소화가 잘 되는 어류를 활용하여 식단을 작성한다.
- 수분을 충분히 공급하고 환자가 저단백혈증이나 빈혈을 일으키지 않도록 주의한다.
- 환자가 식욕이 없거나 구강으로 급식하기 어려운 상태이면 튜브나 정맥주사를 통해 필요한 영양소를 체내에 주입하도록 한다.

급성 감염성질환 시 제공하는 고단백유동식의 영양소구성과 식단 예는 표 15-2에, 고단백연식의 영양소구성과 식품군별 교환단위 수, 식단 예는 표 15-3에 제시하였다.

표 15-2a 2,100 kcal 고단백유동식의 영양소구성 예(C : P : F = 56 : 18 : 26)

식사명	에너지(kcal)	당질(g)	단백질(g)	지방(g)	수분(mL)
고단백 유동식	2,100	290	90	60	2,500

표 15-2b 2,100 kcal 고단백유동식 식단 예

끼니	식단	용량(mL)	에너지(kcal)	당질(g)	단백질(g)	지방(g)
아침	고단백조미음	250	128	27	5	1
	물김치국물	60	-	-	-	-
	묽은달걀찜	80	32	0.2	3	2
	우유	200	125	9	6	6
	영양액	200	200	28	13	4
간식	밀크셰이크	160	222	23	11	10
	깨미음(잣미음)	250	136	20	3	5
점심	고단백조미음	250	128	27	5	1
	국국물	100	-	-	-	-

(계속)

끼니	식단	용량(mL)	에너지(kcal)	당질(g)	단백질(g)	지방(g)
점심	요플레	110	113	18	4	3
	오렌지주스	180	68	18	1	0
	영양액	200	200	28	13	4
간식	조제미음	200	152	24	4	4
	단백우유	120	162	13	6	9
저녁	고단백조미음	250	128	27	5	1
	국국물	100	-	-	-	-
	영양액	200	200	30	7	6
총계		1994	292	86	56	

* 고단백조미음 : 쌀 12 g, 조 23 g, maxipro 3 g
* 영양액 : 시판 formula
* 조제미음 : 쌀 20 g, 당근, 12 g, 사과 12 g, 달걀노른자 3 g, 설탕 5 g, 소금 0.3 g, 탈지분유 5 g
* 단백우유 : 우유 100 cc, 생크림 18 g, 설탕 7.5 g, 소금 0.6 g, Propass 3 g

표 15-3a 2,020 kcal 고단백연식의 영양소구성 예(C : P : F = 47 : 22 : 31)

식사명	에너지(kcal)	당질(g)	단백질(g)	지방(g)
고단백연식	2,020	236	112	70

표 15-3b 2,020 kcal 고단백연식의 식품군별 교환단위 수

식품군	곡류군	어육류군		채소군	지방군	우유군	과일군
		저지방군	중지방군				
교환단위 수	8	4	5	6	5	2	1

표 15-3c 2,020 kcal 고단백연식 식단 예

식품군		교환 단위 수	아침	간식	점심	간식	저녁
곡류군		8	2×쌀 30 g =60 g(흰죽)	1×쌀 30 g =30 g(채소죽)	2×쌀 30 g =60 g(흰죽)	1×쌀 30 g =30 g(잣죽)	2×쌀 30 g =60 g(흰죽)
어육류군	저지방	3	1×병어 50 g =50 g(병어조림)		1×닭 40 g =40 g(닭살지짐)		1×쇠고기 40 g =40 g(불고기용)
	중지방	4	1×달걀 1개 55 g = 55 g(달걀찜)		2×삼치 50 g =100 g(삼치구이)		1×연두부 150 g =150 g(연두부찜)

(계속)

식품군	교환 단위 수	아침	간식	점심	간식	저녁
채소군	6	0.7×콩나물 70 g =50g(콩나물국) 1×오이 70 g =70 g(오이나물) 0.5×무(배추) 70 g =35 g(나박김치)	0.3×시금치 70 g =21 g(채소죽용)	0.5×미역 6 g =3 g(미역국) 1×시금치 70 g =70 g(시금치나물) 0.5×무 70 g =35 g(나박김치)		1×아욱 70 g =70 g(아욱국) 1×호박 70 g =70 g(호박나물) 0.5×무(배추) 70 g =35 g(나박김치)
지방군	5	1×식용유(참기름) 5 g =5 g(조리용)		2×식용유(참기름) 5 g =10 g(조리용)	1×잣 8 g =잣죽	1×식용유(참기름) 5 g =5 g(조리용)
우유군	2		1×우유 200 mL		1×우유 200 mL	
과일군	1				1×복숭아통조림 80 g	
식단		흰죽 콩나물국 병어조림 달걀찜 오이나물 나박김치	시금치죽 우유	흰죽 미역국 닭살지짐 삼치구이 시금치나물 나박김치	잣죽 우유 복숭아통조림	흰죽 아욱국 소불고기 연두부찜 호박나물 나박김치

2) 급성 감염성질환별 영양관리

(1) 폐렴

① 원인과 증상

폐렴pneumococcal pneumonia에 걸리면 폐가 충혈이 되면서 심장에 부담이 생기고, 고열과 함께 신진대사가 정상시보다 20~50%나 상승된다. 급성 폐렴의 증상은 오한, 고열로 시작하고, 식욕부진, 기침, 가래, 숨가쁨, 호흡곤란, 빈번한 흉통 등을 동반하며 출혈로 적갈색의 가래를 보인다.

② 식사요법

식사는 환자에게 부담이 되지 않도록 2~3시간 간격으로 자주 공급하는 것이 좋으며, 고에너지, 고단백질, 고비타민, 고무기질 등 고영양식을 공급한다. 대사항진으로 인한 영양소의 소모를 보충하고 발열에 의한 수분과 나트륨 손실을 보충한다. 급성기에는 호흡곤란과 식욕부진으로 음식 섭취가 어려우므로 정맥주사로 영양을 공급하다가 증세가 완화되면 유동식을 공급하며 가능한 빨리 연식, 회복식, 일반식으로 이행한다.

환자에게 필요한 영양소를 모두 공급할 수 있도록 식단을 작성하지만 아이스크림이나 요구르트, 우유가 섞인 미음, 또는 삶은 달걀, 고기나 채소류의 맑은 국물, 수프, 과즙 등은 환자의 기호에 따라 급여하는 것이 좋다. 특히 우유는 갈증 해소에 좋을 뿐만 아니라 필수영양소를 골고루 갖추고 있는 완전식품이므로 수시로 마시게 한다.

(2) 장티푸스

① 원인과 증상

장티푸스typhoid fever는 살모넬라 티포사균*Salmonella typosa*에 의해 불결한 음식물과 음료수를 매개로 하여 발생하는 감염성질환이다.

증상으로는 심한 고열과 두통, 설사, 복부 발진을 일으키며, 심하면 장궤양 및 장출혈을 일으킨다. 이외에 간, 담낭, 담관, 장에도 이상이 생기기도 한다.

② 식사요법

발열 시의 신진대사율은 정상 시보다 40~50% 이상 증가하며, 단백질 분해율도 정상 시보다 약 3배 이상 증가한다. 그러므로 증가된 에너지와 단백질의 필요량을 환자에게 충족시키기 위하여 40~50 kcal/kg의 에너지와 2~3 g/kg 이상의 단백질을 공급하여야 한다.

장티푸스 환자는 장에 궤양이 있고, 탈수 증세가 심하므로 고에너지, 무자극, 저잔사식인 동시에 특별히 수분을 충분히 공급해 주어야 한다. 주식으로는 우유(매일 2~4컵)를 이용하며, 단백질, 비타민, 무기질의 섭취를 증가시키기 위하여 하루에 3~6개의 달걀반숙을 주거나 우유나 미음, 수프와 죽에 섞어 먹도록 한다. 이밖에도 토스트나 버터, 꿀, 젤리, 아이스크림, 젤라틴을 이용한 후식 등을 제공할 수 있다. 비타민을 보충할 경우에는 정제나 주사로 공급한다.

식사는 장의 부담을 덜 수 있도록 소량씩 자주 공급하며, 장출혈이 있을 때에는 절식한다. 식사 전후에는 식욕증진과 구강 내 청결을 위하여 반드시 구강을 씻어 내거나 양치질을 한다.

(3) 콜레라

① 원인과 증상

콜레라cholera는 원인균인 비브리오 콜레라*Vibrio cholerae*에 감염되어 발생하며, 주로 아시아 국가에서 많이 발생한다. 갑작스런 대량 설사로 전해질(특히 나트륨)과 수분의 심한 손실이 일어나 체액의 농도 및 산-염기의 불균형을 초래함으로써 몇 시간 내로 쇼크와 사망이 일어나는 치명적인 질병이다.

② 식사요법

콜레라는 수분과 전해질 공급이 매우 중요하므로 환자의 생경을 구하려면 가급적 빨리 정맥주사로 수분을 공급해 주고, 전해질, 포도당, 항생물질을 구강으로 섭취시켜야 한다.

3. 만성 감염성질환

만성 감염성질환의 경우 에너지와 체단백질 손실이 장기화 됨에 따라 영양결핍이 우려된다. 고에너지, 고단백질, 고비타민식을 제공하며, 질병 상태에 따라 점진적인 병인식을 제공하되 식욕을 자극하는 식사를 소량씩 자주 공급한다.

1) 원인과 증상

폐결핵tuberculosis의 원인균*Mycobacterium tuberculosis*은 외부에서 호흡기로 침입해서 폐를 감염시켜 염증을 일으키며, 균에 오염된 식기나 식품에 의해서도 감염된다.

폐결핵은 빈곤하고 비위생적이며, 교육 수준이 낮고 영양이 불량한 지역에서 많이 발생하는데, 특히 성장기에 필요한 영양분을 충분히 공급받지 못한 청소년들에게서 발병하기 쉬운 소모성 질환이다. 과로, 영양실조에 의한 저항력 약화, 매연 등의 공기오염, 비위생적인 인구밀집지역에서 증가하며, 청소년기 흡연도 요인이 된다.

급성 단계에서 나타나는 증상으로는 체온의 급격한 상승, 지속적인 피로, 열로 상기된 얼굴, 만성적인 체조직 소모로 인한 체중 감소, 감기에 따른 기침, 쇠약증이 나타난다. 고열로 인한 대사의 증가는 장티푸스처럼 뚜렷하지는 않다. 그러나 체온이 39℃ 이상이 되면 정상보다 대사율이 20~30%가 증가한다. 장기화되면 각혈, 빈혈 등이 나타난다

1950년대 이래로 이소니아지드isoniazid, INH, 스트렙토마이신streptomycin, 피라진아미드pyrazinamide와 같은 항생물질이 결핵치료에 큰 효과가 있었으며, 또한 휴식과 오존(O_3)을 함유한 신선한 공기, 소모된 체조직을 보수하기 위한 충분한 영양 보충도 결핵의 회복에 필수적인 요소들이다. 결핵 항체시험에서 반응이 음성으로 나타난 경우에는 항결핵성 백신인 BCGBacillus Calmette Gúerin 주사를 맞아야 한다.

2) 식사요법

만성 감염성질환인 폐결핵의 에너지와 단백질의 필요량은 열의 유무에 따라 달라진다. 체조직의 손실이 크므로 이를 보충할 수 있도록 에너지와 단백질의 충분한 공급이 필요하며, 이에 따라 비타민과 무기질도 충분히 공급한다.

에너지 충분히

급성 폐결핵 환자로서 고열인 경우에는 고에너지, 고단백질의 유동식 식사요법을 시행하고 병의 회복에 따라 점차 상식으로 이행한다. 그러나 과식(특히 지방류)은 금물이며 정상 수준보다 약간 많은 정도가 적당하다. 비만인 경우 정상체중을 유지하기 위해서 에너지를 2,000 kcal로 줄이는 것이 좋고, 열이 있을 때에는 에너지섭취량을 증가시키면 2,000~3,000 kcal 정도 섭취하는 것이 바람직하다.

단백질 충분히

활동성 결핵 환자는 체단백질의 소모로 인하여 질소 배설량이 현저히 증가되므로 이를 보충하고 조직을 재생하기 위해 고단백질 식사를 해야 한다. 단백질은 체단백 보수를 위해 1.5 g/kg 이상으로 하루 약 75~100 g을 공급하며, 열이 있을 때에는 2 g/kg으로 하루에 100~150 g의 단백질을 공급한다. 가능한 총단백질의 약 1/3~1/2을 동물성단백질로 섭취하도록 하며, 단백가가 높은 수조육류나 어패류, 알류, 유제품과 콩류 등을 이용한다.

무기질 충분히

결핵 환자는 균형 잡힌 일상적인 식사를 통해서는 무기질의 결핍이 일어나지 않지만,

활동성 결핵 환자는 체내의 칼슘이 결핵 병소를 석회화하여 세균의 활동을 억제하기 때문에 뼈에서 칼슘이 용출되어 음의 평형을 이루게 되므로 칼슘을 충분히 공급해야 한다. 좋은 칼슘 급원으로는 우유나 유제품, 멸치 또는 뼈째 먹는 생선 등이 있다.

또한 폐결핵으로 인한 각혈과 소화관의 궤양 및 트랜스페린transferrin과 철 결합능력의 감소에 의해 간장 내의 철 저장량 감소, 골수의 적혈구 생산 감소 등으로 빈혈이 생길 수 있으므로, 조혈기능이 있는 철과 구리를 식품 형태로 충분히 공급한다. 필요하면 약제의 형태로 보충한다. 철 급원으로 간, 달걀, 육류, 굴, 콩, 김, 엽채류 등이 있으며, 구리 급원으로 어패류와 김이 있다.

비타민 충분히

균형 잡힌 일상적인 식사를 통해서는 비타민의 결핍이 일어나지 않지만, 비타민(특히 아스코르브산)결핍증이 각종 세균 감염에 대한 저항력을 감소시키며, 감염되면 혈중 비타민 A 농도가 감소된다.

결핵 환자의 혈액에는 아스코르브산의 농도가 낮을 뿐만 아니라, 중증인 경우에는 비타민 A의 결핍증을 일으키기도 한다. 비타민 C를 충분히 공급하며, 결핵이 중증일 때는 체내에서 β-카로틴이 비타민 A로 쉽게 전환되지 않으므로 비타민 A가 풍부한 간, 달걀, 버터나 우유 등을 충분히 공급한다. 또한 칼슘의 흡수를 용이하게 하기 위해 비타민 D의 보충이 필요하며, 결핵치료용 항생제인 이소니아지드isoniazid, INH는 비타민 B_6를 신속하게 배설시키므로 의사의 지시에 따라 피리독신을 보충해야 한다. 비타민 B 복합체와 비타민 C는 에너지 대사에 관여하므로, 에너지 섭취가 증가하면 티아민, 리보플라빈, 니아신을 충분히 공급한다.

3) 식품선택 및 조리법

- 결핵 환자는 일반적으로 식욕이 없고 영양소가 결핍되기 쉬우므로, 개인의 기호에 맞고 균형 잡힌 신선한 식품을 선택한다.
- 환자가 싫증을 내지 않도록 다양한 조리법을 시도하되, 가능하면 소화하기 쉽도록 간단하면서도 모양이 좋은 조리법을 선택한다.
- 폐결핵 환자에게는 우유 및 유제품이 좋은 식품이므로 하루에 최소한 4컵 이상의 우

유를 마시되, 수프나 아이스크림과 섞어 먹거나 요구르트, 버터밀크, 산유acidophilus milk의 형태로 섭취하도록 제공한다.

- 양질의 단백질을 공급하기 위해서 육류, 생선, 닭고기 등과 특히 달걀을 풍부히 사용하며, 때로는 콩류나 콩제품을 사용하는 것도 좋다.
- 각종 비타민과 철 등의 무기질 섭취를 위하여 신선한 과일과 녹황색 채소류 및 간을 공급한다. 채소류는 소화하기 힘든 것이나 줄기가 많은 고식이섬유 채소는 피하고, 신선한 생과일을 제공한다.
  - 유동식에서는 에너지의 상승을 위하여 초콜릿 우유나 우유에 크림을, 국이나 수프에 버터나 마가린 또는 기름을, 과일주스 및 기타 음료에는 설탕 등을 첨가할 수 있다. 단백질은 우유에 달걀을 혼합(예 : 에그노그eggnog)함으써 증가시키기도 한다.
  - 이밖에도 죽류, 미음이나 국 종류, 부드러운 빵류, 커스터드, 감자, 아이스크림 등의 유제품, 버터, 마가린, 크림, 달걀, 과일주스, 젤리 등과 같이 소화하기 쉽고 농축된 영양식품이 권장되고 있으며, 육류와 녹황색 채소류는 소화기능이 허용하는 한 자주 공급한다.

(4) 식사형태 및 식단 예

- 병의 단계에 따라 연식, 유동식, 경식, 상식의 형태를 취하되, 고에너지, 고단백질, 고비타민식을 기본으로 한다.
- 에너지 증가를 위하여 기본적인 에너지 필요량 외에 섭취해야 할 에너지는 간식의 형태로 공급한다.
- 일반적인 고에너지식사는 대개 3,000 kcal 정도지만, 만약 환자가 고열과 함께 독성으로 인한 체조직의 파괴가 있다면 5,000 kcal까지도 공급할 필요가 있다.
- 환자들은 대부분 식욕이 없으므로 음식의 색과 냄새, 농도 등을 통하여 식욕을 느낄 수 있도록 유도한다.
- 고에너지를 섭취하기 위한 많은 양의 식사로 환자에게 부담이 되지 않도록 소량씩 자주 공급하도록 한다.
- 식사 분위기는 밝고 청결하게 유지한다.

표 15-4a 폐결핵 환자를 위한 2,400 kcal의 영양소구성 예(C : P : F = 55 : 20 : 25)

식사명	에너지(kcal)	당질(g)	단백질(g)	지방(g)
고단백상식	2,400	330	120	70

표 15-4b 폐결핵 환자를 위한 2,400 kcal의 식품군별 교환단위 수

식품군	곡류군	어육류군		채소군	지방군	우유군	과일군
		저지방군	중지방군				
교환단위 수	12	4	5	7	5	2	1

표 15-4c 폐결핵 환자를 위한 2,400 kcal의 식단 예

식품군		교환 단위 수	아침	간식	점심	간식	저녁
곡류군		12	4×쌀 30 g = 120 g(쌀밥)		4×쌀 30 g = 120 g(쌀밥)		4×쌀 30 g = 120 g(쌀밥)
어육류군	저지방	4	1×가자미 50 g = 50 g(가자미구이)		1.5×닭 40 g = 60 g(닭볶음탕)		1.5×쇠고기 40 g = 60 g(불고기)
	중지방	5	1×달걀 1개 55 g = 55 g(달걀부침)		2×삼치 50 g = 100 g(삼치구이)		2×갈치 50 g = 100 g(갈치조림)
채소군		7	1×콩나물 70 g = 70 g(콩나물국) 1×유채 70 g = 70 g(유채나물) 0.5×김치 50 g = 25 g(배추김치)		0.5×미역 6 g = 3 g(미역국) 1×부추 70 g = 70 g(부추겉절이) 0.5×깍두기 50 g = 25 g(깍두기)		1×아욱 70 g = 70 g(아욱국) 1×브로콜리 70 g = 70 g(브로콜리초회) 0.5×김치 50 g = 25 g(배추김치)
지방군		5	1×식용유(참기름) 5 g = 5 g		2×식용유(참기름) 5 g = 10 g		2×식용유(참기름) 5 g = 10 g
우유군		2		1×우유 200mL		1×우유 200 mL	
과일군		1				1×사과 100 g	
식단			밥 콩나물국 가자미구이 달걀부침 유채나물 배추김치		밥 미역국 닭볶음탕 삼치구이 부추겉절이 깍두기		밥 아욱국 소불고기 갈치조림 브로콜리초회 배추김치

폐결핵 환자를 위한 2,400 kcal의 영양소구성과 식품군별 교환단위 수, 식단 예를 표 15-4 에 제시하였다.

알아두기 **학질(malaria)**

학질(말라리아)은 모기에 의해 전염되는 회귀성 감염성질환이다. 간이 비대해지고, 간의 기능이 손상되는 증세를 나타낸다. 하루 평균 4,000~5,000 kcal의 에너지와 고단백질, 고당질, 중정도의 지방, 고비타민식을 공급한다.

4. 호흡기질환

호흡기에 질환이 생기면 호흡기 기능의 저하로 영양상태가 나빠진다. 영양상태 불량은 호흡근육의 강도와 내구력을 감소시켜 호흡기능이 저하된다. 이로 인해 조기 포만감, 식욕부진, 기침, 식사 중 호흡곤란 등이 생겨 식사 섭취에도 영향을 주게 되어 영양상태를 더욱 나쁘게 만들어 호흡기기능이 더욱 저하되는 악순환이 반복된다.

호흡기질환과 영양불량과의 관계는 그림 15-2 와 같으며, 이 관계의 순환을 깨뜨리는 것이 호흡기질환 영양관리의 주된 목적이 된다.

대표적인 호흡기질환으로 급성 호흡부전과 만성 폐쇄성질환이 있다.

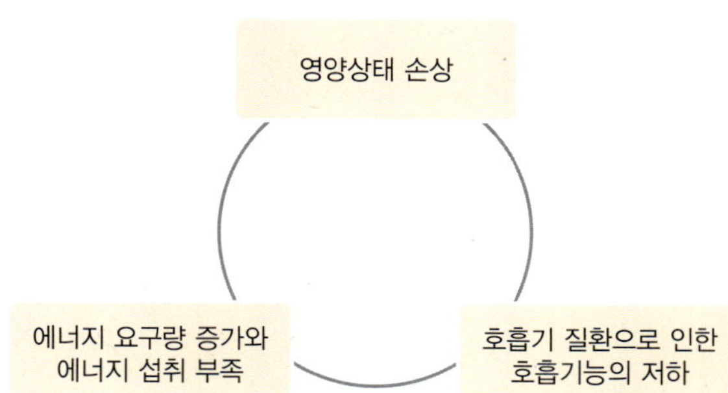

그림 15-2 호흡기질환과 영양불량과의 관계

알아두기 **호흡기의 구조**

- 비강, 인두, 후두, 기도, 기관, 기관지와 폐포의 가스교환시스템과 펌프작용을 하는 늑골로 구성됨
- 폐포 : 근육이 아닌 탄력섬유(콜라겐)로 이루어진 조직. 3억 개. 횡격막과 늑간근육에 의해 수축이완운동이 조절됨. 많은 양의 산소를 저장하고 이용함

호흡기의 작용

체내 산소 제공, 이산화탄소의 배출, 체액의 산염기 평형 조절, 수분 및 열 방출을 통한 체온 조절, 발성 및 회화(성대)에 관여함

1) 급성 호흡부전

(1) 원인과 증상

호흡부전respiratory failure(호흡기능 상실)은 산소와 이산화탄소의 가스교환gasexchange이 심각한 손상으로 과도하게 장해를 받아 각 체조직에 산소를 충분히 공급하지 못하거나 조직에서 생성된 이산화탄소를 충분히 제거하지 못한 결과로 나타나며, 생명을 위협할 수 있는 질환이다.

호흡부전의 원인으로는 감염(폐렴 또는 패혈증), 위 내용물의 흡인, 신체적 외상, 신경근 질환, 연기흡입 및 기도폐색 등이 있다. 증상으로는 심각한 저산소증과 고탄산증이 나타나며, 심각한 고탄산증은 체내 산독증을 일으켜 중추신경계의 정상적인 기능을 방해한다. 또한 호흡부전을 보상하기 위해 심박수가 증가한다. 그 외 두통, 혼동, 졸음이 나타나며, 심한 경우 폐부종, 심장 부정맥, 혼수 등이 나타난다.

급성 호흡부전acute respiratory failure, ARF은 발병 후 빠른 속도로 악화되는 심각한 상태로 영양상태가 불량하고 입원기간 동안 영양이 결핍된 환자에게서 흔히 나타난다.

폐가 심각하게 손상되면 생명을 위협하는 급성 호흡곤란증후군ARDS을 일으키며, 이때 산소와 이산화탄소 수치를 정상화하기 위해 인공호흡기mechanical ventilation를 부착하게 되는데, 급성 호흡부전 환자가 인공호흡기를 사용하는 주된 이유는 폐 근육의 약화 때문이다. 폐근력과 지구력은 영양상태와 밀접한 관련이 있으므로 이를 회복시키는 데는 영양이 대단히 중요하다.

(2) 급성 호흡기부전의 영양관리

급성 호흡부전 환자의 영양관리의 목표는 이산화탄소를 제거하는 폐용량을 초과하지 않을 정도로 에너지와 영양소 요구량을 충족시키고, 비지방조직(특히 호흡근육)을 유지하고 회복시키며, 수분평형 유지 및 인공호흡기를 떼는 과정을 쉽게 하는 것이다.

인공호흡기를 사용하지만 열이 없는 급성 호흡기질환자의 경우에는 경관 또는 정맥 영양으로 지원하는데, 일반적으로 경장영양이 소화기계 기능을 유지할 수 있고, 패혈증 위험이 낮으며 경제적이어서 정맥영양에 비해 더 많이 이용된다.

식사구성은 이산화탄소 생성은 최소화하면서 단백질과 에너지 필요량을 충족시킬 수 있도록 제공한다.

- 에너지는 휴식에너지 소비량 외에 30~35% 정도의 부가적인 에너지를 제공한다. 체중 kg당 25~35 kcal를 제공한다. 과식은 과량의 이산화탄소를 생성하고 호흡기능을 악화시킬 수 있으므로 피한다.
- 일반적으로 지방의 비율을 높이고 당질의 비율을 낮춘다. 당질 대사에서는 이산화탄소 생성이 증가되므로 인공호흡기를 떼는 과정에 있는 환자에게는 특히 당질의 제한이 필요하다.
- 단백질 필요량은 폐손상이 가벼운 경우 체중당 1.0~1.5 kg을 권장하며, 급성호흡증후군의 경우는 1.5~2.0 kg 공급한다.
- 산소유리라디칼과 아라키돈산에서 유도된 염증성 매개물질이 폐 염증, 부종, 폐포 손상을 일으킬 수 있으므로 인공호흡 기간을 단축시키고 장기 손상 발생을 줄일 수 있도록 오메가-3 지방산을 보충한 고지방 경장용액을 제공한다.
- 폐부종 발생비율이 높으므로 수분이 제한된 식품(1.5~2.0 kcal/mL)의 경장영양액을 제공한다.
- 그 외 비타민 E, 베타카로틴, 비타민 C을 보충하여 조직의 산화적 손상을 방지한다.

2) 만성 폐쇄성폐질환

만성 폐쇄성폐질환Chronic obstructive pulmonary disease, COPD은 만성적인 기침이나 가래, 호흡곤란의 증상과 폐활량의 감소가 나타나는 폐질환이다. 3개월 이상 진행되는 기침과 호흡곤란이 연속해서 2년 이상 지속될 때로 정의한다.

(1) 원인과 증상

만성 폐쇄성폐질환의 발병 원인은 90% 이상이 흡연으로 대부분 20년 이상 흡연한 경우에 많이 발생하며, 일반적으로 흡연자의 15~20%에서 발생한다. 대부분 40대 이후에 발병한다. 이외에 공해와 선천적 질환, 호흡기 감염 등이 있다.

만성 폐쇄성폐질환의 증상은 천식과 비슷하게 호흡곤란, 기침, 가래 등의 기도질환 증상을 나타내다가 폐기능을 악화시킨다. 폐기능 악화가 심해지면 폐의 가스교환기능이 떨어져 저산소증, 고탄산혈증이 나타나기도 하며, 만성적인 호흡기 장애가 극심한 경우에는 폐동맥 내의 압력이 증가하여 우심실에 압박이 가해져서 우심실 확장 및 부전이 일어나는 폐심증(폐성심질환)corpulmonale이 발생할 수 있다. 결국 호흡부전 및 심혈관계 합병증에 의한 사망을 초래할 수 있다.

> 폐심증 환자의 경우는 비지방조직의 소모가 있음에도 불구하고 체내 수분이 보유되므로 체중 유지 또는 증가가 나타난다. 이러한 환자들은 혈액 희석을 통해 혈청단백질과 헤모글로빈, 전해질의 농도를 낮추고, 이뇨제 사용과 더불어 나트륨과 수분을 제한하는 것이 필요하다.

(2) 종류

만성 폐쇄성폐질환에는 만성 기관지염과 폐기종이 있다 그림 15-3.

- 만성 기관지염 : 총 2년의 기간 중 1년 이상 기침이 만성적으로 지속될 때를 말한다. 폐의 주요 기도(기관지, 세기관지)에서 지속적인 염증과 과량의 점액 분비가 특징이며, 기도가 두꺼워져 좁아지기 때문에 점액을 제거하기 어렵다.
- 폐기종 : 폐조직 사이에 가스가 차 조직이 팽창하는 것으로 폐포가 비정상적으로 늘어나 영구적인 팽창상태가 되고, 폐포벽이 파괴되어 호흡에 필요한 표면적이 감소하여 원활한 산소 공급이 이루어지지 않는다. 에너지 대사의 증가와 음식 섭취의 감소, 각종 염증단백질의 작용으로 체중 감소가 일어나게 된다. 질환이 진행됨에 따라 호흡곤란이 악화되면 신체활동과 삶의 질을 현저하게 감소시킨다.

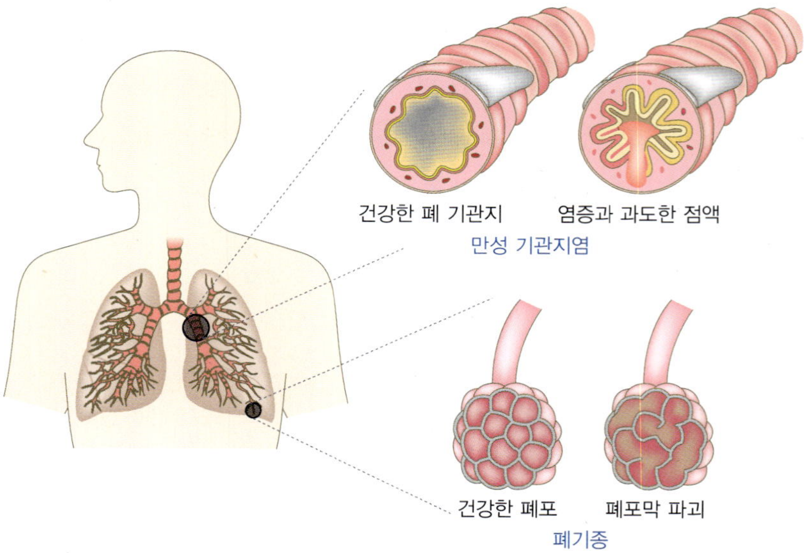

그림 15-3 만성 폐쇄성폐질환

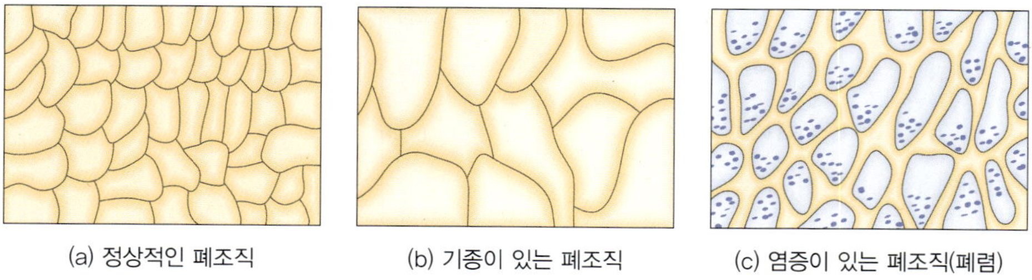

그림 15-4 정상적인 폐조직(a)과 기종이 있는 폐조직(b), 염증이 있는 폐조직(c)의 비교

만성 기관지염과 폐기종의 증상의 차이점은 표 15-5 에 제시하였다.

표 15-5 만성 기관지염과 폐기종의 차이점

	만성 기관지염	폐기종
호흡 상태	휴식 시 : 호흡 안정	내쉴 때 천명, 어깨로 호흡 흡기 시 입, 코 벌림 호기 시 목혈관 부종
객담	과량의 화농성 객담	소량
기침	만성 기침	기침횟수 적음
발병 시 주증상	기침	호흡곤란
심장	확대	정상
헤마토크릿	상승	정상
만성 저산소증	종종 심하게 나타남	경증
폐활량	약간 감소	증가

폐기종과 만성 기관지염이라는 용어들이 예전에는 진단명과 혼용되어 임상적으로 흔히 사용되었으나, 최근에는 임상적으로는 사용되지 않고 병리학적인 용어로만 사용되고 있다. 임상적으로는 만성 폐쇄성폐질환(COPD)이라는 병명으로 진단하고 치료한다.

(3) 만성 폐쇄성폐질환의 영양관리

만성 폐쇄성폐질환은 영양상태가 좋은 환자들보다 영양불량인 환자들에게서 예후가 더 나쁘며 체중감소가 더 흔하다. 그리고 기도장애의 정도와 이산화탄소 체내 보유 정도, 폐와 기관지 근육의 강도, 근육기능의 변화 등과 관련하여 영양소의 소모가 나타난다. 일반적으로 폐기종 환자가 만성 기관지염 환자보다 영양결핍과 체조직의 소모가 더 크다.

만성 폐쇄성폐질환의 식사요법 목표는 바람직한 체중유지, 근육소모 방지, 약물과 영양소 간의 상호작용 조절, 수분평형으로 만성적인 영양불량을 해결하기 위해 고열량, 고단백질식사를 원칙으로 한다.

- 에너지 : 에너지요구량은 단위체중당 30~35 kcal/일을 제공한다. 저체중 환자의 경우 동화작용을 위해 휴식에너지 소비량resting energy expenditure, REE의 150% 정도를 공급한다. 과량의 에너지 섭취는 이산화탄소 생성을 증가시켜 호흡에 부담을 증가시킬 수 있으므로 탄수화물(40~55%), 단백질(15~20%), 지방(35~45%)의 균형 잡힌 비율로 호흡상을 유지하는 것이 중요하다.

- 단백질 : 폐근력을 유지하고 면역기능을 촉진하기 위해 단위체중당 1.2~1.7 g 정도의 단백질을 공급하고 영양밀도가 높은 식품을 선택한다.
- 지방과 탄수화물 : 지방을 주된 에너지원으로 하며, 이산화탄소 생성이 많은 탄수화물은 제한한다.
- 무기질 : 근육의 수축이완작용에 관여하는 칼슘과 마그네슘은 권장섭취량 정도를 제공한다. 폐심증의 경우 나트륨과 수분 제한이 필요하며, 이뇨제가 처방되면 칼륨을 충분히 제공한다.
- 비타민 : 골밀도가 감소하고 글루코코르티코이드 약제 복용으로 비타민 D와 비타민 K의 보충이 필요하다.
- 수분 : 지나치게 두꺼운 점액의 분비를 막고 탈수 예방을 위해 충분한 수분 섭취를 권장하지만 음식의 섭취를 방해하지 않도록 식사 사이에 제공하며, 특히 조기만복감이나 복부팽만감이 있는 경우네는 식후에 수분 섭취를 하도록 한다.
- 항산화제와 오메가-3 지방산은 항염증효과로 폐를 보호하여 만성 폐쇄성폐질환 발생빈도를 낮추므로 과일, 채소, 생선을 충분히 제공한다.
- 복부 팽창증이 있으면 사과, 맥주, 양배추, 콜리플라워, 콩류, 멜론, 견과류, 양파처럼 가스를 생성하는 식품은 복부팽만감을 증가시키므로 제한한다. 특히 식이섬유가 많은 채소는 섭취량을 조금씩 증가시키도록 한다.
- 식사는 소량씩 자주 제공하며 농축된 음료로 간식을 제공한다.
- 음식의 조리법은 씹고 삼키기 쉬운 부드러운 형태로 제공한다.
- 폐기종 환자의 경우는 에너지가 농축된 식품을 연식으로 소량씩 자주 공급하며, 식이섬유가 많은 과일이나 채소, 씹기가 힘든 육류는 제한한다.
- 환자의 총에너지 섭취량을 증가시키기 위해 경장영양(경관급식)을 병행할 수 있다. 경장영양액은 지방을 에너지원으로 공급하도록 한다. 고에너지의 액체를 3개월가량 보충하면 총에너지 섭취량이 효과적으로 상승하여 체중과 피부두겹두께, 상완위, 폐근력이 현저하게 증가된다.

환자의 식사섭취량을 증가시키기 위한 방법은 표 15-6 에 제시하였다.

표 15-6 에너지 섭취를 증가시키는 방법

1. 고농축에너지 식품을 공급한다.
2. 간식을 정규적으로 공급하되, 최소한 다음 식사하기 2시간 전에 공급한다. 특히 취침 전 간식이 좋다.
3. 쉽게 간식을 먹을 수 있도록 주변에 음식을 둔다.
4. 숨이 찰 때는 먹기 쉬운 부드러운 식품과 음료를 공급한다.
5. 식욕부진이 문제가 될 때에는 위장에서 빨리 장관으로 넘어가는 차가운 저지방식품을 공급한다.
6. 식욕증진을 위해서 식품의 외양과 질감, 향기에 주의를 요한다.
7. 간편한 식품을 이용하여 조리과정을 단순화하거나 조리된 식품을 이용한다.
8. 지역사회를 통해 재정적인 지원이나 식품의 지원을 받을 수 있는지 알아본다.
9. 식사 시에 격려한다.

CHAPTER

16

수술과 화상

1. 수술과 영양
2. 화상과 영양

학습개요

수술 전후의 영양관리는 환자의 신체적 · 정신적 건강뿐만 아니라 성공적인 수술 수행에 중요한 역할을 한다. 적절한 임상영양관리는 수술로 인한 상처를 빨리 회복시키고 수술 후유증의 기간도 단축시킬 수 있다. 그러므로 수술 전후에 환자의 영양상태를 파악하여 이에 적합한 영양치료를 수행하는 것은 매우 중요하다.

1. 수술과 영양

1) 수술 전 영양관리

수술 전 영양관리는 주로 환자의 영양상태와 수행되는 수술의 상황에 따라 달라진다. 위급한 수술이라면 미리 영양치료를 할 시간적 여유가 없지만, 위급하지 않는 경우에는 수술 전 영양치료가 가능하다. 영양상태가 좋은 환자는 영양불량인 환자보다 큰 수술을 잘 견디고 회복이 빠르다. 그러나 영양불량인 환자의 경우에는 수술 상처의 치유가 지연되고, 소화관 봉합에서 봉합부전 등이 발생하며, 상처 감염 등의 여러 가지 합병증이 일어나거나 사망하는 경우도 많다.

(1) 수술 위험도 판정

수술 시 위험도가 높은 환자를 판정할 때에는 최근의 체중감소율, 체질량지수body mass index, BMI, 삼두근 피부두겹두께triceps skinfold thickness, TSF, 혈장 알부민, 트랜스페린, 프리알부민 등의 기준치가 많이 이용된다 표 16-1. 체중감소율, 체질량지수, 삼두근 피부두겹두께, 혈장 알부민 수준 등이 기준치 미만인 환자의 경우에는 수술의 위험도가 높다고 볼 수 있으며, 체중감소율이나 체질량지수 등의 체격지수보다는 혈장 알부민, 트랜스페린, 프리알부민 등의 기준치로서 기능지수가 수술 후 합병증의 위험도를 더욱 잘 반영한다.

표 16-1 수술 위험도 판정지표

지표	수술 위험도 판정 기준치
나이	>75세
체중감소율	>10%(최근 6개월)
체질량지수	≤15 percentile
삼두근 피부두겹두께	≤15 percentile
팔근육둘레	≤15 percentile
알부민	<3.5 g/dL
트랜스페린	<174 mg/dL
프리알부민	<12 mg/dL

(2) 수술 전 식사요법

수술 전후에는 식욕부진, 통증, 구토, 소화불량, 출혈 등으로 영양불량이 흔하므로 적절한 영양치료를 통하여 수술 전에 좋은 영양상태가 되도록 해야 한다. 한편, 비만은 수술 시 위험을 초래하므로 수술 전에 체중을 감소시킬 필요가 있는데, 단기간 동안 10% 이상의 체지방 손실은 치료를 지연시키므로 체중감량 속도에 대해서는 특별한 주의가 필요하다. 수술 전 환자의 상태에 따라 경구 혹은 정맥을 통한 영양지원을 하여 영양상태를 개선해야 하는데, 영양치료의 목표는 헤모글로빈 수준이 정상의 75% 이상, 혈청 단백질 6.0 g/dL 이상, 헤마토크릿 41% 이상이다.

에너지와 단백질 충분히

수술 전 영양불량인 환자는 평상시보다 30~50%가 더 부가된 에너지 공급이 필요하다. 단백질도 에너지와 마찬가지로 평상시보다 30~50% 많은 양을 공급하여 수술 전 혈청 단백질 수준을 최저 6.0~6.5 g/dL 이상이 되도록 해야 한다.

수술 전과 수술 시 충분한 양의 당질 공급, 특히 포도당 공급은 체내 단백질을 절약하고, 수술 후 케톤증과 구토 방지에 도움을 주며, 간에 글리코겐 저장량을 증가시켜 간 기능을 보호한다. 체내의 단백질대사 상태는 수술의 위험을 감소시키는 데 매우 중요하다.

비타민과 무기질 충분히

비타민 가운데 특히 아스코르브산은 상처 회복에 필요하고, 비타민 K와 칼슘은 수술 시 지혈을 도와준다. 에너지 섭취량의 증가와 함께 조효소로서 비타민 B 복합체 섭취도 증가되어야 한다. 이외에도 출혈로 인한 빈혈을 예방하고 조혈을 위하여 철과 구리가 필요하고, 상처치유와 면역기능 증진을 위하여 아연을 보충하는 등 비타민과 무기질을 충분히 공급하도록 한다.

수분 충분히

환자가 탈수되었을 때에는 수술을 하지 않는 것이 환자의 안전을 위하여 중요하다. 응급 시 구강으로 수분을 투여할 시간이 없거나 구강 섭취가 불가능한 상태에서는 정맥주사를 통해 충분한 양의 전해질과 수분을 공급해야 한다. 수술 시 심한 출혈이 있을 경우에는 수혈을 하며, 특정한 영양소가 손실되었을 때에는 정맥주사로 보충해 준다. 특히 비타민 C와 비타민 K는 자주 보충해 주어야 한다.

알아두기 **수술 전 음식 섭취**

수술 시에는 위를 비워 두어야 한다. 만약 음식물이 위에 남아 있으면 마취될 때와 풀릴 때 구토물이 기도로 들어가서 호흡곤란의 위험이 있으므로 수술 전 적어도 6시간 전부터 고형 음식물의 경구섭취를 금하고, 이때부터 수술 2시간 전까지는 주로 맑은 음료는 허용하며, 수술 2시간 전부터는 맑은 음료도 금식한다.

2) 수술 후 영양관리

(1) 수술에 따른 체내 대사의 변화

수술은 생리적 스트레스의 일종으로 체내 호르몬의 변화와 함께 대사 변화를 초래한다 표 16-2. 수술로 인하여 부신수질호르몬, 부신피질호르몬, 글루카곤 등의 분비가 촉진되어 당질, 단백질, 지질대사에 변화를 가져온다. 인슐린 분비는 억제되고 인슐린에 대한 저항성은 증가되어 간 글리코겐 분해와 당신생을 촉진함으로써 당뇨병과 비슷한 고혈당 증세가 나타난다.

체단백질도 분해가 촉진되는 반면, 합성은 억제되어 소변 중 단백질 대사산물인 질소화합물이 다량 배설되는 음의 질소평형을 초래한다. 또한 체지방으로부터 지방산을 유리시켜 간이나 다른 조직의 에너지원으로 이용하므로 체지방이 급속히 감소하며 항이뇨호르몬과 알도스테론 분비 증가로 요량이 감소되면서 소변 중 나트륨 배설이 저하된다.

표 16-2 수술에 따른 체내 대사의 변화

호르몬	농도 변화	대사 변화
카테콜아민	증가	간 글리코겐 분해↑ 아미노산으로부터의 당신생↑ 유리지방산 이동 및 분해↑
코티솔	증가	아미노산으로부터의 당신생↑ 유리지방산 이동 및 분해↑
글루카곤	증가	인슐린/글루카곤 감소 간 글리코겐 분해↑ 아미노산으로부터의 당신생↑ 글리코겐, 체단백질, 체지방 ↓
항이뇨호르몬	증가	수분 보유↑
알도스테론	증가	나트륨 보유↑

(2) 수술 후 식사요법

수술 후 식사요법은 수술의 종류와 환자의 건강상태에 따라 다르다. 수술로 인하여 혈액, 수분, 전해질이 손실되고 구토와 상처로부터 스며 나오는 체액으로 인하여 수분과 전해질 손실은 더 커진다. 그러므로 이로 인한 탈수와 쇼크를 방지하기 위하여 정맥주사, 피하주사 및 직장 주입을 통해 수분과 전해질을 보충해야 한다.

수술 후 1~2일간은 입으로 아무 것도 주지 않는 금식none per oral intake, NPO 기간이다. 이 기간에는 수술로 인하여 신체의 모든 기능이 저하되어 있고, 특히 위, 소장 및 대장이 제자리에 있지 못하므로 이들의 소화·흡수 및 배설기능이 원활하지 못하다. 따라서 이 시기에 음식물을 경구 섭취하면 구토물이 침전되어 장이 막힐 위험이 있으므로 이들 장기들이 제자리를 찾아서 제 기능을 시작했다는 신호로서 장음bowel sound, 가스 배출(방귀)이 있을 때까지는 입으로의 음식 섭취는 금하고 대신 정맥영양에 주로 의존한다.

수술 직후에는 체조직 단백질 분해가 심하므로 이 시기에 영양소의 다량 공급은 체내 대사를 항진시켜 오히려 위험하므로 피해야 한다. 보통 5% 덱스트로오스 용액, 3% 아미노산용액을 말초정맥영양으로 공급하고 필수지방산과 에너지 공급을 위해 10~20%의 지방유화액을 정맥용액에 추가할 수도 있으나, 지질대사장애가 있는 경우에는 적당하지 않다. 장기능은 정상이나 구강으로 섭취하는 영양이 부족할 때에는 경관영양을 병행한다. 수술 후에 흔히 시행하는 말초정맥영양을 통해서는 영양공급이 충분하지 않으므로 가능한 한 빨리 경구급식을 시작하는 것이 좋다.

수술 후 음식 섭취

- 수술 후 음식은 환자의 위장관 상태를 관찰하면서 적절히 공급한다.
- 수술 1~2일 후에 장기능이 정상으로 돌아오면 맑은 유동식으로 수분과 나트륨, 염소 등의 전해질을 보충하고 걷기 등의 활동을 통해 장운동을 촉진해야 한다.
- 수술 3~4일 후에는 전유동식으로 이행하여 탄수화물과 단백질을 보충하고 환자가 이에 잘 적응하면 5~6일 후에는 연식으로, 6~7일 후에는 상식으로 이행한다.
- 식사 이행속도는 환자가 적응하는 정도에 따라 달라지며 복부팽만이나 장 경련 등의 이상 증세가 나타나면 섭취를 바로 중단하고 전 단계의 식사로 돌아가야 한다.

에너지 충분히

일반적으로 수술 후의 에너지대사는 항진된다. 에너지 필요량이 기초대사량 이상으로 증가되는 정도는 수술 내용에 따라 다양하다. 합병증이 없는 일반 수술환자의 에너지 필요량은 기초대사량×1.3~1.5(정상 에너지필요량의 10~15% 증가) 정도이고, 복합적인 골절, 외상의 수술일 경우에 에너지필요량은 기초대사량×1.6~1.8(정상 에너지필요량의 20~25% 증가) 정도가 된다.

표 16-3 에는 이화작용에 따른 에너지필요량이 제시되었다. 이와 같이 증가된 에너지 필요량을 당질과 지질로부터 충분히 공급하지 않으면 단백질이 대신 손실되어서 수술 후 질소 손실을 보충하기 어려우며 상처 회복은 지연된다. 따라서 충분한 양의 에너지 공급은 매우 중요하다. 일반적으로 수술 후 공급되는 에너지는 1일 35~45 kcal/kg이다.

표 16-3 이화작용의 분류

임상상태	이화작용의 정도	소변 중 질소 (g/일)	기초대사율 상승도 (%)	전체 에너지필요량 (kcal)
침대에 누운 상태	1° (정상)	< 5	없음	1,800
간단한 수술	2° (가벼움)	5~10	0~20	1,800~2,200
복잡한 골절, 외상	3° (중 정도)	10~15	20~50	2,200~2,700
급성 감염 또는 화상	4° (심함)	> 15	50~125	2,700~4,000 또는 그 이상

단백질 충분히

수술 후 이화작용은 급격히 항진된다. 수술로 인한 조직 손상은 체단백질의 상당한 손실을 초래하여 혈청 단백질 농도는 저하되고, 소변으로의 질소 배설은 증가되면서 수술 후 1주일간 음의 질소평형이 지속된다. 패혈증, 열, 감염, 화상의 경우에는 질소배설량이 더욱 증가하는데, 복막염의 경우에는 삼출액과 배설물을 통해 약 50 g의 질소가 매일 손실된다. 이러한 체단백질의 분해는 수술로 인한 대사항진에 요구되는 에너지를 공급하고, 수술 상처의 재생을 위해 필요한 아미노산을 공급하기 위한 것이다.

수술 1주일 후에는 질소평형이 음의 상태에서 변환되어 수술 후 2~5주간은 동화기로서 체조직이 보수되고 수술 상처가 치유되며, 그 후 피하지방이 증가되어 수술 전의 체중으로 회복된다. 그러나 수술 후 저단백혈증이 있으면 상처회복이 지연되고 감염에 의한 합병증의 위험이 있으며, 수술 봉합부분에 부종이 있어서 봉합의 안전을 기하기 어렵다. 따라서 상처의 빠른 회복, 출혈로 손실된 혈구의 회복, 빈혈 예방, 항체 및 효소의 생성을 위하여 단백질은 1일 1.5~2 g/kg(약 150 g) 정도로 충분히 공급되어야 한다.

비타민과 무기질 충분히

영양상태가 양호한 환자의 간단한 수술 후에는 비타민과 무기질 보충이 필요하지 않으나, 오랜 질병 후 큰 수술을 받는 환자의 경우에는 권장섭취량의 2~3배 정도의 비타민과 무기질 보충이 필요하다. 비타민 C는 콜라겐 형성을 통해 상처 치유를 도와주지만, 과잉 복용은 설사, 신결석, 혈청 비타민 B_{12} 수준 저하와 관련되므로 1일 100~300 mg이 권장된다. 비타민 A는 상피조직 구성에 필요하므로 결핍 시 상처회복이 지연되고, 특히 비타민 K 결핍 시에는 혈액의 프로트롬빈 함량이 낮아져 지혈에 지장을 주므로 수술 전후에 보충하여 출혈에 대비해야 한다.

또한 비타민 B 복합체(티아민, 리보플라빈, 니아신, 피리독신)는 당질과 단백질 대사에 필요한 조효소로서 외상 후 급속히 결핍되기 쉬우므로 역시 보충해야 한다. 무기질 가운데 아연은 상처치유, 면역기능의 유지와 관련되므로 보충하고 체조직 분해로 인한 칼륨과 인의 손실, 출혈로 인한 철의 손실 등이 있으므로 역시 보충이 필요하다. 체액 손실에 따른 나트륨 손실이 있으나 수술 후 항이뇨호르몬의 분비로 요량이 감소되어 나트륨 배설은 줄어든다.

수분 충분히

수술하는 동안 혈액, 수분, 전해질이 손실되는데 이러한 손실은 구토나 상처를 통해 스며나오는 체액과 발한으로 인해 더욱 증가한다. 그러므로 수술 직후 탈수로 인한 쇼크를 방지하기 위해 수분과 전해질 균형이 적절하게 유지되어야 한다. 수술 후 환자는 구강으로 다량의 물을 섭취하지 못하므로 정맥을 통한 수분공급을 하고 그 후 가능한 한 빨리 구강을 통해 수분을 섭취하도록 한다. 수술 후 합병증이 없는 경우에는 1일 2~3 L 공급하고 수술 후 체온 상승, 신장 손상, 패혈증 등의 합병증이 있을 때에는 3~4 L의 수분 공급이 필요하다.

2. 화상과 영양

화상은 신체가 받을 수 있는 가장 심각한 외상 중 하나로서 손상된 피부조직의 깊이에 따라 4단계로 구분한다 그림 16-1. 1도 화상은 표피만 손상된 것으로서 피부가 발갛게 달아오르면서 약한 동통과 부종이 생기며, 일주일 후에는 표피 탈락, 즉 피부가 벗겨진다.

2도 화상은 표피와 진피층이 손상을 입어 빨갛게 붓고 심한 동통, 수포, 부종이 나타난다. 대개 뜨거운 물이나 스팀에 화상을 입었을 때에 2도 화상이 나타난다.

3도 화상은 표피와 진피 등 피부의 전 층뿐만 아니라 피하조직의 일부까지도 손상된 것이고, 4도 화상은 근육신경, 땀샘, 모낭근, 건까지 손상되는 경우로서, 특히 전기에 의해 화상을 입었을 때는 관절까지 침범하고 패혈증의 위험도 따른다. 1도 화상에서는 상피세포로부터 새로운 조직을 만들어낼 수 있으나, 2도·3도·4도 화상에서는 피부의 전 층 이상의 화상을 입어서 회복에 충분한 양의 피부가 없으므로 이식이 필요하다.

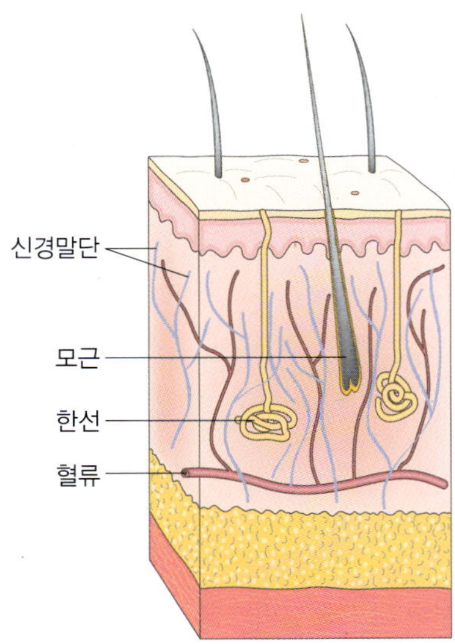

조직층	피부두께(인치)	화상 정도
표피	0.010	1도
진피	0.020	2도
피하지방조직	0.035	3도
근육	0.040	4도

그림 16-1 화상의 정도

1) 화상 후의 생리적 변화

화상 후에는 감퇴기ebb phase와 유출기flow phase의 두 단계에 걸쳐 생리적 변화를 초래한다. 1단계인 감퇴기는 화상 직후부터 3~5일 정도 지속되는 시기로서 화상 부위를 통해 다량의 체액과 전해질의 손실로 인해 쇼크가 올 수 있는 기간이다. 또한 혈액 인슐린 수준도 저하되어 고혈당이 오고 산소소비량 감소로 대사율이 저하되며 심박출량, 혈압, 체온 등도 낮아진다. 따라서 이 시기에는 순환혈액량을 보충하기 위한 충분한 수분이 공급되어야 한다. 수분필요량은 환자의 연령, 체중, 화상의 정도에 따라 다르다.

순환혈액량이 보충되면 2단계인 유출기로 들어간다. 유출기의 초기인 급성기에는 카테콜아민catecholamine, 글루카곤glucagon, 글루코코르티코이드glucocorticoid 등의 이화호르몬의 분비가 촉진되어 대사율이 항진되면서 당신생, 지질 분해, 단백질 분해가 증가한다. 이러한 이화상태가 지속되면서 고혈당이 되고 산소소비량 및 심박출량이 증가한다. 이와 같은 변화는 화상 후 7~12일째 최고조에 달한다. 그 후 유출기의 후기인 적응기에 들어서면 이러한 이화호르몬의 분비는 감소되어 점차 대사율과 이화작용이 감소되고 동화상태로 변환된다.

이와 같이 감퇴기와 유출기의 두 단계를 거친 후에 회복기로 들어서면 동화상태로 변환되어 혈당치도 정상으로 돌아오고 상처가 회복되면서 피부조직이 정상화된다.

2) 화상 후의 영양관리

화상 후에는 주위 환경의 온도를 조절하고 수분과 전해질 균형을 유지하는 것이 중요하므로 화상 초기에는 상처를 덮어 주어 상처를 통한 수분 증발과 감염을 방지하여 대사적 변화를 최소화한다.

(1) 수분과 전해질 보충

화상 부위를 통해 엄청나게 많은 양의 수분과 전해질이 손실되므로 치료 시 24~48시간 동안 가장 먼저 고려해야 할 것은 수분과 전해질의 보충이다. 심한 화상 후 처음 몇 시간 동안은 수분과 전해질의 손실이 적혈구 손실보다 훨씬 많아서 헤모글로빈과 헤마토크릿 수준은 화상 후 24~48시간 내에 크게 증가한다. 그러므로 이때 쇼크를 막기 위해 수분, 전해질(특히 K와 Na), 알부민이 포함된 회생액resuscitation fluid을 공급해야만 한다.

일단 회생액 공급이 완료되면 체내 일정량의 수분을 보유시키고 화상 부위를 통해 증발되는 수분손실량을 보충하기 위하여 충분한 양의 수분을 공급한다. 일반 화상에서는 매일 7~10 L의 물을 공급하는데, 충분한 수분과 전해질 공급은 정상적인 순환을 유지시키고 급성신부전을 막는다.

혈액 처방은 화상 부위가 넓어서 장기적으로 전해질과 혈장의 손실이 계속될 때 수주에서 수개월간 중요한 역할을 한다. 빈혈은 철의 보충만으로는 치료되지 않으므로 자주 전혈이나 적혈구의 주입이 필요하다.

(2) 화상 후의 식사요법

회생액 공급이 완료된 후에는 곧 영양 보충을 시작해야 한다. 화상 2~3일 후에는 조직액과 전해질이 혈액으로 돌아오면서 회복이 시작되고, 화상 5~7일 후부터는 장 기능도 정상화되므로 본격적인 영양공급으로서 고에너지, 고단백질, 고비타민식을 시작한다. 화상 후 1주일간은 고이화작용으로 소변 중 질소배설량이 증가하고 1주일 후부터는 이화 정도가 줄어들면서 동화기로 변환된다.

화상면적이 체표면적의 20% 미만인 경우에는 대부분 보통 식사로도 에너지필요량을 충족할 수 있으나, 화상면적이 체표면적의 20% 이상의 심한 화상은 전신소모성질환으로서 에너지필요량이 크게 증가한다. 그러나 화상 직후 소화기관의 연동운동의 감소로 식욕부진이 흔하여 경구급식만으로는 에너지요구량을 충족시키기 어려우므로 경관급식 및 정맥영양 공급이 필요하다. 얼굴에 화상을 입어 저작이 어려운 경우에도 경관급식이나 정맥영양을 실시한다.

에너지 충분히

화상 환자는 에너지필요량이 증가하는데 그 증가량은 화상의 정도에 따라 다르다. 보통은 1일 3,500~5,000 kcal의 고에너지식으로서 당질을 적당히 공급하여 조직 재생에 필요한 단백질을 절약하도록 한다. 에너지필요량을 산출하는 방법에는 여러 가지가 있다.

먼저, 휴식대사량에 상처요인을 고려한 계수를 곱하여 설정하는 방법이다. 일반적으로 휴식대사량에 1.3~1.5을 곱하여 설정하는데, 화상의 정도가 커짐에 따라 상처요인을 고려한 계수도 증가하여 에너지 필요량이 많아진다.

화상(체표면적의 20~30%) : 휴식대사량 × 1.6~1.7
화상(체표면적의 30~40%) : 휴식대사량 × 1.8~1.9
화상(체표면적의 40~45%) : 휴식대사량 × 2.0

또는 쿠레리Curreri 공식을 이용하여 에너지필요량을 산출하기도 한다. 쿠레리 공식에서도 화상의 정도를 고려한다. 그러나 이 공식으로 산출된 에너지 필요량은 간접 에너지측정기에 의한 에너지 필요량보다 많아 과잉계산으로 평가되고 있으므로 화상의 정도가 심할 때에도 에너지 필요량이 휴식대사량의 2배가 넘지 않도록 주의해야 한다.

연령(세)	에너지 필요량
< 1	에너지 권장량/kg × 화상 전 체중(kg) + (15 × %화상체표면적 비율)
1~3	에너지 권장량/kg × 화상 전 체중(kg) + (25 × %화상체표면적 비율)
4~15	에너지 권장량/kg × 화상 전 체중(kg) + (40 × %화상체표면적 비율)
16~59	25 kcal × 화상 전 체중(kg) + (40 × %화상체표면적 비율)
60 <	에너지 권장량/kg × 화상 전 체중(kg) + (65 × %화상체표면적 비율)

또 다른 공식으로 타당도가 입증된 Ireton-Jones 식이 있다.

에너지 필요량 = 1784 − 11(A) + 5(W) + 244(G) + 239(T) + 804(B)

A=나이(Age), W=체중(Weight: kg), G=성별(Gender, 남=1, 여=0)
T=외상(Trauma : 없음=0, 있음=1), B=화상(Burn : 없음=0, 있음=1)

환자가 발열, 패혈증, 수술, 체중부족 등의 상태라면 이 공식에서 산출된 에너지 외에 부가적인 에너지가 요구될 수 있다. 과체중이나 비만한 화상환자는 화상치료가 완료될 때까지는 체중을 유지해야 한다. 심한 체중감소는 생명의 위험을 가져오므로 환자의 화상 전 체중보다 10% 이상 감소되지 않도록 해야 한다.

단백질 충분히

화상 후 1주간은 체단백질의 분해와 함께 상처의 분비물, 혈액 손실 등으로 인해 다량의 단백질이 손실되는 이화기이지만, 화상 1주 후부터는 상처가 회복되는 동화기로 변환된다. 따라서 단백질을 충분히 공급해야 한다.

화상환자의 단백질권장량은 아직 확실하게 정해져 있지는 않지만, 성인의 경우 일반적인 권장량은 100~150 kcal당 1 g의 질소, 또는 전체 에너지의 20~25% 또는 체중 kg당 2~3 g을 권장하고 있다. 체표면적의 30% 이상이 화상인 환자는 일반적으로 에너지:질소 비율을 100:1에 가깝게 하여 더 많은 양의 단백질이 권장된다. 어린이의 경우에는 나이에 따른 단백질 권장섭취량의 2~4배 정도를 공급한다.

보통 이용되는 쿠레리 공식을 이용한 성인 화상환자의 1일 단백질필요량 계산은 다음과 같다.

> 성인의 1일 단백질 필요량 = [1 g × 화상 전 체중(kg)] + [3 g × 화상 체표면적 비율(%)]
>
> 예) 체중 70 kg의 남자가 화재로 체표면적 25%의 화상을 입었다면 1일 단백질 필요량은 얼마인가?
>
> 1일 단백질 필요량 = (1 g × 70 kg) + (3 g × 25) = 145 g

당질과 지방 적당히

당질은 화상 환자의 주요 에너지 급원으로 권장되지만 과량의 당질은 산화되지 않고 오히려 지방으로 전환될 수 있다. 당질은 전체 에너지필요량의 50~60% 정도 공급하고 60%를 넘지 않도록 한다. 당질로부터 지방이 합성되면 이산화탄소 생성이 증가되고 면역반응을 약화시켜 감염에 대한 민감도를 높이므로 주의해야 한다. 지방은 비단백질 에너지의 약 12~15% 정도로 시작하여 면역반응이나 혈청 중성지방 수준 또는 식사상태 등을 관찰하면서 섭취량을 조절한다. n-3지방산은 면역력을 약화시키는 프로스타글란딘 E2와 류코트리엔 생성을 방해하여 면역반응을 향상시키고 경관급식의 내성을 유지하므로 지방산의 구성을 고려하도록 한다.

비타민과 무기질 충분히

화상 환자의 경우 비타민의 필요량이 증가하지만 정확한 필요량은 아직 설정되지 않았다. 경관급식이나 정맥영양 지원을 받는 대부분의 환자는 정상인 권장섭취량보다 많은 양의 비타민을 공급받는다. 그러나 구강으로 섭취하는 환자의 경우에는 비타민 섭취가 부족하므로 비타민보충제 섭취가 권장된다. 비타민 C는 콜라겐 합성과 관련되므로 상처치유 시 요구량이 증가되어 1일 1~2 g의 투여를 권한다. 상피조직 재생에 필요한 비타민 A도 권장섭취량 이상의 양이 요구되며, 에너지대사에 관련되는 비타민 B 복합체 섭취도 증가시킨다.

화상으로 인한 다량의 체액 손실과 세포 파괴로 저나트륨혈증과 저칼륨혈증이 환자에게서 나타난다. 이러한 나트륨, 칼륨과 관련된 전해질 불균형은 수분 조절에 의해 개선될 수 있다. 혈청 칼슘 수준의 저하는 화상면적이 30% 이상인 환자에게서 나타나는데, 칼슘 손실은 환자가 움직이지 못할 경우 더욱 많이 나타난다. 따라서 칼슘 보충과 더불어 약간의 운동과 움직임은 이러한 손실을 감소시키는 데 도움을 줄 수 있다.

혈청 아연의 수준도 감소하는데 식욕부진 개선과 상처 치유를 위해 아연 보충이 필요하다. 상처치유와 면역증강에 중요한 역할을 하는 아연은 체내 저장량의 20%가 피부에 있어서 화상 시 아연 손실이 크고, 그로 인해 소변으로의 아연배설량도 증가하므로 아연을 충분히 공급해 주는 것은 매우 중요하다.

CHAPTER

17

신경계질환

1. 뇌전증
2. 치매
3. 파킨슨병
4. 다발성신경염
5. 다발성경화증
6. 중증근무력증

학습개요

최근 노인인구가 급속히 증가하면서 뇌졸중, 치매 및 파킨슨병과 같은 퇴행성 신경계질환이 주요한 국민보건문제로 대두되고 있다. 신경계는 개인의 영양상태에 의해 영향을 받으며, 영양상태가 불량한 경우에 신경계 변화가 일어날 수 있다. 대부분의 신경계질환 환자들은 연하곤란 등 음식물을 섭취하는 데 어려움이 있다. 그러므로 섭취 기능부전의 형태와 정도에 따라 개인에 맞게 식사를 조정하고, 가능한 한 맛있고 영양적으로 적절한 식사를 제공하여 삶의 질을 최적으로 유지할 수 있도록 한다.

1. 뇌전증

인체는 전기에너지를 방출하는 수백만 개의 뇌세포를 가지고 있으며, 세포들 사이에 신호를 전달하는 미세한 에너지의 방출에 의해 정보를 주고받음으로써 운동, 감각, 사고, 기억 등의 기능을 수행한다. 발작seizure은 뇌신경세포가 급작스럽게 과도한 전기를 방출하여 일어나는 경련, 감각장애, 의식불명 등의 신경계 증상을 말하며, 이러한 발작이 반복적으로 재발하는 상태를 뇌전증epilepsy(간질)이라고 한다.

뇌전증은 가장 오랫동안 알려져 왔고, 사람들이 가장 두려워하던 질환 중의 하나로서 줄리어스 시저, 도스토예프스키, 반 고흐, 잔다르크, 알렉산더대왕 등 많은 인물도 뇌전증 환자였다. 세계 인구의 0.5~1% 정도가 뇌전증이며, 우리나라의 뇌전증 환자 수는 약 30~40만 명으로 추산된다. 대부분 어린이와 노인에서 증상이 나타난다.

1) 원인과 증상

뇌전증은 유전, 출생 시 뇌 손상, 머리 외상, 감염(뇌수막염, 뇌염 등), 선천성 질환, 열성 경련, 뇌종양, 뇌졸중, 치매(알츠하이머병) 등에 의해 발생하며 원인을 알 수 없는 경우도 50% 정도로 많다.

뇌전증의 전형적인 증상인 발작에는 여러 형태가 있으나 크게 전신발작과 부분발작으로 나뉜다. 전신발작은 가장 흔한 형태의 발작으로, 환자는 아무런 전구증상 없이 갑자기 의식을 잃고 쓰러지며 전신의 근육에 수분 정도 경련이 나타난다. 부분발작은 환자 스스로 전구증상을 느끼며 손, 발, 입 등에 자신도 모르는 반복적인 행동(자동증)을 보이는 경우가 흔하다.

2) 치료

뇌전증의 치료목적은 모든 발작을 멈추게 하는 것이며, 이를 위해 주로 약물치료로 항경련제를 사용한다. 대부분의 환자(약 70~80%)는 약물치료에 의해 증상이 잘 조절되지만, 약물치료에 반응하지 않는 난치성 뇌전증 환자는 발작을 일으키는 뇌 부위에 대한 외과적 수술이나 식사요법이 수행되기도 한다.

항경련제의 장기복용은 부작용으로 비타민 대사에 영향을 미칠 수 있다. 특정 약물은 간에서 미소체 효소microsomal enzyme를 활성화시켜 혈중 25(OH)-비타민 D 농도를 낮추고 골밀도를 감소시켜서 골연화증, 구루병 등을 초래할 수 있다. 또한 엽산의 흡수를 방해하여 혈중 엽산농도가 저하될 수 있다.

3) 식사요법 : 케톤식

뇌전증에서는 항경련제와 함께 영양적으로 균형잡힌 식사를 적절하게 공급하는 것이 중요하다. 그러나 약물에 대한 내성이 있거나 약물치료만으로 증상이 잘 조절되지 않는 일부 난치성 환자들에게는 케톤식이 발작을 조절하는 데 매우 도움이 된다.

케톤식ketogenic diet은 혈장 내 케톤체의 수준이 높을 때 항경련 효과가 큰 점을 고려하여 환자가 케톤증ketosis 상태가 되도록 고안된 식사이다. 즉 지방에서 공급되는 케톤체를 뇌세포가 주된 에너지원으로 이용하게 하는 방법이다. 10세 이하의 어린이에게서 특히 효과를 볼 수 있는데, 이는 연령이 낮을수록 뇌에서 케톤체를 산화하여 에너지원으로 사용하는 능력이 더 크기 때문이다.

(1) 식사요법

저당질, 고지방식

고전적 케톤식은 당질의 섭취량이 극도로 적고 지방은 매우 많아, 총에너지섭취량의 80~90%를 지방으로부터 얻는다. 케톤성(지방) : 항케톤성(비지방) 비ketogenic to antiketogenic ratio는 4:1(지방 4 g : 당질 및 단백질 1 g) 정도로 유지한다. 일반 식사에서는 그 비가 1:3 정도이다.

한편, 중간사슬중성지방식은 섭취에너지를 일반적인 에너지필요량으로 유지하는 상태에서, 전체 섭취에너지의 60%를 MCT oil로 제공하는 방법이다. 좀 더 많은 당질과 단백질 공급이 가능하므로 고전적 케톤식에 비해 방법상 간편하다는 장점이 있으나 경제적으로 약간 부담이 될 수 있다.

에너지 약간 제한

에너지섭취량은 환자의 식욕, 성장률, 체중에 따라 조정하되 표준체중당 에너지필요량을 이용하는 것이 편리하다. 보통 일반적 에너지필요량보다 약간 제한(80~90%)하여 제공한다. 시행 초기에는 적은 양으로 시작하여 환자의 적응 정도를 보면서 점차 에너지섭취량을 늘린다(예 : 1일째 총필요에너지의 1/3, 2일째 2/3, 3일째 3/3).

단백질 충분히

단백질은 어린이의 적절한 성장이 이루어질 수 있도록 1~1.2 g/kg을 공급한다. 당질은 비지방성분 중에서 단백질을 뺀 나머지 양으로 제공한다. 꿀, 설탕, 물엿 등의 조미료는 당질을 많이 함유하고 있으므로 사용을 제한한다. 대신 지방 섭취를 늘리기 위해 식물성 기름, 휘핑크림, 드레싱, 마요네즈, 땅콩, 호두 등을 조리 시 다양하게 사용한다.

비타민과 무기질 충분히

케톤 비율은 끼니마다 일정하게 유지되어야 하므로 당질, 단백질, 지방은 세 끼 식사로 동일한 비율이 되도록 나누고, 남은 음식이 있는 경우 다음 끼니에 합하여 먹지 않도록 한다. 식사의 특성상 비타민과 무기질이 부족하기 쉬우므로 필요한 경우 보충제를 사용하여 충분히 공급한다.

수분 적당히

수분은 65 mL/kg 정도로 적당량 섭취하되, 하루 섭취량이 2 L를 넘지 않도록 한다. 과거에는 소변 내 케톤체 농도를 높이기 위해 수분 섭취를 약간 제한하였으나, 수분 섭취를 늘려도 소변 내 케톤체 농도는 감소하지만, 혈중 케톤체 농도와 항경련작용에는 차이가 없는 것으로 나타나 최근에는 수분을 적당량 섭취할 것을 권장하고 있다.

케톤식의 1일 영양소구성 및 식단의 예는 표 17-1, 표 17-2와 같다.

(2) 식사요법 진행 시 고려사항

케톤식의 부작용

케톤식은 극도로 맛이 없기 때문에 섭취하기가 매우 어렵다. 부작용으로는 식욕저하, 음식거부, 메스꺼움과 구토, 설사, 체중감소, 과민반응 등이 있으며, 심하면 호중구

표 17-1 케톤식의 1일 영양소구성 예(C:P:F=4:6:90)

		하루 섭취량	한 끼 섭취량
식사처방 : 케톤식, 1,000 kcal	에너지	1,000 kcal	333 kcal
	지방	100 g	33.3 g
	단백질	15 g	5 g
	당질	10 g	3.3 g

표 17-2 케톤식의 1일 식단 예

끼니	식단	식품(g)		영양소 구분			
				당질(g)	단백질(g)	지방(g)	에너지(kcal)
아침	쇠고기양송이볶음	쇠고기	6	0.012	1.26	0.846	13.08
		양송이	10	0.14	0.39	0.03	1.7
	두부조림	두부	23	0.69	1.932	0.805	18.17
	우유		20	0.94	0.64	0.64	12.0
	사과주스		9	1.035	0.009	0.009	3.87
	땅콩		3	0.519	0.777	1.464	17.07
	올리브유		31	0.0	0.0	29.884	266.29
	계			3.336	5.008	33.678	332.18
점심	연두부 양념 없음	연두부	30	0.21	1.56	0.72	12.3
	닭살무침	닭살	6	0.0	1.614	1.134	17.1
	당근볶음	당근	20	1.44	0.26	0.02	6.4
	우유		25	1.175	0.8	0.8	15.0
	땅콩		3	0.519	0.777	1.464	17.07
	올리브유		31	0.0	0.0	29.884	266.29
	계			3.344	5.011	34.022	334.16
저녁	달걀찜	달걀	23	0.023	2.783	2.415	34.73
	치즈		5	0.275	0.915	1.21	15.6
	호박볶음	호박	11	1.034	0.121	0.022	0.418
	우유		20	0.94	0.64	0.64	12.0
	수박		10	0.75	0.07	0.02	3.1
	땅콩		2	0.346	0.518	0.976	11.38
	올리브유		30	0.0	0.0	28.92	257.7
	계			3.368	5.047	34.203	334.928
총계				10.0	15.1	101.9	1,001

neutrophil의 기능 저하로 인해 감염되기 쉽다. 때로는 저혈당증이 나타나는 경우가 있으므로 케톤식을 시작하기 전에 환자가 케톤성 저혈당증의 경향이 있는지 검사하도록 한다.

진행 및 관찰

케톤식은 환자의 체중, 영양상태, 검사결과, 합병증 여부 등을 관찰하면서 에너지섭취량 및 케톤비율 등을 지속적으로 조정해야 한다. 케톤식을 섭취한 이후에 발작이 나타나지 않고 2년 정도 지나면, 1년 이상의 기간에 걸쳐 서서히 정상식사로 전환한다. 즉 첫 6개월 동안은 3:1의 케톤비율을 유지하고, 그 다음 6개월간은 2:1의 식사를 지속하며, 그 이후에도 경련이 나타나지 않으면 점차적으로 정상식사로 전환한다. 식사 전환기간이나 속도는 환자의 상태에 따라 조절한다.

기타 고려사항

뇌전증을 조절하기 위해서는 전반적으로 적당한 수면과 운동을 하고 알코올을 금하며, 또한 스트레스가 발작의 원인이 될 수 있으므로 가능하면 스트레스를 받지 않도록 하는 것이 좋다.

2. 치매

치매dementia는 일상생활에 지장을 주는 기억과 인지능력의 점차적인 소실을 말하며, 뇌의 병변으로 인해 발생하는 하나의 증후군이다. 일반적으로 정상적인 노화과정에서 나타나는 생리적 건망증과는 구별된다.

급격한 고령화와 함께 우리나라의 치매 환자수는 지속적으로 증가해 2018년에는 처음으로 65세 이상에서 10%를 넘겼으며(약 75만 명), 2024년에는 100만 명, 2039년에는 200만 명, 2050년에는 300만 명을 넘어설 것으로 전망된다 그림 7-1.

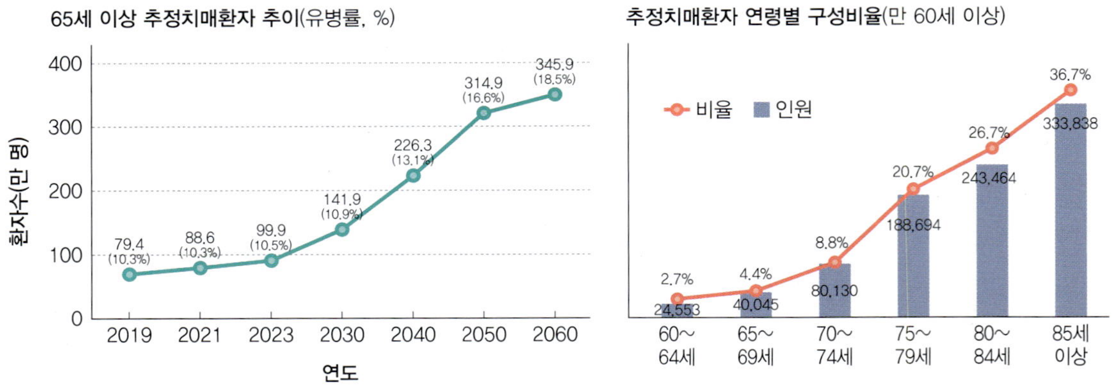

그림 17-1 **2021년도 추정치매환자수 유병률 및 연령별 구성비율**

자료 : 중앙치매센터, 2023

1) 원인

치매를 일으킬 수 있는 원인 질환에는 크게 알츠하이머병과 혈관성 치매가 있으며, 그 외 파킨슨병, 루이소체 치매, 헌팅톤병, 크루츠펠트-제이야콥병, 픽병Pick's disease 및 뇌종양, 두부 손상, 만성 알코올중독 등 여러 원인에 의해 나타난다.

(1) 알츠하이머병

알츠하이머병Alzheimer's disease, AD은 1907년 독일 의사인 알로이스 알츠하이머Alois Alzheimer에 의해 최초로 보고되었으며, 치매를 일으키는 원인 중 가장 흔하여 60~70%를 차지한다. 알츠하이머병에서는 뇌에 노인성반senile plaque(노인성 신경반)과 신경섬유 다발neurofibrillary tangle이 비정상적으로 축적되어 뇌세포가 점진적으로 파괴되고 뇌기능이 손상된다. 노인성반은 신경세포 간에 존재하며, 이상단백질인 β-아밀로이드의 누적에 의해 형성되는 것으로 알려져 있다. 신경섬유 다발은 손상받은 신경세포의 세포질에 존재하며, 미세소관microtubules의 형태를 지탱하는 타우tau단백질이 비정상적으로 과인산화hyperphosphorylated되면서 서로 실타래처럼 엉키고 꼬여서 다발상태를 이룬 것이다.

알츠하이머병의 원인으로는 고령(65세 이상), 가족 병력 및 유전, 머리 외상, 그 외 고혈압·당뇨·이상지질혈증·흡연·비만·운동부족 등의 심혈관계질환 위험인자, 뇌졸중, 저학력, 우울증, 다운증후군 등이 있다. 남자보다 여자에서 유병률이 더 높게 나타난다.

(2) 혈관성 치매

혈관성 치매vascular dementia는 알츠하이머병 다음으로 흔하게 나타나 치매 발병 원인의 10~20%를 차지한다. 뇌의 크고 작은 혈관이 막히거나 좁아져서 나타나는 뇌혈류장애 또는 뇌졸중 이후에 발생하며, 주로 고혈압·흡연·당뇨병·동맥경화·이상지질혈증 등 순환기계질환이 원인으로 작용한다.

대개는 일단 발생하면 완치될 수 없으나, 초기에 진단을 받고 적절한 치료를 받으면 더 이상의 악화는 막을 수 있다.

2) 증상

알츠하이머병은 장기간에 걸쳐서 서서히 완만하게 진행된다. 초기 증상으로는 최근 일에 대한 기억력 감퇴가 주로 나타난다. 이후 병이 진행되면서 언어 구사력, 이해력, 읽고 쓰기 능력 등의 인지기능 장애가 나타나고, 행동 및 성격의 변화, 보행장애 등으로 이어지며 결국에는 거동을 못하고 지적 활동이 멈추는 상태가 된다.

혈관성 치매는 갑자기 발생하고 인지기능이 조금 나빠졌다가 그 수준을 유지하고, 또 갑자기 조금 더 나빠졌다가 유지되고 하는 식의 단계적 악화 양상을 주로 보인다. 팔다리 마비, 언어장애, 운동장애 또는 시야장애 등 신경학적 이상 증상도 흔히 나타난다.

3) 식사요법

치매의 치료목표는 치매로 인한 여러 문제들의 진행속도를 늦추거나 개선하는 것이며, 치료 가능한 원인 질환이 있는 경우에는 우선 적절히 치료하는 것이 필요하다.

치매 환자는 일부 정신없이 먹어서 체중이 증가하기도 하지만, 일반적으로 높은 감염률, 계속 돌아다니는 등의 움직임에 따른 에너지소모량 증가 및 식욕부진, 식사거부 등으로 인한 부적절한 식사 섭취로 인해 체중감소가 주로 나타난다. 갈증을 인식하여 물을 찾는 게 잘 안되므로 탈수의 위험이 높고 연하곤란, 자가섭취 곤란 등의 영양문제도 나타날 수 있어 영양불량 상태가 되기 쉽다.

따라서 치매의 식사요법에서는 적절한 영양관리를 통해 정상체중을 유지하고, 삶의 질

알아두기 치매환자의 식행동 문제에 따른 중재

치매환자는 질병이 진행됨에 따라 음식장만에서부터 음식을 씹고 삼키는 동작에 이르기까지 서서히 그 기능이 감퇴한다. 가능한 한 환자가 독립적으로 식사할 수 있도록 돕는다.

식행동 문제	중재방안
식사에 집중하지 않는다 - 식사 도중 돌아다닌다 - 음식을 가지고 논다	• 식사에 집중할 수 있도록 TV나 라디오를 끈다. • 식탁보, 식기, 음식의 색깔을 서로 다르게 하여 눈에 띄게 한다. • 정해진 시간동안 식사하게 한다. • 핑거푸드 또는 한 번에 한두 가지 음식만 제공한다.
금방 식사하고 나서 또 달라고 요구한다	• 가볍게 먹을 수 있는 간식(과자, 뻥튀기 등)을 소량 제공한다. • 산책, 놀이 등의 다른 활동을 유도한다. • 매 식사 후 달력에 표시하도록 한다.
너무 빨리 먹는다	• 한 번에 한 가지 음식을 제공한다. • 작은 숟가락을 사용하고, 씹는 중간에 수저를 내려놓게 한다. • 씹어야 하는 부피가 큰 음식을 제공하되, 주의해서 관찰한다.
너무 천천히 먹는다	• 말로써(한 입 드세요, 씹으세요 등) 신호를 준다 • 식사시간을 여유있게 가진다. • 보온그릇을 사용하여 음식온도를 적절히 유지한다.
공격적이며 음식을 던진다	• 과격한 행동의 동기를 파악한 후 자극을 제거한다. • 주의를 전환시키거나 일시적으로 자리를 피한다. • 깨지지 않는 그릇을 사용하고, 한번에 한가지 음식을 제공한다. • 적절한 식사행동시 칭찬한다.
음식과 식기를 구별하지 못한다	• 식탁보, 식기, 음식의 색깔을 서로 달리하여 공급한다. • 꽃, 장식품 등 혼란을 줄 수 있는 물건들을 식탁에서 치운다.
먹을 수 없는 것을 먹는다	• 먹을 수 없는 것(이쑤시개, 조미료통 등)은 보이지 않게 치운다. • 테이블 중앙 장식품을 먹을 수 있는 것으로 놓는다.
놓여 있는 음식 중 뭘 먹어야 할지 혼란스러워 한다	• 한 번에 한두 가지 음식만을 제공한다. • 다 먹으면 다시 한두 가지 음식을 올려놓는다.
수저를 제대로 사용하지 못한다	• 손으로 잡고 먹을 수 있는 음식(핑거푸드: 김밥, 쌈밥, 주먹밥, 채소스틱, 샌드위치 등)을 제공한다. • 사용하기 편하도록 변형한 수저나 그릇을 적절히 활용한다.
음식 먹는 것을 잊어버린다	• 음식을 만져보거나 냄새를 맡게 해 식사를 시작하도록 한다. • 손에 숟가락을 쥐어 주고, 밥을 떠서 입에 넣도록 돕는다.
식사를 거부한다.	• 환자가 좋아하는 음식을 먹기 좋은 형태와 색깔로 제공한다. • 좋아하는 사람이 권하거나, 함께 식사한다. • 간단한 활동을 하게 하거나 잠시 후 다시 제공한다.
음식을 삼키기가 어렵다 - 음식을 입에 물고 있다 - 음식을 내뱉는다. - 음식을 먹다가 사레든다 .	• 삼키는 동작을 잊은 경우 삼키라는 말로써 상기시킨다. • 삼키는 능력에 따라 음식의 점도와 질감을 조절하여 연하보조식을 제공한다(4장 '연하곤란 식사요법' 참조) • 곧은 자세로 앉아 천천히 식사하게 한다. • 식사 전후 15~30분 정도 앉아 있는다.

을 향상시키는 것을 목표로 한다. 치매 환자에 대한 구체적인 식사지침은 다음과 같다.

- 충분한 단백질과 에너지를 섭취하여 정상체중을 유지하도록 한다.
- 체중감소 시에는 영양밀도가 높은 식품이나 상업용 영양보충제품을 제공한다.
- 비타민 E, 비타민 C, 셀레늄 등의 항산화영양소와 n-3 지방산이 함유된 식품을 충분히 공급한다.
- 혈중 호모시스테인의 농도 증가 시 인지기능 저하나 치매의 위험도가 높아지므로 비타민 B_6, 비타민 B_{12}, 엽산이 함유된 식품을 공급한다.
- 탈수 예방을 위해 수분을 적절히 섭취하도록 한다(단, 야간에는 지나치지 않도록 주의한다). 흡인 위험이 있는 경우에는 점증제를 사용하여 농도를 조정한다.
- 변비 예방을 위해 채소와 과일을 충분히 섭취하도록 한다.
- 연하곤란 시 연하보조식을 제공하거나 경장영양을 실시한다.
- 음식은 최대한 싱겁게 간을 한다.
- 알코올 섭취는 가능한 금한다.
- 친근하고 좋아하는 음식을 제공한다.
- 규칙적으로 소량씩 자주 식사하도록 하고, 간식을 자주 제공한다.
- 편안하게 천천히 먹을 수 있는 분위기와 장소를 제공한다.
- 가능한 한 혼자서 식사할 수 있도록 돕는다.

3. 파킨슨병

파킨슨병Parkinson' disease은 1817년 영국 의사인 제임스 파킨슨James Parkinson에 의해 최초로 보고되었다. 알츠하이머병 다음으로 흔한 신경계질환 중 하나로서, 뇌의 신경세포가 소실된 결과 운동장애가 나타나는 질환이다. 연령이 증가함에 따라 발병률도 증가하여 50~70대에 주로 나타나며, 여자보다 남자에서 약간 높은 빈도로 발생한다.

1) 원인과 증상

파킨슨병은 신경전달물질인 도파민을 분비하는 뇌의 흑질substantia nigra 내 신경세포가 점차적으로 파괴되어 발생한다. 정확한 원인은 아직 밝혀지지 않고 있으나 유전과 환경적 인자들의 상호작용에 의해 발생하는 것으로 여겨지고 있다.

증상은 대부분 몇 년에 걸쳐 서서히 점진적으로 나타나며, 주로 손발 떨림, 느린 행동, 팔다리 근육의 경직 등이 나타난다. 걸음걸이가 이상해져서 보폭이 짧아지고 구부정한 자세가 되며, 몸의 균형을 잡기가 힘들게 되어 자세가 불안정해진다 그림 17-2. 또한 얼굴 표정이 굳어지고 목소리 크기가 감소하며 변비, 빈뇨 및 우울증 등이 동반되기도 한다.

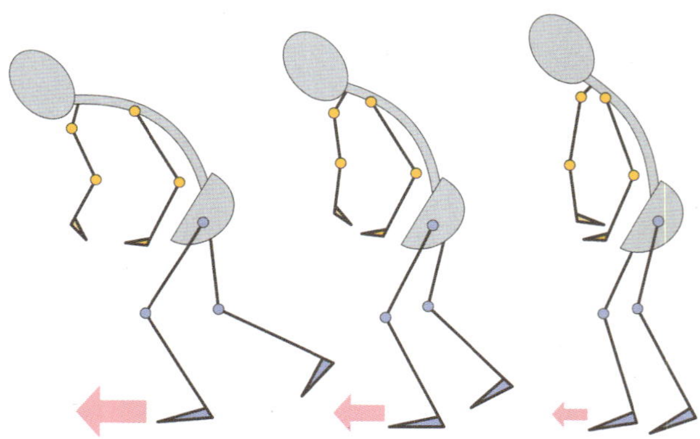

그림 17-2 파킨슨병의 가속보행
첫걸음을 떼기는 어려우나 일단 걷기 시작하면 가속화되어 종종걸음으로 달려가며 멈추기 힘들어짐

2) 치료

파킨슨병의 치료에는 약물치료, 물리치료, 운동요법 그리고 수술 등의 방법이 있다.

치료에 이용되는 주요 약물로는 L-도파3,4-dihydroxy-L-phenyl-alanine, L-DOPA; levodopa가 있다. L-도파는 도파민의 전구체로서, 체내에 흡수된 후 뇌혈관장벽blood-brain barrier을 통과하지 못하는 도파민과 달리, 뇌혈관장벽을 통과하여 뇌로 운반되어 도파민으로 전환됨으로써 부족한 도파민을 보충해 주는 역할을 한다. 부작용으로 식욕부진, 구토, 미각감퇴, 변비 등의 증상이 나타날 수 있다.

3) 식사요법

파킨슨병의 식사요법 목표는 L-도파의 투여효과를 돕고 식사능력을 증진하며, 적절한 체중을 유지하고 신체적 기능을 유지하는 데 있다.

단백질 과다섭취 제한

고단백식은 L-도파 제제의 흡수를 지연시켜 혈중 농도를 저하시킨다. 다량의 중성 아미노산은 장에서 흡수될 때 L-도파와 경쟁하여 L-도파가 혈액 및 뇌로 들어가는 속도를 늦춘다. 따라서 체중 1 kg당 약 0.8 g의 단백질 섭취가 바람직하며, 양질의 단백질 급원을 이용한다.

활동량이 많은 낮에 경직 등으로 행동에 지장을 받지 않게 하기 위해 아침과 점심 식사에는 저단백식을 하고, 활동이 적은 저녁과 밤에는 단백질 섭취를 증가시켜서 1일 단백질 권장섭취량을 맞추는 경우 증상이 좋아질 수 있다.

비타민 B_6 보충 제한

L-도파가 도파민으로 전환되는 과정에는 비타민 B_6가 조효소로 작용한다. 그러나 과량의 비타민 B_6가 존재하는 경우 L-도파는 치료효과가 발생하는 중추신경계가 아닌 말초에서 대사된다. L-도파가 뇌에 도달하기 전에 도파민으로 전환되면 L-도파의 효력이 상실된다. 따라서 과다한 비타민 B_6 섭취는 피하는 것이 좋다.

적정체중 유지 및 식사지원

환자는 적정체중을 유지하는 것이 중요하다. 그러나 혼자 식사하는 것이 어렵게 되고 손발의 떨림으로 인해 에너지 소모가 증가하며, 말기에는 연하곤란 증상이 나타나므로 체중이 감소할 수 있다. 따라서 충분한 에너지와 영양소를 섭취할 수 있도록 격려와 지원이 필요하다.

식사는 소량씩 자주 제공하고, 식품을 작게 자르거나 다지거나 부드러운 형태로 주며, 큰 숟가락이나 포크를 사용하여 혼자 식사할 수 있도록 돕는다. 환자의 빨고 삼키는 반사능력이 감소하면 반고형식 형태로 공급하거나 빨대를 이용하도록 한다.

4. 다발성신경염

1) 원인과 증상

다발성신경염polyneuritis은 중추신경계에서 뻗어 나온 말초신경계의 장애가 좌우대칭형으로 일어나는 신경의 염증 증상으로서 영양장애(비타민결핍, 알코올중독), 독성물질(납, 비소 등), 감염, 대사장애(당뇨병, 신부전증, 갑상선기능저하증 등), 면역체계이상 및 유전 등에 의해 발생할 수 있다.

말초신경에 해당되는 운동신경, 감각신경, 자율신경 중 손상을 받는 신경 위치에 따라 다양한 증상이 나타나며 주로 손발저림, 동통, 이상감각, 운동마비 등을 동반한다.

다발성신경염은 비타민 B 복합체 중에서 어느 하나의 섭취나 흡수만 결핍되어도 나타나는 것으로 알려졌다. 티아민, 니아신, 비타민 B_6, 비타민 B_{12}, 판토텐산 등의 비타민결핍으로 인한 신경계질환 및 그에 따른 행동장애는 표 17-3 과 같다.

표 17-3 비타민결핍으로 인한 신경계질환 및 그에 따른 행동장애

비타민	신경계질환	행동장애
티아민	베르니케-코르사코프증후군(Wernicke-Korsakoff syndrome), 말초신경염, 다발성신경염	우울, 냉담, 근심, 신경과민
리보플라빈	EEG* 비정상	
니아신	신경의 퇴화 진행	펠라그라 관련 증상 : 냉담, 우울, 근심, 정신이상
비타민 B_6	경련, EEG 변화	우울, 신경과민
판토텐산	신경염	불안, 신경과민, 피로
비오틴	피부 민감도의 비정상적 증가	우울, 권태, 고독
비타민 B_{12}	신경병증, 신경장애	신경과민, 불면증, 건망증, 편집증
엽산	영아의 정신발달 지연	건망증, 불면, 우울
비타민 C	신경퇴행	권태, 피로, 우울, 신경과민

* EEG(뇌파기록, electroencephalogram)

2) 식사요법

다발성신경염은 그 원인을 찾아 원인에 대한 적절한 치료를 받는 것이 필요하다. 식사는 모든 영양소를 골고루 갖추되, 특히 충분한 양의 비타민을 함유하도록 하며, 필요하면 비타민 B 복합체를 보충한다. 예를 들어, 악성빈혈성 신경계질환에는 비타민 B_{12}를, 펠라그라성 정신증상에는 니아신을, 티아민 결핍으로 인한 신경계 이상에는 티아민을 충분히 보충한다.

환자의 대부분은 노인들로서 신경이 예민한 초기 증상을 보이며, 주로 가난하거나 영양결핍을 초래하는 만성질환 상태, 또는 약물을 복용하는 경우가 많다. 그러므로 환자의 식습관을 개선하여 적절한 영양섭취를 하게 하고, 환자의 심리적·재정적 및 기타 문제들을 해결하도록 한다.

5. 다발성경화증

1) 원인

다발성경화증multiple sclerosis, MS은 중추신경계를 구성하는 수초myelin sheath와 축삭axon이 염증으로 인해 탈수초 및 축삭 손상이 발생하여 반흔조직scar tissue으로 대치됨으로써 신경자극 전달에 장애가 나타나는 질환이다. 아직까지 정확한 원인은 밝혀지지 않았으나 중추신경계에 작용하는 자가면역기전 때문인 것으로 추정되며, 유전적 소인에 환경적 요인이 복합적으로 작용하여 발생한다. 주로 젊은 연령층(20~40세)과 여성에게 나타나며, 동양인이나 흑인에 비해 유럽계 백인에서 주로 발생한다. 매년 5월 마지막 주 수요일이 '세계 다발성경화증의 날'로 제정되어 있다.

2) 증상

다발성경화증의 증상은 뇌, 척수, 그리고 시신경을 포함하는 중추신경계의 어느 부위에도 생길 수 있으므로 발생 위치에 따라 신경학적 손상이 다양하게 나타난다. 시신경염에 의한 시력저하와 안구통증이 흔히 나타나며, 운동성 약화, 부분적 마비(반신마비, 사지마비 등), 경련, 떨림, 대소변장애, 성기능장애, 연하곤란, 우울증, 기억력 저하, 인지기능장애 등 보행 및 스스로를 돌보는 능력이 감퇴한다. 치료 시 대부분의 환자에서 완화-악화를 반복하는 재발성을 나타내며, 이러한 과정이 반복될수록 신경계의 손상은 점차 심해진다 그림 17-3.

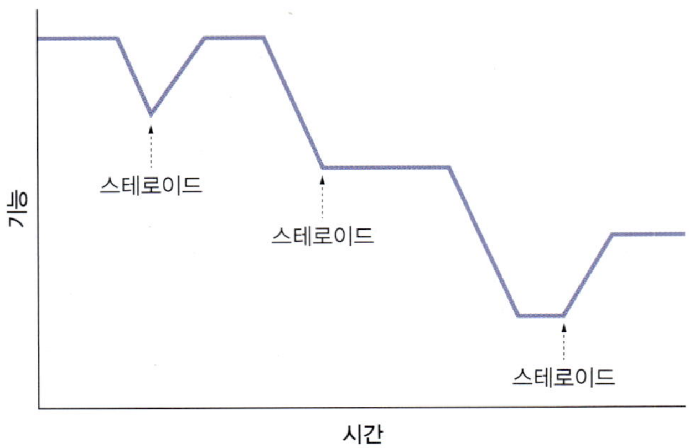

그림 17-3 다발성경화증의 진행

3) 치료

다발성경화증의 재발을 줄이고 진행을 늦추기 위해서는 되도록 빨리 이를 진단하여 적절한 치료를 시작하는 것이 매우 중요하다. 다발성경화증의 급성기에는 스테로이드 제제가 치료약으로 사용되는데, 스테로이드는 증세를 완화하고 회복을 빠르게 하는 효과가 있는 반면, 부종, 칼륨 손실, 체중증가, 위장장애, 정서불안 등의 부작용을 유발할 수 있다. 장기적인 질환조절 치료제로는 인터페론 베타interferon beta, 글라티라머 아세세이트glatiramer acetate, 미토산트론mitoxantrone, 나탈리주맙natalizumab 등이 이용되고 있다.

4) 식사요법

다발성경화증의 식사요법 주요 목표는 적절한 체중 유지인데, 이는 활동량 감소와 우울증에 기인한 체중증가가 흔히 일어나기 때문이다. 따라서 적정 체중을 유지할 수 있도록 에너지 섭취를 조절한다.

보조적 식사요법으로 포화지방산을 제한하고 n-3 지방산을 포함하는 다가불포화지방산의 섭취를 늘리는 경우 다발성경화증의 증상이 개선되는 것으로 나타났으나, 그에 대한 과학적인 증명과 더불어 반복연구가 필요하다.

신경성 방광기능장애neurogenic bladder가 흔하여 소변을 참지 못하고 급하게 자주 보게 되므로, 깨어 있는 동안에만 수분을 섭취하고 잠자리에 들기 전에는 수분을 제한하는 것이 바람직하다. 또한 신경성 장기능장애neurogenic bowel로 인해 설사 또는 변비가 발생할 수 있으므로 적당한 수분 섭취와 함께 식이섬유를 충분히 섭취한다.

6. 중증근무력증

1) 원인과 증상

중증근무력증myasthenia gravis은 비교적 드문 질환으로서 근력이 약화되고 근육이 비정상적으로 피로해지는 것이 특징인 자가면역질환이다. 근력의 약화는 신경근육 접합부의 근육종판에 존재하는 아세틸콜린 수용체에 대한 자가항체가 형성되어 신경전달과정에 필요한 아세틸콜린 수용체를 파괴하여 발생한다. 적절한 수용체가 없으면 근육에 대한 신경자극이 감소되어 근육에 극도의 피로를 일으키며 눈, 얼굴, 인두, 후두, 호흡기계가 가장 영향을 받기 쉽다.

가장 흔한 증상으로는 안검하수(눈꺼풀 처짐)와 복시(사물이 둘로 보임)가 나타나며, 이러한 근력약화는 활동 후 피곤하면 더 심해지고 휴식을 취하면 개선된다.

2) 치료

중증근무력증은 적절히 치료하면 대부분 정상생활이 가능하다. 치료방법에는 약물복용, 흉선절제술, 혈장교환술plasma exchange 등이 있다. 증상을 개선하기 위해 항콜린에스터라아제anticholinesterase 약제가 가장 흔히 사용되는데, 때때로 스테로이드와 같은 면역억제약물과 병용되기도 한다. 흉선제거술은 항체 생산의 중심부인 흉선을 제거하는 것이며, 혈장교환술로는 혈액으로부터 증상을 악화시키는 항체를 제거할 수 있다.

3) 식사요법

중증근무력증의 식사요법에서는 에너지와 영양소를 충분히 섭취하며, 먹기 쉽게 부드러운 질감으로 조리하여 소량씩 자주 공급한다. 또한 밤 동안의 휴식으로 인해 아침에는 근력이 최대의 상태이므로 기상 후 첫 아침식사는 영양밀도가 높은 식품으로 제공한다.

APPENDIX

부록

Ⅰ. 임상영양관리 실습

Ⅱ. 경장영양액과 정맥영양액

Ⅲ. 경구혈당강하제와 인슐린

Ⅳ. 임상영양관리 예 : 아토피피부염

Ⅴ. 이상지질혈증 환자를 위한 식품성분표

Ⅵ. 신장질환자를 위한 식품교환표

Ⅶ. 2020 한국인 영양소 섭취기준 요약

I. 임상영양관리 실습

식품교환표를 이용한 식단작성 및 실습

1. 실습목표

- 식품의 1교환단위의 중량과 목측량을 익힌다.
- 식품교환표를 이용한 식단작성법을 익힌다.

2. 실습내용

1) 식품교환표를 확인한다.
2) 식품군별 대체식품을 열거한다.
3) 제시한 식단의 에너지, 당질, 단백질, 지방 함량을 산출한다.
4) 본인의 한 끼 식단의 에너지, 당질, 단백질, 지방 함량을 산출한다.
5) 식품교환표를 이용하여 자신의 1일 식단을 작성한다.
6) 실습 식단을 이용하여 식품교환 실습을 한다.

1) 다음 식품군 1교환당 식품교환표를 완성하시오.

식품군		당질(g)	단백질(g)	지방(g)	에너지(kcal)
곡류군					
어육류군	저지방				
	중지방				
	고지방				
채소군					
지방군					
우유군	일반우유				
	저지방우유				
과일군					

2) 다음 각 식품과 대체할 수 있는 식품(g)을 5가지씩 열거하시오.

식품	대체식품
쌀(30 g)	
닭가슴살(40 g)	
고등어(50 g)	
참치통조림(50 g)	
시금치(70 g)	
식용유(5 g)	
일반우유(200 g)	
사과(80 g)	

3) 다음 식단에 대하여 에너지, 당질, 단백질, 지방 함량을 산출하시오.

음식명	주재료명	분량(g)	식품교환 수						
			곡류군	어육류군		채소군	지방군	우유군	과일군
				저지방	중지방				
보리밥	쌀	50							
	보리	10							
미역국	건미역	6							
	쇠고기(사태)	40							
달걀찜	달걀	55							
양배추무침	양배추	50							
	오이	20							
고구마순나물	고구마순	70							
	기름	2.5							
배추김치	배추김치	50							
과일	참외	150							
식품교환 수									
당질									
단백질									
지방									
에너지									
영양소 섭취량			당질 g,	단백질 g,		지방 g,		에너지 kcal	
쌀밥	쌀	90							
동태찌개	동태	50							
	무	20							
	쑥갓	10							
쇠고기불고기	쇠고기	40							
풋고추볶음	풋고추	40							
	기름	2.5							
무생채	무	70							
배추김치	배추김치	50							
과일	딸기	150							
식품교환 수									
당질									
단백질									
지방									
에너지									
영양소 섭취량			당질 g,	단백질 g,		지방 g,		에너지 kcal	

4) 평소 섭취하는 한 끼 음식을 적고 에너지, 당질, 단백질, 지방 함량을 산출하시오.

음식명	주재료명	분량(g)	식품교환 수						
			곡류군	어육류군		채소군	지방군	우유군	과일군
				저지방	중지방				
식품교환 수									
당질									
단백질									
지방									
에너지									
영양소 섭취량			당질 g,		단백질 g,		지방 g,	에너지	kcal

5) 식품교환표를 이용하여 자신의 1일 식단을 작성하시오.

(1) 대상자의 1일 에너지, 당질, 단백질, 지방 필요량을 산출한다.
(2) 각 식품군별 1일 교환 수를 결정한다.
(3) 1일 식품교환 수를 세 끼니 및 간식으로 배분한다.
(4) 식품교환군 목록에서 식품을 선택하여 1일 식단을 작성한다.

(1) 자신의 1일 에너지, 당질, 단백질, 지방 필요량을 산출하시오.

① 자신의 1일 에너지 필요량 산출하기-한국인 영양소 섭취기준에서 제시하는 공식(표 1-8) 혹은 비만도에 따른 활동별 에너지(표 1-11) 참조

② 에너지적정비율에 따라 당질, 단백질, 지방의 필요량 산출하기

(2) 각 식품군별 1일 식품교환 수를 결정하시오.

식품군		교환 단위 수	당질(g)	단백질(g)	지방(g)	에너지(kcal)
우유군						
채소군						
과일군						
곡류군						
어육류군	저지방					
	중지방					
	고지방					
지방군						
계						

(3) 1일 식품교환 수를 세 끼니 및 간식으로 배분하시오.

끼니	곡류군	어육류군			채소군	지방군	우유군	과일군
		저지방	중지방	고지방				
아침								
점심								
저녁								
간식								
계								

(4) 식품교환군 목록에서 식품을 선택하여 1일 식단을 작성하시오.

<table>
<tr><th colspan="2">식품군</th><th>교환
단위 수</th><th>아침</th><th>점심</th><th>저녁</th><th>간식</th></tr>
<tr><td colspan="2">곡류군</td><td></td><td></td><td></td><td></td><td></td></tr>
<tr><td rowspan="3">어육
류군</td><td>저지방</td><td></td><td></td><td></td><td></td><td></td></tr>
<tr><td>중지방</td><td></td><td></td><td></td><td></td><td></td></tr>
<tr><td>고지방</td><td></td><td></td><td></td><td></td><td></td></tr>
<tr><td colspan="2">채소군</td><td></td><td></td><td></td><td></td><td></td></tr>
<tr><td colspan="2">지방군</td><td></td><td></td><td></td><td></td><td></td></tr>
<tr><td colspan="2">우유군</td><td></td><td></td><td></td><td></td><td></td></tr>
<tr><td colspan="2">과일군</td><td></td><td></td><td></td><td></td><td></td></tr>
<tr><td colspan="3">식단</td><td></td><td></td><td></td><td></td></tr>
</table>

6) 실습 식단을 이용한 교환실습

(1) 실습 식단의 주재료 분량을 저울로 실측하고 교환단위 수로 환산하시오.

끼니	음식명	주재료명	분량(g)	교환단위 수						
				곡류군	어육류군		채소군	지방군	우유군	과일군
					저지방	중지방				
아침	쌀밥	쌀	90							
	시금칫국	시금치	70							
	닭고기조림	닭고기(가슴살)	40							
		양파	35							
		당근	35							
		식용유	5							
	콩나물무침	콩나물	70							
		참기름	2.5							
	배추김치	김치	50							
	사과(후식)	사과	80							
			소계							
점심	보리밥	쌀	60							
		보리	30							
	육개장	쇠고기(저지방)	40							
		숙주	35							
		고사리	35							
	두부찜	두부	80							
		참기름	2.5							
	애호박전	애호박	70							
		식용유	7.5							
	깍두기	깍두기	50							
			소계							
저녁	현미밥	쌀	60							
		현미	30							
	뭇국	무	70							
	불고기 상추쌈	쇠고기(중지방)	40							
		식용유	2.5							
		상추	70							
	갈치구이	갈치	50							
	오이생채	오이	70							
	귤(후식)	귤	120							
			소계							
간식	우유	우유	200							
			소계							
총계										

(2) 실습 식단의 아침, 점심, 저녁 식사 및 간식의 에너지, 당질, 단백질, 지방 함량을 식품교환표를 이용하여 산출하시오.

끼니	당질	단백질	지방	에너지
아침				
점심				
저녁				
간식				
계				

(3) 실습 식단을 조리한 후 시식하면서 다음 사항을 평가하시오.

끼니	음식명	주재료명	분량(g)	평가		
				분량 (부족, 적당, 많음)	맛, 색, 질감, 재료의 조화 (좋음, 보통, 나쁨)	기타 평가
아침	쌀밥	쌀	90			
	시금칫국	시금치	70			
	닭고기조림	닭고기(가슴살)	40			
		양파	35			
		당근	35			
		식용유	5			
	콩나물무침	콩나물	70			
		참기름	2.5			
	배추김치	김치	50			
	사과(후식)	사과	80			
점심	보리밥	쌀	60			

끼니	음식명	주재료명	분량(g)	평가		
				분량(부족, 적당, 많음)	맛, 색, 질감, 재료의 조화(좋음, 보통, 나쁨)	기타 평가
점심	보리밥	보리	30			
	육개장	쇠고기(저지방)	40			
		숙주	35			
		고사리	35			
	두부찜	두부	80			
		참기름	2.5			
	애호박전	애호박	70			
		식용유	7.5			
	깍두기	깍두기	50			
저녁	현미밥	쌀	60			
		현미	30			
	뭇국	무	70			
	소불고기 상추쌈	쇠고기(중지방)	40			
		식용유	2.5			
		상추	70			
	갈치구이	갈치	50			
	오이생채	오이	70			
	귤(후식)	귤	120			
간식	우유	우유	200			

(4) 실습고찰

영양관리과정(Nutrition Care Process, NCP) 실습

영양판정(Nutrition Assessment)

- 환자 과거력, 신체계측, 생화학적 자료, 식품/영양소와 관련된 식사력, 영양필요량 등의 영양지표 자료를 기술하는 단계
- 영양적 문제 또는 원인이 무엇인지 근거를 수집하는 과정

영양진단(Nutrition Diagnosis)

- 영양과 관련된 문제를 선별하는 과정. 문제 · 병인 · 징후/증상 제시
- 문제 : 표준용어를 사용한 영양관련 문제점
- 병인 : 영양문제 발생 원인
- 징후/증상 : 영양문제를 객관적으로 뒷받침하는 근거

영양중재(Nutrition Intervention)

- 영양문제를 해결하기 위한 목표와 구체적인 실행계획을 마련하는 단계
- 추후 모니터링 시 실행 여부를 평가할 수 있도록 객관적 목표 설정 필요

모니터링 및 평가(Monitoring & evaluation)

- 영양중재를 통해 문제, 병인, 징후/증상이 해결되었는지 확인하는 단계

환자의 영양관리과정의 순서
1차 면담: 영양판정 → 영양진단 → 영양중재
2차 이상의 면담: 영양판정(모니터링 및 평가) → 영양진단 → 영양중재의 반복

영양진단 시 주로 사용하는 국제임상영양 표준용어(International Dietetics and Nutrition Terminology, IDNT)의 예

분류	영양진단명
지식과 신념	식품 및 영양관리 지식 부족
	식품 및 영양관련 사항에 대한 유해한 신념/태도
	식사/생활 양식 변화에 대한 준비 부족
	자기 모니터링 부족
	잘못된 식사 패턴
	영양관련 권장 사항에 대한 순응도 부족
	바람직하지 못한 식품 선택
신체 활동과 기능	신체 활동 부족
	신체 활동 과다
	자기 관리 의욕 부족 또는 능력 부족
	식품/식사 준비 능력 장애
	영양과 관련된 삶의 질 저하
	자가섭취곤란
식품 안전과 이용	안전하지 않은 식품 섭취
	식품 이용의 제한
기능적	삼킴(연하)장애
	씹기(저작)곤란
	모유 수유 곤란
	위장관 기능 변화
생화학적	영양소 이용 장애
	영양관련 검사결과 변화(구체적으로 명기)
	음식-약물 상호작용
체중	저체중
	비의도적 체중감소
	과체중/비만
	비의도적 체중증가
에너지 평형	에너지 소비 증가
	에너지 섭취 부족
	에너지 섭취 과다

분류	영양진단명
경구 또는 영양집중지원 섭취	경구 식품/음료 섭취 부족
	경구 식품/음료 섭취 과다
	장관/정맥영양 공급 부족
	장관/정맥영양 공급 과다
수분 섭취	수분 섭취 부족
	수분 섭취 과다
생리활성물질	생리활성물질 섭취 부족
	생리활성물질 섭취 과다
	알코올 섭취 과다
영양소	영양소 필요량 증가(구체적으로 명기)
	영양불량
	단백질-에너지 섭취 부족
	영양소 필요량 감소(구체적으로 명기)
	영양소 불균형
	지방 섭취 부족
	지방 섭취 과다
	부적절한 지방 섭취(구체적으로 명기)
	단백질 섭취 부족
	단백질 섭취 과다
	부적절한 아미노산 섭취(구체적으로 명기)
	당질 섭취 부족
	당질 섭취 과다
	부적절한 당질 종류의 섭취(구체적으로 명기)
	불규칙한 당질 섭취
	식이섬유 섭취 부족
	식이섬유 섭취 과다
	비타민 섭취 부족(구체적으로 명기)
	비타민 섭취 과다(구체적으로 명기)
	무기질 섭취 부족(구체적으로 명기)
	무기질 섭취 과다(구체적으로 명기)

NCP 실습 1_당뇨병

다음의 환자 정보와 영양판정 자료를 토대로 영양진단을 완성하시오(첨부된 영양진단 예제와 영양진단 시 주로 사용하는 국제임상영양표준용어를 이용).

〈환자 정보〉
이름 : 이 ㅇㅇ 성별 : 남 나이 : 38세

영양판정

환자 과거력	• 주진단 및 주증상 : 제2형당뇨병, 비만, 고혈압, 지방간, 이상지질혈증 • 병력 : 2010년 6월에 제2형당뇨병, 고혈압 진단 받고 관리중임 2011년 10월에 지방간, 이상지질혈증 추가로 진단 받고 관리중임 • 약물처방 : Glucovance(당뇨약), Aprovel(혈압약), Crestor(이상지질혈증약) • 기타 특이사항 : 최근 체중이 증가하여 내원함 • 가족력 : 母-고혈압, 심근경색
신체계측	Ht : 176 cm, Wt : 98 kg, IBW(표준체중) : 68 kg, ABW(조정체중) : 75 kg, PIBW : 144 %, BMI : 31.7 kg/㎡, Wt change : + 10 kg/year
생화학적 자료	Total protein/Albumin : 7.4/4.9 g/dL Hgb : 12.2/ g/dL Hematocrit : 43% Glucose : 247 mg/dL, FBS: 193 mg/dL , HbA1c : 9.0% Insulin fasting : 30.9 μIU/mL C-peptide Fasting : 3.71 μg/mL Total cholesterol/Triglyceride/HDL-cholesterol/LDL-cholesterol : 240/215/32/165 mg/dL BUN/Creatinine : 14.3/1.03 mg/dL GOT/GPT : 102/163 IU
영양관련 신체검사	• 소화기 관련 증상 : 특이 증상 없음 • 활력 징후 : 혈압 125/90 mmHg
식품/영양소와 관련된 식사력	• 식사처방 및 식사관련 경험 및 환경 1년 전 당뇨병 식사관리에 대해 교육 받았으나 현재 식사요법 실천하지 않음. • 식품 및 수분/ 음료 섭취 1일 2회 식사 아침 : 결식 (9~10시 기상) 점심 : 식빵 2쪽 + 치즈 한 장 + 잼 3~4 작은술 + 과일 3~4단위(사과 1개 이상) + 우유 1단위 또는 주 3회 이상 외식(햄버거+ 콜라+ 감자튀김) 저녁 : 20시 이후 외식하며 주 메뉴는 피자, 돈가스, 순겹살, 갈비, 삼계탕, 추어탕, 곱창볶음, 순댓국 등(집 주변에 식당이 많음). 고기류는 1회 300 g 이상 섭취 • 에너지 및 영양소 섭취량 에너지 = 2,800 kcal, C : P : F ratio = 32: 14: 54(%) 당질 = 230 g, 단백질 = 100 g, 지방 = 170 g

식품/영양소와 관련된 식사력	• 지식/신념/태도 –영양관련 건강문제에 대한 감수성 인지, 식습관 변화를 위한 동기부여되어 내원한 상태 –인터넷 동호회를 통해 당뇨병에 관한 지식 얻으며 실례로 혈당 조절 위해 처방된 약물보다 민간요법을 더 신뢰하여 1년 이상 섭취하고 있음. • 약물과 약용식물 보충제, 생리활성물질: 처방약 꾸준히 섭취하지 않음. 홍삼엑기스, 돼지감자, 누에가루 매일 섭취함. • 알코올 섭취 및 흡연 : 없음 • 신체적 활동 및 기능 : 일상생활(TV, 컴퓨터 등 앉아서 생활하는 시간 하루 9시간) 운동은 하지 않음. 취침시간 새벽 1시 이후, 기상 시간 9시 이후 • 직업 : 컴퓨터프로그래머(최근 일시적 휴직 상태)
영양필요량	에너지: 1700 kcal(조정체중 기준, 가벼운 활동 고려시 30 kcal/kg, 체중감량 목표 −500 kcal) 당질 =213~255 g, 단백질 = 64~85 g, 지방 ≤ 47 g C:P:F ratio = (50~60) : (15~20) : (≤ 25)

영양진단

※ 밑줄 친 내용을 근거로 하여 적절한 영양진단하기

- PIBW : 144 %, BMI : 31.7 kg/㎡
- Wt change : + 10 kg/year
- 2,800 kcal 섭취
- 앉아서 생활하는 시간 하루 9시간, 운동은 하지 않음

〈Tip〉 영양진단의 순서

1. 신체계측, 생화학적 자료, 의학적 검사와 처치, 영양관련 신체검사 자료, 식품/영양소와 관련된 식사력, 영양필요량 등에서 문제점을 발견한다(밑줄 긋기).
2. 도출된 문제점이 영양진단의 어느 항목(문제, 병인, 징후/증상)에 적절한 지 판단한다. 가령, 문제점이 ' 많이 섭취함'이라면, 이것은 영양진단 시 '문제(P, the problem)'에 해당할 수도 있고(에너지 섭취 과다 또는 경구섭취 과다), '병인(E, the etiology)'에 해당할 수도 있고(과도한 에너지 섭취), '징후/증상(S, the sign and symptom)'이 될 수도 있다(섭취량 2800 kcal, 권장량 1700 kcal).
3. 영양진단은 한 개 이상 가능하며, 너무 많을 경우 가장 문제가 되는 항목 몇 가지를 우선적으로 진단할 수 있다. 정해진 답은 없으나, 영양진단(PES) 시 PES 사이의 연관성이 반드시 확립되어야 한다.

영양진단 예 1

문제(P, the problem)	병인(E, the etiology)	징후/증상(S, the sign and symptom)
에너지 섭취 과다 (또는 경구섭취 과다)	• 에너지 섭취와 소비의 불균형으로 잉여에너지 생성 및 체중증가	• 섭취량 2800 kcal, 권장량 1700 kcal • 에너지 소비 적음(앉아서 생활하는 시간 하루 9시간, 운동은 하지 않음) • 최근 1년간 체중 10 kg 증가

영양진단 예 2

문제(P, the problem)	병인(E, the etiology)	징후/증상(S, the sign and symptom)
과체중/비만	• 과도한 에너지 섭취 • 신체 활동 부족 • 비정상적인 신체증후	• 섭취량 2800 kcal, 권장량 1700 kcal • 주로 앉아서 생활 • PIBW : 144 %, BMI : 31.7 kg/㎡

영양진단 실습

문제 1. 보기의 내용을 근거로 하여 적절한 영양진단을 위해 빈 칸에 들어갈 문제(P, the problem)로 적절한 것은?

> **보기**
> • Total cholesterol/Triglyceride/HDL-cholesterol/LDL-cholesterol : 240/215/32/165 mg/dL
> • 점심 외식 메뉴: 햄버거+ 콜라+ 감자튀김을 주 3회 섭취
> • 저녁 외식 메뉴: 피자, 돈가스, 삼겹살, 갈비, 삼계탕, 추어탕, 곱창볶음, 순댓국 등
> • 에너지 섭취량 중 C : P : F ratio = 32: 14: 54(%)

문제 (P, the problem)	병인 (E, the etiology)	징후/증상 (S, the sign and symptom)
?	• 적절한 지방 섭취량과 관련된 식품/영양 지식 부족	• 비정상적인 지질 프로필 Total cholesterol/Triglyceride/HDL-cholesterol/LDL-cholesterol : 240/215/32/165 mg/dL • 고지방식품의 빈번한 섭취(감자튀김, 피자, 돈가스, 삼겹살, 갈비, 삼계탕, 추어탕, 곱창볶음, 순댓국 등) • 총 에너지 섭취량의 지방섭취 비율 54%(권장 ≤ 25%)

① 에너지 섭취 부족 ② 영양불량 ③ 지방섭취 과다 ④ 식이섬유 섭취 부족

문제 2. 보기의 내용을 근거로 하여 적절한 영양진단을 위해 빈 칸에 들어갈 문제(P, the problem)로 적절한 것은?

> **보기**
> • 인터넷 동호회를 통해 당뇨병에 관한 지식 얻으며 실례로 혈당 조절 위해 처방된 약물보다 홍삼엑기스를 더 신뢰하여 1년 이상 섭취하고 있음.
> • 약물과 약용 식물 보충제, 생리활성물질: 처방약 꾸준히 섭취하지 않음 홍삼엑기스, 돼지감자, 누에가루 매일 섭취함.

문제 (P, the problem)	병인 (E, the etiology)	징후/증상 (S, the sign and symptom)
?	과학적 근거에 기초한 식품과 영양 정보에 대한 불신	일시적으로 유행하는 식품 선택(처방 약물보다 민간요법을 우선적으로 실천)

① 식품 및 영양관련 사항에 대한 유해한 신념/태도　② 영양관련 권장 사항에 대한 순응도 부족
③ 자기 관리 의욕 부족 또는 능력 부족　④ 식품 이용의 제한

문제 3. 보기의 내용을 근거로 하여 적절한 영양진단을 위해 빈 칸에 들어갈 문제(P, the problem)로 적절한 것은?

> **보기**
> 점심: 식빵 2쪽 + 치즈 한 장 + 잼 3~4작은술 + 과일 3~4단위(사과 1개 이상)
> + 우유 1단위 또는 주 3회 이상 외식(햄버거 + 콜라 + 감자튀김)

문제 (P, the problem)	병인 (E, the etiology)	징후/증상 (S, the sign and symptom)
?	당질의 적정 섭취량 또는 종류에 관한 식품/영양 관련 지식 부족	가공된 당질 매일 섭취(잼, 토마토 케첩, 햄버거 소스, 콜라 등)

① 영양과 관련된 삶의 질 저하　② 부적절한 당질 종류의 섭취
③ 씹기(저작) 곤란　④ 수분 섭취 부족

문제 4. 보기의 내용을 근거로 하여 적절한 영양진단을 위해 빈 칸에 들어갈 문제(P, the problem)로 적절한 것은?

> **보기**
> Glucose : 247 mg/dL, FBS: 193 mg/dL , HbA1c : 9.0%
> Total cholesterol/Triglyceride/HDL-cholesterol/LDL-cholesterol : 240/215/32/165 mg/dL
> GOT/GPT : 102/163 IU

문제 (P, the problem)	병인 (E, the etiology)	징후/증상 (S, the sign and symptom)
?	내분비, 간 기능 손상	• 비정상적인 혈당/내분비 프로필 Glucose : 247 mg/dL, FBS: 193 mg/dL, HbA1c : 9.0% • 비정상적인 GOT/GPT 수준과 지방간 진단 GOT/GPT : 102/163 IU

① 영양소 이용 장애　② 안전하지 않은 식품 섭취
③ 영양과 관련된 삶의 질 저하　④ 영양검사 결과이상

〈정답〉 1-③, 2-①, 3-②, 4-④

영양중재

문제	중재사항	목표/기대효과
에너지 섭취 과다 (또는 경구섭취 과다)	• 섭취량 조절의 필요성 • 1일 에너지 필요량 • 식품교환표 • 1일 3회 식사 및 간식 스케줄	• 섭취량 < 2000 kcal(1차 목표) • 외식 시 1회 섭취량 30% 감소
과체중/비만	• 체중증가가 질환의 합병증에 미치는 영향 • 운동과 에너지 소모	• 체중감소 2 kg/1 m(1차 목표) • 걷기 운동 매일 1시간 이상(1차 목표)
지방섭취 과다	• 지방 섭취 조절의 필요성 • 지방, 포화지방, 콜레스테롤 함량 높은 식품 • 지방의 적정 섭취량	• 외식 시 고지방, 고포화지방, 고콜레스테롤 식품 인지 및 섭취 감소(튀김, 기름진 육류, 내장, 도넛, 스낵 과자, 달걀 섭취 주 2회 이하) • 지방 섭취 ≤ 25% • 지질 프로필 개선(1차 목표) Total cholesterol < 220 mg/dL, LDL- cholesterol < 140 mg/dL
식품 및 영양관련 사항에 대한 유해한 신념/태도	• 질환에 영향을 미치는 식품 및 영양소 정보 • 약물 치료의 중요성 및 과학적 근거 • 민간요법의 허와 실	• 처방 약물 섭취 준수 • 민간요법 중단
부적절한 당질 종류의 섭취	• 당질의 종류와 적정 섭취량 • 당질 섭취에 따른 혈당 상승 관계	• 가공된 당질 섭취 주 1회 이하로 감소(잼, 토마토케첩, 햄버거 소스, 콜라 등)
영양검사 결과 이상	• 질환 관련 영양검사 • 영양검사 결과의 정상 범위 • 식습관 개선이 영양검사 결과에 미치는 영향	• 혈당/내분비 프로필 개선(1차 목표) Glucose < 200 mg/dL, FBS < 150 mg/dL , HbA1c < 8.0% • 간효소 수치 개선(1차 목표) GOT/GPT < 70/120 IU

당뇨병_식단작성 및 실습

1. 실습목표

- 당뇨병 환자를 위한 식품교환표를 익힌다.
- 표준체중을 유지하기 위한 에너지 섭취 조절방법을 익힌다.
- 합병증을 치료하고 예방하기 위한 식사방법을 익힌다.

2. 영양필요량 산출하기

사례
• 38세 남성, 신장: 176 cm , 체중: 98 kg, 가벼운 활동, 제2형 당뇨병 진단 • 비만, 고혈압, 지방간, 이상지질혈증 증상을 함께 가지고 있음

1) 표준체중 구하기

- 표준체중 = 신장(m) ×신장(m) × 22(kg/m^2) = 1.76 × 1.76 × 22 = 68 kg
- 조정체중 = 표준체중 + (현재체중-표준체중)/4= 75.5 ≒ 75 kg

2) 비만도 판정하기

- 상대체중 = 현재체중 ÷ 표준체중 × 100
  = 98 kg ÷ 68 kg × 100 = 144%(비만)
- BMI = 31.6(비만)

3) 영양필요량 구하기

- 에너지 : 조정체중(kg) × 30(kca/kg)= 75 kg × 30 kcal/kg = 2,250 kcal
  2,250 kcal - 500 kcal(체중감량) = 1,750 kcal ≒ 1,700 kcal
- C : P : F ratio = (50~60%) : (15~20%) : (20~25%)
- 당　질 : 1,700 × 0.57 ÷ 4 = 242(g)
- 단백질 : 1,700 × 0.18 ÷ 4 = 77(g)
- 지　방 : 1,700 × 0.25 ÷ 9 = 47(g)

3. 식단 작성하기

1) 1일 식품구성하기

• 당뇨병 치료식(1,700 kcal)의 1일 식품구성 예

식품군	곡류군	어육류군		채소군	지방군	우유군 (저지방)	과일군
		저지방	중지방				
교환수	8	2	3	8	5	1	2

2) 끼니별 배분하기

식품군	곡류군	어육류군		채소군	지방군	우유군 (저지방)	과일군
		저지방	중지방				
아 침							
오전간식							
점 심							
오후간식							
저 녁							
밤 간 식							
계							

3) 식단작성하기

• 당뇨병 치료식(1,700kcal)의 1일 식단 예

식품군		교환 단위 수	아침	간식	점심	간식	저녁
곡류군		8	2×쌀 30 g =60 g(흑미밥)		3×쌀 30 g =90 g(현미밥)		3×쌀 30 g =90 g(조밥)
어육류군	저지방	2	0.5×홍합 70 g =35 g(홍합미역국)		1×조기 50 g =50 g(조기구이)		0.5×굴 70 g =35 g(굴찌개)
	중지방	3	1×두부 80 g =80 g(두부부침)		1×달걀 55 g =55 g(달걀찜)		1×고등어 50 g =50 g(고등어조림)

(계속)

식품군	교환 단위 수	아침	간식	점심	간식	저녁
채소군	8	0.5×건미역 6 g =3 g(미역국) 1×연근 40 g =40 g(연근무침) 0.5×숙주 70 g =35 g(숙주나물) 0.5×배추김치 50 g =25 g(배추김치)		0.5×아욱 70 g =35 g(아욱된장국) 1×청경채 70 g =70 g(청경채나물) 0.5×열무김치 50 g =25 g(열무김치)		0.5×호박 70 g =35 g(굴찌개용) 0.5×팽이버섯 50 g =25 g(굴찌개용) 0.5×무 70 g =35 g(고등어조림용) 0.5×마늘종 40 g =20 g(마늘종볶음) 0.5×도라지 40 g =20 g(도라지생채) 0.5×깍두기 50 g =25 g(깍두기)
지방군	5	2×식용유(참기름) 5 g =10 g(조리용)		1.5×식용유(참기름) 5 g =7.5 g(조리용)		1.5×식용유(참기름) 5 g =7.5 g(조리용)
우유군(저지방)	1				1×저지방우유 200 mL	
과일군	2		1×사과 80 g			1×토마토 350 g
식 단		흑미밥 홍합미역국 두부부침 연근무침 숙주나물 배추김치	사과	현미밥 아욱된장국 조기구이 달걀찜 청경채나물 열무김치	저지방우유	조밥 굴찌개 고등어조림 마늘종볶음 도라지생채 깍두기 토마토 (저녁식사 후 간식)

4. 식단 실습하기

1) 실습 및 유의사항

- 직접 작성한 식단 또는 예로 제시된 식단을 이용하여 직접 실습해본다. 또는 당뇨 뷔페식을 실습할 수 있다.
- 단순당(설탕, 올리고당 등)의 사용을 가급적 제한한다.
- 소금의 양을 줄이기 위해 가급적 싱겁게 간을 하고, 김치는 적게 섭취한다.

2) 실습고찰 및 평가

5. 당뇨 뷔페식 실습

1) 실습목표

당뇨병 환자의 처방된 영양필요량에 맞는 음식 선택방법을 익힌다.

2) 실습내용

- 실습인원 및 점심식사에 배분 가능한 식품군별 교환단위 수를 고려하여 뷔페식단 전체의 식재료량을 산출한다.
- 뷔페식단을 조별로 적절히 나누어 음식을 만든다.
- 자신의 점심식사에 배분된 식품구성에 해당하는 음식을 담아 식사한다.

3) 실습 시 유의사항

- 샌드위치, 불고기, 낙지볶음 등 주재료에 추가되는 채소류의 양은 교환단위 수에서 고려하지 않는다. 당뇨병 환자의 채소 섭취는 에너지에 영향을 주지 않고 유익하므로 권장한다.
- 각 뷔페음식 옆에 1교환단위에 해당하는 양을 담아 놓고 배식 시 참고한다.

4) 당뇨 뷔페 식단의 예

메뉴	식품군	식재료	1인 분량(g)	주재료 교환단위
현미밥	곡류군	쌀	60	2교환
		현미	30	1교환
샌드위치	곡류군	식빵	70(2쪽)	2교환
		오이	10	
		양상추	10	
		토마토	10	
		마요네즈	5	
절편	곡류군	절편	50(1개)	1교환
불고기	저지방 어육류군	쇠고기	40	1교환
		양파	15	
		당근	5	
		대파	8	
낙지볶음	저지방 어육류군	낙지	100	1교환
		파프리카(주황, 노랑)	10	
		양파	10	
		대파	5	
		홍고추	1	
		풋고추	1	

메뉴	식품군	식재료	1인 분량(g)	주재료 교환단위
뱅어포구이	저지방 어육류군	뱅어포	15	1교환
		고추장		
두부조림	중지방 어육류군	두부	80	1교환
달걀찜	중지방 어육류군	달걀	55(1개)	1교환
		파	2	
		당근	3	
미역국	채소군	말린미역	3	1/2교환
배추된장국	채소군	배추	35	1/2교환
실곤약무침	채소군	실곤약	35	1/2교환
		오이	15	
		깻잎	1	
		당근	5	
표고양파볶음	채소군	건표고	7	1교환
		양파	10	
연근조림	채소군	연근	40	1교환
시금치나물	채소군	시금치	70	1교환
양상추샐러드	채소군	양상추	35	1교환
		오이	15	
		당근	15	
		적채	3	
		무순	2	
김치	채소군	배추김치	50	1교환
우유	우유군	저지방우유	200(1팩)	1교환
두유	우유군	두유(무가당)	200(1팩)	1교환
귤	과일군	귤	120(1개)	1교환
사과	과일군	사과	80(1/3개)	1교환
바나나	과일군	바나나	50(1/2개)	1교환

5) 실습고찰

NCP 실습 2_만성 신부전

〈환자 정보〉
이름 : 황 ○○ 성별 : 남 나이 : 63세

1차 상담일(입원) 2015. 06.

영양판정

환자 과거력	• 주진단 및 주증상 : 만성 신부전, 제2형당뇨병, 고혈압, 좌측 어깨통증, 위식도역류질환 • 입원동기 : 6개월 전 본원에서 만성신부전 진단 받고 약을 복용하던 중 1년 전부터 양쪽 어깨에 종양 있어 수술 권유 받고 K(potassium) 교정 위해 입원함 • 과거력 : 제2형당뇨병 : 2010년 진단받은 후 F/U 중 고혈압 : 2012년 진단받은 후 F/U 중 만성신부전 : 2015년 1월 진단받은 후 F/U 중 당뇨망막병증: 2011년 진단받은 후 F/U 중 • 약물처방 : Diamicron MR(당뇨약), Madipine(고혈압약), Lacidipine(고혈압약), Kremezin gran(신부전약), Tasna(위장약), Kalimate(고칼륨혈증약)
신체계측	Ht : 162 cm , Wt : 64.3 kg, IBW : 57.7 kg, PIBW : 111.4%, BMI : 24.5 kg/m^2
생화학적 자료	Total protein/Albumin : 6.4/ 3.7 g/dL Hgb : 10.3 g/dL Hematocrit : 42.2% Glucose : 233 mg/dL, HbA1c : 6.1% Total cholesterol/Triglyceride/HDL-cholesterol/LDL-cholesterol : 117 / 74 / 38 / 64 mg/dL BUN/Creatinine : 27.9/ 4.76 mg/dL MDRD(Modification of Diet in Renal Disease) GFR : 16.22 mL/min/$1.73m^2$ Uric acid : 6.7 mg/dL, Ca/P : 8.5/2.9 mg/dL Serum Na/K/Cl : 135 / 5.7 / 106 mEq/L
영양관련 신체검사	• 소화기관련 증상: 위식도역류질환으로 인해 종종 속 쓰림 호소 • 활력 징후: 혈압 130/90 mmHg
식품/영양소와 관련된 식사력	• 식사 처방 및 식사관련 경험 및 환경 - 2010년 당뇨병 식사요법 교육 받은 경험 있음 • 식품 및 수분/음료 섭취 - 식사시간 : 1일 3회 규칙적 - 식사장소 : 대부분 집에서 식사 - 주식 : 잡곡밥 1공기/회 - 반찬 : 달걀, 두부, 생선 위주의 어육류를 다양하게 매 끼 1~2단위 섭취. 고기는 거의 섭취하지 않음. 채소는 쌈, 오이지, 김치 선호하고 나물 포함 매끼 2단위 섭취. 멸치조림, 콩자반, 젓갈 등 밑반찬 추가로 섭취 - 간식 : 두유와 우유 번갈아 매일 1단위 섭취. 액상 발효유 주 2~3회 섭취. 과일은 토마토, 참외 등 매일 3~4단위 섭취 - 양념 : 소금 함량 높은 음식 선호(국, 찌개, 장아찌, 염장식품, 밑반찬 등)

식품/영양소와 관련된 식사력	• 에너지 및 영양소 섭취량: 에너지 1,800 kcal, C : P : F ratio = 62 : 15 : 23(%) 단백질 68 g, 당질 278 g, 지방 46 g, 소금 18 g • 지식/신념/태도 : 2010년 당뇨병에 대한 영양상담 받은 이후 전반적인 식사요법 실천 잘 하려고 노력하였으나, 워낙 짠 음식을 선호하여 소금 조절이 되지 않음. • 약용 식물, 보충제, 생리활성물질 : 복용하지 않음 • 알코올 섭취 및 흡연 : 수년 전 금주 및 금연한 상태임 • 신체적 활동 및 기능 : 운동은 따로 하지 않으며, 평소 활동량 보통 정도임.
영양필요량	에너지 : 표준체중(kg) × 30(kcal/kg) = 1,700 kcal 단백질 : 표준체중(kg) × 0.6~0.8(g/kg) = 35~46 g ≒ 40 g Na < 2,000 mg K < 2,000 mg P < 1,000 mg

영양진단

문제	병인	징후/증상
단백질 섭취과다	만성신부전 진단받았으나, 당뇨병 식사요법에 준한 단백질 섭취량 유지됨	필요량을 초과한(170%) 단백질 섭취량(68 g)
무기질(나트륨, 칼륨) 섭취과다	만성신부전의 무기질 섭취 조절에 대한 식품 및 영양 지식 부족	1. Serum K : 5.7 mEq/L, 잡곡밥 섭취, 과일 3~5단위, 채소 6단위 섭취함 2. 소금 17.7 g(나트륨 7,080 mg) 섭취함

영양중재

<table>
<tr><td>영양처방</td><td>에너지 : 1700 kcal, 단백질 : 40 g
소금 < 5 g(Na < 2,000 mg), K < 2,000 mg, P < 1,000 mg</td></tr>
<tr><td>중재사항 및 목표 설정</td><td>■ 식품/영양소 제공 ■ 영양교육 □ 영양상담 □ 다분야 협의
<table>
<tr><th>문제</th><th>중재사항</th><th>목표/기대효과</th></tr>
<tr><td>?</td><td>?</td><td>?</td></tr>
<tr><td>?</td><td>?</td><td>?</td></tr>
</table></td></tr>
<tr><td>제공 교육자료</td><td>만성신부전 식사지침, 저염식 레시피 자료, 당뇨. 5 g 소금. 만성신부전 식단표 제공</td></tr>
<tr><td>Follow up 일정</td><td>3개월 후 F/U 예정</td></tr>
</table>

〈영양중재 실습〉

문제 1. 영양처방을 참고로 하여 중재사항 및 목표 설정을 적절하게 한 것을 두 가지 고르시오.

①

문제	중재사항	목표/기대효과
단백질 섭취과다	1. 당뇨병과 만성신부전의 영양필요량 차이점 2. 요독증, 영양불량 예방을 위한 단백질 섭취량 및 양질의 단백질 식품 섭취	단백질 1일 40 g 이하 섭취

②

문제	중재사항	목표/기대효과
단백질 섭취과다	1. 당뇨병의 영양필요량 2. 영양불량 예방을 위해 충분한 단백질 섭취	단백질 1일 85 g 섭취

③

문제	중재사항	목표/기대효과
무기질(나트륨, 칼륨) 섭취과다	1. 신장기능의 저하로 인한 나트륨 제한 및 저염식 실천법 2. 신장기능의 저하로 인한 칼륨 제한 및 식품 선택 3. 칼륨을 줄일 수 있는 조리법	1. 김치, 국, 찌개, 밑반찬 등 소금 함량 높은 식품 섭취 제한 2. 저염식 적응도를 고려하여 소금 10 g (나트륨 4000 mg) 이하 섭취 3. 잡곡밥, 토마토, 참외 등 고칼륨식품 섭취 제한 4. Serum K < 4.8 mEq/L

④

문제	중재사항	목표/기대효과
무기질(나트륨, 칼륨) 섭취과다	1. 김치, 국, 찌개, 밑반찬 등 소금 함량 높은 식품 섭취 제한 2. 저염식 적응도를 고려하여 소금 10 g (나트륨 4000 mg) 이하 섭취 3. 잡곡밥, 토마토, 참외 등 고칼륨식품 섭취 제한 4. Serum K 4.8 mEq/L	1. 신장기능의 저하로 인한 나트륨 제한 및 저염식 실천법 2. 신장기능의 저하로 인한 칼륨 제한 및 식품 선택 3. 칼륨을 줄일 수 있는 조리법

2차 상담일(외래): 2015. 10.

영양판정

신체계측	Ht : 162 cm, W t: 63 kg, IBW : 57.7 kg, PIBW : 109%, BMI: 24 Usual Wt : 64.3 kg, Wt loss : 1.3 kg/3 m
생화학적 자료	T-protein/Albumin : 6.8/ 4.1 g/dL Hgb : 10.0 g/dL Hematocrit : 39.5% Glucose : 110 mg/dL, HbA1c : 6.3% T-cholesterol/Triglyceride/HDL-cholesterol/LDL-cholesterol : 112/98/32/60 mg/dL BUN/Creatinine : 53.3 / 5.84 mg/dL, MDRD(Modification of Diet in Renal Disease) GFR : 19.16 mL/min/1.73 m^2 Uric acid : 6.8 mg/dL, Ca/P : 8.7/2.7 mg/dL Serum Na/K/Cl : 136 / 4.7 / 110 mEq/L
영양관련 신체검사 자료	• 소화기관련 증상: 위식도역류질환으로 인해 종종 속쓰림 호소 • 활력 징후: 혈압 120/75 mmHg
식품/영양소와 관련된 식사력	• 식사 처방 및 식사관련 경험 및 환경 -3개월 전 만성신부전 식사요법 교육 받은 경험 있으나 실천 어려움 호소함. • 식품 및 수분/음료 섭취 -잡곡밥을 쌀밥으로 변경하여 섭취함. -어육류 매끼 1단위로 섭취량 조금 줄임 -멸치조림, 콩자반, 젓갈 등 밑반찬을 지속적으로 섭취함(섭취량은 1/2로 줄임) -국과 찌개 매끼 섭취함(섭취량은 1/2로 줄임) -채소 쌈 등 칼륨 함량 높은 식품은 섭취하지 않고 오이지와 김치는 섭취 횟수를 1/2로 줄임. 나물 싱겁게 조리하였으나 적응도 낮아 소량 섭취함 -간식 : 두유, 액상 발효유 안마심. 우유 주 2~3회 1/2컵 마심. 과일은 1교환 섭취함 -양념 : 소금 함량 높은 음식 섭취량 줄였으나 여전히 선호(국, 찌개, 장아찌, 염장식품, 밑반찬 등) • 에너지 및 영양소 섭취량 : 에너지 1,560 kcal, C : P : F ratio = 61 : 14 : 25(%), 단백질 55 g, 당질 240 g, 지방 43 g, 소금 12 g • 지식/신념/태도 : 식사요법 중요성 인지하였으나 저염식 적응 힘들어함 • 약용식물, 보충제, 생리활성물질 : 복용하지 않음 • 알코올 섭취 및 흡연 : 수년 전 금주 및 금연한 상태임 • 신체적 활동 및 기능 : 운동은 따로 하지 않으며, 평소 활동량 보통 정도임
영양필요량	에너지 : 표준체중(kg)×30 (kcal/kg) = 1,700 kcal 단백질 : 표준체중(kg)×0.6~0.8 (g/kg) = 35~46 g ≒ 40 g Na < 2,000 mg K < 2,000 mg P < 1,000 mg

모니터링 및 평가

모니터링 목표	결과 (목표달성의 장애 요인)	목표 달성 여부
?	?	?
1. 김치, 국, 찌개, 밑반찬 등 소금함량 높은 식품 섭취 제한 2. 저염식 적응도를 고려하여 소금 10 g (나트륨 4,000mg) 이하 섭취	1. 소금함량 높은 식품의 섭취량 1/2로 줄였으나 소금 섭취량(12 g)이 목표량(10 g)을 초과함	□ 목표달성 ■ 목표 일부 달성 □ 상태 불변 □ 부정적 결과 도출
1. 잡곡밥, 토마토, 참외 등 고칼륨 식품 섭취 제한 2. Serum K < 4.8 mEq/L	1. 잡곡밥을 쌀밥으로 바꿈. 과일 하루 1단위 섭취함. 2. Serum K : 4.7 mEq/L	?

〈모니터링 및 평가 실습〉

문제 2. 모니터링 목표, 결과, 목표 달성 여부가 바르게 짝지어진 것은?

①

모니터링 목표	결과 (목표달성의 장애 요인)	목표 달성 여부
1. 단백질 1일 40 g 이하 섭취	1. 단백질 필요량의 138% 섭취	□ 목표달성 □ 목표 일부 달성 ■ 상태 불변 □ 부정적 결과 도출

②

모니터링 목표	결과 (목표달성의 장애 요인)	목표 달성 여부
1. 단백질 필요량의 138% 섭취	1. 단백질 1일 40 g 이하 섭취	■ 목표달성 □ 목표 일부 달성 □ 상태 불변 □ 부정적 결과 도출

③

모니터링 목표	결과 (목표달성의 장애 요인)	목표 달성 여부
1. 단백질 1일 40 g 이하 섭취	1. 단백질 필요량의 138% 섭취	■ 목표달성 □ 목표 일부 달성 □ 상태 불변 □ 부정적 결과 도출

문제 3. 모니터링 목표와 결과를 토대로 목표 달성 여부를 결정하시오.

모니터링 목표	결과 (목표달성의 장애 요인)	목표 달성 여부
1. 잡곡밥, 토마토, 참외 등 고칼륨 식품 섭취 제한 2. Serum K < 4.8 mEq/L	1. 잡곡밥을 쌀밥으로 바꿈. 과일 하루 1단위 섭취함 2. Serum K : 4.7 mEq/L	?

① 목표달성 ② 목표 일부 달성 ③ 상태 불변 ④ 부정적 결과 도출

〈정답〉 1-①③, 2-①, 3-①

영양진단

문제	병인	징후 / 증상
영양 관련 권장사항에 대한 순응도 부족	1. 저염식 필요성은 인지하고 있으나 적응도 낮아 소금 섭취량 높음	1. 소금 12 g 섭취 2. 국, 찌개, 장아찌, 염장식품, 밑반찬 등의 섭취 지속됨

영양중재

영양처방	에너지 : 1,700 kcal 단백질 : 40 g, 소금 < 5 g, K < 2,000 mg, P < 1,000 mg
중재사항 및 목표 설정	■ 식품/영양소 제공 ■ 영양교육 ■ 영양상담 □ 다분야 협의

문제	중재사항	목표/기대효과
영양 관련 권장사항에 대한 순응도 부족	1. 최종 목표 5 g 소금식 도달을 위해 중간목표 10 g 소금식 적극적으로 노력하도록 강조 2. 과량의 소금 섭취가 신장기능에 미치는 영향 설명 3. 저염식 실천법 재교육	1. 김치, 국, 찌개, 밑반찬 등 소금 함량 높은 식품 섭취 제한 2. 소금 10 g 이하 섭취(나트륨 4,000 mg)

제공 교육자료	저염식 레시피 자료
Follow up 일정	3개월 후 F/U

만성 신부전 식단작성 및 실습

1. 실습목표

- 신장질환 환자를 위한 식품교환표를 익힌다.
- 저염식(소금 5g)을 위한 식품의 종류와 조리법을 익힌다.
- 칼륨섭취를 줄일 수 있는 식품의 종류와 조리방법을 익힌다.

2. 영양필요량 산출하기

사례

- 63세 남성, 신장: 162 cm , 체중: 64.3 kg, 만성 신부전 진단
- 제2형 당뇨병, 고혈압, 좌측 어깨통증, 위식도역류질환 증상을 함께 가지고 있음

1) 표준체중 구하기

- 표준체중 = 키(m) × 키(m) ×22(kg/m^2) = 1.62 × 1.62 × 22 = 57.7 (kg)

2) 비만도 판정하기

- 상대체중 = 현재체중 ÷ 표준체중 × 100
  = 64.3 kg ÷ 57.7 kg × 100 = 111.4% (과체중)
- BMI = 24.5(과체중)

3) 영양필요량 구하기

- 에너지 : 표준체중(kg) × 30(kcal/kg) = 57.7 kg × 30 kcal/kg = 1,700 kcal
- 단백질 : 표준체중(kg) × 0.6~0.8(g/kg) = 35~46 g = 40 g(에너지의 9%)
- 당 질 : 1,700 × 0.67 ÷ 4 = 285 (g)
- 지 방 : 1,700 × 0.24 ÷ 9 = 45 (g)
- 나트륨 : <2,000 mg
- 칼륨 : <2,000 mg
- 인 : <1,000 mg

3. 식단 작성하기

1) 1일 식품구성하기

- 만성 신부전 치료식(1,700 kcal)의 1일 식품구성 예

식품군	곡류군	어육류군	채소군			지방군	우유군	과일군			에너지 보충군
			저칼륨	중칼륨	고칼륨			저칼륨	중칼륨	고칼륨	
교환단위 수	10	2	3	1	-	6	0.5	1	-	-	1

2) 끼니별 배분하기

3) 식단작성하기

• 만성 신부전 치료식(1,700 kcal)의 1일 식단 예

식품군		교환 단위 수	아침	간식	점심	간식	저녁	간식
곡류군		10	3×쌀 30 g =90 g(쌀밥)		3×쌀 30 g =90 g(쌀밥)		3×쌀 30 g =90 g(쌀밥)	1×식빵 35 g =35 g(토스트)
어육류군		2			1×갈치 50 g =50 g(갈치튀김)		1×쇠고기 40 g =40 g(쇠고기탕수육)	
채소군	저칼륨	3	0.5×냉이 40 g =20 g(국) 0.5×김 2 g =1 g(김구이)		0.5×깻잎 40 g =20 g(깻잎나물) 0.5×무 70 g =35 g(무초절이)		0.5×콩나물 70g =35g(콩나물국) 0.5×가지 70g =35g(가지나물)	
	중칼륨	1	0.5×애호박 70 g =35 g(애호박전)		0.5×연근 40 g =20 g(연근조림)			
지방군		6	2×식용유(참기름) 5 g =10 g(조리용)		2×식용유(참기름) 5 g =10g(조리용)		2×식용유(참기름) 5 g =10 g(조리용)	
우유군		0.5		0.5×우유 200 mL				
과일군(저칼륨)		1				1×사과 80 g		
에너지보충군		1						1×딸기잼 35 g
식단			쌀밥 냉이국 애호박전 김구이	우유	쌀밥 갈치튀김 깻잎나물 연근조림 무초절이	사과	쌀밥 콩나물국 쇠고기탕수육 가지나물	토스트 딸기잼

4. 식단 실습하기

1) 실습 및 유의사항

• 직접 작성한 식단 또는 예로 제시된 식단을 이용하여 직접 실습해본다.

• 자연식품에 함유되어 있는 소금 양을 하루 1 g이라고 간주하고, 매 끼니 사용하는 소금 양을 1.3~1.4 g으로 하여 총 소금 섭취량을 5 g이 되도록 한다.

• 칼륨과 나트륨 함량에 따른 식품의 종류와 양념의 양을 엄격하게 지키도록 한다.

• 요독증과 영양불량을 예방하기 위해 단백질 섭취량 및 양질의 단백질식품 섭취에 유의한다.

2) 실습고찰 및 평가

Ⅱ. 경장영양액과 정맥영양액

경장영양액의 종류

종류	에너지 (kcal/ mL)	삼투압 (mOsm/ kgH_2O)	영양소함량/100 mL					영양소 급원			비고
			단백질 (g)	지질 (g)	포화지방 (g)	당질 (g)	식이섬유 (g)	단백질	지질	당질	
뉴케어당뇨식	1	310	4.5 (18%)	4.8 (43%)	0.7	11 (39%)	2.5	카제인 농축유단백	채종유 MCT oil	말토덱스트린 고순도과당	대상
뉴케어 화이바	1	300	4 (16%)	3.5 (31%)	0.9	14 (53%)	1.5	카제인 대두단백	채종유 MCT oil	말토덱스트린	
뉴케어 KD	2	830	3 (6%)	7 (32%)	0.55	32 (62%)	2	카제인 농축유단백	채종유 해바라기유 MCT oil	덱스트린 말토덱스트린 고순도과당	
뉴케어 KD+	2	930	7.5 (15%)	8.5 (33%)	1.37	24.5 (52%)	2	탈지유단백 카제인 유단백농축물	옥수수유 해바라기유 채종유 MCT oil	말토덱스트린 저감미당 결정과당	
메디푸드엘디	1	300	4 (15%)	3 (27%)	1	15 (58%)	1.5	카제인	카놀라유 MCT oil	말토덱스트린	한국메디칼푸드
메디푸드 당뇨식 글루트롤	1	330	4.5 (17%)	4.75 (43%)	0.4	11.75 (4%)	3.5	카제인	카놀라유	말토덱스트린	
메디푸드 1.5	1.5	460	6 (16%)	4.5 (27%)	1.5	22.75 (57%)	2.5	카제인	카놀라유 MCT oil	말토덱스트린	
메디푸드 당뇨식 글루트롤 1.5	1.5	500	6.5 (17%)	7 (43%)	0.6	17 (4%)	3.5	카제인	카놀라유	말토덱스트린	

(계속)

종류	에너지 (kcal/ mL)	삼투압 (mOsm/ kgH_2O)	영양소함량/100 mL					영양소 급원			비고
			단백질 (g)	지질 (g)	포화지방 (g)	당질 (g)	식이섬유 (g)	단백질	지질	당질	
그린비아 장솔루션	1	270	4.5 (17.5%)	3.5 (30%)	1.1	14 (52.5%)	1.5	카제인 분리대두단백 가수분해유청단백	대두유 MCT oil	말토덱스트린	정식품
그린비아 DM	1	320	5 (20%)	4 (35%)	0.5	12.5 (45%)	2.5	카제인 분리대두단백	해바라기유 대두유	말토덱스트린 파라티노스 결정과당	
그린비아알디(RD)	2	890	4 (8%)	6.5 (30%)	2.5	31.5 (62%)	1	카제인	해바라기유 MCT oil	말토덱스트린	
그린비아알디 (RD)+	2	950	7.5 (15%)	6.5 (30%)	2.5	28 (55%)	1	카제인	해바라기유 MCT oil	말토덱스트린	
그린비아요오드제 한식	1	370	3 (12%)	3 (25%)	0.9	16 (63%)	-	카제인	대두유 MCT oil	말토덱스트린 정백당	
케어웰 디엠	1	300	4.5 (18%)	5 (45%)	0.45	10.75 (37%)	1.5	유단백농축물 카제인 분리대두단백 대두유액	카놀라유 해바라기유 MCT Oil	말토덱스트린 결정과당 팔라티노스	한국엔테랄푸드
케어웰 1.5 플러스	1.5	480	6.5 (17%)	5 (30%)	0.5	20 (53%)	0.5	유단백농축물 카제인	카놀라유 MCT Oil	말토덱스트린 저감미당	
뉴트리웰화이바	1	300	4 (16%)	3 (27%)	1	15 (57%)	1.5	카제인 분리대두단백	카놀라유 대두유	말토덱스트린 대두유래당질	엠디웰아이엔씨

경장영양액의 영양성분

1. 일반형

제품명		100 mL당	일반형			
			메디푸드 엘디	그린비아 장솔루션	뉴케어 화이바	뉴트리웰 화이바
에너지구성비		P:F:C	15:27:58	17.5:30:52.5	16:31:53	16:27:57
1캔의 형태		kcal/mL	200/200	200/200	200/200	200/200
에너지밀도		kcal/mL	1	1	1	1
단백질		g	4	4.5	4	4
지방(포화지방)		g	3(1.0)	3.5(1.0)	3.5(0.9)	3(1)
탄수화물(식이섬유)		g	15(1.5)	14(1.5)	14(1.4)	15(1.5)
수용성	Vit. B_1	mg	0.18	0.12	0.13	0.15
	Vit. B_2	mg	0.21	0.15	0.15	0.2
	Vit. B_6	mg	0.23	0.15	0.15	0.2
	Vit. B_{12}	mg	1.2	0.48	0.24	0.3
	vit. C	mg	15	20	14	10
	Biotin	㎍	3	3	3	4
	Niacin	mgNE	1.5	1.5	1.6	1.6
	Folic acid	㎍	60	40	40	42.5
	Pan. Acid	mg	0.5	0.5	0.5	0.7
지용성	vit. A	㎍RE	70	112.5	75	100
	vit. D_3	㎍	0.5	0.5	0.5	0.7
	vit. E	mgα-TE	2.8	2.4	1	1
	vit. K_1	㎍	7	7.5	7.5	8
Ca		mg	70	75	77	80
P		mg	70	70	70	70
Zn		mg	0.85	2	1.2	1.2
Fe		mg	0.9	1	1.2	1
Mg		mg	11	29	22	22
K		mg	154.3	112.5	125	140
Na		mg	90	67.5	75	70
Cu		mg	0.06	0.08	0.08	0.08
Mn		mg	0.3	0.4	0.2	0.35
I		㎍	22.5	15	15	15
Choline		mg	30	55		50

제품명	100 mL당	일반형			
		메디푸드 엘디	그린비아 장솔루션	뉴케어 화이바	뉴트리웰 화이바
Taurine	mg	12.5	20		12.5
L-Carnitine	mg	12.5	20		13
MCT oil	mg	0	0		0
mOsm/kg · H_2O		300	270	300	300

2. 농축형

제품명		100 mL당	일반 농축			
			메디푸드 1.5	뉴케어칼로리 1.5	그린비아 1.5	케어웰 1.5플러스
에너지구성비		P:F:C	16:27:57	17:32:51	17.5:28:54.5	17:30:53
1캔의 형태		kcal/mL	300/200	300/200	300/200	300/200
에너지밀도		kcal/mL	1.5	1.5	1.5	1.5
단백질		g	6	6.5	6.5	6.5
지방(포화지방)		g	4.5(1.5)	5.5(1.1)	4.5(1.5)	5(0.5)
탄수화물(식이섬유)		g	22.8(2.5)	20.5(1.5)	20.5(0)	20(0.5)
수용성	Vit. B_1	mg	0.24	0.2	0.18	0.25
	Vit. B_2	mg	0.28	0.23	0.22	0.25
	Vit. B_6	mg	0.3	0.23	0	0.25
	Vit. B_{12}	μg	1.8	0.45	0.36	0.6
	vit. C	mg	20	20	15	22.5
	Biotin	μg	4.5	5.5	4.5	4.5
	Niacin	mgNE	2.25	3	2.4	3.5
	Folic acid	μg	70	82.5	60	60
	Pan. Acid	mg	0.75	0.7	0.75	1
지용성	vit. A	μgRE	105	112.5	112.5	115
	vit. D_3	μg	0.75	1	0.75	1.5
	vit. E	mgα-TE	2.75	1.5	1.5	1.5
	vit. K_1	μg	10.5	10	11.25	11
Ca		mg	70	90	70	92.5
P		mg	70	90	70	92.5
Zn		mg	1.05	1.65	1	1.6
Fe		mg	1.2	1.5	1	1.15
Mg		mg	11	22.5	25.5	22.5
K		mg	154	150	150	155

제품명	100 mL당	일반 농축			
		메디푸드 1.5	뉴케어칼로리 1.5	그린비아 1.5	케어웰 1.5플러스
Na	mg	90	120	90	105
Cu	mg	0.08	0.2	0.08	0.2
Mn	mg	0.37	0.5	0.35	0.35
I	㎍	26.5	15	15	15
Choline	mg	0		36.5	55
Taurine	mg	0		11	25
L-Carnitine	mg	12.5		11	12.5
MCT oil	mg	890		900	
mOsm/kg · H_2O		460	520	380	480

3. 저당질

제품명		100 mL당	저당질(DM, COPD용)			
			메디푸드 글루트롤	뉴케어당뇨	그린비아 DM	케어웰 DM
에너지구성비		P:F:C	17:43:40	18:43:39	20:35:45	18:45:37
1캔의 형태		kcal/mL	200/200	200/200	200/200	200/200
에너지밀도		kcal/mL	1	1	1	1
단백질		g	4.5	4.5	5	4.5
지방(포화지방)		g	4.75(0.4)	4.8(0.7)	4(0.5)	5(4.5)
탄수화물(식이섬유)		g	11.8(1.5)	11(2.5)	12.5(2.5)	10.7(1.5)
수용성	Vit. B_1	mg	0.18	0.13	0.12	0.12
	Vit. B_2	mg	0.21	0.15	0.15	0.16
	Vit. B_6	mg	0.23	0.15	0.15	0.22
	Vit. B_{12}	㎍	0.84	0.24	0.24	0.25
	vit. C	mg	25	14	10	17.5
	Biotin	㎍	3	3	3	3.25
	Niacin	mgNE	1.5	1.6	1.6	2.5
수용성	Folic acid	㎍	60	40	40	40
	Pan. Acid	mg	0.5	0.5	0.5	0.75
지용성	vit. A	㎍RE	105	75	75	75
	vit. D_3	㎍	0.5	0.5	0.5	0.5
	vit. E	mgα-TE	5.5	1	1	1
	vit. K_1	㎍	7	7.5	4.8	9

제품명	100 mL당	저당질(DM, COPD용)			
		메디푸드 글루트롤	뉴케어당뇨	그린비아 DM	케어웰 DM
Ca	mg	70	77	70	80
P	mg	52.5	70	70	80
Zn	mg	0.85	1.2	1	1.6
Fe	mg	0.9	1.2	1	1.4
Mg	mg	11	22	29	22
K	mg	87.5	110	130	150
Na	mg	90	80	77.5	90
Cu	mg	0.06	0.08	0.05	0.16
Mn	mg	0.3	0.24	0.23	0.3
I	μg	22.5	15	9.75	15
Taurine	mg	0	0	11	25
L-Carnitine	mg	15	0	11	12.5
mOsm/kg · H_2O		330	310	320	300

4. 신장질환용

제품명		100 mL당	신부전		투석	
			뉴케어 KD	그린비아 RD	뉴케어 KD+	그린비아 RD+
에너지구성비		P:F:C	6:32:62	8:30:62	15:33:52	15:30:55
1캔의 형태		kcal/mL	400/200	400/200	400/200	400/200
에너지밀도		kcal/mL	2	2	2	2
단백질		g	3	4	15	7.5
지방(포화지방)		g	7(0.55)	6.5(2.5)	17(1.37)	6.50(2.5)
탄수화물(식이섬유)		g	32(2)	31.5(1)	49(4)	28(1)
수용성	Vit. B_1	mg	0.16	0.12	0.32	0.12
	Vit. B_2	mg	0.19	0.15	0.37	0.15
	Vit. B_6	mg	0.19	0.5	0.37	0.5
	Vit. B_{12}	μg	0.3	0.24	0.6	0.24
	vit. C	mg	17.5	25	35	25
	Biotin	μg	5.5	10	11	10
	Niacin	mgNE	1.99	1.6	3.97	1.6
	Folic acid	μg	50	80	100	80
	Pan. Acid	mg	0.62	0.5	1.24	0.5

제품명		100 mL당	신부전		투석	
			뉴케어 KD	그린비아 RD	뉴케어 KD+	그린비아 RD+
지용성	vit. A	μgRE	75	35	150	35
	vit. D_3	μg	0.4	0.5	0.8	0.5
	vit. E	mgα-TE	1.24	1	2.48	1
	vit. K_1	μg	9.3	0	18.6	0
Ca		mg	120	120	240	170
P		mg	47.5	35	130	70
Zn		mg	2.5	1	5	1
Fe		mg	1.5	1	3	1
Mg		mg	20	20	40	20
K		mg	75	80	130	80
Na		mg	60	60	140	72.5
Cu		mg	0.09	0	0.16	0
Mn		mg	0.2	0	0.4	0
I		μg	0	0	0	0
Taurine		mg	0	10	0	0
L-Carnitine		mg	0	0	0	0
mOsm/kg.H_2O			830	890	930	890

정맥영양액의 종류

1. 말초정맥영양액

약품명			Kabi twin Peri	Nutriflex lipid peri	Periolimel N4E	Smofkabiven peri 2000	Winuf peri	MG TNA peri
규격(mL)			1000 mL	1250 mL	1500 mL	1904 mL	1450 mL	560 mL
Amino Acids(g)	EAA	L-Isoleucine(BCAA)	1.5	2.3	1.9	3.0	2.7	0.7
		L-Leucine(BCAA)	1.9	3.1	2.63	4.4	3.3	0.9
		L-Lysine	2.2	2.3	2.99	4.0	2.7	1.3
		L-Methionine	1.1	2	1.9	2.6	1.8	0.7
		L-Phenylalanine(AAA)	1.2	3.5	2.63	3.1	2.6	0.9
		L-Threonine	0.9	1.8	1.9	2.6	1.9	0.7
		L-Tryptopan(AAA)	0.3	0.6	0.64	1.2	0.8	0.2
		L-Valine(BCAA)	1.4	2.6	2.43	3.7	2.7	0.8
	NEAA	L-Alanine	1.5	4.9	5.5	8.4	9.5	1.8
		L-Arginine	2	2.7	3.72	7.2	5.3	1.3
		L-Asparaginic acid		1.5	1.1			0.4
		L-Cystein	0.05					
		L-Glutamic acid		3.5	1.9			0.7
		L-Histidine	0.6	1.3	2.26	1.8	2.2	0.8
		L-Proline	2.4	3.4	2.26	6.7	3.1	0.8
		L-Serine	1.3	3	1.5	3.9	2.3	0.5
		L-Tyrosine(AAA)			0.1	0.2	0.2	0.0
		Glycine	3	1.7	2.63	6.6	4.7	0.9
		Taurine				0.6		
Lipid (g)	정제대두유 (g)- LCT			25	9	16	12	20
	중쇄트리글리세라이드 (g)-MCT			25		16	10	
	정제올리브유 (g)				36	13	10	
	정제어유 (오메가-3)					8	8	
Dextrose (g) 무수물			120	80	112.5	135	103	38
Electrolytes (mg)	Sod. Chloride			1				
	Sod. Acetate		4	0.5		3.4		

약품명		Kabi twin Peri	Nutriflex lipid peri	Periolimel N4E	Smofkabiven peri 2000	Winuf peri	MG TNA peri
Electrolytes (mg)	Ca. Chloride		0.4		0.4		
	Pot. Chloride				2.7		
	Pot. Acetate		2.9				
	Sod. Hydroxide		0.8				
	인산일수소칼륨						
	인산이수소나트륨	0.8					
	글리세로인산나트륨				2.5		
	황산아연 칠수화물				0.01		
	Mg. Acetate		0.6				
	Mg. Chloride						
	Mg. Sulfate				1.5		
기타	(pH 조정제)	빙초산	구연산		빙초산		
	항산화제	아황산수소나트륨					
	주사용수	적량	적량		적량		
혼합후 Electrolytes (mmol)	Na^+	37.4	50	31.5	48	36.4	12.5
	K^+	26	30	24	36	28	9.3
	Mg^{2+}	2.5	3	3.3	6	4.6	1.6
	Ca^{2+}	2.3	3	3	3	2.3	0.8
	Cl^-	35	48	37	42	32	18.2
	SO_4^{2-}				6.1	4.61	1.6
	Acetate	50	40	41	125	96	15.2
	Phosphate	6	7.5	12.7	15.6	12	4.2
	Zn		0.03		0.05	0.04	
총 amino acid (g)		21	40	38	60	46	13.3
Dextrose(무수물) (g)		120	80	112.5	135	103	38
Lipid (g)		0	50	45	54	41	20
Total energy (kcal)		550	955	1050	1300	1000	400
Non-Protein Calorie/Nitrogen (NPC : N)		141	128	150	112	112	167
삼투압 (mOsm/L)		900	840	760	850	850	750

2. 중심정맥영양액

약품명			Nutriflex lipid special	Olimel N9E inj	Smofkabiven 1500	Winuf
규격(mL)			1250 mL	1000 mL	1477 mL	1435 mL
Amino Acids(g)	EAA	L-Isoleucine (BCAA)	4.1	2.84	3.8	4.4
		L-Leucine (BCAA)	5.5	3.95	5.6	5.3
		L-Lysine	4	4.48	5.0	4.2
		L-Methionine	3.4	2.84	3.2	2.9
		L-Phenylalanine (AAA)	6.1	3.95	3.8	4.1
Amino Acids(g)	EAA	L-Threonine	3.2	2.84	3.3	3.1
		L-Tryptopan (AAA)	1	0.95	1.5	1.3
		L-Valine (BCAA)	4.5	3.64	4.6	4.2
	NEAA	L-Alanine	8.5	8.24	10.5	15.1
		L-Arginine	4.7	5.58	9.0	8.4
		L-Asparaginic acid	2.6	1.65		
		L-Cysteine				
		L-Glutamic acid	6.1	2.84		
		L-Histidine	2.2	3.4	2.2	3.5
		L-Proline	6	3.4	8.4	5
		L-Serine	5.3	2.25	4.9	3.6
		L-Tyrosine (AAA)		0.15	0.3	0.3
		Glycine	2.9	3.95	8.2	7.5
		Taurine			0.8	
Lipid (g)	정제대두유 (g)- LCT		25	8	17	16
	중쇄트리글리세라이드 (g)-MCT		25		17	14
	정제올리브유 (g)			32	14	14
	정제어유 (오메가-3)				8	11
Dextrose (g) 무수물			180	110	187	182
Electrolytes (mg)		Sod. Chloride	0.5			
		Sod. Acetate	0.3		2.6	
		Ca. Chloride	0.8		0.6	
		Pot. Chloride			3.4	
		Pot. Acetate	4.6			

약품명		Nutriflex lipid special	Olimel N9E inj	Smofkabiven 1500	Winuf
Electrolytes (mg)	Sod. Hydroxide	1.5			
	인산일수소칼륨				
	인산이수소나트륨				
	글리세로인산나트륨			3.1	
	황산아연 칠수화물			0.02	
	Mg. Acetate	1.1			
	Mg. Chloride				
	Mg. Sulfate			0.9	
기타	(pH 조정제)	구연산		빙초산	
	항산화제				
	주사용수	적량		적량	
혼합후 Electrolytes (mmol)	Na^+	67	35	60	58
	K^+	47	30	45	44.3
	Mg^{+2}	5.3	4	7.5	7.3
	Ca^{+2}	5.3	3.5	3.8	3.6
	Cl^-	60	45	52	51
	SO_4^{-2}			7.5	7
	Acetate	60	54	157	153
	Phosphate	20	15	19	18.3
	Zn	0.04		0.06	0.06
총 amino acid (g)		72	57	75	73
Dextrose(무수물) (g)		180	110	187	182
Lipid (g)		50	40	56	55
Total energy (kcal)		1475	1070	1600	1566
Non-Protein Calory/Nitrogen(NPC : N)		106	93	108	111
삼투압 (mOsm/L)		1545	1310	1500	1440

III. 경구혈당강하제와 인슐린

국내에서 시판되는 경구혈당강하제

혈당강하제 종류		작용기전	HbA1c 감소 (%)	공복혈당저하 (mg/dL)	부작용 및 특징
Sulfonylurea계	Glibenclamide Glipizide Gliclazide Glimepride	• 췌장 β-cell insulin 분비 증가 • β-cell의 K-ATP channel 닫음	1.0~2.0	60~70	• 저혈당, 체중증가, 관절통, 요통 • 지속시간 긴 편
Biguanide계	Metformin	• Insulin 분비에 영향 없음 • 간 당생성 감소 • 말초 인슐린 감수성 개선 • AMPK 작용	1.0~1.5	60~70	• 체중증가 • 저혈당 없음 • 위장장애, 젖산증 • Vitamin B_{12}↓
α-glucosidase inhibitor	Acarbose Voglibose	• 상부 위장관 당 흡수 지연·저하 • 소장 maltase, sucrase 활성 억제	0.5~1.0	20~30	• 체중증가 • 저혈당 없음 • 위장장애 • 식후혈당 조절
Thiazolidinedione	Pioglitazone Rosiglitazone	• Insulin 분비에 영향 없음 • 말초 인슐린 감수성 개선 • PPR-γ 작용	0.5~1.4	35~40	• 체중증가, 부종, 골절, 심부전, 혈색소 감소
Meglitinide	Repaglinide Nateglinide Mitiglinide	• 췌장 β-cell insulin 분비 증가 • Insulin 분비는 SU와 비슷	0.5~1.5	60~70	• 체중증가, 저혈당, 변비, 상기도감염 • 작용발현 빠르고, 지속시간 짧아 저혈당위험 SU보다 낮음 • 식후혈당 감소
DPPIV-inhibitor	Sitagliptin Vildagliptin Saxagliptin Linagliptin Gemigliptin	• Incretin 분해효소인 DPP-4 억제 • GLP-1, GIP 활성 증가 • 혈중 포도당 의존적인 인슐린 분비 • 식후 glucagon 분비 억제	0.5~1.0		• 체중증가 • 저혈당 없음 • 신질환, 장기 사용 시 안전성 미확보
SGLT-2 inhibitor	Dapagliflozin Empagliflozin	• 신장에서 당 재흡수 억제 • 소변으로 당 배출	0.5~1.0		• 중등도 이상의 신장애 시 권장하지 않음 (eGFR<60 mL/min/1.73m²)

국내에서 유통 중인 인슐린의 종류와 특성

인슐린 종류(상품명)		작용시작	최고작용	작용시간
식사 시 인슐린	속효성인슐린유사체			
	-인슐린아스파르트(NovoRapid)	10~15분	1~1.5시간	3~5시간
	-인슐린리스프로(Humalog)	10~15분	1~2시간	3.5~4.75시간
	-인슐린글루리진(Apidra)	10~15분	1~1.5시간	3~5시간
	속효성인슐린 -휴물린R	30분	2~3시간	6.5시간
기저 인슐린	중간형 인슐린 -휴물린N	1~3시간	5~8시간	13시간까지
	장시간형 기저인슐린 유사체			
	-인슐린 디터미어(Levemir)	90분	없음	16~24시간
	-인슐린 글라르진(lantus)			24시간
	-인슐린 디글루텍(Tresiba)	60~90분	없음	42시간 이상
	-인슐린 글라-300(Toujeo)	6시간	없음	36시간 이상
혼합형 인슐린	혼합형 속효성 인슐린 -NPH 70/30 (휴물린 70/30, 믹스타르 70/30) -노보믹스 70/30, 50/50 -휴마로그 믹스 75/25, 50/50	유리 용기(바이알) 또는 펜형 인슐린 안에 고정 비율의 인슐린이 섞여 있는 형태 (속효성 인슐린 또는 속효성 인슐린 유사체와 중간형 인슐린)		

Ⅳ. 임상영양관리의 예 : 아토피피부염

아토피피부염은 우리나라 국민의 1백만 명 이상이 앓고 있는 질환이며, 영아의 약 25%가 한 번은 앓고 병원을 내원하는 것으로 보고된 질환이다. 아토피피부염 아동은 병원뿐 아니라 보건소에서 흔히 접할 수 있으며, 식품알레르기를 동반하는 경우가 많아 영양상담의 요구도가 높다. 아토피피부염은 나이, 식품알레르기 동반 여부, 임의 식이제한의 정도 등에 따라 목표를 달리하여 관리를 하여야 한다.

대상환자

1. 식품알레르기로 진단된 아토피피부염 환아: 식품 알레르기로 인해 식품제한이 필요하여 식품제한에 대한 교육과 대체식품을 선택하는 방법에 대한 교육이 필요한 환자
2. 식품알레르기가 의심되는 12개월 미만의 아토피피부염 환아: 12개월 미만의 중등도 이상의 아토피피부염 환아로 식품알레르기 확진 전이지만 식품알레르기가 의심되어 저항원 분유 수유 및 이유식 식품제한이 필요한 환자
3. 임의 식이제한으로 영양불량이 의심되는 아토피피부염 환아: 식품알레르기가 없음에도 불구하고 아토피피부염 악화가 염려되어 식품을 제한하고 있는 환자

목표관리

1. 식품알레르기와 연관된 아토피피부염 환아: 철저한 원인식품 제한으로 식품알레르기로 인한 아토피피부염 증상 악화 예방, 원인식품 제한에 따른 영양관리 모니터링
2. 식품제한 중인 아토피피부염 환아: 필요에 의한 제한과 임의 제한을 포함하여 식품제한으로 인한 영양불균형을 예방, 심층적 영양평가 및 상담 관리

업무지침

1. 상담유형 구분 : 식품제한 모니터링 유형과 심층적 영양평가가 필요한 유형으로 구분한다.

2. 유형에 따라 각 단계별 업무 목표를 달리하여 진행한다.
3. 심층적 영양평가가 필요한 경우 24시간 회상법 및 식품섭취빈도 조사를 통해 정확한 영양섭취 상태를 평가한다. 영양소 섭취 분석, 수유/이유식/식사패턴 평가, 식사처방, 추구관리 계획이 포함된 영양상담 기록지를 작성하여 환자들에게 제공한다.
4. 영양섭취 분석뿐 아니라 식품군별 섭취 균형도를 평가하여 특정 식품군에 편중되어 영양소를 섭취하고 있는지를 평가한다.
5. 상담 중 새롭게 발견되는 식품 문제에 대해서는 의사에게 보고한다.
6. 검사를 통해 확인할 수 없는 식품알레르기인 경우 식사일지를 작성하도록 하고 의사와의 협의를 통해서 원인식품에 대한 판단을 한다.
7. 원인식품 제한을 위한 모니터링의 경우 환자가 충분히 이해하고 실천할 때 까지 지속적으로 상담을 한다.
8. 영양상담 시행 시마다 그 내용을 환자 의무기록에 기재한다.

업무과정 개요

업무 구분	세부 내용	
	식품제한 모니터링	심층적 영양평가
1. 환자 정보수집 및 인터뷰	주관적/객관적 임상자료 및 영양정보 수집	
2. 영양판정 및 영양진단 / 식품알레르기 판단	수집된 자료를 근거로 • 환자의 성장발육 및 영양 상태를 평가하고 영양적인 문제점을 진단 • 식품알레르기 원인식품을 판단 (심층적 영양평가가 필요한 경우 24시간 회상법이나 식품섭취빈도조사를 통해 정확한 영양섭취 상태 평가)	
3. 영양 및 식품제한 계획과 중재 – 영양 및 식품알레르기 교육 상담 실시	식품알레르기 및 영양진단 결과를 토대로 식품알레르기 관리와 영양문제 해결을 위한 적절한 영양계획 및 식품제한 계획을 수립하고 그 내용에 따라 환자와 보호자에게 영양 및 식품알레르기 교육 상담 수행 (심층적 영양평가를 한 경우는 영양상담 기록지를 작성하여 제공)	
4. 모니터링 및 평가	외래에서 재평가 및 지속교육 • 식품알레르기 진단 후 식품제한 수행 여부 판단 • 영양중재 후 영양상태 재평가 및 진단된 영양문제의 개선정도 파악 • 계획된 영양중재 방법의 지속/수정/종료 여부 결정	
5. 의무기록	3항 및 4항 수행 후 시행 내용에 대하여 의무기록 함으로써 의료진과의 정보공유 및 의사소통	

영양교육 및 상담 단계별 업무절차(protocol)

1단계 : 환자 정보수집 및 인터뷰

업무 구분	세부 내용	비고
식품알레르기 및 식사 관련 정보	• 과거 및 현재 식사 관련 정보 - (영유아) 수유형태 (모유/분유) - (유아) 이유식 도입 시기 및 방법 - 환아의 식행동 - 부모의 식사 모델링 및 식사지도 방법 - 24시간 회상법/식품섭취빈도 조사 • 알레르기 관련 식품반응 및 제한 - 식품알레르기 반응 경험 여부 - 아토피피부염 개선을 위한 식품제한 여부 및 제한 지속기간, 식품 제한 근거 - 아토피피부염 개선을 위한 건강기능식품/민간요법 사용여부	의무기록 검토 식사일지 검토 식행동 평가기록 검토 환자/보호자 면담
신체계측 자료 임상관련 정보	• 신체계측: 성장발육상태 확인-신장, 체중, 체중변화, 성장률/백분위수 • 알레르기 가족력 • 아토피피부염 시작 시기 • 아토피피부염 중증도 • 복용중인 처방/비처방 약물 및 한약	의무기록 검토 환자/보호자 면담
생화학 검사자료	• 일반검사 결과(기본) Protein/Albumin Hb/Hct WBC/Lym Liver Function Test 등 • 식품알레르기 검사 피부단자검사 식품 특이 IgE: CAP or MAST 식품유발검사 • 아토피피부염 관련 검사 결과 중증도(SCORAD score) 피부 수분도 측정 결과	의무기록 검토

2단계 : 영양판정 및 영양진단/ 식품알레르기 판단

업무 구분	세부 내용	비고
식사/ 영양/ 식행동평가	• 평소 식사 섭취상태 파악 : 식품종류, 식사패턴, 제한식품 등 12개월 미만의 영아의 경우 이유식 진행, 도구사용 능력, 섭식관련 기능 등 • 환아와 보호자(어머니)의 식행동 파악: 식행동 관련 기질, 엄마의 모델링, 식사훈육의 강제정도 • 심층적 영양평가 : 24시간 회상법 및 식품섭취빈도 조사를 통해 정확한 영섭취상태 분석 • 식품군별 섭취 균형도 평가 • 식습관 및 영양섭취정도를 근거로 평소/현재 식사섭취의 적절성 평가 • 12개월 미만의 영아의 경우 이유식 진행의 적절성 평가 • 식품제한에 따른 영양불량이 있는지 평가 • 식사시간에 나타나는 아기와 엄마와의 상호작용 평가	식행동평가 도구 사용 영양분석프로그램 사용
성장 및 임상평가	• 성장발육상태 평가(연령에 따른 키, 체중상태) • 질환 및 치료 과정으로 인해 성장발육 및 영양 상태에 영향을 미치는지에 대한 평가 • 대상 연령층에서 흔히 보이는 영양관련 문제 평가	성장발육곡선 등을 이용하여 평가
아토피피부염 평가	• 아토피피부염의 중증도 평가(부종, 수면장애, 진물에 의한 알부민 손실 등 영양이나 성장에 미칠 수 있는 질환의 정도 평가)	
식품알레르기 평가	• 식품알레르기 검사 결과 평가 : 식품알레르기 특이 IgE 수치 정도 • 식품알레르기 증상 분류 : 아토피피부염 이외에 나타나는 임상증상을 평가하고 증상의 위급성을 분류 • 제한해야 할 식품과 식품제한으로 나타날 수 있는 제반 문제 평가(대체식품, 영양문제, 삶의 질 등)	아나필락시스 위급도 이용
영양진단	• 영양판정 결과를 토대로 영양문제 진단 • 영양문제의 원인 또는 기여하는 위험요인 명시 • 영양문제 관련 객관적/주관적 징후 또는 증상 * 영양문제 분류 - 식품 및 영양섭취 관련 : 식품의 다양성, 에너지 및 단백질 등 영양 섭취량 등 - 알레르기 관련 : 발육상태를 초래하는 아토피피부염 증상의 중증도 등 - 환경이나 환자의 태도 관련 : 보호자의 무관심, 환아의 식사거부 등	
우선순위 결정	• 영양문제 및 식품알레르기의 심각성, 안전성, 환자/보호자 요구 등을 고려하여 우선적으로 해결해야 할 문제 순위 결정 • 환자/가족 및 의료진과 함께 진단된 영양 및 식품 알레르기 문제에 대한 해결접근방안 논의	

3단계 : 영양 및 식품제한 계획과 중재 - 영양 및 식품알레르기 교육 상담 실시

업무 구분	세부 내용	비고
영양 및 식품제한 계획	〈영양관리의 목표〉 • 식품알레르기와 연관된 아토피피부염 환아 : 철저한 원인식품 제한으로 식품알레르기로 인한 아토피피부염 증상 악화 예방, 원인식품 제한에 따른 영양관리 모니터링 • 식품제한 중인 아토피피부염 환아 : 필요에 의한 제한과 임의제한을 포함하여 식품제한으로 인한 영양불균형을 예방, 심층적 영양평가 및 상담 관리 〈영양 및 식품제한 계획 수립〉 • 아토피피부염 치료 목표에 따른 상담계획 설정 • 식품알레르기로 인한 아토피 피부염의 증상 악화를 최소화하면서 정상적인 성장발달을 위한 영양필요량 산정 • 식품알레르기 진단에 따른 식품제한 시 영양공급방법 결정(대체식품, 특수분유 섭취) • 지속적인 영양관리를 위한 환자/보호자 영양상담 계획	
영양중재 내용 - 영양 및 식품알레르기 교육 상담 실시	〈식품제한 모니터링〉 • 식품알레르기 원인 식품에 대한 철저한 제한 • 식품성분표, 영양표시 확인 교육 • 식품제한에 따른 대체식품을 선택하는 방법에 대한 교육 • 모유 수유 시 엄마의 식품제한 교육 • 식사일지 작성을 통한 식품에 대한 알레르기 반응을 꾸준히 관찰하도록 교육 〈심층적 영양평가 및 상담〉 • 1일 영양소 필요량 설명(영양상태 및 성장발달에 필요한 환아 연령의 영양섭취 기준량 또는 산정된 환아의 영양필요량과 비교) • 무분별한 식품제한으로 환아의 영양불량 예방을 위한 올바른 섭취량 교육 • 식사패턴 분석을 통한 식품군별 균형적인 섭취 중요성 설명 • 12개월 미만의 영아의 경우 전반적인 이유식의 진행 순서와 방법 설명 • 올바른 수유/이유방법 교육(야간수유 중단, 젖병 떼기, 이유식 시작 시기 등) • 건강 식생활 실천이 가능한 환경조성, 부모와 자녀 유대감 형성의 중요성 설명 • 전반적인 모자 영양교육상담	
제공 자료	• 식품과 알레르기 관련 자료 • 연령별 맞춤 식단 제시 • 영양상담 기록지(심층적 영양평가 결과지)	

4단계 : 모니터링 및 평가

업무 구분	세부 내용	비고
관찰 기본자료	• 식사 적응도와 섭취량 • 환아의 성장발육 및 영양 상태 • 생화학 검사자료 • 임상경과자료	
식사 관련 정보	• 수유형태(모유/분유) 변화, 이유식 진행 상태 평가 • 식행동 변화 파악 • 식품알레르기 진단 후 식품제한 수행 여부 파악, 원인식품의 아토피 피부염 outgrow 추적 관찰 • 현재 식사 및 영양소 섭취량 파악 • 현재 소화기계의 문제점: 식욕부진/구토 • 배변상태와 식사 시 문제점 • 복용하는 약물이나 건강기능식품/민간요법 여부 변화 확인 • 식품과 영양관련 지식, 신념 및 실천 의지 재평가	의무기록 검토
신체계측자료	• 신장, 체중, 체질량지수 • 체중변화 평가 • 성장발육상태 모니터링(성장률/백분위수)	의무기록 검토
임상경과자료	• 아토피피부염 치료 경과 • 식품알레르기 진단 확진 여부 • 식품알레르기 검사 결과 추후 확인 • 약물치료 • 기타	의무기록 검토
영양교육 및 상담 재실시	• 영양중재에 대한 환자/보호자의 이해 및 실천정도 확인 • 식습관 및 식행동의 올바른 변화, 식품선택의 적절성, 적정 영양상태 유지 확인 • 긍정적/부정적 결과 파악 • 이외 모니터링 결과 나타난 문제점 상담 • 미흡한 실행 부분에 대한 더 많은 정보제공 관리 • 기대결과를 토대로 영양중재 방법의 지속/수정/종료 여부 결정 • 추후 영양중재 계획에 대한 의료진과의 커뮤니케이션	환자/보호자 면담

5단계 : 의무기록 작성

업무 구분	세부 내용	비고
주관적 자료	• 질병 과거력, 제한하고 있는 식품 • 체중변화 유무 및 이유 • 식습관, 기호도, 식사요법의 시행여부 • 식사력 조사, 식생활의 문제점 • 수유형태 (모유/분유), 이유식 진행 상태 • 기타 영양과 관련한 주관적 정보	
객관적 자료	• 성별/연령 • 신장, 체중, 체중변화, 성장률/백분위수 • 생화학검사 결과(영양불량, 빈혈 등) • 영양소 섭취량 조사결과(에너지, 단백질, 철분, 칼슘, 비타민 등)	
영양판정 및 진단	• 영양상태 판정 –신체계측에 대한 평가: 체중변화, 성장발육상태 –생화학검사 평가: 영양불량, 빈혈, 면역관련 판정 –식품알레르기 진단 평가: 제한식품 여부 –식습관 및 식사섭취량 평가 • 영양소 필요량 결정(영양상태 및 성장발달에 필요한 환아 연령의 영양섭취 기준량 참고) • 식사 섭취 정도 평가 –영양소 섭취량과 필요량 비교 –권장량의 적절성 평가 –식행동 변화의 필요성 평가 –제한식품에 따른 대체식품 선택 확인 • 영양진단 –영양문제, 발생원인, 환자의 현재 상태 기술(PES형태로 기술: problem, etiology, symptom)	
영양계획 및 교육내용	• 식사중재내용 기록: 환자의 영양 상태와 문제점, 식행동 변화에 따른 계획 • 영양관리 및 교육 내용 • 환자에게 제공된 자료 • 환자의 이해도, 실천의지 여부 등	

V. 이상지질혈증 환자를 위한 식품성분표

식품 중 지방산 함량비

육류

식품명	1교환 단위	TF	S	M	P
쇠갈비	40	5.97	2.58	3.25	0.14
쇠안심	40	5.62	2.45	3.02	0.16
쇠간	40	0.82	0.37	0.19	0.26
돼지등심	40	9.32	3.98	4.33	1.01
삼겹살	40	14.49	6.19	6.72	1.58
돼지간	40	0.71	0.31	0.10	0.30
베이컨	40	14.53	5.93	7.18	1.42
소시지	40	9.17	3.53	4.40	1.24
햄	40	4.78	1.98	2.26	0.55
닭가슴살	40	0.69	0.22	0.33	0.13
닭간	40	0.70	0.28	0.17	0.25
오리고기	40	10.4	3.18	5.60	1.57
토끼고기	40	1.80	0.76	0.52	0.52

어패류

식품명	1교환 단위	TF	S	M	P
갈치	50	2.46	0.85	1.05	0.57
고등어	50	6.75	1.98	2.70	2.07
꽁치	50	6.60	1.47	3.31	1.83
대구	50	0.11	0.03	0.02	0.07
멸치	15	0.63	0.22	0.18	0.23
무지개송어	50	3.17	0.83	1.22	1.12
방어	50	6.24	2.20	2.17	1.88
연어	50	3.16	0.75	1.52	0.89
장어(갯장어)	50	4.90	1.63	1.53	1.74
전어	50	3.25	1.10	1.21	0.94
청어	50	7.07	1.68	4.04	1.35
전복	70	0.08	0.03	0.02	0.03

유지류

식품명	1교환 단위	TF	S	M	P
돼지기름	5	95.30	39.50	45.50	10.30
땅콩기름	6	5.84	1.30	2.49	2.05
마가린	5	4.67	1.31	1.97	1.34
면실유	5	5.65	1.32	1.08	3.25
버터	5	4.49	3.09	1.25	0.15
쇠기름	5	95.11	45.51	46.21	3.39
쇼트닝	5	4.73	1.68	2.43	0.31
옥수수기름	5	4.69	0.63	1.63	2.44
올리브기름	5	4.70	0.62	3.56	0.53
참기름	5	4.69	0.71	1.85	2.13
콩기름	5	4.73	0.70	1.16	2.87
코코넛기름	5	4.67	4.25	0.33	0.10
팜유	5	4.73	2.38	1.88	0.47

난류, 두류

식품명	1교환 단위	TF	S	M	P
전란	55	5.01	1.73	2.40	0.88
달걀노른자	25	6.34	2.19	3.04	1.12
메추라기알	40	3.90	1.48	1.80	0.61
강낭콩	20	0.24	0.05	0.04	0.16
완두콩	20	0.28	0.05	0.09	0.14
팥	30	0.27	0.07	0.02	0.17
두부	80	3.50	0.70	0.82	1.98

유제품류 및 기타

식품명	1교환 단위	TF	S	M	P
우유	200	6.38	4.34	1.82	0.22
치즈	30	7.02	4.18	2.05	0.17
문어	70	0.17	0.05	0.02	0.10
새우	50	0.12	0.03	0.04	0.05
오징어	50	0.20	0.07	0.02	0.11

종실류 및 견과류

식품명	1교환 단위	TF	S	M	P
땅콩	10	4.82	0.91	2.40	1.52
아몬드	8	4.16	0.34	2.81	1.01
은행	60	0.51	0.08	0.20	0.22
잣	8	4.53	0.40	1.35	2.78
참깨	8	3.91	0.60	1.52	1.79
해바라기씨	8	4.25	0.44	0.81	3.00
피스타치오	8	5.39	0.56	0.82	4.01

식품 100 g당 콜레스테롤 함량(mg)

	알류, 육류 및 가공품	어류 및 가공품	어패류	젓갈류	우유 및 유제품	유지류	빵류 및 스낵류
0~50	미트볼(냉동), 돈가스 24~26 선지 34 개고기 44 한우(우둔, 사태) 47~49 햄 50	어육햄 14 어묵(찜) 21 전어 31 맛살 39	해삼 0 한치 1.5 해파리 10 미더덕 21 대합, 홍합 47.5~49	조개젓 44	요구르트(호상) 8 우유 11 분유(탈지) 20 연유(가당) 28 아이스크림 25.0~47	팜유 2 쇼트닝 34	라면 2 초콜릿 14 식빵 15 햄버거, 피자 26~27 페이스트리 46
51~100	칠면조, 양고기 50~53 삼겹살, 소시지 55~60 한우(등심) 64 베이컨 71 오리고기 89 토끼고기 100	농어, 아귀 54 연어, 꽁치 60~64 갯장어, 대구 75~77 임연수어, 고등어 81~82 갈치, 조기 84~87 가자미 100	모시조개 53 멍개 67 참굴, 맛조개 74~75 재치조개 76 석굴 95	어리굴젓 54	치즈(모짜렐라) 73 치즈(체다) 75 분유(전지) 90	쇠기름 92 돼지기름 93 마요네즈 96	약과 71 파운드케이크 89 슈크림 97
101~200	쇠고기(심장) 118 돼지고기(심장) 139 쇠고기(소장) 174	미꾸라지 164 연어(훈제) 177	낙지, 꽃게 104~105 바다소라 106 골뱅이(통조림) 113.9 문어, 전복 128~136 새우(중하) 159	멸치젓 109 멸치액젓 134 새우젓 138.5 창란젓 165	크림(45% 유지방) 108 산양유 114		팥도넛 110 크로켓 170
201~300	쇠고기(천엽) 215 쇠고기(간장) 247	민물장어 218 바다장어 256 캐비어 258	오징어(생) 228 꼴뚜기 241 새우(대하) 296	꼴뚜기젓 239	버터 261		카스텔라 258
301 이상	돼지(간장) 304 달걀(전란) 475 메추라기알(전란) 603 오리알(전란) 631 쇠고기(머리골) 2,248	연어(알) 346 명태(알) 387 잔멸치 557 대구포 563 뱅어포 834	문어(건) 549 오징어(건) 847 꼴뚜기(건) 1,201	명란젓 350			

VI. 신장질환자를 위한 식품교환표

<table>
<tr><th colspan="2"></th><th>단백질(g)</th><th>나트륨(mg)</th><th>칼륨(mg)</th><th>인(mg)</th><th>에너지(kcal)</th></tr>
<tr><td colspan="2">곡류군</td><td>2</td><td>2</td><td>30</td><td>30</td><td>100</td></tr>
<tr><td colspan="2">어육류군</td><td>8</td><td>50</td><td>120</td><td>90</td><td>75</td></tr>
<tr><td rowspan="3">채소군</td><td>1</td><td rowspan="3">1</td><td rowspan="3">미량</td><td>100</td><td rowspan="3">20</td><td rowspan="3">20</td></tr>
<tr><td>2</td><td>200</td></tr>
<tr><td>3</td><td>400</td></tr>
<tr><td colspan="2">지방군</td><td>0</td><td>0</td><td>0</td><td>0</td><td>45</td></tr>
<tr><td colspan="2">우유군</td><td>6</td><td>100</td><td>300</td><td>180</td><td>125</td></tr>
<tr><td rowspan="3">과일군</td><td>1</td><td rowspan="3">미량</td><td rowspan="3">미량</td><td>100</td><td rowspan="3">20</td><td rowspan="3">50</td></tr>
<tr><td>2</td><td>200</td></tr>
<tr><td>3</td><td>400</td></tr>
<tr><td colspan="2">에너지보충군</td><td>0</td><td>3</td><td>20</td><td>5</td><td>100</td></tr>
</table>

자료 : 대한영양사협회, 대한신장학회, 1997

- 칼륨은 대부분의 식품에 들어 있는 무기질로서 포타슘으로도 부른다. 칼륨은 체내에서 근육과 신경의 정상적인 활동(특히 심장운동)에 관여하고 있다. 따라서 혈중의 칼륨 농도는 매우 중요하다. 만일 혈중의 칼륨량이 정상보다 많아지면 심장근육이 약해지고 박동이 느려져 결국 심장마비까지도 초래할 수 있다.
- 인은 칼슘과 함께 체내의 뼈를 구성하는 중요한 무기질이며, 일부는 혈중에 존재하면서 신경과 근육운동을 도와준다. 혈중의 칼슘과 인은 마치 시소처럼 한쪽이 올라가면 다른 쪽은 낮아지면서 균형을 맞추려 한다. 신장의 기능이 떨어진 경우 혈중의 인이 올라가면 칼슘이 낮아지고, 낮아진 혈중 칼슘 수치를 회복하려고 뼈에 칼슘이 빠져나오게 된다. 따라서 혈중 인을 정상적으로 유지하지 못하면 뼈가 약해져 쉽게 골절이 초래된다.
- 나트륨은 체액을 조절하는 중요한 무기질로서 소디움이라고도 한다. 나트륨이 포함된 대표적 식품으로는 염화나트륨(NaCl), 즉 소금이 있다. 나트륨이란 성분은 체내에서 스펀지와 같이 물을 빨아들여 혈액량을 증가시키는 경향이 있는데, 혈액량이 증가되면 신장에서는 많아진 나트륨과 수분을 즉시 소변을 통해 몸 밖으로 배출하게 된다. 그러나 신장이 나빠지면 이러한 기능이 떨어져 증가된 혈액으로 인해 혈액이 올라가고 부종이 생기게 되는 것이다.

1. 곡류군

1교환단위의 영양소 향량	단백질(g)	나트륨(mg)	칼륨(mg)	인(mg)	에너지(kcal)
	2	2	30	30	100

식품명	무게(g)	목측량	식품명	무게(g)	목측량
쌀밥	70	1/3공기	가래떡	50	썰은 것 11개
*국수(삶은 것)	90	1/2공기	백설기	40	6×2×3 cm
*식빵	35	1쪽	인절미	50	3개
백미	30	3큰술	절편(흰떡)	50	2개
찹쌀	30	3큰술	카스텔라	30	6.5×5×4.5 cm
밀가루	30	5큰술	크래커	20	5개
마카로니(건)	30		콘플레이크	30	3/4컵

*단백질과 나트륨 함량이 높으므로 1일 1회 이하로 섭취 제한

주의식품 : 칼륨, 인 함량이 높음

식품명	무게(g)	목측량	식품명	무게(g)	목측량
감자†‡	180	대 1개	호밀†	30	3큰술
고구마†	100	중 1/2개	밤(생)‡	60	중 6개
토란†‡	250	2컵	은행†‡	60	
검정쌀†‡	30	3큰술	메밀국수(마른 것)†	30	
보리쌀†	30	3큰술	메밀국수(삶은 것)‡	90	
현미쌀†‡	30	3큰술	시루떡†	50	
보리밥†	70	1/3공기	보리미숫가루‡	30	5큰술
현미밥†‡	70	1/3공기	빵가루‡	30	
녹두†‡	30	3큰술	오트밀†‡	30	1/3컵
율무†‡	30	3큰술	핫케이크가루‡	25	
차수수†‡	30	3큰술	옥수수†‡	50	1/2개
차조†‡	30	3큰술	팝콘†	20	
팥(붉은 것)†‡	30	3큰술			

†칼륨 > 60 mg ‡인 ≥ 60 mg

2. 어육류군

1교환단위의 영양소 향량	단백질(g)	나트륨(mg)	칼륨(mg)	인(mg)	에너지(kcal)
	8	50	120	90	75

식품명	무게(g)	목측량	식품명	무게(g)	목측량
고기류			북어	10	중 1/4토막
쇠고기	40	로스용 1장 (12×10.3 cm)	새우	40	중하 3마리, 보리새우 10마리
돼지고기	40	로스용 1장(12×10.3 cm, 탁구공 크기)	△문어	50	1/3컵
닭고기	40	소 1토막(탁구공 크기)	△물오징어	50	중 1/4마리(몸통)
개고기	40	소 1토막(탁구공 크기)	△꽃게	50	중 1/2마리
쇠간	40	1/4컵	△굴	70	1/3컵
쇠갈비	40	소 1토막	△낙지	70	1/2컵
우설	40	1/4컵	전복	70	중 1마리
돼지족, 돼지머리, 삼겹살	40	썰어서 4쪽(3×3 cm)	알류 및 콩류		
쇠곱창	60	1/2컵	달걀	60	대 1개
쇠꼬리	60	소 2토막	메추리알	60	5개
생선류			두부	80	1/6모
각종 생선류	40	소 1토막	순두부	200	1컵
건어물			연두부	150	1/2개
뱅어포	10	1장			

△소금이 많으므로 물에 담가 소금을 충분히 뺀 후 사용

주의식품 : 칼륨, 나트륨 함량이 높음

식품명	무게(g)	목측량	식품명	무게(g)	목측량
검정콩§	20	2큰술	치즈†	40	2장
노란콩§	20	2큰술	잔멸치(건)†	15	1/4컵
햄(로스)†	50	1쪽(8×6×1 cm)	건오징어†	15	중 1/4마리(몸통)
런천미트†	50	1쪽(5.5×4×2 cm)	조갯살†	70	1/3컵
프랑크소시지†	50	1.5개	깐홍합†	70	1/3컵
생선통조림†	40	1/3컵	어묵†	80	

†칼륨≥200 mg §나트륨≥250 mg

3. 채소군

채소군 1(칼륨 저함량)

1교환단위의 영양소 향량	단백질(g)	나트륨(mg)	칼륨(mg)	인(mg)	에너지(kcal)
	1	미량	100	20	20

식품명	무게(g)	목측량	식품명	무게(g)	목측량
달래	30	생 1/2컵	양파	50	익혀서 1/2컵
당근	30	생 1/2컵	양배추	50	익혀서 1/2컵
김	2	1장	가지	70	익혀서 1/2컵
깻잎	20	20장	고비(삶은 것)	70	익혀서 1/2컵
풋고추	20	중 2~3개	고사리(삶은 것)	70	익혀서 1/2컵
표고(생)	30	중 5개	무	70	익혀서 1/2컵
더덕	30	중 2개	숙주	70	익혀서 1/2컵
치커리	30	중 12잎	오이	70	익혀서 1/2컵
배추	70	소 3~4장	죽순(통)	70	익혀서 1/2컵
양상추	70	중 3~4장	콩나물	70	익혀서 1/2컵
마늘쫑	40	익혀서 1/2컵	피망	70	익혀서 1/2컵
파	40	익혀서 1/2컵	녹두묵	100	1/4모
팽이버섯	40	익혀서 1/2컵	메밀묵	100	1/4모
냉이	50	익혀서 1/2컵	도토리묵	100	1/4모
무청	50	익혀서 1/2컵			

채소군 2(칼륨 중함량)

1교환단위의 영양소 향량	단백질(g)	나트륨(mg)	칼륨(mg)	인(mg)	에너지(kcal)
	1	미량	200	20	20

식품명	무게(g)	목측량	식품명	무게(g)	목측량
무말랭이	10	불려서 1/2컵	우엉	50	익혀서 1/2컵
두릅	50	3개	풋마늘	50	익혀서 1/2컵
상추	70	중 10장	고구마순	70	익혀서 1/2컵
셀러리	70	6 cm 길이 6개	느타리*	70	익혀서 1/2컵
케일	70	10 cm 길이 10장	열무	70	익혀서 1/2컵
도라지	50	익혀서 1/2컵	애호박	70	익혀서 1/2컵
연근	50	익혀서 1/2컵	중국부추	70	익혀서 1/2컵

*인 함량이 많음

채소군 3(칼륨 고함량)

1교환단위의 영양소 함량	단백질(g)	나트륨(mg)	칼륨(mg)	인(mg)	에너지(kcal)
	1	미량	400	20	20

식품명	무게(g)	목측량	식품명	무게(g)	목측량
양송이	70	중 5개	쑥	70	익혀서 1/2컵
고춧잎	50	익혀서 1/2컵	쑥갓	70	익혀서 1/2컵
아욱	50	익혀서 1/2컵	시금치	70	익혀서 1/2컵
근대	70	익혀서 1/2컵	죽순	70	익혀서 1/2컵
머위	70	익혀서 1/2컵	취	70	익혀서 1/2컵
물미역	70	익혀서 1/2컵	단호박	100	익혀서 1/2컵
미나리	70	익혀서 1/2컵	늙은호박*	150	익혀서 1/2컵
부추	70	익혀서 1/2컵			

*인 함량이 많음

4. 지방군

1교환단위의 영양소 향량	단백질(g)	나트륨(mg)	칼륨(mg)	인(mg)	에너지(kcal)
	0	0	0	0	45

식품명	무게(g)	목측량	식품명	무게(g)	목측량
들기름	5	1작은술	카놀라유	5	1작은술
미강유	5	1작은술	쇼트닝	5	1.5작은술
옥수수기름	5	1작은술	마가린	6	1.5작은술
유채기름	5	1작은술	버터	6	1.5작은술
콩기름	5	1작은술	마요네즈	7	1.5작은술
참기름	5	1작은술			

주의식품 : 단백질, 인, 칼륨 함량이 높음

식품명	무게(g)	목측량	식품명	무게(g)	목측량
베이컨	7	1조각	참깨	8	1큰술
땅콩	10	10개(1술)	피스타치오	8	10개
아몬드	8	7개	해바라기씨	8	1큰술
잣	8	1큰술	호두	8	대 1개 또는 중간 것 1.5개

5. 우유군

1교환단위의 영양소 향량	단백질(g)	나트륨(mg)	칼륨(mg)	인(mg)	에너지(kcal)
	6	100	300	180	125

식품명	무게(g)	목측량	식품명	무게(g)	목측량
요구르트(액상)°	300	1½컵 (100 g 포장단위 3개)	두유	200	1컵
요구르트(호상)°	200	1컵 (100 g 포장단위 2개)	연유(가당)°	60	1/2컵
우유	200	1컵	조제분유	25	5큰술
락토우유	200	1컵	아이스크림°°	150	1컵
저지방우유(2%)	200	1컵			

1컵＝200 mL

°요구르트나 연유(가당)는 1교환단위의 에너지가 기준치의 1.5배다.

°°아이스크림은 1교환단위의 에너지가 기준치의 2.5배이다.

6. 과일군

과일군 1(칼륨 저함량)

1교환단위의 영양소 향량	단백질(g)	나트륨(mg)	칼륨(mg)	인(mg)	에너지(kcal)
	미량	미량	100	20	50

식품명	무게(g)	목측량	식품명	무게(g)	목측량
귤(통)	80	18알	자두	80	대 1개
금귤	60	7개	파인애플	100	중 1쪽
단감	80	중 1/2개	파인애플(통)*	120	대 1쪽
연시	80	소 1개	포도	100	19개
레몬	80	중 1개	깐포도(통)*	100	
사과	100	중 1/2개	프루츠칵테일(통)*	100	
사과주스	100	1/2컵			

*과일 통조림은 시럽 제외

과일군 2(칼륨 중함량)

1교환단위의 영양소 향량	단백질(g)	나트륨(mg)	칼륨(mg)	인(mg)	에너지(kcal)
	미량	미량	200	20	50

식품명	무게(g)	목측량	식품명	무게(g)	목측량
귤	100	중 1개	살구	150	3개
다래	80		수박	200	1쪽
대추(건)	20	8개	오렌지	150	중 1개
대추(생)	60	8개	오렌지주스	100	1/2컵
배	100	대 1/4개	자몽	150	중 1/2개
딸기	150	10개	파파야	100	
백도	150	중 1/2개	포도(거봉)	100	11개
황도	150	중 1/2개			

과일군 3(칼륨 고함량)

1교환단위의 영양소 향량	단백질(g)	나트륨(mg)	칼륨(mg)	인(mg)	에너지(kcal)
	미량	미량	400	20	50

식품명	무게(g)	목측량	식품명	무게(g)	목측량
곶감	50	중 1개	천도복숭아	200	소 2개
멜론(머스크)	120	1/8개	키위	100	대 1개
바나나	120	중 1개	토마토	250	대 1개
앵두	120		체리토마토	250	중 20개
참외	120	소 1/2개			

7. 에너지보충군

1교환단위의 영양소 향량	단백질(g)	나트륨(mg)	칼륨(mg)	인(mg)	에너지(kcal)
	0	3	20	5	100

식품명	무게(g)	식품명	무게(g)
과당	25	양갱	35
꿀	30	엿	30
녹말가루	30	물엿	30
당면	30	젤리	30
마멀레이드	40	잼	35
사탕	25	캐러멜	25
설탕	25	칼로리-S	25

주의식품 : 칼륨, 인 함량이 높음

식품명	무게(g)	식품명	무게(g)
초콜릿	20	황설탕	25
흑설탕	25	로열젤리	80

VII. 2020 한국인 영양소 섭취기준 요약

2020 한국인 영양소 섭취기준 연령·체위기준

연령	2020 체위기준					
	신장(cm)		체중(kg)		BMI(kg/m²)	
0~5(개월)	58.3		5.5		16.2	
6~11	70.3		8.4		17.0	
1~2(세)	85.8		11.7		15.9	
3~5	105.4		17.6		15.8	
	남자	여자	남자	여자	남자	여자
6~8(세)	124.6	123.5	25.6	25.0	16.7	16.4
9~11	141.7	142.1	37.4	36.6	18.7	18.1
12~14	161.2	156.6	52.7	48.7	20.5	20.0
15~18	172.4	160.3	64.5	53.8	21.9	21.0
19~29	174.6	161.4	68.9	55.9	22.6	21.4
30~49	173.2	159.8	67.8	54.7	22.6	21.4
50~64	168.9	156.6	64.5	52.5	22.6	21.4
65~74	166.2	152.9	62.4	50.0	22.6	21.4
75 이상	163.1	146.7	60.1	46.1	22.6	21.4

2020 한국인 영양소 섭취기준 – 에너지 적정비율

영양소		에너지 적정비율(%)						
		영아	유아		남녀		임신부	수유부
		0~11개월	1~2세	3~5세	6~18세	19세 이상		
탄수화물		–	55~65	55~65	55~65	55~65	55~65	55~65
단백질		–	7~20	7~20	7~20	7~20	7~20	7~20
지질[1]	지방	–	20~35	15~30	15~30	15~30	15~30	15~30
	포화지방산	–	–	8 미만	8 미만	7 미만		
	트랜스지방산	–	–	1 미만	1 미만	1 미만		

[1] 콜레스테롤: 19세 이상 300 mg/일 미만 권고

2020 한국인 영양소 섭취기준 – 에너지와 다량영양소

성별	연령	에너지(kcal/일)				탄수화물(g/일)				식이섬유(g/일)				지방(g/일)			
		필요추정량	권장섭취량	충분섭취량	상한섭취량	평균필요량	권장섭취량	충분섭취량	상한섭취량	평균필요량	권장섭취량	충분섭취량	상한섭취량	평균필요량	권장섭취량	충분섭취량	상한섭취량
영아	0~5(개월)	500						60								25	
	6~11	600						90								25	
유아	1~2(세)	900				100	130					15					
	3~5	1,400				100	130					20					
남자	6~8(세)	1,700				100	130					25					
	9~11	2,000				100	130					25					
	12~14	2,500				100	130					30					
	15~18	2,700				100	130					30					
	19~29	2,600				100	130					30					
	30~49	2,500				100	130					30					
	50~64	2,200				100	130					30					
	65~74	2,000				100	130					25					
	75 이상	1,900				100	130					25					
여자	6~8(세)	1,500				100	130					20					
	9~11	1,800				100	130					25					
	12~14	2,000				100	130					25					
	15~18	2,000				100	130					25					
	19~29	2,000				100	130					20					
	30~49	1,900				100	130					20					
	50~64	1,700				100	130					20					
	65~74	1,600				100	130					20					
	75 이상	1,500				100	130					20					
임신부[1]		+0 +340 +450				+35	+45					+5					
수유부		+340				+60	+80					+5					

성별	연령	리놀레산(g/일)				알파-리놀렌산(g/일)				EPA+DHA(mg/일)				단백질(g/일)			
		평균필요량	권장섭취량	충분섭취량	상한섭취량	평균필요량	권장섭취량	충분섭취량	상한섭취량	평균필요량	권장섭취량	충분섭취량	상한섭취량	평균필요량	권장섭취량	충분섭취량	상한섭취량
영아	0~5(개월)			5.0				0.6				200[2]				10	
	6~11			7.0				0.8				300[2]		12	15		
유아	1~2(세)			4.5				0.6						15	20		
	3~5			7.0				0.9						20	25		
남자	6~8(세)			9.0				1.1				200		30	35		
	9~11			9.5				1.3				220		40	50		
	12~14			12.0				1.5				230		50	60		
	15~18			14.0				1.7				230		55	65		
	19~29			13.0				1.6				210		50	65		
	30~49			11.5				1.4				400		50	65		
	50~64			9.0				1.4				500		50	60		
	65~74			7.0				1.2				310		50	60		
	75 이상			5.0				0.9				280		50	60		
여자	6~8(세)			7.0				0.8				200		30	35		
	9~11			9.0				1.1				150		40	45		
	12~14			9.0				1.2				210		45	55		
	15~18			10.0				1.1				100		45	55		
	19~29			10.0				1.2				150		45	55		
	30~49			8.5				1.2				260		40	50		
	50~64			7.0				1.2				240		40	50		
	65~74			4.5				1.0				150		40	50		
	75 이상			3.0				0.4				140		40	50		
임신부[1]				+0				+0				+0		+12 +25	+15 +30		
수유부				+0				+0				+0		+20	+25		

[1] 1, 2, 3분기별 부가량 [2] DHA [3] 단백질: 임신부 – 2, 3분기별 부가량

성별	연령	메티오닌(g/일)				류신(g/일)				이소류신(g/일)				발린(g/일)				라이신(g/일)			
		평균필요량	권장섭취량	충분섭취량	상한섭취량	평균필요량	권장섭취량	충분섭취량	상한섭취량	평균필요량	권장섭취량	충분섭취량	상한섭취량	평균필요량	권장섭취량	충분섭취량	상한섭취량	평균필요량	권장섭취량	충분섭취량	상한섭취량
영아	0~5(개월)			0.4				1.0				0.6				0.6				0.7	
	6~11	0.3	0.4			0.6	0.8			0.3	0.4			0.3	0.5			0.6	0.8		
유아	1~2(세)	0.3	0.4			0.6	0.8			0.3	0.4			0.4	0.5			0.6	0.7		
	3~5	0.3	0.4			0.7	1.0			0.3	0.4			0.4	0.5			0.6	0.8		
남자	6~8(세)	0.5	0.6			1.1	1.3			0.5	0.6			0.6	0.7			1.0	1.2		
	9~11	0.7	0.8			1.5	1.9			0.7	0.8			0.9	1.1			1.4	1.8		
	12~14	1.0	1.2			2.2	2.7			1.0	1.2			1.2	1.6			2.1	2.5		
	15~18	1.2	1.4			2.6	3.2			1.2	1.4			1.5	1.8			2.3	2.9		
	19~29	1.0	1.4			2.4	3.1			1.0	1.4			1.4	1.7			2.5	3.1		
	30~49	1.1	1.4			2.4	3.1			1.1	1.4			1.4	1.7			2.4	3.1		
	50~64	1.1	1.3			2.3	2.8			1.1	1.3			1.3	1.6			2.3	2.9		
	65~74	1.0	1.3			2.2	2.8			1.0	1.3			1.3	1.6			2.2	2.9		
	75 이상	0.9	1.1			2.1	2.7			0.9	1.1			1.1	1.5			2.2	2.7		
여자	6~8(세)	0.5	0.6			1.0	1.3			0.5	0.6			0.6	0.7			0.9	1.3		
	9~11	0.6	0.7			1.5	1.8			0.6	0.7			0.9	1.1			1.3	1.6		
	12~14	0.8	1.0			1.9	2.4			0.8	1.0			1.2	1.4			1.8	2.2		
	15~18	0.8	1.1			2.0	2.4			0.8	1.1			1.2	1.4			1.8	2.2		
	19~29	0.8	1.0			2.0	2.5			0.8	1.1			1.1	1.3			2.1	2.6		
	30~49	0.8	1.0			1.9	2.4			0.8	1.0			1.0	1.4			2.0	2.5		
	50~64	0.8	1.1			1.9	2.3			0.8	1.1			1.1	1.3			1.9	2.4		
	65~74	0.7	0.9			1.8	2.2			0.7	0.9			0.9	1.3			1.8	2.3		
	75 이상	0.7	0.9			1.7	2.1			0.7	0.9			0.9	1.1			1.7	2.1		
임신부		1.1	1.4			2.5	3.1			1.1	1.4			1.4	1.7			2.3	2.9		
수유부		1.1	1.5			2.8	3.5			1.3	1.7			1.6	1.9			2.5	3.1		

성별	연령	페닐알라닌+티로신(g/일)				트레오닌(g/일)				트립토판(g/일)				히스티딘(g/일)				수분(mL/일)					
		평균필요량	권장섭취량	충분섭취량	상한섭취량	평균필요량	권장섭취량	충분섭취량	상한섭취량	평균필요량	권장섭취량	충분섭취량	상한섭취량	평균필요량	권장섭취량	충분섭취량	상한섭취량	음식	물	음료	충분섭취량		상한섭취량
																					액체	총수분	
영아	0~5(개월)			0.9				0.5				0.2				0.1					700	700	
	6~11	0.5	0.7			0.3	0.4			0.1	0.1			0.2	0.3			300			500	800	
유아	1~2(세)	0.5	0.7			0.3	0.4			0.1	0.1			0.2	0.3			300	362	0	700	1,000	
	3~5	0.6	0.7			0.3	0.4			0.1	0.1			0.2	0.3			400	491	0	1,100	1,500	
남자	6~8(세)	0.9	1.0			0.5	0.6			0.1	0.2			0.3	0.4			900	589	0	800	1,700	
	9~11	1.3	1.6			0.7	0.9			0.2	0.2			0.5	0.6			1,100	686	1.2	900	2,000	
	12~14	1.8	2.3			1.0	1.3			0.3	0.3			0.7	0.9			1,300	911	1.9	1,100	2,400	
	15~18	2.1	2.6			1.2	1.5			0.3	0.4			0.9	1.0			1,400	920	6.4	1,200	2,600	
	19~29	2.8	3.6			1.1	1.5			0.3	0.3			0.8	1.0			1,400	981	262	1,200	2,600	
	30~49	2.9	3.5			1.2	1.5			0.3	0.3			0.7	1.0			1,300	957	289	1,200	2,500	
	50~64	2.7	3.4			1.1	1.4			0.3	0.3			0.7	0.9			1,200	940	75	1,000	2,200	
	65~74	2.5	3.3			1.1	1.3			0.2	0.3			0.7	1.0			1,100	904	20	1,000	2,100	
	75 이상	2.5	3.1			1.0	1.3			0.2	0.3			0.7	0.8			1,000	662	12	1,100	2,100	
여자	6~8(세)	0.8	1.0			0.5	0.6			0.1	0.2			0.3	0.4			800	514	0	800	1,600	
	9~11	1.2	1.5			0.6	0.9			0.2	0.2			0.4	0.5			1,000	643	0	900	1,900	
	12~14	1.6	1.9			0.9	1.2			0.2	0.3			0.6	0.7			1,100	610	0	900	2,000	
	15~18	1.6	2.0			0.9	1.2			0.2	0.3			0.6	0.7			1,100	659	7.3	900	2,000	
	19~29	2.3	2.9			0.9	1.1			0.2	0.3			0.6	0.8			1,100	709	126	1,000	2,100	
	30~49	2.3	2.8			0.9	1.2			0.2	0.3			0.6	0.8			1,000	772	124	1,000	2,000	
	50~64	2.2	2.7			0.8	1.1			0.2	0.3			0.6	0.7			900	784	27	1,000	1,900	
	65~74	2.1	2.6			0.8	1.0			0.2	0.2			0.5	0.7			900	624	9	900	1,800	
	75 이상	2.0	2.4			0.7	0.9			0.2	0.2			0.5	0.7			800	552	5	1,000	1,800	
임신부[1]		3.0	3.8			1.2	1.5			0.3	0.4			0.8	1.0							+200	
수유부		3.7	4.7			1.3	1.7			0.4	0.5			0.8	1.1						+500	+700	

아미노산: 임신부, 수유부 – 부가량 아닌 절대필요량임.

2020 한국인 영양소 섭취기준 – 지용성 비타민

성별	연령	비타민 A(μg RAE/일)				비타민 D(μg/일)			
		평균 필요량	권장 섭취량	충분 섭취량	상한 섭취량	평균 필요량	권장 섭취량	충분 섭취량	상한 섭취량
영아	0~5(개월)			350	600			5	25
	6~11			450	600			5	25
유아	1~2(세)	190	250		600			5	30
	3~5	230	300		750			5	35
남자	6~8(세)	310	450		1,100			5	40
	9~11	410	600		1,600			5	60
	12~14	530	750		2,300			10	100
	15~18	620	850		2,800			10	100
	19~29	570	800		3,000			10	100
	30~49	560	800		3,000			10	100
	50~64	530	750		3,000			10	100
	65~74	510	700		3,000			15	100
	75 이상	500	700		3,000			15	100
여자	6~8(세)	290	400		1,100			5	40
	9~11	390	550		1,600			5	60
	12~14	480	650		2,300			10	100
	15~18	450	650		2,800			10	100
	19~29	460	650		3,000			10	100
	30~49	450	650		3,000			10	100
	50~64	430	600		3,000			10	100
	65~74	410	600		3,000			15	100
	75 이상	410	600		3,000			15	100
임신부		+50	+70		3,000			+0	100
수유부		+350	+490		3,000			+0	100

성별	연령	비타민 E(mg α-TE/일)				비타민 K(μg/일)			
		평균 필요량	권장 섭취량	충분 섭취량	상한 섭취량	평균 필요량	권장 섭취량	충분 섭취량	상한 섭취량
영아	0~5(개월)			3				4	
	6~11			4				6	
유아	1~2(세)			5	100			25	
	3~5			6	150			30	
남자	6~8(세)			7	200			40	
	9~11			9	300			55	
	12~14			11	400			70	
	15~18			12	500			80	
	19~29			12	540			75	
	30~49			12	540			75	
	50~64			12	540			75	
	65~74			12	540			75	
	75 이상			12	540			75	
여자	6~8(세)			7	200			40	
	9~11			9	300			55	
	12~14			11	400			65	
	15~18			12	500			65	
	19~29			12	540			65	
	30~49			12	540			65	
	50~64			12	540			65	
	65~74			12	540			65	
	75 이상			12	540			65	
임신부				+0	540			+0	
수유부				+3	540			+0	

2020 한국인 영양소 섭취기준 – 수용성 비타민

성별	연령	비타민 C(mg/일)				티아민(mg/일)				리보플라빈(mg/일)				니아신(mg NE/일)[1]				
		평균필요량	권장섭취량	충분섭취량	상한섭취량	평균필요량	권장섭취량	충분섭취량	상한섭취량	평균필요량	권장섭취량	충분섭취량	상한섭취량	평균필요량	권장섭취량	충분섭취량	상한섭취량 니코틴산/니코틴아미드	
영아	0~5(개월)			40				0.2				0.3				2		
	6~11			55				0.3				0.4				3		
유아	1~2(세)	30	40		340	0.4	0.4			0.4	0.5			4	6		10/180	180
	3~5	35	45		510	0.4	0.5			0.5	0.6			5	7		10/250	250
남자	6~8(세)	40	50		750	0.5	0.7			0.7	0.9			7	9		15/350	350
	9~11	55	70		1,100	0.7	0.9			0.9	1.1			9	11		20/500	500
	12~14	70	90		1,400	0.9	1.1			1.2	1.5			11	15		25/700	700
	15~18	80	100		1,600	1.1	1.3			1.4	1.7			13	17		30/800	800
	19~29	75	100		2,000	1.0	1.2			1.3	1.5			12	16		35/1000	1,000
	30~49	75	100		2,000	1.0	1.2			1.3	1.5			12	16		35/1000	1,000
	50~64	75	100		2,000	1.0	1.2			1.3	1.5			12	16		35/1000	1,000
	65~74	75	100		2,000	0.9	1.1			1.2	1.4			11	14		35/1000	1,000
	75 이상	75	100		2,000	0.9	1.1			1.1	1.3			10	13		35/1000	1,000
여자	6~8(세)	40	50		750	0.6	0.7			0.6	0.8			7	9		15/350	350
	9~11	55	70		1,100	0.8	0.9			0.8	1.0			9	12		20/500	500
	12~14	70	90		1,400	0.9	1.1			1.0	1.2			11	15		25/700	700
	15~18	80	100		1,600	0.9	1.1			1.0	1.2			11	14		30/800	800
	19~29	75	100		2,000	0.9	1.1			1.0	1.2			11	14		35/1000	1,000
	30~49	75	100		2,000	0.9	1.1			1.0	1.2			11	14		35/1000	1,000
	50~64	75	100		2,000	0.9	1.1			1.0	1.2			11	14		35/1000	1,000
	65~74	75	100		2,000	0.8	1.0			0.9	1.1			10	13		35/1000	1,000
	75 이상	75	100		2,000	0.7	0.8			0.8	1.0			9	12		35/1000	1,000
임신부		+10	+10		2,000	+0.4	+0.4			+0.3	+0.4			+3	+4		35/1000	1,000
수유부		+35	+40		2,000	+0.3	+0.4			+0.4	+0.5			+2	+3		35/1000	1,000

성별	연령	비타민 B_6(mg/일)				엽산(μg DFE/일)[2]				비타민 B_{12}(μg/일)				판토텐산(mg/일)				비오틴(μg/일)			
		평균필요량	권장섭취량	충분섭취량	상한섭취량	평균필요량	권장섭취량	충분섭취량	상한섭취량[3]	평균필요량	권장섭취량	충분섭취량	상한섭취량	평균필요량	권장섭취량	충분섭취량	상한섭취량	평균필요량	권장섭취량	충분섭취량	상한섭취량
영아	0~5(개월)			0.1				65				0.3				1.7				5	
	6~11			0.3				90				0.5				1.9				7	
유아	1~2(세)	0.5	0.6		20	120	150		300	0.8	0.9					2				9	
	3~5	0.6	0.7		30	150	180		400	0.9	1.1					2				12	
남자	6~8(세)	0.7	0.9		45	180	220		500	1.1	1.3					3				15	
	9~11	0.9	1.1		60	250	300		600	1.5	1.7					4				20	
	12~14	1.3	1.5		80	300	360		800	1.9	2.3					5				25	
	15~18	1.3	1.5		95	330	400		900	2.0	2.4					5				30	
	19~29	1.3	1.5		100	320	400		1,000	2.0	2.4					5				30	
	30~49	1.3	1.5		100	320	400		1,000	2.0	2.4					5				30	
	50~64	1.3	1.5		100	320	400		1,000	2.0	2.4					5				30	
	65~74	1.3	1.5		100	320	400		1,000	2.0	2.4					5				30	
	75 이상	1.3	1.5		100	320	400		1,000	2.0	2.4					5				30	
여자	6~8(세)	0.7	0.9		45	180	220		500	1.1	1.3					3				15	
	9~11	0.9	1.1		60	250	300		600	1.5	1.7					4				20	
	12~14	1.2	1.4		80	300	360		800	1.9	2.3					5				25	
	15~18	1.2	1.4		95	330	400		900	2.0	2.4					5				30	
	19~29	1.2	1.4		100	320	400		1,000	2.0	2.4					5				30	
	30~49	1.2	1.4		100	320	400		1,000	2.0	2.4					5				30	
	50~64	1.2	1.4		100	320	400		1,000	2.0	2.4					5				30	
	65~74	1.2	1.4		100	320	400		1,000	2.0	2.4					5				30	
	75 이상	1.2	1.4		100	320	400		1,000	2.0	2.4					5				30	
임신부		+0.7	+0.8		100	+200	+220		1,000	+0.2	+0.2					+1.0				+0	
수유부		+0.7	+0.8		100	+130	+150		1,000	+0.3	+0.4					+2.0				+5	

[1] 1 mg NE(니아신 당량) = 1 mg 니아신 = 60 mg 트립토판

[2] Dietary Folate Equivalents, 가임기 여성의 경우 400 μg/일의 엽산보충제 섭취를 권장함.

[3] 엽산의 상한섭취량은 보충제 또는 강화식품의 형태로 섭취한 μg/일에 해당됨.

2020 한국인 영양소 섭취기준 – 다량 무기질

성별	연령	칼슘(mg/일)				인(mg/일)				나트륨(mg/일)			
		평균필요량	권장섭취량	충분섭취량	상한섭취량	평균필요량	권장섭취량	충분섭취량	상한섭취량	평균필요량	권장섭취량	충분섭취량	만성질환감소섭취량
영아	0~5(개월)			250	1,000			100				110	
	6~11			300	1,500			300				370	
유아	1~2(세)	400	500		2,500	380	450		3,000			810	1,200
	3~5	500	600		2,500	480	550		3,000			1,000	1,600
남자	6~8(세)	600	700		2,500	500	600		3,000			1,200	1,900
	9~11	650	800		3,000	1,000	1,200		3,500			1,500	2,300
	12~14	800	1,000		3,000	1,000	1,200		3,500			1,500	2,300
	15~18	750	900		3,000	1,000	1,200		3,500			1,500	2,300
	19~29	650	800		2,500	580	700		3,500			1,500	2,300
	30~49	650	800		2,500	580	700		3,500			1,500	2,300
	50~64	600	750		2,000	580	700		3,500			1,500	2,300
	65~74	600	700		2,000	580	700		3,500			1,300	2,100
	75 이상	600	700		2,000	580	700		3,000			1,100	1,700
여자	6~8(세)	600	700		2,500	480	550		3,000			1,200	1,900
	9~11	650	800		3,000	1,000	1,200		3,500			1,500	2,300
	12~14	750	900		3,000	1,000	1,200		3,500			1,500	2,300
	15~18	700	800		3,000	1,000	1,200		3,500			1,500	2,300
	19~29	550	700		2,500	580	700		3,500			1,500	2,300
	30~49	550	700		2,500	580	700		3,500			1,500	2,300
	50~64	600	800		2,000	580	700		3,500			1,500	2,300
	65~74	600	800		2,000	580	700		3,500			1,300	2,100
	75 이상	600	800		2,000	580	700		3,000			1,100	1,700
임신부		+0	+0		2,500	+0	+0		3,000			1,500	2,300
수유부		+0	+0		2,500	+0	+0		3,500			1,500	2,300

성별	연령	염소(mg/일)				칼륨(mg/일)				마그네슘(mg/일)			
		평균필요량	권장섭취량	충분섭취량	상한섭취량	평균필요량	권장섭취량	충분섭취량	상한섭취량	평균필요량	권장섭취량	충분섭취량	상한섭취량[1]
영아	0-5(개월)			170				400				25	
	6-11			560				700				55	
유아	1-2(세)			1,200				1,900		60	70		60
	3-5			1,600				2,400		90	110		90
남자	6-8(세)			1,900				2,900		130	150		130
	9-11			2,300				3,400		190	220		190
	12-14			2,300				3,500		260	320		270
	15-18			2,300				3,500		340	410		350
	19-29			2,300				3,500		300	360		350
	30-49			2,300				3,500		310	370		350
	50-64			2,300				3,500		310	370		350
	65-74			2,100				3,500		310	370		350
	75 이상			1,700				3,500		310	370		350
여자	6-8(세)			1,900				2,900		130	150		130
	9-11			2,300				3,400		180	220		190
	12-14			2,300				3,500		240	290		270
	15-18			2,300				3,500		290	340		350
	19-29			2,300				3,500		230	280		350
	30-49			2,300				3,500		240	280		350
	50-64			2,300				3,500		240	280		350
	65-74			2,100				3,500		240	280		350
	75 이상			1,700				3,500		240	280		350
임신부				2,300				+0		+30	+40		350
수유부				2,300				+400		+0	+0		350

[1] 식품외 급원의 마그네슘에만 해당

2020 한국인 영양소 섭취기준 - 미량 무기질

성별	연령	철(mg/일)				아연(mg/일)				구리(μg/일)				불소(mg/일)			
		평균필요량	권장섭취량	충분섭취량	상한섭취량	평균필요량	권장섭취량	충분섭취량	상한섭취량	평균필요량	권장섭취량	충분섭취량	상한섭취량	평균필요량	권장섭취량	충분섭취량	상한섭취량
영아	0~5(개월)			0.3	40			2				240				0.01	0.6
	6~11	4	6		40	2	3					330				0.4	0.8
유아	1~2(세)	4.5	6		40	2	3		6	220	290		1,700			0.6	1.2
	3~5	5	7		40	3	4		9	270	350		2,600			0.9	1.8
남자	6~8(세)	7	9		40	5	5		13	360	470		3,700			1.3	2.6
	9~11	8	11		40	7	8		19	470	600		5,500			1.9	10.0
	12~14	11	14		40	7	8		27	600	800		7,500			2.6	10.0
	15~18	11	14		45	8	10		33	700	900		9,500			3.2	10.0
	19~29	8	10		45	9	10		35	650	850		10,000			3.4	10.0
	30~49	8	10		45	8	10		35	650	850		10,000			3.4	10.0
	50~64	8	10		45	8	10		35	650	850		10,000			3.2	10.0
	65~74	7	9		45	8	9		35	600	800		10,000			3.1	10.0
	75 이상	7	9		45	7	9		35	600	800		10,000			3.0	10.0
여자	6~8(세)	7	9		40	4	5		13	310	400		3,700			1.3	2.5
	9~11	8	10		40	7	8		19	420	550		5,500			1.8	10.0
	12~14	12	16		40	6	8		27	500	650		7,500			2.4	10.0
	15~18	11	14		45	7	9		33	550	700		9,500			2.7	10.0
	19~29	11	14		45	7	8		35	500	650		10,000			2.8	10.0
	30~49	11	14		45	7	8		35	500	650		10,000			2.7	10.0
	50~64	6	8		45	6	8		35	500	650		10,000			2.6	10.0
	65~74	6	8		45	6	7		35	460	600		10,000			2.5	10.0
	75 이상	5	7		45	6	7		35	460	600		10,000			2.3	10.0
임신부		+8	+10		45	+2.0	+2.5		35	+100	+130		10,000			+0	10.0
수유부		+0	+0		45	+4.0	+5.0		35	+370	+480		10,000			+0	10.0

성별	연령	망간(mg/일)				요오드(μg/일)				셀레늄(μg/일)				몰리브덴(μg/일)				크롬(μg/일)			
		평균필요량	권장섭취량	충분섭취량	상한섭취량	평균필요량	권장섭취량	충분섭취량	상한섭취량	평균필요량	권장섭취량	충분섭취량	상한섭취량	평균필요량	권장섭취량	충분섭취량	상한섭취량	평균필요량	권장섭취량	충분섭취량	상한섭취량
영아	0~5(개월)			0.01				130	250			9	40							0.2	
	6~11			0.8				180	250			12	65							4.0	
유아	1~2(세)			1.5	2.0	55	80		300	19	23		70	8	10		100			10	
	3~5			2.0	3.0	65	90		300	22	25		100	10	12		150			10	
남자	6~8(세)			2.5	4.0	75	100		500	30	35		150	15	18		200			15	
	9~11			3.0	6.0	85	110		500	40	45		200	15	18		300			20	
	12~14			4.0	8.0	90	130		1,900	50	60		300	25	30		450			30	
	15~18			4.0	10.0	95	130		2,200	55	65		300	25	30		550			35	
	19~29			4.0	11.0	95	150		2,400	50	60		400	25	30		600			30	
	30~49			4.0	11.0	95	150		2,400	50	60		400	25	30		600			30	
	50~64			4.0	11.0	95	150		2,400	50	60		400	25	30		550			30	
	65~74			4.0	11.0	95	150		2,400	50	60		400	23	28		550			25	
	75 이상			4.0	11.0	95	150		2,400	50	60		400	23	28		550			25	
여자	6~8(세)			2.5	4.0	75	100		500	30	35		150	15	18		200			15	
	9~11			3.0	6.0	80	110		500	40	45		200	15	18		300			20	
	12~14			3.5	8.0	90	130		1,900	50	60		300	20	25		400			20	
	15~18			3.5	10.0	95	130		2,200	55	65		300	20	25		500			20	
	19~29			3.5	11.0	95	150		2,400	50	60		400	20	25		500			20	
	30~49			3.5	11.0	95	150		2,400	50	60		400	20	25		500			20	
	50~64			3.5	11.0	95	150		2,400	50	60		400	20	25		450			20	
	65~74			3.5	11.0	95	150		2,400	50	60		400	18	22		450			20	
	75 이상			3.5	11.0	95	150		2,400	50	60		400	18	22		450			20	
임신부				+0	11.0	+65	+90			+3	+4		400	+0	+0		500			+5	
수유부				+0	11.0	+130	+190			+9	+10		400	+3	+3		500			+20	

식품군별 대표영양가표

식품군	에너지 (kcal)	단백질 (g)	지방 (g)	탄수화물 (g)	식이섬유 (g)	칼슘 (mg)	인 (mg)
곡류	282.82	5.61	1.89	59.63	1.81	17.52	105.28
고기 · 생선 · 달걀 · 콩류	106.07	9.95	6.41	1.34	0.44	35.21	106.16
채소류	13.56	1.01	0.17	3.09	1.35	25.93	24.35
과일류	53.48	0.88	0.30	13.76	1.30	9.72	22.69
우유 · 유제품류	123.94	5.35	4.67	15.16	0.31	205.65	145.97
유지 · 당류	38.33	0.49	2.08	4.60	0.04	5.85	12.03

식품군	철 (mg)	나트륨 (mg)	칼륨 (mg)	비타민 A (μg RE)*	티아민 (mg)	리보플라빈 (mg)	니아신 (mg)	비타민 C (mg)
곡류	1.03	103.89	178.03	1.94	0.13	0.07	1.27	2.83
고기 · 생선 · 달걀 · 콩류	1.20	105.65	125.07	22.25	0.11	0.11	1.61	0.30
채소류	0.63	195.43	152.57	72.69	0.04	0.04	0.36	10.76
과일류	0.92	8.32	196.56	80.38	0.06	0.04	0.43	21.44
우유 · 유제품류	0.55	109.79	247.03	44.88	0.08	0.22	0.33	3.16
유지 · 당류	0.14	5.95	84.23	0.28	0.00	0.01	0.69	0.01

* 비타민 A의 RAE에 대한 데이터베이스의 부재로 기존의 RE로 제시하였으며, 2015년 한국인 영양소 섭취기준에는 RAE로 제시되어 있음

성별 · 연령별 기준 에너지

<table>
<tr><th rowspan="3">연령</th><th colspan="4">에너지필요추정량</th><th colspan="4">기준 에너지</th></tr>
<tr><th colspan="2">2010 한국인 영양섭취기준</th><th colspan="2">2015 한국인 영양소 섭취기준</th><th colspan="2">2010 한국인 영양섭취기준</th><th colspan="2">2015 한국인 영양소 섭취기준</th></tr>
<tr><th>남자</th><th>여자</th><th>남자</th><th>여자</th><th>남자</th><th>여자</th><th>남자</th><th>여자</th></tr>
<tr><td>1~2세</td><td>1,000</td><td>1,000</td><td>1,000</td><td>1,000</td><td>1,000A</td><td>1,000A</td><td>1,000A</td><td>1,000A</td></tr>
<tr><td>3~5세</td><td>1,400</td><td>1,400</td><td>1,400</td><td>1,400</td><td>1,400A</td><td>1,400A</td><td>1,400A</td><td>1,400A</td></tr>
<tr><td>6~8세</td><td>1,600</td><td>1,500</td><td>1,700</td><td>1,500</td><td rowspan="2">1,800A</td><td rowspan="2">1,600A</td><td rowspan="2">1,900A</td><td rowspan="2">1,700A</td></tr>
<tr><td>9~11세</td><td>1,900</td><td>1,700</td><td>2,100</td><td>1,800</td></tr>
<tr><td>12~14세</td><td>2,400</td><td>2,000</td><td>2,500</td><td>2,000</td><td rowspan="2">2,600A</td><td rowspan="2">2,000A</td><td rowspan="2">2,600A</td><td rowspan="2">2,000A</td></tr>
<tr><td>15~18세</td><td>2,700</td><td>2,000</td><td>2,700</td><td>2,000</td></tr>
<tr><td>19~29세</td><td>2,600</td><td>2,100</td><td>2,600</td><td>2,100</td><td rowspan="3">2,400B</td><td rowspan="3">1,900B</td><td rowspan="3">2,400B</td><td rowspan="3">1,900B</td></tr>
<tr><td>30~49세</td><td>2,400</td><td>1,900</td><td>2,400</td><td>1,900</td></tr>
<tr><td>50~64세</td><td>2,200</td><td>1,800</td><td>2,200</td><td>1,800</td></tr>
<tr><td rowspan="2">65세 이상</td><td>2,000</td><td>1,600</td><td>2,000</td><td>1,600</td><td rowspan="2">2,000B</td><td rowspan="2">1,600B</td><td rowspan="2">2,000B</td><td rowspan="2">1,600B</td></tr>
<tr><td>2,000</td><td>1,600</td><td>2,000</td><td>1,600</td></tr>
</table>

참고문헌

곽충실, 박준희, 조지현. 미생물분석법을 이용하여 한국인이 즐겨 섭취하는 일부 해조류 및 어패류와 그 가공식품의 비타민 B_{12} 함량 분석. **한국영양학회지** 45(1) 94-102, 2012

곽충실, 황진용, 와다나베 후미오, 박상철. 한국의 장류, 김치 및 식용 해조류를 중심으로 하는 일부 상용 식품의 비타민 B_{12} 함량 분석 연구. **한국영양학회지** 41(5): 439-447, 2008

권종숙, 김경민, 김혜경, 장유경, 조여원. 사례와 함께하는 임상영양학. 신광출판사, 2018

국가암정보센터. 내가 알고 싶은 암-진단. Available from: http://www.cancer.go.kr/mbs/cancer/subview.jsp?id=cancer_020303000000, 2013

급식신문. CJ·매일유업 'PKU(페닐케톤뇨증)가족캠프' 후원 눈길, 2010. 7. 21.

김원호 편역(Moriarty J 저). **과민성 장증후군**. 아카데미아, 2005

김은미. 선천성 대사이상 환자의 맞춤형 영양관리. **대한지역사회영양학회지** 10(3): 359-365, 2005

김진호. 소화성 궤양에 대한 근거중심 처방. **대한의사협회지** 47(1): 85-100, 2004

김홍동. 간질의 기타 보조적 치료. **대한의사협회지** 46(4): 307-314, 2003

농촌진흥청 국립농업과학원. 국가표준식품성분 DB 9.2, 2020

대한간학회. 비알코올 간질환 진료 가이드라인, 2013

대한간학회. 알코올 간질환 진료 가이드라인, 2013

대한감염학회, 대한화학요법학회, 대한임상미생물학회. 소화기계 감염 진료지침 권고안. ***Infect Chemother*** 42(6): 323-361, 2010

대한고혈압학회. 2019 고혈압 표준교육 슬라이드. file:///C:/Users/user/AppData/Local/Microsoft/Windows/INetCache/IE/8XK03UXQ/%EA%B3%A0%ED%98%88%EC%95%95%20%ED%91%9C%EC%A4%80%EA%B5%90%EC%9C%A1%EC%8A%AC%EB%9D%BC%EC%9D%B4%EB%93%9C(%EC%9D%BC%EB%B0%98%EC%9D%B8%EC%9A%A9).pdf

대한골대사학회. 골다공증 진단 및 치료지침, 2018

대한당뇨병학회. **식품교환표**, 2010

대한영양사협회. **신장질환식품교환표**, 1997

대한영양사협회. **임상영양관리지침서 개정판**, 2008

대한외과대사영양학회. **외과대사영양 지침서** 제1판, 2013

매일유업주식회사 역. **식사요법 가이드북-아미노산 대사이상증 환자를 위하여**. (일본 특수분유 공동안전개발위원회 편집). 고려의학, 2008

보건복지부. 2020 한국인 영양소 섭취기준, 2020

보건복지부. 2015년 모자보건 사업안내. Available from http://www.bokjiro.go.kr/welInfo/retrieveGvmtWelInfo.do?searchIntClId=02&searchCtgId=003&welInfSno=236&pageGb=2&pageIndex=1&domainName=&searchSidoCode=&searchCggCode=&searchGb=01&searchText=&pageUnit=10&key1=list

보건복지부. 임상영양치료를 위한 직무표준과 실행지침-당뇨병, 암, 이상지혈증. 2014

손숙미 외 5인. **임상영양학**. 교문사, 2018

송경희 외 8인. **식사요법**. 파워북, 2016

양웅석 외 5인. 임상영양지원 지침서. 고려의학, 2004

이명숙 외 편역. **임상영양학**. 양서원, 2012

이명식 편역. **파킨슨병**. 아카데미아, 2005

이미숙 외 5인. **임상영양학**. 파워북, 2018

이종호 외 9인. **임상영양치료를 위한 병태생리학**. 교문사, 2013

임경숙, 허계영, 김숙희, 박경애, 심재은. 임상영양학. 교문사, 2019

장유경 외 5인. **임상영양관리**. 도서출판 효일, 2011

장준섭, 양규현. **골다공증**. 좋은날, 2005

정영옥. 통풍의 최신지견. **대한내과학회지** 76(5): 538-543, 2009

정혜경 외 10인. 위식도역류질환 임상진료지침 개정안 2012. **대한소화기능성질환·운동학회지** 60(4): 195-218, 2012

중앙치매센터. 대한민국 치매현황 2022, 2023

최혜미 외. 21세기 **영양학**. 교문사, 2016

통계청. 2018년 사망원인통계. http://www.kostat.go.kr/portal/korea/kor_nw/1/6/2/index.board?bmode=read&bSeq=&aSeq=377606&pageNo=1&rowNum=10&navCount=10&currPg=&searchInfo=&sTarget=title&sTxt=

한국지질·동맥경화학회. 이상지질혈증 치료지침 제4판, 2018

Aluri VN, Mulvihill JJ. Medium chain acyl coenzyme A dehydrogenase deficiency(MCAD) : the case for screening all newborns. *J Okla State Med Assn* 95(5); 326-8, 2002

American Society of Parenteral and Enteral Nutrition. The Science and Practice of Nutrition Support: A Case-Based Core Curriculum. ASPEN, 2002

Aoki T. Genetic disorders of copper transport-diagnosis and new treatment for the patients of Wilson's disease No To Hattatsu 37(2): 99-109, 2005

Borghi L et al. Comparison of two diets for the prevention of recurrent stones in idiopathic hypercaluciuri. *N Engl J Med* 346: 77, 2002

Cederholm T, Jensen GL, Correia MITD, Gonzalez MC, Fukushima R, Higashiguchi T, et al..; GLIM Core Leadership Committee; GLIM Working Group. GLIM criteria for the diagnosis of malnutrition - A consensus report from the global clinical nutrition community. *Clinical Nutrition* 38(1): 1-9, 2019.

Curhan GC et al. Intake of vitamin B_6 and C and the risk of the kidney stones in women. *J Am Soc Nephol* 10: 840, 1999

DeBruyne LK. Pinna K. Whitney E. *Nutrition & Diet therapy*, 7th ed. Thomson, 2008

Diehi AM. Acute and chronic liver failure and hepatic enocephalopathy, *Cecil textbook of medicine*, 21th ed. WB Saunders, 2000

Elliot L, Molseed LL, McCallum PD, Grant WB. *The Clinical Guide to Oncology Nutrition*, 2nd ed. ADA, 2006

Friedman SL. Alcoholic liver disease, cirrhosis, and its major sequela, *Cecil textbook of medicine*, 21th ed. WB Saunders, 2000

Gallagher ML. Intake: the nutrients and their metabolism. In: Manan LK, Escott-stump S, Raymond JL eds. *Krause's Food and the Nutrition Care Process*. 13th ed. St Louis: Elsevier Sanders. Pp 115-117, 2012

Jane V. White, Peggi Guenter, Gordon Jensen et al Consensus Statement: Academy of Nutrition and Dietetics and American Society for Parenteral and Enteral Nutrition: Characteristics Recommended for the Identification and Documentation of Adult Malnutrition (Undernutrition). *J Parenter Enteral Nutr.* 36: 275-283, 2012

Ji-Yeon Kim, Gyung-Ah Wie, Yeong-Ah Cho, So-Young Kim, Soo-Min Kim, Kum-Hee Son, Sang-Jae Park, Byung-Ho Nam, Hyojee Joung. Development and validation of a nutrition screening tool for hospitalized cancer patients, *Clinical Nutrition* 30: 724-729, 2011

Jones CA. Low-calcium diet not supported treatment of renal calculi. ***The intergrative Medicine Consult*** 4: 25, 2002

Kwak CS, Lee MS, Lee HJ, Whang JY, Park SC. Dietary source of vitamin B_{12} status in female elderly Korean aged 85 and older living in rural area. ***Nutr Res Pract*** 4(3): 229–234, 2010

Lee DH et al. The molecular basis of phenylketonuria in Koreans. ***J Hum Genet*** 49(11): 617–621, 2004

Lenoard JV. The nutritional management of urea cycle disorders. ***J pediatr*** 138(1 suppl): S40–4, 2001

Martini LA. Stop dietary calcium restriction in kidney stone-forming patients. ***Nutr Rev*** 60: 212, 2002

McCullough AJ et al. Guidelines for nutritional therapy in liver disease, In A.S.P.E.N. Nutrition support practice manual. ***ASPEN***, 1998

Miller M, Stone NJ, Ballantyne C, Bittner V, Criqui MH, Ginsberg HN, et al. Triglycerides and Cardiovascular Disease: A Scientific Statement From the American Heart Association. ***Circulation*** 123: 2292–2333, 2011

Strate T et al. Pathogenesis and the natural course of chronic pancreatitis. ***Eur J Gastroen terol Hepatol*** 14: 929, 2000

Welsh JA, Sharma A, Abramson JL, Vaccarino V, Gillespie C, Vos MB. Caloric sweetener consumption and dyslipidemia among US adults. ***JAMA*** 303: 1490–1497, 2010

Widmaier EP, Raff H, Strang KT. ***Vander's, Human Physiology***, 15th ed. McGraw-Hill, 2019

World Cancer Research Fund/American Institute for Cancer Research. Diet, Nutrition, Physical Activity, a Global Perspective. Continuous Update Project Expert Report 2018

찾아보기

ㅅ

ㅇ

ㅈ

ㅊ

ㅋ

ㅌ

ㅍ

저자 소개

이보경

서울대학교 가정대학 식품영양학과 졸업
한양대학교 대학원 영양학전공 박사
현재 유한대학교 식품영양학과 명예교수

변기원

서울대학교 가정대학 식품영양학과 졸업
서울대학교 대학원 영양학전공 석사·박사
전 부천대학교 식품영양학과 교수

이종현

서울대학교 가정대학 식품영양학과 졸업
서울대학교 대학원 영양학전공 석사·박사
현재 동남보건대학교 식품영양학과 교수

이홍미

서울대학교 가정대학 식품영양학과 졸업
미국 노스캐롤라이나주립대학교 영양학전공 박사
현재 대진대학교 식품영양학과 교수

김소영

서울대학교 생활과학대학 식품영양학과 졸업
서울대학교 보건대학원 보건학 박사
현재 국립암센터 임상영양실장

이해하기 쉬운
임상영양관리 및 실습 개정3판

2016년 3월 20일 초 판 발행
2018년 9월 5일 개 정 판 발행
2023년 9월 5일 개정3판 발행

지은이 | 이보경 · 변기원 · 이종현 · 이홍미 · 김소영
발행인 | 유제구
발행처 | 파워북
주 소 | 경기도 고양시 일산동구 호수로 358-25
동문타워 2차 529호
전 화 | (02) 730-1412
팩 스 | (031) 908-1410
등 록 | 1997. 1. 31. 제2014-000067호

정 가 30,000원
ISBN 978-89-8160-448-6 (93590)